国家科学技术学术著作出版基金资助出版
“十三五”国家重点出版物出版规划项目
重大工程的动力灾变学术著作丛书

地下结构抗震设计理论与方法

杜修力　著

科学出版社
北　京

内 容 简 介

本书是国家自然科学基金重大研究计划“重大工程的动力灾变”关于地下结构抗震方向的主要研究成果，也是作者及其团队20余年来的成果总结。全书共13章，内容包括地下结构的抗震研究概况和结构抗、减震设计的一些相关的基本理论与分析方法，土-地下结构体系非线性地震反应数值模拟理论和方法，土-地下结构体系地震反应模型试验方法与技术，地下结构地震反应特征及参数影响分析，地下结构地震破坏机理与失效模式分析，地下结构抗震性能评价，地下结构减震控制，地下结构抗震设计简化分析方法和装配式地下结构抗震等内容。

本书可供从事地下结构抗震研究和地下工程抗震设计的相关科技工作者，以及高等院校相关专业的师生参考。

图书在版编目（CIP）数据

地下结构抗震设计理论与方法 / 杜修力著. —北京：科学出版社，2025.6

（重大工程的动力灾变学术著作丛书）

“十三五”国家重点出版物出版规划项目

ISBN 978-7-03-052373-0

Ⅰ. ①地…　Ⅱ. ①杜…　Ⅲ. ①地下工程-抗震设计　Ⅳ. ①TU92

中国版本图书馆CIP数据核字（2017）第054121号

责任编辑：牛宇锋　刘宝莉 / 责任校对：任苗苗

责任印制：肖　兴 / 封面设计：蓝正设计

科 学 出 版 社 出版

北京东黄城根北街16号

邮政编码：100717

http://www.sciencep.com

三河市春园印刷有限公司印刷

科学出版社发行　各地新华书店经销

*

2025年6月第　一　版　开本：720 × 1000　1/16

2025年6月第一次印刷　印张：29 3/4

字数：597 000

定价：268.00 元

（如有印装质量问题，我社负责调换）

前　言

地下空间的开发利用是城市建设重要的发展方向，对扩大城市空间、实现城市集约化发展意义重大。国际上已将交通、商业、市政和仓储等基础设施工程广泛建于地下，极大地拓展了城市的功能空间，提高了运行效率。我国目前正处于城市地下工程建设的快速发展期，正在建设和规划建设的规模、速度均居世界首位。以地铁建设为例，截至2024年6月，我国内地已有41座城市建成地铁线路，运营里程达8689.51km，其中，上海和北京分别以795.37km和760.79km的地铁线路位居全球城市前两位，且结构型式呈现大型、复杂化特征。

长期以来，工程和学术界认为地下结构的抗震安全性能高于地上结构的抗震安全性能，因此，在相当一段时期内，地下结构的抗震研究并未受到足够的重视，包括美、日等结构抗震科技水平较高的国家对大多数地下结构也没有考虑抗震设计要求，导致其抗震分析理论与设计方法研究成果缺乏。近几十年来，在世界范围内发生了多次强地震造成地下结构震害的实例，尤其是1995年日本阪神大地震中大范围地铁地下结构遭遇了地震破坏，甚至出现大开地铁车站完全塌毁的震害事例，从而引起了世界范围内地震工程专家和工程师们对地下结构抗震问题的关注。与地上结构不同，地下结构的地震反应受到周围岩土介质约束，结构惯性力不再是主要影响因素，地震作用下的场地变形和土-结构动力相互作用效应影响成为了影响地下结构地震反应的主要因素，这给结构抗震减震设计带来了新的问题和挑战。

作者于2000年开始从事地下结构抗震研究，在地下结构地震反应影响因素及规律、损伤破坏模拟模型和方法、破坏机理与失效模式、抗震评价性能分析、简化抗震设计方法、减震控制设计原理和方法以及技术与应用等方面取得了较为系统的成果。作为国家自然科学基金重大研究计划“重大工程的动力灾变”集成项目的负责人，作者也曾承诺要完成一本有关地下结构抗震方面的著作，于是，2014年开始写作此书，经多次调整写作大纲，数次修改书稿，2017年初完稿，并申请获得了国家科学技术学术著作出版基金资助。考虑到近期的一些工作进展，后又经数次修改补充内容，于2024年最终定稿。

全书共13章，内容包括地下结构的抗震研究概况和结构抗、减震设计的一些相关的基本理论与分析方法，土-地下结构体系非线性地震反应数值模拟理论与方法，土-地下结构体系地震反应模型试验方法与技术，地下结构地震反应特征及参数影响分析，地下结构地震破坏机理与失效模式分析，地下结构抗震性能评价，地下结构减震控制，地下结构抗震设计简化分析方法和装配式地下结构抗震等内容。各章内容相互联系和贯通、有机结合，既强调了场地土介质的非线性特征和土-结构非线性动力相互作用效应影响研究，又重视了结构构件的抗震力学性能分析，在模型试验、数值模拟和震害的对比验证研究方面也有一定特色。此外，本书除十分重视场地土-地下结构体系地震非线性反应的数值模拟模型和方法介绍外，对地下结构的简化分析方法介绍也非常重视，单章做了较系统的介绍。为方便读者对系统知识的了解，本书第 2 章和第 3 章的内容是在作者所著《工程波动理论与方法》(科学出版社)一书中的相关内容基础上减缩而成。

本书成果是作者及其团队 20 余年研究工作的总结，作者的学生许成顺、赵密、路德春、钟紫蓝、许紫刚、李亮、李立云、马超、刘洪涛、李洋、宋佳、黄景琦、李霞、韩俊艳、江志伟、王国盛、豆鹏飞、单华廷、康凯丽、袁雪纯、王刚、王苏、赵源、闫静茹、曹胜涛、徐笑然、白龙、刘步芳、高峁成、陈维、潘颖超、蒋家卫、韩润波、张梓鸿、刘迪、张卜和陈苏等为本书的完成做出了贡献，这里面不仅有他们的成果，而且不少章节也是他们协助完成的。其中，许成顺参与编写了第 7、9、11 和 13 章，赵密参与编写了第 6 和 12 章，路德春参与编写了第 1、5 和 10 章，钟紫蓝参与编写了第 10 章，许紫刚参与编写了第 12 章，陈苏参与编写了第 7 章，许成顺、赵密和钟紫蓝还对全书进行了校对。此外，作者的同学清华大学刘晶波教授和南京工业大学陈国兴教授对本书的完成做出了贡献，这里面有些成果直接来源于他们的工作，更多的还是得益于与他们的交流和讨论。在此，作者对他们表示衷心的感谢！特别还要感谢谢礼立、廖振鹏、钱七虎和欧进萍等院士在作者及团队完成的相关项目立项和执行过程中给予的指导！

作者的研究工作先后获得过国家自然科学基金杰青、重点和重大计划集成项目，科技部 973 计划和国家重点研发计划，以及北京市市政府、北京市教育委员会和北京市科学技术委员会的人才、科学研究和创新平台等计划项目资助，在此，作者对所有资助和支持过作者及团队工作的单位和个人表示衷心的感谢！

由于水平有限，书中难免存在疏漏和不足之处，衷心希望读者不吝赐教。

杜修力

2024 年 12 月于北京工业大学

目　录

第1章　绪　　论

城市地下空间是一个巨大而丰富的自然资源，合理的开发利用，对扩大城市空间、实现城市集约化发展具有重要意义。城市地下空间的开发与建设也是土木工程学科的重要发展领域，已用于交通设施、商业设施、市政公共管线、城市综合管廊、仓储设施等多个领域。当前，我国各主要城市以地铁工程为主的地下空间建设的规模和速度均居世界首位。中国城市轨道交通协会 2024 年 7 月 1 日发布的《2024 年上半年中国内地城轨交通线路概况》显示，截至 2024 年 6 月 30 日，我国内地已有 41 座城市开通运营地铁线路，运营里程达 8689.51km，其中，上海和北京分别以 795.37km 和 760.79km 地铁线路位居全球城市前两位，地铁已经成为我国大型城市的交通动脉，对城市的发展发挥着不可或缺的作用。

地下建筑的种类多样，功能各异，规模差别很大。大规模的城市地下工程建设面临的强地震威胁十分严峻，是制约地下空间开发建设的主要科技难题。对于城市地下工程结构的抗震问题，现已在分析方法、设计理论、减震控制等方面取得重要进展，为城市地下空间的规划提供了科学对策，也为地下工程的设计建造提供了理论、方法与技术支撑。

1.1　地下建筑结构

1.1.1　地下建筑的概念与功能

在地层中开挖围岩修建的各种建筑物和构筑物，统称为地下建筑。在铁路、公路、矿山、水利水电以及城市地铁、人行通道、立交地道等许多领域，都需要修建大量的地下建筑结构。根据地层环境可以分为两大类：一类是修建在土层中的地下建筑；另一类是修建在岩层中的地下建筑[1,2]。随着国民经济的发展和科学技术的进步，地下建筑结构的应用也拓展到了深层地下储油库、储气库、地下储热库及核废料密闭储藏库等领域。

根据地下空间的特点，地下建筑结构按照结构的用途、埋深和结构与地面之间关系也有不同的分类方法，详见表 1.1.1～表 1.1.3[3,4]。

地下建筑结构所在的位置、结构的体型、埋置深度等，主要是由地下建筑结构的功能决定的[5,6]。地下建筑处于一定厚度的土层或岩层的覆盖下，与地面建筑结构相比，具有以下特点。

表 1.1.1　地下建筑结构按用途分类

序号	用途	使用功能
1	工业民用	住宅、工业厂房等
2	商业娱乐	地下商店、地下商业城、图书馆等
3	交通运输	地铁、公路隧道、地下停车场、过街通道等
4	水利水电	地下电站、输水隧道、农业给排水隧道等
5	市政工程	给水、污水、管路、线路、垃圾填埋等
6	地下仓储	食物、石油及核废料存储等
7	人防军事	人防工程、军事指挥所、地下医院等
8	采矿巷道	矿山运输巷道和开采巷道等
9	其他	其他地下特殊建筑

表 1.1.2　地下建筑结构按埋深分类

名称	埋深范围/m			
	小型结构	中型结构	大型运输系统结构	采矿结构
浅埋	0～2	0～10	0～10	0～100
中深	2～4	10～30	10～50	100～1000
深埋	>4	>30	>50	>1000

表 1.1.3　地下建筑结构按结构与地面之间关系的分类

类型	结构与地面间关系	用途	对地面环境的影响
全部处于地面以下	结构整体全部处于地表以下	人防工程、城市交通、市政工程等	保持地面开放
附建式结构	同时利用地上和地下空间	办公楼、步行街、停车场、仓库、工业厂房、配电室等	结构地上部分可以接收更多的阳光
中庭式结构	采用中庭、天窗将地下结构与地面连接	步行街、住宅、体育设施等	有效地保护风景，保持地面开放
地下结构的通道	依赖于通道的形式，一般具有一定的倾斜度	存储结构、住宅等	保护自然风景

1. 自然防护能力强

地下建筑结构根据防护和使用要求，确定其所需的自然覆盖层厚度。上部的自然岩土覆盖层以及结构侧壁围岩的约束作用，使得地下建筑结构通常具有良好的防护性能，可比较有效地减轻地震、飓风等自然灾害，以及火灾、爆炸等人为灾害。同时地下建筑结构还可以利用天然岩土层的围护功能，对某些危险性产品的生产或储存起一定的隔离和限制作用。

2. 受外界环境影响小

地下建筑结构底层具有良好的热稳定性和密闭性，除进出口部分地段外，地下建筑结构内部的温度受外界环境影响很小，这对于大多数物资的储存非常有利。如在岩石中修建的地下冷库，可以不用或少用隔热材料，温度调节系统也比地面冷库简单，备用设备少。另一方面，地下建筑结构的密闭性也比地面建筑好，有利于排除地面尘土和电磁波的干扰，作为恒温、恒湿、超净、防微振、抗电磁波干扰等要求严格的环境非常适宜；利用地下建筑结构的密闭性，可以将污水处理厂、核废料库等建于地下，对于保护环境具有非常好的效果。

3. 受地质条件影响大

岩土体的结构、稳定性及地下水的赋存情况，影响地下建筑结构的选址、平面的布置、净高和跨度的确定等。特别是在岩石地下建筑中，地质条件通常是其选址和设计的主要依据。一般情况下，洞室的跨度越大，围岩越不稳定，地下建筑结构所受的围岩压力也越大。因此，地下建筑在平面上不宜采用大跨、多跨或连续成片的布置方式，而应按使用要求，依据地质条件由若干个单体洞室组合而成，两平行洞室之间需要有一定厚度的原岩柱以承受上覆岩土体的部分荷载。

4. 施工条件特殊

地面建筑是采用“围”的办法构成使用空间，而地下建筑是使用“挖”的方式取得空间。因此，土石方工程量大，且由于地下施工作业面小、空间有限，环境潮湿，无论在施工方法和施工机具的使用上、构配件的材料和尺寸大小等方面与地面建筑都有区别。地下建筑的建设周期长，衬砌等结构费用高，再加上防护、通风、排水、防潮等的处理，总体而言，地下建筑的施工复杂，一次投资高。据资料统计，一般岩石地下建筑的造价约比地面同类建筑的造价高出一倍左右。但在地质条件良好，施工机械化程度较高的情况下，有些地下建筑，如地下水电站等比地面同类型建筑的造价要经济。

综上所述，地下建筑具有明显的特点，特别是在安全防护以及热稳定性和密闭性等方面，有着很大的优越性；加之可以节约能源，保护环境，改善地面土地的利用，解决城市用地紧张、交通拥挤等矛盾，提高城市生活质量，地下建筑已成为现代城市和地区建设的新途径。

1.1.2　地下建筑结构的主要形式

地下建筑的结构形式主要取决于使用功能、地质条件和施工技术等因素。结合使用功能需求，考虑地质条件与施工方法，根据围岩压力、水压力等常规荷载以及地震作用等偶然荷载，才能确定地下建筑最为合理的结构形式。

地下建筑的结构断面可以有多种形式，矩形断面的结构适用于工业、民用、交通等领域，但直线型构件不利于抵抗弯曲荷载，故在荷载不大、地质条件较好、跨度较小时才会采用矩形断面。圆形断面结构在受到径向压力时弯矩为零，可充分发挥混凝土结构的抗压强度，因此当地质条件较差时优先采用圆形断面。其他的断面形式介于矩形和圆形之间，根据具体的荷载和尺寸决定[7]。施工方案是决定地下结构形式的另一个重要因素，在使用功能和地质条件相同的情况下，由于施工方法不同也会采用不同的结构形式。

按照结构形式的不同，地下建筑结构可以分为以下 5 类。

1. 拱形结构

这类结构的共同特点是顶部横剖面均为拱形。

1）半衬砌

只做拱圈、不做边墙的衬砌称为半衬砌。当岩层较坚硬、整体性较好、侧壁无坍塌危险、仅顶部岩石可能有局部脱落时，可采用半衬砌结构。计算半衬砌时一般应考虑拱支座的弹性地基作用，施工时主要考虑如何保证拱脚岩层的稳定性。

2）厚拱薄墙衬砌

厚拱薄墙衬砌的拱脚较厚、边墙较薄，这种衬砌的受力特点是将拱圈所承受的荷载通过扩大的拱脚传给岩层，使边墙的受力减小，节省建筑材料和减少石方开挖量。当洞室的水平压力较小时，可采用厚拱薄墙衬砌。

3）直墙拱顶衬砌

直墙拱顶衬砌由拱圈、竖直边墙和底板（或仰拱）组成，衬砌与围岩之间的间隙须回填密实，使衬砌与围岩能整体受力。对有一定水平压力的洞室，可采用直墙拱顶衬砌，这是岩石地下工程中采用最普遍的一种结构形式。

4）曲墙拱顶衬砌

曲墙拱顶衬砌由拱圈、曲墙和底板（或仰拱）组成，多在围岩的垂直压力和水平压力都比较大时采用。当洞室底部的地层软弱或为膨胀性地层时，应采用底部结构为仰拱的曲墙拱顶衬砌，将整个衬砌围成封闭形式，以加大结构的整体刚度。

5）离壁式衬砌

离壁式衬砌的拱圈与边墙均与岩壁脱离，其间空隙不做回填，仅将拱脚局部扩大，使其延伸至岩壁并与之顶紧。当围岩基本稳定时可采用离壁式衬砌，这时对毛洞的壁面常需进行喷浆维护，以防围岩风化剥落。

6）装配式衬砌

由预制构件在洞内拼装而成的衬砌称为装配式衬砌。采用装配式衬砌可加快施工速度，提高工程质量。

7)复合式衬砌

分两次修筑，中间加设薄膜防水层的衬砌称为复合式衬砌。复合式衬砌的外层常为锚喷支护，内层常为整体式衬砌。

2. 梁板式结构

在浅埋地下建筑中，梁板式结构的应用非常普遍，如地下医院、教室、图书馆等。这种结构常用在地下水位较低的地区，或要求防护等级较低的工程中。顶、底板做成现浇钢筋混凝土梁板式结构，而围墙和隔墙可采用砖墙。

3. 框架结构

在地下水位较高或防护等级要求较高的地下工程中，一般除内部隔墙外，均做成箱形闭合框架钢筋混凝土结构。对于高层建筑，地下室结构兼作箱形基础。在城市地铁、软土中的地下厂房、地下医院和地下指挥所，以及地下发电厂中也常采用框架结构。

沉井式结构的水平断面也常做成矩形单孔、双孔或多孔等结构形式。断面大而短的顶管结构常采用矩形结构或多跨箱涵结构，这类结构的横断面也属于框架结构。

4. 圆管形结构

当地层的土质较差，依靠自身的承载能力维持稳定的时间很短时，在中等埋深以上的土层中常采用盾构法施工，其结构形式相应的采用装配式管片衬砌，这类衬砌的断面外形与盾构的圆形外形一致，沿纵向支撑在已拼装就位的管片通过衬砌反力向前推进。装配式管片一般在盾构钢壳的掩护下就地拼装，经过循序交替挖土、推进和拼装管片，就可建成装配式圆管形结构。将平行修建的装配式圆管形结构横向连通，即可成为多孔式的隧道结构。断面小而长的顶管结构一般也采用圆管形结构。

5. 开敞式结构

用明挖法施工修建的地下构筑物，通常需要修建与地面连接的通道，它是由浅入深的过渡结构，称为引道。在无法修筑顶盖的情况下，一般都做成开敞式结构。开敞式结构一般应考虑设置抗浮措施，此外，不同地质条件下结构形式的分类也有较大差异，综合使用、施工两个因素，修建在土层中的地下建筑结构可分为附建式结构、浅埋式结构、地道式结构、沉井法结构、盾构法结构、连续墙结构、沉管法结构等结构形式；修建在岩层中的地下建筑结构的主要形式有直墙拱形结构、圆形结构、曲墙拱顶结构、喷锚结构和穹顶结构等。

1.1.3 地下建筑的发展历史与前景

1. 地下建筑的发展历史

人类对地下空间的利用经历了从自发到自觉的漫长过程。推动这一过程，一是人类自身的发展，如人口的繁衍和智慧的提高；二是社会生产力的发展和科学技术的进步。从历史的角度看，人类对地下空间的利用可分为四个时代：

第一个时代，从人类出现至公元前3000年的远古时期。人类利用天然洞穴作为群居和活动场所。考古学家发现，距今10000年前，“新洞人”和“山顶洞人”的居住地址就是北京周口店龙骨山自然条件较好的天然岩洞。黄河流域已发现公元前8000～公元前3000年的洞穴遗址有7000余处。在日本、欧洲、美洲、西亚、中东、北非等地也都发现了这一时期古人类居住的洞穴，这种原始居住方式在当时已被广泛采用。

第二个时代，从公元前3000年至公元5世纪的古代时期。公元前3000年以后，人类进入了青铜器和铁器时代，劳动工具的进步和生产关系的改变，导致生产力有很大发展。古埃及、古巴比伦、古印度及中国先后建立了奴隶制国家。随着生产关系的改变和劳动工具的进步，人类开始把地下空间用于满足居住以外的多种需求。古埃及金字塔、古巴比伦幼发拉底河的引水隧道，均为这一时代的地下工程典范。

第三个时代，从公元5世纪至14世纪中期。欧洲在中世纪经历了封建社会最黑暗的千年文化低潮，地下空间的开发利用基本上处于停滞状态。在这一时期，我国地下空间的开发多用于建造陵墓和满足宗教建筑的一些特殊要求。相继而成的云冈石窟、龙门石窟、敦煌莫高窟，以及甘肃麦积山石窟和河北邯郸响堂山石窟等，这些石窟的形成和加工均与以佛教故事为题材的浮雕艺术和壁画艺术融为一体，使石窟逐渐由单一的佛殿结合僧房的功能发展成为集建筑和壁画于一体的佛教石窟文化综合体，成为人类文化宝库中极为珍贵的部分。这一年代，也建造了用于屯兵和储粮的地下空间，如隋朝在洛阳东北建造了近200个尺寸达600m×700m的地下粮仓，其中第160号仓直径11m、深11m、容量445m^3，可存粮2500～3000t；宋朝在河北峰峰建造的军用地道，约长40km。

第四个时代，从15世纪开始的近代至现代。14世纪至16世纪出现的欧洲文艺复兴，促进了社会生产力的提高和资本主义生产关系的萌芽。从此，欧洲的产业革命、科学技术开始走向世界的前列，地下空间的开发利用也进入了新的发展时期。17世纪火药的大范围应用，使人们在坚硬岩层中挖掘隧道成为可能，从而进一步拓展了地下空间的利用领域。伦敦1611年建成地下水道，1843年建成越河隧道，1863年建成了世界第一条地下铁道。1871年，穿越阿尔卑斯山，连接法国和意大利全长 12.8km 的公路隧道开通。到 21 世纪初，世界上已有 46 个国家所属的 126 座城市建成了地下铁道，线路总长度达到 6964km。我国大瑶山铁路隧道，自 1981 年 11 月开始施工，于 1987 年 5 月建成，长 14.3km。日本连接北海道与本州的青函隧道，自 1939 年开始规划，1946 年实施调查，1964 年动工，于 1987 年 3 月投入运营，经历了近半个世纪，隧道总长 53.9km，其中穿越海峡、海底隧道的长度达 23.3km。英法海峡隧道于 1987 年动工，1994 年 5 月投入运营，隧道总长 51km，海底长度 37km。地下电站是十分庞大的地下工程，原苏联的罗戈水电站，土石方量 510 万 m^3，混凝土用量 160 万 m^3，隧道的洞室 294 个，总长度达 62km。目前全球地下水电站已超过 400 座，发电量达 45 亿 W。

第二次世界大战期间，参战国的地面工厂和民用建筑都遭到了严重的破坏，而构筑在隧道、岩洞和矿井内的地下工厂、军用设施等安然无恙。战后，许多国家有计划地把一些重要的工业和军事工程转入地下。特别是在 20 世纪 70 年代冷战时期，各国为防御核战争的袭击，修建了大量的地下防御工事和民用建筑。

近年来，世界各国对于地下空间的开发和利用都十分重视。城市地下空间已经成为城市建设的一项重要内容，一些工业发达国家，逐渐将地下商业街、地下停车场、地下铁道及地下管线等连为一体，发展成为多功能的地下综合体。

2. 地下建筑的发展前景

地下空间是尚未充分利用的一种自然资源，具有很大的开发潜力。从目前的施工技术和使用代价来看，地下空间的合理开发深度以 100m 为宜。考虑到在实体岩层中开挖地下空间，需要一定的支承条件，即在两个相邻的岩洞之间应保留相当于岩洞尺寸 1～1.5 倍的岩体；以 1.5 倍计，则在当前和今后一段时间内的技术条件下，在地下 100m 以内可供合理开发的地下空间资源总量为 $2.06\times10^{16}m^3$。人类的生存和生活主要集中在陆地表面积 20%左右的可用耕地、城市和村镇用地的范围内，因此，可供有效利用的地下空间资源应为 $1.20\times10^{13}m^3$。在我国，耕地、城市和农村居民用地的面积约占国土总面积的 15%，按照上述计算方法，我国可供有效利用的地下空间资源总量接近 $5.00\times10^{10}m^3$。由此可见，可供有效利用的地下空间资源的规模巨大，从拓展人类生存空间的意义上看，地下空间无疑是一种具有很大潜力的自然资源。

开发城市地下空间以满足未来城市发展的需要，是解决城市发展与土地资源紧张矛盾的有效途径。以北京为例，清华大学土木工程系地下工程研究所高级工程师祝文君发布的其课题组完成的《北京地下空间资源评估》指出，北京市中心城 10m 深度以内的地下空间资源潜力是 $9.0\times10^7m^3$，30m 深度以内的地下空间资源潜力是 $2.1\times10^8m^3$。2004 年，北京地面建筑面积为 $1.8\times10^8m^2$，而当时北京地下空间浅层还剩余 $9.0\times10^7m^2$，即使把北京市目前一半地上建筑搬到地下，地下的开发强度也不会很高，但地上的空间形态就会发生很大改变。预计未来的城市在向高空发展的同时，也将加大开发地下空间的力度和深度，向地下索取更大的空间，以创造更加美好的地下世界。

1.2　地下结构震害与地震反应特点

地下结构赋存在岩土介质中，其地震反应与地上结构的地震反应差异显著，地上结构的地震反应以自身结构质量引起的惯性效应为主，地下结构受围岩土体的约束，主要以变形反应为主[8-10]。在世界范围内的历次地震中，地下长线形结构及小型供水系统结构的震害较多，地铁车站等大型地下结构的震害相对较少。

1.2.1　隧道结构震害

地震灾害表明，地震作用下隧道等长线形结构的地震变形主要由场地变形所致，震害较为严重，除与地震强度、震中距、地震波入射方向等因素相关外，还受断层破碎带、围岩质量、隧道截面大小及支护方式、隧道埋深、地应力大小、基岩交界面、施工状况等隧道自身因素的影响。

隧道震害最早的记录是1906年美国的旧金山8.3级地震，造成了横穿圣安德烈斯断裂带处的两座隧道损坏严重，断层处发生水平错位、砖衬砌洞门损坏严重。1923年日本关东7.9级地震，造成了震区25条隧道破坏，主要破坏形式为拱部和边墙坍塌、衬砌开裂、变形错动及洞门破坏。1952年美国克恩7.7级地震，造成穿越发震断裂带的4条铁路隧道边墙发生扭曲，地面、洞壁出现大裂缝、洞顶穿透等破坏形式。1976年中国唐山7.8级地震，造成道路涵洞、地下管线等多种交通线发生严重破坏，部分人行地道被直接剪断。1985年墨西哥米却肯8.1级地震，在距震源350km的墨西哥城施工中的污水隧道受到损坏，隧道埋深约30m，管片外径6.1m，竖井与隧道接合处2～3环范围内、竖井接合处环向接头多处损坏；竖井接头处附近的环向接头发生管环间的相对错位，环间螺栓被剪断；隧道曲线部分的混凝土二次衬砌横向裂缝，直线部分的混凝土二次衬砌起拱线上下45°位置产生纵向裂缝；隧道不均匀沉降造成隧道与竖井接头漏水。1995年日本阪神7.3级地震，造成了大量的地下隧道结构发生了不同程度的震害[9]。1999年中国台湾集集7.3级地震，造成44座隧道受损，多为衬砌龟裂，三义一号铁路隧道发生轨道扭曲严重、衬砌龟裂、掉落等破坏现象[11]。2008年中国汶川8.0级地震，震级大、持时长，且为浅源地震，造成了都汶高速公路隧道受损严重[12,13]。

1.2.2　地铁车站结构震害

近几十年来，发生在世界范围内的多次强地震对大型地下结构造成了破坏。

尤其是1995年1月17日发生的日本阪神地震，大量的房屋、桥梁及高速公路发生严重破坏，地铁车站及地铁区间隧道也遭受了严重的破坏，在神户市内5条地铁线路的21座车站，神户高速铁道大开站、长田站和它们之间的隧道部分，以及神户市营铁道的三宫站、上泽站、新长田站均发生了不同程度的破坏，甚至出现了大开地铁车站完全塌毁的情况。这是世界上首次观察到的地震作用导致完全塌毁的大型地下结构，从而引起了世界范围内地震工程专家和工程师们对地下结构抗震问题的关注。

1. 大开地铁车站震害

大开地铁车站距阪神地震震中约15km，于1962～1964年采用明挖法建造而成，在长田地铁车站方向沿线可分为三个部分。第一部分为宽17m、高7.17m的一层两跨标准结构，震害最为严重[14]。地震时第一部分120m长线路上35根柱子中的30根完全毁坏，从而导致混凝土顶板破坏，地铁上方的28国道发生坍陷，地面最大沉降量达2.5m。其中中柱的破坏形式基本分为两种：一种是单向压弯破坏，另一种是形成了像灯笼一样的大致对称状的压破坏。第一部分的顶板发生扭卷并塌陷，顶板中线两侧2m内产生宽达20cm左右的纵向裂缝，整体断面形状呈“M”形破坏。顶板在顶板顶梁交界处大多出现大致沿纵向等距离分布的横向裂缝，裂缝宽度达7cm左右。侧墙内侧的主筋发生失稳，侧墙外侧产生的裂缝最大为20cm，左右两侧侧墙上部均向内部发生一定倾斜，上部腋部位置混凝土发生脱落。第二部分为宽26m、高10.12m的二层四跨构造，在三个部分中破坏程度最轻，仅在靠近第一部分的2根中柱和靠近第三部分的1根中柱的柱顶发生破坏，呈压碎鼓胀状。受第三部分破坏的影响，第二部分地下一层的下楼板发生倾斜并沉降，地下二层的6根中柱有3根只受到轻微损伤，在地下二层沿线路垂直方向的墙壁，由横向较大的水平地震力作用所致均出现“X”状裂缝。第三部分的结构形式与第一部分相似，为单层两跨结构，结构尺寸比第一部分小，破坏程度比第一部分轻。中柱下部发生剪切破坏，混凝土剥落，轴向钢筋被压曲外露，顶板下沉约5cm[9]。

2. 地下商业街震害

三宫地下街是1957年建成的较早的地下街，宽约28m，单层段高约8m，双层段高约13m，上覆土厚约为1m，梁、柱构造形式，柱以5～8m的间隔成格子状分布。1995年阪神地震导致三宫地下街的电气、给排水和防灾等相关设备的破坏，地板面砖裂缝和大理石脱落，而主体结构没有受到破坏。神户市内有包括三宫地下街的四条地下街，阪神地震时只有设备系统相关的房间产生破坏，主体结构基本没有受到破坏[9]。

3. 地下厂房震害

2008 年汶川地震中，映秀湾、渔子溪、耿达、太平驿四个水电站地下厂房遭到不同程度的破坏，距离震中最近的映秀湾水电站的主厂房出现了局部震损，机墩风罩上新开展的裂缝较多，造成吊车无法正常运行，母线洞和交通洞与主厂房的交口处出现围岩开裂。渔子溪水电站整个厂房混凝土强度等级较高，基本上满足强度要求，在厂房发电机层及水轮机层部分梁板端部产生剪切破坏，厂房上下游共有 24 根牛腿柱，其中仅下游 2 根有细裂缝，其他基本没有明显的裂缝产生。耿达水电站整个地下厂房混凝土结构只有局部轻微受损，球阀室 4 号机楼梯梁端部发生拉裂破坏，混凝土剥落、钢筋外露，技术供水泵楼板出现 5 条斜向沿边板分布的主要裂缝，部分裂缝贯穿楼板横向分布。太平驿水电站厂房到尾水室廊道的局部混凝土浇筑质量较差，强度偏低，受地震影响较大，开裂较为严重。

1.2.3　地下结构地震反应特点

地下结构赋存于岩土介质中，结构所占据的空间与原有土体相比，单位体积内的质量小很多，地震荷载作用于结构断面上的惯性力比作用于围岩土体的惯性力小。地震作用的振动能量被周围土体吸收而很快衰减，在惯性力作用下地下结构难以产生共振现象。地下结构的地震反应是随着围岩土体一起振动，结构的变形主要受围岩土体的相对位移和变形控制。因此，在建立整体分析模型研究地下结构的地震反应时，必须将围岩土体的地震反应考虑进去。

由于地下结构与地上结构所处的环境不同，其受力形式和地震反应的特点也有明显差别，具体表现在[14-16]：

(1) 地下结构的振动变形由于受到周围岩土体的约束作用，结构的动力反应一般不明显地表现出自振特性。地上结构的地震反应与结构自振特性密切相关。

(2) 地下结构的振动形态受地震波入射方向变化的影响很大，尤其是隧道等长线形结构。地震波的入射方向发生改变，地下结构各点的变形和应力将会显著不同。地上结构的振动形态受地震波入射方向的影响较小。

(3) 地下结构的存在对周围地基地震动的影响一般较小，结构和土体可看作整体一起发生均匀的振动变形。地上结构的存在则会对该处自由场的地震反应特性产生较大的扰动。

(4) 地下结构在振动中各点的相位差相较于地上结构更明显。

(5) 地下结构在地震中的反应大小与地震加速度大小没有一一对应关系，而与周围岩土介质在地震作用下的应变或变形密切相关。对于地上结构，地震加速度直接决定结构的所受惯性力的大小，是影响结构动力反应的重要因素。

(6) 地下结构在地震作用下的变形随埋深增加有先增加后减小的特点，存在一个最不利埋深位置。

(7)地下结构的相对刚度或变形能力对结构的地震反应影响很大。地下结构应有足够的变形能力来适应围岩土体的相对变位,同时又不损害其承受静载的能力。地上结构因承载能力和使用功能要求需要具有一定的强度和刚度。

(8)地下结构的耗能要求相对地上结构较低。由于结构周围土体阻尼及辐射阻尼比结构自身的阻尼大得多，地震能量主要被周围岩土介质吸收，结构体系耗能较少，提高地下结构的耗能能力不能显著提高地下结构的抗震能力。地上结构则将耗能能力作为结构抗震性能优劣的重要指标。

(9)地下结构由于上覆土体较重，结构竖向承重构件设计轴压比较大，竖向地震作用的影响不能忽略，而地上结构主要考虑结构的水平向抗震性能。

总体而言，结构的自振特性、地基的动力特性及地震动特性对于地上结构和地下结构的地震反应都有影响，但各自影响程度不同。地上结构的地震反应主要取决于结构的自振特性、形状、质量、刚度等，且地面峰值加速度决定了结构的受力水平；对于地下结构，由于周围岩土体的约束作用，结构通常不明显地表现出自振特性，对地下结构地震反应起主导作用的因素是地基的特性，结构受力大小取决于围岩的变形大小和土与结构的相对刚度等。

1.3 地下结构抗震研究概况

1.3.1 地下结构抗震研究方法

研究地下结构抗震性能及其破坏机理的主要途径包括原型观测(包括现场震害调查、足尺试验)、模型试验和数值模拟[15-18]。由于地震荷载的随机性、难以预测性，以及结构物和周围土体所构成系统本身的复杂性，目前还没有哪一种手段能够完全实现对地下结构动力反应进行全面而真实的解释和模拟。一般通过原型观测和模型试验结果来部分地或定性地再现实际现象、解释物理机制、推断变化过程、总结特性规律和分析破坏后果；在此基础上建立合理的能够反映实际动力相互作用规律的数理分析模型，发展相应的数值分析方法；再通过模型试验和原型观测结果加以验证。然后对不同的抗震设计方案进行计算分析，尽可能地再现和模拟其实际动力反应，研究其抗震性能，分析其破坏机理，提出相应的抗震分析方法并采取减震措施。这是目前研究和评价地下结构抗震性能较为合理的有效途径。目前还很难进行地下结构抗震分析的原位测试，地下结构的震害资料相对较少，尤其是地下结构空间尺寸太大，足尺结构试验费用极高，现今对地下结构抗震性能研究的方法仍以室内模型试验和数值模拟为主。

1. 模型试验

模型试验是研究地下结构地震响应与破坏机理较为有效的途径。随着试验条件的改善，模型试验技术得到了很大提高，振动台模型试验和离心机振动台模型试验已经成为现有模型试验的主要手段。

鉴于设备能力有限，地震模拟的模型试验多以缩尺模型进行试验，为了尽可能真实地反映原型的性状，必须考虑模型与原型的物理相似性。普通振动台试验是在 1g 的重力加速度条件下进行的，且模型与原型相比几何尺寸缩小了数倍，因此在正常重力条件下，模型的应力水平尤其是自重应力水平与原型有一定差距。对于土-结构动力相互作用系统，土体为强非线性材料，其剪切模量为约束压力的函数，应力-应变水平对土体承载力和变形有较大影响，因此振动台试验结果与实际情况相比可能会有一定差距。相对而言，离心机模型试验可以很好地考虑重力的影响，动力离心模型试验通过增加模型的场加速度，可以模拟出与原型相等或相近的应力水平，重现原型的物理特性，在再现动力反应、观测破坏机制、检验评价方法以及对比设计方案等方面具有突出的优越性，在欧美、日本等发达国家和地区得到了广泛的应用。目前，国内动力离心模型试验技术已在岩土地震工程问题的研究中得到应用，并取得了良好的效果。

目前已完成的大部分振动台试验和离心机振动台试验对于地基土体的处理均较为简化，如何在考虑土-结构动力相互作用效应的振动台模型试验中再现复杂地基的影响，是普通振动台模型试验和离心机振动台模型试验共同面对的问题。断层、可液化土层和不均匀成层地基等情况在实际地下工程中经常遇到，对地下结构的抗震性能会产生重要的影响，如何在振动台模型试验中再现这些复杂场地的影响，是大跨度、大平面尺寸地下结构振动台模型试验所要解决的关键问题之一。另外，振动台的边界条件与地震动的输入也是模型试验的关键技术。

2. 理论分析方法

在地下结构抗震分析领域，国内外学者已经提出了多种分析方法，可以分为解析法、数值分析法和简化分析法三大类。解析法具有完备的理论基础，但其采用了多种假设条件，仅仅适用于圆形等规则截面，当截面形式和场地土层参数复杂时，采用该方法难以得到可靠的计算结果。20 世纪 80 年代以后，随着计算技术的飞速发展，数值分析法已成为研究地下结构地震反应分析的重要途径，目前国内外学者广泛采用数值分析法来研究地下结构的地震反应问题。数值分析法在地下结构抗震分析中具有较大的优势，它可以模拟复杂的三维地下结构形式、地质条件、地下结构与场地的相互作用、材料和接触非线性问题，以及不同的地震动和边界条件等。此外，为适应地下结构的抗震设计，在理论、数值分析及震害调查的基础上，对地下结构抗震分析进一步地假设和简化，提出了一系列简单实用的地下结构抗震设计简化分析法，如自由场变形法、反应位移法等[19]。

1）数值分析法

地下结构与围岩土体系统的地震反应可归结为近场非线性波动问题，一般采用整体分析法和子结构分析法求解。整体分析法是将广义结构和地基组成的系统直接进行数值分析的方法，通常也称为直接法。整体分析法可以较为完整、合理地考虑广义结构内材料的非均匀、非线性、不规则地形以及界面间的接触非线性等因素，对于无限域地基，整体分析模型通过引入人工边界条件来模拟能量的辐射效应。整体分析法在考虑地震反应影响因素方面优点十分突出，并且获得的模拟结果也较为可靠，不足之处在于计算成本较高。提升整体分析模型的高效、高精度数值计算已成为瓶颈问题，也是地下结构地震反应数值分析法近年来的主要研究方向。子结构分析法是把广义结构和地基作为不同的子结构分别进行离散和分析，然后根据二者接触界面上的力和位移连续条件加以综合。通常无限域地基部分可进行频域分析，而需要考虑非线性因素的广义结构可在时域进行求解。相对于整体分析法，子结构分析法可以充分利用现有研究成果的优势，如不用重复计算的自由场的解析解，以及规则地基阻抗函数的解析解等都可以直接应用，不足之处是阻抗力时域解耦处理的计算成本高。

2）简化分析法

借鉴地上结构抗震分析方法提出的地震系数法，以惯性力作为地下结构在地震作用下主要承受的荷载，忽略结构埋深及土层刚度对结构变形的控制，与实际情况不符，不建议在后续的抗震分析工作中采用。自由场变形法和柔度系数法都在一定程度上体现了地震作用下地下结构层间变形。其中，自由场变形法由于忽略地下结构存在引起的周围土体刚度变化，计算结果一般仅在特定条件下具有较高的精度，其适用范围需做进一步研究；而柔度系数法初步考虑了地下结构与周围土体之间的相互作用，但两者的计算模型和加载方式都过于简化，不能反映地震荷载作用下地下结构真实的反应特点。反应位移法考虑了土层相对位移、土层剪力和结构惯性力三部分主要荷载，通过在结构周围引入地基弹簧来反映地下结构与土体之间的相互作用，物理概念较为明确，且实用性强，但地基弹簧的刚度难以确定，同时忽略土体阻尼的影响，导致计算结果存在一定的误差。无论是地基弹簧刚度还是土层相对位移等参数都有待进一步研究和完善。反应加速度法和地下结构 Pushover 分析法均通过建立土-结构整体分析模型来直接反映地下结构与周围土体之间的相互作用，并且沿土层深度方向施加一定分布形式的水平荷载，能较好地体现地震作用下结构与周围土体惯性力分布特征。但水平荷载分布形式及目标位移均较难确定，仅采用一阶振型分布形式无法准确真实地反映地下结构在地震作用下的反应。目前发展的地下结构抗震简化分析法只在一定程度上体现了地下结构在水平地震荷载作用下的反应特点，而忽略了竖向地震作用的影响。这是现有简化分析法不能很好解释地下结构地震破坏的一个关键所在，也是简化分析法需要改进的一个重要问题[19]。

1.3.2 地下结构抗震设计规范

我国在地下结构抗震领域的研究起步较晚，相应成果的积累也不多。长期以来，一直没有专门的关于地下结构的抗震设计规范。《地下铁道设计规范》(GB 50157—92)[20]和《地铁设计规范》(GB 50157—2003)[21]对地铁车站结构的抗震设计只给出了极为笼统的规定。有关地下结构的抗震设计一般参照《铁路工程抗震设计规范》(GBJ 111—87)[22]中有关隧道部分的条文和《建筑抗震设计规范》(GB 50011—2001)[23]，对地铁车站结构进行抗震设计。《铁路工程抗震设计规范》(GB 50111—2006)[24]、《建筑抗震设计规范》(GB 50011—2010)[25]和《铁路工程设计技术手册——隧道》[26]采用地震系数法对隧道衬砌结构进行抗震分析。此外，日本土木工程协会 JSCE《沉管隧道抗震设计规范》[27]也采用地震系数法对地下结构进行抗震设计。

日本《大規模地下構造物の耐震設計法・ガイドライン(案)》[28]、《铁道构造物等设计标准同解说・耐震设计》[29]和《水道施設耐震工法指針・解说》[30]中规定使用反应位移法对地下结构进行抗震计算。相比较而言，计算车站埋置于中软土层的地层位移和地层剪力时，日本规范的计算结果偏于安全，而中国规范计算中硬土层中的地层位移和地层剪力的结果偏于安全。

2010 年，同济大学、北京工业大学等单位共同编制了我国首部《城市轨道交通结构抗震设计规范》(GB 50909—2014)[31]，并于 2014 年颁布实施。该规范规定，抗震设防区的城市轨道交通结构必须进行抗震设计，抗震设防采用的地震动参数按现行国家标准《中国地震动参数区划图》(GB 18306—2015)[32]执行。在对地下结构进行建模时，梁、柱、杆等构件宜采用梁、杆单元进行建模；地质条件和结构形式简单的隧道结构横向抗震计算可采用反应位移法或反应加速度法；周围土层均匀、断面形状标准、规则且无突变的隧道结构纵向抗震计算宜采用反应位移法；在地质条件、结构形式复杂的情况下，隧道结构宜考虑地基和结构的相互作用以及地基和结构的非线性动力特性，应该采用时程分析法进行抗震计算。该规范建议的简化分析法只在一定程度上体现了地下结构在水平地震荷载作用下的反应特点，没有考虑竖向地震作用的影响，更没有考虑结构上覆土体的竖向惯性作用，这也是简化分析法急需改进的一个重要问题。

参 考 文 献

[1] 朱合华. 地下建筑结构[M]. 北京: 中国建筑工业出版社, 2006.

[2] 门玉明, 王启耀. 地下建筑结构[M]. 北京: 人民交通出版社, 2007.

[3] 王树理. 地下建筑结构设计[M]. 北京: 清华大学出版社, 2007.

[4] Goel R K, Singh B, Zhao J. Underground Infrastructures: Planning, Design, and Construction[M]. Oxford: Butterworth-Heinemann, 2012.

[5] 孙钧, 侯学渊. 地下结构(上册)[M]. 北京: 科学出版社, 1987.

[6] 孙钧, 侯学渊. 地下结构(下册)[M]. 北京: 科学出版社, 1991.

[7] Feng X T, Hudson J A. Rock Engineering Design[M]. Boca Raton: CRC Press/Balkema, 2011.

[8] Hashash Y M A, Hook J J, Schmidt B, et al. Seismic design and analysis of underground structures[J]. Tunnelling and Underground Space Technology, 2001, 16: 247-293.

[9] Iida H, Hiroto T, Yoshida N, et al. Damage to Daikai subway station[J]. Soils and Foundations, 1996, 36: 283-300.

[10] Huo H B, Bobet A, Fernández G, et al. Load transfer mechanisms between underground structure and surrounding ground: Evaluation of the failure of the Daikai station[J]. Journal of Geotechnical and Geoenvironmental Engineering, 2005, 131(12): 1522-1533

[11] Wang W L, Wang T T, Su J J, et al. Assessment of damage in mountain tunnels due to the Taiwan chi-chi earthquake[J]. Tunnelling and Underground Space Technology, 2001, 16: 133-150.

[12] Wang Z Z, Gao B, Jiang Y J, et al. Investigation and assessment on mountain tunnels and geotechnical damage after the Wenchuan earthquake[J]. Science in China Series E: Technological Sciences, 2009, 52(2): 546-558.

[13] 李田彬. 汶川特大地震中山岭隧道变形破坏特征及影响因素分析[J]. 工程地质学报, 2008, 16(6): 742-750.

[14] 杜修力, 李洋, 许成顺, 等. 1995 年日本阪神地震大开地铁车站震害原因及机理分析研究进展[J]. 岩土工程学报, 2018, 40(2): 223-236.

[15] 郑永来, 杨林德, 李文艺, 等. 地下结构抗震[M]. 上海: 同济大学出版社, 2005.

[16] 陈国兴. 岩土地震工程学[M]. 北京: 科学出版社, 2007.

[17] 小泉淳, 张稳军, 袁大军. 盾构隧道的抗震研究及算例[M]. 北京: 中国建筑工业出版社, 2009

[18] 杜修力, 路德春. 土动力学与岩土地震工程研究进展[J]. 岩土力学, 2011, 32(S2): 10-20.

[19] 许成顺, 许紫刚, 杜修力, 等. 地下结构抗震简化分析方法比较研究[J]. 地震工程与工程振动, 2017, 37(2): 1-16.

[20] 国家技术监督局, 中华人民共和国建设部. 地下铁道设计规范(GB 50157—92)[S]. 北京:

中国计划出版社, 1992.
[21] 中华人民共和国国家质量监督检验检疫总局, 中华人民共和国建设部. 地铁设计规范(GB 50157—2003)[S]. 北京: 中国建筑工业出版社, 2003.
[22] 中华人民共和国铁道部. 铁路工程抗震设计规范(GBJ 111—87)[S]. 北京: 中国计划出版社, 2006.
[23] 中华人民共和国建设部. 建筑抗震设计规范(GB 50011—2001)[S]. 北京: 中国建筑工业出版社 2001.
[24] 中华人民共和国建设部. 铁路工程抗震设计规范(GB 50111—2006)[S]. 北京: 中国计划出版社, 2006.
[25] 中华人民共和国住房和城乡建设部, 中华人民共和国国家质量监督检验检疫总局. 建筑抗震设计规范(GB 50011—2010)[S]. 北京: 中国建筑工业出版社, 2010.
[26] 铁道部第二设计院. 铁路工程设计技术手册——隧道[M]. 北京: 人民铁道出版社, 1978.
[27] 屠树根. 日本沉管隧道抗震设计细则[J]. 世界隧道, 1995, (2): 12-35.
[28] 建設省土木研究所地震防災部耐震研究室. 大規模地下構造物の耐震設計法・ガイドライン(案)[R]. 东京: 土木研究所資料, 1992.
[29] 日本铁道技术综合研究所. 铁道构造物等设计标准同解说·耐震设计[R]. 东京: 日本铁道技术综合研究所, 1999.
[30] 日本水道協會. 水道施設耐震工法指針·解说[R]. 东京, 1979.
[31] 中华人民共和国住房和城乡建设部, 中华人民共和国国家质量监督检验检疫总局. 城市轨道交通结构抗震设计规范(GB 50909—2014)[S]. 北京: 中国计划出版社, 2014.
[32] 中华人民共和国国家质量监督检验检疫总局, 中国国家标准化管理委员会. 中国地震动参数区划图(GB 18306—2015)[S]. 北京: 中国标准出版社, 2015.

第 2 章　波动理论与分析方法

2.1　一维标准波动方程[1]

2.1.1　一维标准波动方程概述

波动是运动在介质中的传播，这一运动在介质中的传播过程可以用根据经典力学原理建立的运动微分方程来描述。介质中的任何一点在任意时刻应满足动力平衡条件以及应力与应变需要符合的物理关系，也即波动方程的建立是在运动状态和受力状态之间通过牛顿第二运动定律和本构关系来实现的。下面通过一维杆的波动方程的推导来说明波动方程的建立过程。

如图 2.1.1 所示，一根截面面积为 A 的均匀无限长直杆，杆身材料的杨氏模量为 E，容重为γ。假设杆在作纵向振动时每个截面仍保持为平面，截面上的应力均匀分布，这样杆的运动仅是杆轴线坐标 x 和时间 t 的函数，其位移可以用数学表达式描述如下：

$$\boldsymbol{u} = \boldsymbol{u}(\boldsymbol{x}, t) \tag{2.1.1}$$

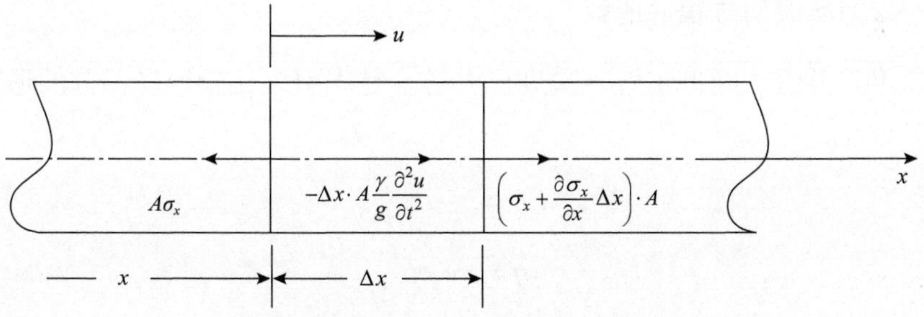

图 2.1.1　一维杆的纵向振动示意图

对于弹性波动问题，有如下的应力-应变关系：

$$\sigma_x = E\frac{\partial u}{\partial x} \tag{2.1.2}$$

如图 2.1.1 所示，从直杆中截出的微元体，在 x 处横向平面上的应力为 σ_x，则在 $x + \Delta x$ 处横向平面上的应力为 $\sigma_x + \frac{\partial \sigma_x}{\partial x}\Delta x$，微元体上的惯性力为 $-\Delta x \cdot A\frac{\gamma}{g}\frac{\partial^2 u}{\partial t^2}$，

由牛顿第二定律有

$$-\sigma_x A+\left(\sigma_x+\frac{\partial \sigma_x}{\partial x}\Delta x\right)\cdot A=\Delta x\cdot A\frac{\gamma}{g}\frac{\partial^2 u}{\partial t^2} \tag{2.1.3}$$

式(2.1.3)简化后有

$$\frac{\partial \sigma_x}{\partial x}=\frac{\gamma}{g}\frac{\partial^2 u}{\partial t^2} \tag{2.1.4}$$

将式(2.1.2)代入式(2.1.4)可以得到

$$\frac{\partial^2 u}{\partial t^2}=c^2\frac{\partial^2 u}{\partial x^2} \tag{2.1.5}$$

式中

$$c^2=\frac{E}{\rho},\ \rho=\frac{\gamma}{g}$$

其中，ρ 为质量密度；c 为波速。

式(2.1.5)通常称为一维标准波动方程。标准的含义是指其他一维波动问题的方程都可转化为式(2.1.5)的形式。

2.1.2 一维标准波动方程的通解

式(2.1.5)可由达朗贝尔解方法进行求解。首先引入比较容易积分的形式，作初等变换：

$$\xi=x-ct \tag{2.1.6}$$

$$\eta=x+ct \tag{2.1.7}$$

利用复合函数求解微商的法则，可容易得

$$\frac{\partial^2 u}{\partial x^2}=\frac{\partial^2 u}{\partial \xi^2}+2\frac{\partial^2 u}{\partial \xi\partial \eta}+\frac{\partial^2 u}{\partial \eta^2} \tag{2.1.8}$$

$$\frac{\partial^2 u}{\partial t^2}=c^2\left(\frac{\partial^2 u}{\partial \xi^2}-2\frac{\partial^2 u}{\partial \xi\partial \eta}+\frac{\partial^2 u}{\partial \eta^2}\right) \tag{2.1.9}$$

将式(2.1.8)和式(2.1.9)代入式(2.1.5)有

$$\frac{\partial^2 u}{\partial \xi \partial \eta} = 0 \tag{2.1.10}$$

式(2.1.10)的解为

$$u(x,t)=f(x-ct)+g(x+ct) \tag{2.1.11}$$

式(2.1.11)即为一维标准波动方程(2.1.5)的通解，也称为达朗贝尔解。

下面分析达朗贝尔解的物理意义。先考查式(2.1.11)中的第一项

$$u_1(x,t)=f(x-ct) \tag{2.1.12}$$

对于某一特定的时刻 t，式(2.1.12)是坐标 x 函数。如图 2.1.2 所示，在经过时间间隔 Δt 之后，函数 f 的自变量为 $x-c(t+\Delta t)$，如果坐标 x 增加 $\Delta x = c\Delta t$，则函数 f 可证明仍保持不变，即

$$u_1\big|_{(x,t)} = f(x-ct) \tag{2.1.13}$$

$$u_1\big|_{(x+\Delta x,t+\Delta t)} = f(x+\Delta x - c(t+\Delta t)) = f(x+\Delta x - ct - c\Delta t) = f(x-ct) \tag{2.1.14}$$

这表明图 2.1.2 中 t 时刻在 x_1 处的图形，到了 $t+\Delta t$ 时刻移到 x_2 处，但其形状保持不变。由此可见，式(2.1.12)代表了一个波动以速度 c 沿 x 轴正向传播，故 c 被称为波速。同理可知，式(2.1.11)中的第二项代表了一个波动以速度 c 沿 x 轴负向传播。

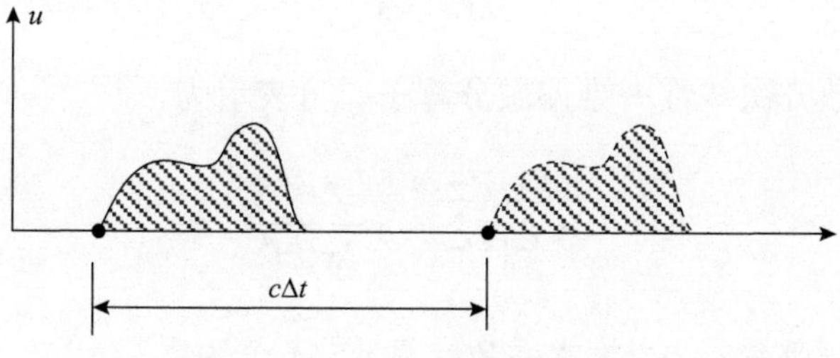

图 2.1.2　达朗贝尔解的物理意义

波速 c 与质点速度 $\partial u/\partial t$ 是完全不同的概念，波速 c 取决于介质特性，而质点速度 $\partial u/\partial t$ 则取决于应力状态。

2.1.3　一维标准波动方程的频域解

对式(2.1.5)进行傅里叶变换后有

$$c^2 \frac{\partial^2 U}{\partial x^2} + \mathrm{i}\omega U = 0 \tag{2.1.15}$$

式(2.1.15)的通解为

$$U(x,\omega) = A\exp[\mathrm{i}(\omega t + kx)] + B\exp[\mathrm{i}(\omega t - kx)] \tag{2.1.16}$$

$$k = \omega / c \tag{2.1.17}$$

式中，ω是圆频率；k为波数；A、B是幅值因子；$\mathrm{i} = \sqrt{-1}$。

ω是描述质点振动特征的运动学参数，它与频率f有如下关系：

$$f = \omega / 2\pi \tag{2.1.18}$$

质点的振动周期T可写为

$$T = 1 / f \tag{2.1.19}$$

简谐波波形随空间坐标x变化的周期与振动周期T相对应，用波长λ来描述，λ可表示为

$$\lambda = cT \tag{2.1.20}$$

2.1.4 波动方程时空周期性

假定一维波动方程具有如下的一般形式：

$$L(u) = 0 \tag{2.1.21}$$

式中，L为常系数齐次线性一维偏微分算子，可表示为

$$L = \sum_{j=0}^{n} \sum_{k=0}^{m} \alpha_{jk} \frac{\partial^{j+k}}{\partial x^j \partial t^k} \tag{2.1.22}$$

其中，n、m为正整数；α_{jk}为常系数，且α_{jk}不全为零。

设式(2.1.21)有如下的广义谐波形式的积分解：

$$u(x,t) = \iint A(k,\omega) U(\omega,k,x,t) \mathrm{d}k \mathrm{d}\omega \tag{2.1.23}$$

其中，$A(k,\omega)$为待定系数；$U(\omega,k,x,t)$为广义谐波，它可以表示为

$$U(\omega,k,x,t) = \exp[-\mathrm{i}(\omega t - kx)] \tag{2.1.24}$$

将式(2.1.23)代入式(2.1.21)，消去广义谐波，则可得到如下的代数关系式：

$$D(\omega,k;\alpha)=0 \tag{2.1.25}$$

式中，α 是式(2.1.22)中的参数集合。

式(2.1.25)就是通常讲的频散关系，或称频散方程，它决定了波动频率 ω 与波数 k 及参数集合 α 之间的关系，也反映了波动的时空双重周期性质。

求解式(2.1.25)可以得到频散关系另外的表述形式：

$$\omega=\omega(k;\alpha)=\omega(k) \tag{2.1.26}$$

$$k=k(\omega;\alpha)=k(\omega) \tag{2.1.27}$$

由代数方程的性质可知，ω 的根的个数与式(2.1.25)中 ω 的次数 m 相等。同理可知，k 的根的个数与式(2.1.25)中 k 的次数 n 相等。很明显，m 等于式(2.1.22)对 t 的最高偏导次数，n 则等于式(2.1.22)对 x 的最高偏导次数。下面我们针对 ω、k 的不同取值讨论广义谐波解(2.1.24)的性质，讨论分时间演化和空间形态两种情况进行。

1. 时间演化特性

(1) 当 $\omega(k)$ 是实数且不等于零时，式(2.1.24)是谐波解，它体现了时间域的周期特性。

(2) 当 $\omega(k)$ 是纯虚数时，$\omega(k)=\mathrm{i}\omega_2(k)$，式(2.1.24)是非谐波解，时间域中的波动周期性消失。若 $\omega_2(k)>0$，式(2.1.24)的振幅随着 t 的增大而按照指数规律无限增大，这反映了一个不稳定系统的特征；若 $\omega_2(k)<0$，式(2.1.24)的振幅随着 t 的增大而按照指数规律减小，这实际上是过阻尼体系的反应特征。

(3) 当 $\omega(k)$ 是复数时，记为 $\omega(k)=\omega_1(k)+\mathrm{i}\omega_2(k)$。由于 $\omega_1(k)$ 不等于零，式(2.1.24)的解在时间域中呈谐波形态，但这种谐波形态由于 $\omega_2(k)$ 的不等于零，振幅呈指数衰减（$\omega_2(k)<0$）和指数增长（$\omega_2(k)>0$）两种方式。

由上面的讨论可见，当 $\omega(k)$ 是纯虚数时，时间域的波动周期性消失，式(2.1.24)严格来讲已不是谐波。当 $\omega(k)$ 是复数时，时间域的波动周期性从广义上讲是存在的，但它在振幅上呈现衰减和增长两种情况。这两种 $\omega(k)$ 是复数的情况常称为波动是弥散的，而 $\omega(k)$ 是实数的情况则称波动是非弥散的。

2. 空间形态特性

(1) 当 $k(\omega)$ 是实数时，式(2.1.24)是行波解，体现了空间形态的周期特性。

(2) 当 $k(\omega)$ 是纯虚数时，$k(\omega)=\mathrm{i}k_2(\omega)$，式(2.1.24)是非行波解，空间形态中

的波动周期性消失。若 $k_2(\omega)>0$，式(2.1.24)的振幅沿 x 轴正向呈现指数衰减；若 $k_2(\omega)<0$，式(2.1.24)的振幅沿 x 轴负向呈现指数衰减。

(3)当 $k(\omega)$ 是复数时，记为 $k(\omega)=k_1(\omega)+\mathrm{i}k_2(\omega)$。当 $k_2(\omega)>0$ 时，式(2.1.24)的振幅沿 x 轴正向呈现指数衰减，$k_1(\omega)$ 不等于零使振幅的空间形态呈现广义的周期形式；当 $k_2(\omega)<0$ 时，式(2.1.24)的振幅沿 x 轴负向呈现指数衰减，同样，$k_1(\omega)$ 不等于零使振幅的空间形态呈现广义的周期形式。

由上面的讨论可见，当 $k(\omega)$ 是纯虚数时，振幅空间形态的周期性将消失，式(2.1.24)的解为非行波解，这种情况称为消减运动。

综上所述，广义谐波解在空间上表现为广义波和消减运动两种形式，在时间域则表现为周期和非周期运动两种形式。通常时间域的非周期运动不是严格的波动解，因此，波动分析的重点是空间形态特性。若介质中的阻尼可以忽略，则 ω 的虚部消失，在下面的讨论中不特别指出时 ω 都是实数。

2.2　无限各向同性弹性介质中的波[1]

2.2.1　三维波动方程

一维波动运动可以用波动方程来表示，而且波运动的物理含义与数学表达式很容易联系起来。但对于高维问题而言，通常其物理意义不是很明确，这时数学表达式变得更为重要，但是通过一定的数学变换仍然可以将高维弹性动力学方程转化为波动方程的形式。下面先建立三维弹性介质的运动微分方程。

如图 2.2.1 所示的微元体，设 u、v、w 分别表示 x、y、z 方向的位移分量，则六个应变分量的表达式分别为

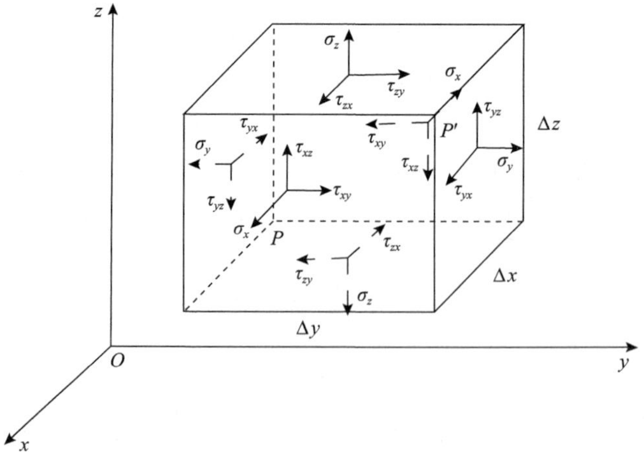

图 2.2.1　微元体应力矢量

$$
\begin{cases}
\varepsilon_x = \dfrac{\partial u}{\partial x}, & \gamma_{xy} = \gamma_{yx} = \dfrac{\partial v}{\partial x} + \dfrac{\partial u}{\partial y} \\
\varepsilon_y = \dfrac{\partial v}{\partial y}, & \gamma_{yz} = \gamma_{zy} = \dfrac{\partial w}{\partial y} + \dfrac{\partial v}{\partial z} \\
\varepsilon_z = \dfrac{\partial w}{\partial z}, & \gamma_{zx} = \gamma_{xz} = \dfrac{\partial u}{\partial z} + \dfrac{\partial w}{\partial x}
\end{cases}
\tag{2.2.1}
$$

假定胡克(Hooke)定律成立，则应力分量与应变分量之间存在如下的线性本构关系

$$
\begin{cases}
\sigma_x = c_{11}\varepsilon_x + c_{12}\varepsilon_y + c_{13}\varepsilon_z + c_{14}\gamma_{xy} + c_{15}\gamma_{yz} + c_{16}\gamma_{zx} \\
\sigma_y = c_{21}\varepsilon_x + c_{22}\varepsilon_y + c_{23}\varepsilon_z + c_{24}\gamma_{xy} + c_{25}\gamma_{yz} + c_{26}\gamma_{zx} \\
\sigma_z = c_{31}\varepsilon_x + c_{32}\varepsilon_y + c_{33}\varepsilon_z + c_{34}\gamma_{xy} + c_{35}\gamma_{yz} + c_{36}\gamma_{zx} \\
\tau_{xy} = c_{41}\varepsilon_x + c_{42}\varepsilon_y + c_{43}\varepsilon_z + c_{44}\gamma_{xy} + c_{45}\gamma_{yz} + c_{46}\gamma_{zx} \\
\tau_{yz} = c_{51}\varepsilon_x + c_{52}\varepsilon_y + c_{53}\varepsilon_z + c_{54}\gamma_{xy} + c_{55}\gamma_{yz} + c_{56}\gamma_{zx} \\
\tau_{zx} = c_{61}\varepsilon_x + c_{62}\varepsilon_y + c_{63}\varepsilon_z + c_{64}\gamma_{xy} + c_{65}\gamma_{yz} + c_{66}\gamma_{zx}
\end{cases}
\tag{2.2.2}
$$

式中，σ_x、σ_y、σ_z、τ_{xy}、τ_{yz}、τ_{zx}是与六个应变分量相对应的应力分量；c_{ij} $(i, j = 1,2,\cdots,6)$是弹性常数。由于应力张量和应变张量的对称性，对于通常情况有 36 个弹性常数。再利用热力学关系，独立的弹性常数可以减少为 21 个。对于通常所研究的均匀各向同性弹性介质，独立的弹性常数进一步减少为 2 个，用λ和μ表示，称为拉梅(Lamé)常数。这时，式(2.2.2)可以表示为

$$
\begin{cases}
\sigma_x = \lambda\bar{\varepsilon} + 2\mu\varepsilon_x, & \tau_{xy} = \mu\gamma_{xy} \\
\sigma_y = \lambda\bar{\varepsilon} + 2\mu\varepsilon_y, & \tau_{yz} = \mu\gamma_{yz} \\
\sigma_z = \lambda\bar{\varepsilon} + 2\mu\varepsilon_z, & \tau_{zx} = \mu\gamma_{zx}
\end{cases}
\tag{2.2.3}
$$

式中

$$\bar{\varepsilon} = \varepsilon_x + \varepsilon_y + \varepsilon_z$$

$$\mu = \frac{E}{2(1+\nu)}$$

$$\lambda = \frac{\nu E}{(1+\nu)(1-2\nu)}$$

其中，$\bar{\varepsilon}$为微元体的体积应变；E为介质材料的杨氏模量；ν为泊松比。

图 2.2.1 中的微元体 x、y、z 方向的惯性力分别为 $-\rho\Delta x\Delta y\Delta z\dfrac{\partial^2 u}{\partial t^2}$、$-\rho\Delta x\Delta y\Delta z\dfrac{\partial^2 v}{\partial t^2}$、$-\rho\Delta x\Delta y\Delta z\dfrac{\partial^2 w}{\partial t^2}$，$\rho$ 为介质材料的质量密度。根据达朗贝尔原理，对于图 2.2.1 中的微元体，可得如下的运动方程：

$$\rho\frac{\partial^2 u}{\partial t^2}=\frac{\partial\sigma_x}{\partial x}+\frac{\partial\tau_{xy}}{\partial y}+\frac{\partial\tau_{xz}}{\partial z} \tag{2.2.4}$$

$$\rho\frac{\partial^2 v}{\partial t^2}=\frac{\partial\tau_{yx}}{\partial x}+\frac{\partial\sigma_y}{\partial y}+\frac{\partial\tau_{yz}}{\partial z} \tag{2.2.5}$$

$$\rho\frac{\partial^2 w}{\partial t^2}=\frac{\partial\tau_{zx}}{\partial x}+\frac{\partial\tau_{zy}}{\partial y}+\frac{\partial\sigma_z}{\partial z} \tag{2.2.6}$$

将式(2.2.3)代入式(2.2.4)、式(2.2.5)、式(2.2.6)后有

$$\rho\frac{\partial^2 u}{\partial t^2}=(\lambda+\mu)\frac{\partial\overline{\varepsilon}}{\partial x}+\mu\nabla^2 u \tag{2.2.7}$$

$$\rho\frac{\partial^2 v}{\partial t^2}=(\lambda+\mu)\frac{\partial\overline{\varepsilon}}{\partial y}+\mu\nabla^2 v \tag{2.2.8}$$

$$\rho\frac{\partial^2 w}{\partial t^2}=(\lambda+\mu)\frac{\partial\overline{\varepsilon}}{\partial z}+\mu\nabla^2 w \tag{2.2.9}$$

式中，∇^2 为拉普拉斯算子，可以表示为

$$\nabla^2=\frac{\partial^2}{\partial x^2}+\frac{\partial^2}{\partial y^2}+\frac{\partial^2}{\partial z^2}$$

式(2.2.7)、式(2.2.8)和式(2.2.9)即为均匀各向同性弹性介质的动力学方程——纳维(Navier)方程。下面将引进数学变换，将纳维方程转化为波动方程。

2.2.2 位移势和波动方程

运动方程(2.2.7)、(2.2.8)和(2.2.9)通常很难进行积分求解，但通过对位移矢量进行适当变换可以使其简化，从而导出标准的波动方程。在数学变换中，对于本问题来说拉梅势函数是最为有用和简单的。

引入拉梅势函数 $\boldsymbol{\Phi}$ 和 $\boldsymbol{\Psi}$，矢量位移场 $\boldsymbol{U}=[u,v,w]^{\mathrm{T}}$ 可以表示为

$$\boldsymbol{U}=\nabla\boldsymbol{\Phi}+\nabla\times\boldsymbol{\Psi}=\boldsymbol{U}_1+\boldsymbol{U}_2 \tag{2.2.10}$$

$$\nabla\boldsymbol{\Psi}=0 \tag{2.2.11}$$

将式(2.2.10)代入式(2.2.7)、式(2.2.8)和式(2.2.9)后有

$$\nabla\left(c_1^2\nabla^2\boldsymbol{\Phi}-\frac{\partial^2\boldsymbol{\Phi}}{\partial t^2}\right)+\nabla\times\left(c_2^2\nabla^2\boldsymbol{\Psi}-\frac{\partial^2\boldsymbol{\Psi}}{\partial t^2}\right)=0 \tag{2.2.12}$$

如果方程(2.2.12)中左边的两个括号内的部分都等于零,那么该方程就恒等地成立，于是就可以得到函数$\boldsymbol{\Phi}$和$\boldsymbol{\Psi}$应该满足的关系式如下：

$$c_1^2\nabla^2\boldsymbol{\Phi}=\frac{\partial^2\boldsymbol{\Phi}}{\partial t^2} \tag{2.2.13}$$

$$c_2^2\nabla^2\boldsymbol{\Psi}=\frac{\partial^2\boldsymbol{\Psi}}{\partial t^2} \tag{2.2.14}$$

式中

$$c_1=[(\lambda+2\mu)/\rho]^{1/2}$$

$$c_2=(\mu/\rho)^{1/2}$$

考查式(2.2.13)和式(2.2.14)可以看出,它们与前面的标准波动方程形式相同,这就是通过引入拉梅势函数这一数学变换方法将运动方程化简后而得到的波动方程的常见形式。关于标准波动方程的性质和解已经有大量的研究成果，这样就避开了直接求解弹性动力学纳维方程的困难，转而可以利用标准波动方程求解的已有成果。

$\nabla\boldsymbol{\Phi}$和$\nabla\times\boldsymbol{\Psi}$分别代表矢量场的无旋和管状部分，因此有

$$\nabla\times\boldsymbol{U}_1=0 \tag{2.2.15}$$

$$\nabla\cdot\boldsymbol{U}_2=0 \tag{2.2.16}$$

式中，$\boldsymbol{U}_1$和$\boldsymbol{U}_2$分别代表位移场$\boldsymbol{U}$的无旋部分和等体积部分，又称为P波和S波。P波只产生拉伸和压缩，不产生旋转，是一种无旋波；S波则只产生剪切变形，不产生体积应变，是一种等体积波。c_1和c_2分别表示无旋波和等体积波的传播波速，称为P波波速和S波波速。

再看式(2.2.13)和式(2.2.14)，引入拉梅势函数后将弹性位移场分解为求解P波的标量波动方程和S波的矢量波动方程，它们各自仅含有一个波速。问题似乎

变得简单得多，但是，由于$\boldsymbol{\Phi}$和$\boldsymbol{\Psi}$包含四个未知函数，而位移场只含有三个未知的向量函数，多余的未知函数必须用式(2.2.11)来加以约束，这样问题仍然需要进一步简化。可以证明，在均匀各向同性弹性介质中，用求解三个标量波势函数的方程可以替代式(2.2.13)和式(2.2.14)。将矢量势函数$\boldsymbol{\Psi}$进一步分解为标量势函数φ和ψ的组合，即

$$\boldsymbol{\Psi} = \overline{w}\varphi \boldsymbol{e}_3 + l\nabla \times \left(\overline{w}\psi \boldsymbol{e}_3\right) \tag{2.2.17}$$

式中，$\overline{w}$是坐标分量x_3的函数；$\boldsymbol{e}_3$是x_3的单位矢量；l是为了使式(2.2.17)右边的两项具有相同量纲而引入的参数。

$\overline{w}$的选取非常重要，它必须选取得合适才可以保证矢量波动方程可以分解为标量波动方程。对于笛卡儿坐标系，当选取$\overline{w}=1$时，容易证明φ和ψ满足标量波动方程

$$c_2^2\nabla^2\varphi = \frac{\partial^2\varphi}{\partial t^2} \tag{2.2.18}$$

$$c_2^2\nabla^2\psi = \frac{\partial^2\psi}{\partial t^2} \tag{2.2.19}$$

应该注意，$\boldsymbol{\Psi}$的这种分解只有在六种正交坐标系(笛卡儿坐标系、圆柱坐标系、椭圆柱坐标系、抛物柱坐标系、球面坐标系、锥面坐标系)下才可以进行，而对于其他五种正交坐标系，通常并不适合采用分离变量法，因此，$\boldsymbol{\Psi}$就不能分解为满足波动方程的标量势函数φ和ψ的组合。

函数$\boldsymbol{\Phi}$、φ和ψ合称为亥姆霍兹势函数。

2.2.3　二维波动方程

当波动问题中的场变量仅仅依赖于两个空间变量，如x_1和x_2时，称这类问题是二维波动问题，在笛卡儿坐标系中又称为平面波动问题。在平面波动问题中，有如下的条件成立：

$$\boldsymbol{U}\left(x_1,x_2,t\right) = U_k\left(x_1,x_2,t\right)\boldsymbol{e}_k \tag{2.2.20}$$

从而纳维方程可以简化为如下形式：

$$(\lambda+2\mu)u_{\beta,\beta\alpha} + \mu u_{\alpha,\beta\beta} = \rho\frac{\partial^2 u_\alpha}{\partial t^2},\quad \alpha,\beta = 1,2 \tag{2.2.21}$$

$$\mu u_{3,\beta\beta} = \rho\frac{\partial^2 u_3}{\partial t^2} \tag{2.2.22}$$

考查式(2.2.21)和式(2.2.22)可见，在 x_1 和 x_2 平面内的运动 $u_1(x_1,x_2)$ 和 $u_2(x_1,x_2)$ 与垂直于 x_1ox_2 平面的运动 $u_3(x_1,x_2)$ 是相互解耦的，从而表明这两种运动是相互独立的。此时，将在 x_1ox_2 平面内的运动称为平面运动，而将垂直于 x_1ox_2 平面的运动称为反平面运动或出平面运动。

引入亥姆霍兹势函数 $\boldsymbol{\Phi}$、φ 和 ψ，式(2.2.10)可以简化为

$$\boldsymbol{U} = \nabla\boldsymbol{\Phi} + \nabla\times\varphi\boldsymbol{e}_3 + \psi\boldsymbol{e}_3 \tag{2.2.23}$$

或者简化为

$$u_1 = \frac{\partial\boldsymbol{\Phi}}{\partial x_1} + \frac{\partial\varphi}{\partial x_2} \tag{2.2.24}$$

$$u_2 = \frac{\partial\boldsymbol{\Phi}}{\partial x_2} - \frac{\partial\varphi}{\partial x_1} \tag{2.2.25}$$

$$u_3 = \psi \tag{2.2.26}$$

于是，可推知 $\boldsymbol{\Phi}$、φ 和 ψ 应满足如下变量分离的波动方程：

$$c_1^2\nabla^2\boldsymbol{\Phi} = \frac{\partial^2\boldsymbol{\Phi}}{\partial t^2} \tag{2.2.27}$$

$$c_2^2\nabla^2\varphi = \frac{\partial^2\varphi}{\partial t^2} \tag{2.2.28}$$

$$c_2^2\nabla^2\psi = \frac{\partial^2\psi}{\partial t^2} \tag{2.2.29}$$

平面内问题与出平面问题是解耦的，因此平面内问题必须求解两个标量波动方程，而出平面问题仅需要求解一个标量波动方程。平面内问题既存在 P 波，也存在 S 波，而出平面问题仅存在 S 波。平面内的 S 波又称为 SV 波，出平面的 S 波又称为 SH 波，也即质点振幅在平面内振动的波是 SV 波，而质点振幅垂直于平面振动的波是 SH 波。

应该注意到，二维波动问题的限制条件是场变量只依赖于两个空间变量，这实际上要求体力和初边值条件也应服从这一限制条件。

2.2.4　平面波

前面已经介绍，时域内的波动方程可以通过积分变换成为频域内的稳态波动方程。在笛卡儿坐标系中，这对应于简谐平面波问题，即在笛卡儿坐标系中，波

动方程的求解等效于对简谐平面波进行的分析。

对波动方程(2.2.13)施行傅里叶变换有

$$c_1^2\nabla^2\tilde{\Phi}=-\mathrm{i}\omega^2\tilde{\Phi} \tag{2.2.30}$$

应用分离变量法来求解方程(2.2.30)，假定该方程的解具有 $X(x)$、$Y(y)$、$Z(z)$ 的形式，将它们代入后有

$$\frac{\mathrm{d}^2X}{X\mathrm{d}x^2}+\frac{\mathrm{d}^2Y}{Y\mathrm{d}y^2}+\frac{\mathrm{d}^2Z}{Z\mathrm{d}z^2}=-\mathrm{i}\frac{\omega^2}{c_1^2} \tag{2.2.31}$$

很显然，存在常数 k_x、k_y、k_z 使得

$$\frac{\mathrm{d}^2X}{\mathrm{d}x^2}+k_x^2X=0 \tag{2.2.32}$$

$$\frac{\mathrm{d}^2Y}{\mathrm{d}y^2}+k_y^2Y=0 \tag{2.2.33}$$

$$\frac{\mathrm{d}^2Z}{\mathrm{d}z^2}+k_z^2Z=0 \tag{2.2.34}$$

$$k_x^2+k_y^2+k_z^2=\frac{\omega^2}{c_1^2} \tag{2.2.35}$$

由二阶常微分方程的解法可知

$$X\propto\exp\left(\pm\mathrm{i}k_xx\right) \tag{2.2.36}$$

$$Y\propto\exp\left(\pm\mathrm{i}k_yy\right) \tag{2.2.37}$$

$$Z\propto\exp\left(\pm\mathrm{i}k_zz\right) \tag{2.2.38}$$

于是，式(2.2.30)的分离变量解可以表示为如下的形式：

$$\tilde{\Phi}\left(x,y,z,k_x,k_y,k_z\right)=\exp[\mathrm{i}(\pm\boldsymbol{K}\cdot\boldsymbol{X})]\cdot A\left(k_x,k_y,k_z\right) \tag{2.2.39}$$

式中，$\boldsymbol{K}=\left(k_x,k_y,k_z\right)$ 称为波数向量，$|\boldsymbol{K}|=\left|\frac{\omega}{c_1}\right|$；$A\left(k_x,k_y,k_z\right)$ 是与波数向量的分量 k_x、k_y、k_z 相关的待定函数。

如果式(2.2.39)中的 $\boldsymbol{K}\cdot\boldsymbol{X}$ 等于常数，那么它表示垂直于波数矢量的平面，在

该平面内，各点的相位相等，因此该平面称为等相位面。此时式(2.2.39)代表一个平面波，它以波速 c_1 沿着波数矢量的方向进行传播，它的常数相位面垂直于波数矢量的方向。这种以一定的波速沿波数矢量的方向传播并在垂直于波数矢量的平面内物理量相等的运动称为平面波。

将分离变量解进行积分并考虑约束关系式(2.2.35)从而得到的通解为

$$\tilde{\varPhi}(x,y,z,\omega)=\int_{-\infty}^{+\infty}\int_{-\infty}^{+\infty}A\left(k_x,k_y,\omega\right)\exp\left[\pm\mathrm{i}\left(k_x x+k_y y+\left(\frac{\omega^2}{c_1^2}-k_x^2-k_y^2\right)^{1/2}z\right)\right]\mathrm{d}k_x\mathrm{d}k_y \tag{2.2.40}$$

对式(2.2.40)施行傅里叶逆变换后有

$$\begin{aligned}\tilde{\varPhi}(x,y,z,t)=&\int_{-\infty}^{+\infty}\int_{-\infty}^{+\infty}\int_{-\infty}^{+\infty}A\left(k_x,k_y,\omega\right)\\&\cdot\exp\left[\pm\mathrm{i}\left(k_x x+k_y y+\left(\frac{\omega^2}{c_1^2}-k_x^2-k_y^2\right)^{1/2}z\right)-\omega t\right]\mathrm{d}k_x\mathrm{d}k_y\mathrm{d}\omega\end{aligned} \tag{2.2.41}$$

需要指出的是，由于实际上并不存在激发平面波的波源，所以平面波仅是一个波动过程的数学抽象。但是平面波的研究在弹性波动分析方面占有十分重要的地位，因为在理论上任何类型的波都可以用平面波合成的形式表示，所以平面波是波动现象中最基本的形式。

下面研究由弹性动力学纳维方程所描述的稳态平面波。仿照式(2.2.39)的形式，假定纳维方程具有如下特定形式的稳态解：

$$\boldsymbol{U}(\boldsymbol{X},t)=\boldsymbol{a}\exp[\mathrm{i}(\boldsymbol{K}\cdot\boldsymbol{X}-\omega t)] \tag{2.2.42}$$

式中，$\boldsymbol{a}$ 和 $\boldsymbol{K}$ 是常矢量；ω 是标量。

定义沿波数矢量方向的单位矢量 $\boldsymbol{n}$，可以表示为

$$\boldsymbol{n}=\boldsymbol{K}/k,\quad k=|\boldsymbol{K}| \tag{2.2.43}$$

将式(2.2.43)代入式(2.2.42)后有

$$\boldsymbol{U}(X,t)=\boldsymbol{a}\exp[\mathrm{i}(k\boldsymbol{n}\cdot\boldsymbol{X}-\omega t)] \tag{2.2.44}$$

式(2.2.44)代表振幅为 $\boldsymbol{a}$，并以恒定速度 c 沿矢量 $\boldsymbol{n}$ 的方向传播的平面简谐波，ω 是圆频率，k 是波数。而波速 c 与圆频率 ω 和波数 k 具有如下的关系：

$$c=\omega/k \tag{2.2.45}$$

将式(2.2.44)和式(2.2.45)代入式(2.2.7)、式(2.2.8)和式(2.2.9)后可得

$$\left(c^2-c_2^2\right)\boldsymbol{a}-\left(c_1^2-c_2^2\right)(\boldsymbol{n}\cdot\boldsymbol{a})\boldsymbol{n}=0 \tag{2.2.46}$$

由式(2.2.46)进一步得到

$$\left[\left(c^2-c_2^2\right)\delta_{ij}-\left(c_1^2-c_2^2\right)n_i n_j\right]a_j=0 \tag{2.2.47}$$

若振幅矢量 $\boldsymbol{\alpha}$ 具有非零解，必然有如下关系式成立：

$$\det\left[\left(c^2-c_2^2\right)\delta_{ij}-\left(c_1^2-c_2^2\right)n_i n_j\right]=0 \tag{2.2.48}$$

进一步可以得到

$$\left(c^2-c_1^2\right)\left(c^2-c_2^2\right)=0 \tag{2.2.49}$$

式(2.2.49)表明，均匀无限介质中存在两种波速的平面波，即 $c=c_1$，$c=c_2$。前面已经介绍过对应于波速 c_1（有时也记为 c_{P}）的波是P波，而对应于波速 c_2（有时也记为 c_{s}）的波是S波。

将P波波速 $c=c_1$ 代入式(2.2.46)有

$$\boldsymbol{a}=(\boldsymbol{n}\cdot\boldsymbol{a})\boldsymbol{n} \tag{2.2.50}$$

式(2.2.50)表明，对于以波速 c_1 传播的P波而言，质点振动方向与波的传播方向一致，故P波又称为纵波或者拉压波。

将S波波速 $c=c_2$ 代入式(2.2.46)有

$$\boldsymbol{n}\cdot\boldsymbol{a}=0 \tag{2.2.51}$$

式(2.2.51)表明，对于以波速 c_2 传播的S波而言，质点振动方向与波的传播方向垂直，故S波又称为横波或者剪切波。

2.3　定解问题及其求解方法[1]

2.3.1　波动定解问题的主要类型

要求解一个波动问题，首先必须建立描述该问题的基本方程(控制方程)，即波动方程。但是针对一个具体的波动问题而言，仅有波动方程是不够的，仅仅有了波动方程还不足以完全确定该波动问题的解。因为波动方程描述的是波动过程

的一般规律，只有波动方程而不联系具体的限定条件，是得不到所研究问题的具体结果的。我们所研究的系统的具体的运动状态还与系统的初始运动和边界状态有关。换句话说，要对一个具体的波动问题进行求解，在建立了描述问题的波动方程之后，还必须附加一定的约束条件，用以确定系统的初始运动和边界状态。只有在给定了系统的初始运动和边界状态的情况下，由波动方程才能完全确定系统的运动状态，从而获得所求解的波动问题的解。描述系统初始状态的约束条件称为初值条件，而描述系统边界状态的约束条件称为边值条件。只有满足一定的初值条件和边值条件的波动方程的解才是完全确定而且唯一的，所以将初值条件和边值条件统称为定解条件。波动方程与初-边值定解条件一起就构成了描述相应波动现象的定解问题。

波动定解问题中最主要的类型为近场波动问题。

在波动问题的研究中，如果不考虑所研究的结构(或广义结构)体系与外部无限或半无限介质之间的能量交换，则该结构体系可称为能量封闭体系；如果需要考虑所研究的结构体系与外部无限或半无限介质之间的能量交换，则该结构体系称为能量开放体系。科学和工程领域中的许多波动问题，例如地震波的散射问题、基础振动问题、土与结构的动力相互作用问题等都属于能量开放体系的波动问题。对于这类问题，我们关心的重点是结构或广义结构体系及其邻近区域(又称近场)介质中的波动效应，至于向无穷远处延伸的介质中的远场波动效应，我们关心的仅是其能量辐射效应对近场波动效应的影响。这类问题被称为近场波动问题。无限或半无限介质在数学上用无限域或半无限域来描述。所谓无限域可以理解为无界(unbound)且规则(regular)的空间域。“无界”的含义为：一维、二维和三维空间域分别具有无限的长度、面积和体积；而“规则”则是指在远场介质中不存在向近场散射波动能量的局部非均匀性。半无限域同样可以理解为半无限且规则的空间域。这里的实质是波动能量的辐射效应，也即远场介质中只存在散射波动能量的向外传播，不存在向近场传播的散射波动能量。

近场波动问题的力学模型如图 2.3.1 所示，图中的结构可以是人工结构，如地表或地下建筑物，也可以是自然结构，如局部地质构造。首先将地基介质划分为两部分：与结构相邻的有限域和其外的无限域。前者和结构组成的计算区域一般在几何上是不规则的，在力学性质上是非均匀的，并可能出现非线性。地基半无限域则采用横向均匀的弹性半空间模型，如均匀或成层弹性半空间。于是近场波动问题可以界定为：在结构及其邻近区域和无限域或半无限域构成的能量开放系统中，研究在结构及其邻近区域介质中由给定的动作用所产生的波动效应。动作用可以是直接作用在结构之上的动荷载，如设置在结构上的动力装置施加的作用，以及飞行物体和空气中的爆炸波对结构的冲击等；也可以是来自无限域或半无限域中的入射波，如断层错动引起的地震波等。

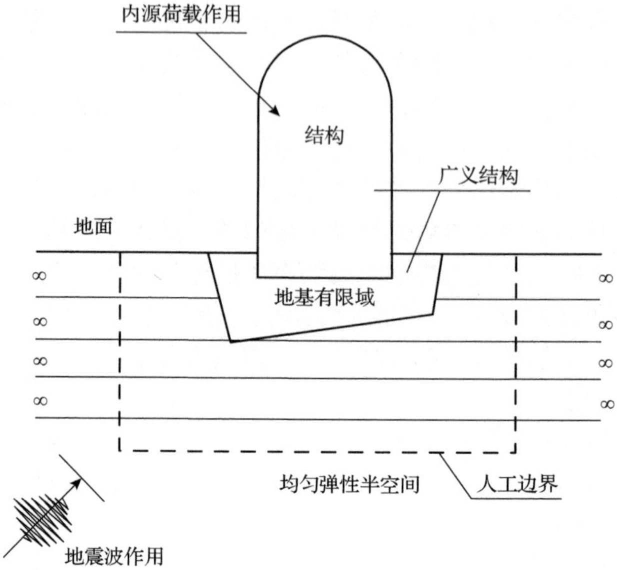

图 2.3.1　结构-地基系统动力反应分析模型示意图

需要指出的是，上述基于无限域和半无限域概念的近场波动问题的提出，有一个基本的限制条件，那就是外域介质的线性条件，只有满足线性条件，才能满足上述无限域和半无限域概念中的规则性条件。对于外域介质存在非线性性质的情况，通常的处理方法是对外域介质进行等效线性化处理，使其满足线性条件。对于外域介质存在分层且物理性质不对称的情况，例如外域介质中存在断层的情况，上述无限域和半无限域的概念将不再成立。

依据动作用产生位置的不同，近场波动问题可以分为如下的两类：动作用源于结构或其邻近介质时的近场波动问题，称为源问题；动作用源于无限或半无限域中的入射波时的近场波动问题，称为散射问题。下面对这两类问题分别进行介绍。

2.3.2　源问题和无穷远辐射条件

在近场波动问题中，有这样的一类问题，如基础振动、岩土或空气中的爆炸波传播，以及断层错动(将错动区包含在近场时)引起地震波传播等，这类问题的共同特征为激发振动的波源位于求解区域的介质内部，波源激发的振动能量向介质的各个方向传播。振源周围的介质可假定为无限大，相对于周围无限大介质来说，振源的尺寸足够小，因此可视为点源或者认为振源集中在一个比较小的区域内。这类问题可以统称为源问题。源问题的一个重要特点是动作用直接施加在结构(或广义的结构)之上，结构作为波源向外部的无限域或半无限域辐射能量，故源问题又称为波源问题。

对于源问题来说，结构周围的无限域或半无限域中的波传播问题，基于某些物理的考虑须对其波场中的物理量在无穷远处的性质加上一些限制，对无限域或半无限域介质中的在无穷远处所加的限制条件称为无穷远辐射条件。无穷远辐射条件可表述为，不存在从无穷远处向域内的波动传播，即无穷远处的波函数为零，具体表达式为

$$\lim_{r\to\infty} r\left\{\frac{\partial \boldsymbol{u}}{\partial r}+\frac{1}{c}\frac{\partial \boldsymbol{u}}{\partial t}\right\}=0\ ,\quad \lim_{r\to\infty}\boldsymbol{u}=0 \tag{2.3.1}$$

式(2.3.1)称为 Sommerfeld 无穷远辐射条件。

2.3.3　散射问题

当动作用包含作用在结构上的外力及无限域内的入射波时，结构与无限域的动力相互作用这一近场波动问题可以分解成结构外部的无限域的散射问题和动力相互作用力施加于结构与无限域交界面所构成的波源问题。依据这一分解，散射问题可理解为近场局部几何不规则或不均匀介质条件对无限远处传来的入射波场的影响效应。由无限远处传来的入射波是波阵面及波幅和传播方向固定不变的定型波，几何不规则或不均匀介质条件引起的散射波场则通常是无统一传播方向且在无穷远处须满足无穷远辐射条件的多角度传播的衰减波场。

2.3.4　近场波动问题分析方法

近场波动问题的求解通常可以分为整体分析法和子结构分析法两类。

1. 整体分析法

整体分析法是指将广义结构(结构和其邻近的非均匀、非线性及不规则形状的岩土介质的总称)和地基(均匀半空间或均匀半空间上有部分均匀成层介质的情况)组成的系统直接进行整体有限元分析的方法(如图 2.3.2 所示)，通常也称为有限元直接法。整体分析法可以较为完整、准确地考虑广义结构内的非均匀、非线性材料特性、不规则地形特点及界面间的接触非线性等因素。

对于无限地基，整体分析法采用的有限元模型不能直接模拟无限地基的能量辐射效应，需要引入人工边界条件来近似模拟这种能量辐射效应。关于模拟无限地基能量辐射效应的人工边界方法将在本书第 6 章中进行介绍。

如前所述，整体分析法的优点十分突出，但也存在计算成本高的不足。对于求解大型复杂的近场非线性波动问题，整体分析法是发展方向。

2. 子结构分析法

子结构分析方法把广义结构和地基作为不同的子结构分别进行离散和分析，

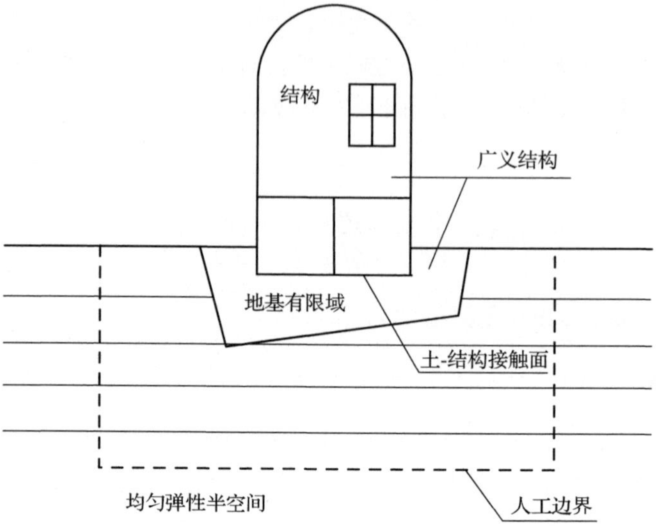

图 2.3.2　整体分析法示意图

然后根据二者接触界面上的力和位移连续条件加以综合。通常无限地基部分可以进行频域分析，而需要考虑非线性因素的广义结构部分可以在时域进行求解。

运用子结构分析法进行近场波动问题分析通常可以分为三步：①根据地震输入确定基础或结构地基交界面的自由场运动(对于有刚性基础的情况，视为无质量)；②基础阻抗函数的计算；③根据基础的运动及阻抗函数进行相互作用系统分析。图 2.3.3 所示为子结构分析法的步骤。

子结构分析法包括时域子结构法、频域子结构法、频-时域混合法和时-频域混合法。频域子结构法中，不仅无限地基部分在进行频域分析，结构子部分也在频域进行，因此难以用于非线性情况。

在实际工程中，为了同时考虑结构子部分的非线性效应和地基阻抗函数的频率相关特性，分别提出了频-时域混合法和时-频域混合法。频-时域混合法首先对结构的非线性部分进行线性等效化，结构子部分仍然在频域进行计算(阻抗函数频率相关性容易考虑)，非线性效应则需要在时域进行计算并作为虚拟力施加在求解系统。因此在计算每一时步结构的反应时需要以结构非线性效应为收敛准则反复进行傅里叶变换和迭代计算来确定合适的虚拟力。频-时域混合法的一个最为棘手的特征是施加的虚拟力的数量与结构自身的非线性自由度数相等，这必然导致庞大的迭代计算工作量，甚至导致结果不收敛。时-频域混合法则相反，首先采用与频率无关的弹簧、阻尼器，也许还有集中质量组成的系统来替代无限地基的辐射特性，整个结构子部分在时域内求解(结构自身的非线性效应可以方便考虑)。真实的无限地基引起的阻抗力与时域动力方程中采用的等效系统计算所得阻抗力的差值需要在每一时步计算中以虚拟力的形式施加。虚拟力需要根据频率相关的阻

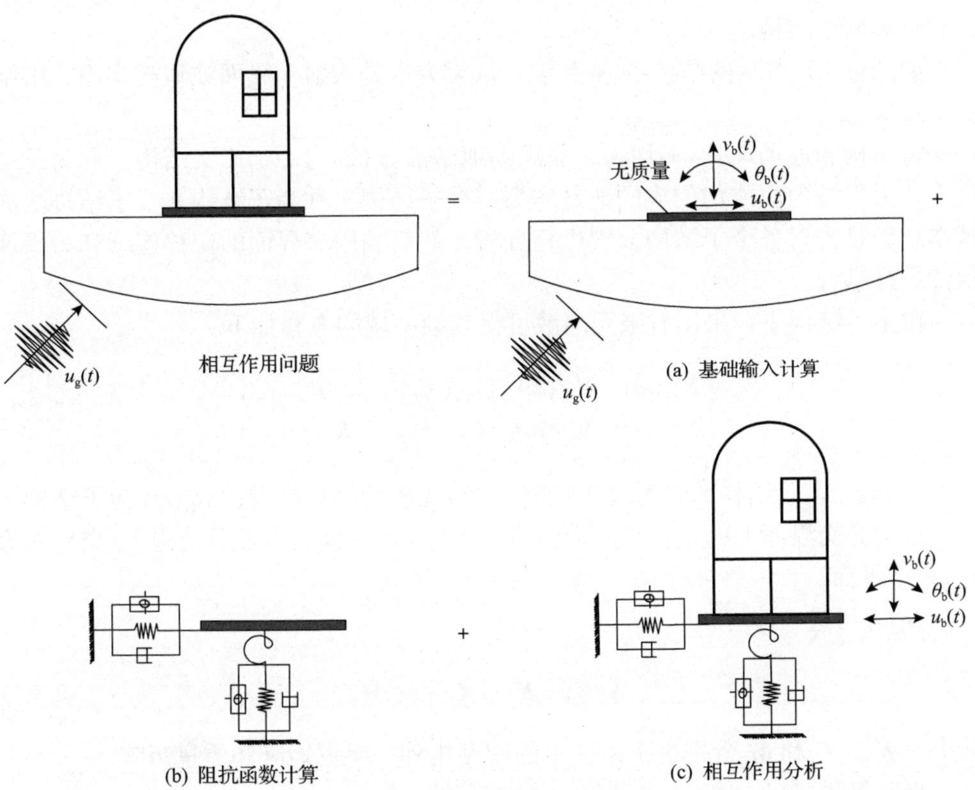

图 2.3.3　子结构分析法示意图

抗函数及结构-地基接触面上的反应在频域内进行计算并转换到时域，同样在时-频域混合法中施加的虚拟力需要与结构地基交界面自由度数相等，反复的傅里叶变换和迭代计算同样不可避免。虚拟力的施加也存在稳定问题并可能导致计算结果不收敛。由于地基阻抗函数通常随频率变化十分复杂，采用频域分析方法能方便地考虑阻抗函数的这种频率相关特性，但对结构非线性因素通常需要等效线性化处理，必然降低了计算的精度。

时域子结构法是对结构子部分在时域内求解(结构自身的非线性效应可以方便考虑)，为了在分析中考虑阻抗函数的频率相关特性，则采用时域转换技术将阻抗力表述为时间的形式。

相对整体分析法，时域子结构法具有可以充分利用现有的研究结果的优势，比如自由场的解析解不用重复计算，以及规则基础的一些阻抗函数解析解。其不足之处是阻抗力的时域解耦处理通常需要巨大的计算成本。但对于刚性或多刚性基础支撑情况，由于交界面处受刚性基础的约束，自由度数目极大缩减，此时可充分发挥时域子结构法的优势。

1) 频域子结构法

如图 2.3.1 所示的结构-地基系统，从无穷远处入射一平面波地震作用，求结构的反应。

将结构和近场地基(不均匀、非规则地基部分)视为一个广义结构，称为子结构Ⅰ，无限域匀质或均匀成层地基作为一个子结构，称为子结构Ⅱ。子结构法的基本思想是先对各个子结构分别进行分析，然后利用交界面的位移连续和力平衡条件进行耦合。

对于子结构Ⅰ，采用有限元离散可得其频率域的方程如下：

$$\begin{bmatrix} \boldsymbol{S}_{\mathrm{ss}}(\omega) & \boldsymbol{S}_{\mathrm{sb}}(\omega) \\ \boldsymbol{S}_{\mathrm{bs}}(\omega) & \boldsymbol{S}_{\mathrm{bb}}(\omega) \end{bmatrix} \begin{Bmatrix} \boldsymbol{U}_{\mathrm{s}}(\omega) \\ \boldsymbol{U}_{\mathrm{b}}(\omega) \end{Bmatrix} = \begin{Bmatrix} \boldsymbol{0} \\ \boldsymbol{R}_{\mathrm{b}}(\omega) \end{Bmatrix} \tag{2.3.2}$$

式中，$\boldsymbol{S}(\omega)$ 表示结构的动力刚度矩阵；$\boldsymbol{U}(\omega)$ 表示位移向量；$\boldsymbol{R}_{\mathrm{b}}(\omega)$ 为子结构Ⅰ与子结构Ⅱ交界面上的相互作用力向量；下标 s 和 b 分别代表子结构Ⅰ(交界面除外)和交界面。

$\boldsymbol{S}(\omega)$ 可进一步写为

$$\boldsymbol{S}(\omega) = \boldsymbol{K} + \omega\boldsymbol{C} - \omega^2\boldsymbol{M} \tag{2.3.3}$$

其中，$\boldsymbol{K}$、$\boldsymbol{C}$ 和 $\boldsymbol{M}$ 分别为子结构Ⅰ的刚度矩阵、阻尼矩阵和质量矩阵。

当取复阻尼时，$\boldsymbol{S}(\omega)$ 也可表示为如下的形式：

$$\boldsymbol{S}(\omega) = (1 + \mathrm{i}\eta)\boldsymbol{K} - \omega^2\boldsymbol{M} \tag{2.3.4}$$

式中，η 为子结构Ⅰ的滞变阻尼系数。

对于子结构Ⅱ，可采用边界元法或结合局部人工边界的有限元直接分析法建立与子结构Ⅰ的交界面上的力与位移间的关系，这种关系一般写为如下的形式：

$$\overline{\boldsymbol{R}_{\mathrm{b}}}(\omega) = \boldsymbol{S}_{\mathrm{bb}}^{\infty}(\omega)\overline{\boldsymbol{U}_{\mathrm{b}}}(\omega) \tag{2.3.5}$$

式中，$\boldsymbol{S}_{\mathrm{bb}}^{\infty}(\omega)$ 为无限地基的阻抗矩阵；$\overline{\boldsymbol{U}_{\mathrm{b}}}(\omega)$ 和 $\overline{\boldsymbol{R}_{\mathrm{b}}}(\omega)$ 分别为交界面的位移与力向量。

将无限地基中的波场分解为无子结构Ⅰ存在时的自由波场与由于子结构Ⅰ存在导致的散射波场之和，则交界面处的位移可写为

$$\boldsymbol{U}_{\mathrm{b}}(\omega) = \boldsymbol{U}_{\mathrm{b}}^{\mathrm{f}}(\omega) + \boldsymbol{U}_{\mathrm{b}}^{\mathrm{s}}(\omega) \tag{2.3.6}$$

式中，$\boldsymbol{U}_{\mathrm{b}}^{\mathrm{f}}(\omega)$ 和 $\boldsymbol{U}_{\mathrm{b}}^{\mathrm{s}}(\omega)$ 分别为对应于自由波场和散射波场时交界面的位移向量。

由前面的定义可知

$$\boldsymbol{R}_{\mathrm{b}}(\omega)=-\bar{\boldsymbol{R}}_{\mathrm{b}}(\omega) \tag{2.3.7}$$

$$\bar{\boldsymbol{U}}_{\mathrm{b}}(\omega)=\boldsymbol{U}_{\mathrm{b}}^{\mathrm{s}}(\omega) \tag{2.3.8}$$

将式(2.3.7)、式(2.3.8)和式(2.3.6)代入式(2.3.5)可以得到

$$\boldsymbol{R}_{\mathrm{b}}(\omega)=-\boldsymbol{S}_{\mathrm{bb}}^{\infty}(\omega)\left(\boldsymbol{U}_{\mathrm{b}}(\omega)-\boldsymbol{U}_{\mathrm{b}}^{\mathrm{f}}(\omega)\right) \tag{2.3.9}$$

再将式(2.3.9)代入式(2.3.2)从而得到如下的方程：

$$\begin{bmatrix}\boldsymbol{S}_{\mathrm{ss}}(\omega) & \boldsymbol{S}_{\mathrm{sb}}(\omega)\\ \boldsymbol{S}_{\mathrm{bs}}(\omega) & \boldsymbol{S}_{\mathrm{bb}}(\omega)+\boldsymbol{S}_{\mathrm{bb}}^{\infty}(\omega)\end{bmatrix}\begin{Bmatrix}\boldsymbol{U}_{\mathrm{s}}(\omega)\\ \boldsymbol{U}_{\mathrm{b}}(\omega)\end{Bmatrix}=\begin{Bmatrix}\boldsymbol{0}\\ \boldsymbol{S}_{\mathrm{bb}}^{\infty}(\omega)\boldsymbol{U}_{\mathrm{b}}^{\mathrm{f}}(\omega)\end{Bmatrix} \tag{2.3.10}$$

$\boldsymbol{U}_{\mathrm{b}}^{\mathrm{f}}(\omega)$可由子结构Ⅱ模型取交界面为自由边界条件时，求解一个入射地震动的场地散射问题获得。具体做法是将子结构Ⅱ以一个虚拟子区 e 填平(也称开挖部分)，见图 2.3.4 所示的场地图。

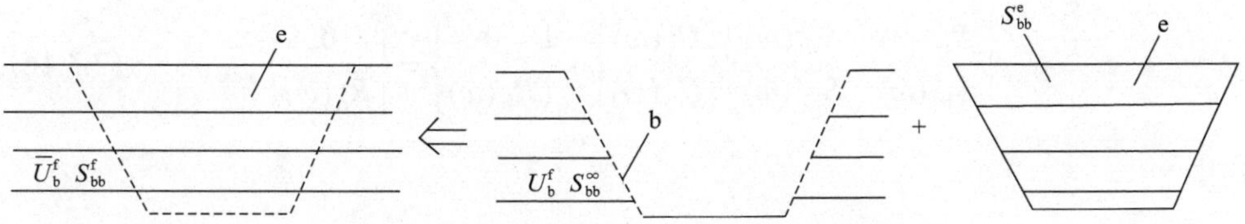

图 2.3.4　地震波作用下结构-地基系统示意图

于是可以得到

$$\bar{\boldsymbol{U}}_{\mathrm{b}}^{\mathrm{f}}=\boldsymbol{U}_{\mathrm{b}}^{\mathrm{f}}+\bar{\boldsymbol{U}}_{\mathrm{b}}^{\mathrm{s}} \tag{2.3.11}$$

式中，$\bar{\boldsymbol{U}}_{\mathrm{b}}^{\mathrm{f}}$ 和 $\bar{\boldsymbol{U}}_{\mathrm{b}}^{\mathrm{s}}$ 分别为有虚拟子区 e 存在时地震中的自由波场和无虚拟子区 e 存在时由场地不规则地形引起的散射波场。

仿照前面的思路，将子区 e 也作为一个子结构可以推得如下的关系式：

$$\left(\boldsymbol{S}_{\mathrm{bb}}^{\mathrm{e}}(\omega)+\boldsymbol{S}_{\mathrm{bb}}^{\infty}(\omega)\right)\bar{\boldsymbol{U}}_{\mathrm{b}}^{\mathrm{f}}(\omega)=\boldsymbol{S}_{\mathrm{bb}}^{\infty}(\omega)\boldsymbol{U}_{\mathrm{b}}^{\mathrm{f}}(\omega) \tag{2.3.12}$$

式中，$\boldsymbol{S}_{\mathrm{bb}}^{\mathrm{e}}(\omega)$ 为虚拟子区 e 边界 b 上的力和位移的动力刚度矩阵，它可以通过有限元离散获得。式(2.3.12)中的$\bar{\boldsymbol{U}}_{\mathrm{b}}^{\mathrm{f}}(\omega)$可以解析确定，于是$\boldsymbol{U}_{\mathrm{b}}^{\mathrm{f}}(\omega)$可以由式(2.3.12)求解得到。

$\boldsymbol{S}_{\mathrm{bb}}^{\mathrm{e}}(\omega)$ 也可以不通过有限元离散的方法获得。由其定义并参考图 2.3.4 可以得到

$$S_{bb}^{\infty}(\omega)+S_{bb}^{e}(\omega)=S_{bb}^{f}(\omega) \tag{2.3.13}$$

式中，$S_{bb}^{f}(\omega)$ 为虚拟边界 b 上的力与位移的动力刚度矩阵，它可由 $\bar{U}_{b}^{f}(\omega)$ 和介质的本构关系加以确定。

将式(2.3.13)代入式(2.3.12)可以得到如下的关系式：

$$S_{bb}^{\infty}(\omega)U_{b}^{f}(\omega)=S_{bb}^{f}(\omega)\bar{U}_{b}^{f}(\omega) \tag{2.3.14}$$

再将式(2.3.14)代入式(2.3.10)从而得到

$$\begin{bmatrix} S_{ss}(\omega) & S_{sb}(\omega) \\ S_{bs}(\omega) & S_{bb}(\omega)+S_{bb}^{\infty}(\omega) \end{bmatrix}\begin{Bmatrix} U_{s}(\omega) \\ U_{b}(\omega) \end{Bmatrix}=\begin{Bmatrix} \mathbf{0} \\ S_{bb}^{f}(\omega)\bar{U}_{b}^{f}(\omega) \end{Bmatrix} \tag{2.3.15}$$

式(2.3.15)即为应用频域子结构方法求解图 2.3.2 所示体系地震反应的计算公式。

2)时域子结构法

将式(2.3.15)改写为如下形式：

$$\begin{bmatrix} S_{ss}(\omega) & S_{sb}(\omega) \\ S_{bs}(\omega) & S_{bb}(\omega) \end{bmatrix}\begin{Bmatrix} U_{s}(\omega) \\ U_{b}(\omega) \end{Bmatrix}+\begin{Bmatrix} 0 \\ R_{b}(\omega) \end{Bmatrix}=\begin{Bmatrix} \mathbf{0} \\ \bar{R}_{b}(\omega) \end{Bmatrix} \tag{2.3.16}$$

式中

$$R_{b}(\omega)=S_{bb}^{\infty}(\omega)U_{b}(\omega)$$

$$\bar{R}_{b}(\omega)=S_{bb}^{f}(\omega)\bar{U}_{b}^{f}(\omega)$$

对式(2.3.16)施行傅里叶逆变换，并结合式(2.3.14)可以得到

$$\begin{bmatrix} M_{ss} & 0 \\ 0 & M_{bb} \end{bmatrix}\begin{Bmatrix} \ddot{u}_{s}(t) \\ \ddot{u}_{b}(t) \end{Bmatrix}+\begin{bmatrix} C_{ss} & C_{sb} \\ C_{bs} & C_{bb} \end{bmatrix}\begin{Bmatrix} \dot{u}_{s}(t) \\ \dot{u}_{b}(t) \end{Bmatrix}+\begin{bmatrix} K_{ss} & K_{sb} \\ K_{bs} & K_{bb} \end{bmatrix}\begin{Bmatrix} u_{s}(t) \\ u_{b}(t) \end{Bmatrix}\begin{Bmatrix} 0 \\ r_{b}(t) \end{Bmatrix}=\begin{Bmatrix} \mathbf{0} \\ \bar{r}_{t}(t) \end{Bmatrix} \tag{2.3.17}$$

式中

$$r_{b}(t)=\int_{0}^{t} s_{bb}^{\infty}(t-\tau)u_{b}(\tau)\,d\tau$$

$$s_{bb}^{\infty}(t)=\frac{1}{2\pi}\int_{-\infty}^{+\infty} S_{bb}^{\infty}(\omega)e^{i\omega t}\,d\omega$$

$$\bar{r}_{t}(t)=\int_{0}^{t} s_{bb}^{f}(t-\tau)\bar{u}_{n}^{f}(\tau)\,d\tau$$

$$\boldsymbol{s}_{\mathrm{bb}}^{\mathrm{f}}(t)=\frac{1}{2\pi}\int_{-\infty}^{+\infty}\boldsymbol{S}_{\mathrm{bb}}^{\mathrm{f}}(\omega)\mathrm{e}^{\mathrm{i}\omega t}\,\mathrm{d}\,\omega$$

由于 $\boldsymbol{S}_{\mathrm{bb}}^{\mathrm{f}}(\omega)$ 和 $\bar{\boldsymbol{U}}_{\mathrm{b}}^{\mathrm{f}}(\omega)$ 均为已知，故 $\boldsymbol{r}_{\mathrm{b}}(t)$ 可直接积分求出。$\boldsymbol{r}_{\mathrm{b}}(t)$ 中 $\boldsymbol{u}_{\mathrm{b}}(\tau)$ 为未知，并且是时间域全局耦联，不方便直接代入式(2.3.17)进行求解，可使用时域递归算法或集中参数模型方法进行求解。需要注意的是，这时子结构 I 可为非线性体系。

2.4　本 章 小 结

本章主要介绍了一维标准波动方程和无限各向同性弹性介质中的波的动力学方程及其求解方法。首先介绍了一维标准波动方程，可通过达朗贝尔解方法获得方程通解，也可通过傅里叶变换获得方程频域解。然后介绍了无限各向同性弹性介质中的波，可通过引入拉梅势函数将高维弹性动力学方程转化为波动方程的形式。最后介绍了波动定解问题的主要分类，并针对近场波动问题求解过程中通常采用的整体分析法和子结构分析法两类进行对比。对于整体分析法，其优点十分突出，但也存在计算成本高的不足；对于子结构分析法，计算效率较高，可以进一步细分为时域子结构法、频域子结构法、频-时域混合法和时-频域混合法等。

参 考 文 献

[1] 杜修力. 工程波动理论与方法[M]. 北京: 科学出版社, 2009.

第 3 章　波动问题时域数值求解方法

3.1　连续固体介质波动问题显式有限元方法[1]

3.1.1　连续介质空间离散化及其有限元模型

1. 线弹性固体介质动力学方程

根据经典线性弹性动力学理论，可知弹性固体介质运动方程为

$$\sigma_{ij,j} + \rho X_i = \rho \ddot{u}_i \tag{3.1.1}$$

几何方程（应变-位移关系）为

$$\varepsilon_{ij} = \frac{1}{2}\left(u_{i,j} + u_{j,i}\right) \tag{3.1.2}$$

本构方程（应力-应变关系）为

$$\sigma_{ij} = \lambda \varepsilon_{kk} \delta_{ij} + 2\mu \varepsilon_{ij} \tag{3.1.3}$$

式中，下标 i 、 j 、 k 表示笛卡儿坐标系坐标轴方向（ $i, j, k = 1,2,3$ ），对于重复下标采用求和约定； u_i 表示 i 方向位移； σ_{ij} 、 ε_{ij} 分别表示应力张量和应变张量； X_i 表示单位体积的 i 方向体积力； λ 、 μ 为拉梅常数； ρ 为密度；下标逗号表示关于坐标轴方向求导；变量上面的点表示关于时间求导； δ_{ij} 为克罗内克（Kronecker） δ 符号，有

$$\delta_{ij} = \begin{cases} 1, & \text{当} i = j \text{时} \\ 0, & \text{当} i \neq j \text{时} \end{cases} \tag{3.1.4}$$

对于各向同性均匀介质，拉梅常数 λ 、 μ 可以用两个常数来表示，即弹性模量 $E = \mu(3\lambda + 2\mu)/(\lambda + \mu)$ 和泊松比 $\nu = \lambda / 2(\lambda + \mu)$ 。

将式（3.1.2）代入式（3.1.3），然后将式（3.1.3）代入式（3.1.1），可得线弹性固体介质动力学方程，即纳维方程

$$(\lambda + \mu) u_{j,ij} + \mu u_{i,jj} + \rho X_i = \rho \ddot{u}_i \tag{3.1.5}$$

在不考虑体力的情况下，线弹性固体介质动力学方程式（3.1.5）变为

$$(\lambda+\mu)u_{j,ij}+\mu u_{i,jj}=\rho\ddot{u}_i \tag{3.1.6}$$

式(3.1.6)也可以表示成如下形式：

$$(\lambda+\mu)\nabla\theta+\mu\nabla^2\boldsymbol{u}=\rho\ddot{\boldsymbol{u}} \tag{3.1.7}$$

式中，$\boldsymbol{u}$ 为位移矢量；θ 为体积应变（$\theta=\nabla\cdot\boldsymbol{u}$）。

2. 边界条件

应力边界条件

$$\sigma_{ij}n_j=\bar{T}_i,\quad \text{在应力边界}\ S_\sigma\ \text{上} \tag{3.1.8}$$

位移边界条件

$$u_i=\bar{u}_i,\quad \text{在位移边界}\ S_u\ \text{上} \tag{3.1.9}$$

式(3.1.8)、式(3.1.9)中，边界 $S=S_\sigma+S_u$ 为线弹性固体介质边界面；n_j 表示边界面外法线向量的 j 方向分量；$\bar{T}_i$ 表示在边界上已知的 i 方向面力；$\bar{u}_i$ 表示在边界上已知的 i 方向位移。

3. 连续介质动力学方程的空间离散化

将连续弹性固体介质的三维空间域 V 划分成若干个小单元 V^e。对每一个单元，用局部编码 $1,2,3,\cdots,n_e$ 表示单元节点，N_e 为单元节点总数。取单元节点形函数为 $N_1^e,N_2^e,N_3^e,\cdots,N_{n_e}^e$。根据伽辽金(Galerkin)法，对每个单元写出关于式(3.1.6)的加权积分表达式

$$\int_{V^e}N_h^e\left[\rho N_q^e\ddot{u}_{qi}^e-(\lambda+\mu)N_{q,ij}^e u_{qj}^e-\mu N_{q,jj}^e u_{qi}^e\right]\mathrm{d}V^e-\int_{S_\sigma^e}N_h^e N_q^e\left(\bar{T}_{qi}^e-\sigma_{qij}^e n_j\right)\mathrm{d}S^e=0 \tag{3.1.10}$$

式中，下标 h 和 q 表示单元节点，$h,q=1,2,3,\cdots,n_e$。

对式(3.1.10)进行分部积分可以得到

$$m_{hq}^e\ddot{u}_{qi}^e+k_{hiqj}^e u_{qj}^e=f_{hi}^e \tag{3.1.11}$$

式中，m_{hq}^e 表示单元 e 中局部节点 q 对于局部节点 h 的质量系数

$$m_{hq}^e=\int_{V^e}N_h^e\rho N_q^e\mathrm{d}V^e \tag{3.1.12}$$

k_{hiqj}^e 表示单元 e 中局部节点 q 方向 j 对于局部节点 h 方向 i 的刚度系数

$$k_{hiqj}^e = \int_{V^e} \left[N_{h,i}^e \lambda N_{q,j}^e + N_{h,j}^e \mu N_{q,i}^e + \delta_{ij} N_{h,k}^e \mu N_{q,k}^e \right] \mathrm{d}V^e \tag{3.1.13}$$

f_{hi}^e 表示单元 e 中局部节点 h 在方向 i 的作用外力

$$f_{hi}^e = \int_{S_\sigma^e} N_h^e N_q^e \overline{T}_{qi}^e \mathrm{d}S^e \tag{3.1.14}$$

对于二维问题只需将式(3.1.10)～式(3.1.14)中的三维单元 V^e 换为二维单元 A^e，边界面 S^e 换为边界线 Γ^e 进行积分即可。

3.1.2　节点运动方程及其节点刚度、质量、阻尼系数

1. 节点运动方程

现在用 l 表示与局部节点 h 对应的总体节点编号，n 表示与局部节点 q 对应的总体节点编号。对所有与节点 l 相关的单元 e（如图 3.1.1 所示）叠加式(3.1.11)可得到关于线弹性固体介质节点 l 的有限元运动方程

$$m_{ln} \ddot{u}_{ni} + k_{linj} u_{nj} = f_{li} \tag{3.1.15}$$

式中

$$m_{ln} = \sum_e m_{hq}^e \tag{3.1.16}$$

$$k_{linj} = \sum_e k_{hiqj}^e \tag{3.1.17}$$

$$f_{li} = \sum_e f_{hi}^e \tag{3.1.18}$$

式中，m_{ln} 表示总体节点 n 对于总体节点 l 的质量系数；k_{linj} 表示总体节点 n 在方向 j 施加单位位移而在总体节点 l 的方向 i 产生的力；f_{li} 表示总体节点 l 在方向 i 上的作用外力。

考查式(3.1.15)，一般情况下，方程中具有与节点 l 相关单元所有的节点的加速度和位移，必须联立求解相关方程组才能得到解，也即式(3.1.15)组成的相关方程组是耦联的。方程组中出现的加速度耦联项，称为惯性(质量)耦联；方程组中出现的位移耦联项，称为静力耦联。式(3.1.15)表示的方程组称为时空耦联，是指同时存在惯性耦联和静力耦联。

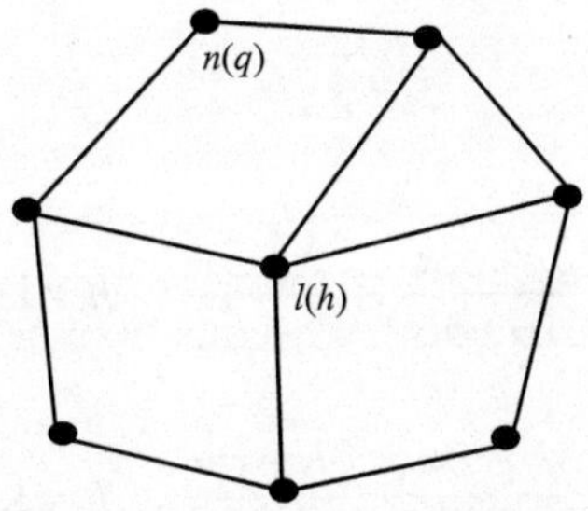

图 3.1.1　局部单元组合示意图

2. 单元形函数

因在每个单元内应变的变化较之应变本身为高一阶的微小量，故可以忽略应变的变化不计，假定在每个单元内应变为常量，于是可取单元节点形函数为线性函数。

1) 四边形单元

平面四边形单元局部坐标系如图 3.1.2 所示，取如下的线性插值形函数：

$$N_1^e(\xi,\eta)=1/4(1-\xi)(1-\eta) \tag{3.1.19}$$

$$N_2^e(\xi,\eta)=1/4(1+\xi)(1-\eta) \tag{3.1.20}$$

$$N_3^e(\xi,\eta)=1/4(1+\xi)(1+\eta) \tag{3.1.21}$$

$$N_4^e(\xi,\eta)=1/4(1-\xi)(1+\eta) \tag{3.1.22}$$

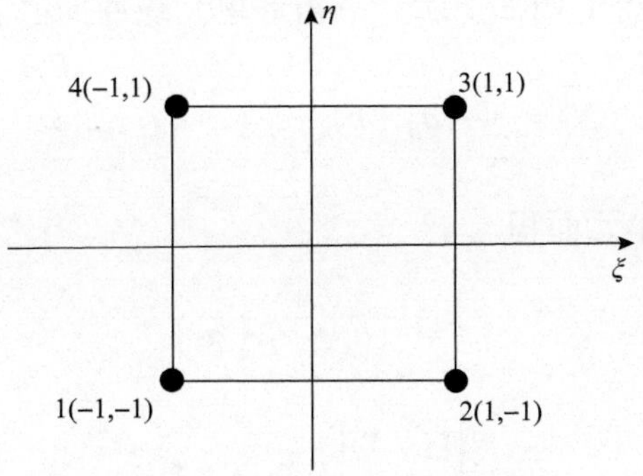

图 3.1.2　四边形单元局部坐标系

假定单元节点局部坐标 $h(\xi_h,\eta_h)$ 对应的总体坐标为 $h(x_h,y_h)$（$h=1,2,3,4$），局部坐标与总体坐标相互转换关系为

$$x=\sum_{h=1}^{4}N_h^e x_h \tag{3.1.23}$$

$$y=\sum_{h=1}^{4}N_h^e y_h \tag{3.1.24}$$

$$\frac{\partial N_h^e}{\partial \xi}=\frac{\partial N_h^e}{\partial x}\frac{\partial x}{\partial \xi}+\frac{\partial N_h^e}{\partial y}\frac{\partial y}{\partial \xi}，\quad h=1,2,3,4 \tag{3.1.25}$$

$$\frac{\partial N_h^e}{\partial \eta}=\frac{\partial N_h^e}{\partial x}\frac{\partial x}{\partial \eta}+\frac{\partial N_h^e}{\partial y}\frac{\partial y}{\partial \eta}，\quad h=1,2,3,4 \tag{3.1.26}$$

$$\begin{Bmatrix}\dfrac{\partial N_h^e}{\partial x}\\ \dfrac{\partial N_h^e}{\partial y}\end{Bmatrix}=J^{-1}\begin{Bmatrix}\dfrac{\partial N_h^e}{\partial \xi}\\ \dfrac{\partial N_h^e}{\partial \eta}\end{Bmatrix}=\frac{1}{|J|}\begin{bmatrix}\dfrac{\partial y}{\partial \eta} & -\dfrac{\partial y}{\partial \xi}\\ -\dfrac{\partial x}{\partial \eta} & \dfrac{\partial x}{\partial \xi}\end{bmatrix}\begin{Bmatrix}\dfrac{\partial N_h^e}{\partial \xi}\\ \dfrac{\partial N_h^e}{\partial \eta}\end{Bmatrix} \tag{3.1.27}$$

面积微元

$$\mathrm{d}A^e=\mathrm{d}x\mathrm{d}y=|J|\mathrm{d}\xi\mathrm{d}\eta \tag{3.1.28}$$

式中，雅可比(Jacobi)矩阵 $\boldsymbol{J}=\begin{bmatrix}\dfrac{\partial x}{\partial \xi} & \dfrac{\partial y}{\partial \xi}\\ \dfrac{\partial x}{\partial \eta} & \dfrac{\partial y}{\partial \eta}\end{bmatrix}$；$|J|$ 是 $\boldsymbol{J}$ 的行列式，称为雅可比行列式。

2) 三角形单元

平面三角形单元如图 3.1.3 所示，三角形单元线性插值形函数可以表示为

$$N_h^e=\frac{1}{2A}\left(a_h+b_h+c_h\right)，\quad h=1,2,3 \tag{3.1.29}$$

式中，A 表示三角形单元面积

$$A=\frac{1}{2}\left(a_1+a_2+a_3\right) \tag{3.1.30}$$

$$a_1=\begin{vmatrix}x_2 & y_2\\ x_3 & y_3\end{vmatrix}=x_2y_3-x_3y_2 \tag{3.1.31}$$

$$b_1=-\begin{vmatrix}1 & y_2\\ 1 & y_3\end{vmatrix}=y_2-y_3 \tag{3.1.32}$$

$$c_1=\begin{vmatrix}1 & x_2\\ 1 & x_3\end{vmatrix}=-x_2+x_3 \tag{3.1.33}$$

对式(3.1.31)～式(3.1.33)进行下标轮换，如$1\to 2$，$2\to 3$，$3\to 1$，则可得到a_2,b_2,c_2和a_3,b_3,c_3。

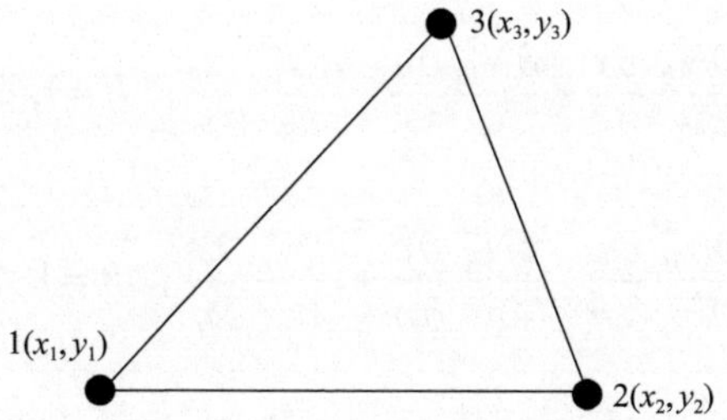

图 3.1.3　三角形单元示意图

3) 六面体单元

六面体八节点单元局部坐标系如图 3.1.4 所示，单元节点局部坐标分别为1(1,–1,1)、2(1,1,1)、3(–1,1,1)、4(–1,–1,1)、5(1,–1,–1)、6(1,1,–1)、7(–1,1,–1)、8(–1,–1,–1)，单元节点线性插值形函数为

$$N_1^e(\xi,\eta,\varsigma)=1/8(1+\xi)(1-\eta)(1+\zeta) \tag{3.1.34}$$

$$N_2^e(\xi,\eta,\varsigma)=1/8(1+\xi)(1+\eta)(1+\zeta) \tag{3.1.35}$$

$$N_3^e(\xi,\eta,\varsigma)=1/8(1-\xi)(1+\eta)(1+\zeta) \tag{3.1.36}$$

$$N_4^e(\xi,\eta,\varsigma)=1/8(1-\xi)(1-\eta)(1+\zeta) \tag{3.1.37}$$

$$N_5^e(\xi,\eta,\varsigma)=1/8(1+\xi)(1-\eta)(1-\zeta) \tag{3.1.38}$$

$$N_6^e(\xi,\eta,\varsigma)=1/8(1+\xi)(1+\eta)(1-\zeta) \tag{3.1.39}$$

$$N_7^e(\xi,\eta,\varsigma)=1/8(1-\xi)(1+\eta)(1-\zeta) \tag{3.1.40}$$

$$N_8^e(\xi,\eta,\varsigma)=1/8(1-\xi)(1-\eta)(1-\zeta) \tag{3.1.41}$$

局部坐标与整体坐标间的转换关系如下：

$$x=\sum_{h=1}^{8}N_h^e x_h \tag{3.1.42}$$

$$y=\sum_{h=1}^{8}N_h^e y_h \tag{3.1.43}$$

$$z = \sum_{h=1}^{8} N_h^e z_h \tag{3.1.44}$$

$$\frac{\partial N_h^e}{\partial \xi} = \frac{\partial N_h^e}{\partial x}\frac{\partial x}{\partial \xi} + \frac{\partial N_h^e}{\partial y}\frac{\partial y}{\partial \xi} + \frac{\partial N_h^e}{\partial z}\frac{\partial z}{\partial \xi}, \quad h = 1, 2, \cdots, 8 \tag{3.1.45}$$

$$\frac{\partial N_h^e}{\partial \eta} = \frac{\partial N_h^e}{\partial x}\frac{\partial x}{\partial \eta} + \frac{\partial N_h^e}{\partial y}\frac{\partial y}{\partial \eta} + \frac{\partial N_h^e}{\partial z}\frac{\partial z}{\partial \eta}, \quad h = 1, 2, \cdots, 8 \tag{3.1.46}$$

$$\frac{\partial N_h^e}{\partial \zeta} = \frac{\partial N_h^e}{\partial x}\frac{\partial x}{\partial \zeta} + \frac{\partial N_h^e}{\partial y}\frac{\partial y}{\partial \zeta} + \frac{\partial N_h^e}{\partial z}\frac{\partial z}{\partial \zeta}, \quad h = 1, 2, \cdots, 8 \tag{3.1.47}$$

$$\begin{Bmatrix} \dfrac{\partial N_h^e}{\partial x} \\ \dfrac{\partial N_h^e}{\partial y} \\ \dfrac{\partial N_h^e}{\partial z} \end{Bmatrix} = J^{-1} \begin{Bmatrix} \dfrac{\partial N_h^e}{\partial \xi} \\ \dfrac{\partial N_h^e}{\partial \eta} \\ \dfrac{\partial N_h^e}{\partial \zeta} \end{Bmatrix}, \quad h = 1, 2, \cdots, 8 \tag{3.1.48}$$

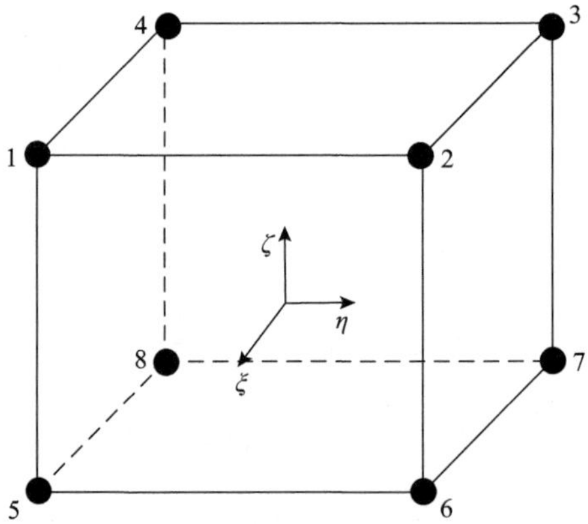

图 3.1.4　六面体单元局部坐标系

体积微元

$$\mathrm{d}V^e = \mathrm{d}x\mathrm{d}y\mathrm{d}z = |J|\mathrm{d}\xi\mathrm{d}\eta\mathrm{d}\zeta \tag{3.1.49}$$

式中，雅可比矩阵

$$J=\begin{bmatrix}\dfrac{\partial x}{\partial\xi} & \dfrac{\partial y}{\partial\xi} & \dfrac{\partial z}{\partial\xi}\\ \dfrac{\partial x}{\partial\eta} & \dfrac{\partial y}{\partial\eta} & \dfrac{\partial z}{\partial\eta}\\ \dfrac{\partial x}{\partial\zeta} & \dfrac{\partial y}{\partial\zeta} & \dfrac{\partial z}{\partial\zeta}\end{bmatrix}$$

下面以六面体单元为例介绍单元刚度系数、单元质量系数和单元阻尼系数。

3. 单元刚度系数

$$\begin{aligned}k_{hiqj}^{e}&=\int_{A^e}\left[N_{h,i}^{e}\lambda N_{q,j}^{e}+N_{h,j}^{e}\mu N_{q,i}^{e}+\delta_{ij}N_{h,k}^{e}\mu N_{q,k}^{e}\right]\mathrm{d}A^{e}\\&=\int_{-1}^{1}\int_{-1}^{1}\left[N_{h,i}^{e}\lambda N_{q,j}^{e}+N_{h,j}^{e}\mu N_{q,i}^{e}+\delta_{ij}N_{h,k}^{e}\mu N_{q,k}^{e}\right]|J|\mathrm{d}\xi\mathrm{d}\eta\end{aligned}\tag{3.1.50}$$

4. 单元质量系数

1) 一致质量模型

在空间离散化的过程中，单元形函数(插值函数)的选择若对位移、加速度的处理保持数学上的一致性时(势能和动能值的计算采用了一致的方法)，得到的单元质量模型就称为一致质量模型，此时相应的单元质量系数为

$$m_{hq}^{e}=\int_{A^e}N_{h}^{e}\rho N_{q}^{e}\mathrm{d}A^{e}=\int_{-1}^{1}\int_{-1}^{1}N_{h}^{e}\rho N_{q}^{e}|J|\mathrm{d}\xi\mathrm{d}\eta\tag{3.1.51}$$

将式(3.1.51)代入式(3.1.16)可知，m_{ln}（$l\neq n$时）不等于零。换句话讲，此时由式(3.1.15)表示的方程组关于加速度项是耦联的，也即由一致质量模型构造的有限元离散模型是时空耦联的。这意味着在有限元离散模型中的一个节点产生一定量的加速度，会在瞬间引起有限元离散模型中的其他节点也产生加速度。这事实上不符合波动传播速度有界性这一物理规律。

2) 集中质量模型

顾名思义，集中质量就是按照某种方式将分布质量集中到有限元离散模型的节点上的处理模式。对于具有集中质量m_l的节点l，其运动平衡方程中的惯性力项仅与节点l的加速度有关，此时式(3.1.15)变为如下的形式：

$$m_l\ddot{u}_{li}+k_{linj}u_{nj}=f_{li}\tag{3.1.52}$$

式中，对重复下标l不进行求和。可以看出，式(3.1.52)仅是静力耦联的。

m_l的确定方法有多种模式，最直接的方法是经验确定，这带来了一定的随意

性。为避免这种随意性，常采用单元内常加速度假定来构造集中质量模型。有限元离散模型事实上有一个传播波动的截止频率，高于此频率的波动将不能在这一离散模型中传播。数值波动的模拟精度取决于有限单元尺度和有限元离散模型传播波动的截止频率相对应的波长之间的关系，一般要求前者足够小于后者才能获得满意的高精度解。这一要求意味着有限元尺度内其惯性力的空间变化较之惯性力本身为高一阶小量，可以忽略不计，这些就是单元常加速度假定的理论基础。由这一假定可导出

$$m_l = \sum_e \sum_n m_{ln}^e \tag{3.1.53}$$

式中，m_{ln}^e 为常加速度假定下的单元质量系数。

有关一致质量模型和集中质量模型的优劣比较已有大量的研究成果。为改善动力问题的计算精度，也提出了将两者组合起来的混合质量模型。仔细考查式(3.1.52)可以看出，当引入加速度的中心差分格式后利用当前时刻的平衡方程外推后一时刻的位移反应时，其中的加速度仅有节点 l 才有，因此，后一时刻节点 l 的位移可由相邻节点当前时刻和节点 l 前一时刻的位移确定，也即式(3.1.52)可以转化为时空解耦的计算格式。对比式(3.1.15)可以看出，由于式(3.1.15)中的加速度是耦联的，即使对其引入加速度的中心差分格式，式(3.1.15)也不能转化为时空解耦的计算格式。对于节点数目巨大的动力有限元离散网格模型，时空耦联的计算格式需要求解巨大的联立代数方程组，这将十分耗时和需要巨大的计算机内存，某种程度上这是难以做到的。因此，对于大规模数值波动分析问题的求解，基于式(3.1.52)的时空解耦计算格式有十分明显的优势，是发展的方向。

5. 单元阻尼系数

假如作用在连续固体介质中的各种阻尼力能够定量地确定的话，那么阻尼系数就可以确定。例如，任何单元的阻尼系数可能具有如下形式：

$$c_{hq}^e = \int_{A^e} N_h^e c N_q^e \mathrm{d}A^e = \int_{-1}^{1}\int_{-1}^{1} N_h^e c N_q^e |J| \mathrm{d}\xi \mathrm{d}\eta \tag{3.1.54}$$

式中，c 表示黏滞阻尼特性系数。

然而黏滞阻尼特性系数 c 实际上是算不出来的，常常依据一定的阻尼假定和根据试验方法所确定的阻尼比表示阻尼阵。若采用瑞利(Rayleigh)阻尼假定，则对应于式(3.1.52)可以得到

$$m_l \ddot{u}_{li} + c_{linj}\dot{u}_{nj} + k_{linj}u_{nj} = f_{li} \tag{3.1.55}$$

式中，阻尼系数 c_{linj} 的表达式为

$$c_{linj} = \alpha m_l + \beta k_{linj} \tag{3.1.56}$$

其中，α 和 β 为瑞利阻尼系数。

3.1.3　无阻尼体系节点运动方程的时域显式数值积分方法

对于无阻尼结构体系运动方程式(3.1.52)，可以直接采用中心差分法进行求解。将速度向量和加速度向量离散化为

$$\dot{u}_{li}^{P} = \frac{1}{2\Delta t}\left(u_{li}^{P+1} - u_{li}^{P-1}\right) \tag{3.1.57}$$

$$\ddot{u}_{li}^{P} = \frac{1}{\Delta t^2}\left(u_{li}^{P+1} - 2u_{li}^{P} + u_{li}^{P-1}\right) \tag{3.1.58}$$

将式(3.1.58)代入式(3.1.52)可得中心差分公式

$$\frac{1}{\Delta t^2} m_l u_{li}^{P+1} = f_{li}^{P} + \frac{1}{\Delta t^2} m_l \left(2u_{li}^{P} - u_{li}^{P-1}\right) - k_{linj} u_{nj}^{P} \tag{3.1.59}$$

式(3.1.59)可以进一步改写为

$$u_{li}^{P+1} = \Delta t^2 m_l^{-1} f_{li}^{P} + \left(2u_{li}^{P} - u_{li}^{P-1}\right) - \Delta t^2 m_l^{-1} k_{linj} u_{nj}^{P} \tag{3.1.60}$$

式中，Δt 为时间步长；上标 P 表示 P 时刻。

3.1.4　一般阻尼体系节点运动方程的时域显式数值积分方法

基于时域加权残值法推导了一种具有二阶精度的显式积分计算格式，其表达形式为

$$\begin{aligned} u_{li}^{P+1} = &\frac{\Delta t^2}{2} m_l^{-1} f_{li}^{P} + u_{li}^{P} + \Delta t \dot{u}_{li}^{P} - \frac{\Delta t}{2} m_l^{-1}\left(\Delta t k_{linj} - c_{linj}\right) u_{nj}^{P} - \frac{\Delta t}{2} m_l^{-1} c_{linj} u_{nj}^{P-1} \\ &- \Delta t^2 m_l^{-1} c_{linj} \dot{u}_{nj}^{P} \end{aligned} \tag{3.1.61}$$

$$\dot{u}_{li}^{P+1} = \frac{\Delta t}{2} m_l^{-1} f_{li}^{P+1} + \frac{1}{\Delta t}\left(u_{li}^{P+1} - u_{li}^{P}\right) - \frac{1}{2} m_l^{-1}\left(\Delta t k_{linj} + c_{linj}\right) u_{nj}^{P+1} + \frac{1}{2} m_l^{-1} c_{linj} u_{nj}^{P} \tag{3.1.62}$$

很显然，不管阻尼阵是否为对角阵，式(3.1.61)和式(3.1.62)的计算均为显式

格式，后面将证明其精度为二阶。该格式为一两步格式，若已知 $u_{li}^0 = u_{li}(0)$ 和 $\dot{u}_{li}^0 = \dot{u}_{li}(0)$，则 $u_{li}^{-1} = u_{li}(-\Delta t)$ 可以通过如下的计算式进行求解：

$$u_{li}^{-1} = u_{li}^0 - \Delta t \dot{u}_{li}^0 + 0.5\Delta t^2 \ddot{u}_{li}^0 \tag{3.1.63}$$

式中，$\ddot{u}_{li}^0 = m_l^{-1}\left(f_{li}^0 - c_{linj}\dot{u}_{nj}^0 - k_{linj}\ddot{u}_{nj}^0\right)$。

3.2　时空离散网格模型中的波动[1]

不失一般性，考虑无限均匀弹性直杆中的一维纵波传播问题来讨论时空离散网格模型中的波动特性。

3.2.1　频散方程

离散网格(空间)模型如图 3.2.1 所示。

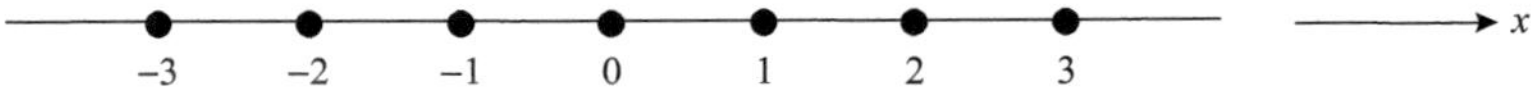

图 3.2.1　离散网格(空间)模型示意图

采用集中质量有限元模型和中心差分法对无限均匀弹性直杆一维纵波传播的波动方程式(3.1.5)进行时空离散后可以得到如下的离散化差分方程：

$$u_j^{p+1} - 2u_j^p + u_j^{p-1} - \Delta\tau^2\left(u_{j+1}^p - 2u_j^p + u_{j-1}^p\right) = 0 \tag{3.2.1}$$

$$\Delta\tau = c\cdot\Delta t/\Delta x\,,\quad u_j^p = u(j\Delta x, p\Delta t) \tag{3.2.2}$$

式中，c 为均匀弹性直杆的纵波速度；Δt 、Δx 分别为离散的时间步距、空步距；j 和 p 为正整数，$t_p = p\Delta t$ 表示时刻；$x_j = j\Delta x$ 表示第 j 点的空间坐标，$j = 0, \pm 1, \pm 2, \cdots, \pm n$，$n$ 为足够大的正整数。

假设差分方程式(3.2.1)有如下的广义谐波解：

$$u_j^p = \mathrm{e}^{-\mathrm{i}(p\omega\Delta t - jk\Delta x)} \tag{3.2.3}$$

式中，ω 和 k 分别是波动频率和波数。

将式(3.2.3)代入式(3.2.1)可得其频散方程为

$$(\cos\omega\Delta t - 1) = \Delta\tau^2(\cos k\Delta x - 1) \tag{3.2.4}$$

式(3.2.4)可以进一步表示为

$$\cos\left(\frac{\omega}{\omega_N}\pi\right)-1=\Delta\tau^2(\cos k\Delta x-1) \tag{3.2.5}$$

式中，$\omega_N=\pi/\Delta t$ 为奈奎斯特(Nyquist)角频率。

考查式(3.2.5)可知，当 ω 和 k 是不为零的实数时，式(3.2.3)是行波解，此时有

$$\Delta\tau^2\left|\cos k\Delta x-1\right|\leqslant 2 \tag{3.2.6}$$

由于 $\left|\cos k\Delta x-1\right|$ 的最大值是 2，所以如下的关系式成立：

$$\Delta\tau=\frac{c\cdot\Delta t}{\Delta x}\leqslant 1 \tag{3.2.7}$$

式(3.2.7)表明，式(3.2.3)是行波解的充分条件是 $\Delta\tau\leqslant 1$。充分性是指 $\Delta\tau\leqslant 1$ 成立时，式(3.2.6)成立，与 ω 和 k 是实数则式(3.2.3)是行波解的结论等效；反之，则未必成立。考查式(3.2.3)，若 ω 和 k 是实部不为零的虚数时，容易证明式(3.2.3)仍然是行波解，此时 $\Delta\tau\leqslant 1$ 不一定成立。换句话讲，式(3.2.7)是离散网格模型中存在行波解的充分条件，但不是必要条件。式(3.2.3)是行波解，意味着差分方程(3.2.1)的计算是稳定的，因此，$\Delta\tau\leqslant 1$ 是 ω 和 k 不为零条件下差分方程(3.2.1)稳定的充分条件。

3.2.2　截止频率、低通效应和混淆效应

当频率 ω 和波数 k 是不为零的实数时，由频散方程(3.2.5)可以得到如下的关系式：

$$\left|\cos\left(\frac{\omega}{\omega_N}\pi\right)-1\right|\leqslant 2\Delta\tau^2 \tag{3.2.8}$$

于是有

$$1-2\Delta\tau^2\leqslant\cos\left(\frac{\omega}{\omega_N}\pi\right)\leqslant 1+2\Delta\tau^2 \tag{3.2.9}$$

这里，$\Delta\tau$ 是实数，式(3.2.9)的右端自然成立。

设 $0\leqslant\omega'\leqslant\omega_N$，于是有

$$\omega=2m\omega_N\pm\omega',\quad m=0,1,2,\cdots \tag{3.2.10}$$

将式(3.2.10)代入式(3.2.9)可以得到

$$\cos\left(2m\pi \pm \frac{\omega'}{\omega_N}\pi\right) \geqslant 1 - 2\Delta\tau^2 \tag{3.2.11}$$

$\cos\left(\dfrac{\omega'}{\omega_N}\pi\right)$ 在 $0 \leqslant \omega' \leqslant \omega_N$ 条件下是单调递减的函数，定义

$$\omega_u = \frac{\omega_N}{\pi}\arccos\left(1 - 2\Delta\tau^2\right) \tag{3.2.12}$$

式中的反余弦函数的取值区间为 $(0,\pi]$。于是，不等式(3.2.8)的解为

$$\left|\omega - 2m\omega_N\right| \leqslant \omega_u \tag{3.2.13}$$

式(3.2.13)与式(3.2.8)是等价的，它是式(3.2.1)有行波解的充分条件，但是需要注意 ω 和 k 不为零的限制。后面将看到当 $\omega = \omega_u$ 时，有 $k = 0$，则此时无行波解，故 ω_u 称为截止频率。图 3.2.2 所示为式(3.2.13)所表示的有行波解的频率区间(图中粗线区间)。

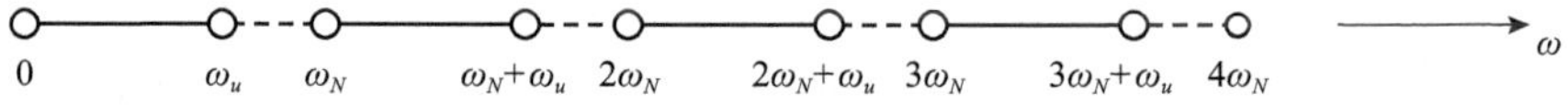

图 3.2.2　行波解的频率区间

对应于有行波解的频率区间有如下的关系式成立：

$$k\Delta x = 2n\pi + \arccos\left[1 + \left(\cos\left(\frac{\omega}{\omega_N}\pi\right) - 1\right)\Big/\Delta\tau^2\right], \quad n = 0,1,2,\cdots \tag{3.2.14}$$

$$\left|\omega - 2m\omega_N\right| < \omega_u$$

式中，n 和 m 分别代表了行波的波数分支和频率分支。

由式(3.2.3)可知，对于频率的基频分支($m = 0$)和高频分支($m = 1,2,\cdots$)，行波解完全相同。这表明满足关系式(3.2.13)的高频分支中的高频波动仍然能在离散网格模型中传播，但却是以基频分支中的低频波动的形式出现的，即高频分支对应的高频波动能量将会叠加到基频分支中的低频波动能量中，这与时序信号分析中的混淆效应十分类似。同理，对于行波的波数分支也存在类似的混淆效应。消除和消减混淆效应一般可通过两种途径来实现：一是尽量取小的时间步距、空间步距，二是滤掉输入波动能量的高频波动成分。前者是通过减少时间步距、空间步距来提高截止频率，使得输入波动能量的频段远小于截止频率，这将带来巨大的计算成本。后者是对输入波动能量先采用低通滤波器滤掉截止频率以上的波动能量(通常是对实际问题意义不大的高频部分)。

由式(3.2.13)和图 3.2.2 可以看到，时空离散网格模型中的截止频率小于或等于奈奎斯特频率。这表明，当 Δt 确定后，仅通过减小 Δx 来改善离散网格模型中的波动数值模拟精度的意义并不大，它还受到 $\Delta\tau = c\cdot\Delta t/\Delta x \leqslant 1$ 的限制。另外，由于 $\omega_u \leqslant \omega_N$，可能存在一个频率区间，如图 3.2.2 中的虚线区间，离散网格模型中没有行波解，对应的输入波动能量将不能在离散网格模型中传播(下面将看到此时的反应是一种“寄生振荡”)，这相当于低通滤波器的作用，通常称这种现象为“低通效应”。

综合上面的讨论可知，在时空离散网格模型的波传播中，高于基频分支截止频率的波动能量一部分由于“低通效应”被滤掉，另一部分由于“混淆效应”被叠加到基频分支中的低频波动中。

3.2.3　时空离散网格模型中的频散效应

考查式(3.2.13)和式(3.2.14)可知，对于各自独立的基频分支和基波数分支，有如下的关系式成立：

$$0 < \omega < \frac{\pi}{\Delta t} \tag{3.2.15}$$

$$0 < k < \frac{\pi}{\Delta x} \tag{3.2.16}$$

由 $n = m = 0$ 时对应的频率和波数，可得

$$\frac{c_\varphi}{c} = \frac{\pi}{\Delta\tau}\cdot\frac{\dfrac{\omega}{\omega_N}}{\arccos\left[1+\left(\cos\left(\dfrac{\omega}{\omega_N}\pi\right)-1\right)\Big/\Delta\tau^2\right]},\quad 0<\omega<\omega_u \tag{3.2.17}$$

式中，c_φ 为相速度。

进一步可以得到群速度 c_g 与杆中纵波速度 c 的比值为

$$\frac{c_g}{c} = \left(1-\frac{\omega}{c_\varphi}\cdot\frac{\mathrm{d}c_\varphi}{\mathrm{d}\omega}\right)^{-1}\frac{c_\varphi}{c} = \Delta\tau\cdot\frac{\sqrt{1-\left[1+\left(\cos\left(\dfrac{\omega}{\omega_N}\pi\right)-1\right)\Big/\Delta\tau^2\right]^2}}{\sin\left(\dfrac{\omega}{\omega_N}\pi\right)},\quad 0<\omega<\omega_u \tag{3.2.18}$$

图 3.2.3 和图 3.2.4 分别为比值 c_φ/c 和 c_g/c 随频率 ω 的变化曲线。由图可知，

相速度 c_φ 和群速度 c_g 随着 ω 的增加而单调减小。相速度随频率而变化表明离散网格模型中的波动传播是频散的。由式(3.2.17)和式(3.2.18)还可知，当 $\omega \to 0$ 时，$c_\varphi \to c$，$c_g \to c$；当 $\omega \to \omega_u$ 时，$c_g \to 0$。$c_g = 0$ 表示波动能量不能在离散网格模型中传播。

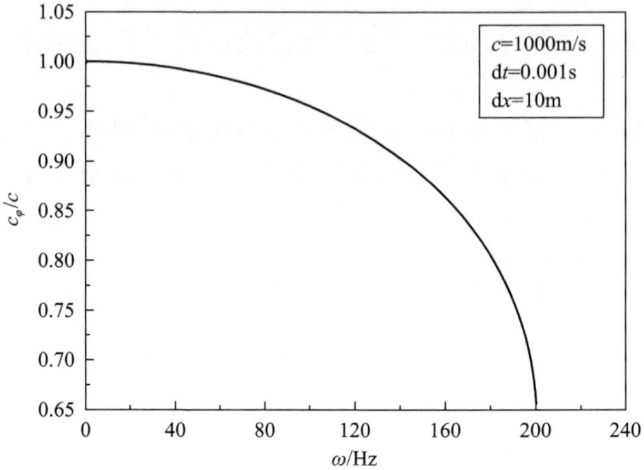

图 3.2.3　c_φ/c 随 ω 的变化曲线

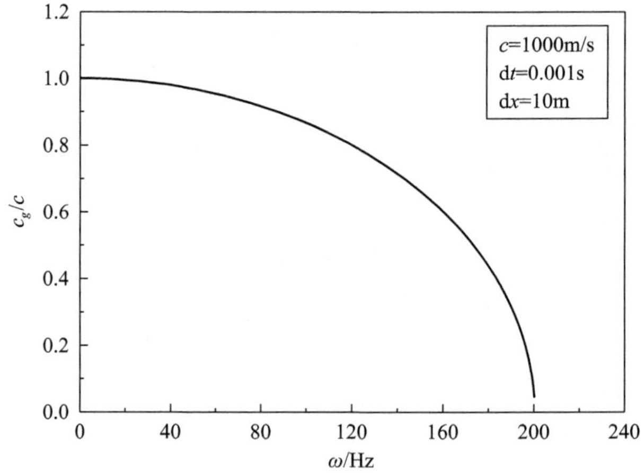

图 3.2.4　c_g/c 随 ω 的变化曲线

3.2.4　寄生振荡

假定离散化差分方程(3.2.1)有如下形式的解：

$$u_j^p = U_j \mathrm{e}^{-\mathrm{i}p\omega\Delta t} \tag{3.2.19}$$

式中，U_j 为节点 j 的振幅。

将式(3.2.19)代入式(3.2.1)可以得到

$$U_{j+1}-2bU_j+U_{j-1}=0 \tag{3.2.20}$$

$$b=\left(\cos\left(\frac{\omega}{\omega_N}\pi\right)+\Delta\tau^2-1\right)\Big/\Delta\tau^2 \tag{3.2.21}$$

设$U_j=\lambda^x$，$x=j\Delta x$，并将$U_j=\lambda^x$代入式(3.2.20)后，可以得到如下的方程：

$$\left(\lambda^{\Delta x}\right)^2-2b\lambda^{\Delta x}+1=0 \tag{3.2.22}$$

方程(3.2.22)的解为

$$\lambda_{1,2}^{\Delta x}=b\pm\sqrt{b^2-1} \tag{3.2.23}$$

下面分$|\omega-2m\omega_N|<\omega_u$、$|\omega-2m\omega_N|=\omega_u$和$|\omega-2m\omega_N|>\omega_u$三种情况来讨论差分方程(3.2.1)解的空间特性。

1. $|\omega-2m\omega_N|<\omega_u$

由式(3.2.9)和前面的推导可知有如下的关系式成立：

$$1-2\Delta\tau^2<\cos\left(\frac{\omega}{\omega_N}\pi\right)<1 \tag{3.2.24}$$

考查式(3.2.21)，可知此时有$-1<b<1$成立，式(3.2.23)对应有一对虚部不为零的共轭复根，其指数形式的解为

$$\lambda_1^{\Delta x}=\mathrm{e}^{\mathrm{i}k\Delta x} \tag{3.2.25}$$

$$\lambda_2^{\Delta x}=\mathrm{e}^{-\mathrm{i}k\Delta x} \tag{3.2.26}$$

$$k=\frac{1}{\Delta x}\arctan\frac{\sqrt{1-b^2}}{b} \tag{3.2.27}$$

于是可以得到

$$U_j=A\mathrm{e}^{\mathrm{i}jk\Delta x}+B\mathrm{e}^{-\mathrm{i}jk\Delta x} \tag{3.2.28}$$

式中，A、B为待定常数。当$j>0$时，$\mathrm{e}^{\mathrm{i}jk\Delta x}$和$\mathrm{e}^{-\mathrm{i}jk\Delta x}$分别表示沿$x$轴正向和负向的周期为$k$的空间分布形态；当$j<0$时，情况则相反。

2. $|\omega - 2m\omega_N| = \omega_u$

将式(3.2.12)代入式(3.2.21)可以得到

$$\lambda_{1,2}^{\Delta x} = -1 \tag{3.2.29}$$

于是有

$$U_j = (A + Bj\Delta x)(-1)^{j\Delta x} \tag{3.2.30}$$

根据无穷远处的边界条件可知有 $B = 0$，此时的一般解为

$$U_j = A(-1)^{j\Delta x} = \overline{A}(-1)^j \tag{3.2.31}$$

式中，A 为待定参数。

当参数 A 确定以后，由式(3.2.31)可知，此时差分方程(3.2.1)解的空间分布形态与相邻节点的相位正好相反，满足 $k = 0$，也即此时解的空间分布形态不具有周期性，而是呈现一种特殊的振荡现象。这种振荡现象称为“寄生振荡”。

3. $|\omega - 2m\omega_N| > \omega_u$

由前面的推导可知，此时有如下的关系式成立：

$$\cos\left(\frac{\omega}{\omega_N}\pi\right) < 1 - 2\tau^2 \tag{3.2.32}$$

将式(3.2.32)代入式(3.2.21)可知有 $b < -1$，也即 $b^2 - 1 > 0$，这表明式(3.2.23)为两个不相等的实根，其指数形式的解可以表示为 $\lambda_1^{\Delta x} = -\mathrm{e}^{-\varphi\Delta x}$，$\lambda_2^{\Delta x} = -\mathrm{e}^{\varphi\Delta x}$，式中的 $\varphi\Delta x = \mathrm{arch}(-b) = \ln\left(-b + \sqrt{b^2 - 1}\right)$。于是可以得到

$$U_j = A(-1)^j \mathrm{e}^{-\varphi j\Delta x} - B(-1)^j \mathrm{e}^{\varphi j\Delta x} \tag{3.2.33}$$

式中，A 和 B 为待定参数。

当参数 A 和 B 确定以后(由无穷远处的边界条件可知，A 和 B 必有一个为零)，由式(3.2.33)可知，此时的解与式(3.2.31)类似，其空间分布形态与相邻节点的相位正好相反，且有 $k = 0$，表明解的空间分布形态不具有周期性，而是与 $|\omega - 2m\omega_N| = \omega_u$ 时的情形一样也呈现出“寄生振荡”的现象，只不过随着 $|j|$ 的增大振幅呈现衰减趋势。

3.2.5　时空离散网格模型的稳定性

假定离散化差分方程(3.2.1)有如下形式的解：

$$u_j^p = U_j^p \mathrm{e}^{\mathrm{i}jk\Delta x} \tag{3.2.34}$$

式中，U_j^p 为节点 j 在 p 时刻的振幅；k 为非零实波数。

将式(3.2.34)代入式(3.2.1)，可以得到如下的关系式：

$$U_j^{p+1} - 2bU_j^p + U_j^{p-1} = 0 \tag{3.2.35}$$

$$b = 1 + \Delta\tau^2(\cos k\Delta x - 1) \tag{3.2.36}$$

设 $U_j^p = \lambda^{t_p}$，$t_p = p\Delta t$，并将 $U_j^p = \lambda^{t_p}$ 代入式(3.2.35)后，有如下的关系式成立：

$$\left(\lambda^{\Delta t}\right)^2 - 2b\lambda^{\Delta t} + 1 = 0 \tag{3.2.37}$$

方程(3.2.37)的解为

$$\lambda_{1,2}^{\Delta t} = b \pm \sqrt{b^2 - 1} \tag{3.2.38}$$

由式(3.2.36)可知，只要有 $\Delta\tau \leqslant 1$ 成立，则可以得到 $|b| \leqslant 1$。下面讨论 $|b|$ 取值不同时计算格式(3.2.35)的稳定性性质。

(1) 当 $|b| < 1$ 时，方程(3.2.37)的解为 $\lambda_{1,2}^{\Delta t} = b \pm \mathrm{i}\sqrt{1 - b^2}$，为一对共轭复根，其幅值为 1，幅角为 $\arctan\dfrac{\sqrt{1 - b^2}}{b}$，可以写成如下形式：

$$\lambda_1^{\Delta t} = \mathrm{e}^{\mathrm{i}\varphi} \tag{3.2.39}$$

$$\lambda_2^{\Delta t} = \mathrm{e}^{-\mathrm{i}\varphi} \tag{3.2.40}$$

$$\varphi = \arctan\frac{\sqrt{1 - b^2}}{b} \tag{3.2.41}$$

于是可以得到

$$U_j^p = A\mathrm{e}^{\mathrm{i}\omega p\Delta t} + B\mathrm{e}^{-\mathrm{i}\omega p\Delta t} \tag{3.2.42}$$

$$\omega = \frac{1}{\Delta t}\arctan\frac{\sqrt{1 - b^2}}{b} \tag{3.2.43}$$

式中，A 和 B 为由初值条件确定的待定参数。

考查式(3.2.42)和式(3.2.43)可知，此时式(3.2.35)为稳定的计算格式。

(2) 当 $|b|=1$ 时，方程(3.2.37)的解为 $\lambda_{1,2}^{\Delta t}=b$，可以得到

$$U_j^p=(A+Bp\Delta t)(b)^{p\Delta t} \tag{3.2.44}$$

式中，A 和 B 为待定参数，可以由初值条件加以确定。

考查式(3.2.44)可知，此时式(3.2.35)为不稳定的计算格式。

$|b|=1$ 对应于两种情况，一是 $k=2n\pi/\Delta x$（$n=0,1,2,\cdots$），此时由式(3.2.14)可知，此种情况对应于 $\omega=2m\omega_N$（$m=0,1,2,\cdots$），这相当于基频分支的零频和其高频分支中的周期影像；二是 $k=(2n+1)\pi/\Delta x$（$n=0,1,2,\cdots$），此种情况对应于 $\omega=(2m+1)\omega_N$（$m=0,1,2,\cdots$），这相当于基频分支的奈奎斯特频率和其高频分支中的周期影像。对于这两种情况，离散网格模型中均不存在相应的行进波能量传播，因此，不会对差分方程的计算稳定性产生影响。

综上所述，差分方程式(3.2.1)有稳定解的充分条件是

$$\Delta\tau\leqslant 1 \tag{3.2.45}$$

式(3.2.45)可以进一步写为如下的形式：

$$\Delta t\leqslant \Delta x/c \tag{3.2.46}$$

按照与上述推导过程相同的思路，可以推导得到各向同性均匀连续介质条件下针对均匀的时间网格、空间网格和集中质量模型，采用中心差分法求解二维出平面与平面内问题的稳定性条件如下：

出平面波动

$$\Delta t\leqslant \Delta x/c_{\mathrm{S}} \tag{3.2.47}$$

平面内波动

$$\Delta t\leqslant \Delta x/c_{\mathrm{P}} \tag{3.2.48}$$

式中，c_{S} 和 c_{P} 分别为横波和纵波的波速。

对于实际问题的求解，往往存在多种介质和不均匀网格的情况，比较严格的解决方法是针对每一个单元计算极限时步，然后取其最小值作为整个动力系统的计算时步。这可能带来无法接受的计算成本。事实上，系统的最小时间步长往往受限于部分“高硬性”(刚度大)的小尺寸单元，这些局部的高频波动传递特性由于受到离散网格系统模型截止频率的“抑制”，已经没有实际意义。人为扩大这些

局部单元的质量，降低其局部波通频率，并不会改变系统的波动特性，但可以显著增大系统的计算时间步长，提高计算效率。这就是“扩大质量法”的理论基础。

3.2.6　离散化数值模拟的精度和实用离散准则

如前所述，离散网格模型中的波动特性与原连续介质中的波动特性已有本质上的差异。“低通效应”使得可在原连续介质中传播的波动能量被滤掉，“频散效应”使得离散网格模型中的波形传播发生了“畸变”，“混淆效应”使得可能存在的高频波动能量或高波数波动能量混叠到低频波或低波数波中，“寄生振荡”可能诱发网格节点处的振动波形产生“高频振荡”。这些由于对原连续介质模型进行离散化产生的有别于原连续介质模型中的波动传播规律的效应，将是影响波动数值模拟精度的主要因素。直观上讲，如果在离散网格模型中传播的波动能量频率远低于离散网格模型中的截止频率，“低通效应”、“混淆效应”和“寄生振荡”可能诱发的“高频振荡”对波动数值模拟精度的影响就没有实际意义了。此时，“频散效应”的影响程度视离散网格模型中传播的波动能量的频率是否是在相速度变化接近常数的“缓慢区间”而定。因此，可通过对离散网格模型中时间步距、空间步距的合理调整，将截止频率适当提高到使离散网格模型中传播的波动能量主频区的相速度近似为常数的程度，来减弱“频散效应”对波动数值模拟精度的影响。这一过程实际上包含一些经验性的原则。下面简要介绍如何实施离散化来保证数值模拟精度的经验过程。

(1) 输入波动能量最高截止频率 $f_{\max}$ 及其确定。

对输入波形进行傅里叶变换，作出其幅值谱图。然后选定 $f_{\max}$，选定的原则是滤掉高于 $f_{\max}$ 的波动能量后，保留的各频率成分的波动能量所合成的新波形能够恢复原始输入波形的主体。

(2) 空间步距 Δx 的确定。

由 $f_{\max}$ 可确定对应的能够在离散网格模型中传播的波动的最短波长为

$$\lambda_{\min} = c_{\min} T_{\min} = c_{\min} / f_{\max} = c_{\min} \omega_{\max} / 2\pi \tag{3.2.49}$$

式中，$c_{\min}$ 为介质中的最小波速。

要模拟 $\lambda_{\min}$ 长度内正弦函数一个完整周期的形状，直观判断至少需要 4 个点且中间的两个点要不同相，即 $\Delta x \leqslant \lambda_{\min}/4$ 是模拟波长为 $\lambda_{\min}$ 的波动的一个完整周期变化的最低条件。对于一维波动问题，通过理论推导可以得到模拟波长为 $\lambda_{\min}$ 的波动的一个完整周期变化的最低条件是 $\Delta x \leqslant \lambda_{\min}/\pi$。研究者针对各种不同的波动情况提出了为保证数值模拟的足够精度确定 Δx 的经验准则，作者依据经验建议可取

$$\Delta x \leqslant \left(\frac{1}{6} \sim \frac{1}{8}\right)\lambda_{\min} \tag{3.2.50}$$

(3) 时间步距 Δt 的确定。

从一维问题的情况可以看到，当 Δt 确定后，减小 Δx 并不能提高离散网格模型中的截止频率 ω_u，而且也要受 $\Delta\tau \leqslant 1$ 的条件限制。而先确定 Δx 以后，则可以通过减小 Δt 来提高数值模拟的精度，当然这时要受限于 $\lambda_{\min}$。这就是先确定 Δx 然后再确定 Δt 的原因。

Δt 的确定首先要满足计算的稳定性条件，一个不稳定的解是谈不上精度的。但通常而言，稳定的解并不意味着是满足精度要求的。如前所述，$\omega_{\max} \ll \omega_u$ 是保证波动数值模拟有足够精度的条件。但由于实际的离散网格模型的复杂性，ω_u 是难以确定的，而且 $\omega_{\max}$ 远远小于 ω_u 也是一种不确定的描述，缺乏实际的可操作性。一般的做法是依据经验选定一个满足稳定性条件的 Δt 后，通过对其进行数次减半，将得到的计算结果进行对比，考查解是否收敛。若收敛，则可以认为达到了要求的精度，此时的时间步距可以正式应用于后面的计算分析。经验表明，对于显式求解方法，通常基于稳定性要求对 Δt 的限制较工程中基于精度要求对 Δt 的限制更为苛刻。

3.3　本 章 小 结

本章主要围绕波动问题的时域数值求解方法，介绍了连续固体介质波动问题的显式有限元方法以及时空离散网格模型中的波动问题。针对连续固体介质波动问题的显式有限元方法，系统介绍了连续介质空间离散化及其有限元模型建立方法，节点运动方程及其节点刚度、质量、阻尼系数计算方法，以及有无阻尼体系节点运动方程的时域显式数值积分方法。针对时空离散网格模型中的波动问题，介绍了频散方程的推导过程，讨论了截止频率、低通效应和混淆效应，时空离散网格模型中的频散效应、寄生振荡以及时空离散网格模型的稳定性问题，并给出了离散化数值模拟的精度和实用离散准则。

参 考 文 献

[1] 杜修力. 工程波动理论与方法[M]. 北京：科学出版社, 2009.

第 4 章　结构抗震减震设计理论和分析方法简介

本章主要介绍结构抗震减震设计理论和分析方法，包括地震动及其工程特性、结构抗震设计理论、结构减震控制理论的一些基本概念和方法。

4.1　地震动及其工程特性

4.1.1　地震动的工程特性

强震地面运动十分复杂。在结构抗震领域，地震动对结构的破坏能力主要与地震动的三个要素有关，即地震动的幅值、频谱和持续时间(简称持时)。但是，如何寻求一个能综合反映地震动强度大小的指标用于结构抗震分析，一直是结构工程抗震领域的一个难点。学术界基于对于不同结构地震反应的认识，提出了多种地震动强度参数。以下从地震动三大特性相关强度参数进行介绍。

1. 地震动的幅值

根据目前的认识水平，地震动幅值的大小受震级、震源机制、传播途径与距离、局部场地条件等因素的影响。地震动的幅值可以是地震动加速度、速度、位移中任何一种的峰值或某种意义下的等代值，代表性的有以下几种：

1) 地震动的峰值加速度、速度和位移

峰值加速度(peak ground acceleration, PGA)是提出最早、应用最广泛的地震动幅值。存在问题主要有：地震动加速度最大值主要反映地震动高频成分的振动，很难全面反映震源整体特性[1,2]。峰值速度(peak ground velocity, PGV)也是一个重要的地震动强度指标，Neumann 认为采用 PGV 比 PGA 更能体现地震动强度等级，目前日本就采用 PGV。峰值位移(peak ground displacement, PGD)相比较前两者用得比较少，但也有学者对其进行研究。

2) 有效峰值加速度和有效峰值速度

美国 ATC-3 规范采用有效峰值加速度(effective peak acceleration, EPA)和有效峰值速度(effective peak velocity, EPV)作为地震动幅值指标。有效峰值加速度和有效峰值速度分别定义为

$$\mathrm{EPA}=S_a / 2.5 \tag{4.1.1}$$

$$\mathrm{EPV}=S_v / 2.5 \tag{4.1.2}$$

式中，S_a 为阻尼比 ξ=0.05 的反应谱，在周期 T=0.1～0.5s 的加速度反应谱的平均值；S_v 为阻尼比 ξ=0.05 的反应谱，在周期 T=0.8～2.5s 的速度反应谱的平均值。

这样定义的有效峰值与真实峰值有关，但并不等于真实峰值。如果地震动中包含丰富的高频成分，则 EPA 明显小于真实峰值，但 EPV 常大于大震级、远距离处的真实峰值速度。

3) Arias 强度

Arias 强度（AI）是智利工程师 Arturo Arias 于 1970 年提出的，它综合考虑了加速度幅值、持续时间和频谱成分，能更全面地反映地震动对结构的累积破坏效应，表示为

$$AI=\frac{\pi}{2g}\int_0^{t_{\mathrm{tot}}} a(t)^2\mathrm{d}t \tag{4.1.3}$$

式中，t_{tot} 为地震动持续时间。

4) 均方根加速度 a_{rms}

地震动是一个随机过程，因此，从随机过程观点看，加速度随机过程 $a(t)$ 的最大峰值是一个随机量，不宜作为地震动的标志，而方差则是表示地震动随机过程幅值大小的一个统计特征。因此，如果将地震动加速度随机过程 $a(t)$ 看成在强震动阶段 T_d 内是平稳随机过程，则均方根加速 a_{rms} 定义为

$$a_{\mathrm{rms}}^2=\frac{1}{T_d}\int_0^{T_d} a^2(t)\mathrm{d}t \tag{4.1.4}$$

加速度最大值描述地震动的局部特征，它主要表示峰值的大小，决定于地震动高频振动成分，并不说明其他峰值的相对大小；均方根加速度对次要的峰值虽有一定的考虑，但是较为粗糙而局限；其他几个有效或等效加速度最大值，则都是地震动总强度的平均描述，它们虽能反映整体，但只是平均，而不能反映局部的分布情况。

2. 地震动频谱特性

地震动频谱特性指地震动对具有不同自振周期的结构反应特性的影响。凡是表示一次地震动中振幅与频率关系的曲线，统称为频谱。在地震工程中地震动频谱特性的常用表示方法有三种：傅里叶谱、反应谱和功率谱。

1) 傅里叶谱

傅里叶变换的基本思想是采用周期函数的组合来表示非周期性的复杂函数，通过傅里叶变换将地震动时域下信号转换为频域下信号。对于一个复杂的地震动过程 $a(t)$，可以按傅里叶级数展开为一系列具有不同频率的周期函数的组合形式，

如式(4.1.5)所示。

$$a(t)=\sum_{j=1}^{N}A_j(\omega)\cos\left[\omega_j t+\varphi_j(\omega)\right] \tag{4.1.5}$$

式中，$A_j(\omega)$ 表示 $a(t)$的傅里叶幅值谱；$\varphi_j(\omega)$ 表示 $a(t)$ 的傅里叶相位谱。两者统称为傅里叶谱。图 4.1.1 所示为集集地震 TCU051E 加速度傅里叶谱。

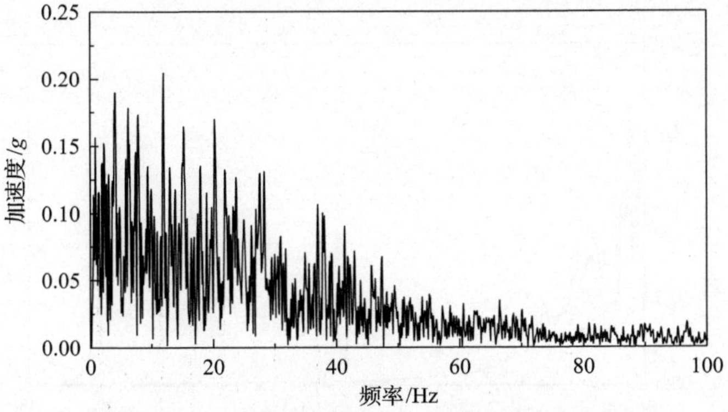

图 4.1.1　集集地震 TCU051E 加速度傅里叶谱

2) 反应谱

反应谱是在给定的地震加速度作用期间，单质点体系的最大位移反应、速度反应和加速度反应随质点自振周期变化的曲线。反应谱理论考虑了结构动力特性与地震特性之间的动力关系。反应谱可分为加速度反应谱、速度反应谱和位移反应谱。图 4.1.2 所示为集集地震 TCU051E 加速度反应谱。

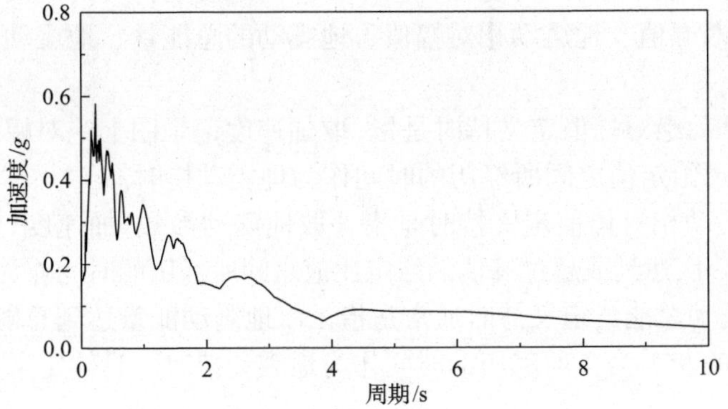

图 4.1.2　集集地震 TCU051E 加速度反应谱

3) 功率谱

功率谱密度函数 $S(\omega)$(简称功率谱)是随机过程在频域中描述过程特性的物

理量，它可以定义为地震动过程 $a(t)$ 的傅里叶振幅谱 $A(\omega)$ 的平方均值。

$$S(\omega)=\frac{1}{2\pi T_d}E\left[A^2(\omega)\right] \tag{4.1.6}$$

式中，T_d 为地震动持续时间，$T_d=t_{95}-t_5$；$E[A^2(\omega)]$ 为 $A(\omega)$ 的平方均值。和前两种频谱相比，功率谱的优点在于它具有明确的统计意义。图 4.1.3 所示为集集地震 TCU051E 功率谱。

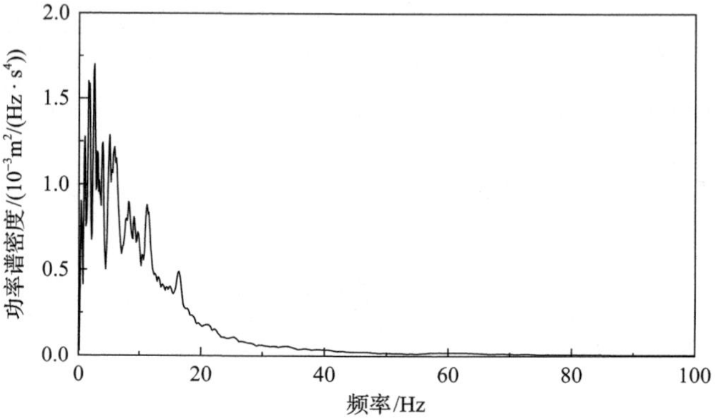

图 4.1.3　集集地震 TCU051E 功率谱

3. 地震动持时

震害经验和试验研究均表明，地震动持时对结构物的破坏有重要影响。在结构地震反应进入非线性阶段后，地震动持时的长短对结构的最终损伤程度有影响；持时越长，造成累积损伤的可能性越大。目前对地震动持时的定义尚不统一，一般以地震动绝对幅值、地震动相对幅值、地震动的总能量、地震动的平均能量等定义持时。

(1) 以地震动绝对幅值定义持时是指，取加速度记录图上绝对幅值首次和最后一次达到或超过给定值之间所经历的时间作为地震动持时。

(2) 以地震动相对幅值定义持时是指，取地震动参数(加速度、速度或位移)在首次和最后一次达到或超过峰值的给定比值之间所经历的时间作为地震动持时。

(3) 以地震动总能量定义持时通常是指，取地震动能量达到总能量的 5%开始至达到总能量的 95%为止所经历的时间作为地震动持时，具体定义如下式：

$$T_d=t_{95}-t_5 \tag{4.1.7}$$

(4) 以地震动平均能量定义持时是指，在给定的持续时间内加速度均方值应等于整个加速度记录的能量在持续时间上的平均值，将此持续时间作为地震动持时。

4.1.2　近场地震动特性

关于近场地震动的定义还不统一，一般指到断层距离不超过 20km、震中烈度在 6.5 度以上的地震动。因为地震动在距离断层一定距离后有所减弱，此时震级和场地条件等因素的影响逐渐明显，给出一个固定的界限值用以区分近场和远场不符合实际情况，而给出一个区间较为合理。

从 20 世纪末至今发生的大地震，如 1989 年美国洛马·普雷塔(Loma Prieta)地震(面波震级 M_s7.1)、1992 年美国兰德斯(Landers)地震(M_s7.4)、1994 年美国北岭(Northridge)地震(矩震级 M_w6.7)、1995 年日本神户(Kobe)地震(M_w7.2)、1999 年中国台湾集集地震(M_w7.6)、土耳其伊兹米特(Izmit)地震(M_w7.6)、2008 年中国汶川地震(M_w8.0)、2011 年东日本地震(M_w9.0)等，造成了大量的人员伤亡和经济损失。从这些地震中获得的强震记录中均出现了以高能脉冲和较长周期为特征的脉冲型运动，产生较大的冲击力与变形，对建筑物及桥梁造成了严重破坏，而且明显不同于远场地震动。近场地震动的主要特征有：近场速度脉冲、近场破裂的方向性效应、地表破裂和地面永久位移、近场强地震动的集中性、上盘效应等。

1. 近场速度脉冲

近场的速度脉冲主要有两种形式[3]：

(1)由于破裂传播的多普勒效应引起的方向性速度脉冲，主要表现在垂直于断层面的方向上，当断层的倾角较大时，主要出现在垂直于断层走向的方向上，表现为双向脉冲。示例如图 4.1.4 所示。

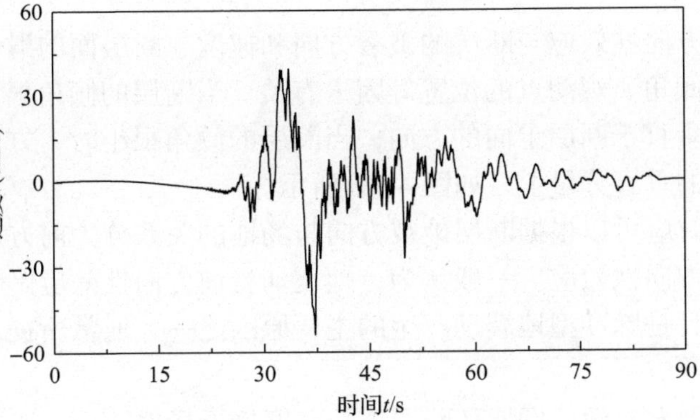

图 4.1.4　集集地震 TCU051E 速度时程

(2)由地面永久位移引起的速度脉冲，与永久位移的大小和产生永久位移的时间有关。它主要出现在平行于断层滑动方向的分量上，而且呈单向脉冲。示例如

图 4.1.5 所示。

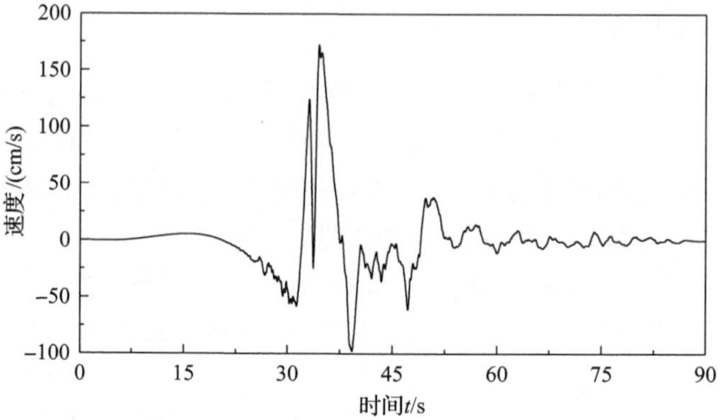

图 4.1.5 集集地震 TCU052N 速度时程

Hall 等[4]认为，与近场地震动中大的速度脉冲相比，在速度脉冲的时间段内所发生的地面位移更能表现地震动的破坏势。Mavroeidis 等[3]认为，与速度脉冲相比更应该重视近场地震动中包含的加速度脉冲，而一般情况下，速度脉冲只对周期大于 4s 的结构才有影响。在几次地震的近场区内记录到了不少高峰值加速度、峰值速度的地震动，且通过记录分析发现近场地震动含有比人们想象中丰富得多的低频成分(周期 1s 以上)。

值得注意的是，近场竖向地震动的高峰值加速度，竖向分量与水平分量峰值加速度的比值在某种情况下远超过目前规范中常采用的 2/3，与距离断层较远的竖向地震动相比，近场竖向地震动包含更多的高频成分。

2. 近场破裂的方向性效应

破裂的方向性效应与断层的破裂方向和速度、断层面的滑动方向和位错的分布、断层的倾角、观测点的位置等因素有关。当断层的倾角很大时，方向性效应主要表现在垂直于断层走向的方向；当断层的倾角很小时，方向性效应则主要表现在地震动的垂直分量上，如图 4.1.6 所示。

方向性效应可以根据断层破裂方向与场地的关系分为前方向性效应、后方向性效应和中方向性效应。一般认为，地震动受前方向性效应影响时将加重工程结构的破坏，且是脉冲型地震动产生的主要原因之一，通常所提及的方向性效应均指前方向性效应。

断层破裂方向朝向场地和断层破裂速度接近场地剪切波速是前方向性效应的产生条件。图 4.1.7 是 1992 年美国兰德斯地震中破裂前方的 LUC 台站和后方的 JSH 台站的垂直于断层走向的速度和位移时程，可以看到位于破裂前方的 LUC 台站的位移和速度时程中有很强的长周期脉冲，地震动的幅值大、持时短，而位于破裂后方的 JSH 台站的地震动幅值明显降低，没有脉冲现象，地震动的持时也明显加长。

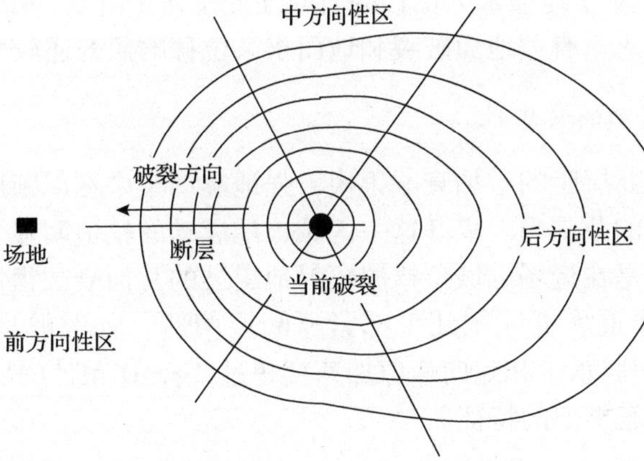

图 4.1.6　方向性效应示意图

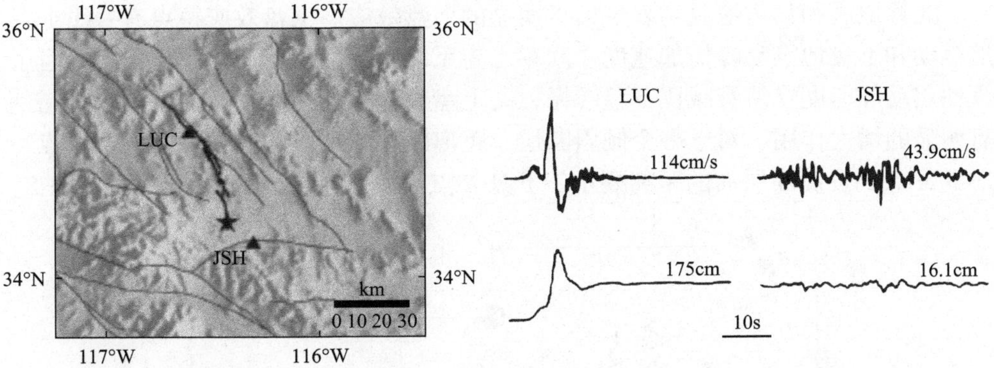

图 4.1.7　破裂前方的 LUC 和后方的 JSH 台站的垂直于断层走向的速度和位移时程

方向性效应的特点：反映在时程上表现为大的幅值、明显的脉冲波形和短的地震动持时；方向性效应对地面位移和速度的影响相对较大，而对加速度的影响相对较小；受断层剪切错位辐射模式影响，使方向性效应在垂直断层走向方向更显著，垂直断层走向的地震动速度分量的峰值明显比平行断层走向大，垂直断层走向地震动的反应谱在中长周期段的谱值明显比平行断层走向大。普遍认为方向性效应在地震动的周期大于 1s、断层距 20km 范围内有较大影响，且影响程度与地震震级、场地相对于断层的几何位置有关；方向性效应是否影响地震动高频分量尚需进一步研究。

3. 地表破裂和地面永久位移

地表破裂和地面永久位移是导致严重震害的重要因素之一，在集集地震和北岭地震以后，研究人员都观察到了以上现象，其中集集地震断层的破裂总长度长达 100km 以上，且上下盘之间产生了明显的错动，断层的南段错动为 1m，而北段错动达 8m。目前对于地面永久位移的研究还处于初步阶段，由于数据采集的困难和实测资料的缺乏，有关地面破裂和地面永久位移的研究还较少。

4. 近场强地震动的集中性

近场地震动随断层距的增加衰减很快，强地震动集中在以断层在地表的投影为中心的一个狭窄的范围内。离开这一区域，地震动的幅值明显下降。强地震动集中性的主要原因是在近场区域位错源辐射地震波的几何衰减很快。近场强地震动的集中性造成严重震害区域几乎都紧靠断层两侧，如北岭地震中，在大约 20km×20km 的震中区水平和竖向峰值加速度超过 1*g*，比预计的地震动要大 2 倍以上。集集地震也有类似的特征。

5. 上盘效应

北岭地震和集集地震均表现出了明显的上盘效应。上盘效应特点有：①上盘地震动和下盘地震动峰值加速度之间存在着系统差异，上盘明显高于下盘，且上盘地震动加速度峰值衰减比下盘缓慢；②上盘效应对加速度反应谱短周期段谱值有明显的增大作用。对于一个倾斜断层，距离断层在地表的迹线相同的两个点，上盘 *A* 点到发震断层面的距离要小于下盘 *B* 点到发震断层面的距离，见图 4.1.8。

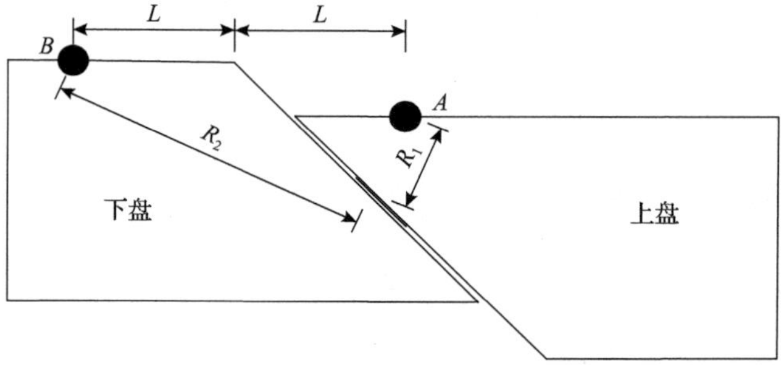

图 4.1.8 上盘效应

4.1.3 强震地面运动模拟

地震作为一种自然现象，其发生的时间、地点和规模以及伴随产生的强地面运动的幅值、持时和频谱特性都具有其随机性。一方面，目前国内外已经累积了一定数量的强震记录，能真实反映特定工程地点在特定地震环境中的强震地面运动特点，因而被广泛应用于工程结构抗震分析和设计分析中。另一方面，实测的强震记录毕竟数量有限，不同地震记录具有各自不同特性，通过人工模拟生成的强震地面运动也得到了国内外地震工程学者的广泛接受。通常强震地面运动的模拟主要包括两大类：经验模拟方法和物理模拟方法。

1. 经验模拟方法

1) 随机脉冲叠加法

Housner[5]早在 1947 年就提出把地面运动看成是大小一定的随机到达的脉冲的叠加，即

$$x(t)=\sum_{k=1}^{N(t)}\mu\delta\left(t-t_k\right) \tag{4.1.8}$$

式中，μ 为常数；$N(t)$ 为在 $[0,T]$ 间到达的脉冲总个数，并假定其服从到达率为 $\lambda(t)$ 的随机泊松分布；t_k 为脉冲到达的随机时间；$\lambda(t)=\lambda_0$ 时，地震动为平稳白噪声过程；当 $\lambda(t)$ 为时间 t 的函数时，地震动为非平稳白噪声过程。

2) 三角函数叠加法

随着 Priestley[6,7]提出演变过程理论，利用演变谱来模拟地震动的研究得到很大发展。为了考虑实际地震动的频率特性，可以把平稳随机过程看成是不同频率的、具有随机相位角的三角级数的叠加，Shinozuka 等[8]提出了利用三角级数法的地震波模拟方法，即三角函数叠加法。该方法由于形式简单，便于理解，目前被广泛使用。

$$x(t)=\sum_{i=1}^{N}A_i\cos\left(\omega_i+\varphi_i\right) \tag{4.1.9}$$

式中，φ_i 为在 $[0,2\pi]$ 之间均匀分布的独立随机变量；$\omega_i=2\pi i/T$；A_i 为傅里叶振幅谱，$A_i=FS_x(\omega)\Delta\omega$，$\Delta\omega=2\pi/T$，其中 T 为随机过程的总持时，$S_x(\omega)$ 为随机过程 $a(t)$ 的功率谱密度。

设计反应谱由式(4.1.10)转化为功率谱。

$$S_x(\omega)=\frac{\xi}{\pi\omega}\left[SA^t(\omega)\right]^{\frac{2}{\ln[-\pi\ln(1-p)/(\omega T)]}} \tag{4.1.10}$$

式中，$SA^t(\omega)$ 为给定的目标反应谱；ξ 为阻尼比；p 为反应的超越概率，一般可取 0.05～0.1。

3) 反应谱拟合法

反应谱拟合法是指给定目标反应谱，按照一定的数值算法合成满足目标反应谱的地震动时程，当使用反应谱拟合的地震动作为结构动力响应的分析时，其可以通过较少的地震动进行较少次数的响应分析，得到更为可靠的结构动力响应。

在已有的反应谱拟合法中，主要可以分为以下几种。

(1) 比例调整法

当已有地震记录或模拟的地震动的反应谱和规范反应谱差别比较显著时，对整个加速度时程的整体进行缩放可以大大减小反应谱和设计谱之间的差别。这种方法称为比例调整法，简单方便，较早地运用于反应谱拟合中。在选择缩放系数时，一般要求地震动的反应谱与规范反应谱之间的误差平方和最小。

(2) 叠加小波函数法

叠加小波函数法是基于叠加小波函数的时域调整方法，是反应谱拟合方法中的另一种重要方法。该方法最初是由 Kaul[9]在单阻尼拟合中所提出，Lilhanand 等[10,11]将该方法应用到多阻尼拟合中。最初的时域调整法是通过在已有的时程曲线上添加单位脉冲响应函数(可看作一种小波函数)的方法实现的。它基于这样一个基本假定：对地震动时程曲线的微小调整不会影响反应加速度最大值发生的时间。在此前提下，根据杜阿梅尔(Duhamel)积分，在时域直接修改原地震记录就可以使地震动反应谱与目标反应谱相接近。尽管时域调整法要比频率调整方法复杂很多，但是其有更好的收敛性且能够较好地保持初始地震动的非平稳特性。

(3) 小波变换法

Mukherjee 等[12]和 Suarez 等[13]利用连续小波变换将地震动时程分解为一系列互不重叠的频带，通过调整各个频带的时程得到与实际反应谱拟合的人造地震动。常用的小波有 Littlewood-Paley 小波，使用该小波可以将地震动时程分解为互不重叠的各个频带，具有非常好的局部化特性。

2. 物理模拟方法

地震动是一个随机过程，采用包含震源特性、传播途径和场地条件的分析更为合理，有着经验分析不可替代的优点。包含随机性的物理方法是一种简单而有效的模拟地震动的方法，尤其适合于模拟工程上感兴趣的地面运动高频部分(通常 $f > 0.1\text{Hz}$)。此外，该方法还被广泛应用于那些无法获得潜在破坏性地震记录的地区，用于预测地震地面运动。该方法将震源机制、震级、震中距和场地条件等有关信息引入到强震加速度的合成中，不同于一般的蒙特卡罗模拟，是一种地震学方法与随机模拟方法的结合。随机模拟方法包括用来预测远场强地震动的随机点源法和用来预测近场强震的随机有限断层法。

1) 随机点源法

随机点源模型是 Boore[14]最早提出来的，具体的做法是：把一个场地的地震动傅里叶谱定义为震源 $S(M_0,f)$、路径传递函数 $P(R,f)$、场地传递函数 $G(f)$，以及地震动类型转换函数 $I(f)$ 的乘积：

$$E\left(M_0,R,f\right)=S\left(M_0,f\right)\cdot P(R,f)\cdot G(f)\cdot I(f) \tag{4.1.11}$$

2) 随机有限断层法

随机有限断层法最早提出是用于模拟近场强地震动方法，模型将发震断层按一定规则划分为多个子断层，每个子断层看作一个点源，设定破裂的模式和破裂传播的速度，可得出子源破裂的时间顺序；根据子源与场址的几何关系，可以计算每个子源对场址的影响，考虑每个子源的破裂传播到达的延时，分别叠加各子源的加速度时程，即可得出有限断层破裂在场点处引起的地震动。

随机有限断层法是目前合成近场强地震动常用的方法之一。将地震加速度视为有限宽带(拐角频率和截止频率时间)、有限持时白噪声，震源谱为 Brune 的 ω^2 谱，运用 Boore-Schneider 的 S 波传递函数方法进行地震动的随机模拟。其中震源谱 $S(M_0,f)$ 采用如下形式[14]：

$$S\left(M_0,f\right)=\frac{M_0}{\left[1+\left(f/f_0\right)^a\right]^b} \tag{4.1.12}$$

其中，M_0 为地震矩；f 为频率；f_0 为拐点频率；a=3.05～0.3；b=2/a。

4.2 抗震设计理论

4.2.1 抗震设计理论的发展

随着科技的进步，人们对地震动特性和结构动力特性的认识不断深入，促使结构抗震设计理论不断发展。抗震设计理论可以分为四个发展阶段：静力阶段、反应谱阶段、动力分析阶段和基于性能的抗震设计阶段，有时也将反应谱阶段和动力分析阶段合称为动力阶段。

1. 静力阶段

静力阶段起源于意大利，发展于日本。静力阶段，假定结构为刚性，结构所受的地震作用等于结构的重量乘以一个比例系数。该方法没有考虑地震的动力特性、结构的动力性质及共振效应，仅考虑质点加速度与地面运动加速度相关，这对低矮的、刚性较大的建筑是可行的，但是对多高层建筑等具有一定柔性的结构物则会产生较大的误差。

2. 反应谱阶段

随着强地震动加速度观测记录的增多，对地震地面运动性质的进一步了解和结构动力反应特性的研究，提出了反应谱理论。由于这一理论正确而简单地反映了地震动的特性，并根据强震观测资料提出了可用的数据，而在国际上得到广泛的认可。

反应谱理论中，一个单自由度弹性体系结构的底部剪力或地震作用为

$$F = k\beta G \tag{4.2.1}$$

式中，k 为地震系数；β 为结构自振周期和阻尼比的函数；G 为结构重量。

式(4.2.1)通过反应谱考虑了结构物的动力特性所产生的共振效应，但是，在设计中它仍然把地震惯性力看作是静力。

随着震害经验的积累和科研工作的不断深入，人们逐步认识到建筑场地、震级和震中距对反应谱的影响。为了考虑这些因素，规定了不同形状的反应谱，并利用振型分解原理将上述概念用于多质点体系的抗震计算，产生了振型分解反应谱法。反应谱法考虑了质点的地震反应加速度相对于地面运动加速度具有放大作用，采用动力方法计算质点体系地震反应，建立了与结构自振周期有关的速度、加速度和位移反应谱；再根据加速度反应谱计算出结构地震作用，然后按弹性方法计算出结构的内力，根据内力组合进行截面承载力设计。但是反应谱是基于弹性动力反应分析获得的，无法确定结构的弹塑性反应。

反应谱理论在 20 世纪 50 年代是以弹性理论为基础的。随着结构非线性研究工作的开展，20 世纪 60 年代出现了极限设计的概念，以 Newmark 为首的研究者们提出了用“延性”来概括结构超过弹性阶段的抗震能力，并指出在抗震设计中，除强度和刚度以外还必须重视加强延性，随之产生了非线性反应谱理论。

3. 动力分析阶段

20 世纪七八十年代，随着计算机技术和试验技术的发展，人们对各类结构在地震作用下的线性和非线性反应过程有了较多的了解，同时随着强震观测台站的不断增多，各种受损结构强地震反应记录也不断增多。这给人们提供了理论研究的基本数据资料，促进了结构抗震动力理论的形成和发展。

动力法从选择合适的地震动输入出发，将建筑物简化为多自由度体系，并建立动力平衡方程，然后采用数值方法对方程进行求解，计算地震过程中每一时刻结构的地震反应。该方法同时考虑了振幅、频率和持时的影响，使计算结果更加合理。动力法是可以考虑各构件非线性特性的结构分析方法，通常在计算机上进行，在时域中进行逐步积分，或在频域中进行变换，在弹性反应时一般采用频域分析或振型分解后的逐步积分；非线性分析时，在时域中进行逐步积分。这种方法可以考虑每个构件的瞬时非线性特性，也可以考虑土-结构相互作用中地震参数的频率依赖关系。

4. 基于性能的抗震设计阶段

20 世纪 90 年代，许多国家和地区发生了破坏性的地震，造成了巨大的经济

损失和人员伤亡，促使人们重新审视当前的抗震设计思想，并提出基于性能的抗震设计概念(performance-based seismic design，PBSD)，被认为是未来抗震设计的主要发展思想。基于性能的抗震设计实质是对地震破坏进行定量或半定量控制，从而在较经济的条件下，确保人员伤亡和经济损失均在预期可接受的范围内。

基于性能的抗震设计是指选择的结构设计准则需要实现多级抗震性能目标的一套系统方法。基于性能的抗震设计实现了结构性能水准(performance level)、地震设防水准(seismic fortification level)以及结构的性能目标(performance objective)的具体化，并给出了三者之间明确的关系，确保正常的使用功能。该方法根据不同的、具体化的性能目标建立相应的抗震设防水准，以及结构在地震作用下相应的变形、位移、加速度和延性等指标，在保证结构功能性指标前提下，考虑结构的投资-效益准则。它实质是对地震破坏进行定量或半定量控制，从而在经济的条件下，确保人员伤亡和经济损失在预期可接受的范围内。

4.2.2　抗震概念设计

由于地震的不确定性和结构的复杂性，结构抗震设计存在很多不定性因素，故需要概念设计和计算设计相配合。概念设计是指根据地震灾害和工程经验等所形成的基本设计原则和设计思想，进行结构的总体布局，确定细部构造的过程。抗震概念设计一般包括：场地选择、结构体系选择、结构布置、非结构构件处理、结构材料与施工、构造措施。

概念设计的一般原则：选择场地时，应避开对建筑抗震不利的地段；建筑的结构体系应符合抗震结构体系的要求，使结构的刚度、承载力和延性相匹配；建筑物的平面和立面布置力求简单、规则和对称，质量和刚度均匀变化，避免有过大的外挑和内敛，避免出现薄弱层，并应尽可能降低建筑重心；设置多道抗震防线，增加结构的冗余，保证建筑物最低限度的安全，避免倒塌；合理处理非结构构件；保证连接和抗震构造措施的有效性；合理设置防震缝；合理选择建筑材料。

4.2.3　基于性能的抗震设计

基于性能的抗震设计涵盖概念、设计和施工三个重要部分，包括以下内容：确定设计准则、选择结构体系、平面布置、截面设计、构造措施、施工质量控制、长期维修。图 4.2.1 给出了基于性能的抗震设计流程。

基于性能的抗震设计先根据客观的设防环境、设防目标和具体的社会经济条件确定地震设防水准。然后将结构的抗震性能划分成不同等级，根据结构的用途、业主的要求，设计者采用合理的抗震性能目标和合适的结构抗震措施进行设计，使得结构在各种水平地震作用下所造成的破坏损失在业主所选择并能够承受的范

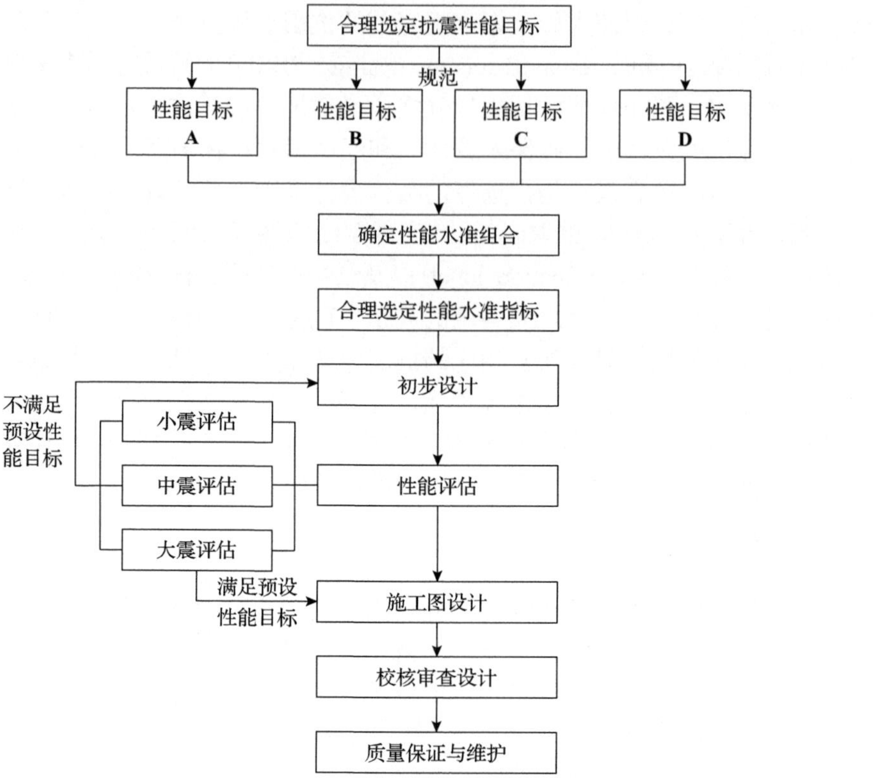

图 4.2.1　基于性能的抗震设计流程

围内。最后通过对工程项目进行生命周期的费效分析达到一种安全可靠和经济合理的优化平衡。

建筑物的性能水平和性能目标是基于性能抗震设计的前提和基础。性能水平是指一种有限的破坏状态，全面考虑建筑物内外的人员生命安全、建筑物内财产安全、建筑的正常使用。性能目标是指结构的地震反应参数(如应力、应变、位移、加速度等)的极限状态。性能目标需要综合考虑建筑场地特征、结构功能与重要性、投资和效益、震后损失与恢复重建、潜在的历史或文化价值、社会效益及业主的承受能力等多方面因素。

基于性能的抗震设计方法主要包括：基于位移的设计方法、基于损伤性能的设计方法、基于能量的设计方法、综合设计方法、基于可靠度的设计方法等。目前较多采用基于位移的设计方法。

基于位移的设计方法用位移及其相关量(如顶点位移、层间位移角、延性系数、塑性铰转角等)作为结构的目标性能，其包括三种方法：控制延性法、能力谱法和直接基于位移法。

1. 控制延性法

延性指结构承载力无明显降低(不低于其极限承载力的 85%)的前提下，结构发生非弹性变形的能力。

控制延性法通过严格的计算与构造措施来满足耗能构件的延性要求。该方法设计思路清晰，已被广泛接受。在结构抗震设计中，延性包括三层含义：结构延性、构件延性、截面延性。结构延性可以用顶点位移延性或层间延性来表达；构件延性与构件的长度、塑性区长度和截面延性等有关；截面延性与其几何形状、应力状态、纵筋、箍筋及混凝土强度有关。一般而言，在结构抗震设计中，对构件延性的要求高于对结构延性的要求，对截面延性的要求高于对构件延性的要求。

2. 能力谱法

能力谱法通过地震需求曲线和结构能力曲线的叠加来评估结构在给定地震作用下的反应特性。能力谱法作为基于位移设计的一种途径最早由 Freeman 等提出，之后众多学者进行了改进。各研究者给出的能力谱法的具体形式不尽相同，但本质一致，其基本步骤为：

(1) 建立结构和构件的计算模型。

(2) 确定侧向荷载的分布形式。

(3) 定义塑性铰。在结构构件受力较大、刚度较小的位置处添加塑性铰，一般在梁的端部、柱或墙的底部添加。

(4) 进行 Pushover 分析(静力推覆分析)。当加载到结构发生倾覆，或者顶点位移超过设计地震作用下控制点处的最大位移时，分析结束，得到结构的承载能力曲线即结构的基底剪力-顶点位移曲线，亦即能力谱曲线，见图 4.2.2。

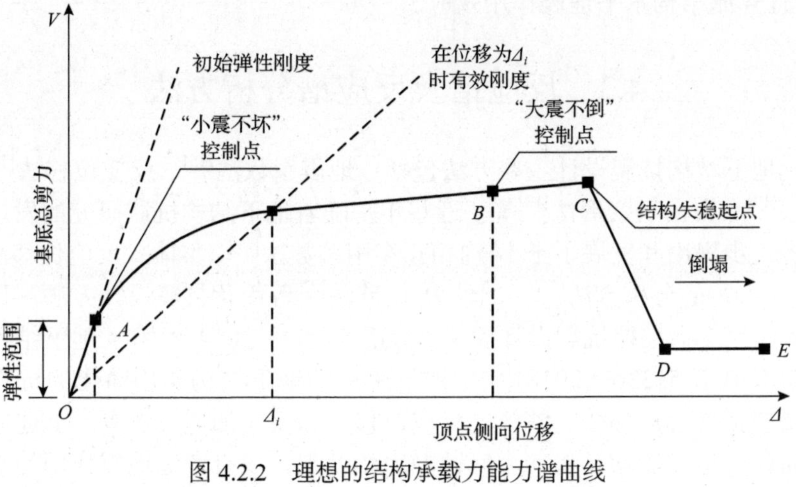

图 4.2.2　理想的结构承载力能力谱曲线

在侧向总剪力(结构基底剪力)作用下，结构变形由弹性变形范围 *OA* 进入非线性变形范围 *ABC*，然后进入失稳和倒塌的 *CDE* 范围。

(5)建立弹性需求谱曲线。根据反应谱建立弹性需求谱曲线。

(6)修正弹性需求谱曲线。得到不同强度地震的需求谱曲线。

(7)检验结构的抗震能力。将能力谱曲线和不同强度地震需求谱曲线画在同一坐标中，若两条曲线没有交点，说明结构抵抗该强度地震的能力不足，结构需要重新设计；若两条曲线相交，交点对应的位移即为等效单自由度体系在该地震作用下的谱位移。根据谱位移可以得到原结构的顶点位移，由顶点位移在原结构的基底剪力-顶点位移曲线的位置，即可确定结构在该地震作用下的塑性铰分布、杆端截面的曲率等，综合检验结构的抗震能力。

3. 直接基于位移法

直接基于位移法是根据一定水准地震作用预期的位移计算地震效应，进行结构设计，以使构件达到预期的变形，结构达到预期的位移。该方法采用结构位移作为结构性能指标，设计时假定位移是结构抗震性能的控制因素，通过设计位移谱得出在此位移时的结构有效周期，求出此时结构的基底剪力，进行结构分析，并进行具体配筋设计。设计后用应力验算，以位移目标为基准来配置结构构件。基本步骤为：

(1)根据规范加速度反应谱或地震加速度时程，建立对应于不同阻尼比的设计位移反应谱；

(2)计算结构等效单自由度体系的目标位移；

(3)确定等效单自由度体系的等效质量、等效阻尼比和等效刚度；

(4)计算设计基底剪力和水平地震力；

(5)计算原结构水平地震作用效应。

4.3　反应谱及反应谱分析方法

传统地下结构抗震设计主要方法包括：地震系数法[15]、反应位移法[16]、反应加速度法[17]和自由场变形法[18]等。近些年来随着地下结构抗震研究的发展，国内外学者进一步提出和发展了土-结构相互作用系数法[19]、整体式反应位移法[20]、地下结构 Pushover 分析方法[21]、惯性力-位移法[22]等简化抗震设计方法。目前，我国《城市轨道交通结构抗震设计规范》(GB 50909—2014)[23]和《地下结构抗震设计标准》(GB/T 51336—2018)[24]中建议采用的地下结构实用简化的抗震分析方法，主要包括反应位移法、整体式反应位移法和反应加速度法等。上述的地下结构抗震简化分析方法均是将动力问题静力化处理，没有考虑地震作用的不确定性影响，而反应谱方法能够给出具有一定统计特征的结构反应，已被广泛应用于地面结构的抗震分析与设计。

4.3.1　地震动反应谱

1. 单自由度体系地震反应

实际工程中的许多建筑物，如单层房屋、水塔、公路高架桥等，可以近似简化成一个单自由度体系。

在地震作用下，单自由度体系的运动状态简化为如图 4.3.1 所示的力学模型。根据达朗贝尔原理可知，单自由度体系在地震力、惯性力、弹性恢复力和阻尼力作用下处于动平衡状态。于是，得到单自由度体系在地震作用下的运动方程为

$$m\ddot{u}(t)+c\dot{u}(t)+ku(t)=-m\ddot{u}_g(t) \tag{4.3.1}$$

式中，m、k、c 分别为结构的质量、刚度、阻尼系数；$\ddot{u}_g(t)$ 为地面加速度；$u(t)$、$\dot{u}(t)$、$\ddot{u}(t)$ 分别为结构质点相对于地面的位移、速度、加速度。$u(t)+u_g(t)$ 为结构质点的绝对位移；$\ddot{u}(t)+\ddot{u}_g(t)$ 为结构质点的绝对加速度；$m[\ddot{u}(t)+\ddot{u}_g(t)]$ 为结构质点所受的惯性力；$ku(t)$ 为结构质点所受的弹性恢复力；$c\dot{u}(t)$ 为结构质点所受的阻尼力。

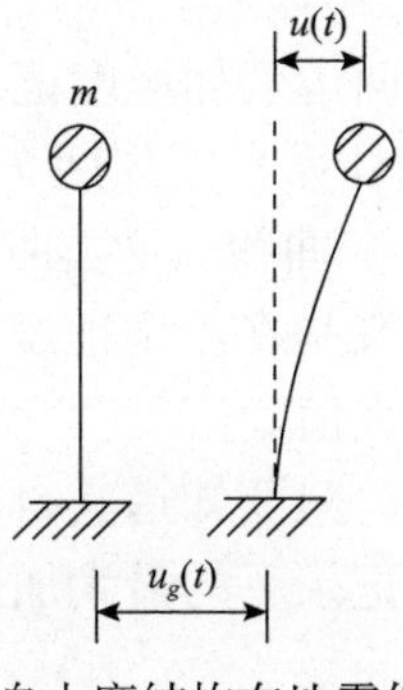

图 4.3.1　单自由度结构在地震作用下的运动

式(4.3.1)可以简化为

$$\ddot{u}(t)+2\xi\omega\dot{u}(t)+\omega^2u(t)=-\ddot{u}_g(t) \tag{4.3.2}$$

式中，ω 无阻尼结构的自振频率；ξ 为体系的阻尼比。

$$\omega=\sqrt{k/m} \tag{4.3.3}$$

$$\xi=\frac{c}{2\omega m}=\frac{c}{2\sqrt{km}} \tag{4.3.4}$$

式(4.3.2)为常系数二阶非齐次微分方程，其解由齐次方程的解和一个特解组成，可表示为

$$u(t)=\mathrm{e}^{-\xi\omega(t-\tau)}\left[u(0)\cos\omega_{\mathrm{D}}t+\frac{\ddot{u}_g(\tau)+\xi\omega u(0)}{\omega_{\mathrm{D}}}\sin\omega_{\mathrm{D}}t\right]$$
$$-\frac{1}{\omega_{\mathrm{D}}}\int_0^t\ddot{u}_g(\tau)\mathrm{e}^{-\xi\omega(t-\tau)}\sin\omega_{\mathrm{D}}(t-\tau)\mathrm{d}\tau \tag{4.3.5}$$

式中，$\omega_{\mathrm{D}}=\omega\sqrt{1-\xi^2}$。

2. 单自由度弹性体系地震作用的反应谱法

对单自由度弹性体系的位移 $u(t)$ 求导两次，并忽略小量 ξ，得到单自由度弹性体系的绝对加速度为

$$\ddot{u}(t)+\ddot{u}_g(t)=\omega\int_0^t\ddot{u}_g(\tau)\mathrm{e}^{-\xi\omega(t-\tau)}\sin\omega(t-\tau)\mathrm{d}\tau \tag{4.3.6}$$

由于地面运动的加速度是随时间变化的，而在结构设计中一般最关心结构反应的最大值。由式(4.3.6)得到单自由度体系最大绝对加速度反应 S_a 为

$$S_a=\left|\ddot{u}(t)+\ddot{u}_g(t)\right|_{\max}=\omega\left|\int_0^t\ddot{u}_g(\tau)\mathrm{e}^{-\xi\omega(t-\tau)}\sin\omega(t-\tau)\mathrm{d}\tau\right|_{\max} \tag{4.3.7}$$

由式(4.3.7)可知，若给定地面运动加速度记录 $\ddot{u}_g(t)$ 和体系阻尼比 ξ，则可计算出质点的最大加速度反应 S_a 与体系自振周期 T 之间的一条关系曲线，并且对于不同的阻尼比就可得到不同的 S_a-T 曲线，这类曲线称为加速度反应谱，类似的还有位移反应谱。反应谱的物理意义是在给定地震动作用下，不同周期结构地震反应(如绝对加速度、位移等)的最大值。

对于任何一个单自由度体系，只要知道其自振周期和阻尼比，就可以从反应谱曲线中查得该体系在特定地震记录下的最大加速度。

3. 反应谱的特征

反应谱的形状特征反映了不同固有动力特性结构的动力最大反应的特点。反应谱一般是由中部放大区和两边的反应极限区构成的。对于低频系统(0.1Hz 以下)，结构反应谱位移近似等于地面最大位移；对于中频系统(0.1～10Hz)，结构反应存在动力放大效应；对于高频系统(10Hz 以上)，结构反应谱加速度近似等于地面加速度。

4. 设计反应谱

不同地震记录给出的地震动反应谱一般很离散，而工程设计需要具有一定安

全程度的地震力规定，因此产生了抗震设计反应谱。设计反应谱是基于大量地震动表现的综合认识所做出的对结构地震力的一种规定。

根据牛顿第二定律，有了质点绝对最大加速度 S_a 和质点质量 m 就可以得到水平地震作用的绝对最大值 F。

$$F = mS_a \tag{4.3.8}$$

为了便于应用，在式(4.3.8)中引入能够反映地面运动强弱的地面运动最大加速度 $\left|\ddot{u}_{g0}(\tau)\right|_{\max}$，则

$$k = \frac{\left|\ddot{u}_{g0}(\tau)\right|_{\max}}{g} \tag{4.3.9}$$

$$\beta = \frac{S_a}{\left|\ddot{u}_{g0}(\tau)\right|_{\max}} \tag{4.3.10}$$

$$F = mS_a = mg\left[\frac{\left|\ddot{u}_{g0}(\tau)\right|_{\max}}{g}\right]\left[\frac{S_a}{\left|\ddot{u}_{g0}(\tau)\right|_{\max}}\right] = Gk\beta \tag{4.3.11}$$

式中，G 为重量，$G=mg$；k 为地震系数；β 为动力放大系数。

在《建筑抗震设计规范》[25]中，用 α 代替 S_a/g，如式(4.3.12)所示，称 α 为地震影响系数。

$$F = mS_a = \frac{S_a}{g}mg = \alpha G \tag{4.3.12}$$

建筑结构的地震影响系数 α 取决于地震烈度、场地类别、设计地震分组、结构自振周期和阻尼比。

如图 4.3.2 所示，α 反应谱曲线由线性上升段、水平线、曲线下降段、直线下降段 4 部分组成。应注意，当 T>6.0s 时，该设计反应谱已超出其适用范围，应进行专门研究来确定 α。

$$\alpha = \begin{cases} \left[\dfrac{0.45}{\eta_2} + 10\left(1.0 - \dfrac{0.45}{\eta_2}\right)T\right]\eta_2\alpha_{\max} & T < 0.1\text{s} \\ \eta_2\alpha_{\max} & 0.1\text{s} \leqslant T < T_g \\ \left(\dfrac{T_g}{T}\right)^{\gamma}\eta_2\alpha_{\max} & T_g \leqslant T < 5T_g \\ \left[\eta_2 0.2^{\gamma} - \eta_1\left(T_g - 5T_g\right)\right]\eta_2\alpha_{\max} & 5T_g \leqslant T \leqslant 6.0\text{s} \end{cases} \tag{4.3.13}$$

式中，α_{max} 为地震影响系数最大值，见表 4.3.1；γ 为曲线下降段的衰减指数，应按式(4.3.14)确定；η_1 为直线下降段的下降斜率调整系数，应按式(4.3.15)确定，且当 $\eta_1<0$ 时，取 $\eta_1=0$；η_2 为阻尼调整系数，应按式(4.3.16)确定，且当 $\eta_2<0.55$ 时，取 $\eta_2=0.55$；T 为结构自振周期；T_g 为特征周期，可根据场地类别和设计地震分组确定，见表 4.3.2。但在计算 8 度、9 度罕遇地震作用时，其特征周期应增加 0.05s。

$$\gamma = 0.9 + \frac{0.05-\xi}{0.5+5\xi} \tag{4.3.14}$$

$$\eta_1 = 0.02 + \frac{1}{8}(0.05-\xi) \tag{4.3.15}$$

$$\eta_2 = 1 + \frac{0.05-\xi}{0.06+1.7\xi} \tag{4.3.16}$$

式中，ξ 为结构的阻尼比，一般取 0.05。

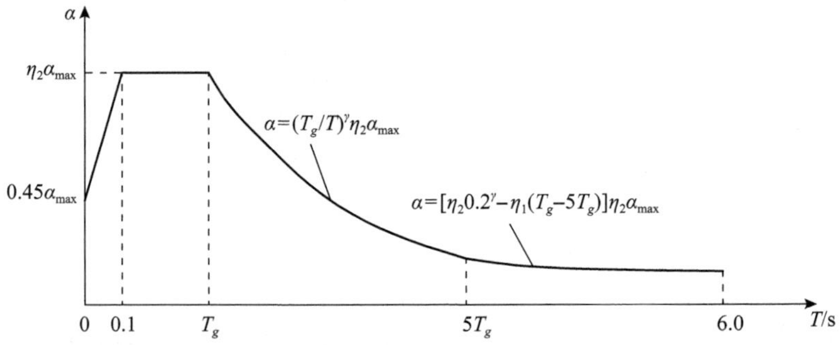

图 4.3.2　地震影响系数 α 曲线

表 4.3.1　水平地震影响系数最大值

地震影响	烈度			
	Ⅰ	Ⅱ	Ⅲ	Ⅳ
多遇地震	0.04	0.08(0.12)	0.16(0.24)	0.32
罕遇地震	—	0.50(0.72)	0.90(1.20)	1.40

注：括号中的数值分别用于设计基本地震加速度为 0.15g 和 0.30g 的地区。

5. 反应谱衰减关系

如图 4.3.3 所示，地震反应谱样本间产生极大离散性的原因有两点：①震源与传播途径的影响；②场地随机特征造成的影响。因此，减少离散性的途径之一便是考虑震级和距离的影响。一般来说，反应谱衰减规律可以针对一组离散的周期点，采用一系列经验关系式来表达，或将系数表达式取作频率的连续函数形式。可以将反应谱衰减规律看作是一个衰减超曲面。对于给定的震级、震中距和场地条件，反应谱确定并代表着同样条件的一批地震动反应谱的统计平均曲线。这只是一种直观的推论性解释，实际的反应谱衰减规律是对各个周期点分别进行地震动反应谱值的统计回归给出的，对于同一周期点，是将不同震级、震中距和场地条件的强震记录作为一类样本集合使用的。

表 4.3.2　特征周期　（单位：s）

设计地震分组	场地类别			
	Ⅰ	Ⅱ	Ⅲ	Ⅳ
第一组	0.25	0.35	0.45	0.65
第二组	0.30	0.40	0.55	0.75
第三组	0.35	0.45	0.65	0.90

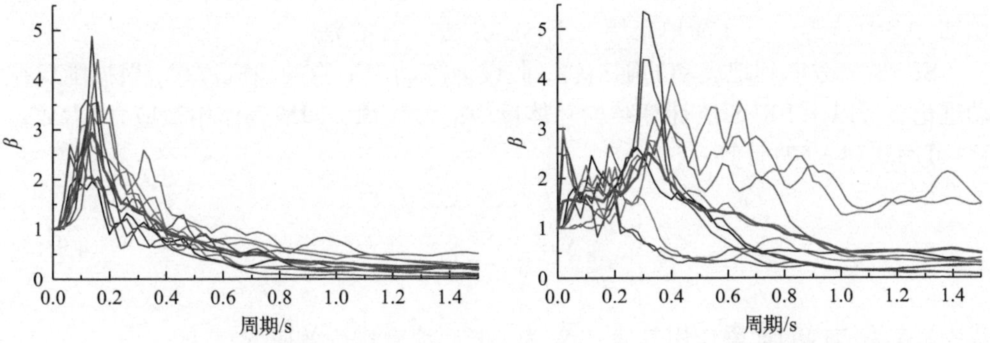

(a) Ⅰ类场地　(b) Ⅱ类场地

图 4.3.3　地震动反应谱

长周期波携带的地震能量大、衰减慢，因此，不同周期点处的衰减速率是不一样的。不管何种类型的反应谱，都没有反映地震动的持时特性。因此，工程抗震界普遍认为“反应谱理论只说出了问题的一半”。

4.3.2　多自由度体系的反应谱法

图 4.3.4 为在地震作用下多自由度结构的运动状态示意图。结构按照某一阶自振频率振动时，各自由度变化的比例关系可由振型表征。振型描述振动反应的空间特性，即振动的空间模式。在结构抗震设计中最关心结构的最大反应，振型分解法中结构的位移和所受的地震惯性力均为各个振型反应的叠加，所以可先求出各个振型反应的最大值，然后按照某种方式将这些振型组合得到结构的最大反应。

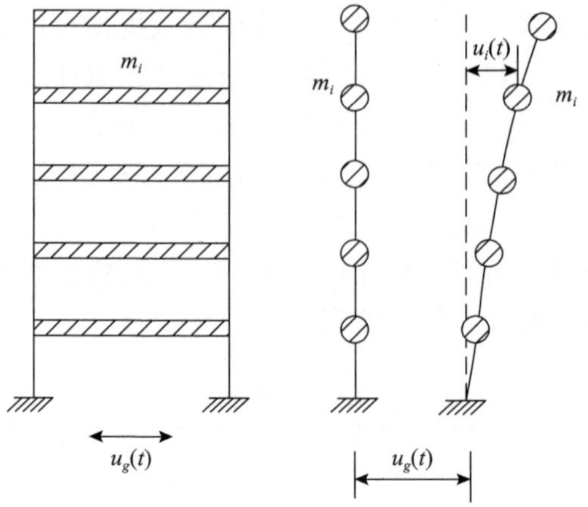

图 4.3.4　在地震作用下多自由度结构的运动状态

因为各振型反应达到最大值的时间 t 不同，所以结构的地震作用效应不能简单地用各振型反应的最大值之和表示，需要采用其他手段。目前针对振型分解法分析的组合方式有[15]：平方和开方(SRSS)法、完全二次型方根(CQC)法、绝对值相加(ABS)法等。下面简单介绍一下 SRSS 法、CQC 法。

SRSS 法考虑到地震动的随机性，假设地震动为平稳的随机过程，根据随机振动理论，可以用 SRSS 法计算结构总体反应的最大值，即地震作用效应(内力或位移)可用式(4.3.17)计算：

$$S=\sqrt{\sum_{j=1}^{N}S_j^{\ 2}} \tag{4.3.17}$$

式中，S 为结构的地震作用效应；S_j 为 j 振型地震作用效应。

对于一般规则的结构可取前 2～3 个振型组合。当结构基本自振周期大于 1.55s 或结构高宽比 H/B 大于 5 时，采用的振型数目可适当增加，取 5～7 个。对于一般三维结构模型，上述振型数目是指沿地震作用方向上结构的整体振型数，不包括可能存在的局部振型。SRSS 法不考虑各振型间的耦合效应，故不适用于耦合效应较大的结构，因此对于那些振型频率分布密集的三维结构，耦合效应的影响更加突出，在这种情况下，不适合使用这一组合方法。

CQC 法应用最广泛，该方法以随机振动理论为基础，考虑振型阻尼引起的邻近振型间的耦合效应，因此是比 SRSS 法更加合理的振型组合方式。使用该方法所得的地震反应表达式为

$$S=\sqrt{\sum_{i=1}^{N}\sum_{j=1}^{N}\rho_{ij}S_iS_j} \tag{4.3.18}$$

式中，ρ_{ij} 为 i 振型与 j 振型的耦联系数(相干系数)；S_i 和 S_j 分别为 i 和 j 振型地震作用效应。

相干系数 ρ_{ij} 与 i、j 振型的阻尼比 ξ_i 和 ξ_j，以及自振周期比 r 有关，对于固定阻尼的 CQC 法相干系数为

$$\rho_{ij}=\frac{8\xi_i\xi_j(1+r)r^{3/2}}{\left(1-r^2\right)^2+4\xi_i\xi_j r(1+r)^2} \tag{4.3.19}$$

考虑扭转影响的结构和空间计算模型、相邻自振频率接近的结构应采用 CQC 方法进行计算。

利用反应谱法分析时除应注意《建筑抗震设计规范》(GB 50011—2010)中给出的限制外，还要注意这一方法本身的限制。采用反应谱法分析时，结构和地震动应满足以下限制条件：

(1)结构的地震反应是线弹性的，故可以采用叠加原理进行组合；

(2)结构所有支承处的地震动完全相同，采用刚性基础假设，不考虑基础和地基的相互作用；

(3)结构的最不利地震反应是最大地震反应，而与其他动力参数无关，如达到最大值的次数和概率。

针对地下结构抗震性能分析，本书进一步提出了考虑土-结构相互作用的地下结构反应谱法[26]。地下结构抗震分析的反应谱法需要使用基岩处的地震反应谱，而我国的抗震设计规范中给出的均为地表绝对加速度设计反应谱，所以需要建立由地表设计反应谱反演基岩反应谱的方法。一种方法的思路是，首先将地表加速度设计谱转化为功率谱密度函数，然后利用场地传递函数得到基岩处的功率谱密度函数，最后转化为基岩处的加速度设计反应谱。另一种方法的思路是，首先根据地表加速度设计谱合成一定数量的人工地震动，然后利用场地传递函数反演得到基岩处人工地震动，进一步求得基岩反应谱。针对土-地下结构相互作用的反应谱法的分析模型采用等效线性化方法考虑土体材料非线性，由于频域等效线性化方法的滞变阻尼不能直接用于反应谱法，需采用模态阻尼代替，模态阻尼比采用模态阻尼场地反应与频域等效线性化场地反应对比获得，最终将该模态阻尼比作为土-结构系统的模态阻尼比。随后使用标准的反应谱法并结合基岩地震反应谱计算整体分析模型。

4.4 本 章 小 结

本章主要介绍工程结构抗震减震设计理论和分析方法，包括地震动及其工程

特性、结构抗震设计理论、结构减震控制理论的一些基本概念和方法。首先从地震动的幅值、频谱和持续时间三方面介绍了目前学术界提出的多种强度参数；总结了近场地震动的主要特征有：近场速度脉冲、近场破裂的方向性效应、地表破裂和地面永久位移、近场强地震动的集中性、上盘效应等；介绍了强震地面运动的主要模拟方法：经验模拟方法和物理模拟方法。随后总结了抗震设计理论的四个发展阶段：静力阶段、反应谱阶段、动力分析阶段和基于性能的抗震设计阶段，介绍了抗震概念设计的内容及一般原则，并重点介绍了基于性能的抗震设计方法，该方法涵盖了概念、设计和施工三个重要部分。最后介绍了广泛应用于地面结构的抗震分析与设计的反应谱方法，本书在此基础上进一步提出了考虑土-结构相互作用的地下结构反应谱法。

参考文献

[1] 郝敏，谢礼立，徐龙军. 关于地震烈度物理标准研究的若干思考[J]. 地震学报，2005，27(2)：230-234.

[2] 叶列平，马千里，缪志伟. 结构抗震分析用地震动强度指标的研究[J]. 地震工程与工程振动，2009, 29(4): 9-14.

[3] Mavroeidis G P, Papageorgiou A S. A mathematical representation of near-fault ground motions[J]. Bulletin of the Seismological Society of America, 2003, 93(3): 1099-1131.

[4] Hall J F, Heaton T H, Halling M W. Near-source ground motion and its effects on flexible buildings[J]. Earthquake Spectra, 1995, 11(4): 569-604.

[5] Housner G. Characteristic of strong motion earthquakes[J]. Bulletin of the Seismological Society of America, 1947, 37(1): 17-31.

[6] Priestley M B. Power spectral analysis of non-stationary random processes[J]. Journal of Sound and Vibrations, 1965, 6(2): 86-97.

[7] Priestley M B. Evolutionary spectra and non-stationary processes[J]. Journal of Royal Statistical Society, Series B Methodological, 1965, 27(2): 204-237.

[8] Shinozuka M, Jan C M. Digital simulation of random processes and its applications[J]. Journal of Sound and Vibrations, 1972, 25(3): 111-128.

[9] Kaul M K. Spectrum-consistent time-history generation[J]. Journal of Engineering Mechanics (ASCE), 1978, 104(4): 781-788.

[10] Lilhanand K, Tseng W S. Generation of synthetic time histories compatible with multiple-damping design response spectra[C]//Transactions of the 9th International Conference on Structural Mechanics on Reactor Technology. Lausanne, 1987: 105-110.

[11] Lilhanand K, Tseng W S. Develpoment and application of realistic earthquake time histories compatible with multiple-damping design spectra[C]//Proceedings of the 9th World Conference

on Earthquake Engineering. Tokyo, Japan, 1988: 819-824.

[12] Mukherjee S, Gupta V K. Wavelet-based generation of spectrum-compatible time-histories[J]. Soil Dynamics and Earthquake Engineering, 2002, 22(9-12): 799-804.

[13] Suarez L E, Montejo L A. Generation of artificial earthquakes via the wavelet transform[J]. International Journal of Solids and Structures, 2005, 42(21-22): 5905-5919.

[14] Boore D M. Stochastic simulation of high-frequency ground motions based on seismological models of the radiated spectra[J]. Bulletin of the Seismological Society of America, 1983, 73: 1865-1894.

[15] 王国新, 强地震动衰减研究[D]. 哈尔滨: 中国地震局工程力学研究所, 2001.

[16] 施仲衡. 地下铁道设计与施工[M]. 西安: 陕西科学技术出版社, 1997.

[17] 川岛一彦. 地下构筑物の耐震设计[R]. 鹿岛: 鹿岛出版会, 1994.

[18] 刘如山, 胡少卿, 石宏彬. 地下结构抗震计算中拟静力法的地震荷载施加方法研究[J]. 岩土工程学报, 2007, 29(2): 237-242.

[19] Newmark N M. Problems in wave propagation in soil and rock[R]. Selected Papers By Nathan M. Newmark@Civil Engineering Classic. ASCE, 1967: 703-722.

[20] Hashash Y, Hook J J, Schmidt B. Seismic design and analysis of underground structures[J]. Tunnelling and Underground Space Technology, 2001, 16(4): 247-293.

[21] 刘晶波, 王文晖, 赵冬冬, 等. 复杂断面地下结构地震反应分析的整体式反应位移法[J]. 土木工程学报, 2014, 47(1): 134-142.

[22] 杜修力, 许紫刚, 许成顺, 等. 浅埋地下结构地震反应分析的惯性力-位移法[J]. 岩土工程学报, 2018, 40(4): 583-591.

[23] 中华人民共和国住房和城乡建设部, 中华人民共和国国家质量监督检验检疫总局. 城市轨道交通结构抗震设计规范(GB 50909—2014)[S]. 北京: 中国计划出版社, 2014.

[24] 中华人民共和国住房和城乡建设部, 国家市场监督管理总局. 地下结构抗震设计标准(GB/T 51336—2018)[S]. 北京: 中国建筑工业出版社, 2018.

[25] 中华人民共和国建设部. 建筑抗震设计规范(GB 50011—2001)[S]. 北京: 中国建筑工业出版社, 2001.

[26] Zhao M, Gao Z D, Du X L, et al. Response spectrum method for seismic soil-structure interaction analysis of underground structure[J]. Bulletin of Earthquake Engineering, 2019, 17(9): 5339-5363.

第 5 章　岩土类材料的本构模型

材料的变形机制是建立本构模型的基础，土、岩石和混凝土等都是黏聚摩擦材料，其抗剪强度包含摩擦强度和黏聚强度两部分，不同类型材料的区别主要是摩擦强度和黏聚强度的大小及比例不同。土是一种散粒体摩擦材料，对于正常固结土只有摩擦强度，没有黏聚强度，其变形仅由摩擦规律控制，因此其力学特性较为简单，主要是压硬性与剪胀性。对于砂土，与黏土相比其颗粒较大，在松散状态下与正常固结土的变形规律相似，在密实状态下砂土的剪胀性显著，变形规律受控于密实状态。超固结土是由超自重历史荷载作用而形成压密状态的土，表现出一定的表观黏聚强度，其应力-应变曲线具有应变软化特征。混凝土和岩石材料，均同时具有摩擦强度和黏聚强度，一方面具有与超固结土类似的应变软化与剪胀特性，另一方面具有刚度和强度的退化行为。与岩石相比，混凝土是一种人工材料，在较大尺度上具有宏观各向同性性质。岩石是一种天然材料，各向异性是其基本属性。不同的岩土类材料黏聚强度和摩擦强度的大小及发挥程度不同，变形机制的差别也就相差很大，在荷载的作用下均产生显著的不可恢复塑性变形，通常利用弹塑性本构模型描述岩土类材料的应力-应变关系。

5.1　岩土类材料的强度准则

强度准则描述材料的破坏规律，可以分为三大类：第一类是基于材料破坏试验规律建立的经验模型；第二类是基于材料破坏机理归纳的理论模型；第三类是半理论-半经验模型[1]。

材料强度的经验模型是对试验数据的拟合，或是在强度规律认识基础上给出的数学表达式，共同特点是没有用于解释材料破坏机制的观点，准则中的参数一般也没有明确的物理意义[1]，如适用于岩石的 Hoek-Brown (H-B) 准则[2]、Mogi 准则[3]，适用于混凝土的 William-Warnke 准则[4]，适用于土的 Lade-Duncan 准则[5]等。强度准则的数学模型因其没有理论基础，在特殊应力状态下往往会违背客观性原则。在工程实践中，随着试验数据的丰富，经验模型已被较多的工程师和研究者所接受和熟知，并有所发展。Zienkiewicz 等[6]提出了描述偏平面强度曲线的形状函数法，该方法获得了连续光滑的强度曲线，能够表示或逼近较多的强度准则，可较好地描述各种类型材料的强度规律，但不足在于将其用于弹塑性模型的屈服函数时，难以合理反映岩土类材料的应力诱导各向异性。

材料强度的理论模型是基于材料破坏机理的某种观点，形成力学分析模型，进而获得描述材料强度规律的数学表达式[1]。强度理论中的参数，一般具有清晰的物理含义，如 Coulomb[7]认为土的抗剪强度与滑动面上的正应力相关，Mohr 利用几何方法解析了 Coulomb 的观点，建立了著名的 Mohr-Coulomb(M-C)强度准则；强度参数内摩擦角和黏聚力，已成为评价岩土材料抗剪强度的基本参数。Matsuoka 和 Nakai[8]认为三个剪应力对材料滑动面均有贡献，提出了空间滑动面(SMP)的概念，在任意两个主剪应力作用面内的滑动面都符合 M-C 强度条件，提出了 Matsuoka-Nakai(M-N)强度准则。Yu(俞茂宏)[9]利用十二面体剪切单元体解释材料的破坏机理，提出了双剪强度准则，进而发展了双剪统一强度准则，基于强度面外凸的原则给出了强度理论的上限与下限。材料强度理论模型的核心是确定滑动面，以及滑动面上抗剪强度与正应力的关系。若确定的滑动面与材料物理属性无关，是一个固定的面，所建立的为单一强度准则，只适用于描述某一类特定材料的强度，如 M-C 强度准则、M-N 强度准则[8]和 Drucker-Prager(D-P)强度准则[10]等。若滑动面因材性参数的不同在一定范围内变化，则所建立的为统一强度准则，可适用于描述多种不同类型材料的强度规律，如双剪统一强度准则[9]，其滑动面为十二面体剪切单元体，随着材料拉压强度比的不同十二面体剪切单元体的形状也不同，可以退化为单剪单元体。

材料强度的半理论-半经验模型是基于材料破坏的物理机制和经验规律所建立的，如广义非线性强度准则[11-13]，它依据同一偏平面上三轴拉压强度比，利用插值函数方法确定的滑动面介于 SMP 面与八面体面之间，每种材料对应于一个特定的滑动面，可分别简化为 M-N 强度准则和 D-P 强度准则。

5.1.1　广义非线性强度准则

广义非线性强度准则[11-13]认为，材料的破坏受滑动面上的应力状态控制，即滑动面上的静水压力和广义剪应力的函数达到某一强度条件时，材料发生破坏。广义非线性强度准则的数学表达式为

$$\alpha\sqrt{\bar{I}_1^{\,2}-3\bar{I}_2}+\frac{2(1-\alpha)\bar{I}_1}{3\sqrt{\left(\bar{I}_1\bar{I}_2-\bar{I}_3\right)/\left(\bar{I}_1\bar{I}_2-9\bar{I}_3\right)}-1}=M_{\mathrm{f}}\,p_{\mathrm{r}}\left(\frac{p+\sigma_0}{p_{\mathrm{r}}}\right)^n \tag{5.1.1}$$

式中，p_{r} 为参考应力；σ_0 为三向拉伸强度，反映材料黏聚强度；M_{f} 为 p_{r} 处的破坏应力比，反映材料摩擦强度；α 为 p_{r} 处的三轴拉压强度比，反映材料强度的中主应力效应；n 为静水压力效应指数；$\bar{I}_1$、$\bar{I}_2$ 和 $\bar{I}_3$ 为过渡应力空间的应力不变量，表达式为

$$\begin{cases} \bar{I}_1 = \bar{\sigma}_1 + \bar{\sigma}_2 + \bar{\sigma}_3 \\ \bar{I}_2 = \bar{\sigma}_1\bar{\sigma}_2 + \bar{\sigma}_2\bar{\sigma}_3 + \bar{\sigma}_3\bar{\sigma}_1 \\ \bar{I}_3 = \bar{\sigma}_1\bar{\sigma}_2\bar{\sigma}_3 \end{cases} \tag{5.1.2}$$

过渡应力空间的应力张量为

$$\bar{\sigma}_{ij} = \sigma_{ij} + \left[p_{\mathrm{r}} \left(\frac{p + \sigma_0}{p_{\mathrm{r}}} \right)^n - p \right] \delta_{ij} \tag{5.1.3}$$

式中，σ_{ij} 为原始应力空间的应力张量；p 为静水压力；δ_{ij} 为 Kronecker 符号。

1. 偏平面上的强度函数

广义非线性强度准则在偏平面上的强度曲线如图 5.1.1 所示，其内边界为 M-N 曲边三角形，外边界为米泽斯(Mises)圆，数学表达式为

$$q^* = \alpha\sqrt{I_1^2 - 3I_2} + \frac{2(1-\alpha)I_1}{3\sqrt{(I_1I_2 - I_3)/(I_1I_2 - 9I_3)} - 1} \tag{5.1.4}$$

当 $\alpha = 1$ 时强度曲线为 Mises 圆，当 $\alpha = 0$ 时强度曲线为 M-N 曲线，参数 α 描述了偏平面上强度曲线的形状，反映材料的中主应力效应。

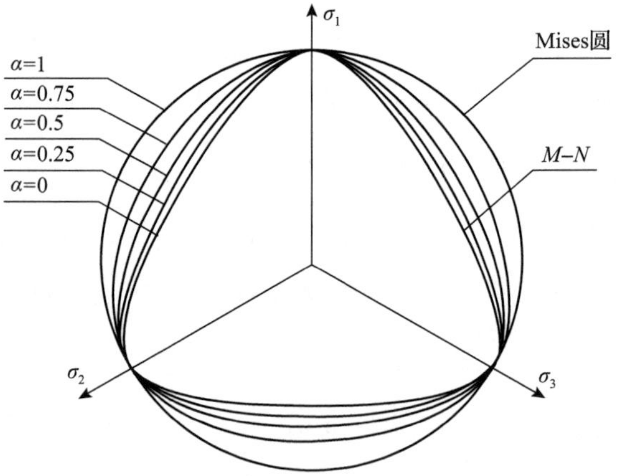

图 5.1.1 偏平面上的强度曲线

2. 子午面上的强度函数

广义非线性强度准则在三轴压缩子午面上的强度曲线如图 5.1.2 所示，为幂函数曲线[13]，表达式为

$$q^* = M_\mathrm{f}\left(\frac{p+\sigma_0}{p_\mathrm{r}}\right)^n p_\mathrm{r} \tag{5.1.5}$$

当$n=1$时，抗剪强度与静水压力为线性关系，简化为 M-C、M-N 和 D-P 等强度准则在子午面上的强度函数；当$n=0$时，抗剪强度与静水压力无关，为恒定不变的常数，简化为米泽斯(Mises)、特雷斯卡(Tresca)等静水压力无关材料在子午面上的强度函数。

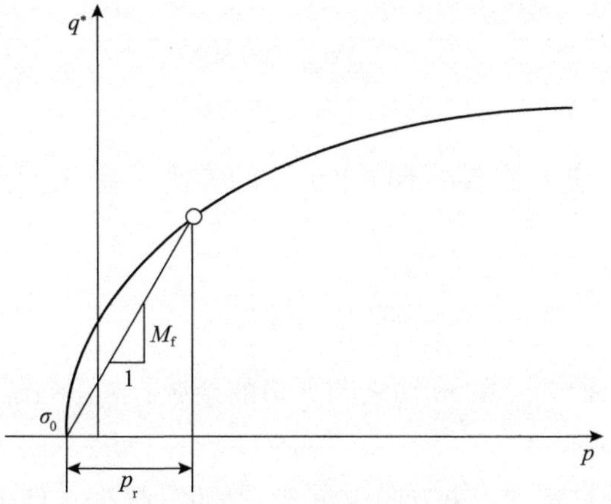

图 5.1.2　子午面上的强度曲线

3. 主应力空间中的广义非线性强度准则

广义非线性强度准则在主应力空间中，通过 4 个材料参数α、σ_0、M_f和n的变化形成多种形状的连续光滑强度面，可作为屈服函数建立塑性本构模型，并且 4 个参数间彼此相互独立，分别反映岩土材料的四种基本强度特性，即中主应力效应、内聚力效应、摩擦特性和静水压力效应等。

5.1.2　非线性统一强度准则

各种强度准则都致力于给出滑动面的确定方法，目标是建立滑动面与材料属性之间的关系，以期利用滑动面上的摩擦规律描述材料的强度特性。Lu 等[1]提出了特征应力的概念，不同材料对应不同的特征应力，以特征应力作用下的八面体面为剪切滑动面，基于滑动面上的摩擦规律建立了非线性统一强度准则。

1. 特征应力

特征应力$\hat{\sigma}_{ij}(i,j=1,2,3)$是在普通应力张量$\sigma_{ij}$中引入材料的主应力效应参数$\beta$，在特征应力空间中的偏平面上，以圆形的强度曲线描述普通应力作用下的真三轴强度规律。$\hat{\sigma}_{ij}$ 是一个对称的应力张量，主值为 $\hat{\sigma}_1$、$\hat{\sigma}_2$ 和 $\hat{\sigma}_3$。相应特征主应力张量 $\hat{r}_{mn}$ 为

$$\hat{r}_{mn}=\begin{cases}\hat{\sigma}_m, & m=n\\ 0, & m\neq n\end{cases}\tag{5.1.6}$$

式中，m、n 为 1，2，3。

普通应力张量 σ_{ij} 的主值为 σ_1、σ_2 和 σ_3，其主应力张量 r_{mn} 可写为

$$r_{mn}=\begin{cases}\sigma_m, & m=n\\ 0, & m\neq n\end{cases}\tag{5.1.7}$$

σ_{ij} 和 r_{mn} 是同一应力状态在不同坐标系的表述。基于坐标变换，σ_{ij} 和 r_{mn} 之间的关系可表示为

$$\sigma_{ij}=l_{im}l_{jn}r_{mn}\tag{5.1.8}$$

式中，l_{im} 是 σ_{ij} 的 i 轴与 r_{mn} 的 m 轴之间夹角的余弦；l_{jn} 是 σ_{ij} 的 j 轴与 r_{mn} 的 n 轴之间夹角的余弦。

$\hat{\sigma}_{ij}$ 的轴与 σ_{ij} 的轴重合，主方向也重合，因此，根据式(5.1.8)可知，$\hat{\sigma}_{ij}$ 和 $\hat{r}_{mn}$ 之间的关系可表示为

$$\hat{\sigma}_{ij}=l_{im}l_{jn}\hat{r}_{mn}\tag{5.1.9}$$

$\hat{r}_{mn}$ 与 r_{mn} 之间关系定义为

$$\hat{r}_{mn}=\begin{cases}p_{\mathrm{r}}\left(\dfrac{r_{mn}}{p_{\mathrm{r}}}\right)^{\beta}, & m=n\\ 0, & m\neq n\end{cases}\tag{5.1.10}$$

式中，p_{r} 为参考应力，用于无量纲转换，可以取为大气压力 p_{a}；β 为材料参数。

在普通应力空间，平均主应力(或静水压力) p，广义剪应力 q 和应力比 η 可表示为

$$\begin{cases}p=\sigma_{ij}\delta_{ij}/3\\ q=\sqrt{3/2\left(\sigma_{ij}-p\delta_{ij}\right)\left(\sigma_{ij}-p\delta_{ij}\right)}\\ \eta=q/p\end{cases}\tag{5.1.11}$$

相应地，在特征应力空间，平均主应力(或静水压力) $\hat{p}$，广义剪应力 $\hat{q}$ 和应

力比 $\hat{\eta}$ 被定义为

$$\begin{cases} \hat{p} = \hat{\sigma}_{ij}\delta_{ij}/3 \\ \hat{q} = \sqrt{3/2\left(\hat{\sigma}_{ij} - \hat{p}\delta_{ij}\right)\left(\hat{\sigma}_{ij} - \hat{p}\delta_{ij}\right)} \\ \hat{\eta} = \hat{q}/\hat{p} \end{cases} \tag{5.1.12}$$

2. 特征应力空间内的非线性统一强度准则

非线性统一强度准则认为，材料的剪切滑动面是特征主应力 $\hat{\sigma}_i (i = 1, 2, 3)$ 作用下的八面体面，抗剪强度为滑动面上正应力的函数，对于无黏性材料可简化为

$$\frac{\hat{q}}{\hat{p}} = \hat{M} \tag{5.1.13}$$

式中，$\hat{M}$ 为特征应力临界应力比，由材料参数 β 和三轴压缩条件下的内摩擦角 φ_{c} 根据式(5.1.14)确定

$$\hat{M} = 3\frac{(1+\sin\varphi_{\mathrm{c}})^{\beta} - (1-\sin\varphi_{\mathrm{c}})^{\beta}}{(1+\sin\varphi_{\mathrm{c}})^{\beta} + 2(1-\sin\varphi_{\mathrm{c}})^{\beta}} \tag{5.1.14}$$

材料参数 β 是描述材料三轴拉压强度比的参数；由三轴压缩条件下的内摩擦角 φ_{c} 和三轴拉伸条件下的内摩擦角 φ_{e} 确定如下：

$$\frac{(1+\sin\varphi_{\mathrm{c}})^{\beta} - (1-\sin\varphi_{\mathrm{c}})^{\beta}}{(1+\sin\varphi_{\mathrm{c}})^{\beta} + 2(1-\sin\varphi_{\mathrm{c}})^{\beta}} = \frac{(1+\sin\varphi_{\mathrm{e}})^{\beta} - (1-\sin\varphi_{\mathrm{e}})^{\beta}}{2(1+\sin\varphi_{\mathrm{e}})^{\beta} + (1-\sin\varphi_{\mathrm{e}})^{\beta}} \tag{5.1.15}$$

图 5.1.3 和图 5.1.4 分别展示了非线性统一强度准则在特征应力空间和普通应力空间的强度面。如图 5.1.3 所示，非线性统一强度准则的强度面在特征应力空间为形状相似的圆锥面，与 D-P 理论在普通应力空间的强度面形状相同。而非线性统一强度准则的强度面在普通应力空间为一系列光滑外凸的三角形锥面，如图 5.1.4 所示。特征应力空间某一偏平面上圆形强度曲线所对应的曲线在普通应力空间并不位于同一偏平面上，而是一条具有三轴对称性的空间曲线。

当 φ_{c} 恒定不变，β 从 0 到 1 变化时，如图 5.1.5 所示，为非线性统一强度准则在普通应力空间同一偏平面上的强度曲线簇(坐标轴 $\sigma_i^* = \sqrt{2/3}\sigma_i$)。强度曲线簇中的每条强度曲线都对应一种特定的材料，涵盖了从上限 D-P 圆到下限 M-N 曲线到之间的所有区域，可合理描述不同岩土类材料的真三轴强度特性，当 $\beta = 1$ 时简

化为 D-P 准则，当 $\beta = 0$ 时简化为 M-N 准则。

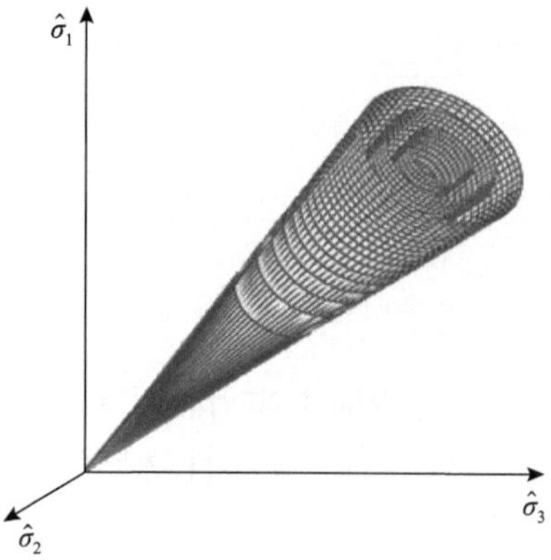

图 5.1.3　特征应力空间中的强度面

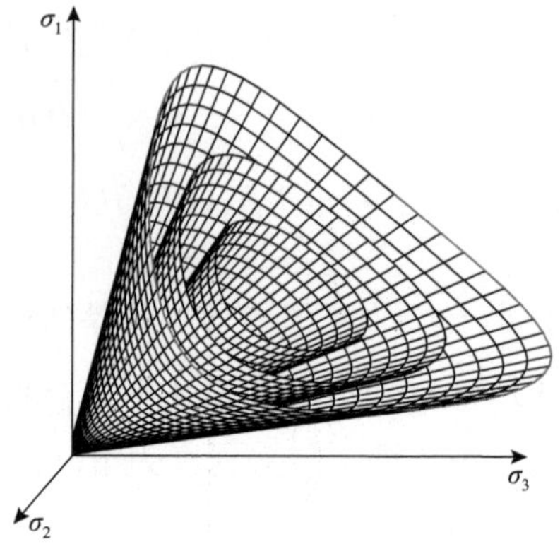

图 5.1.4　普通应力空间中的强度面

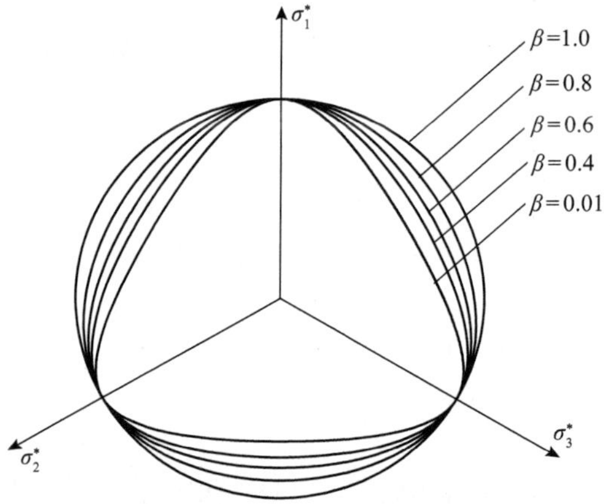

图 5.1.5　普通应力空间同一偏平面上的非线性统一强度理论（φ_c=常数）

5.2　土的等效线性黏弹性本构模型

场地土体在地震作用下一般表现出非线性特性。地震动峰值加速度越大，土体非线性程度越强烈。当前工程中估计场地非线性地震反应的方法之一是等效线性化方法，这是一种间接考虑土体非线性特性的方法。等效线性化方法是用一个等效的剪切模量和阻尼比代替不同应变幅值下的剪切模量和阻尼比，将非线性问题转化为线性问题。

等效线性化方法采用的是等效线性黏弹性本构模型，其非线性特性表现为剪切模量和阻尼比随剪应变幅值变化，这种变化关系由试验给出。等效线性方法中的剪切模量和阻尼比由等效剪应变振幅确定。

土的非线性变形特性用割线模量描述，如图 5.2.1 所示，割线模量 G 定义为

$$G=\frac{\tau_a}{\gamma_a}=\frac{f(\gamma_a)}{\gamma_a} \tag{5.2.1}$$

式中，τ_a、γ_a 分别为往返应力作用下土的应力和应变幅值。

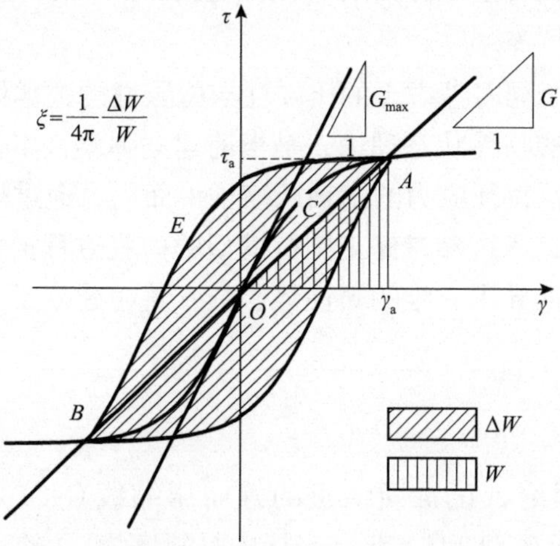

图 5.2.1　等效线性黏弹性模型中弹性应变能、损耗能量和阻尼比的定义

阻尼比 ξ 定义为

$$\xi=\frac{1}{4\pi}\frac{\Delta W}{W} \tag{5.2.2}$$

式中，W 为弹性应变能，其大小等于图 5.2.1 中的阴影三角形面积：

$$W=\frac{1}{2}\gamma_a f(\gamma_a)=\frac{1}{2}\gamma_a\tau_a \tag{5.2.3}$$

ΔW 为一个应力循环中的能量损耗，其大小等于图 5.2.1 中的滞回圈面积，在剪应变幅值为 γ_a 的一个应力循环中的能量损耗 ΔW 为

$$\Delta W=8\left(\int_0^{\gamma_a} f(\gamma)\,\mathrm{d}\gamma-W\right) \tag{5.2.4}$$

等效线性黏弹性本构模型具有概念明确、应用方便的优点，目前已被广泛应用于岩土地震工程领域中，一维场地地震反应分析程序 SHAKE、EERA、DEEPSOIL 等均采用等效线性黏弹性模型进行场地地震反应计算。

5.3 土的弹塑性本构模型

土的三维弹塑性本构模型可采用两种方法建立，分别是间接法和直接法。间接法的核心是通过某种三维化方法将现有三轴压缩条件下的本构模型扩展到一般应力条件，如 $g(\theta)$ 法[6]、变换应力三维化方法[12,14]等；直接法是在三维应力空间中构造三维的屈服函数和塑性势函数，直接建立土的三维弹塑性本构模型，如 t_{ij} 方法、特征应力方法[15,16]等。

剑桥模型是第一个同时考虑土的压硬性与剪胀性的弹塑性模型[17]。以剑桥模型的基本思想为主体的临界状态理论，是当前建立弹塑性本构模型的基础。本节基于临界状态理论，在特征应力的三轴压缩子午面内，通过插值函数法[16]得到了一个三维的屈服函数，通过参考修正剑桥模型的剪胀方程构造了一个新的剪胀方程，并结合正交条件推导了三维的塑性势函数，直接建立了土的三维弹塑性本构模型。

5.3.1 屈服函数

基于临界状态理论，正常固结土的等向压缩线(NCL)、等应力比压缩线(η-CL)和临界状态线(CSL)在 e-$\ln p$ 坐标中是斜率为 $-\lambda$ 的直线，表达式如下：

$$e = N - \lambda \ln p,\quad q/p = 0 \tag{5.3.1}$$

$$e = \xi - \lambda \ln p,\quad q/p = \eta \tag{5.3.2}$$

$$e = \Gamma - \lambda \ln p,\quad q/p = M \tag{5.3.3}$$

式中，e 为孔隙比；N、ξ 和 Γ 分别为 NCL、η-CL 和 CSL 上 $p = 1\text{kPa}$ 对应的孔隙比；M 为临界应力比。

根据特征应力 $\hat{\sigma}_{ij}$ 与普通应力 σ_{ij} 之间的转换关系，在 e-$\ln \hat{p}$ 坐标中，正常固结土的 NCL、$\hat{\eta}$-CL 和 CSL 是斜率为 $-\lambda/\beta$ 的直线，表达式如下：

$$e = \hat{N} - \frac{\lambda}{\beta}\ln \hat{p},\quad \hat{q}/\hat{p} = 0 \tag{5.3.4}$$

$$e = \hat{\xi} - \frac{\lambda}{\beta}\ln \hat{p},\quad \hat{q}/\hat{p} = \hat{\eta} \tag{5.3.5}$$

$$e = \hat{\Gamma} - \frac{\lambda}{\beta}\ln \hat{p},\quad \hat{q}/\hat{p} = \hat{M} \tag{5.3.6}$$

式中，$\hat{N}$ 、$\hat{\xi}$ 和 $\hat{\Gamma}$ 分别为 NCL、$\hat{\eta}$-CL 和 CSL 上 $\hat{p}=1\text{kPa}$ 对应的孔隙比。

正常固结土的等向压缩卸载回弹线在 e-$\ln p$ 坐标中是斜率为 $-\kappa$ 的直线。因此，该卸载回弹线在 e-$\ln\hat{p}$ 坐标中是一条斜率为 $-\kappa/\beta$ 的直线。

基于临界状态理论，$\hat{\xi}$ 应该满足如下条件：①当 $\hat{\eta}=0$ 时，$\hat{\xi}=\hat{N}$；②当 $\hat{\eta}=\hat{M}$ 时，$\hat{\xi}=\hat{\Gamma}$；③$\hat{\eta}$ 单调增大时，$\hat{\xi}$ 单调减小。为此，构造的插值函数如下：

$$\hat{\xi}=\hat{N}-\frac{A(\lambda-\kappa)}{\beta}\ln\left(1+\frac{\hat{q}^2}{\hat{M}^2\hat{p}^2}\right) \tag{5.3.7}$$

式中，A 是一个无量纲参数，描述 e-$\ln\hat{p}$ 坐标中 NCL 和 CSL 之间竖向距离，可写为

$$A=\frac{\hat{N}-\hat{\Gamma}}{\ln 2}\cdot\frac{\beta}{\lambda-\kappa} \tag{5.3.8}$$

图 5.3.1 所示为 e-$\ln\hat{p}$ 坐标中常规三轴压缩的加载路径。点 $P_0\left(\hat{p}_0,e_0\right)$ 位于 NCL 上，点 $P\left(\hat{p},e\right)$ 位于 $\hat{\eta}$-CL 上。P_0-P 过程中发生的体应变 ε_{v} 可表示为

$$\varepsilon_{\text{v}}=\frac{1}{1+e_0}\left[\frac{A(\lambda-\kappa)}{\beta}\ln\left(1+\frac{\hat{q}^2}{\hat{M}^2\hat{p}^2}\right)+\frac{\lambda}{\beta}\ln\frac{\hat{p}}{\hat{p}_0}\right] \tag{5.3.9}$$

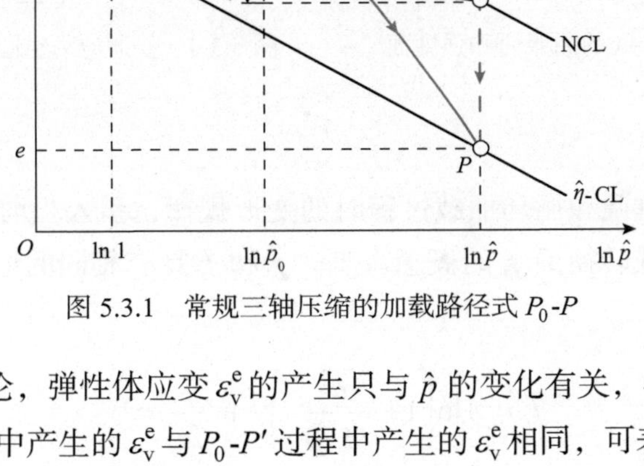

图 5.3.1　常规三轴压缩的加载路径式 P_0-P

根据弹性理论，弹性体应变 $\varepsilon_{\text{v}}^{\text{e}}$ 的产生只与 $\hat{p}$ 的变化有关，与 $\hat{q}$ 的变化无关。因此，P_0-P 过程中产生的 $\varepsilon_{\text{v}}^{\text{e}}$ 与 P_0-P' 过程中产生的 $\varepsilon_{\text{v}}^{\text{e}}$ 相同，可表示为

$$\varepsilon_{\mathrm{v}}^{\mathrm{e}}=\frac{1}{1+e_0}\cdot\frac{\kappa}{\beta}\ln\frac{\hat{p}}{\hat{p}_0} \tag{5.3.10}$$

P_0-P 过程中产生塑性体应变 $\varepsilon_{\mathrm{v}}^{\mathrm{p}}$ 可通过式(5.3.9)和式(5.3.10)相减得到

$$\varepsilon_{\mathrm{v}}^{\mathrm{p}}=\frac{\lambda-\kappa}{(1+e_0)\beta}\left[A\ln\left(1+\frac{\hat{q}^2}{\hat{M}^2\hat{p}^2}\right)+\ln\frac{\hat{p}}{\hat{p}_0}\right] \tag{5.3.11}$$

以 $\varepsilon_{\mathrm{v}}^{\mathrm{p}}$ 塑性体积应变作为硬化参数 H，则屈服函数 f 可写为

$$f=\frac{\lambda-\kappa}{(1+e_0)\beta}\left[A\ln\left(1+\frac{\hat{q}^2}{\hat{M}^2\hat{p}^2}\right)+\ln\frac{\hat{p}}{\hat{p}_0}\right]-H=0 \tag{5.3.12}$$

式(5.3.12)屈服函数在特征应力空间和普通应力空间的形状如图 5.3.2 和图 5.3.3 所示。在特征应力空间，屈服面是一个连续、光滑、外凸的曲面，且关于 $\hat{p}$ 轴对称，偏平面上的屈服曲线是一个圆，与修正剑桥模型屈服面在普通应力空间的形状相同。在普通应力空间，屈服面是一个连续、光滑外凸的三轴对称面，偏平面上的屈服曲线是曲边三角形。

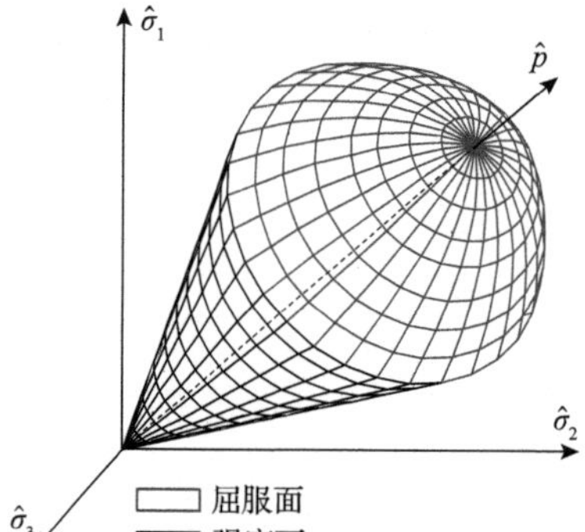

图 5.3.2 特征应力空间的屈服面和强度面

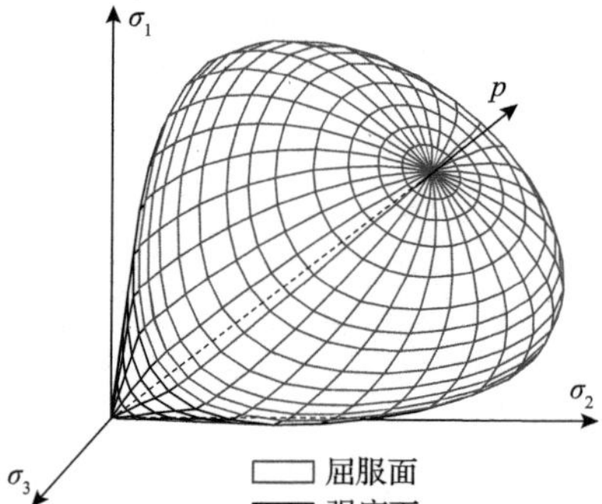

图 5.3.3 普通应力空间的屈服面和强度面

5.3.2 硬化参数

为描述土在单调和循环加载过程时的变形规律，引入当前屈服面 f 、参考屈服面 $\overline{f}$ 和加卸载转换面 f_t 的概念。f 、$\overline{f}$ 和 f_t 具有相同的形状，表达式分别如下：

$$f_t=A\ln\left(1+\frac{\hat{q}^2}{\hat{M}^2\hat{p}^2}\right)+\ln\frac{\hat{p}}{\hat{p}_{xt}}=0 \tag{5.3.13}$$

$$f = A\ln\left(1+\frac{\hat{q}^2}{\hat{M}^2\hat{p}^2}\right)+\ln\frac{\hat{p}}{\hat{p}_x}=0 \tag{5.3.14}$$

$$\overline{f} = A\ln\left(1+\frac{\hat{q}^2}{\hat{M}^2\hat{p}^2}\right)+\ln\frac{\hat{p}}{\overline{\hat{p}}_x}=0 \tag{5.3.15}$$

式中，$\hat{p}_{xt}$、$\hat{p}_x$ 和 $\overline{\hat{p}}_x$ 分别是 f_t、f 和 $\overline{f}$ 与 $\hat{p}$ 轴的交点。

f 始终通过当前应力状态点。加载时，f 扩大，产生弹性变形和塑性变形；卸载时，f 缩小，只发生弹性变形。f_t 描述从卸载到加载的应力状态，用于获得一个连续光滑的应力-应变曲线；不论是加载过程还是卸载过程，f_t 都保持不动。$\overline{f}$ 描述应力历史的影响并且采用 $\varepsilon_{\rm v}^{\rm p}$ 作为硬化参数。因此，

$$\overline{\hat{p}}_x = \hat{p}_0\exp\left(\frac{1+e_0}{\lambda-\kappa}\beta\varepsilon_{\rm v}^{\rm p}\right) \tag{5.3.16}$$

构造了一个新的硬化参数 $H_{\rm f}$ 用来描述 f 的演化规律，表达式如下：

$$H_{\rm f} = \int\frac{{\rm d}\varepsilon_{\rm v}^{\rm p}}{R} \tag{5.3.17}$$

式中，R 是一个状态变量，用来描述加载过程中 f_t、f 和 $\overline{f}$ 之间的动态关系，表达式如下：

$$R = \sqrt{\frac{\hat{p}_x-\hat{p}_{xt}}{\overline{\hat{p}}_x-\hat{p}_{xt}}} \tag{5.3.18}$$

特别地，对于初始的正常固结状态，$\hat{p}_{xt}=\hat{p}_x=\overline{\hat{p}}_x$ 且 $R=1$。

f 采用 $H_{\rm f}$ 作为硬化参数，因此，$\hat{p}_x$ 的演化可表示为

$$\hat{p}_x = \hat{p}_0\exp\left[\frac{\beta(1+e_0)}{\lambda-\kappa}\int\frac{{\rm d}\varepsilon_{\rm v}^{\rm p}}{R}\right] \tag{5.3.19}$$

将式(5.3.17)代入式(5.3.12)可得

$$f = \frac{\lambda-\kappa}{(1+e_0)\beta}\left[A\ln\left(1+\frac{\hat{q}^2}{\hat{M}^2\hat{p}^2}\right)+\ln\frac{\hat{p}}{\hat{p}_0}\right]-\int\frac{{\rm d}\varepsilon_{\rm v}^{\rm p}}{R}=0 \tag{5.3.20}$$

5.3.3　塑性势函数

根据土的塑性应变增量比 $\mathrm{d}\varepsilon_{\mathrm{v}}^{\mathrm{p}}/\mathrm{d}\varepsilon_{\mathrm{d}}^{\mathrm{p}}$ 与特征应力比 $\hat{\eta}$ 之间的关系，发展了新的剪胀方程[15]

$$\frac{\mathrm{d}\varepsilon_{\mathrm{v}}^{\mathrm{p}}}{\mathrm{d}\varepsilon_{\mathrm{d}}^{\mathrm{p}}}=\frac{\hat{M}^2\hat{p}^2-\hat{q}^2}{2\beta\hat{p}\hat{q}} \tag{5.3.21}$$

结合正交条件 $\mathrm{d}\varepsilon_{\mathrm{v}}^{\mathrm{p}}\cdot\mathrm{d}\hat{p}+\mathrm{d}\varepsilon_{\mathrm{d}}^{\mathrm{p}}\cdot\mathrm{d}\hat{q}=0$，积分可得特征应力空间内的塑性势函数

$$g=\ln\left[1+\frac{\hat{q}^2(2\beta-1)}{\hat{M}^2\hat{p}^2}\right]+\frac{2\beta-1}{\beta}\ln\frac{\hat{p}}{\hat{p}_{gx}}=0 \tag{5.3.22}$$

式中，$\hat{p}_{gx}$ 是 g 与 $\hat{p}$ 轴的交点。塑性势函数式(5.3.22)在特征应力空间的形状如图 5.3.4 所示，塑性势面是一个光滑外凸的曲面，且关于 $\hat{p}$ 轴轴对称。材料在等向压缩固结时，塑性势面的外法线方向与 $\hat{p}$ 轴重合，即只有塑性体应变产生，不产生塑性剪应变，与客观规律相符。

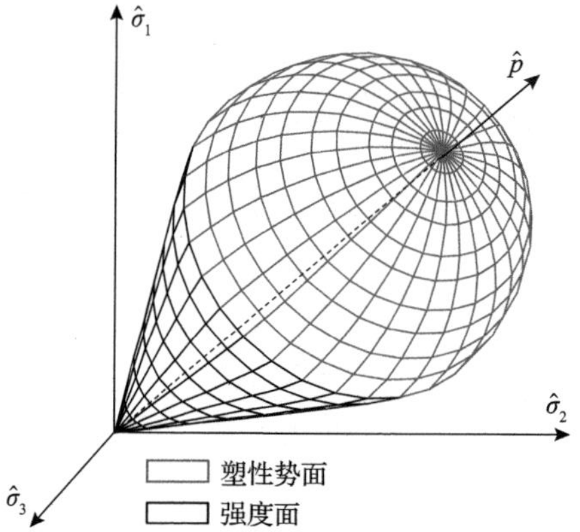

图 5.3.4　特征应力空间的塑性势面和强度面

5.3.4　应力-应变关系

总应变增量 $\mathrm{d}\varepsilon_{ij}$ 可分解弹性应变增量 $\mathrm{d}\varepsilon_{ij}^{\mathrm{e}}$ 与塑性应变增量 $\mathrm{d}\varepsilon_{ij}^{\mathrm{p}}$，即

$$\mathrm{d}\varepsilon_{ij}=\mathrm{d}\varepsilon_{ij}^{\mathrm{e}}+\mathrm{d}\varepsilon_{ij}^{\mathrm{p}} \tag{5.3.23}$$

1. 弹性应变增量

弹性应变增量根据特征应力空间的广义胡克定律计算：

$$\mathrm{d}\varepsilon_{ij}^{\mathrm{e}}=\frac{1+\hat{\nu}}{\hat{E}}\mathrm{d}\hat{\sigma}_{ij}-\frac{\hat{\nu}}{\hat{E}}\mathrm{d}\hat{\sigma}_{kk}\delta_{ij} \tag{5.3.24}$$

式中，$\hat{E}$ 为特征应力作用下的杨氏弹性模量，表达式为

$$\hat{E}=3\hat{p}\frac{(1-2\hat{\nu})(1+e_0)\beta}{\kappa} \tag{5.3.25}$$

式中，$\hat{\nu}$ 为特征应力作用下的泊松(Poisson)比。当 $\beta=1.0$ 时，式(5.3.24)与普通应力空间的胡克定律相同。

2. 塑性应变增量

根据一致性条件，对屈服函数式(5.3.20)求全微分，得

$$\frac{\partial f}{\partial \hat{p}}\mathrm{d}\hat{p}+\frac{\partial f}{\partial \hat{q}}\mathrm{d}\hat{q}+\frac{\partial f}{\partial \varepsilon_{\mathrm{v}}^{\mathrm{p}}}\mathrm{d}\varepsilon_{\mathrm{v}}^{\mathrm{p}}=0 \tag{5.3.26}$$

式(5.3.26)的偏导数如下：

$$\begin{cases}\dfrac{\partial f}{\partial \hat{p}}=\dfrac{1}{1+e_0}\dfrac{\lambda-\kappa}{\beta}\dfrac{\hat{M}^2\hat{p}^2-(2A-1)\hat{q}^2}{\hat{M}^2\hat{p}^2+\hat{q}^2}\dfrac{1}{\hat{p}}\\ \dfrac{\partial f}{\partial \hat{q}}=\dfrac{1}{1+e_0}\dfrac{\lambda-\kappa}{\beta}\dfrac{2A\hat{q}}{\hat{M}^2\hat{p}^2+\hat{q}^2}\\ \dfrac{\partial f}{\partial \varepsilon_{\mathrm{v}}^{\mathrm{p}}}=-\dfrac{1}{R}\end{cases} \tag{5.3.27}$$

根据塑性理论可知

$$\mathrm{d}\varepsilon_{ij}^{\mathrm{p}}=\mathrm{d}\lambda\frac{\partial g}{\partial \hat{\sigma}_{ij}} \tag{5.3.28}$$

式中，$\mathrm{d}\lambda$ 为塑性乘子。将式(5.3.28)代入式(5.3.26)，并重新整理式(5.3.26)后，可得

$$\mathrm{d}\lambda=R\frac{\partial f/\partial\hat{p}\cdot\mathrm{d}\hat{p}+\partial f/\partial\hat{q}\cdot\mathrm{d}\hat{q}}{\partial g/\partial\hat{p}} \tag{5.3.29}$$

式(5.3.29)中的偏导数如下：

$$\begin{cases}\dfrac{\partial g}{\partial \hat{p}}=\dfrac{\hat{M}^2\hat{p}^2-\hat{q}^2}{\hat{M}^2\hat{p}^2+(2\beta-1)\hat{q}^2}\dfrac{2\beta-1}{\beta\hat{p}}\\ \dfrac{\partial g}{\partial \hat{q}}=\dfrac{2(2\beta-1)\hat{q}}{\hat{M}^2\hat{p}^2+(2\beta-1)\hat{q}^2}\end{cases} \tag{5.3.30}$$

$$\begin{cases}\dfrac{\partial \hat{p}}{\partial \sigma_{ij}}=\dfrac{\delta_{ij}}{3}\\[2ex]\dfrac{\partial \hat{q}}{\partial \hat{\sigma}_{ij}}=\dfrac{3\left(\hat{\sigma}_{ij}-\hat{p}\delta_{ij}\right)}{2\hat{q}}\end{cases} \tag{5.3.31}$$

将式(5.3.29)～式(5.3.31)代入式(5.3.28)可得到土塑性应变增量为

$$\mathrm{d}\varepsilon_{ij}^{\mathrm{p}}=\frac{(\lambda-\kappa)R}{\left(1+e_0\right)\beta}\left[\frac{\hat{M}^2\hat{p}^2-(2A-1)\hat{q}^2}{\hat{p}\left(\hat{M}^2\hat{p}^2+\hat{q}^2\right)}\mathrm{d}\hat{p}+\frac{2A\hat{q}\mathrm{d}\hat{q}}{\hat{M}^2\hat{p}^2+\hat{q}^2}\right]\left[\frac{\delta_{ij}}{3}+\frac{3\beta\hat{p}\left(\hat{\sigma}_{ij}-\hat{p}\delta_{ij}\right)}{\hat{M}^2\hat{p}^2-\hat{q}^2}\right] \tag{5.3.32}$$

联合式(5.3.23)、式(5.3.24)和式(5.3.32)就可得到用于计算的增量应力-应变关系，即基于特征应力的土三维弹塑性本构模型。当 $A=1.0$ ，$\beta=1.0$ 时，本模型自动退化为修正剑桥模型。

5.3.5　模型分析

采用 Nakai 等针对饱和 Fujinomori 黏土开展的固结排水循环加载试验[15]展示模型的能力。选取的固结排水循环加载试验分别是：①平均应力 $p=196\text{kPa}$ 的不等幅循环剪切试验；②围压 $\sigma_3=196\text{kPa}$ 的不等幅循环剪切试验；③平均应力 $p=98\text{kPa}$ 的真三轴循环剪切试验。试验的应力路径如图 5.3.5 所示，试验数据和模型预测分别如图 5.3.6 中的点和线所示。固结排水循环加载的试验结果表明，随着循环次数的增加，Fujinomori 黏土的超固结度逐渐增大，从而导致再加载过程中土的变形模量增大，循环加载的应力-应变曲线逐渐变得密集。预测表明，本模型能够较好抓住 Fujinomori 黏土在三轴压缩条件、三轴拉伸条件及真三轴条件下循环加载过程中变形的累积过程且能够合理地描述土的强度，尤其是三轴伸长条件下土的强度。

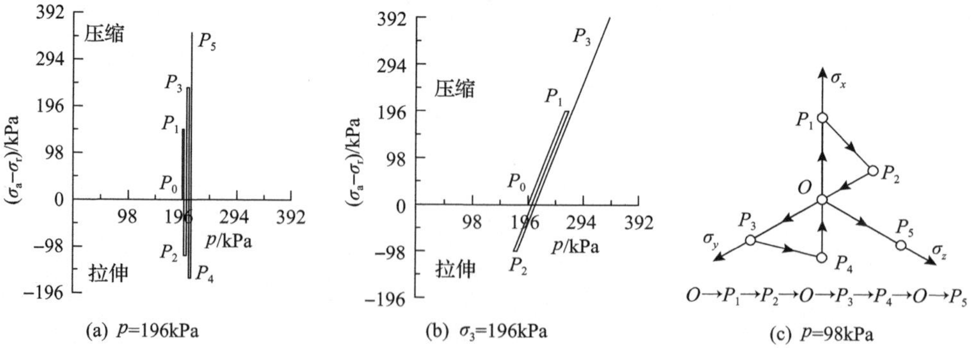

图 5.3.5　循环加载试验应力路径

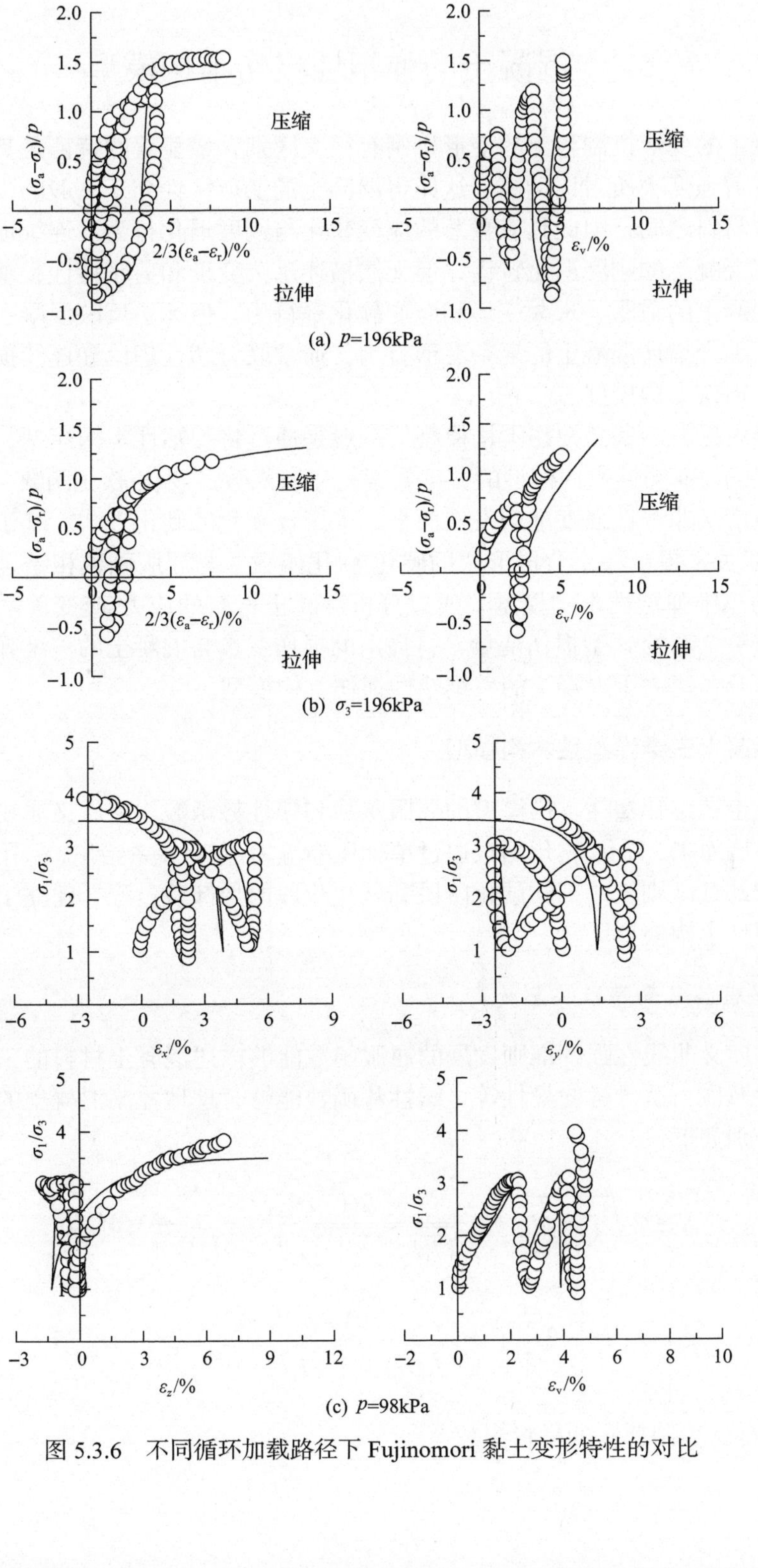

图 5.3.6　不同循环加载路径下 Fujinomori 黏土变形特性的对比

5.4 混凝土的弹塑性损伤本构模型

混凝土的变形机制与土的变形机制有很大区别，最显著的特征是其黏聚强度大，在抗剪强度中所占比例高。这使得混凝土的变形特性介于一般的固体连续介质与摩擦材料之间，因此具有显著的应变软化与刚度退化行为。连续损伤理论适用于描述混凝土的刚度退化特性，但无法描述永久变形和剪胀特性；塑性理论能够描述混凝土的剪胀、永久变形和应变软化等行为，但无法反映混凝土的刚度退化。为了综合描述混凝土的复杂变形行为，通常联合塑性理论和连续损伤理论来建立塑性损伤本构模型。

混凝土材料的塑性损伤本构模型，一般是通过将弹塑性本构模型与损伤变量结合建立的，弹塑性本构模型的关键要素是屈服函数和硬化/软化函数。这里的屈服函数由广义非线性强度准则发展而来，采用 φ 硬化的硬化方式。基于单轴压缩应力-应变关系提出一个分段形式的硬化/软化函数，与屈服函数相结合，建立了混凝土的三维弹塑性本构模型。通过分析混凝土材料的应力-应变关系和损伤特性，提出一个新的 S 型损伤变量，将提出的损伤变量与混凝土的三维弹塑性本构模型相结合，建立了混凝土的三维塑性损伤本构模型。

5.4.1 混凝土三维弹塑性本构模型

混凝土三维弹塑性本构模型的屈服函数和塑性势函数均由广义非线性强度准则[11-13]发展而来，硬化/软化函数通过单轴压缩应力-应变关系给出，采用基于应变空间的加卸载准则统一判断硬化阶段和软化阶段的加卸载过程，建立了混凝土的三维弹塑性本构模型。

1. 屈服函数和塑性势函数

通过广义非线性强度准则发展的屈服函数能够描述混凝土材料的三维变形、强度特性及应力诱导各向异性等，塑性势函数能够合理地控制混凝土的剪胀。其表达式分别如下：

$$f=\alpha\sqrt{\bar{I}_1^2-3\bar{I}_2}+\frac{2(1-\alpha)\bar{I}_1}{3\sqrt{\left(\bar{I}_1\bar{I}_2-\bar{I}_3\right)/\left(\bar{I}_1\bar{I}_2-9\bar{I}_3\right)-1}}-M_{\mathrm{f}}H\bar{p} \tag{5.4.1}$$

$$g=\alpha\sqrt{\bar{I}_1^2-3\bar{I}_2}+\frac{2(1-\alpha)\bar{I}_1}{3\sqrt{\left(\bar{I}_1\bar{I}_2-\bar{I}_3\right)/\left(\bar{I}_1\bar{I}_2-9\bar{I}_3\right)-1}}-M_{\mathrm{g}}H\bar{p} \tag{5.4.2}$$

式中，M_{g} 为控制剪胀的材料参数。

2. 硬化/软化函数

将单轴压缩条件下混凝土的应力-应变关系发展为硬化/软化函数，结合屈服面描述一般加载过程的变形特性，其表达式如下：

$$H=\frac{A^3x+(F-1)x^2}{1+\left(A^3-2\right)x+Fx^2} \tag{5.4.3}$$

式中，$A=E_0/E_\mathrm{p}$，E_0 为初始弹性模量，E_p 为峰值应力处的割线模量；F 为控制残余强度的形状参数；$x=\varepsilon_\mathrm{d}^\mathrm{p}/\varepsilon_\mathrm{d0}^\mathrm{p}$ 为归一化的等效塑性剪应变，$\varepsilon_\mathrm{d}^\mathrm{p}$ 为等效塑性剪应变，$\varepsilon_\mathrm{d0}^\mathrm{p}$ 为峰值应力对应的等效塑性剪应变。图 5.4.1 和图 5.4.2 分别为，A 恒定时参数 F 对硬化/软化函数的影响和 F 恒定时参数 A 对硬化/软化函数的影响。参数 A 主要控制峰值前硬化曲线的形状，即峰值前曲线形状对参数 A 更敏感，参数 F 主要控制峰值后软化曲线的形状，当 $F\to\infty$，硬化/软化函数可描述理想弹塑性。

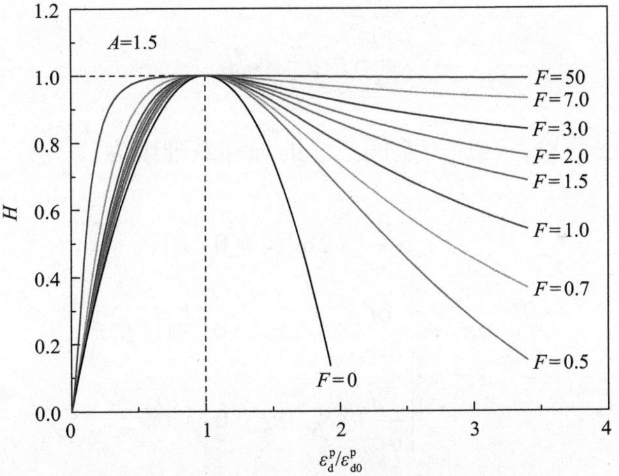

图 5.4.1　参数 F 对硬化/软化函数的影响

3. 加卸载准则

根据广义胡克定律，应力张量可表示为

$$\sigma_{ij}=C_{ijkl}^\mathrm{e}\left(\varepsilon_{kl}-\varepsilon_{kl}^\mathrm{p}\right) \tag{5.4.4}$$

式中，C_{ijkl}^e 为弹性刚度矩阵。因此，加载函数 $f\left(\sigma_{ij},H\right)$ 可为

$$f\left(\sigma_{ij},H\right)=f\left[C_{ijkl}^\mathrm{e}\left(\varepsilon_{kl}-\varepsilon_{kl}^\mathrm{p}\right),H\right]=F\left(\varepsilon_{kl},\varepsilon_{kl}^\mathrm{p},H\right) \tag{5.4.5}$$

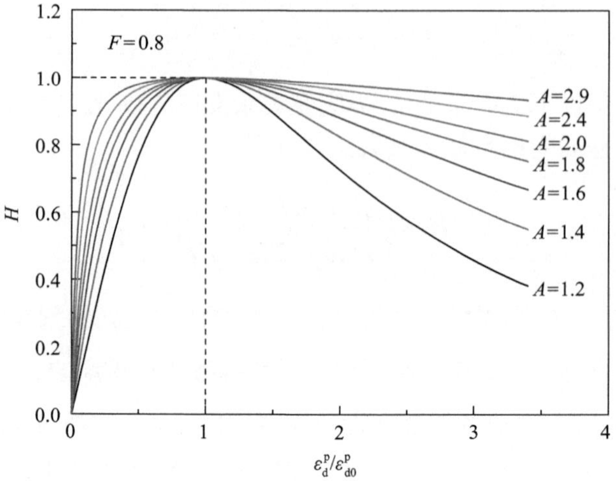

图 5.4.2　参数 A 对硬化/软化函数的影响

式(5.4.5)两边对应变张量 ε_{ij} 求偏微分，得

$$\frac{\partial F}{\partial \varepsilon_{ij}}=\frac{\partial f}{\partial \sigma_{kl}}C_{ijkl}^{\mathrm{e}} \tag{5.4.6}$$

基于 Ilyushin 公设，在应力空间建立的加卸载准则为

$$\frac{\partial F}{\partial \varepsilon_{ij}}\mathrm{d}\varepsilon_{ij}=\begin{cases}\dfrac{\partial f}{\partial \sigma_{ij}}C_{ijkl}^{\mathrm{e}}\mathrm{d}\varepsilon_{ij}>0 & \text{加载}\\ \dfrac{\partial f}{\partial \sigma_{ij}}C_{ijkl}^{\mathrm{e}}\mathrm{d}\varepsilon_{ij}=0 & \text{中性变载}\\ \dfrac{\partial f}{\partial \sigma_{ij}}C_{ijkl}^{\mathrm{e}}\mathrm{d}\varepsilon_{ij}<0 & \text{卸载}\end{cases} \tag{5.4.7}$$

4. 应力-应变关系

基于塑性理论，给出模型的应力增量与应变增量之间的关系如下：

$$\left\{\mathrm{d}\sigma_{ij}\right\}=\left([C]_{\mathrm{e}}-\frac{\boldsymbol{C}_{\mathrm{e}}\left\{\dfrac{\partial g}{\partial \sigma_{rs}}\right\}\left\{\dfrac{\partial f}{\partial \sigma_{rs}}\right\}^{\mathrm{T}}[C]_{\mathrm{e}}}{\left\{\dfrac{\partial f}{\partial \sigma_{mn}}\right\}^{\mathrm{T}}\boldsymbol{C}_{\mathrm{e}}\left\{\dfrac{\partial g}{\partial \sigma_{mn}}\right\}-\dfrac{\partial f}{\partial H}\left\{\dfrac{\partial H}{\partial \varepsilon_{mn}^{p}}\right\}^{\mathrm{T}}\left\{\dfrac{\partial g}{\partial \sigma_{mn}}\right\}}\right)\left\{\mathrm{d}\varepsilon_{ij}\right\} \tag{5.4.8}$$

式中，$\boldsymbol{C}_{\mathrm{e}}$ 为弹性刚度矩阵。将式(5.4.1)和式(5.4.2)代入式(5.4.8)可得弹塑性刚度

矩阵，即可计算增量型的应力-应变关系。

5. 模型分析

Xie 等[18]进行了 C120 高强混凝土的三轴试验，试样的直径和高度分别为 100mm 和 200mm，单轴压缩强度 $f_c = 119.0\text{MPa}$。采用 2700kN 的液压伺服试验机加载，围压分别为 0MPa、6MPa、12MPa、18MPa、24MPa、30MPa、36MPa、48MPa 和 60MPa，然后施加竖向荷载使混凝土试样破坏。试验结果和模型预测结果的比较如图 5.4.3 所示。从图中可以看出，随着围压的增大，破坏应力和峰值应变均不断增大，并且随着围压的增加，下降段应力-应变曲线逐渐变得平缓，特别是当围压等于 60MPa 时，混凝土基本不再发生软化行为。图 5.4.3 也表明，作者提出的本构模型可以合理描述混凝土剪胀随围压变化的特性。

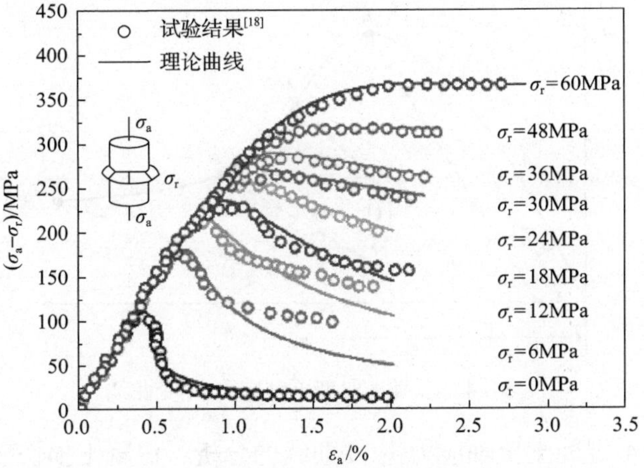

图 5.4.3　三轴压缩下模型与试验结果的比较

5.4.2　混凝土材料三维弹塑性损伤本构模型

通过分析混凝土材料的损伤规律，作者等提出了 S 型损伤变量，能够合理描述整个变形过程中混凝土的损伤规律，其表达式为等效塑性剪应变的函数。将提出的损伤变量与混凝土三维弹塑性本构模型结合，建立了混凝土弹塑性损伤本构模型。所建立的塑性损伤模型适用于不同类型的混凝土材料，并且能够合理地反映混凝土的三维强度特性、应变软化行为、永久变形及刚度退化等特性。

1. 损伤演化规律

对于混凝土损伤规律的研究，通常是直接利用混凝土的应力-应变曲线，给出损伤变量的表达式。图 5.4.4 为典型的混凝土单轴应力-应变曲线，图中 ε_c 为单轴压缩应变，ε_c^p 是压缩塑性应变，ε_c^{de} 是压缩损伤后的弹性应变，σ_c 是单轴压缩应力，σ_{c0} 为弹性极限应力，σ_{cu} 为峰值应力，E_0 为初始弹性模型。A 点为弹性极限点，该点之前的变形是完全弹性的。B 点称为塑性应变突变点，即 B 点之前虽然存在塑性变形，但塑性变形在总变形中所占的比例很小，B 点之后塑性变形开始迅速增大。从图中可以看出，在 B 点处卸除荷载后，混凝土刚度退化很小。L 点为峰值应力点，L 点之后应力随着应变的增加而减小。L 点之后到 M 点之前应力随应变的增加降低的速度很快，M 点之后降低的速度开始减慢，M 点处的卸载刚度与初始刚度相比减小很多。当应力-应变到达 N 点附近时，应力减小很慢，但变形(塑性变形)开始无限增大，并且 N 点处的卸载刚度退化显著。图中 P 点称为残余应力点。

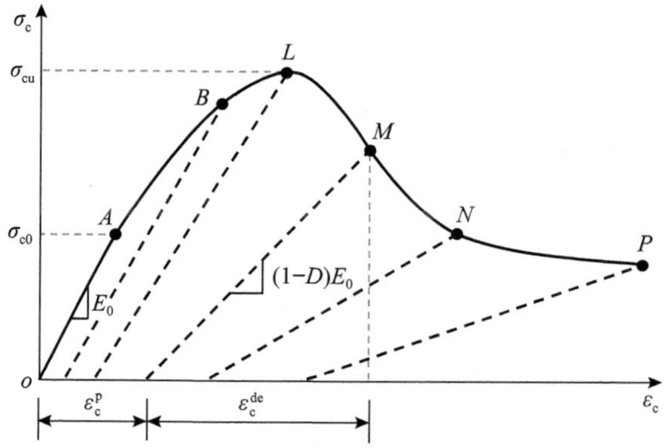

图 5.4.4　混凝土典型单轴应力-应变曲线

根据图 5.4.4 混凝土单轴应力-应变曲线的分析，混凝土损伤变量的演化过程假定为图 5.4.5 所示的曲线。弹性变形中不产生损伤或损伤很小，因此认为混凝土的损伤变量是塑性应变的函数。如图 5.4.5 所示，当塑性应变等于零时，损伤变量

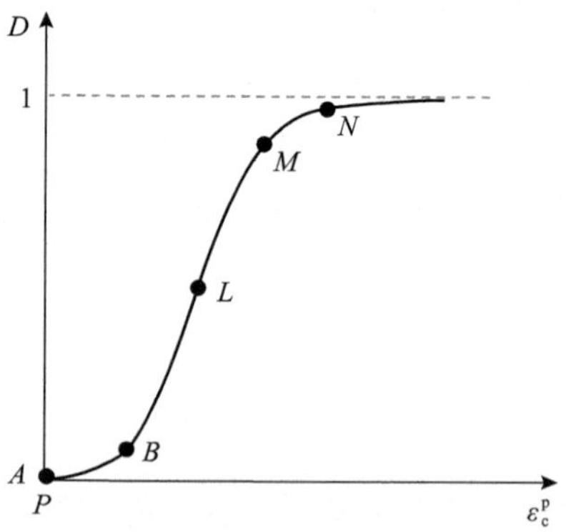

图 5.4.5　混凝土损伤变量演化曲线

也为零，对应于 A 点；当塑性变形小于 B 点的值时，混凝土的损伤速率很小，B 点之后损伤迅速增大，符合应力-应变曲线的特点；L 点为损伤曲线的拐点，即 L 点之前损伤速率是增加的，L 点之后损伤速率是减小的，也满足应力-应变曲线在 L 点的特点；M 点后混凝土损伤速率显著降低，到达 N 点时损伤变量的值接近于 1，之后缓慢增大至 1。

图 5.4.5 总结的损伤规律具有两个特征：①当损伤变量 $D=0$ 时，初始损伤速率为 0；②当损伤变量达到极限值时，损伤速率也为 0。在多轴应力条件下，损伤变量可以表达为等效塑性剪应变的函数，即

$$D=D\left(\varepsilon_{\mathrm{d}}^{\mathrm{p}}\right) \tag{5.4.9}$$

根据导数的定义可知，损伤速率可以表示为 $\mathrm{d}D\big/\mathrm{d}\varepsilon_{\mathrm{d}}^{\mathrm{p}}$。由损伤曲线的特点可知，当 $\mathrm{d}\varepsilon_{\mathrm{d}}^{\mathrm{p}}=0$ 时，$\mathrm{d}D\big/\mathrm{d}\varepsilon_{\mathrm{d}}^{\mathrm{p}}=0$；当 $D=1$ 时，$\mathrm{d}D\big/\mathrm{d}\varepsilon_{\mathrm{d}}^{\mathrm{p}}=0$。对等效塑性剪应变进行归一化处理，令 $x=\varepsilon_{\mathrm{d}}^{\mathrm{p}}\big/\varepsilon_{\mathrm{d0}}^{\mathrm{p}}$，则 $\mathrm{d}D/\mathrm{d}x$ 可以表示为

$$\frac{\mathrm{d}D}{\mathrm{d}x}=a(1-D)(x)^{r} \tag{5.4.10}$$

式中，a 和 r 为材料参数，a 为损伤变量的增长率，r 用来控制等效塑性剪应变值的大小对损伤变量的影响程度。

对式(5.4.10)积分，得

$$\frac{a}{r+1}(x)^{r+1}+C=-\ln(1-D) \tag{5.4.11}$$

由于 a 和 r 都是常数，令 $k=r+1$，$\chi=a/(r+1)$，式(5.4.11)变形为

$$\chi(x)^{k}+C=-\ln(1-D) \tag{5.4.12}$$

图 5.4.5 的损伤规律表明，初始条件为 $\varepsilon_{\mathrm{d}}^{\mathrm{p}}=0$ 时，$D=0$。将初始条件代入式(5.4.12)，消去积分常数 C，得

$$D=1-\exp\left[-\chi(x)^{k}\right] \tag{5.4.13}$$

式中，$k=r+1$，k 的大小完全取决于 r 的大小，因此 k 的物理意义与 r 相同，控制等效塑性剪应变值的大小对损伤变量的影响程度。$\chi=a/(r+1)$ 表明，χ 小于 a，其物理意义与 a 相同，也反映混凝土的损伤速率。图 5.4.6 和图 5.4.7 分别为参数 χ 和 k 对损伤变量的影响规律。从图中可以发现，当 k 不变时，随着 χ 的增大损伤速率逐渐增大。当 χ 不变时，随着 k 的变化损伤曲线形状发生变化，$k\geqslant1$ 时曲线

形状为 S 型，此时随着 k 的增大，损伤速率增大的同时初始损伤增加越缓慢；$k<1$ 时由于 x 变为分母，所以曲线形状变为双曲线。当 $x=1$ 时，$D=1-\exp(-0.5)\approx 0.4$，因此损伤曲线始终通过(1, 0.4)这点。

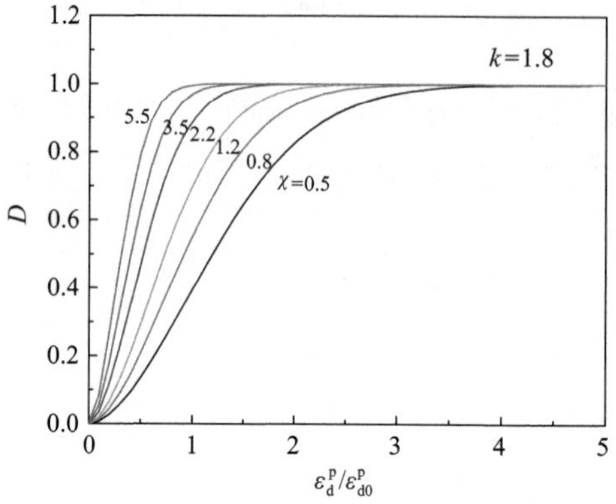

图 5.4.6　参数 χ 对 D 的影响

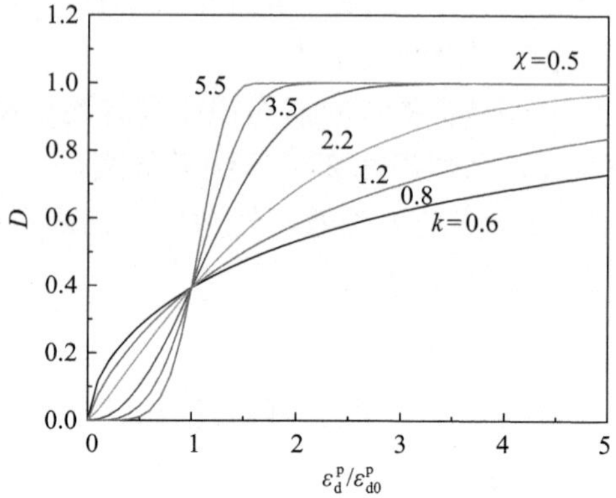

图 5.4.7　参数 k 对 D 的影响

2. 模型分析

Karson 等[19]进行了 C30 混凝土单轴循环试验，试验结果和模型预测结果的比较如图 5.4.8 和图 5.4.9 所示。从图中可以发现，随着循环次数的增加，混凝土发生应变软化，并且塑性应变不断累积、刚度不断退化，作者等建立的塑性损伤模型能够很好地描述这些变形行为。

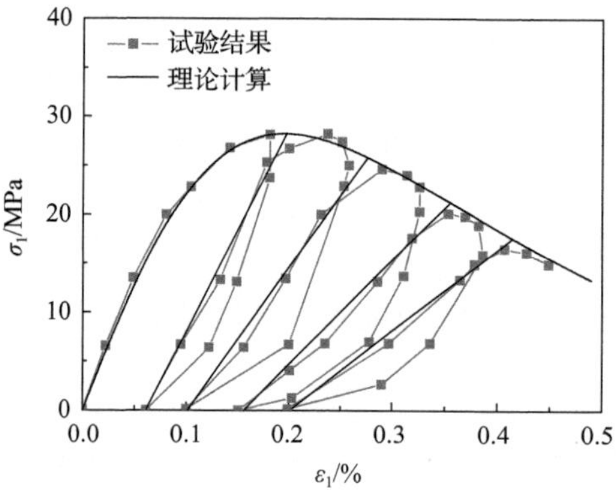

图 5.4.8　理论曲线与试验结果的比较 1

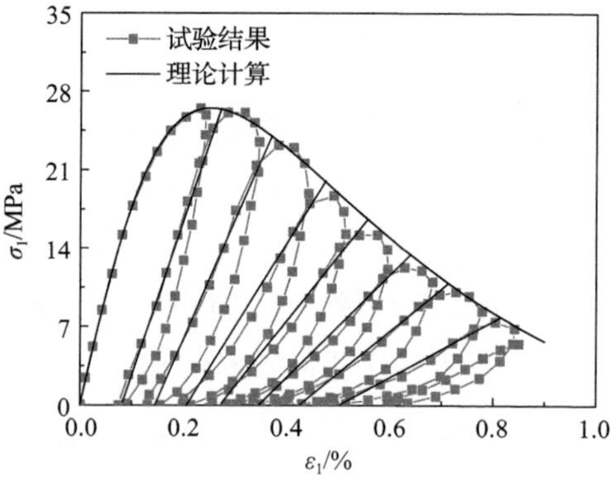

图 5.4.9　理论曲线与试验结果的比较 2

5.5　非正交弹塑性本构模型

早在 17 世纪末，微积分创立的同时，分数阶微积分就已经被提出，但一直没得到有效应用与发展。直到 20 世纪 70 年代，分形概念与自然界中分数维现象提出，人们开始关注分数阶微积分。分数阶微积分在材料力学特性的研究中的应用，主要集中于利用分数阶微积分能够连续描述从零阶微分到一阶微分的特性，来描述理想固体到理想流体之间的材料黏性。分数阶微分还提供了一种获得目标函数分数阶梯度的能力，可用于描述土体的塑性流动方向与屈服函数法线不一致的特性。当前，利用分数阶微积分对土的塑性变形特性的研究尚处于初步尝试阶段。现有利用分数阶微分方法建立的岩土材料本构模型仅能描述三轴压缩条件下岩土材料的变形与强度特性。如何利用分数阶微分的方法建立岩土类材料的三维弹塑性模型是当前分数阶微分方法应用于塑性力学研究中的难点与热点。

5.5.1　非正交塑性流动法则

作为经典弹塑性理论框架的必要部分，塑性流动法则的作用是确定塑性应变增量的方向。塑性流动方向通常通过与塑性势面正交的条件来确定。当选择塑性势函数与屈服函数一致时，我们称这种做法为相关联流动法则。然而相关联流动法则对大多数岩土材料并不适用[20]，岩土类材料的塑性流动方向一般是与屈服面非正交的。因此，大多数模型通过构建新的塑性势函数以描述岩土类材料的非正交流动特性。塑性流动方向的确定可以通过两种方式：①构建一个新的塑性势函数，以正交的方式来得到塑性流动方向；②基于已有的屈服函数，以非正交的方式来确定塑性流动方向。实际上，很难以简单的方式构建材料塑性势函数，并且可能会增加难以确定的参数。因此，迫切需要一种简单、合理的方式来确定塑性流动方向。利用分数阶导数求解屈服函数的偏导数，可以得到函数的分数阶梯度方向，并可以通过调整分数阶次灵活地调整其方向。这种性质恰好满足基于已有屈服函数得到非正交塑性流动方向的功能要求。

目前，常用的分数阶微积分的定义有三种，包括 Grünwald-Letnikov 型、Riemann-Liouville 型和 Caputo 型定义[21]。其中，Caputo 型微积分具有弱奇异性，且对常数微分为 0，使其得到了广泛的应用。Caputo 型分数阶微积分的表达式可以表示为

$$
{}_a^C D_x^\mu f(x) = \frac{1}{\Gamma(n-\mu)} \int_a^x \frac{f^{(n)}(t)}{(x-t)^{\mu+1-n}} \mathrm{d}t, \quad x > a \tag{5.5.1}
$$

式中，${}^C D^\mu$ 是 μ 阶 Caputo 型微分符号；a 是积分起始点，可选为 0；x 是积分变量，可用于表示当前应力状态；n 是比 μ 大的最小整数值，$n=[\mu]+1$，其中 $[\cdot]$ 表示 floor 函数，当 $0<\mu\leqslant 1$ 时，$n=1$；$\Gamma(\cdot)$ 是欧拉 Gamma 函数，表示为 $\Gamma(z)=\int_0^\infty \mathrm{e}^{-t} t^{z-1} \mathrm{d}t$，$\mathrm{Re}(z)>0$，即 z 的整数部分应大于 0。

非正交塑性流动法则是经典流动法则的扩展，其以非正交的方式来确定塑性流动方向，并可以退化为正交的方式。现有三维非正交流动法则对屈服函数形式有限制，仅能适用于利用应力分量 σ_{ij} 表示的屈服函数[22]。当将其应用于由 p 和 q 表示的屈服函数，也可用于描述土体在三轴压缩条件下的变形特性[23]。但对真三维应力条件下由其他应力不变量表示的屈服函数，如 $f(p, q, \theta)$，尚不能给出由一般应力分量 σ_{ij} 表示的塑性流动方向。因此，迫切需要一种适用于三维应力条件且不限制屈服函数表达形式的新的分数阶流动法则，可以通过以下两步给出。

(1) 在 S_{kl} 空间中，通过对屈服函数对 S_{kl} 求解分数阶偏导数来确定塑性流动方向，如图 5.5.1 所示，从而得到了 S_{kl} 坐标下的塑性流动方向为

$$\mathrm{d}\varepsilon_{kl}^{\mathrm{p}(S)} = \mathrm{d}\lambda m_{kl}^{(S)} = \mathrm{d}\lambda \frac{\partial^{\mu} f}{\partial {S_{kl}}^{\mu}} \tag{5.5.2}$$

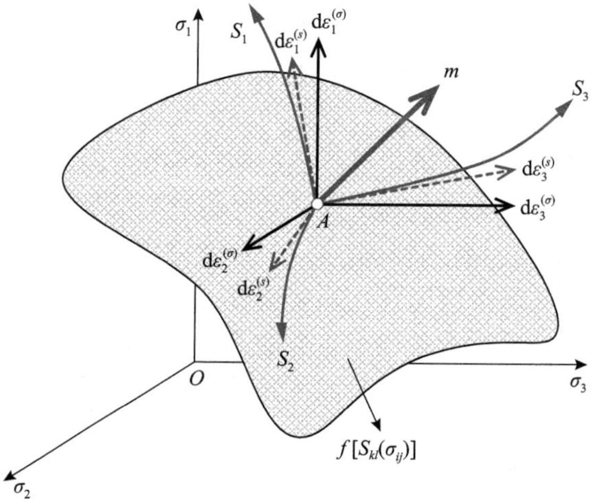

图 5.5.1　塑性流动法则的坐标变换

(2) 通过协变变换系数 $l_i^k l_j^l = \partial S_{kl} / \partial \sigma_{ij}$，将 S_{kl} 坐标系中塑性流动方向变换到一般应力空间中。最终，三维非正交流动法则表达如下：

$$\mathrm{d}\varepsilon_{ij}^{\mathrm{p}(\sigma)} = l_i^k l_j^l \mathrm{d}\varepsilon_{kl}^{\mathrm{p}(S)} = \mathrm{d}\lambda \frac{\partial^{\mu} f}{\partial {S_{kl}}^{\mu}} \frac{\partial S_{kl}}{\partial \sigma_{ij}} \tag{5.5.3}$$

将所确定的塑性流动方向变换到一般的三维应力空间中是至关重要的。基于此，可以通过上述三维非正交流动法则得到三维空间中的塑性应变增量分量。对于利用应力不变量 p 、q 和 θ 构建的屈服函数，三维非正交塑性流动法则可以表示为

$$\mathrm{d}\varepsilon_{ij}^{\mathrm{p}} = \mathrm{d}\lambda\left(m_p \frac{\partial p}{\partial \sigma_{ij}} + m_q \frac{\partial q}{\partial \sigma_{ij}} + m_\theta \frac{\partial \theta}{\partial \sigma_{ij}} \right) \tag{5.5.4}$$

其中，塑性流动方向首先在 (p, q, θ) 坐标系下表示为 $\left(m_p, m_q, m_\theta\right) = \left(\partial^\mu f/\partial p^\mu, \partial^\mu f/\partial q^\mu, \partial^\mu f/\partial \theta^\mu\right)$，然后，通过协变变换系数 $\left(\partial p/\partial \sigma_{ij}, \partial q/\partial \sigma_{ij}, \partial \theta/\partial \sigma_{ij}\right)$ 变换到 σ_{ij} 空间中。

5.5.2　土的三维非正交弹塑性本构模型

为了以一种简单的方式来描述三维应力条件下的土体力学特性与行为，一些特殊的应力的概念已经被提出，如变换应力[12]、耗散应力[24]以及特征应力[1]等。在某一特定应力空间中，利用两个常用应力不变量 $\tilde{p}$ 和 $\tilde{q}$ 表示的屈服函数可以直接描述真三轴应力条件下的土体特性。与这些特定的应力概念相结合，非正交流动法则将变得更简单也更强大，式(5.5.4)可表示为

$$\mathrm{d}\varepsilon_{ij}^{\mathrm{p}} = \mathrm{d}\lambda\left(\frac{\partial^\mu \tilde{f}}{\partial \tilde{p}^\mu} \frac{\partial \tilde{p}}{\partial \tilde{\sigma}_{ij}} + \frac{\partial^\mu \tilde{f}}{\partial \tilde{q}^\mu} \frac{\partial \tilde{q}}{\partial \tilde{\sigma}_{ij}} \right) \tag{5.5.5}$$

特征应力空间是描述土体力学特性的一个极好选择，尤其是对于真三轴应力条件下的土体行为。分数阶弹塑性本构模型的三个部分，包括屈服函数、流动法则和硬化参数，全部建立在特征应力空间中。其中，非正交流动法则与特征应力的结合，将被用于描述土体真三轴应力条件下的塑性流动特性。

1. 特征应力空间中的屈服函数

土体在荷载作用下变形至破坏，是土压缩屈服至剪切破坏的过程。特征应力空间中建立的模型，以非线性统一强度准则作为剪切破坏条件，而土体的压缩屈服可通过与修正剑桥模型类似的椭圆形屈服面描述，所构建的屈服函数如下：

$$f = \hat{q}^2 + N^2\left(\hat{p}^2 - \hat{p}_x \hat{p}\right) = 0 \tag{5.5.6}$$

其中，N 为与 β 相关的模型参数，描述椭圆屈服函数的扁平程度，是修正剑桥模型中参数 M 的几何功能，如图 5.5.2 所示。当 $\beta = 1$ 时，$N = \hat{M} = M$，式(5.5.6)可以退化为普通应力空间中的修正剑桥模型屈服函数。$\hat{p}_x$ 为等效固结压力，是屈服线与横坐标的右交点的固结压力坐标值，描述屈服面在加载过程中的变化规律，用于反映与塑性体应变相关的硬化规律。$\hat{p}_x$ 可以通过式(5.5.6)整理可以得出

$$\hat{p}_x = \frac{\hat{q}^2 + N^2\hat{p}^2}{N^2\hat{p}} \tag{5.5.7}$$

屈服函数仅通过特征应力空间中的 2 个应力不变量 $\hat{p}$ 和 $\hat{q}$ 构建。因此，特征应力空间中的屈服函数为相对于 $\hat{p}$ 轴的轴对称椭球形。当 $0<\beta<1$ 时，其对应于普通应力 σ_{ij} 空间中的不规则三轴对称外凸曲面，当 $\beta=1$ 时，二者重合。

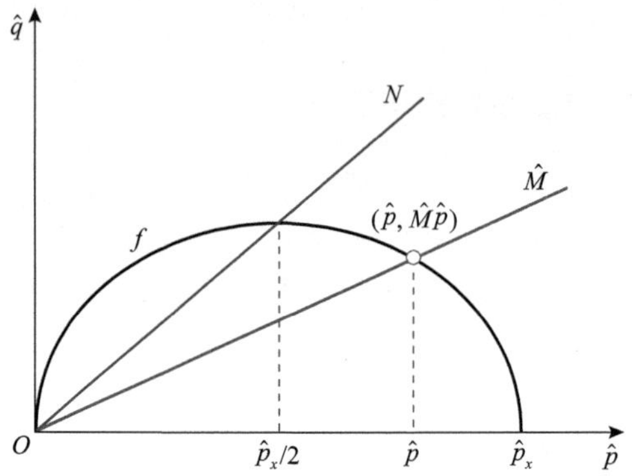

图 5.5.2　特征应力空间中的屈服函数

2. 特征应力空间中的非正交流动法则

非正交流动法则与特征应力在定义上是相互独立的，但是在特性的描述上是互补的：非正交流动法则可以调整土体塑性流动方向，而特征应力可以以一种简单的方式描述土体真三轴应力条件下的力学特性。通过将上述三维非正交流动法则引入到特征应力空间中，可以以一种新的视角来描述土在真三轴应力条件下塑性流动特性。特征应力空间中非正交流动法则的表达式如下：

$$\mathrm{d}\varepsilon_{ij}^{\mathrm{p}} = \mathrm{d}\lambda\left(\frac{\partial^{\mu} f}{\partial \hat{p}^{\mu}}\frac{\partial \hat{p}}{\partial \hat{\sigma}_{ij}} + \frac{\partial^{\mu} f}{\partial \hat{q}^{\mu}}\frac{\partial \hat{q}}{\partial \hat{\sigma}_{ij}}\right) \tag{5.5.8}$$

其中，屈服函数对 $\hat{p}$ 和 $\hat{q}$ 的分数阶微分可以通过分数阶微分算子式(5.5.1)求解，通过引入等效固结压力式(5.5.7)，可以整理得出

$$\frac{\partial^{\mu} f}{\partial \hat{p}^{\mu}} = \frac{\mu N^2\hat{p}^2 - (2-\mu)\hat{q}^2}{\Gamma(3-\mu)\hat{p}^{\mu}}, \quad \frac{\partial^{\mu} f}{\partial \hat{q}^{\mu}} = \frac{2\hat{q}^{2-\mu}}{\Gamma(3-\mu)} \tag{5.5.9}$$

对式(5.5.8)中协变变换系数，即 $\hat{p}$ 和 $\hat{q}$ 对 $\hat{\sigma}_{ij}$ 求偏导数如下：

$$\frac{\partial \hat{q}}{\partial \hat{\sigma}_{ij}} = \frac{1}{3}\delta_{ij}, \quad \frac{\partial \hat{q}}{\partial \hat{\sigma}_{ij}} = \frac{3\left(\hat{\sigma}_{ij} - \hat{p}\delta_{ij}\right)}{2\hat{q}} \tag{5.5.10}$$

因此可以得到塑性体应变增量与塑性剪应变增量之比，即剪胀比 $d = \mathrm{d}\varepsilon_{\mathrm{v}}^{\mathrm{p}} / \mathrm{d}\varepsilon_{\mathrm{s}}^{\mathrm{p}}$ 与特征应力比 $\hat{\eta}$ 之间的关系：

$$d=\frac{\mathrm{d}\varepsilon_{\mathrm{v}}^{\mathrm{p}}}{\mathrm{d}\varepsilon_{\mathrm{s}}^{\mathrm{p}}}=\frac{\mathrm{d}\lambda\cdot\partial^{\mu}f/\partial\hat{p}^{\mu}}{\mathrm{d}\lambda\cdot\partial^{\mu}f/\partial\hat{q}^{\mu}}=\frac{\mu N^{2}-(2-\mu)\hat{\eta}^{2}}{2\hat{\eta}^{2-\mu}} \tag{5.5.11}$$

3. 特征应力空间中的硬化参数

采用特征应力空间中的等向硬化规律，在加载过程中，屈服面形状不变，为塑性体应变的等值面。根据等向固结试验结果，在特征应力空间中可以整理得到加卸载的孔隙比-应力（e-$\ln\hat{p}$）关系曲线，如图 5.5.3 所示。

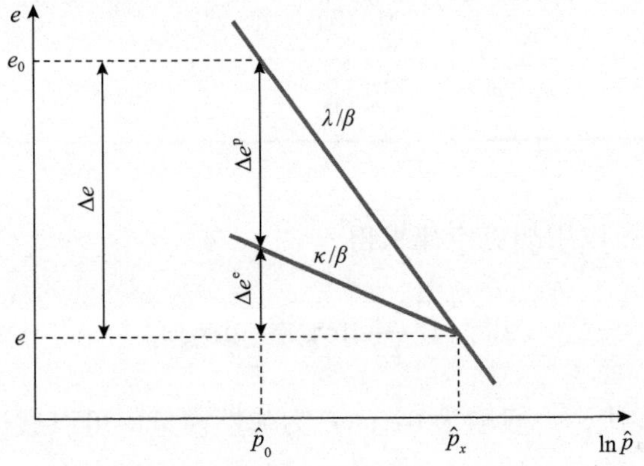

图 5.5.3　特征应力空间中 e-$\ln\hat{p}$ 关系

在特征空间中的 e-$\ln\hat{p}$ 关系曲线中，加载线和回弹再加载线的斜率分别为 λ/β 和 κ/β。采用与修正剑桥模型类似的方式可以得出特征应力空间中由塑性体应变表示的固结压力 $\hat{p}_x$。普通应力空间与特征应力空间中对应的计算过程如表 5.5.1 所示。通过计算，等效固结压力可以表示为

$$\hat{p}_x=\hat{p}_0\exp\left(\varepsilon_{\mathrm{v}}^{\mathrm{p}}/\rho_{\mathrm{p}}\right) \tag{5.5.12}$$

式中，$\rho_{\mathrm{p}}=(\lambda-\kappa)/\left[\beta(1+e_0)\right]$。

4. 应力-应变关系

将总应变增量 $\mathrm{d}\varepsilon_{ij}$ 分解为弹性应变增量 $\mathrm{d}\varepsilon_{ij}^{\mathrm{e}}$ 与塑性应变增量 $\mathrm{d}\varepsilon_{ij}^{\mathrm{p}}$，即

$$\mathrm{d}\varepsilon_{ij}=\mathrm{d}\varepsilon_{ij}^{\mathrm{e}}+\mathrm{d}\varepsilon_{ij}^{\mathrm{p}} \tag{5.5.13}$$

弹性应变部分采用胡克定律来计算得出，塑性变形部分则利用特征应力空间中的

非正交临界状态模型来计算。

表 5.5.1　不同应力空间中的应变硬化规律

参数	普通应力空间	特征应力空间
孔隙比	$\Delta e = e - e_0 = -\lambda \ln \dfrac{p_x}{p_0}$	$\Delta e = e - e_0 = -\dfrac{\lambda}{\beta} \ln \dfrac{\hat{p}_x}{\hat{p}_0}$
体应变	$\varepsilon_{\mathrm{v}} = \dfrac{-\Delta e}{1+e_0} = \dfrac{\lambda}{1+e_0} \ln \dfrac{p_x}{p_0}$	$\varepsilon_{\mathrm{v}} = \dfrac{-\Delta e}{1+e_0} = \dfrac{\lambda}{\beta(1+e_0)} \ln \dfrac{\hat{p}_x}{\hat{p}_0}$
弹性体应变	$\varepsilon_{\mathrm{v}}^{\mathrm{e}} = \dfrac{\kappa}{1+e_0} \ln \dfrac{p_x}{p_0}$	$\varepsilon_{\mathrm{v}}^{\mathrm{e}} = \dfrac{\kappa}{\beta(1+e_0)} \ln \dfrac{\hat{p}_x}{\hat{p}_0}$
塑性体应变	$\varepsilon_{\mathrm{v}}^{\mathrm{p}} = \varepsilon_{\mathrm{v}} - \varepsilon_{\mathrm{v}}^{\mathrm{e}} = \dfrac{\lambda-\kappa}{1+e_0} \ln \dfrac{p_x}{p_0}$	$\varepsilon_{\mathrm{v}}^{\mathrm{p}} = \varepsilon_{\mathrm{v}} - \varepsilon_{\mathrm{v}}^{\mathrm{e}} = \dfrac{\lambda-\kappa}{\beta(1+e_0)} \ln \dfrac{\hat{p}_x}{\hat{p}_0}$
等效固结压力	$p_x = p_0 \exp\left(\dfrac{1+e_0}{\lambda-\kappa} \varepsilon_{\mathrm{v}}^{\mathrm{p}}\right)$	$\hat{p}_x = \hat{p}_0 \exp\left(\beta \dfrac{1+e_0}{\lambda-\kappa} \varepsilon_{\mathrm{v}}^{\mathrm{p}}\right)$

1) 弹性应变增量

弹性应变增量可以用胡克定律求得

$$\mathrm{d}\varepsilon_{ij}^{\mathrm{e}} = \frac{1+\nu}{E} \mathrm{d}\sigma_{ij} - \frac{\nu}{E} \mathrm{d}\sigma_{kk} \delta_{ij} \tag{5.5.14}$$

式中，ν 为 Poisson 比，一般取为 0.3；E 为弹性模量，可以通过式(5.5.15)求得

$$E = 3(1-2\nu) \frac{1+e_0}{\kappa} p \tag{5.5.15}$$

2) 塑性应变增量

根据屈服函数 f 的一致性条件，即 $\mathrm{d}f = 0$，可以得出

$$\mathrm{d}f = \frac{\partial f}{\partial \hat{p}} \mathrm{d}\hat{p} + \frac{\partial f}{\partial \hat{q}} \mathrm{d}\hat{q} + \frac{\partial f}{\partial \varepsilon_{\mathrm{v}}^{\mathrm{p}}} \mathrm{d}\varepsilon_{\mathrm{v}}^{\mathrm{p}} = 0 \tag{5.5.16}$$

一致性条件(式(5.5.16))中所需的屈服函数 f 对 $\hat{p}$ 和 $\hat{q}$ 的一阶偏微分表达式可以根据式(5.5.9)得出，f 对塑性体应变的偏导数可以通过屈服函数 f 与等效固结压力 $\hat{p}_x$ (式(5.5.12))求解得出

$$\frac{\partial f}{\partial \hat{p}} = N^2\left(2\hat{p} - \hat{p}_x\right), \quad \frac{\partial f}{\partial \hat{q}} = 2\hat{q}, \quad \frac{\partial f}{\partial \varepsilon_{\mathrm{v}}^{\mathrm{p}}} = -N^2 \hat{p} \frac{\partial \hat{p}_x}{\partial \varepsilon_{\mathrm{v}}^{\mathrm{p}}} = -N^2 \hat{p} \frac{\hat{p}_x}{\rho_{\mathrm{p}}} \tag{5.5.17}$$

将式(5.5.8)～式(5.5.10)以及式(5.5.17)代入一致性条件式(5.5.16)中可以得出塑性乘子 $\mathrm{d}\lambda$ 的表达式，如下：

$$\mathrm{d}\lambda = \rho_{\mathrm{p}} \frac{\Gamma(3-\mu)\hat{p}^{\mu}\left[N^2\left(2\hat{p}-\hat{p}_x\right)\mathrm{d}\hat{p}+2\hat{q}\mathrm{d}\hat{q}\right]}{N^2\hat{p}\hat{p}_x\left[\mu N^2\hat{p}^2-(2-\mu)\hat{q}^2\right]} \tag{5.5.18}$$

将屈服函数微分式(5.5.9)、协变变换系数式(5.5.10)以及塑性乘子式(5.5.18)代入到特征应力空间中的非正交流动法则式(5.5.8)，即可得出塑性应变增量的表达式

$$\mathrm{d}\varepsilon_{ij}^{\mathrm{p}} = \rho_{\mathrm{p}}\left[\frac{\delta_{ij}}{3}+\frac{3\hat{p}^{\mu}\hat{q}^{1-\mu}\left(\hat{\sigma}_{ij}-\hat{p}\delta_{ij}\right)}{\mu N^2\hat{p}^2-(2-\mu)\hat{q}^2}\right]\frac{\left(N^2\hat{p}^2-\hat{q}^2\right)\mathrm{d}\hat{p}+2\hat{p}\hat{q}\mathrm{d}\hat{q}}{\hat{p}\left(N^2\hat{p}^2+\hat{q}^2\right)} \tag{5.5.19}$$

根据表达式可以看出，当 $\beta=1$，式(5.5.19)可以退化为修正剑桥模型的应力-应变关系。

5. *参数确定*

上述三维非正交本构模型仅需要 5 个物理含义清晰的材料参数：λ 、κ 、ν、φ_{c} 和 β 。与剑桥模型相比，所提模型仅增加了一个反映土体中主应力效应的材料参数 β ，且可以通过等 p 三轴伸长条件下的内摩擦角 φ_{e} 来求得[1]，具体表达式如下：

$$\frac{\left(1+\sin\varphi_{\mathrm{c}}\right)^{\beta}-\left(1-\sin\varphi_{\mathrm{c}}\right)^{\beta}}{\left(1+\sin\varphi_{\mathrm{c}}\right)^{\beta}+2\left(1-\sin\varphi_{\mathrm{c}}\right)^{\beta}}=\frac{\left(1+\sin\varphi_{\mathrm{e}}\right)^{\beta}-\left(1-\sin\varphi_{\mathrm{e}}\right)^{\beta}}{2\left(1+\sin\varphi_{\mathrm{e}}\right)^{\beta}+\left(1-\sin\varphi_{\mathrm{e}}\right)^{\beta}} \tag{5.5.20}$$

另外，模型参数 N 和 μ 可以通过已有材料参数确定，而不需要增加额外的试验。在等 p 三轴压缩条件下，土体在荷载作用下加载至临界应力状态时 $(\sigma_{1z}=p_0(1+2M/3),\ \sigma_{2z}=\sigma_{3z}=p_0(1-M/3))$，对应孔隙比的变化全部由塑性变形引起，且与正常固结线 NCL 与临界状态线 CSL 之间的距离相等。对于修正剑桥模型孔隙比变化量可以表示为 $\ln 2\cdot(\lambda-\kappa)$ [16]。因此，结合等效固结压力式(5.5.12)可以得出

$$\hat{p}_x=\hat{p}_0\exp\left(\varepsilon_{\mathrm{v}}^{\mathrm{p}}/\rho_{\mathrm{p}}\right)=2^{\beta}\hat{p}_0 \tag{5.5.21}$$

土体加载至临界状态时，将特征应力空间中的临界应力状态 $(\hat{p}_z,\hat{q}_z)=\left(\hat{p}_z,\hat{M}\hat{p}_z\right)$ 代入等效固结压力式(5.5.7)中可以得出

$$\hat{p}_x=\hat{p}_z\left(\hat{M}^2/N^2+1\right) \tag{5.5.22}$$

结合式(5.5.21)与式(5.5.22)，即可得确定 N 的表达式

$$N = \sqrt{\frac{\hat{M}^2 \hat{p}_z}{2^{\beta} \hat{p}_0 - \hat{p}_z}} \tag{5.5.23}$$

分数阶次 μ 不再作为独立的待确定参数，分数阶次与特征应力空间相对应，可以通过临界状态条件下的剪胀比为 0（即 $d=0$）求解得出。因此，根据式(5.5.11)可以得出

$$\mu = \frac{2\hat{M}^2}{N^2 - \hat{M}^2} \tag{5.5.24}$$

6. 模型分析

结合特征应力概念建立的非正交临界状态模型可以用于预测正常固结黏土在真三轴应力条件下的变形与强度特性。利用名古屋大学对 New Fujinomori（NF）黏土[25]进行的真三轴试验结果（b=0，0.268，0.5 和 0.732）对所提模型进行验证。根据文献整理得出 NF 黏土的材料参数为：$\varphi_c = 33.7°$，$\lambda/(1+e_0) = 0.0508$，$\kappa/(1+e_0) = 0.0112$，$\nu = 0.3$ 和 $\beta = 0.1$。真三轴试验结果与 MCC 模型以及所提非正交模型预测结果的对比如图 5.5.4 所示。可以明显看出，上述模型可以合理地描述土体在真三轴受力条件下的强度与变形特性。

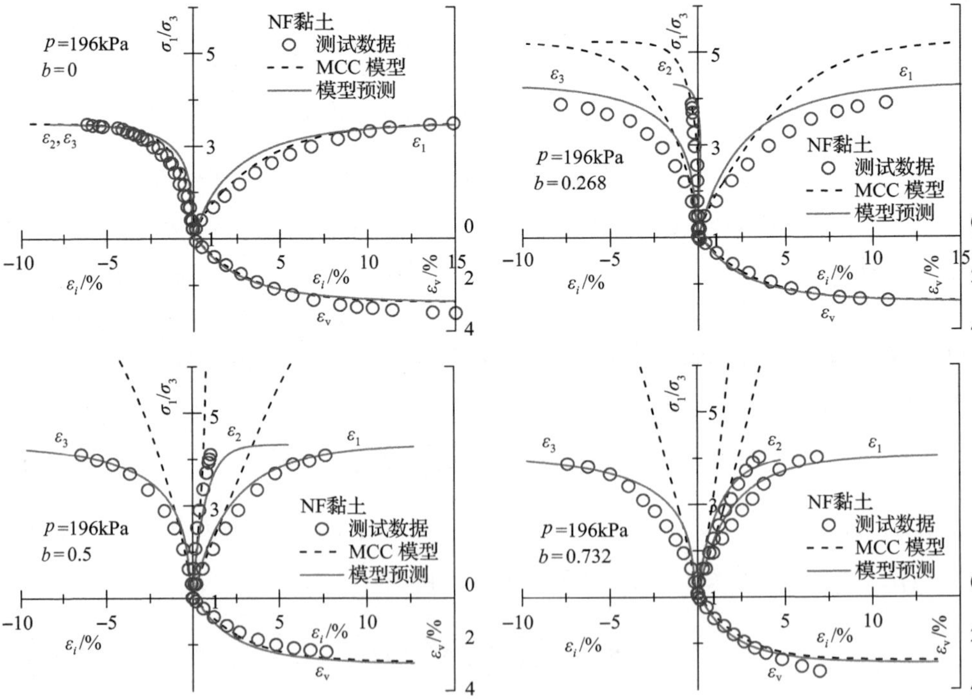

图 5.5.4　模型预测结果与试验结果对比

5.5.3　混凝土非正交弹塑性本构模型

建立弹塑性本构模型的核心步骤是确定塑性应变增量大小和方向。塑性流动方向通过流动法则确定。现有的正交流动法则采用塑性势函数的梯度作为塑性流动方向。为了简化，塑性势函数可采用与屈服函数相同的形式。但对于混凝土材料，这种做法会过高估计混凝土的剪胀现象。而构造新的塑性势函数给建立模型增加了难度，通常会引入新的参数。作为整数阶导数扩展，分数阶导数自然地具有获得可微函数非正交方向的能力。非正交流动法则基于分数阶导数，可直接通过屈服函数函数的非正交方向确定塑性应变增量的方向，不需要塑性势函数即可建立弹塑性模型。在下面介绍的混凝土非正交弹塑性本构模型中，非正交流动法则[26,27]被采用去确定塑性应变增量的方向。塑性应变增量大小的确定与屈服函数和硬化/软化函数有关。这里发展了一个闭口形式的屈服函数，用于考虑混凝土在静水压力荷载作用下产生的塑性变形。同时采用统一硬化/软化函数[28]描述混凝土的峰前硬化与峰值后软化行为。相较于分段表达式的硬化/软化函数，统一硬化/软化函数在加载过程中规避了对硬化段和软化段函数的选择，提高了模型计算效率。

1. 塑性应变增量的大小

1）屈服函数

基于扩展的 Leon 强度准则对广义非线性强度准则（GNSC）进行发展，采用扩展的 Leon 强度准则在子午面上的二次函数代替 GNSC 在子午面上的幂函数，可得到改进的 GNSC。改进的 GNSC 可以更合理地描述混凝土的多轴强度。GNSC 在偏平面上的表达式如下：

$$\overline{q}_{\alpha}^{*}=\alpha\sqrt{\overline{I}_1^2-3\overline{I}_2}+\frac{2(1-\alpha)\overline{I}_1}{3\sqrt{\left(\overline{I}_1\overline{I}_2-\overline{I}_3\right)/\left(\overline{I}_1\overline{I}_2-9\overline{I}_3\right)}-1} \tag{5.5.25}$$

式中，$\overline{q}_{\alpha}^{*}$ 等于三轴压缩处的抗剪强度；α 为三轴拉-压强度比。

扩展的 Leon 强度准则在子午面上的表达式如下：

$$\frac{q^2}{f_{\mathrm{c}}^2}+m_0\left(\frac{q}{3f_{\mathrm{c}}}-\frac{p}{f_{\mathrm{c}}}\right)-1=0 \tag{5.5.26}$$

式中，f_{c} 是单轴抗压强度；m_0 是材料参数，可以表示为 $m_0=f_{\mathrm{c}}/\sigma_0$，$\sigma_0$ 为三向拉伸强度。

利用变换应力方法，可以将式（5.5.25）和式（5.5.26）定义的强度函数以一种简单有效的方式进行结合。变换应力张量的表达式如下：

$$\tilde{\sigma}_{ij}=\bar{p}\delta_{ij}+\frac{\bar{q}_{\alpha}^{*}}{q}\left(\bar{\sigma}_{ij}-\bar{p}\delta_{ij}\right) \tag{5.5.27}$$

在变换应力空间中改进的 GNSC 的表达式

$$\frac{\tilde{q}^{2}}{f_{\mathrm{c}}^{2}}+m_{0}\left(\frac{\tilde{q}}{3f_{\mathrm{c}}}-\frac{\tilde{p}-\sigma_{0}}{f_{\mathrm{c}}}\right)-1=0 \tag{5.5.28}$$

式中，$\tilde{p}$ 和 $\tilde{q}$ 分别是变换应力空间中的平均应力和广义剪应力。

混凝土是由粗细骨料、水泥、水组成的一种复合材料，其内部具有大量的微孔洞和微空隙。因此在静水压力的作用下，混凝土会产生不可恢复的体积收缩。参考 ELM 模型在子午面上的屈服函数形式，在变换应力空间中提出了一个闭口形式的屈服函数，以考虑混凝土在静水压力的塑性变形，其表达式如下：

$$f=\left\{[1-H]\left(\frac{\tilde{q}}{3f_{\mathrm{c}}}-\frac{\tilde{p}-\sigma_{0}}{f_{\mathrm{c}}}\right)^{2}+\frac{\tilde{q}}{f_{\mathrm{c}}}\right\}^{2}+m_{0}H^{2}\left(\frac{\tilde{q}}{3f_{\mathrm{c}}}-\frac{\tilde{p}-\sigma_{0}}{f_{\mathrm{c}}}\right)-H^{2} \tag{5.5.29}$$

式中，H 是硬化/软化函数，采用式(5.4.3)的统一硬化/软化函数。

2)一致性条件

当材料发生塑性变形时，当前应力点始终位于屈服面上。如图 5.5.5 所示，状态点(σ_n,ε_n)位于当前屈服面 f_n 上，即 $f_n=0$。当材料承受荷载发生新的塑性变形

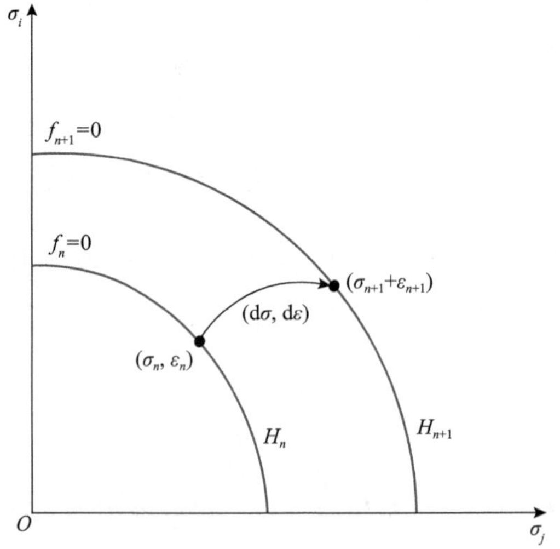

图 5.5.5　一致性条件

时，硬化参数增加，屈服面向外扩张形成后继屈服面 f_{n+1}，新的状态点仍在新的屈服面上，即 $f_{n+1}=0$，表明在加载的过程中，屈服函数的增量 $\mathrm{d}f=0$，这也被称作一致性条件。一致性条件是塑性理论的基本条件，配合屈服函数可以确定塑性增量的大小。

根据广义胡克定律，应力增量可表示为

$$\mathrm{d}\boldsymbol{\sigma}=\mathbf{D}^{\mathrm{e}}:\left(\mathrm{d}\boldsymbol{\varepsilon}-\mathrm{d}\boldsymbol{\varepsilon}^{\mathrm{p}}\right) \tag{5.5.30}$$

根据塑性理论，塑性应变增量可被写成如下形式：

$$\mathrm{d}\boldsymbol{\varepsilon}^{\mathrm{p}}=\mathrm{d}\lambda\cdot\boldsymbol{n} \tag{5.5.31}$$

式中，$\mathrm{d}\lambda$ 代表是塑性乘子，表示应变增量 $\mathrm{d}\boldsymbol{\varepsilon}^{\mathrm{p}}$ 的大小；$\boldsymbol{n}$ 是塑性流动方向，表示 $\mathrm{d}\boldsymbol{\varepsilon}^{\mathrm{p}}$ 各分量之间的比例关系。

将式(5.5.31)代入式(5.5.30)，得

$$\mathrm{d}\boldsymbol{\sigma}=\mathbf{D}^{\mathrm{e}}:(\mathrm{d}\boldsymbol{\varepsilon}-\mathrm{d}\lambda\cdot\boldsymbol{n}) \tag{5.5.32}$$

根据一致性条件，得

$$\mathrm{d}f=\frac{\partial f}{\partial\boldsymbol{\sigma}}:\mathrm{d}\boldsymbol{\sigma}+\frac{\partial f}{\partial H}\frac{\partial H}{\partial\boldsymbol{\varepsilon}^{\mathrm{p}}}:\mathrm{d}\boldsymbol{\varepsilon}^{\mathrm{p}}=0 \tag{5.5.33}$$

将式(5.5.32)与式(5.5.33)代入式(5.5.34)，整理可得塑性应变增量大小的表达式为

$$\mathrm{d}\lambda=\frac{\dfrac{\partial f}{\partial\boldsymbol{\sigma}}:\mathbf{D}^{\mathrm{e}}:\mathrm{d}\boldsymbol{\varepsilon}}{\dfrac{\partial f}{\partial\boldsymbol{\sigma}}:\mathbf{D}^{\mathrm{e}}:\boldsymbol{n}-\dfrac{\partial f}{\partial H}\dfrac{\partial H}{\partial\boldsymbol{\varepsilon}^{\mathrm{p}}}:\boldsymbol{n}} \tag{5.5.34}$$

2. 塑性应变增量的方向

非正交流动法则通过屈服函数的分数阶梯度确定塑性应变增量的方向。在非正交的混凝土弹塑性本构模型中，利用分数阶导数在变换应力空间中获得了屈服函数的分数阶梯度，因此塑性流动方向的表达式如下：

$$\boldsymbol{n}=\tilde{\boldsymbol{n}}^{\mu}:\left(\frac{\partial\tilde{p}}{\partial\tilde{\boldsymbol{\sigma}}},\frac{\partial\tilde{q}}{\partial\tilde{\boldsymbol{\sigma}}},\frac{\partial\tilde{\theta}}{\partial\tilde{\boldsymbol{\sigma}}}\right):\frac{\partial\tilde{\boldsymbol{\sigma}}}{\partial\boldsymbol{\sigma}} \tag{5.5.35}$$

式中，$\boldsymbol{n}$ 是在原始应力空间中的塑性流动方向，如图 5.5.6 所示；$\tilde{\boldsymbol{n}}^{\mu}$ 是屈服面在

变换应力空间中$(p,\ q,\ \theta)$坐标系下的屈服函数梯度。

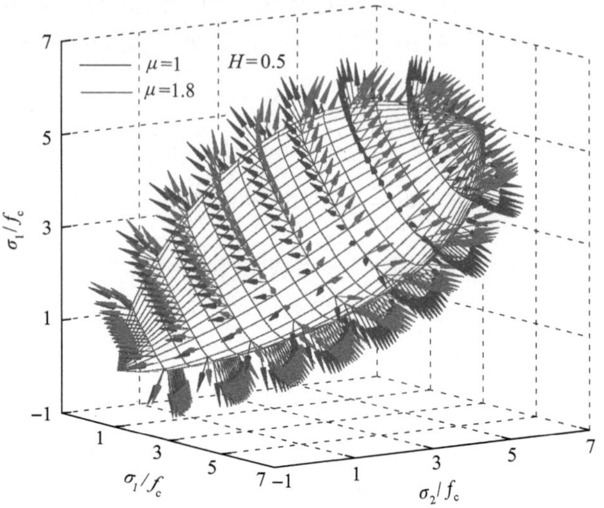

图 5.5.6　原始应力空间中的塑性流动方向

$\tilde{\boldsymbol{n}}^{\mu}$ 的表达式如下：

$$\tilde{\boldsymbol{n}}^{\mu}=\left(\frac{\partial^{\mu} f}{\partial \tilde{p}^{\mu}},\frac{\partial^{\mu} f}{\partial \tilde{q}^{\mu}},\frac{\partial^{\mu} f}{\partial \tilde{\theta}^{\mu}}\right)^{\mathrm{T}} \tag{5.5.36}$$

式中，$\partial^{\mu} f/\partial \tilde{p}^{\mu}$、$\partial^{\mu} f/\partial \tilde{q}^{\mu}$与$\partial^{\mu} f/\partial \tilde{\theta}^{\mu}$分别是屈服函数对应力不变量$p$、$q$与$\theta$的分数阶偏导数。在式(5.5.35)中，$(\partial\tilde{p}/\partial\tilde{\boldsymbol{\sigma}},\ \partial\tilde{q}/\partial\tilde{\boldsymbol{\sigma}},\ \partial\tilde{\theta}/\partial\tilde{\boldsymbol{\sigma}})$用于从$(\tilde{p},\ \tilde{q},\ \tilde{\theta})$坐标系到$\tilde{\boldsymbol{\sigma}}$坐标系的坐标变换，$\partial\tilde{\boldsymbol{\sigma}}/\partial\boldsymbol{\sigma}$用于从$\tilde{\boldsymbol{\sigma}}$坐标系到$\boldsymbol{\sigma}$坐标系的坐标变换。

通过改变分数阶次μ可以调整塑性流动方向，使得模型可以合理描述混凝土材料的变形特性。并且当$\mu=1$时，非正交流动法可退化成相关联流动法则，此时塑性流动方向与屈服面正交。

将获得的塑性流动方向$\boldsymbol{n}$和式(5.5.35)代入式(5.5.32)可获得混凝土非正交弹塑性本构模型的应力-应变关系：

$$\mathrm{d}\boldsymbol{\sigma}=\left[\mathbf{D}^{\mathrm{e}}-\frac{\left(\mathbf{D}^{\mathrm{e}}:\dfrac{\partial f}{\partial\boldsymbol{\sigma}}\right):\left(\dfrac{\partial f}{\partial H}\dfrac{\partial H}{\partial\boldsymbol{\varepsilon}^{\mathrm{p}}}:\mathbf{D}^{\mathrm{e}}\right)}{\dfrac{\partial f}{\partial\boldsymbol{\sigma}}:\mathbf{D}^{\mathrm{e}}:\boldsymbol{n}-\dfrac{\partial f}{\partial H}\dfrac{\partial H}{\partial\boldsymbol{\varepsilon}^{\mathrm{p}}}:\boldsymbol{n}}\right]:\mathrm{d}\boldsymbol{\varepsilon} \tag{5.5.37}$$

3. 模型分析

混凝土弹塑性非正交模型可描述混凝土在复杂应力条件下的强度和变形规

律。Lu 等[29]进行了 C65 高强混凝土的三轴试验，混凝土试样的直径都为 100mm，试样高度有 100mm、150mm 和 200mm 三种类型。测得的单轴压缩强度 $f_c = 68.6\text{MPa}$，加载装置采用 4600kN 液压伺服试验机。在加载过程中，围压分别保持 0MPa、3.5MPa、7MPa、14MPa、28MPa、42MPa 和 56MPa，然后施加竖向荷载使混凝土试样破坏。试验结果和混凝土非正交弹塑性模型预测曲线的比较如图 5.5.7 所示。从图中可以发现，随着围压的增大，材料的峰值应力和峰值应变不断增大，而软化现象不断减弱。混凝土非正交弹塑性本构模型可以很好地描述混凝土在不同围压下的变形行为和强度特性。尤其是对剪胀现象的合理描述表明，非正交流动法则可以很好地描述混凝土材料的塑性应变增量的方向。

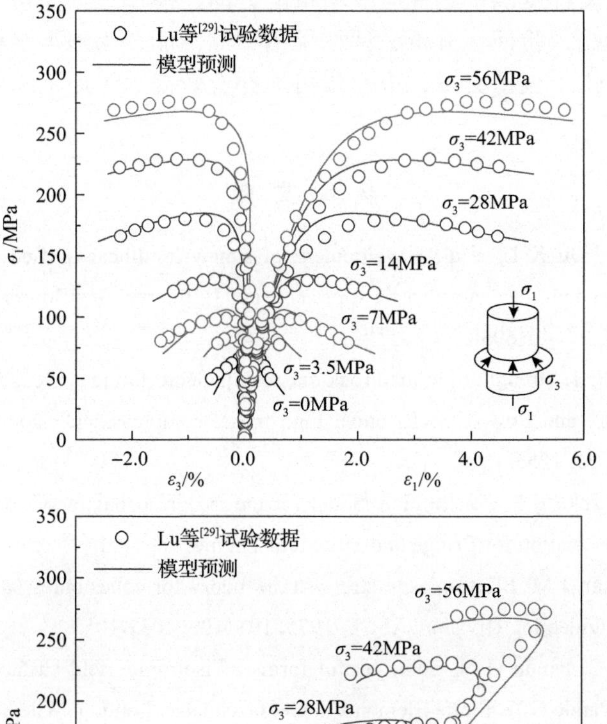

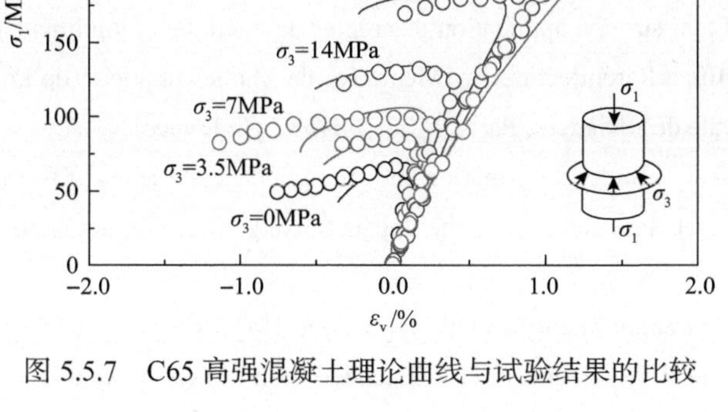

图 5.5.7　C65 高强混凝土理论曲线与试验结果的比较

5.6 本章小结

本章基于岩土类材料剪切破坏的共性规律，建立了适用于不同类型材料的广义非线性强度准则。分别结合土、混凝土的变形机制和宏观应力-应变行为，介绍了两类模型，分别是土的等效线性黏弹性本构模型，以及土和混凝土的弹塑性模型；弹塑性模型也分为两类，包括正交流动法则的弹塑性模型，核心要素是屈服函数、塑性势函数和硬化参数；非正交流动法则的弹塑性模型，核心要素是通过屈服函数和硬化参数，确定塑性应变增量的大小；利用非正交流动法则直接通过屈服函数的非正交梯度确定塑性应变增量的方向，建模更为简单。整理了文献中已发表的实验数据，验证、分析、评估了模型的性能，为地下结构与围岩土体的地震反应模拟提供了模型支撑，进一步再现并有效揭示了地下结构的地震破坏过程和失效机理。

参考文献

[1] Lu D C, Ma C, Du X L, et al. Development of a new nonlinear unified strength theory for geomaterials based on the characteristic stress concept[J]. International Journal of Geomechanics, ASCE, 2017, 17(2): 4016058.

[2] Hoek E, Brown E T. Strength of jointed rock masses[J]. Géotechnique, 1983, 33(3): 187-223.

[3] Mogi K. Fracture and flow of rocks under high trixial compression[J]. Journal of Geophysical Research, 1971, 76: 1255-1269.

[4] Willam K J, Warnke E P. Constitutive model for the triaxial behavior of concrete[A]//[C]//19th International Association for Bridge and Structural Engineering. Italy, Bergamo, 1975, 5: 1-30.

[5] Lade P V, Duncan J M. Elasto-plastic stress-strain theory for cohesionlesssoil[J]. Journal of the Geotechnical Engineering Division, ASCE, 1975, 101(10): 1037-1053.

[6] Zienkiewicz O C, Pande G N. Some useful forms of isotropic yield surface for soil and rock mechanics[C]//Pande G W. Finite Elements in Geomechnaics. London: Wiley, 1977: 179-190.

[7] Coulomb C A. Essai sur une application des regles de maximis et minimis a quelques problèmes de statique, relatifs a l'architecture[A]//Memoires de Mathematique et de Physique, Présentés, à l'Academie Royale des Sciences, Paris, 1776: 343-382. (in France).

[8] Matsuoka H, Nakai T. Stress-deformation and strength characteristics of soil under three different principal stresses[J]. Proceedings of the Japan Society of Civil Engineers, 1974, 1974(232): 59-70.

[9] Yu M H. Unified Strength Theory and its Applications[M]. Berlin, Heidelberg: Springer, 2004.

[10] Drucker D C, Prager W, Greenberg H J. Extended limit design theorems for continuous media[J].

Quarterly Applied Mathematics, 1952, 9 (4) : 381-389.

[11] 路德春. 基于广义非线性强度理论的土的应力路径本构模型[D]. 北京: 北京航空航天大学博士学位论文, 2006.

[12] Yao Y P, Lu D C, Zhou A N, et al. Generalized non-linear strength theory and transformed stress space[J]. Science in China Series E: Technological Sciences, 2004, 47 (6) : 691-709.

[13] Du X L, Lu D C, Gong Q M, et al. A non-linear unified strength criterion for concrete under 3-D stress states[J]. Journal of Engineering Mechanics, ASCE, 2010, 136 (1) : 51-59.

[14] Yao Y P, Sun D A. Application of Lade's criterion to Cam-clay model[J]. Journal of Engineering Mechanics, 2000, 126 (1) : 112-119.

[15] Ma C, Lu D C, Du X L, et al. Developing a 3D elastoplastic constitutive model for soils: A new approach based on characteristic stress[J]. Computers and Geotechnics, 2017, 86: 129-140.

[16] Lu D C, Li X Q, Du X L, et al. A simple 3D elastoplastic constitutive model for soils based on characteristic stress[J]. Computers and Geotechnics, 2019, 109 (5) : 229-247.

[17] Roscoe K H, Schofield A N, Thurairajah A. Yielding of clay in states wetter than critical[J]. Géotechnique, 1963, 13 (3) : 211-240.

[18] Xie J, Elwi A E, MacGregor J G. Mechanical properties of three high-strength concretes containing silica fume[J]. ACI Materials Journal, 1995, 92: 135-145.

[19] Karson I D, Jirsa J O. Behaviour of concrete under compressive loadings[J]. Journal of Structure Division, ASCE, 1969, 95 (12) : 2535-2563.

[20] Collins I F, Houlsby G T. Application of thermomechanical principles to the modelling of geotechnical materials[J]. Proceedings of the Royal Society A: Mathematical, Physical and Engineering Sciences, 1997, 453 (1964) : 1975-2001.

[21] Mashayekhi S, Miles P, Hussaini M Y, et al. Fractional viscoelasticity in fractal and non-fractal media: theory, experimental validation, and uncertainty analysis[J]. Journal of the Mechanics and Physics of Solids, 2018, 111: 134-156.

[22] Sumelka W, Nowak M. Non-normality and induced plastic anisotropy under fractional plastic flow rule: A numerical study[J]. International Journal for Numerical and Analytical Methods in Geomechanics, 2016, 40 (5) : 651-675.

[23] Sun Y F, Xiao Y. Fractional order plasticity model for granular soils subjected to monotonic triaxial compression[J]. International Journal of Solids and Structures, 2017, 118-119: 224-234.

[24] Collinss I F, Kelly P A. A thermomechanical analysis of a family of soil models[J]. Géotechnique, 2002, 52 (7) : 507-518.

[25] Nakai T, Matsuoka H, Okuno N, et al. True triaxial tests on normally consolidated clay and analysis of the observed shear behavior using elastoplastic constitutive models[J]. Soils and Foundations, 1986, 26 (4) : 67-78.

[26] Lu D C, Liang J Y, Du X L, et al. Fractional elastoplastic constitutive model for soils based on a novel 3D fractional plastic flow rule[J]. Computers and Geotechnics, 2019, 105: 277-290.

[27] Lu D C, Zhou X, Du X L, et al. A 3D fractional elastoplastic constitutive model for concrete material[J]. International Journal of Solids and Structures, 2019, 165(6): 160-175.

[28] Wang G S, Lu D C, Du X L, et al. A true 3D frictional hardening elastoplastic constitutive model of concrete based on a united hardening/softening function[J]. Journal of the Mechanics and Physics of Solids, 2018, 119: 250-273.

[29] Lu X, Hsu C T T. Tangent Poisson's ratio of high-strength concrete in triaxial compression[J]. Magazine of Concrete Research, 2007, 59(1): 69-77.

第 6 章　土-地下结构体系地震反应分析方法

地下结构地震反应分析需要考虑土体与结构之间的动力相互作用，时程分析通常采用整体分析模型，基于有限元法离散求解，因此也常称之为有限元直接法。本章首先介绍时域整体分析方法的框架，引出方法中的人工边界和地震动输入方法问题；然后分别介绍黏弹性人工边界条件、水平成层场地地震反应分析方法和场地地震动输入方法；在此基础上，验证该方法的有效性以及比较刚性基岩条件下几类地震动输入方法的精度；最后介绍非线性土-结构系统地震反应分析中考虑初始地应力的方法，以及适于工程应用的基于等效线性化的时域整体分析方法。除了地下结构地震反应的时程分析方法以外，规范要求的另一类方法是工程简化分析方法，如自由场变形法、反应位移法、反应加速度法等，该类方法将在第 12 章进行介绍。

6.1　时域整体分析方法概述

地下结构地震反应的整体分析模型如图 6.1.1 所示。时域整体分析方法的思路是引入虚拟边界(称作人工边界)截去土体的无限域部分，取出地下结构及其附近土体形成有限域，采用有限元法等数值方法进行模拟。

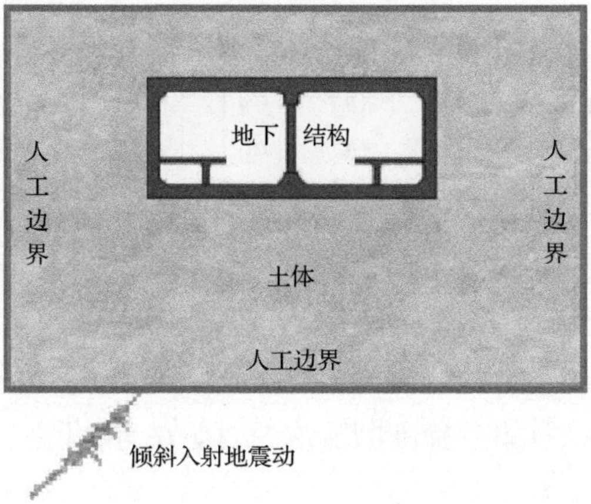

图 6.1.1　地下结构地震反应的整体分析模型示意图

根据前面介绍的有限元理论，线弹性有限域的动力有限元方程可以写为

$$\begin{bmatrix} \boldsymbol{M}_{RR} & \boldsymbol{M}_{RB} \\ \boldsymbol{M}_{BR} & \boldsymbol{M}_{BB} \end{bmatrix} \begin{Bmatrix} \ddot{\boldsymbol{u}}_R \\ \ddot{\boldsymbol{u}}_B \end{Bmatrix} + \begin{bmatrix} \boldsymbol{C}_{RR} & \boldsymbol{C}_{RB} \\ \boldsymbol{C}_{BR} & \boldsymbol{C}_{BB} \end{bmatrix} \begin{Bmatrix} \dot{\boldsymbol{u}}_R \\ \dot{\boldsymbol{u}}_B \end{Bmatrix} + \begin{bmatrix} \boldsymbol{K}_{RR} & \boldsymbol{K}_{RB} \\ \boldsymbol{K}_{BR} & \boldsymbol{K}_{BB} \end{bmatrix} \begin{Bmatrix} \boldsymbol{u}_R \\ \boldsymbol{u}_B \end{Bmatrix} = \begin{Bmatrix} \boldsymbol{0} \\ \boldsymbol{f}_B \end{Bmatrix} \tag{6.1.1}$$

其中，下标 B 和 R 分别表示人工边界自由度和其余自由度；$\boldsymbol{u}$ 、$\dot{\boldsymbol{u}}$ 和 $\ddot{\boldsymbol{u}}$ 分别表示位移、速度和加速度；$\boldsymbol{M}$、$\boldsymbol{C}$ 和 $\boldsymbol{K}$ 分别是质量、阻尼和刚度矩阵；$\boldsymbol{f}_B$ 是地震作用下人工边界处被截去的无限域对有限域的作用力。

将人工边界处的总反应分解为散射场和自由场两部分，作用力、位移和速度可以分别分解为

$$\boldsymbol{f}_B = \boldsymbol{f}_B^{\mathrm{S}} + \boldsymbol{f}_B^{\mathrm{F}} \tag{6.1.2}$$

$$\boldsymbol{u}_B = \boldsymbol{u}_B^{\mathrm{S}} + \boldsymbol{u}_B^{\mathrm{F}} \tag{6.1.3}$$

$$\dot{\boldsymbol{u}}_B = \dot{\boldsymbol{u}}_B^{\mathrm{S}} + \dot{\boldsymbol{u}}_B^{\mathrm{F}} \tag{6.1.4}$$

其中，自由场用上标 F 表示，通常可采用解析法确定场地的自由场地震反应；散射场用上标 S 表示，将式(6.1.2)、式(6.1.3)和式(6.1.4)代入式(6.1.1)可求得人工边界上的地震散射场解与内域场地和结构的地震反应。

从有限域通过人工边界向无限远域辐射的散射波场通常可采用人工边界条件来模拟，以黏弹性边界为例可表示为

$$\boldsymbol{f}_B^{\mathrm{S}} = -\boldsymbol{K}_B^{\infty} \boldsymbol{u}_B^{\mathrm{S}} - \boldsymbol{C}_B^{\infty} \dot{\boldsymbol{u}}_B^{\mathrm{S}} \tag{6.1.5}$$

其中，$\boldsymbol{K}_B^{\infty}$ 和 $\boldsymbol{C}_B^{\infty}$ 分别是黏弹性边界的弹簧和阻尼系数矩阵，具体取值方法见下一节。

将式(6.1.3)和式(6.1.4)代入式(6.1.5)，然后代入式(6.1.2)，最终代入式(6.1.1)，整理得

$$\begin{gathered} \begin{bmatrix} \boldsymbol{M}_{RR} & \boldsymbol{M}_{RB} \\ \boldsymbol{M}_{BR} & \boldsymbol{M}_{BB} \end{bmatrix} \begin{Bmatrix} \ddot{\boldsymbol{u}}_R \\ \ddot{\boldsymbol{u}}_B \end{Bmatrix} + \begin{bmatrix} \boldsymbol{C}_{RR} & \boldsymbol{C}_{RB} \\ \boldsymbol{C}_{BR} & \boldsymbol{C}_{BB}+\boldsymbol{C}_B^{\infty} \end{bmatrix} \begin{Bmatrix} \dot{\boldsymbol{u}}_R \\ \dot{\boldsymbol{u}}_B \end{Bmatrix} + \begin{bmatrix} \boldsymbol{K}_{RR} & \boldsymbol{K}_{RB} \\ \boldsymbol{K}_{BR} & \boldsymbol{K}_{BB}+\boldsymbol{K}_B^{\infty} \end{bmatrix} \begin{Bmatrix} \boldsymbol{u}_R \\ \boldsymbol{u}_B \end{Bmatrix} \\ = \begin{Bmatrix} \boldsymbol{0} \\ \boldsymbol{K}_B^{\infty} \boldsymbol{u}_B^{\mathrm{F}} + \boldsymbol{C}_B^{\infty} \dot{\boldsymbol{u}}_B^{\mathrm{F}} + \boldsymbol{f}_B^{\mathrm{F}} \end{Bmatrix} \end{gathered} \tag{6.1.6}$$

式(6.1.6)即为地震作用下求解土-结构系统动力反应的时域整体有限元法方程。

6.2 黏弹性人工边界条件

自 20 世纪 60 年代以来，研究者已经提出了多种人工边界条件，各类方法的评述见综述论文或者相关专著[1-9]。早期众所周知的人工边界条件是黏性边界[10]、Engquist-Majda 边界[11,12]、Higdon 边界[13,14]、Bayliss-Turkel 边界[15,16]、多

次透射公式[17,18]、无限元法[19-21]、边界元法[22-24]、DtN 方法[25,26]、薄层法和一致边界[27,28]。自 20 世纪 90 年代至今，受到广泛关注的方法包括：完美匹配层法[29-32]、高阶局部无反射边界条件[33-36]、比例边界有限元法[37-40]、高精度应力型时域人工边界条件[41-47]以及薄层法[48,49]等。在上述各类方法中，黏性边界在人工边界的每个自由度上施加一个远端固定的阻尼器，具有物理意义清楚、容易实现、高频稳定和工程可用精度等优点，适用于复杂工程问题分析，已被一些商用有限元软件采纳。然而，黏性边界未对分析模型提供刚度约束，在分析模型未受其他刚度约束条件下，计算模型可能产生刚体位移，计算结果出现低频飘移失稳现象。黏弹性边界[50-57]是在人工边界的每个自由度上施加一个远端固定的并联弹簧-阻尼器系统，除具有黏性边界的上述优点以外，由于弹簧为分析模型提供刚度约束，避免了黏性边界的低频飘移失稳问题。本节介绍固体介质和饱和两相介质的黏弹性人工边界。

6.2.1　固体介质的黏弹性人工边界

在人工边界的每个自由度上施加一个远端固定的并联弹簧-阻尼器系统来模拟无限远域波动辐射效应的方法被称为黏弹性人工边界，如图 6.2.1 所示。

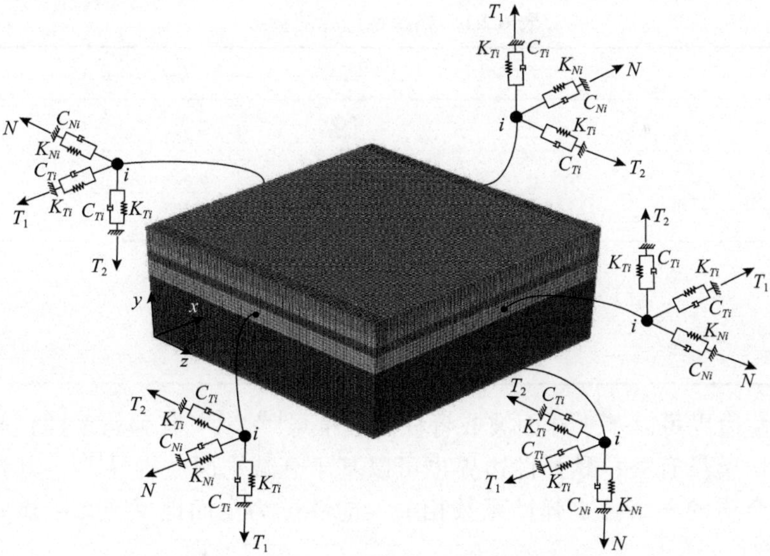

图 6.2.1　黏弹性人工边界

1. 局部坐标公式

如图 6.2.1 所示，人工边界通常取为长方体的五个面，直角坐标系 (x, y, z) 的坐标轴沿着人工边界的棱，局部坐标系 (N, T_1, T_2) 的定义与固体力学描述应力的方式一致，即 N 为人工边界面外法线方向、T 为人工边界面的切向。对于一个人工边界节点，黏弹性边界式(6.1.5)可以写为

$$\boldsymbol{f}_{Bi}^{S(1)} = -\boldsymbol{K}_{Bi}^{\infty(1)}\boldsymbol{u}_{Bi}^{S(1)} - \boldsymbol{C}_{Bi}^{\infty(1)}\dot{\boldsymbol{u}}_{Bi}^{S(1)} \tag{6.2.1}$$

其中，下标 i 是节点编号；上标(1)表示局部坐标(N, T_1, T_2)。

三个并联的弹簧-阻尼器系统分别沿三个局部坐标轴分布，弹簧和阻尼矩阵可以分别写为

$$\boldsymbol{K}_{Bi}^{\infty(1)} = A_i\begin{bmatrix} K_{Ni} & 0 & 0 \\ 0 & K_{Ti} & 0 \\ 0 & 0 & K_{Ti} \end{bmatrix}, \quad \boldsymbol{C}_{Bi}^{\infty(1)} = A_i\begin{bmatrix} C_{Ni} & 0 & 0 \\ 0 & C_{Ti} & 0 \\ 0 & 0 & C_{Ti} \end{bmatrix} \tag{6.2.2}$$

其中，A_i 是三维人工边界面上属于节点 i 的面积，可以通过沿边界面的集中有限元离散计算得到；K_{Ni} 和 K_{Ti} 分别是法向和切向弹簧系数；C_{Ni} 和 C_{Ti} 分别是法向和切向阻尼系数，具体取值见表 6.2.1。表中，ρ 、λ 和 G 分别是无限域介质的密度、第一和第二拉梅常数；c_P 和 c_S 分别是无限域介质的 P 波波速和 S 波波速；r 是与人工边界位置相关的几何尺寸，可以取为有限元模型的高度。

表 6.2.1　黏弹性边界的参数

文献		K_{Ni}	K_{Ti}	C_{Ni}	C_{Ti}
[50]	三维	$\frac{4G}{r}$	$\frac{2G}{r}$	ρc_P	ρc_S
	二维	$\frac{2G}{r}$	$\frac{3G}{2r}$	ρc_P	ρc_S
[52]	三维	$\frac{\lambda+2G}{1.8r}$	$\frac{G}{1.8r}$	$1.1\rho c_P$	$1.1\rho c_S$
	二维	$\frac{\lambda+2G}{3.6r}$	$\frac{G}{3.6r}$	$1.1\rho c_P$	$1.1\rho c_S$

黏弹性边界可以基于球面波或者柱面波推导[50,53-55]，其弹簧系数仅与无限域介质的剪切模量有关；黏弹性边界也可以基于衰减平面波推导[56]，其弹簧系数与无限域介质的两个独立弹性系数相关，能够更为全面地反映无限域介质的材料特性。

黏弹性边界具有多种弹簧和阻尼系数的计算公式。黏弹性边界一般可基于均匀介质推导。黏弹性边界的参数取值问题通常令使用者困惑。本章 6.4 节以大开地铁车站二维地震反应分析为例，根据规范建议的边界位置，比较了表 6.2.1 中两类黏弹性边界分别按照不同土层常数取值的计算精度，计算结果表明各类方法的精度差别不大，均能够满足工程精度要求。

2. 全局坐标公式

为了将黏弹性边界公式从局部坐标转换到全局坐标，可利用如下坐标变换关系：

$$\boldsymbol{f}_{Bi}^{S(1)} = \boldsymbol{Q}_1 \boldsymbol{f}_{Bi}^{S} \qquad \boldsymbol{u}_{Bi}^{S(1)} = \boldsymbol{Q}_1 \boldsymbol{u}_{Bi}^{S} \qquad \dot{\boldsymbol{u}}_{Bi}^{S(1)} = \boldsymbol{Q}_1 \dot{\boldsymbol{u}}_{Bi}^{S} \tag{6.2.3}$$

其中，$\boldsymbol{Q}_1$ 是坐标转换矩阵，对于边界面外法向为正 x 方向、负 x 方向、正 z 方向、负 z 方向和负 y 方向，转换矩阵可以分别表示为

$$\boldsymbol{Q}_1 = \begin{bmatrix} 1 & 0 & 0 \\ 0 & 1 & 0 \\ 0 & 0 & 1 \end{bmatrix}, \boldsymbol{Q}_1 = \begin{bmatrix} -1 & 0 & 0 \\ 0 & 0 & -1 \\ 0 & -1 & 0 \end{bmatrix}, \boldsymbol{Q}_1 = \begin{bmatrix} 0 & 0 & 1 \\ 1 & 0 & 0 \\ 0 & 1 & 0 \end{bmatrix}, \boldsymbol{Q}_1 = \begin{bmatrix} 0 & 0 & -1 \\ 0 & -1 & 0 \\ -1 & 0 & 0 \end{bmatrix}, \boldsymbol{Q}_1 = \begin{bmatrix} 0 & -1 & 0 \\ -1 & 0 & 0 \\ 0 & 0 & -1 \end{bmatrix} \tag{6.2.4}$$

将式(6.2.3)代入式(6.2.1)，利用坐标转换矩阵的正交性，整理得到全局坐标下的黏弹性边界公式为

$$\boldsymbol{f}_{Bi}^{S} = -\boldsymbol{K}_{Bi}^{\infty} \boldsymbol{u}_{Bi}^{S} - \boldsymbol{C}_{B}^{\infty} \dot{\boldsymbol{u}}_{Bi}^{S} \tag{6.2.5}$$

式中，全局坐标下弹簧和阻尼系统矩阵可以分别写为

$$\boldsymbol{K}_{Bi}^{\infty} = \boldsymbol{Q}_1^{T} \boldsymbol{K}_{Bi}^{\infty(1)} \boldsymbol{Q}_1, \qquad \boldsymbol{C}_{Bi}^{\infty} = \boldsymbol{Q}_1^{T} \boldsymbol{C}_{Bi}^{\infty(1)} \boldsymbol{Q}_1 \tag{6.2.6}$$

其中，上标 T 表示矩阵转置。

6.2.2　两相介质的黏弹性人工边界

目前的人工边界条件主要针对单相固体介质，流体饱和两相介质的人工边界条件成果较少，且两相介质的人工边界条件大多是针对 $\boldsymbol{u}$-$\boldsymbol{U}$ 格式方程建立的[58]。针对 $\boldsymbol{u}$-p 格式方程，Modaressi 等[59]以及刘光磊等[60]分别提出了旁轴边界和黏弹性边界，两种方法均采用了渗透系数为零的假设，该假定使得两相方程解耦，变为两个单相介质问题进行处理。该类方法存在两种误差，即忽略了第二类压缩波的作用以及波速计算产生误差。在渗透系数较大情况下，该类方法出现不适用和精度低等问题。作者及其合作者建立了一种不需假定渗透系数为零的二维 $\boldsymbol{u}$-p 格式两相介质的黏弹性边界[61]，边界的建立过程简单介绍如下。

$\boldsymbol{u}$-p 格式两相介质的控制方程为

$$(\lambda + G)\nabla\nabla \cdot \boldsymbol{u} + G\nabla^2 \boldsymbol{u} - \alpha \nabla p = \rho \ddot{\boldsymbol{u}} \tag{6.2.7}$$

$$\bar{k}\nabla^2 p - \alpha \nabla \cdot \dot{\boldsymbol{u}} = \frac{1}{Q_b} \dot{p} \tag{6.2.8}$$

式中，$\boldsymbol{u}$ 代表固相位移；p 代表孔隙水压力；λ 和 G 是土骨架的拉梅常数；ρ 是固液两相的密度；$\bar{k}$ 是土的动力渗透系数，$\bar{k}=k/\rho_{\mathrm{f}}g$，$k$ 是土的渗透系数，ρ_{f} 是液相介质的密度，g 是重力加速度；α 和 Q_{b} 分别是土骨架和孔隙流体的可压缩性系数；$\nabla=\begin{bmatrix}\dfrac{\partial}{\partial x} & \dfrac{\partial}{\partial y}\end{bmatrix}^{\mathrm{T}}$。

式(6.2.7)和式(6.2.8)经过有限元离散后，得到 $\boldsymbol{u}$-p 格式两相介质有限元方程为

$$\boldsymbol{M}\ddot{\boldsymbol{u}}+\boldsymbol{K}\boldsymbol{u}-\boldsymbol{Q}\boldsymbol{p}=\boldsymbol{f}_u \tag{6.2.9}$$

$$\boldsymbol{S}\dot{\boldsymbol{p}}+\boldsymbol{J}\boldsymbol{p}+\boldsymbol{Q}^{\mathrm{T}}\dot{\boldsymbol{u}}=\boldsymbol{f}_p \tag{6.2.10}$$

式中，各矩阵为

$$\begin{aligned}
\boldsymbol{M}&=\int_{\Omega}\boldsymbol{N}_u^{\mathrm{T}}\rho\boldsymbol{N}_u\mathrm{d}\Omega\\
\boldsymbol{K}&=\int_{\Omega}\left(\boldsymbol{N}_u\boldsymbol{L}\right)^{\mathrm{T}}\boldsymbol{D}\left(\boldsymbol{L}\boldsymbol{N}_u\right)\mathrm{d}\Omega\\
\boldsymbol{Q}&=\int_{\Omega}\boldsymbol{N}_u^{\mathrm{T}}\nabla\alpha\boldsymbol{N}_p\mathrm{d}\Omega\\
\boldsymbol{S}&=\int_{\Omega}\boldsymbol{N}_p^{\mathrm{T}}\frac{1}{Q_b}\boldsymbol{N}_p\mathrm{d}\Omega\\
\boldsymbol{J}&=\int_{\Omega}\left(\nabla\boldsymbol{N}_p\right)^{\mathrm{T}}\bar{k}\left(\nabla\boldsymbol{N}_p\right)\mathrm{d}\Omega\\
\boldsymbol{f}_u&=\int_{\Gamma}\boldsymbol{N}_u^{\mathrm{T}}\{\boldsymbol{f}_u\}\mathrm{d}\Gamma\\
\boldsymbol{f}_p&=-\int_{\Gamma}\boldsymbol{N}_p^{\mathrm{T}}\left\{\boldsymbol{f}_p\right\}\mathrm{d}\Gamma
\end{aligned} \tag{6.2.11}$$

其中，$\boldsymbol{N}_u$ 和 $\boldsymbol{N}_p$ 分别为位移和孔压的形函数；Ω 是离散区域；Γ 为离散区域 Ω 的边界面；$\{\boldsymbol{f}_u\}$ 和 $\left\{\boldsymbol{f}_p\right\}$ 分别为边界面固相应力和液相流量。本构矩阵和微分算子矩阵为

$$\boldsymbol{D}=\begin{bmatrix}\lambda+2G & \lambda & 0\\ \lambda & \lambda+2G & 0\\ 0 & 0 & G\end{bmatrix},\qquad \boldsymbol{L}^{\mathrm{T}}=\begin{bmatrix}\dfrac{\partial}{\partial x} & 0 & \dfrac{\partial}{\partial y}\\ 0 & \dfrac{\partial}{\partial y} & \dfrac{\partial}{\partial x}\end{bmatrix}$$

式(6.2.9)和式(6.2.10)分别是固液两相动力平衡方程和液相渗流连续方程，需要分别建立固液两相应力型人工边界条件以及液相流速人工边界条件。

1. 散射波形式假定

假定两相介质中外行波为平面无衰波和平面衰减波的多子波混合形式，位移和孔压可以分别写为

$$u_{\mathrm{r}}(r,t)=(alw+b)y\left(c_1t-r\right) \tag{6.2.12}$$

$$u_{\perp}(r,t)=(alw+b)y\left(c_2t-r\right) \tag{6.2.13}$$

$$p(r,t)=(alw+b)y\left(c_3t-r\right) \tag{6.2.14}$$

式中，下标 r 和 ⊥ 分别表示人工边界的外法线和切线方向；t 表示时间；假定各子波具有相同的波动形式，c 表示波沿着人工边界传播的视波速；a 和 b 分别表示衰减子波和无衰减子波的含量，这里假定固相和液相相同；l 为量纲协调因子；w 为远场散射波衰减系数，对于二维问题 $w=1/\sqrt{r}$，对于三维问题 $w=1/r$；y 是波函数。

根据式(6.2.12)～式(6.2.14)，可以得到

$$\frac{\partial u_{\mathrm{r}}}{\partial r}+\frac{1}{c_1}\frac{\partial u_{\mathrm{r}}}{\partial t}+\frac{u_{\mathrm{r}}}{2r\left(1+\dfrac{b}{al}\sqrt{r}\right)}=0 \tag{6.2.15}$$

$$\frac{\partial u_{\perp}}{\partial r}+\frac{1}{c_2}\frac{\partial u_{\perp}}{\partial t}+\frac{u_{\perp}}{2r\left(1+\dfrac{b}{al}\sqrt{r}\right)}=0 \tag{6.2.16}$$

$$\frac{\partial p}{\partial r}+\frac{1}{c_3}\frac{\partial p}{\partial t}+\frac{p}{2r\left(1+\dfrac{b}{al}\sqrt{r}\right)}=0 \tag{6.2.17}$$

2. 固相人工边界条件

两相介质的有效应力和剪应力可以用位移表示为

$$\sigma'=(\lambda+2G)\frac{\partial u_{\mathrm{r}}}{\partial r} \tag{6.2.18}$$

$$\tau=G\frac{\partial u_{\perp}}{\partial r} \tag{6.2.19}$$

其中，λ 和 G 是土骨架的拉梅常数。将式(6.2.15)和式(6.2.16)分别代入式(6.2.18)和式(6.2.19)，整理得到

$$\sigma' = -\frac{\lambda+2G}{2r\left(1+\frac{b}{al}\sqrt{r}\right)}u_{\mathrm{r}} - \frac{\lambda+2G}{c_1}\dot{u}_{\mathrm{r}} \tag{6.2.20}$$

$$\tau = -\frac{G}{2r\left(1+\frac{b}{al}\sqrt{r}\right)}u_{\perp} - \frac{G}{c_2}\dot{u}_{\perp} \tag{6.2.21}$$

将式(6.2.20)代入有效应力原理公式，并引入无量纲参数 $A=\frac{b}{al}\sqrt{r}$，令视波速 $c_1=(\lambda+2G)/(B\rho c_{\mathrm{P}})$（$c_{\mathrm{P}}=\sqrt{(\lambda+2G+\alpha^2 Q)/\rho}$ 是两相介质 P 波波速）以及 $c_2=c_{\mathrm{S}}/B$（$c_{\mathrm{S}}=\sqrt{G/\rho}$ 是两相介质 S 波波速），得到两相介质的固相人工边界条件为

$$\sigma = -\frac{\lambda+2G}{2r(1+A)}u_{\mathrm{r}} - B\rho c_{\mathrm{P}}\dot{u}_{\mathrm{r}} - \alpha p \tag{6.2.22}$$

$$\tau = -\frac{G}{2r(1+A)}u_{\perp} - B\rho c_{\mathrm{S}}\dot{u}_{\perp} \tag{6.2.23}$$

其中，参数 A 反映人工边界散射波的传播特性，表示无衰减波与衰减波的幅值含量比值；参数 B 反映不同角度透射多子波的平均波速特性，表示物理波速与视波速的关系。数值试验表明，A、B 的最优值为 A=0.8、B=1.1。

3. 流相人工边界条件

两相介质的人工边界外法线方向的流速 $\varPhi$ 与孔压 p 的关系为

$$\varPhi = -\bar{k}\frac{\partial p}{\partial r} \tag{6.2.24}$$

将式(6.2.17)代入式(6.2.24)，并引入无量纲参数 $A=\frac{b}{al\sqrt{r}}$，令视波速 $c_3=c_{\mathrm{P}}=\sqrt{(\lambda+2G+\alpha^2 Q)/\rho}$，得到两相介质的流相人工边界条件为

$$\varPhi = \frac{\bar{k}}{2r(1+A)}p + \frac{\bar{k}}{c_{\mathrm{P}}}\dot{p} \tag{6.2.25}$$

4. 有限元实现

将上面提到的人工边界条件沿着人工边界空间离散，可以写为

$$\boldsymbol{f}_{uBi} = -\boldsymbol{K}_{Bi}^{\infty}\boldsymbol{u}_{Bi} - \boldsymbol{C}_{Bi}^{\infty}\dot{\boldsymbol{u}}_{Bi} - \boldsymbol{Q}_{Bi}^{\infty}p_{Bi} \tag{6.2.26}$$

$$f_{pBi} = J_{Bi}^{\infty}p_{Bi} + S_{Bi}^{\infty}\dot{p}_{Bi} \tag{6.2.27}$$

式中，矩阵与标量系数的具体形式为

$$\boldsymbol{K}_{Bi}^{\infty} = \boldsymbol{W}^{\mathrm{T}}\boldsymbol{K}_{Bi}^{\infty(l)}\boldsymbol{W}\,,\ \ \boldsymbol{K}_{Bi}^{\infty(l)} = L_i\begin{bmatrix} K_{BN}^{\infty} & 0 \\ 0 & K_{BT}^{\infty}\end{bmatrix},\ K_{BN}^{\infty} = \frac{\lambda+2G}{2r(1+A)},\ \ K_{BT}^{\infty} = \frac{G}{2r(1+A)} \tag{6.2.28}$$

$$\boldsymbol{C}_{Bi}^{\infty} = \boldsymbol{W}^{\mathrm{T}}\boldsymbol{C}_{Bi}^{\infty(l)}\boldsymbol{W}\,,\ \ \boldsymbol{C}_{Bi}^{\infty(l)} = L_i\begin{bmatrix} C_{BN}^{\infty} & 0 \\ 0 & C_{BT}^{\infty}\end{bmatrix},\ C_{BN}^{\infty} = B\rho c_{\mathrm{P}}\quad C_{BT}^{\infty} = B\rho c_{\mathrm{S}} \tag{6.2.29}$$

$$\boldsymbol{Q}_{Bi}^{\infty} = \boldsymbol{W}^{\mathrm{T}}\boldsymbol{Q}_{Bi}^{\infty(l)},\ \ \boldsymbol{Q}_{Bi}^{\infty(l)} = L_i\begin{bmatrix} Q_B^{\infty} \\ 0\end{bmatrix},\ Q_B^{\infty} = \alpha \tag{6.2.30}$$

$$J_{Bi}^{\infty} = J_{Bi}^{\infty(l)},\ \ J_{Bi}^{\infty(l)} = L_i J_B^{\infty},\ \ J_B^{\infty} = \frac{\overline{k}}{2r(1+A)} \tag{6.2.31}$$

$$S_{Bi}^{\infty} = S_{Bi}^{\infty(l)},\ \ S_{Bi}^{\infty(l)} = L_i S_B^{\infty},\ \ S_B^{\infty} = \frac{\overline{k}}{c_{\mathrm{P}}} \tag{6.2.32}$$

$$\boldsymbol{W} = \begin{bmatrix} l_{rx} & l_{ry} \\ l_{\perp x} & l_{\perp y}\end{bmatrix} \tag{6.2.33}$$

其中，上角标(l)代表局部坐标系的人工边界；∞表示外域；下标 Bi 表示人工边界上第 i 个节点；$\boldsymbol{f}_{uBi}$ 和 f_{pBi} 分别为人工边界上第 i 个节点的应力和流速；$\boldsymbol{u}_{Bi}$ 和 p_{Bi} 分别为人工边界上第 i 个节点的位移与孔压；L_i 代表人工边界节点 i 对应的长度；$l_{rx} = \cos(r,x)$ 为局部坐标 r 轴正方向与整体坐标 x 轴正方向夹角的余弦,其余类似。图 6.2.2 中展示了提出的人工边界条件的力学模型。应力边界条件中的 $\boldsymbol{K}_{Bi}^{\infty}$ 和 $\boldsymbol{C}_{Bi}^{\infty}$ 分别对应弹簧系数和阻尼系数，$\boldsymbol{Q}_{Bi}^{\infty}$ 为孔压对应的耦合系数；流速边界条件中 J_{Bi}^{∞} 和 S_{Bi}^{∞} 分别是对应于孔压和孔压时间导数的系数。

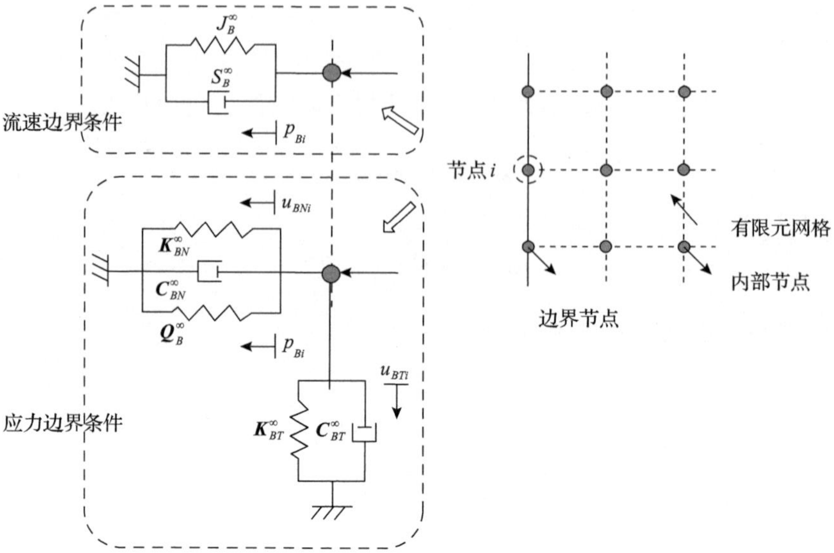

图 6.2.2　两相介质黏弹性人工边界条件的力学模型

两相介质的有限元方程式(6.2.9)和式(6.2.10)可以写为分块矩阵形式

$$\begin{bmatrix} \boldsymbol{M}_I & \boldsymbol{M}_{IB} \\ \boldsymbol{M}_{BI} & \boldsymbol{M}_B \end{bmatrix}\begin{Bmatrix} \ddot{\boldsymbol{u}}_I \\ \ddot{\boldsymbol{u}}_B \end{Bmatrix}+\begin{bmatrix} \boldsymbol{K}_I & \boldsymbol{K}_{IB} \\ \boldsymbol{K}_{BI} & \boldsymbol{K}_B \end{bmatrix}\begin{Bmatrix} \boldsymbol{u}_I \\ \boldsymbol{u}_B \end{Bmatrix}-\begin{bmatrix} \boldsymbol{Q}_I & \boldsymbol{Q}_{IB} \\ \boldsymbol{Q}_{BI} & \boldsymbol{Q}_B \end{bmatrix}\begin{Bmatrix} \boldsymbol{p}_I \\ \boldsymbol{p}_B \end{Bmatrix}=\begin{Bmatrix} \boldsymbol{f}_{uI} \\ \boldsymbol{f}_{uB} \end{Bmatrix} \tag{6.2.34}$$

$$\begin{bmatrix} \boldsymbol{S}_I & \boldsymbol{S}_{IB} \\ \boldsymbol{S}_{BI} & \boldsymbol{S}_B \end{bmatrix}\begin{Bmatrix} \dot{\boldsymbol{p}}_I \\ \dot{\boldsymbol{p}}_B \end{Bmatrix}+\begin{bmatrix} \boldsymbol{J}_I & \boldsymbol{J}_{IB} \\ \boldsymbol{J}_{BI} & \boldsymbol{J}_B \end{bmatrix}\begin{Bmatrix} \boldsymbol{p}_I \\ \boldsymbol{p}_B \end{Bmatrix}+\begin{bmatrix} \boldsymbol{Q}_I^{\mathrm{T}} & \boldsymbol{Q}_{BI}^{\mathrm{T}} \\ \boldsymbol{Q}_{IB}^{\mathrm{T}} & \boldsymbol{Q}_B^{\mathrm{T}} \end{bmatrix}\begin{Bmatrix} \dot{\boldsymbol{u}}_I \\ \dot{\boldsymbol{u}}_B \end{Bmatrix}=\begin{Bmatrix} -\boldsymbol{f}_{pI} \\ -\boldsymbol{f}_{pB} \end{Bmatrix} \tag{6.2.35}$$

式中，下标 B 和 I 分别表示边界与内域节点；$\boldsymbol{f}_{uI}$ 和 $\boldsymbol{f}_{pI}$ 分别表示内域中的外荷载与流相源；$\boldsymbol{f}_{uB}$ 和 $\boldsymbol{f}_{pB}$ 分别代表了外域对内域的作用，即人工边界条件式(6.2.26)和式(6.2.27)。

将人工边界条件式(6.2.26)和式(6.2.27)代入式(6.2.34)和式(6.2.35)，整理得到

$$\begin{aligned}&\begin{bmatrix} \boldsymbol{M}_I & \boldsymbol{M}_{IB} \\ \boldsymbol{M}_{BI} & \boldsymbol{M}_B \end{bmatrix}\begin{Bmatrix} \ddot{\boldsymbol{u}}_I \\ \ddot{\boldsymbol{u}}_B \end{Bmatrix}+\begin{bmatrix} \boldsymbol{0} & \boldsymbol{0} \\ \boldsymbol{0} & \boldsymbol{C}_B^{\infty} \end{bmatrix}\begin{Bmatrix} \dot{\boldsymbol{u}}_I \\ \dot{\boldsymbol{u}}_B \end{Bmatrix}+\begin{bmatrix} \boldsymbol{K}_I & \boldsymbol{K}_{IB} \\ \boldsymbol{K}_{BI} & \boldsymbol{K}_B+\boldsymbol{K}_B^{\infty} \end{bmatrix}\begin{Bmatrix} \boldsymbol{u}_I \\ \boldsymbol{u}_B \end{Bmatrix}\\&-\begin{bmatrix} \boldsymbol{Q}_I & \boldsymbol{Q}_{IB} \\ \boldsymbol{Q}_{BI} & \boldsymbol{Q}_B-\boldsymbol{Q}_B^{\infty} \end{bmatrix}\begin{Bmatrix} \boldsymbol{p}_I \\ \boldsymbol{p}_B \end{Bmatrix}=\begin{Bmatrix} \boldsymbol{f}_{uI} \\ \boldsymbol{0} \end{Bmatrix}\end{aligned} \tag{6.2.36}$$

$$\begin{bmatrix} \boldsymbol{S}_I & \boldsymbol{S}_{IB} \\ \boldsymbol{S}_{BI} & \boldsymbol{S}_B+\boldsymbol{S}_B^{\infty} \end{bmatrix}\begin{Bmatrix} \dot{\boldsymbol{p}}_I \\ \dot{\boldsymbol{p}}_B \end{Bmatrix}+\begin{bmatrix} \boldsymbol{J}_I & \boldsymbol{J}_{IB} \\ \boldsymbol{J}_{BI} & \boldsymbol{J}_B+\boldsymbol{J}_B^{\infty} \end{bmatrix}\begin{Bmatrix} \boldsymbol{p}_I \\ \boldsymbol{p}_B \end{Bmatrix}+\begin{bmatrix} \boldsymbol{Q}_I^{\mathrm{T}} & \boldsymbol{Q}_{BI}^{\mathrm{T}} \\ \boldsymbol{Q}_{IB}^{\mathrm{T}} & \boldsymbol{Q}_B^{\mathrm{T}} \end{bmatrix}\begin{Bmatrix} \dot{\boldsymbol{u}}_I \\ \dot{\boldsymbol{u}}_B \end{Bmatrix}=\begin{Bmatrix} -\boldsymbol{f}_{pI} \\ \boldsymbol{0} \end{Bmatrix} \tag{6.2.37}$$

式中，$\boldsymbol{K}_B^\infty$、$\boldsymbol{C}_B^\infty$、$\boldsymbol{Q}_B^\infty$、$\boldsymbol{J}_B^\infty$和$\boldsymbol{S}_B^\infty$分别通过式(6.2.28)～式(6.2.32)计算。式(6.2.36)和式(6.2.37)可以采用标准的两相介质动力方程的时域积分方法求解。

5. 数值算例

第一个例子为一维饱和土柱问题，如图 6.2.3 所示。材料参数见表 6.2.2，选取编号 1 组参数。图 6.2.4 给出了一维饱和土柱深度 5m 和 45m 处的位移和孔压时程结果。由图可见，前述的黏弹性边界的计算结果与远置边界解和解析解[62]基本吻合，说明该黏弹性边界在一维情况具有较好的精度。

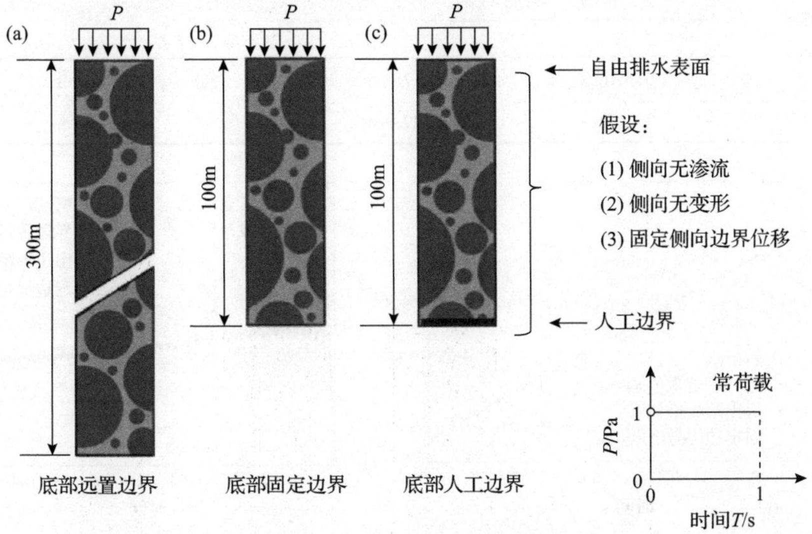

图 6.2.3　一维饱和土柱的计算模型

表 6.2.2　饱和土的线弹性材料参数

基本材料参数		
材料参数	取值	描述
E_s	3000Pa	弹性模量
ρ	0.306kg/m^3	整体密度
ρ_f	0.2977kg/m^3	孔隙流体密度
n	0.333	孔隙率
ν	0.2	泊松比
k	0.004883m/s	渗透系数
λ	833.3Pa	第一拉梅常数
G	1250Pa	剪切模量

续表

可选材料参数			
材料参数	材料编号		描述
	1	2	
K_f	0.3999×10^5Pa	0.6106×10^5Pa	孔隙流体的体积模量
K_s	∞	0.5005×10^4Pa	土骨架的体积模量
Q_b	0.1201×10^6Pa	0.1385×10^5Pa	流体的可压缩系数
饱和土的波速			
实际波速	材料编号		描述
	1	2	
c_P	635.1m/s	176.2m/s	P 波波速
c_S	73.25m/s	89.69m/s	S 波波速

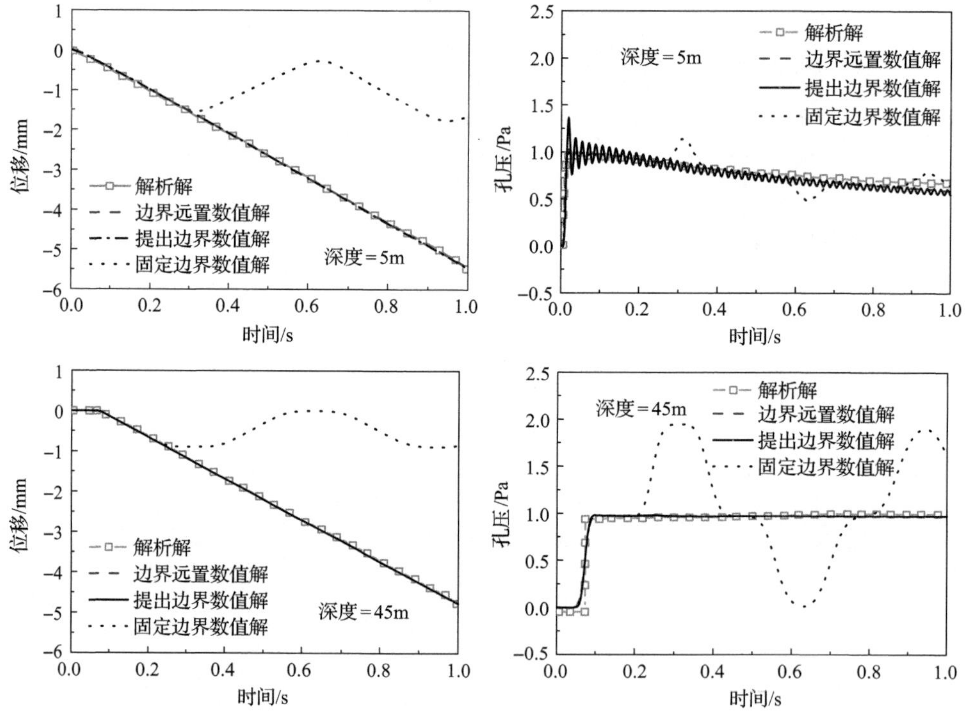

图 6.2.4　一维饱和土柱深度 5m 和 45m 处的位移和孔压时程结果

第二个例子为二维饱和土体半空间问题，如图 6.2.5 所示。半空间表面受到脉冲荷载的作用，材料参数取表 6.2.2 中编号 2 组参数。图 6.2.6 给出 A、B 和 C 三个观测点处位移和孔压时程结果，与固定边界、远置边界、文献[60]边界，以及文献[63]与[64]边界的结果比较表明，前述的黏弹性人工边界方法的计算结果与远置边界方法结果最为接近，说明该黏弹性人工边界的计算精度高于其他两种人工边界条件以及固定边界条件。

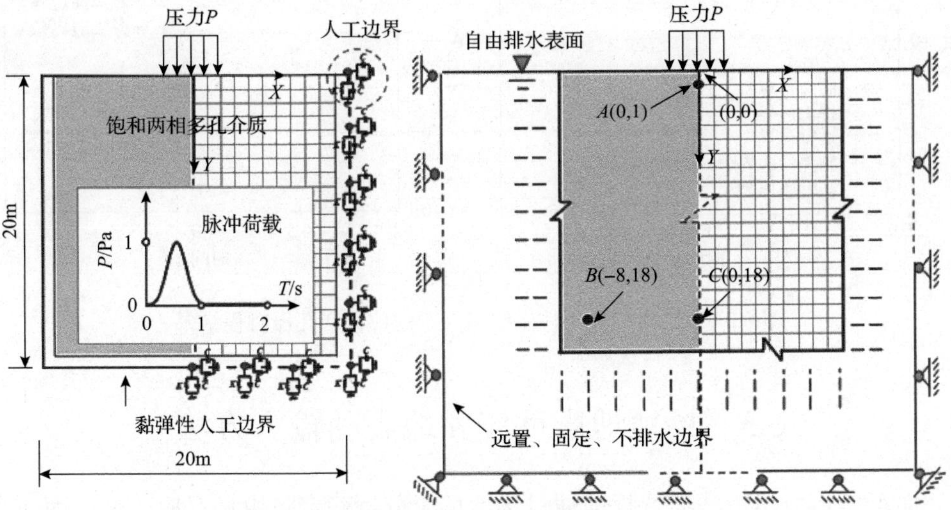

图 6.2.5　二维饱和土体半空间问题的计算模型

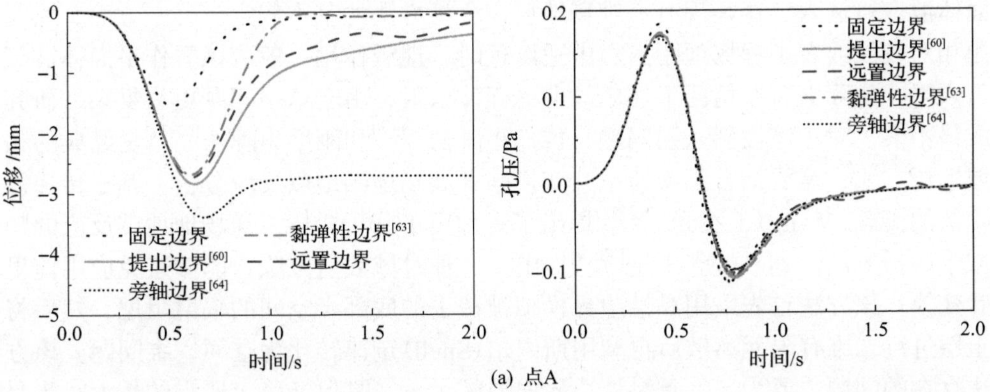

(a) 点A

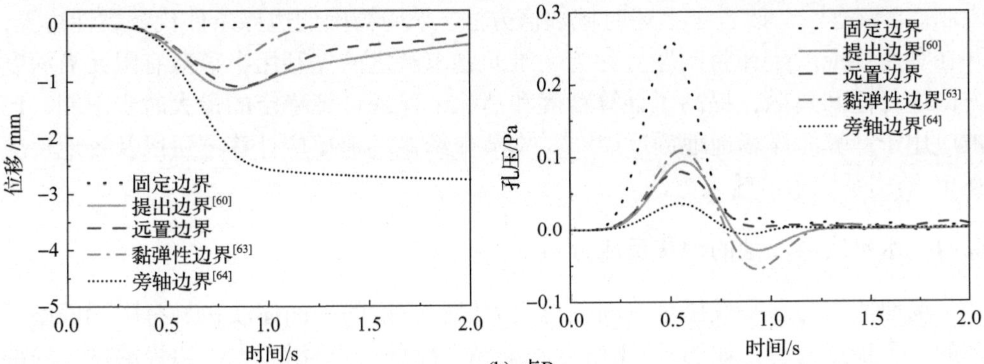

(b) 点B

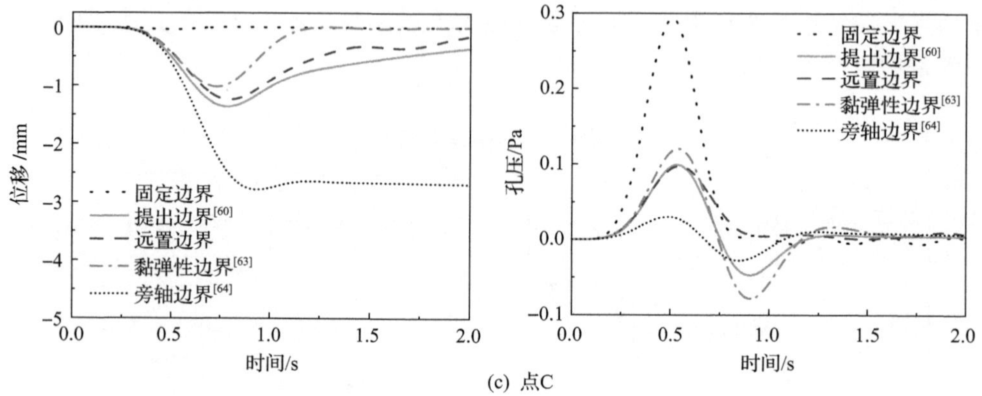

(c) 点C

图 6.2.6　二维饱和土体半空间问题的位移和孔压时程结果

6.3　场地地震反应和地震动输入方法

时域整体分析方法需要提前通过场地反应分析确定自由场反应。一方面，当震源较深并且工程场地距离震中较近时，地震作用可以看作沿竖直方向传播的平面体波进行输入，这是现有一维场地反应分析方法的基本假定。另一方面，当震源相对较浅或者工程场地距离震中适度远时，地震作用一般应该看作平面体波倾斜入射。实际上有些情况下还应该考虑面波入射，由于这一问题更为复杂，研究成果不多。对于体波斜入射问题，传递矩阵法[65,66]和刚度矩阵法[67-71]是经典的频域解析方法，需要结合正逆傅里叶变换来开展场地的地震反应分析。基于传递矩阵法的概念，Wang（王丕光）等[72]提出了一种用于分析成层海洋场地地震反应的频域半解析方法。刘晶波和王艳[73,74]提出了一种时域数值方法，能够避免应用傅里叶变换。该方法首先采用黏性边界模拟被截去的底部半空间的辐射阻尼；然后将土层进行二维有限元离散后再利用斯内尔（Snell）定律转化为空间一维问题。该方法存在的问题主要为，一是黏性边界误差较大，二是保证稳定所需的最大时步受限制。赵密等[75-77]改进了上述时域数值方法，采用精确的边界条件代替黏性边界，并在利用 Snell 定律将问题转化为一维问题求解之前先利用半离散有限元沿深度方向进行空间离散，提高了计算精度和消除了保证计算稳定的最大时步限制，已被应用于计算海洋场地地震反应[78]。本节介绍该场地反应计算方法以及场地反应在土-结构系统中的输入方法。

6.3.1　水平成层场地的地震反应分析

场地假定为水平成层半空间，地震为倾斜入射的平面体波，从有限元模型下部的一个顶点入射，如图 6.3.1 所示。全局坐标（x, y, z）沿着人工边界的棱。局部坐标(x', y, z')定义入射波，$x'oy$ 平面平行于入射波传播方向。θ 角为波传播方向与 y 轴的夹角。φ 角为 x 轴与 x'轴的夹角。入射 P 波的振动方向与波传播方向一致，入射 SV 波的振动方向垂直于波传播方向且平行于 $x'oy$ 平面，入射 SH 波的振动方向垂直于 $x'oy$ 平面。P 波或者 SV 波斜入射时形成 $x'oy$ 平面的平面内二维波动问题，SH 波斜入射时形成 $x'oy$ 平面的平面外二维波动问题。下面分别介绍上述两种情况下的场地反应数值算法。

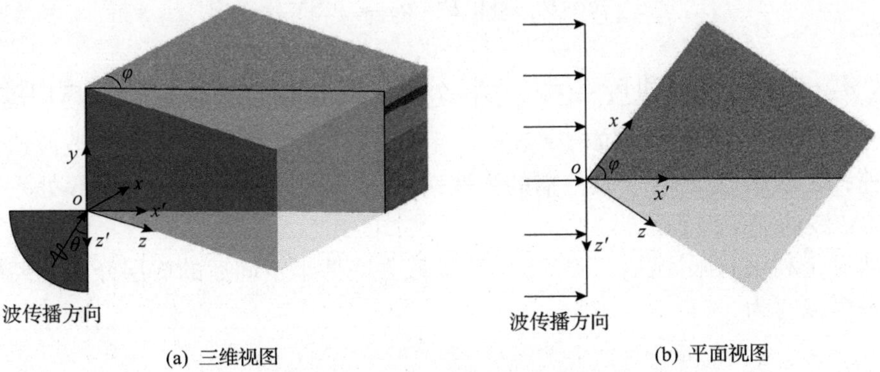

图 6.3.1　倾斜入射地震动示意图

1. P 波或者 SV 波斜入射的平面内波动问题

首先，截去成层半空间场地的底部半空间，建立了一种精确的边界条件，用于模拟被截去的底部半空间作用效应。该条件是边界处应力和运动的关系，可以写作

$$\boldsymbol{\sigma}_I = \boldsymbol{S}\dot{\boldsymbol{u}}_I + (\boldsymbol{R}-\boldsymbol{S})\dot{\hat{\boldsymbol{u}}}_I \tag{6.3.1}$$

$$\boldsymbol{S} = -\frac{1}{c_{x'}}\begin{bmatrix} -2Gm_\mathrm{P}n_\mathrm{P} & G\left(m_\mathrm{S}^2 - n_\mathrm{S}^2\right) \\ \lambda + 2Gn_\mathrm{P}^2 & -2Gm_\mathrm{S}n_\mathrm{S} \end{bmatrix}\begin{bmatrix} m_\mathrm{P}^2 & m_\mathrm{S}n_\mathrm{S} \\ -m_\mathrm{P}n_\mathrm{P} & m_\mathrm{S}^2 \end{bmatrix}^{-1} \tag{6.3.2}$$

$$\boldsymbol{R} = \begin{cases} -\dfrac{1}{c_\mathrm{P}}\begin{Bmatrix} 2Gm_\mathrm{P}n_\mathrm{P} \\ \lambda + 2Gn_\mathrm{P}^2 \end{Bmatrix}\{m_\mathrm{P} \quad n_\mathrm{P}\}, & \text{P波入射} \\ -\dfrac{1}{c_\mathrm{S}}\begin{Bmatrix} G\left(m_\mathrm{S}^2 - n_\mathrm{S}^2\right) \\ 2Gm_\mathrm{S}n_\mathrm{S} \end{Bmatrix}\{-n_\mathrm{S} \quad m_\mathrm{S}\}, & \text{SV波入射} \end{cases} \tag{6.3.3}$$

$$m_\mathrm{P} = \frac{c_\mathrm{P}}{c_{x'}}，\ n_\mathrm{P} = \sqrt{1-\left(\frac{c_\mathrm{P}}{c_{x'}}\right)^2}，\ m_\mathrm{S} = \frac{c_\mathrm{S}}{c_{x'}}，\ n_\mathrm{S} = \sqrt{1-\left(\frac{c_\mathrm{S}}{c_{x'}}\right)^2} \tag{6.3.4}$$

$$c_{x'}=\begin{cases}\dfrac{c_{\mathrm{P}}}{\sin\theta}, & \text{P波入射}\\ \dfrac{c_{\mathrm{S}}}{\sin\theta}, & \text{SV波入射}\end{cases} \tag{6.3.5}$$

$$\dot{\boldsymbol{u}}_I=\begin{cases}\{\sin\theta \quad \cos\theta\}^{\mathrm{T}}\dot{u}_{\mathrm{P}0}, & \text{P波入射}\\ \{\cos\theta \quad -\sin\theta\}^{\mathrm{T}}\dot{u}_{\mathrm{SV}0}, & \text{SV波入射}\end{cases} \tag{6.3.6}$$

其中，$\boldsymbol{\sigma}_I=\{\tau_{x'y} \quad \sigma_y\}^{\mathrm{T}}$ 和 $\dot{\boldsymbol{u}}_I=\{\dot{u}_{x'} \quad \dot{u}_y\}^{\mathrm{T}}$ 分别是截断边界处的应力和速度向量；λ 和 G 是底部半空间介质的拉梅常数；c_{P} 和 c_{S} 分别是底部半空间的 P 波波速和 S 波波速；$c_{x'}$ 是平面波沿 x'轴传播的视波速；$\dot{u}_{\mathrm{P}0}$ 和 $\dot{u}_{\mathrm{SV}0}$ 分别是截断边界处入射 P 波和 SV 波的速度时程。

然后，利用有限元法沿深度方向离散截去底部半空间后的成层介质，离散后的方程可以写为

$$\boldsymbol{B}_1\frac{\partial^2\boldsymbol{u}}{\partial x'^2}+\boldsymbol{B}_2\frac{\partial\boldsymbol{u}}{\partial x'}-\boldsymbol{B}_3\boldsymbol{u}+\boldsymbol{\sigma}=\boldsymbol{B}_4\ddot{\boldsymbol{u}} \tag{6.3.7}$$

式中，位移和应力向量分别为

$$\boldsymbol{u}=\begin{Bmatrix}\boldsymbol{u}_I\\ \boldsymbol{u}_L\end{Bmatrix}, \quad \boldsymbol{\sigma}=\begin{Bmatrix}-\boldsymbol{\sigma}_{\mathrm{I}}\\ \boldsymbol{0}\end{Bmatrix} \tag{6.3.8}$$

矩阵 $\boldsymbol{B}_1$、$\boldsymbol{B}_2$、$\boldsymbol{B}_3$ 和 $\boldsymbol{B}_4$ 分别由如下单元矩阵装配而成。

$$\boldsymbol{B}_1^{\mathrm{e}}=\frac{\Delta y}{6}\begin{bmatrix}2(\lambda_j+2G_j) & 0 & \lambda_j+2G_j & 0\\ 0 & 2G_j & 0 & G_j\\ \lambda_j+2G_j & 0 & 2(\lambda_j+2G_j) & 0\\ 0 & G_j & 0 & 2G_j\end{bmatrix} \tag{6.3.9}$$

$$\boldsymbol{B}_2^{\mathrm{e}}=\frac{1}{2}\begin{bmatrix}0 & G_j-\lambda_j & 0 & \lambda_j+G_j\\ \lambda_j-G_j & 0 & \lambda_j+G_j & 0\\ 0 & -(\lambda_j+G_j) & 0 & \lambda_j-G_j\\ -(\lambda_j+G_j) & 0 & G_j-\lambda_j & 0\end{bmatrix} \tag{6.3.10}$$

$$\boldsymbol{B}_3^{\mathrm{e}}=\frac{1}{\Delta y}\begin{bmatrix} G_j & 0 & -G_j & 0 \\ 0 & \lambda_j+2G_j & 0 & -\left(\lambda_j+2G_j\right) \\ -G_j & 0 & G_j & 0 \\ 0 & -\left(\lambda_j+2G_j\right) & 0 & \lambda_j+2G_j \end{bmatrix} \tag{6.3.11}$$

$$\boldsymbol{B}_4^{\mathrm{e}}=\frac{\rho_j\Delta y}{6}\begin{bmatrix} 2 & 0 & 1 & 0 \\ 0 & 2 & 0 & 1 \\ 1 & 0 & 2 & 0 \\ 0 & 1 & 0 & 2 \end{bmatrix} \tag{6.3.12}$$

其中，下标 I 和 L 分别表示截断边界自由度和其余自由度；Δy 是单元长度；ρ_j、λ_j 和 G_j 分别是第 j 个单元的密度和拉梅常数。

接下来，利用 Snell 定律将二维问题变换到一维空间，其微分形式可表示为

$$\frac{\partial}{\partial x'}=-\frac{1}{c_{x'}}\frac{\partial}{\partial t} \tag{6.3.13}$$

将式(6.3.1)代入式(6.3.7)，然后利用式(6.3.13)将导出方程中的空间导数转化为时间导数，整理后得到沿深度的一维动力学方程为

$$\boldsymbol{M}\ddot{\boldsymbol{u}}+\left(\boldsymbol{C}+\boldsymbol{C}_B\right)\dot{\boldsymbol{u}}+\boldsymbol{K}\boldsymbol{u}=\boldsymbol{f} \tag{6.3.14}$$

其中，质量矩阵、阻尼矩阵、刚度矩阵、底部半空间阻尼矩阵，以及荷载向量分别为

$$\boldsymbol{M}=\boldsymbol{B}_4-\frac{\boldsymbol{B}_1}{c_{x'}^2},\ \boldsymbol{C}=\frac{\boldsymbol{B}_2}{c_{x'}},\ \boldsymbol{K}=\boldsymbol{B}_3,\ \boldsymbol{C}_B=\begin{bmatrix} \boldsymbol{S} & \boldsymbol{0} \\ \boldsymbol{0} & \boldsymbol{0} \end{bmatrix},\ \boldsymbol{f}=\begin{Bmatrix} (\boldsymbol{S}-\boldsymbol{R})\dot{\hat{\boldsymbol{u}}}_I \\ \boldsymbol{0} \end{Bmatrix} \tag{6.3.15}$$

自由场应力 $\tau_{x'y}$ 和 σ_y 可以通过求解式(6.3.14)得到的每个单元的位移反应求得。自由场应力 $\sigma_{x'}$ 和 $\sigma_{z'}$ 可以通过应力-位移关系并利用 σ_y 与位移关系消去 $\partial u_y/\partial y$ 以及利用 Snell 定律消去 $\partial u_{x'}/\partial x'$ 后得到。

2. SH 波斜入射的平面外波动问题

模拟被截去底部半空间的边界条件为

$$\tau_{yz',I}=\rho c_{\mathrm{S}}\cos\theta\left(\dot{u}_{z',I}-2\dot{u}_{\mathrm{SH0}}\right) \tag{6.3.16}$$

其中，$\tau_{yz',I}$ 和 $\dot{u}_{z',I}$ 分别是截断边界处的应力和速度；ρ 和 c_{S} 分别是底部半空间介

质的密度和 S 波波速；$\dot{u}_{\mathrm{SH0}}$ 是截断边界处入射波速度时程。

成层介质沿深度方向离散后的方程为

$$\boldsymbol{B}_1 \frac{\partial^2 \boldsymbol{u}}{\partial x'^2} - \boldsymbol{B}_2 \boldsymbol{u} + \boldsymbol{\sigma} = \boldsymbol{B}_3 \ddot{\boldsymbol{u}} \tag{6.3.17}$$

式中，位移和应力向量分别为

$$\boldsymbol{u} = \begin{Bmatrix} u_{z',I} \\ \boldsymbol{u}_L \end{Bmatrix}, \quad \boldsymbol{\sigma} = \begin{Bmatrix} -\tau_{yz',I} \\ \boldsymbol{0} \end{Bmatrix} \tag{6.3.18}$$

矩阵 $\boldsymbol{B}_1$、$\boldsymbol{B}_2$ 和 $\boldsymbol{B}_3$ 分别由如下单元矩阵装配而成。

$$\boldsymbol{B}_1^{\mathrm{e}} = \frac{\Delta y G_j}{6}\begin{bmatrix} 2 & 1 \\ 1 & 2 \end{bmatrix}, \quad \boldsymbol{B}_2^{\mathrm{e}} = \frac{G_j}{\Delta y}\begin{bmatrix} 1 & -1 \\ -1 & 1 \end{bmatrix}, \quad \boldsymbol{B}_3^{\mathrm{e}} = \frac{\Delta y \rho_j}{6}\begin{bmatrix} 2 & 1 \\ 1 & 2 \end{bmatrix} \tag{6.3.19}$$

其中，下标 I 和 L 分别表示边界自由度和其余自由度；Δy 是单元长度；ρ_j 和 G_j 分别是第 j 个单元的密度和剪切模量。

沿深度的一维动力学方程为

$$\boldsymbol{M}\ddot{\boldsymbol{u}}+\boldsymbol{C}_B\dot{\boldsymbol{u}}+\boldsymbol{K}\boldsymbol{u}=\boldsymbol{f} \tag{6.3.20}$$

其中，质量矩阵、刚度矩阵、底部半空间阻尼矩阵，以及荷载向量分别为

$$\boldsymbol{M} = \boldsymbol{B}_3 - \frac{\boldsymbol{B}_1}{c_{x'}^2}, \quad \boldsymbol{K} = \boldsymbol{B}_2, \quad \boldsymbol{C}_B = \begin{bmatrix} \rho c_{\mathrm{S}} \cos\theta & \boldsymbol{0} \\ \boldsymbol{0} & \boldsymbol{0} \end{bmatrix}, \quad \boldsymbol{f} = \begin{Bmatrix} 2\rho c_{\mathrm{S}} \cos\theta \dot{u}_{\mathrm{SH0}} \\ \boldsymbol{0} \end{Bmatrix} \tag{6.3.21}$$

应力计算方法与平面内问题相似。

6.3.2　土-结构系统地震反应整体分析模型中的地震作用确定

Snell 定律说明波动以常值速度 $c_{x'}$ 沿 x' 轴传播，因而三维场地反应可以由前面获得的沿 y 轴的一维场地反应得到。土-结构系统地震反应整体分析模型中的人工边界上第 i 节点的位移向量在局部坐标 (x', y, z') 下可以写为

$$\boldsymbol{u}_{Bi}^{\mathbf{F}(2)}\left(x'_i, y_i, z'_i, t\right) = \begin{cases} \boldsymbol{0} & 0 \leqslant t \leqslant t_i \\ \boldsymbol{u}_j\left(0, y_i, 0, t - t_i\right) & t > t_i \end{cases}, \quad t_i = \frac{\left|x_i \cos\varphi + z_i \sin\varphi\right|}{c_{x'}} \tag{6.3.22}$$

其中，$\boldsymbol{u}_{Bi}^{\mathbf{F}(2)}$ 是节点 i 的位移向量；$\boldsymbol{u}_j$ 是与节点 i 在同一水平高度并位于 y 轴上的

节点 j 的位移向量，它已经由前面的场地反应计算获得；两个点的局部坐标分别为$\left(x'_i, y_i, z'_i\right)$和$\left(0, y_i, 0\right)$；$t$ 表示时间；t_i 是波动从节点 j 传播至节点 i 所需的时间；上标(2)表示局部坐标$\left(x', y_i, z'\right)$。采用上述方式，速度、加速度和应力等量值也可以扩展到三维空间。如果时间 $t-t_i$ 不是时间离散步距的整数倍，该时刻的值可以由 $t-t_i$ 前后整数倍时间步距时刻的量值插值得到。

节点 i 的场地反应从局部坐标$\left(x', y_i, z'\right)$下变换到全局坐标(x, y, z)下为

$$\boldsymbol{u}_{Bi}^{\mathrm{F}} = \boldsymbol{Q}_2 \boldsymbol{u}_{Bi}^{\mathrm{F}(2)} \quad \boldsymbol{\sigma}_{Bi}^{\mathrm{F}} = \boldsymbol{Q}_2 \boldsymbol{\sigma}_{Bi}^{\mathrm{F}(2)} \boldsymbol{Q}_2^{\mathrm{T}} \tag{6.3.23}$$

其中，$\boldsymbol{u}_{Bi}^{\mathrm{F}}$ 和 $\boldsymbol{u}_{Bi}^{\mathrm{F}(2)}$ 分别是节点 i 在全局坐标下和局部坐标下的位移向量；$\boldsymbol{\sigma}_{Bi}^{\mathrm{F}}$ 和 $\boldsymbol{\sigma}_{Bi}^{\mathrm{F}(2)}$ 分别是节点 i 在全局坐标下和局部坐标下的应力矩阵；上标 T 表示矩阵转置；$\boldsymbol{Q}_2$ 是坐标转换矩阵，可以写为

$$\boldsymbol{Q}_2 = \begin{bmatrix} \cos\varphi & 0 & -\sin\varphi \\ 0 & 1 & 0 \\ \sin\varphi & 0 & \cos\varphi \end{bmatrix} \tag{6.3.24}$$

至此，得到了土-结构系统地震反应整体分析模型中人工边界处全局坐标下的自由场反应。节点 i 的等效地震作用荷载可以根据式(6.1.6)等号右边得到

$$\boldsymbol{f}_{Bi}^{\infty} = \boldsymbol{K}_{Bi}^{\infty} \boldsymbol{u}_{Bi}^{\mathrm{F}} + \boldsymbol{C}_{Bi}^{\infty} \dot{\boldsymbol{u}}_{Bi}^{\mathrm{F}} + \boldsymbol{f}_{Bi}^{\mathrm{F}} \tag{6.3.25}$$

式中，方程右端的节点力可以由应力通过沿边界面的有限元集中离散获得。

$$\boldsymbol{f}_{Bi}^{\mathrm{F}} = A_i \boldsymbol{\sigma}_{Bi}^{\mathrm{F}} \boldsymbol{d} \tag{6.3.26}$$

其中，$\boldsymbol{d}$ 是节点 i 处人工边界面的外法向向量；A_i 是三维人工边界面上属于节点 i 的面积，与式(6.2.2)中相同。

6.4　方法的验证

以日本大开地铁车站的地震反应分析为例，验证上述时域整体分析方法的有效性。结构的几何和材料常数如图 6.4.1 所示，结构埋深，即结构顶面至地表的距离为 4.87m。工程场地的土体参数见表 6.4.1。采用神户海洋气象站记录作为地震输入，如图 6.4.2 所示。土-结构系统的有限元模型如图 6.4.3 所示。不考虑土体与结构间的接触非线性。有限元网格满足动力分析的精度要求，模型共 216048 个单元、244332 个节点。

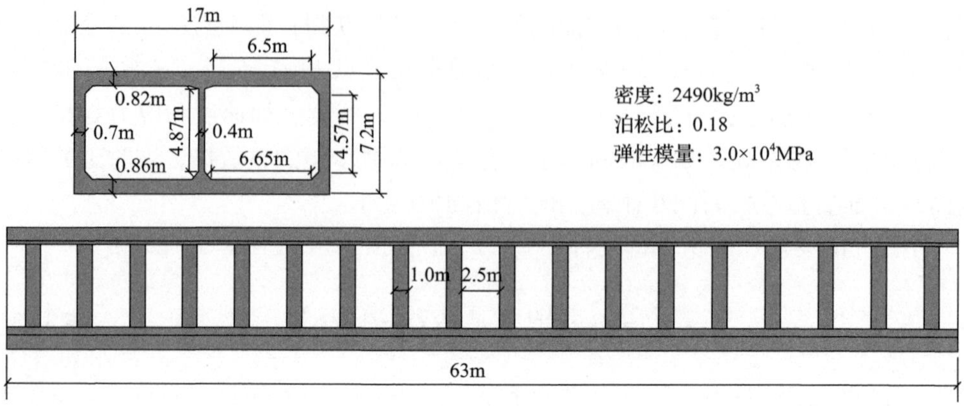

图 6.4.1　大开地铁车站

表 6.4.1　大开场地土体参数

土层的编号	深度/m	密度/(kg/m^3)	弹性模量/MPa	泊松比
1	0～1.0	1900	99.3	0.333
2	1.0～5.1	1900	110.0	0.488
3	5.1～8.3	1900	164.0	0.493
4	8.3～11.5	1900	204.0	0.494
5	11.5～17.3	1900	326.0	0.490
6	17.3～39.3	2000	648.0	0.487
7	39.3～∞	2100	1540.0	0.470

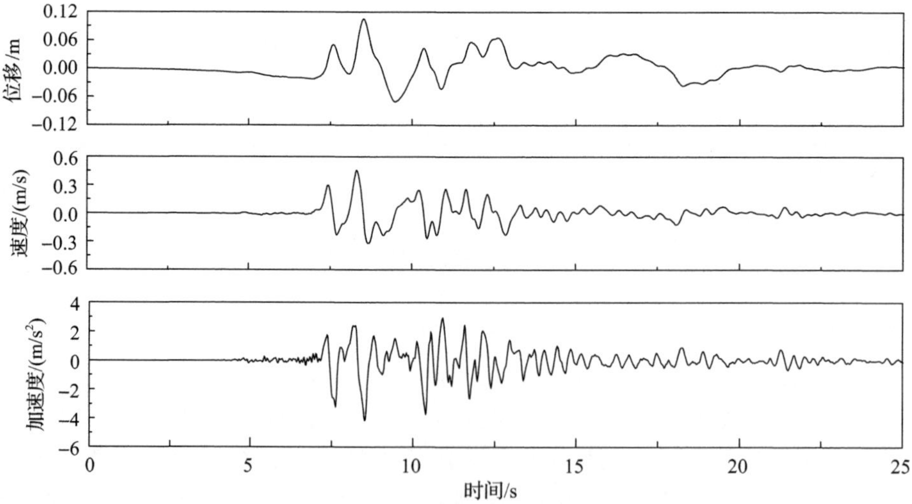

图 6.4.2　输入地震动记录

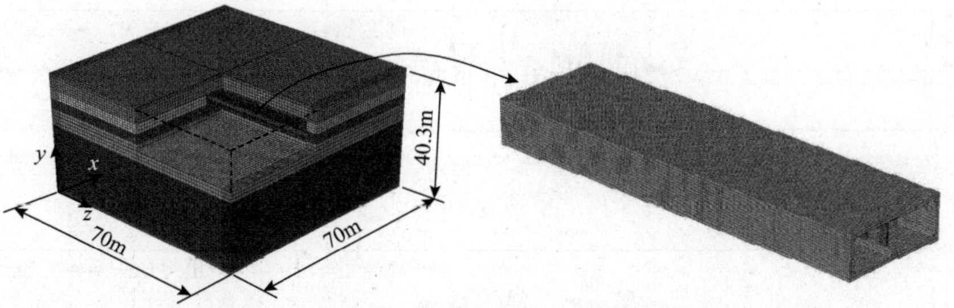

图 6.4.3　大开地铁车站的土-结构系统有限元模型

6.4.1　场地地震反应分析

地震动从坐标原点入射，依据前述的场地反应分析方法计算得到沿 y 轴的一维场地反应，P 波入射和 SV 波入射的计算结果分别如图 6.4.4 和图 6.4.5 所示。图中也给出了频域刚度矩阵法结合傅里叶变换的计算结果，该方法中存在傅里叶变换导致的开始 1s 内计算结果的虚假振荡现象。由图可见，前述介绍方法的计算结

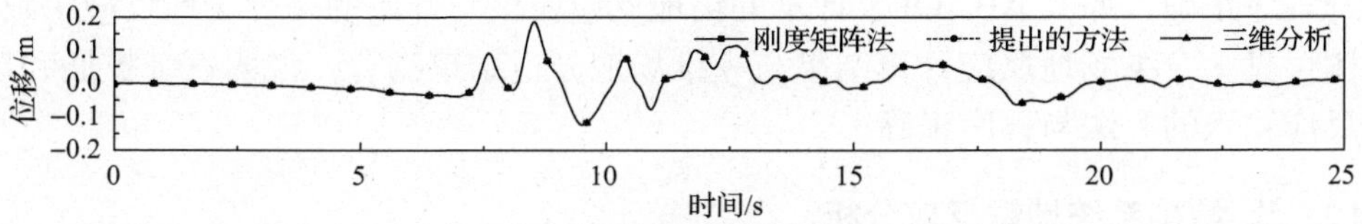

(a) 地表竖向位移时程

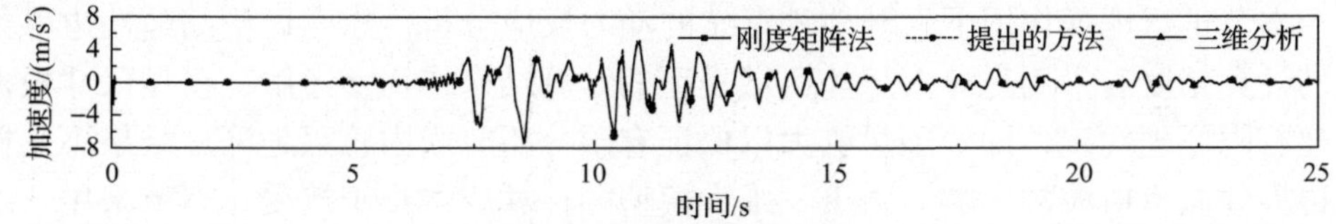

(b) 地表竖向加速度时程

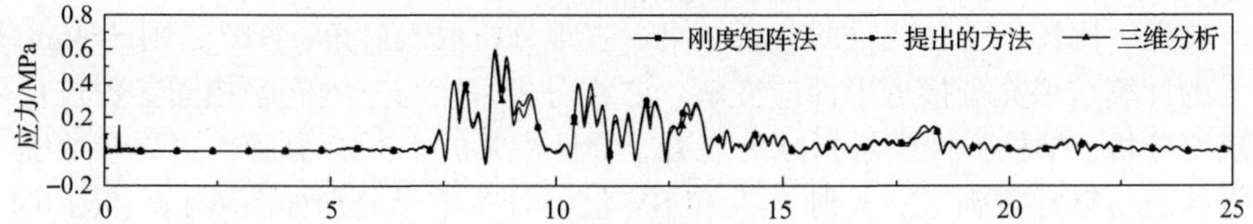

(c) 深40.3m 处最大主应力时程

图 6.4.4　斜入射 P 波（$\theta=30°$、$\varphi=60°$）下的场地反应结果

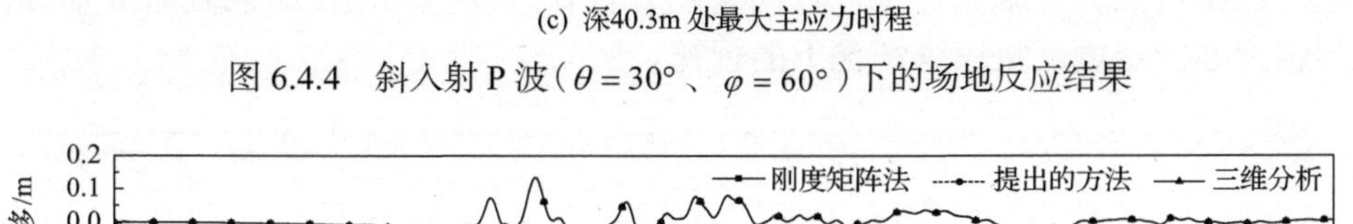

(a) 地表水平位移时程

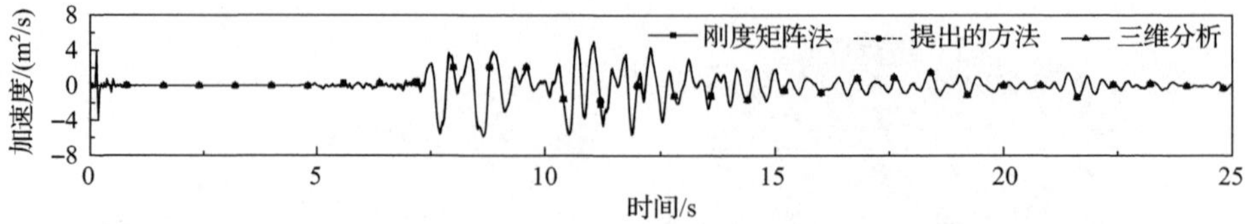

(b) 地表水平加速度时程

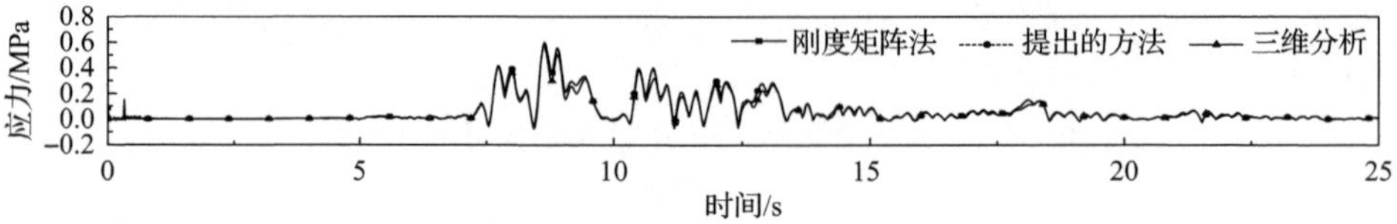

(c) 深40.3m处最大主应力时程

图 6.4.5　斜入射 SV 波（$\theta=10°$ 、$\varphi=60°$）下的场地反应结果

果与刚度矩阵法的计算结果吻合较好，并且不存在初始几个时刻虚假振荡问题。

将获得的一维场地反应扩展到三维,并进一步将其输入 ABAQUS 三维场地模型计算三维场地反应，计算结果也示于图 6.4.4 和图 6.4.5。如果扩展和输入的方法与程序正确，那么 ABAQUS 计算的场地反应应该与开始的一维场地反应一致。由图可见，三维场地反应计算结果与一维场地分析结果吻合，说明三维扩展和场地反应输入的方法与程序正确。

6.4.2　土-结构系统地震反应分析

本节进行地震作用下大开地铁车站的动力反应分析，重点讨论黏弹性边界条件的计算精度。采用充分大土体区域模型的计算结果作为参考解，模型尺寸根据波速有限原理确定，即模型足够大以保证有限分析时间内感兴趣区域结果不受模型边界虚假反射波的影响。由于三维大模型的计算成本难于接受，本节采用二维问题研究黏弹性边界的计算精度。

首先，比较三维和二维的分析结果。三维分析取入射角 $\varphi=0°$ ，则 z=35m 平面上的计算结果充分接近平面应变解。二维分析采用与三维问题相同参数进行平面应变分析，中柱弹性模量折减为混凝土弹性模量的 1/3.5。黏弹性边界参数统一根据基岩材料常数确定。入射 P 波和 SV 波的计算结果分别如图 6.4.6 和图 6.4.7 所示。由图可见，二维和三维计算结果吻合较好，说明利用二维问题研究黏弹性边界精度亦能定量反映三维情况下的规律。

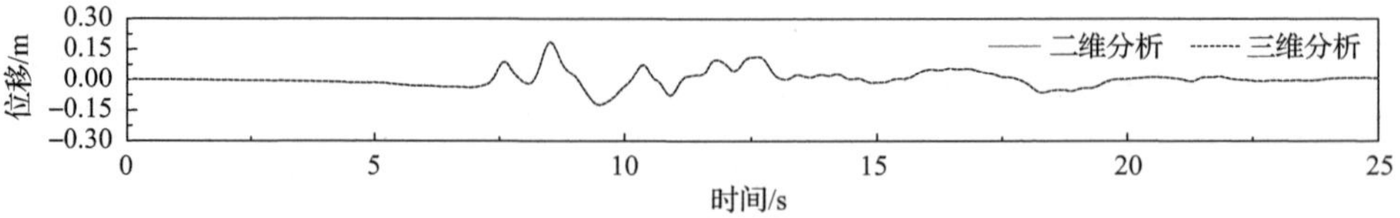

(a) 左侧人工边界深度5.1m处竖向位移时程

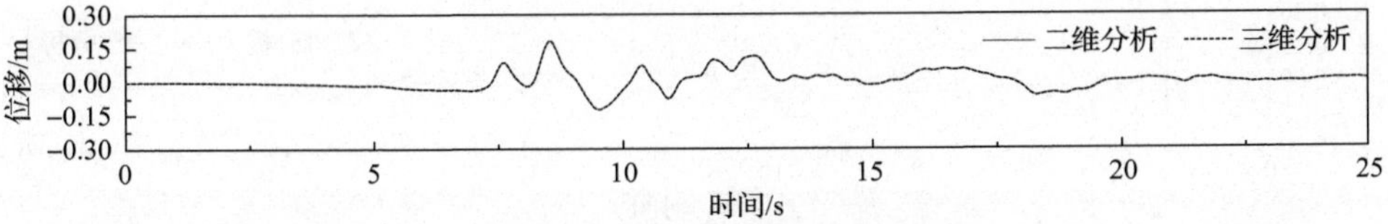

(b) 底部人工边界中点处竖向位移时程

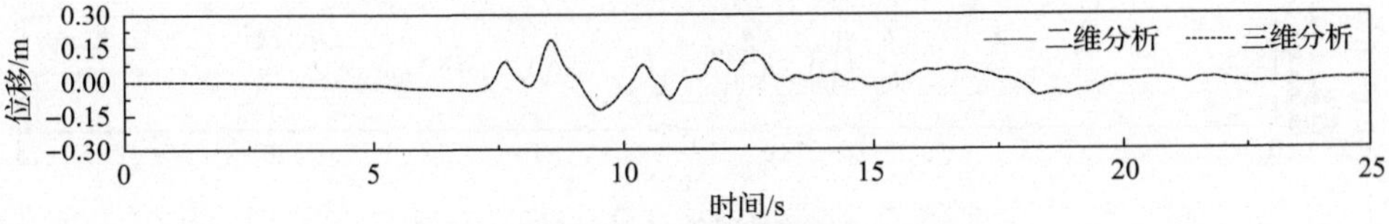

(c) 右侧人工边界深度5.1m处竖向位移时程

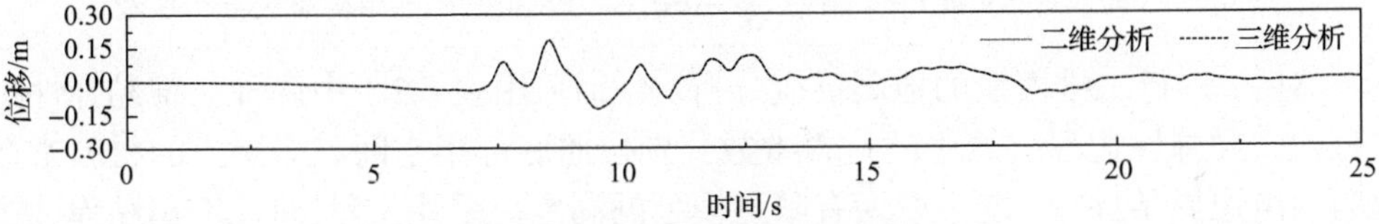

(d) 结构中柱中部竖向位移时程

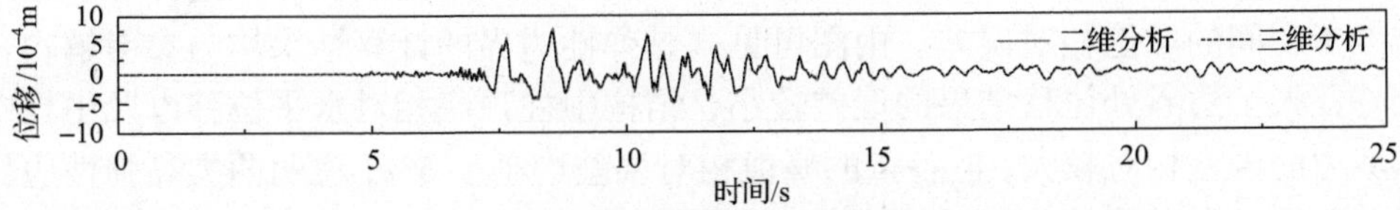

(e) 结构中柱顶底之间相对竖向位移时程

图 6.4.6　斜入射 P 波（$\theta=30°$、$\varphi=0°$）下二维和三维土-结构系统分析比较

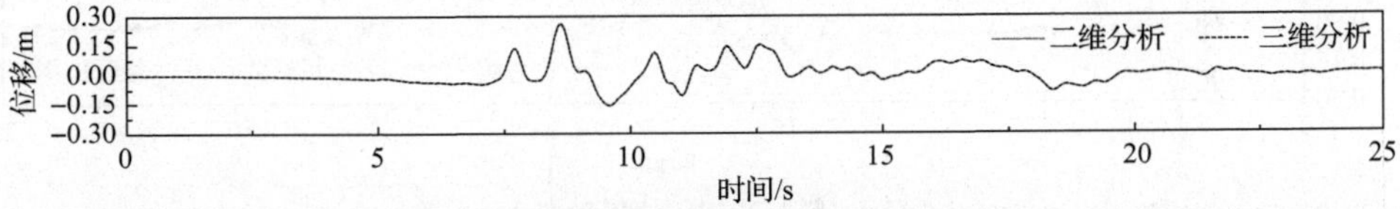

(a) 左侧人工边界深度5.1m处水平位移时程

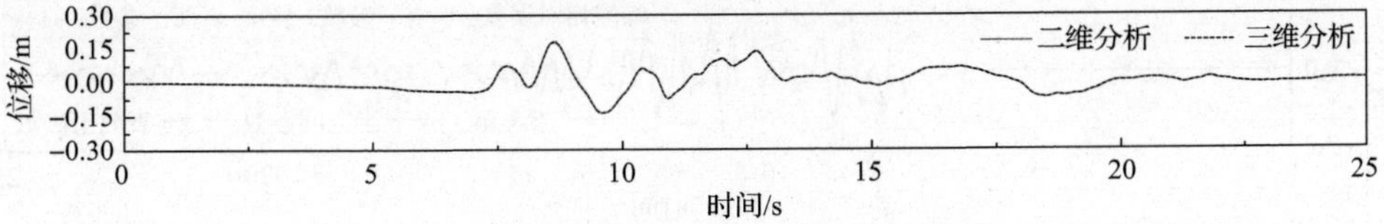

(b) 底部人工边界中点处水平位移时程

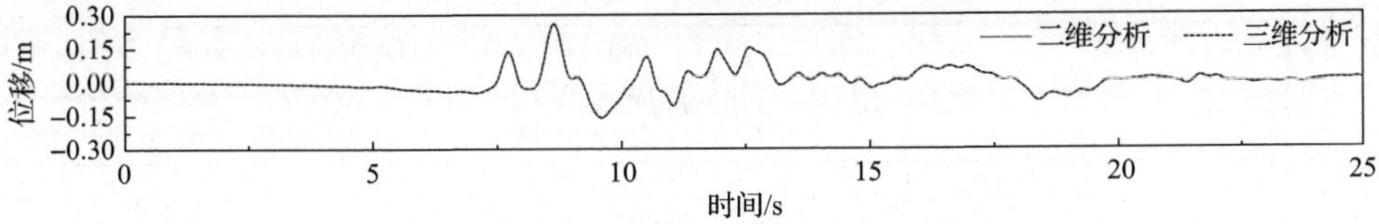

(c) 右侧人工边界深度5.1m处水平位移时程

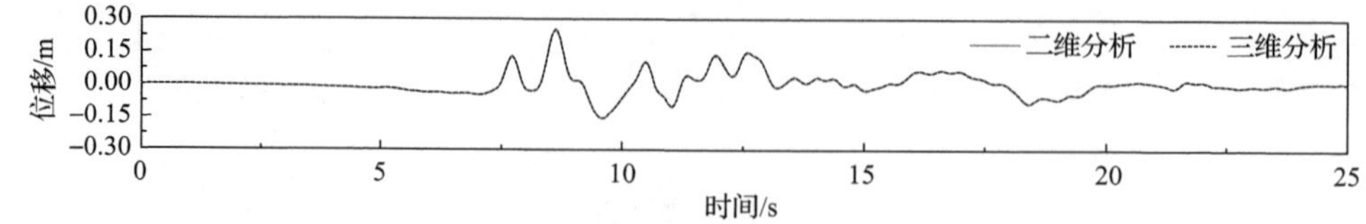

(d) 结构中柱中部水平位移时程

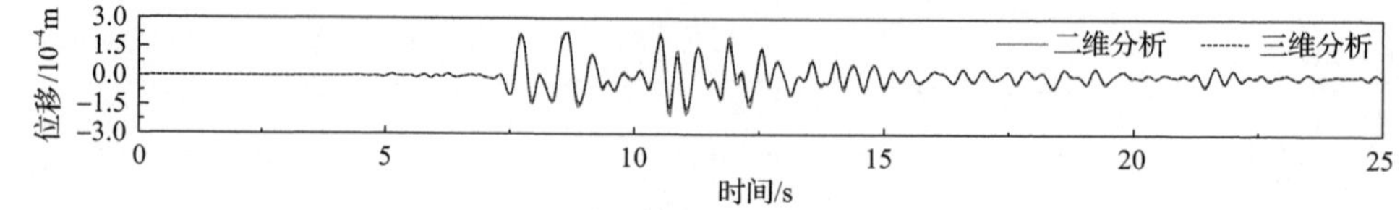

(e) 结构中柱顶底之间相对水平位移时程

图 6.4.7　斜入射 SV 波（$\theta=10°$、$\varphi=0°$）下二维和三维土-结构系统分析比较

然后，进行二维模型的地震反应分析。分别采用表 6.2.1 中两种二维黏弹性边界公式，黏弹性边界公式中的材料常数分别按照底部半空间和表层土的材料常数取为两组边界条件。r 统一取为有限元模型的高度。采用文献[54]和[56]黏弹性边界公式的计算结果分别如图 6.4.8 和图 6.4.9 所示，图中给出黏弹性边界计算结果与参考解间的峰值相对误差。由图可见，黏弹性边界的计算结果均与参考解吻合较好，人工边界处位移结果的误差较小，结构中柱顶底相对水平位移以及中柱中部剪力的误差相对较大，但各量的峰值相对误差均小于 5%，说明两类黏弹性边界以及不同常数取值具有相近的精度，均能够满足工程精度要求。

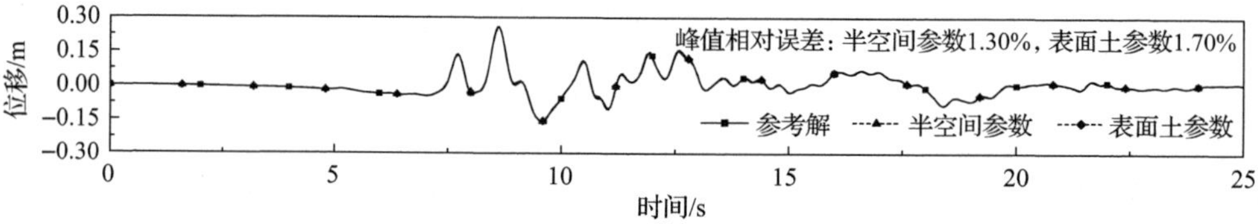

(a) 左侧人工边界深度5.1m处水平位移

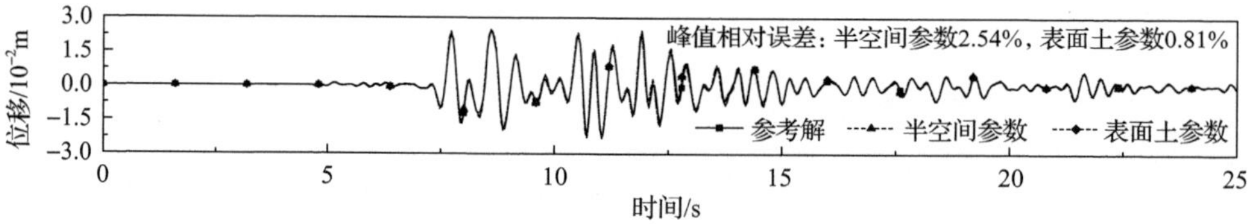

(b) 中柱顶底相对水平位移

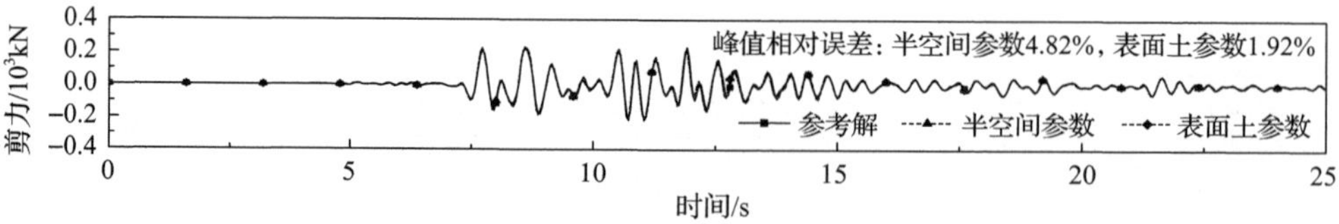

(c) 中柱中部剪力

图 6.4.8　采用文献[54]的黏弹性边界的计算结果

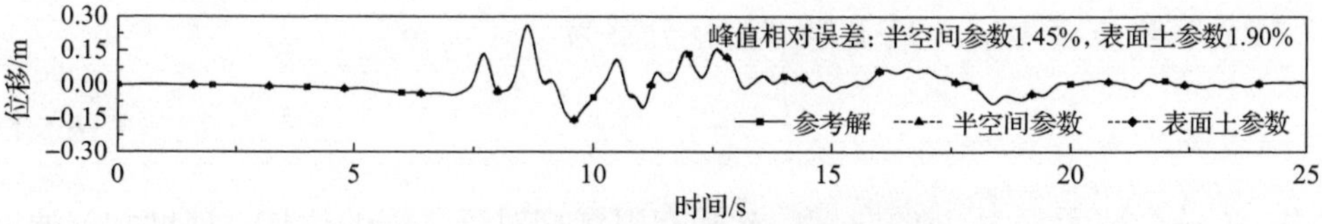

(a) 左侧人工边界深度5.1m处水平位移

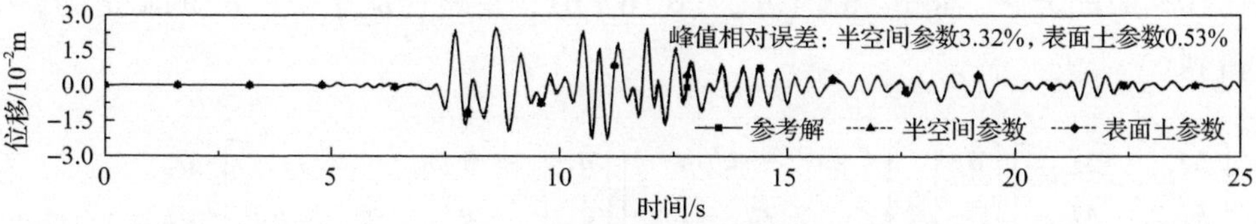

(b) 中柱顶底相对水平位移

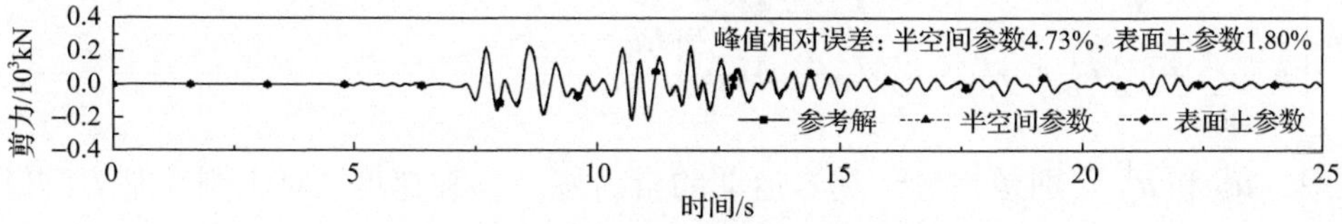

(c) 中柱中部剪力

图 6.4.9　采用文献[56]的黏弹性边界的计算结果

6.5　刚性基岩条件下几类地震输入方法的比较研究

土-地下结构体系的地震反应中也通常采用刚性基岩假定，整体分析模型如图 6.5.1 所示。本章 6.1 节的方法仍然适用于刚性基岩情况，此时底部基岩面不作为人工边界自由度的一部分，而是作为模型其余自由度的一部分，基岩面为施加强制运动的位移边界条件[79]。刚性基岩问题的地震输入也可以采用转化为施加惯性力的方式[80-82]，具体推导如下。

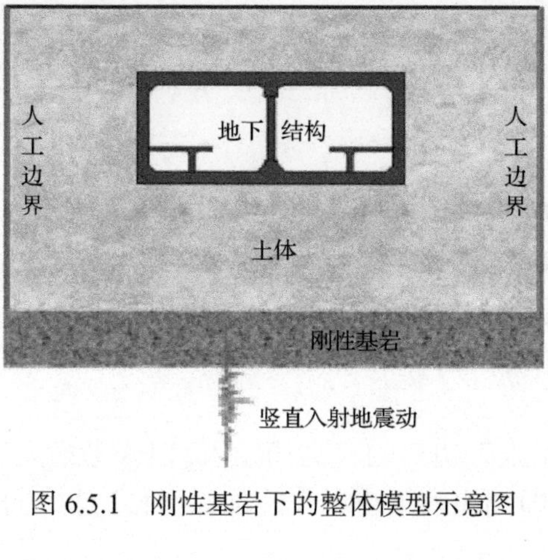

图 6.5.1　刚性基岩下的整体模型示意图

刚性基岩位移为u_g，将有限域位移分解为

$$\boldsymbol{u}=\overline{\boldsymbol{u}}+\boldsymbol{I}u_g \tag{6.5.1}$$

式中，$\boldsymbol{I}$ 是全部元素为 1 的向量；$\overline{\boldsymbol{u}}$ 是有限域相对于基岩的位移。速度和加速度可以作相应的分解。将式(6.5.1)代入式(6.1.6)，忽略相应于位移u_g的阻尼力，整理得到

$$\begin{aligned}&\begin{bmatrix}\boldsymbol{M}_{RR} & \boldsymbol{M}_{RB}\\ \boldsymbol{M}_{BR} & \boldsymbol{M}_{BB}\end{bmatrix}\begin{Bmatrix}\ddot{\overline{\boldsymbol{u}}}_R\\ \ddot{\overline{\boldsymbol{u}}}_B\end{Bmatrix}+\begin{bmatrix}\boldsymbol{C}_{RR} & \boldsymbol{C}_{RB}\\ \boldsymbol{C}_{BR} & \boldsymbol{C}_{BB}+\boldsymbol{C}_B^{\infty}\end{bmatrix}\begin{Bmatrix}\dot{\overline{\boldsymbol{u}}}_R\\ \dot{\overline{\boldsymbol{u}}}_B\end{Bmatrix}+\begin{bmatrix}\boldsymbol{K}_{RR} & \boldsymbol{K}_{RB}\\ \boldsymbol{K}_{BR} & \boldsymbol{K}_{BB}+\boldsymbol{K}_B^{\infty}\end{bmatrix}\begin{Bmatrix}\overline{\boldsymbol{u}}_R\\ \overline{\boldsymbol{u}}_B\end{Bmatrix}\\ &=\begin{Bmatrix}\boldsymbol{0}\\ \boldsymbol{K}_B^{\infty}\overline{\boldsymbol{u}}_B^{\mathrm{F}}+\boldsymbol{C}_B^{\infty}\dot{\overline{\boldsymbol{u}}}_B^{\mathrm{F}}+\boldsymbol{f}_B^{\mathrm{F}}\end{Bmatrix}-\begin{bmatrix}\boldsymbol{M}_{RR} & \boldsymbol{M}_{RB}\\ \boldsymbol{M}_{BR} & \boldsymbol{M}_{BB}\end{bmatrix}\boldsymbol{I}\ddot{u}_g\end{aligned} \tag{6.5.2}$$

式中，$\overline{\boldsymbol{u}}_B^{\mathrm{F}}$ 和 $\dot{\overline{\boldsymbol{u}}}_B^{\mathrm{F}}$ 分别是相对于基岩运动的自由场位移和速度。对于刚性基岩问题，式(6.5.2)与式(6.1.6)有如下几点不同：①基岩面的边界条件，前者是强制运动的位移边界条件，后者为固定边界条件；②地震作用荷载，前者在两侧人工边界处施加对应自由场绝对运动的等效作用荷载，后者施加对应自由场相对运动的等效作用荷载并同时对整个有限元模型施加对应基岩运动的惯性荷载；③计算结果，前者得到绝对运动，后者得到相对运动。

刚性基岩条件下，式(6.5.2)一方面类似结构动力学地震分析方式施加惯性力荷载，另一方面还要在两个侧面人工边界处施加黏弹性边界以及由相对自由场确定的等效作用荷载。由于我们通常更加熟悉结构动力学的地震反应分析方法，可能相对缺乏对这种情况下土-结构系统地震反应分析方法的认识，因而在工程实践中存在不准确的侧面人工边界处理方式。下面针对五种典型的处理方式，与式(6.5.2)的准确处理方式(称作考虑自由场应力的黏弹性边界)对比，研究各类处理方式的精度。侧面人工边界的五种处理方式分别如下：

(1)自由场应力边界，即侧面人工边界仅施加相对自由场应力的边界条件。此时，式(6.5.2)退化为

$$\begin{aligned}&\begin{bmatrix}\boldsymbol{M}_{RR} & \boldsymbol{M}_{RB}\\ \boldsymbol{M}_{BR} & \boldsymbol{M}_{BB}\end{bmatrix}\begin{Bmatrix}\ddot{\overline{\boldsymbol{u}}}_R\\ \ddot{\overline{\boldsymbol{u}}}_B\end{Bmatrix}+\begin{bmatrix}\boldsymbol{C}_{RR} & \boldsymbol{C}_{RB}\\ \boldsymbol{C}_{BR} & \boldsymbol{C}_{BB}\end{bmatrix}\begin{Bmatrix}\dot{\overline{\boldsymbol{u}}}_R\\ \dot{\overline{\boldsymbol{u}}}_B\end{Bmatrix}+\begin{bmatrix}\boldsymbol{K}_{RR} & \boldsymbol{K}_{RB}\\ \boldsymbol{K}_{BR} & \boldsymbol{K}_{BB}\end{bmatrix}\begin{Bmatrix}\overline{\boldsymbol{u}}_R\\ \overline{\boldsymbol{u}}_B\end{Bmatrix}\\ &=\begin{Bmatrix}\boldsymbol{0}\\ \boldsymbol{f}_B^{\mathrm{F}}\end{Bmatrix}-\begin{bmatrix}\boldsymbol{M}_{RR} & \boldsymbol{M}_{RB}\\ \boldsymbol{M}_{BR} & \boldsymbol{M}_{BB}\end{bmatrix}\boldsymbol{I}\ddot{u}_g\end{aligned} \tag{6.5.3}$$

自由场应力边界考虑了人工边界的自由场输入，但未考虑人工边界的散射场吸收。

(2)黏弹性边界，即侧面人工边界仅施加黏弹性边界。此时，式(6.5.2)退化为

$$
\begin{bmatrix} \boldsymbol{M}_{RR} & \boldsymbol{M}_{RB} \\ \boldsymbol{M}_{BR} & \boldsymbol{M}_{BB} \end{bmatrix} \begin{Bmatrix} \ddot{\boldsymbol{u}}_R \\ \ddot{\boldsymbol{u}}_B \end{Bmatrix} + \begin{bmatrix} \boldsymbol{C}_{RR} & \boldsymbol{C}_{RB} \\ \boldsymbol{C}_{BR} & \boldsymbol{C}_{BB}+\boldsymbol{C}_B^{\infty} \end{bmatrix} \begin{Bmatrix} \dot{\boldsymbol{u}}_R \\ \dot{\boldsymbol{u}}_B \end{Bmatrix} + \begin{bmatrix} \boldsymbol{K}_{RR} & \boldsymbol{K}_{RB} \\ \boldsymbol{K}_{BR} & \boldsymbol{K}_{BB}+\boldsymbol{K}_B^{\infty} \end{bmatrix} \begin{Bmatrix} \bar{\boldsymbol{u}}_R \\ \bar{\boldsymbol{u}}_B \end{Bmatrix} = -\begin{bmatrix} \boldsymbol{M}_{RR} & \boldsymbol{M}_{RB} \\ \boldsymbol{M}_{BR} & \boldsymbol{M}_{BB} \end{bmatrix} \boldsymbol{I}\ddot{u}_g \tag{6.5.4}
$$

黏弹性边界考虑了人工边界的散射场吸收，但未考虑人工边界的自由场输入。

(3) 自由边界，即侧面人工边界施加应力为零的自由边界条件，有限元分析中侧面人工边界无须任何处理。此时，式(6.5.2)退化为

$$
\begin{bmatrix} \boldsymbol{M}_{RR} & \boldsymbol{M}_{RB} \\ \boldsymbol{M}_{BR} & \boldsymbol{M}_{BB} \end{bmatrix} \begin{Bmatrix} \ddot{\boldsymbol{u}}_R \\ \ddot{\boldsymbol{u}}_B \end{Bmatrix} + \begin{bmatrix} \boldsymbol{C}_{RR} & \boldsymbol{C}_{RB} \\ \boldsymbol{C}_{BR} & \boldsymbol{C}_{BB} \end{bmatrix} \begin{Bmatrix} \dot{\boldsymbol{u}}_R \\ \dot{\boldsymbol{u}}_B \end{Bmatrix} + \begin{bmatrix} \boldsymbol{K}_{RR} & \boldsymbol{K}_{RB} \\ \boldsymbol{K}_{BR} & \boldsymbol{K}_{BB} \end{bmatrix} \begin{Bmatrix} \bar{\boldsymbol{u}}_R \\ \bar{\boldsymbol{u}}_B \end{Bmatrix} = -\begin{bmatrix} \boldsymbol{M}_{RR} & \boldsymbol{M}_{RB} \\ \boldsymbol{M}_{BR} & \boldsymbol{M}_{BB} \end{bmatrix} \boldsymbol{I}\ddot{u}_g \tag{6.5.5}
$$

自由边界既未考虑人工边界的散射场吸收，也未考虑人工边界的自由场输入。

(4) 固定边界，即侧面人工边界施加位移为零的固定边界条件。方程为式(6.5.5)，并考虑侧面人工边界固定边界条件。固定边界既未考虑人工边界的散射场吸收，也未考虑人工边界的自由场输入。

(5) 滚轴边界，即 S 波入射时约束侧面人工边界的竖向自由度、P 波入射时约束侧面人工边界的水平自由度。方程为式(6.5.5)，并考虑了侧面人工边界滚轴约束。滚轴边界考虑了人工边界的自由场输入，但未考虑人工边界的散射场吸收。

6.5.1　场地地震反应分析

二维场地模型如图 6.5.2 所示。均匀土层深度为 40m，密度为 2000kg/m^3，线弹性材料的剪切模量为 80MPa，泊松比为 0.3。土层底部为刚性基岩，水平运动为如图 6.5.3 所示的脉冲时程。两个侧面人工边界采用上述不同的处理方式，为了

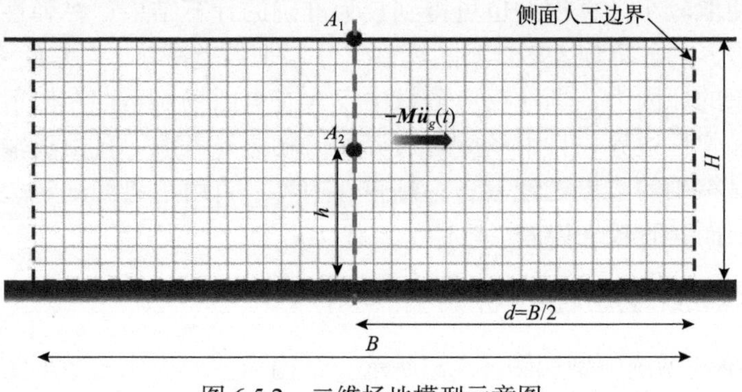

图 6.5.2　二维场地模型示意图

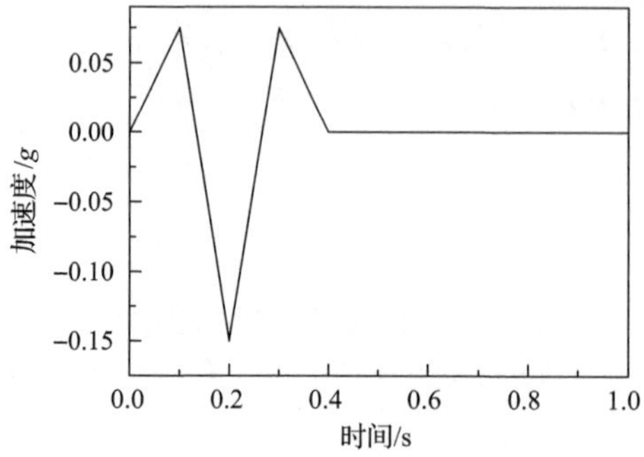

(a) 加速度时程

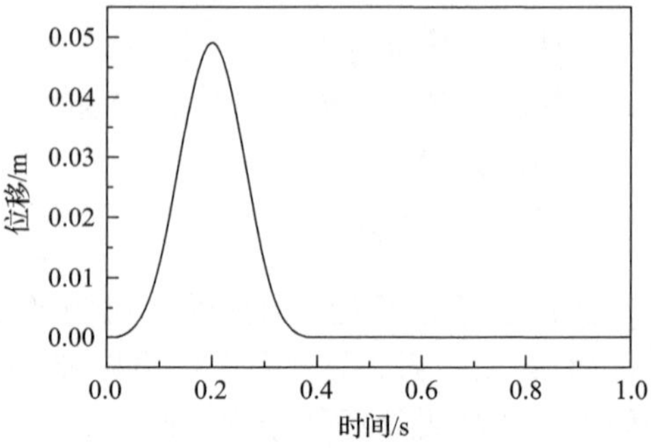

(b) 位移时程

图 6.5.3　刚性基岩的加速度和位移时程

研究各类人工边界处理方式的精度随人工边界位置的变化规律，计算模型的宽度 B 分别取为 80m、160m、240m、400m、600m 和 1000m，并采用宽度足够大模型的计算结果作为参考解。

定义误差为

$$R=\frac{\sum_{j=1}^{N}R_j}{N},\quad R_j=\frac{\sum_{i=1}^{n}\left|U_j(t_i)-\bar{U}_j(t_i)\right|}{n\max\limits_{i}\left[\left|\bar{U}_j(t_i)\right|\right]} \tag{6.5.6}$$

式中，N 为观测点数目；n 为时步数目；$U_j(t_i)$ 和 $\bar{U}_j(t_i)$ 分别是人工边界方法计算得到第 j 个观测点的位移时程和参考解在第 j 个观测点的位移时程；$|\ |$ 表示取绝对值；max[ ]表示取最大值。本例中时间步长为 0.001s，分析时长为 5s，观测点取为模型中轴处的顶部节点 A_1 和土层中部节点 A_2。

水平位移的误差如图 6.5.4 所示，图中给出考虑自由场应力的黏弹性边界、自由场应力边界、滚轴边界、黏弹性边界、自由边界和固定边界的计算误差。由图可见，考虑自由场应力的黏弹性边界、自由场应力边界和滚轴边界的计算误差接近于零，即使取较小计算模型也可得到较为准确的计算结果；黏弹性边界、自由边界和固定边界的计算误差较大，随模型尺寸增加误差减小，误差始终大于 10%。出现上述现象的原因为，场地反应分析中仅含有自由场而不存在散射场。考虑自由场应力的黏弹性边界、自由场应力边界和滚轴边界考虑了自由场输入，因而在数值意义上是精确的边界处理方法；黏弹性边界、自由边界和固定边界未考虑自由场输入，因而具有较大误差。

6.5.2　土-结构系统地震反应分析

二维土-结构系统模型如图 6.5.5 所示。结构为一个简化的矩形实心混凝土地下结构，宽度为 L=20m，高度为 8m，上表面距离地表 5m。混凝土的弹性模量为

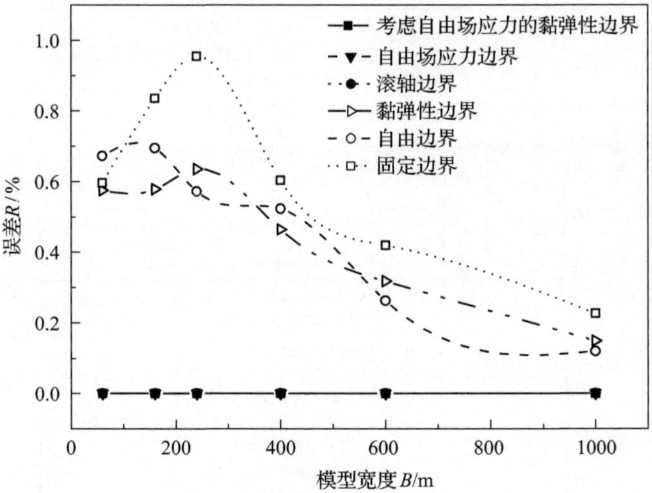

图 6.5.4　场地反应问题中各类侧面人工边界处理方式的误差

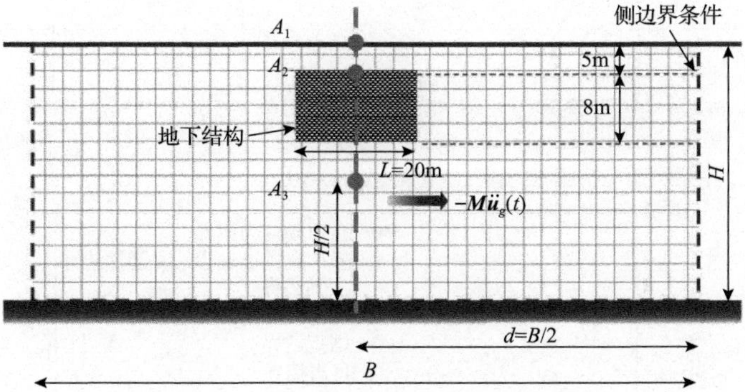

图 6.5.5　二维土-结构系统模型示意图

32.5GPa，泊松比为 0.2。为了考察选取不同计算模型侧边界形式对土-结构系统地震反应的影响，混凝土质量密度分别取为 ρ_{st}=100kg/m^3、1000kg/m^3、2000kg/m^3、3000kg/m^3、5000kg/m^3 和 10000kg/m^3。均匀土层的深度为 30m，质量密度为 2000kg/m^3，剪切模量为 80MPa，泊松比为 0.3。土体和结构的材料均为线弹性，不考虑土体与结构间的接触非线性。刚性基岩水平运动仍采用如图 6.5.3 所示的脉冲荷载。误差定义同式(6.5.6)，观测点为如图 6.5.5 所示的 A_1、A_2和 A_3三点。

水平位移误差如图 6.5.6 所示，图中给出考虑自由场应力的黏弹性边界、自由场应力边界、滚轴边界、黏弹性边界、自由边界和固定边界的计算误差。由图 6.5.6(a)～(e)可见，各种侧面人工边界处理形式的误差基本随着计算模型增大而减小；采用考虑自由场应力的黏弹性边界的误差最小，误差基本在 10%以下，说明该边界处理形式仅需较小的计算模型即可获得较为精确的计算结果；采用自由场应力边界和滚轴边界的误差在模型宽度 B/L>12 时小于 10%，说明两类边界处

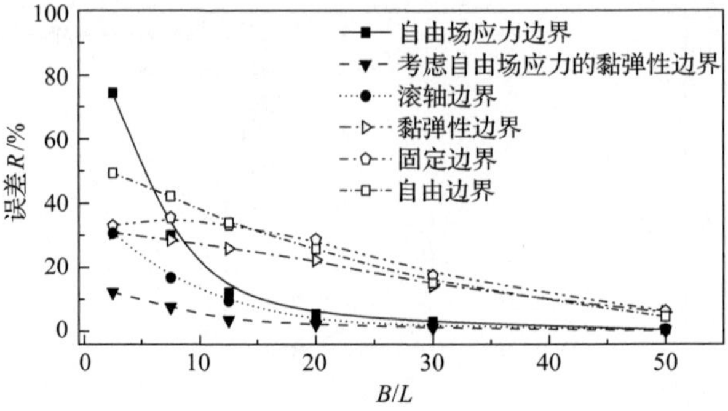

(a) $\rho_{st}/\rho_{soil}=0.05$

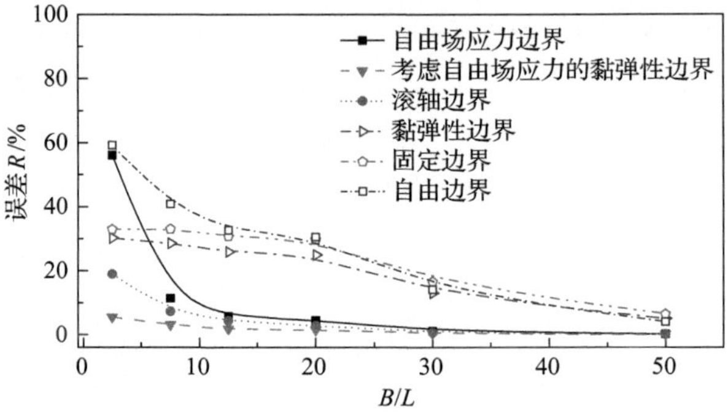

(b) $\rho_{st}/\rho_{soil}=0.5$

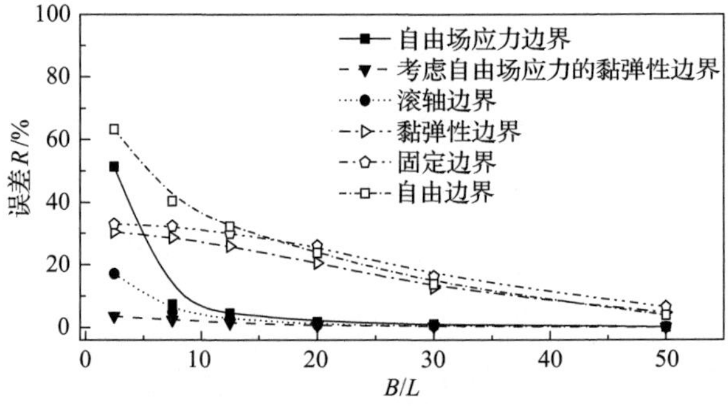

(c) $\rho_{st}/\rho_{soil}=1$

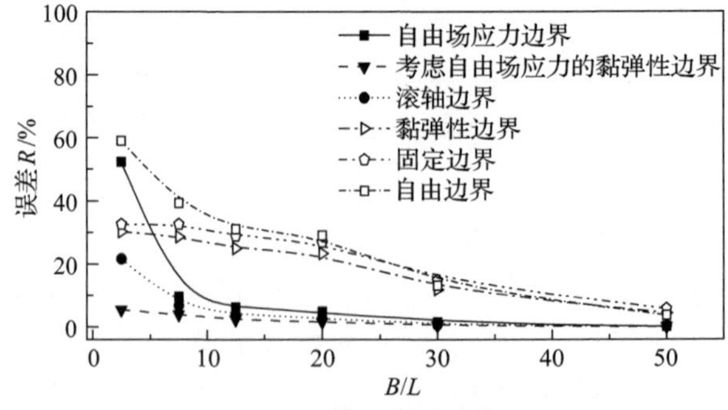

(d) $\rho_{st}/\rho_{soil}=1.5$

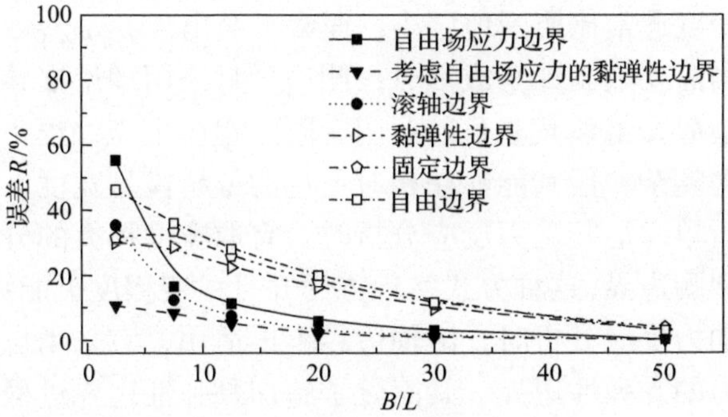

(e) $\rho_{st}/\rho_{soil}=2.5$

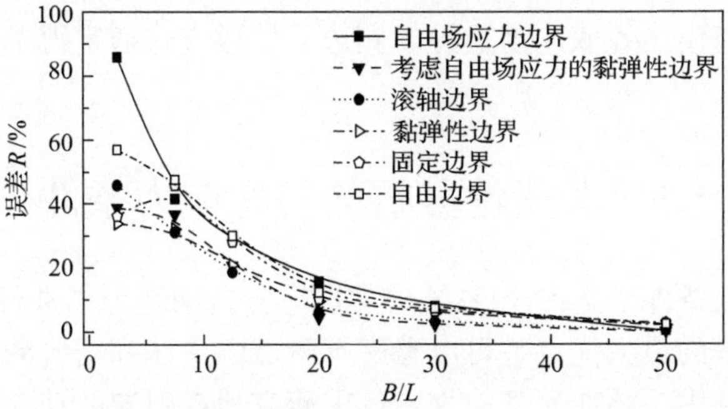

(f) $\rho_{st}/\rho_{soil}=5$

图 6.5.6 土-结构问题中各类侧面人工边界处理方式的误差

理形式在侧面人工边界距离结构适度远后才能获得较为精确的计算结果；采用黏弹性边界、自由边界和固定边界的误差在模型宽度 $B/L>50$ 时才能够小于 10%，说明这三类边界处理形式需要较高的计算成本才能够获得较为精确的计算结果。上述现象的原因在于，土-结构系统地震反应分析中含有自由场和散射场。考虑自由场应力的黏弹性边界准确地考虑了自由场输入并且近似地考虑了散射场吸收，因而计算精度最高；自由场应力边界和滚轴边界准确地考虑了自由场输入但未考虑散射场吸收，由于总反应中自由场含量远大于散射场，因而这两类边界处理形式的计算精度也较高；黏弹性边界仅近似地考虑了散射场吸收但未考虑自由场输入，由于总反应中散射场含量较少，因而黏弹性边界误差较大；自由边界和固定边界未考虑自由场输入和散射场吸收，因而其精度较低。

图 6.5.6(f)表示 $\rho_{st}/\rho_{soil}=5$ 的计算结果规律与前 5 组数据有所区别，即所有侧面人工边界处理形式的计算结果在 $B/L<20$ 时误差均未达到 10%以下，说明当结构的质量过大时，通常需选取较大的计算区域才能满足计算精度要求。上述现象的原因在于，当结构质量过大时，散射场在总反应中的含量显著提高，需更加充分地考虑侧面人工边界处的能量辐射效应，在距离结构较近时黏弹性边界难以满足精度要求。然而，由于地下结构大多采用混凝土材料，且内部空间以中空形式为

主，其外观换算密度通常比周围地层小，通常不会出现 ρ_{st}/ρ_{soil}=5 的情况。

综上所述，当需要限制计算成本时，侧边界宜采用理论推导严格地考虑自由场应力的黏弹性边界，虽然其在目前商用有限元程序中需编程实现，较其他简化处理方式实现更为复杂，但其能够在相对更小的分析模型宽度下获得满足精度要求的结果；当进行单向地震动力反应分析时，宜取宽度稍大的分析模型，并采用滚轴边界作为模型侧边界，这种方式实现方便并且一定程度上能够保证计算精度；当进行多向地震动力反应分析时，滚轴边界不再适用，宜采用自由场应力边界，较考虑自由场应力的黏弹性边界，其简化了施加黏弹性边界过程，更易于实现，但与滚轴边界一样，也需付出一定的额外计算成本以保证计算结果的精度；只施加黏弹性边界、自由边界或固定边界的侧边界处理方式通常得不到合理的结果，一般不建议使用。

6.6　非线性分析的初始应力条件

前面以线弹性条件下土-结构系统地震反应分析问题为例进行说明。实际上，时域整体分析方法的最大优点是可以考虑有限域内土体和结构的材料和接触非线性行为。线性问题中，叠加原理成立，仅需研究地震引起的动力反应；然而，在非线性问题中，叠加原理不再适用，需要同时考虑地震和自重体力的共同作用，即将给定自重体力作用下的初始应力状态(岩体问题中多数情况还需考虑构造运动引起的初始地应力)作为土-结构系统地震反应分析的初始条件。以式(6.1.6)为例，非线性问题的有限元方程可以写为

$$\begin{bmatrix} \boldsymbol{M}_{RR} & \boldsymbol{M}_{RB} \\ \boldsymbol{M}_{BR} & \boldsymbol{M}_{BB} \end{bmatrix} \begin{Bmatrix} \ddot{\boldsymbol{u}}_R \\ \ddot{\boldsymbol{u}}_B \end{Bmatrix} + \begin{bmatrix} \boldsymbol{C}_{RR} & \boldsymbol{C}_{RB} \\ \boldsymbol{C}_{BR} & \boldsymbol{C}_{BB}+\boldsymbol{C}_B^{\infty} \end{bmatrix} \begin{Bmatrix} \dot{\boldsymbol{u}}_R \\ \dot{\boldsymbol{u}}_B \end{Bmatrix} + \begin{bmatrix} \boldsymbol{K}_{RR} & \boldsymbol{K}_{RB} \\ \boldsymbol{K}_{BR} & \boldsymbol{K}_{BB}+\boldsymbol{K}_B^{\infty} \end{bmatrix} \begin{Bmatrix} \boldsymbol{u}_R \\ \boldsymbol{u}_B \end{Bmatrix} + \begin{bmatrix} \boldsymbol{f}_R(\boldsymbol{u}_R, \dot{\boldsymbol{u}}_R) & \boldsymbol{0} \\ \boldsymbol{0} & \boldsymbol{0} \end{bmatrix}$$
$$= \begin{Bmatrix} \boldsymbol{0} \\ \boldsymbol{K}_B^{\infty}\boldsymbol{u}_B^{\mathrm{F}} + \boldsymbol{C}_B^{\infty}\dot{\boldsymbol{u}}_B^{\mathrm{F}} + \boldsymbol{f}_B^{\mathrm{F}} \end{Bmatrix} + \begin{Bmatrix} \boldsymbol{b}_R \\ \boldsymbol{b}_B \end{Bmatrix} + \begin{Bmatrix} \boldsymbol{0} \\ \boldsymbol{f}_B^{\mathrm{b}} \end{Bmatrix} \tag{6.6.1}$$

其中，$\boldsymbol{f}_R(\boldsymbol{u}_R, \dot{\boldsymbol{u}}_R)$是非线性内力；$\boldsymbol{b}$ 是自重体力；$\boldsymbol{f}_B^{\mathrm{b}}$ 是自重体力作用下无限域对有限域的作用力。式(6.6.1)的初始条件为自重体力作用下的应力状态。本节介绍非线性分析中初始应力的计算方法。

初始应力的计算方法是：首先，在进行土-结构系统地震反应分析之前，约束图 6.4.3 所示模型的人工边界法向运动，施加自重体力后执行静力分析；然后，将获得的应力状态以及边界的约束力施加到土-结构系统地震反应分析模型中，进行自重体力和地震共同作用下的动力反应分析。下面以线弹性大开场地自重应力为例，说明方法的有效性。将获得的应力和反力施加到新模型后，再次进行自重体

力作用的静力分析，结果如图 6.6.1 所示。由图可见，应力场与自重应力的理论结果一致，且位移场基本为零，说明第一次静力计算得到的应力场和反力是精确的。

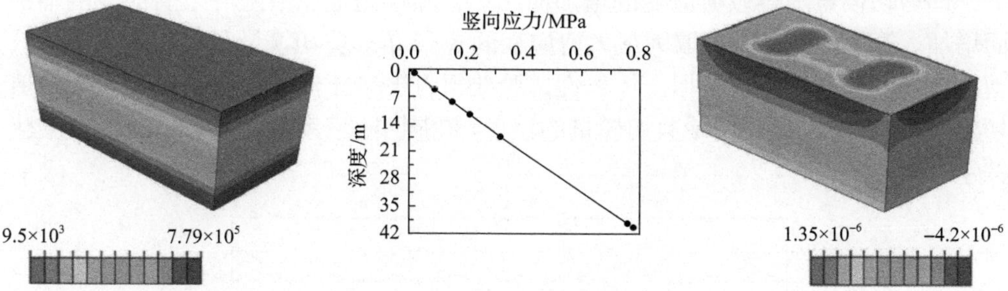

(a) 竖向应力云图　(b) 竖向应力沿深度变化曲线　(c) 竖向位移云图

图 6.6.1　自重作用下大开自由场地初始状态

6.7　基于等效线性化的时域整体分析方法

工程场地土层的力学性质沿横向的变化通常远小于沿深度方向的变化，在计算场地地震反应时，一般假定场地为水平成层均匀介质，场地的力学性质只沿深度方向变化。同时，工程中通常假定地震波是垂直向上输入的平面剪切波。因此，可将场地地震反应分析简化为一维波动问题。在工程实践中，通常采用等效线性化技术考虑场地土体的材料非线性，利用波动理论的频域解析方法迭代计算场地地震反应，常用的分析软件有 SHAKE[83]和 EERA[84]等。

如果一维场地地震反应分析采用等效线性化方法考虑土体的材料非线性，为了保持一致性，后续的土-结构系统地震反应分析亦应采用等效线性化方法考虑土体的材料非线性行为。如果严格按照等效线性化思想，土-结构系统地震反应的等效线性化分析将是在二维或者三维空间下的频域迭代计算，这将导致较高的计算成本并且难以考虑结构混凝土材料的非线性力学行为。基于土-结构系统中土体地震反应以自由场反应(一维场地反应)为主的认识，将一维场地等效线性化分析的最终土体材料参数直接作为土-结构系统中土体材料参数，进一步将滞回阻尼(复阻尼)转化为瑞利阻尼，介绍了一种基于等效线性化的土-结构系统地震反应的整体时程分析方法[85]。该方法避免了土-结构系统地震反应分析中土体的时域非线性计算及频域迭代计算，适于工程设计应用。

6.7.1　一维场地地震反应的等效线性化分析

一维场地等效线性化是基于线性黏弹性理论建立的，即采用线性黏弹性模型反映土体在地震作用下的材料非线性力学行为，利用线性黏弹性模型的剪切模量和频率无关的滞回阻尼系数反映土体滞回曲线斜率和能量损耗。

等效线性化方法认为土体的剪切模量和滞回阻尼系数与土体的等效剪应变相关，即剪切模量随等效剪应变的增加而减小、滞回阻尼系数随等效剪应变的增加而增加。等效剪应变一般取为最大剪应变的 0.65 倍。剪切模量和滞回阻尼随等效剪应变的变化关系一般根据土体材性试验获得，图 6.7.1 给出了一种典型土体的剪切模量比(剪切模量与初始剪切模量的比值)和滞回阻尼系数随等效剪应变的变化关系。

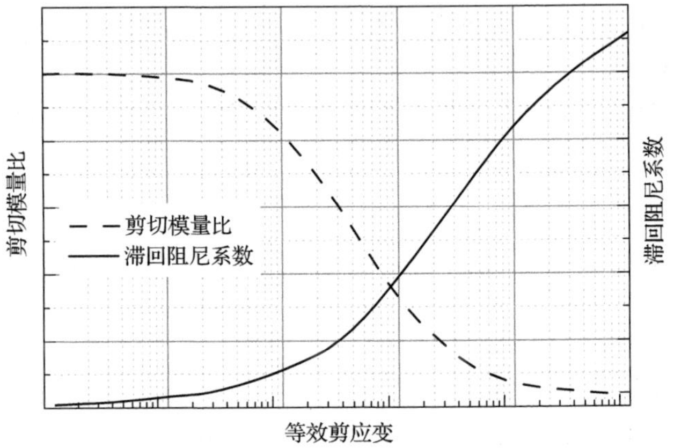

图 6.7.1 剪切模量比和滞回阻尼系数随等效剪应变的变化曲线

在给定地震作用下的一维场地等效线性化分析中，无法事先预知土体的等效剪应变以及与其对应的黏弹性模型的剪切模量和滞回阻尼系数，因而需要从给定的初始剪切模量和滞回阻尼系数出发，通过迭代技术达到收敛精度要求后获得等效剪应变及与其对应的剪切模量和滞回阻尼系数。每次迭代计算采用波动理论的频域解析方法。

等效线性化方法的计算流程如下：

第一，给定各土层中点的初始等效剪应变(如初始取为零)，根据剪切模量-等效剪应变关系和滞回阻尼系数-等效剪应变关系确定剪切模量和滞回阻尼系数。

第二，输入地震动，采用波动理论的频域解析方法计算各土层中点的剪应变，取各土层中点最大剪应变的 0.65 倍作为该土层中点的等效剪应变，进而确定新的剪切模量和滞回阻尼系数。

第三，检查计算得到的剪切模量和滞回阻尼系数与计算前的剪切模量和阻尼系数的相对误差是否小于给定误差允许值，误差允许值通常取 0.05～0.1。如果检查结果满足精度要求，则计算场地反应；如果检查结果不满足精度要求，用最新得到的剪切模量和滞回阻尼系数返回第一步迭代计算，直至结果满足精度要求为止。

6.7.2　基于场地等效线性化参数的土-结构系统地震反应分析

地震作用下一维场地等效线性化分析得到退化的剪切模量和滞回阻尼系数。两个参数可以作为土-结构系统地震反应分析中土体的材料参数，然而滞回阻尼作为一种复阻尼不适于时域分析。由于动力时程分析经常采用瑞利阻尼，下面给出将滞回阻尼转化为瑞利阻尼的方法。阻尼转化过程仍然针对一维场地而非土-结构系统模型。

一维场地的瑞利阻尼矩阵可以表示为

$$\boldsymbol{C} = \alpha \boldsymbol{M} + \beta \boldsymbol{K} \tag{6.7.1}$$

其中，$\boldsymbol{M}$ 和 $\boldsymbol{K}$ 是场地的质量矩阵和刚度矩阵；α 和 β 是待定的瑞利阻尼系数。

任意阶振型阻尼比 ξ_n 可以通过相应的自振频率 ω_n 表示为

$$\xi_n = \frac{\alpha}{2\omega_n} + \frac{\beta\omega_n}{2} \tag{6.7.2}$$

取两个目标频率 ω_i 和 ω_j（$\omega_i < \omega_j$），其取法有如下三种方式：

(1)场地的第一阶和第二阶自振频率；

(2)场地的第一阶自振频率和输入地震动的傅里叶谱的卓越频率；

(3)场地的第一阶自振频率和输入地震动的傅里叶谱的形心频率。

其中，场地剪切模量采用场地等效线性化分析获得的各层土体的最终剪切模量。

令两个目标频率的阻尼比等于场地等效线性化分析获得的某一土层的滞回阻尼系数 $\overline{\xi}_n$，利用式(6.7.2)可以获得该土层的瑞利阻尼系数为

$$\begin{Bmatrix} \alpha \\ \beta \end{Bmatrix} = \frac{2\overline{\xi}_n}{\omega_i + \omega_j} \begin{Bmatrix} \omega_i\omega_j \\ 1 \end{Bmatrix} \tag{6.7.3}$$

基于等效线性化的整体时程分析方法的实现过程可以分为两个主要部分：一是通过等效线性化程序(本节指 EERA)和大型通用有限元软件(本节指 ABAQUS)进行一维场地反应和一维场地固有特性分析以便确定土体的材料参数；二是通过大型通用有限元软件开展土-结构系统地震反应分析。基于场地等效线性化参数的土-结构系统地震反应分析方法流程如图 6.7.2 所示，具体实现步骤如下：

第一，采用 EERA 进行给定地震动作用下一维场地等效线性化分析，获得场地各土层的剪切模量和滞回阻尼系数。

第二，采用 ABAQUS 建立一维场地分析模型，将 EERA 得到土体剪切模量作为土体材料参数，通过振型分析得到一维场地的固有频率。

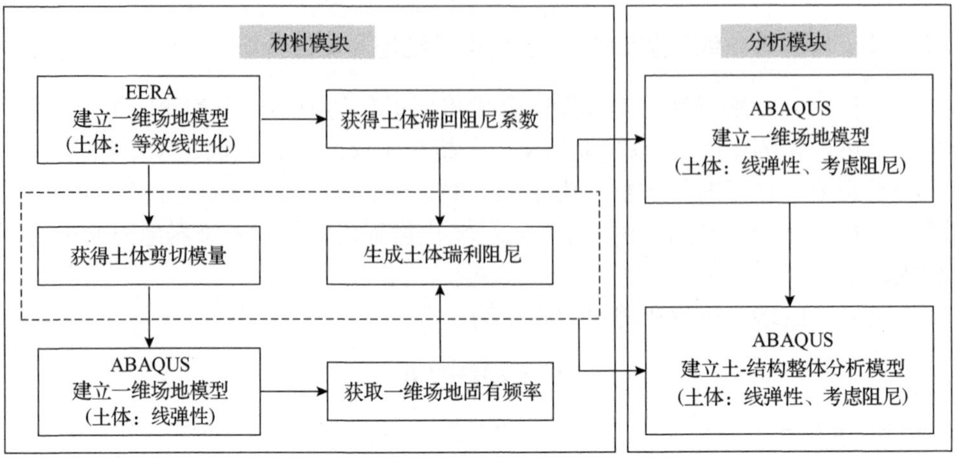

图 6.7.2　基于等效线性化的整体时程分析方法实现流程

第三，利用式(6.7.3)，由一维场地的固有频率和场地各土层的滞回阻尼系数计算各土层的瑞利阻尼系数。

第四，采用 ABAQUS 建立一维场地分析模型，将 EERA 得到的场地各土层剪切模量和上一步得到的场地各土层瑞利阻尼作为土体材料参数，进行动力时程分析得到一维场地地震反应。

第五，采用 ABAQUS 建立土-结构整体分析模型，将 EERA 得到的各土层剪切模量和第三步得到的各土层瑞利阻尼作为土体材料参数，同时将第四步得到的一维场地地震反应作为自由场输入，利用本章前述的整体时程分析方法计算土-结构系统地震反应。

6.8　本 章 小 结

时域整体分析方法是进行地下结构地震反应分析的有效手段，其框架中需考虑人工边界条件和地震动输入方法。本章首先介绍了固体介质和两相介质的黏弹性人工边界，给出了两类黏弹性边界的有限元实现公式。然后介绍了地震动倾斜入射下水平成层场地地震反应计算方法以及场地反应在土-结构系统中的输入方法，并通过数值算例验证了提出方法的有效性。基于以上方法研究了采用文献[54]和[56]黏弹性边界公式的计算精度。结果表明，黏弹性边界的计算结果均与参考解吻合较好，两类黏弹性边界以及不同常数取值具有相近的精度，均能够满足工程精度要求。

土-地下结构体系的地震反应中也通常采用刚性基岩假定。本章给出了下卧刚性基岩条件下土-结构系统的地震动输入方法，并基于以上方法研究了模型侧边界采用不同输入方法的计算精度。结果表明，侧边界采用理论推导严格的考虑自由场应力的黏弹性边界能够在相对更小的分析模型宽度下获得满足精度要求的结果；采用滚轴边界作为模型侧边界时，宜取宽度稍大的分析模型；当进行多向地震动力反应分析时，滚轴边界不再适用，宜采用自由场应力边界，较考虑自由场应力的黏弹性边界，其简化了施加黏弹性边界过程，更易于实现，但与滚轴边界一样，也需付出一定的额外计算成本以保证计算结果的精度；只施加黏弹性边界、自由边界或固定边界的侧边界处理方式通常得不到合理的结果，一般不建议使用。

时域整体分析方法的最大优点是可以考虑有限域内土体和结构的材料和接触非线性行为。线性问题中，叠加原理成立，仅需研究地震引起的动力反应；然而，在非线性问题中，叠加原理不再适用，需要同时考虑地震和自重体力的共同作用，即将给定自重体力作用下的初始应力状态(岩体问题中多数情况还需考虑构造运动引起的初始地应力)作为土-结构系统地震反应分析的初始条件。本章介绍了非线性土-结构系统地震反应分析中考虑初始地应力的方法。

在工程实践中，通常采用等效线性化技术考虑场地土体的材料非线性，利用波动理论的频域解析方法迭代计算场地地震反应。如果一维场地地震反应分析采用等效线性化方法考虑土体的材料非线性，为了保持一致性，后续的土-结构系统地震反应分析亦应采用等效线性化方法考虑土体的材料非线性行为。本章介绍了一种基于等效线性化的土-结构系统地震反应的整体时程分析方法。该方法将一维场地等效线性化分析的最终土体材料参数直接作为土-结构系统中土体材料参数，进一步将滞回阻尼(复阻尼)转化为瑞利阻尼，该方法避免了土-结构系统地震反应分析中土体的时域非线性计算及频域迭代计算，适于工程设计应用。

参 考 文 献

[1] Wolf J P. Dynamic Soil-Structure Interaction[M]. New York: Prentice Hall, 1985.

[2] Wolf J P. Soil-Structure-Interaction Analysis in Time Domain[M]. New York: Prentice Hall, 1988.

[3] Givoli D. Numerical Methods for Problems in Infinite Domains[M]. Amsterdam: Elsevier, 1992.

[4] Wolf J P, Song C M. Finite-Element Modelling of Unbounded Media[M]. Chichester: Wiley, 1996.

[5] Tsynkov S V. Numerical solution of problems on unbounded domains: A review[J]. Applied Numerical Mathematics, 1998, 27: 465-532.

[6] Hagstrom T. Radiation boundary conditions for the numerical simulation of waves[J]. Acta Numerica, 1999,8: 47-106.

[7] Harari I. A survey of finite element methods for time-harmonic acoustics[J]. Computer Methods in Applied Mechanics and Engineering, 2006, 195: 1594-1607.

[8] Hagstrom T. New results on absorbing layers and radiation boundary conditions[J]. Topics in Computational Wave Propagation, 2011, 31: 1-42.

[9] Han H D, Wu X N. A survey on artificial boundary method[J]. Science China Mathematics, 2013,

56: 2439-2488.

[10] Lysmer J. Finite dynamic model for infinite media[J]. Journal of the Engineering Mechanics Division, 1969, 95: 859-878.

[11] Engquist B, Majda A. Absorbing boundary conditions for the numerical simulation of waves[J]. Mathematics of Computation, 1979, 31: 1765-1766.

[12] Engquist B, Majda A. Radiation boundary conditions for acoustic and elastic wave calculations[J]. Communications on Pure and Applied Mathematics, 1979, 32: 313-357.

[13] Higdon R L. Absorbing boundary conditions for difference approximations to the multidimensional wave equation[J]. Mathematics of Computation, 1986, 47: 437-459.

[14] Higdon R L. Numerical absorbing boundary conditions for the wave equation[J]. Mathematics of Computation, 1987, 49: 65-90.

[15] Bayliss A, Turkel E. Radiation boundary conditions for wave-like equations[J]. Communications on Pure and Applied Mathematics, 1980, 33: 707-725.

[16] Bayliss A, Gunzburger M, Turkel E. Boundary conditions for the numerical solution of elliptic equations in exterior regions[J]. SIAM Journal on Applied Mathematics, 1982, 42: 430-451.

[17] Liao Z P, Wong H L. A transmitting boundary for the numerical simulation of elastic wave propagation[J]. International Journal of Soil Dynamics and Earthquake Engineering, 1984, 3: 174-183.

[18] Liao Z P. Extrapolation nonreflecting boundary conditions[J]. Wave Motion, 1986, 24: 117-138.

[19] Bettess P. Infinite elements[J]. International Journal for Numerical Methods in Engineering, 1976, 11: 53-64.

[20] Astley R J. Infinite elements for wave problems: A review of current formulations and an assessment of accuracy[J]. International Journal for Numerical Methods in Engineering, 2000, 49: 951-976.

[21] Zhao C B. Dynamic and Transient Infinite Elements: Theory and Geophysical: Geotechnical and Geoenvironmental Applications[M]. Berlin: Springer, 2009.

[22] Dominguez J. Boundary Elements in Dynamics[M]. Amsterdam: Elsevier, 1993.

[23] Hall W S, Oliveto G.Boundary Element Methods for Soil-Structure Interaction[M]. Berlin: Springer, 2003.

[24] Zhang C H. Numerical Modeling of Concerte Dam-Foundation-Reservoir Systems[M]. Beijing: Tsinghua University Press, 2001.

[25] Givoli D. Recent advances in the DtN FE method[J]. Archives of Computational Methods in Engineering, 1999, 6: 71-116.

[26] Givoli D. Exact representations on artificial interfaces and applications in mechanics[J]. Applied Mechanics Reviews, 1999, 52: 333-349.

[27] Lysmer J. Lumped mass method for Rayleigh waves[J]. Bulletin of the Seismological Society of

America, 1970, 1: 89-104.

[28] Nogami T, Kazama M. Thin layer element method for dynamic soil-structure interaction analysis of axi-symmetric structure in submerged soil[J]. Soil Dynamics and Earthquake Engineering, 1997, 16: 337-351.

[29] Berenger J P. A perfectly matched layer for the absorption of electromagnetic waves[J]. Journal of Computational Physics, 1994, 114: 185-200.

[30] Turkel E, Yefet A. Absorbing PML boundary layers for wave-like equations[J]. Applied Numerical Mathematics,1998, 27: 533-557.

[31] Basu U. Explicit finite element perfectly matched layer for transient three-dimensional elastic waves[J]. International Journal for Numerical Methods in Engineering, 2009, 77: 151-176.

[32] Bermúdez A, Hervella-Nieto L, Prieto A, et al. Perfectly matched layers for time-harmonic second order elliptic problems[J]. Archives of Computational Methods in Engineering, 2010, 17: 77-107.

[33] Givoli D. High-order local non-reflecting boundary conditions: A review[J]. Wave Motion, 2004, 39: 319-326.

[34] Collino F. High order absorbing boundary conditions for wave propagation model-Straight-line boundary and corner cases[R]. Philadelphia: SIAM, 1993.

[35] Givoli D, Neta B. High-order non-reflecting boundary scheme for time-dependent waves[J]. Journal of Computational Physics, 2003, 186: 24-46.

[36] Hagstrom T, Warburton T. A new auxiliary variable formulation of high-order local radiation boundary conditions: Corner compatibility conditions and extensions to first-order systems[J]. Wave Motion, 2004, 39: 327-338.

[37] Song C M, Wolf J P. The scaled boundary finite-element method-alias consistent infinitesimal finite-element cell method-for elastodynamics[J]. Computer Methods in Applied Mechanics and Engineering, 1997, 147: 329-355.

[38] Song C M, Wolf J P. The scaled boundary finite-element method-A primer: Solution procedures[J]. Computers and Structures, 2000, 78: 211-225.

[39] Wolf J P, Song C M. The scaled boundary finite-element method-A primer: Derivations[J]. Computers and Structures, 2000, 78: 191-210.

[40] Wolf J P. The Scaled Boundary Finite Element Method[M]. Chichester: Wiley, 2003.

[41] Du X L, Zhao M. Stability and identification for rational approximation of frequency response function of unbounded soil[J]. Earthquake Engineering and Structural Dynamics, 2010, 39(2): 165-186.

[42] Zhao M, Du X L, Liu J B, et al. Explicit finite element artificial boundary scheme for transient scalar waves in two-dimensional unbounded waveguide[J]. International Journal for Numerical

Methods in Engineering, 2011, 87: 1074-1104.

[43] 赵密，杜修力，刘晶波．一种高阶精度人工边界条件:出平面外域波动问题[J]．工程力学，2012, 4:7-14.

[44] Zhao M,Wu L H, Du X L, et al. Stable high-order absorbing boundary condition based on new continued fraction for scalar wave propagation in unbounded multilayer media[J]. Computer Methods in Applied Mechanics and Engineering, 2018, 334: 111-137.

[45] Zhao M, Li H F, Du X L, et al. Time-domain stability of artificial boundary condition coupled with finite element for dynamic and wave problems in unbounded media[J]. International Journal of Computational Methods, 2019, 16(4): 1850099.

[46] Wu L H, Zhao M, Jeng D S, et al. A local time-domain absorbing boundary condition for scalar wave propagation in a multilayered medium[J]. Computers and Geotechnics, 2020, 128: 103809.

[47] Li H F, Zhao M, Wu L H, et al. A stable high-order absorbing boundary based on continued fraction for scalar wave propagation in 2D and 3D unbounded layers[J]. Engineering Computations, 2019, 36(7): 2445-2479.

[48] Li H F, Zhao M, Du X L. Accurate H-shaped absorbing boundary condition in frequency domain for scalar wave propagation in layered half space[J]. International Journal for Numerical Methods in Engineering, 2020, 121(19): 4268-4291.

[49] Zhang G L, Zhao M, Du X L, et al. A frequency-dependent absorbing boundary condition for numerically solving u-U elastic wave equations in layered and fluid-saturated porous media[J]. Soil Dynamics and Earthquake Engineering, 2020, 135: 106189.

[50] Deeks A J, Randolph M F. Axisymmetric time-domain transmitting boundaries[J]. Journal of Engineering Mechanics, 1994, 120: 25-42.

[51] 刘晶波，吕彦东．结构-地基动力相互作用问题分析的一种直接方法[J]．土木工程学报，1998, 31(3): 55-64.

[52] 杜修力．局部解耦的时域波分析方法[J]．世界地震工程, 2000, 16(3): 22-26.

[53] 刘晶波，王振宇，杜修力，等．波动问题中的三维时域黏弹性人工边界[J]．工程力学，2005, 22(6): 46-51.

[54] 刘晶波，李彬．三维黏弹性静-动力统一人工边界[J]．中国科学 E 辑, 2005, 35(9): 966-980.

[55] Liu J B, Du X L, Wang Z Y, et al. 3D viscous-spring artificial boundary in time domain[J]. Earthquake Engineering and Engineering Vibration, 2006, 5(1): 93-102.

[56] 杜修力，赵密，王进廷．近场波动模拟的人工应力边界条件[J]．力学学报, 2006, 1: 49-56.

[57] Du X L, Zhao M. A local time-domain transmitting boundary for simulating cylindrical elastic wave propagation in infinite media[J]. Soil Dynamics and Earthquake Engineering, 2010, 30(10): 937-946.

[58] 杜修力，李立云．饱和多孔介质近场波动分析的一种黏弹性人工边界[J]．地球物理学报，2008, 51(2): 575-581.

[59] Modaressi H, Benzenati I. Paraxial approximation for poroelastic media[J]. Soil Dynamics and Earthquake Engineering, 1994, 13(2): 117-129.

[60] 刘光磊，宋二祥．饱和无限地基数值模拟的黏弹性传输边界[J]．岩土工程学报，2006, 28(12): 2128-2133.

[61] Xu C S, Song J, Du X L, et al. A local artificial boundary for transient wave analysis in infinite fluid saturated porous media[J]. International Journal for Numerical Method in Engineering, 2017, 112(6): 529-552.

[62] Simon B R, Zienkiewicz O C, Paul D K. An analytical solution for the transient response of saturated porous elastic solids[J]. International Journal for Numerical and Analytical Methods in Geomechanics, 1984, 8(4): 381-398.

[63] Akiyoshi T, Fang H L, Fuchida K, et al. A non-linear seismic response analysis method for saturated soil-structure system with absorbing boundary[J]. International Journal for Numerical and Analytical Methods in Geomechanics, 1996, 20(5): 307-329.

[64] Akiyoshi T, Fuchida K, Fang H L. Absorbing boundary conditions for dynamic analysis of fluid-saturated porous media[J]. Soil Dynamics and Earthquake Engineering, 1994, 13(6): 387-397.

[65] Haskell N A. The dispersion of surface waves on multilayered media[J]. Bulletin of the Seismological Society of America, 1951, 43(1): 86-103.

[66] Thomson W T. Transmission of elastic waves through a stratified solid medium[J]. Journal of Applied Physics, 1950, 21(2): 89-93.

[67] Kausel E, Roesset J M. Stiffness matrices for layered soils[J]. Bulletin of the Seismological Society of America, 1981, 71(6): 1743-1761.

[68] Wolf J P, Obernhuber P. Free-field response from inclined SH-waves and Love-waves[J]. Earthquake engineering and Structural Dynamics, 1982, 10(6): 823-845.

[69] Wolf J P, Obernhuber P. Free-field response from inclined SV- and P-waves and Rayleigh-waves[J]. Earthquake Engineering and Structural Dynamics, 1982, 10(6): 847-869.

[70] Wolf J P, Obernhuber P. In-plane free-field response of actual sites[J]. Earthquake Engineering & Structural Dynamics, 1983, 11(1): 121-134.

[71] Takano S, Yasui Y, Takeda T. The new method to calculate the response of layered half-space subjected to obliquely incident body wave[C]//Proceeding of 9th World Conference on Earthquake Engineering, Tokyo-Kyoto Japan, 1988.

[72] Wang P G, Zhang G L, Zhao M, et al. Semi-analytical solutions for the wave-induced and vertical earthquake-induced responses of a fluid-stratified seabed-bedrock system[J]. Soil Dynamics and Earthquake Engineering, 2020, 139: 106391.

[73] Liu J B, Wang Y. A 1D time-domain method for in-plane wave motions in a layered half-space[J]. Acta Mechanica Sinica, 2007, 23 (6) : 673-680.

[74] 刘晶波，王艳. 成层半空间出平面自由波场的一维化时域算法[J]. 力学学报，2006, 2: 219-225.

[75] 赵密，杜修力，刘晶波，等. P-SV 波斜入射时成层半空间自由场的时域算法[J]. 地震工程学报, 2013, 35 (1) : 84-90.

[76] Zhao M, Yin H Q, Du X L, et al. 1D finite element artificial boundary method for layered half space site response from obliquely incident earthquake[J]. Earthquakes and Structures, 2015, 9 (1) : 173-194.

[77] Zhao M, Gao Z D, Wang L T, et al. Obliquely incident earthquake for soil-structure interaction in layered half space[J]. Earthquakes and Structures, 2017, 13 (6) : 573-588.

[78] Zhang G L, Zhao M, Du X L, et al. 1D finite element artificial boundary method for transient response of ocean site under obliquely incident earthquake waves[J]. Soil Dynamics and Earthquake Engineering, 2019, 126: 105787.

[79] Zhao M, Zhang G L,Wang P G, et al. An accurate frequency-domain model for seismic responses of breakwater-seawater-seabed-bedrock system[J]. Ocean Engineering, 2020, 197: 106843.

[80] 杜修力, 李洋, 赵密, 等. 下卧刚性基岩条件下场地土-结构体系地震反应分析方法研究[J]. 工程力学, 2017, 34 (5) : 52-59.

[81] Li Y, Zhao M, Xu C S, et al. Earthquake input for finite element analysis of soil-structure interaction on rigid bedrock[J]. Tunnelling and Underground Space Technology, 2018, 79: 250-262.

[82] Zhao M, Wang X J, Wang P G, et al. Seismic water-structure interaction analysis using modified SBFEM and FEM coupling in frequency domain[J]. Ocean Engineering, 2019, 189: 106374.

[83] Schnabel P B, Lysmer J, Seed H B. SHAKE: A computer program for earthquake response analysis of horizontally layered sites[R]. Report No. UBC/EERC-72/12. Berkeley: Earthquake Engineering Research Center, University of California, 1972.

[84] Bardet J P, Ichii K, Lin C H. EERA: A computer program for equivalent-linear earthquake site response analysis of layered soil deposits User's Manual[R]. Los Angeles: University of Southern California, 2000.

[85] 杜修力, 许紫刚, 许成顺, 等. 基于等效线性化的土-地下结构整体动力时程分析方法研究[J]. 岩土工程学报, 2018, 40 (12) : 2155-2163.

第 7 章　土-地下结构体系地震反应模型试验

振动台模型试验是研究土-地下结构体系地震非线性反应的一种有效手段，有关这方面的研究工作在国内外都取得了大量的成果[1-11]，积累了许多试验经验、数据以及测试技术与方法等。同时，也有诸多学者采用振动台试验技术研究了地下结构地震破坏机理与失效模式。实际上，无论是普通的 1-g 大型振动台还是 n-g 的离心机振动台模型试验技术，用于分析地下结构的地震非线性反应和破坏机理与失效模式都存在局限性。普通大型振动台模型试验[1-6]存在的主要问题是缩尺模型体系中地应力的相似性难以满足强非线性和破坏性试验的要求，离心振动台模型试验[7-10]存在的主要问题是结构构造特征由于模型尺度限制难以满足强非线性和破坏性试验的试验要求。因此，目前振动台模拟试验技术主要以定性分析为目的，用于地下结构地震非线性反应和破坏机理与失效模式研究。当然，它的另一个重要作用是可以用来验证条件相同或接近的复杂非线性问题数值计算模型的正确性和合理性。

本章主要介绍土-地下结构体系振动台试验方案设计和试验组织、振动台试验数据特点和分析方法，以及典型振动台试验分析结果等，系统地总结和归纳以土-地下结构为研究对象的振动台试验理论和方法，为指导土-地下结构体系振动台试验提供了方法支撑。

7.1　离心机振动台与 1-g 振动台试验技术特点简介

场地-地下结构体系地震反应的缩尺模型试验主要借助于离心机振动台或 1-g 振动台实施。离心机模型试验应用人工超重力技术补偿试验模型因缩尺造成的应力损失，实现模型应力水平与原型的近似等效，离心机模型试验可以较好反映缩尺模型与原型之间土体应力状态的相似关系，也即缩尺模型中土体的应力状态可以与原型中土体的真实应力状态相近似。但是，离心机模型试验存在科里奥利效应、离心场径向和切向误差、启动与制动带来的误差，以及粒径效应、边界效应、模型尺寸过小引起的局部精细模拟困难等问题[12]。1-g 振动台可以实现较大尺度甚至是足尺对象的试验研究。目前，国际上台面尺寸和载重量最大的 1-g 振动台是日本国家防灾科学技术研究所建成的 E-Defense 振动台，其台面尺寸为 20m×15m。即使是这样的大型振动台，绝大多数情况的模型试验仍然不能有效解决缩尺模型试验中土体应力状态与原型条件下土体真实应力状态的相似性问题。

表 7.1.1 归纳了 1-g 与 n-g 振动台试验技术用于土-地下结构体系地震反应试验研究的优缺点对比。

表 7.1.1　土-地下结构体系 1-g 与 n-g 振动台模型试验技术优缺点比较

1-g 振动台试验		离心机振动台(n-g)试验	
优势与特点	存在的问题	优势与特点	存在的问题
①技术较成熟，是目前应用最为广泛的一种土-结构模型体系地震反应和破坏分析试验方法 ②已建成的振动台试验设备数量众多，大、中、小型完备，多数具有多维地震动输入功能，针对不同目的开展试验的可选择性大	①难以补偿因缩尺导致的模型自重损失 ②模型与原型之间各物理量的相似关系往往不能严格满足，尤其模型与原型中土体的非线性阶段的地震反应一般不相似，难以实现还原原型土体地震反应和破坏机理的目的	①可以补偿因缩尺导致的模型自重损失 ②模型与原型中土体的非线性地震反应可以相似，可能实现还原原型土体地震反应和破坏机理的目的	①存在科里奥利效应，以及振动加速度与科里奥利加速度相耦合的问题，一般只能进行一维地震动输入模型试验 ②振动台台面尺度小，导致模型缩尺选择受限大，难以精细模拟原型中结构模型的细部构造特征

7.2　土-地下结构体系振动台试验组织

7.2.1　试验开展要点

地下结构修建于岩土介质中，其在地震作用下的动力反应与地上结构明显不同，其特点主要为：①地下结构振动受到周边土体影响，自振特性表现不明显；②土-结构相互作用效应对地下结构地震反应具有显著影响；③地下结构的地震反应、破坏程度和机理与地震动特征，以及工程实际密切相关。因此，土-地下结构体系振动台模型试验也应针对其地震反应和破坏特征进行合理设计。为最大程度地体现地下结构地震反应和破坏模式特征，土-地下结构体系振动台模型试验须关注场地条件和场地土体的静、动力学特性对地下结构地震反应的影响，以及多介质耦合的材料相似比设计问题。土-地下结构体系振动台模型试验首先应根据试验目的合理选择振动台设备、传感器、数据动态采集系统和数据采集元器件等的性能参数，如振动台台面尺度、最大承载能力、最大输入地震动加速度峰值和最大位移、输入频率范围、动态数据采集系统的采样频率、传感器工作频率、量程及分辨率等。其次，应详细论证试验方案，试验方案应根据试验目的，重点关注相似比设计、模型箱性能及设计、模型地基与结构的材料特性与制备技术、输入地震动选取和试验工况安排、传感器选用及布设方案等。通常，土-地下结构体系振动台模型试验中采用的场地土材料特性接近于原型，结构的材料特性则应依据开展试验目的而设计。由于非线性阶段的相似条件难以满足，以结构破坏机理为目的的试验一般按脆性材料设计结构的材料特性。

7.2.2　试验组织及实施步骤

振动台试验组织分为：试验前准备阶段、试验中准备阶段、试验开展及数据分析阶段。试验前准备阶段重点为依据试验目的及内容设计完整、合理、科学的试验方案。试验中准备阶段主要针对试验方案进行具体实施，开展众多细节的准备工作。试验开展阶段将通过在振动台台面上施加不同的地震动过程实现预期的地震反应和破坏试验研究目的并进行数据采集。试验过程中通常可通过在振动台台面上施加白噪声和低强度脉冲作用来获取、分析不同阶段的场地或土-结构体系的动力特性和场地动力参数。试验后针对数据进行归总及分析工作。在众多工作中，试验方案的反复论证和不断完善是试验成功实施的基础，设备研发、调试及地基与结构模型制备和试验有序开展等是试验结果可信性的保障，目标针对性强的数据挖掘分析是提升试验成果水平的关键。地基土-地下结构体系模型试验组织要点见图 7.2.1。本节将针对振动台模型试验涉及的核心问题进行梳理。

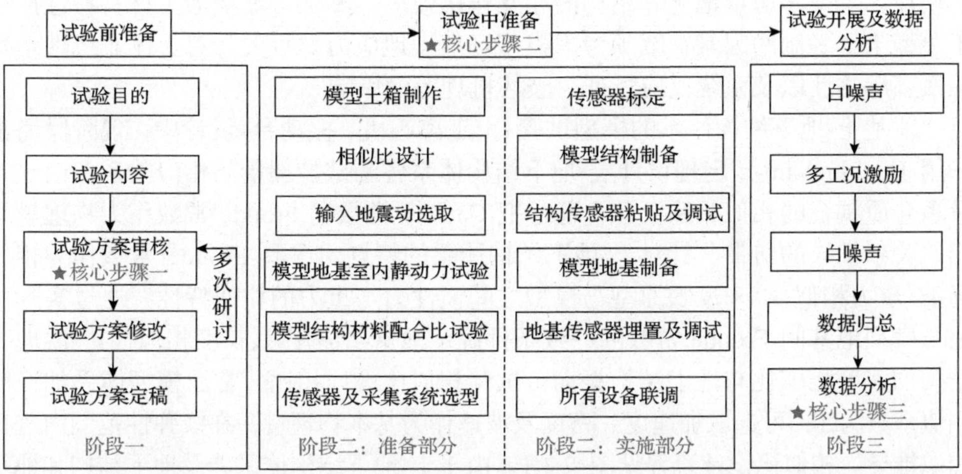

图 7.2.1　地基土-地下结构体系振动台模型试验组织流程及要点

7.3　土-地下结构体系相似比设计

无论是使用 1-g 或 n-g 振动台，土-地下结构体系的模型试验结果完全还原到原型条件下场地和结构的地震反应和破坏状态都是极为困难甚至是不可能的。在土-地下结构体系振动台模型试验方案设计中，相似比设计是非常重要的内容，其决定了模型结构尺寸设计、材料选用、配重方式及测试数据的换算，也是模型试验结果反映实际原型地震响应的关键纽带。土-地下结构体系相似比同时涉及地基土相似、结构相似、多介质相似比耦合等问题，是土-地下结构体系相似比设计最显著的特点。从方法层面，现阶段土-地下结构体系相似比设计多采用量纲分析、相似理论和控制方程法。量纲分析的目的是基于质量、长度和时间这三个基本量把一个有量纲的齐次方程转换为一个包含无量纲因子的方程。相似理论(Buckingham-π 定理)先进行量纲分析再进行识别，将独特的力施加于无量纲形式表述的系统上。控制方程法要求把复杂微分方程描述的一个系统转换为无量纲的形式。控制方程法是三种方法中最复杂和有效的方法，但实施难度较大。

近几十年来国内外众多学者开展了土-广义地下结构相似比设计的相关研究，其中 Iai 等[13,14]通过平衡方程和本构关系建立的相似比设计方法是目前国内外最常用的模型体系相似比设计方法之一。不同学者在相似比设计上的研究成果均认为从定量的角度开展相似比设计难度较大，试验结果与原型真实的动力响应有一定出入。例如，Hwang[15]采用 Iai 等推导的体系相似比设计方法开展了重力式码头和桩基码头 1-g 振动台试验，并发现振动台试验中残余变形只有原型体系的 1/3 至 2/3 量级。土-地下结构体系模型与结构模型振动台试验相似比设计的主要区别表现在：①须考虑场地土和结构的相互作用效应；②须考虑场地土材料特性接近于原型土这一制约因素；③须考虑模型场地土地应力“亏欠”对土体非线性本构关系、渗透性以及系统反应特征、破坏机理等的影响。

地基土-地下结构体系的模型试验(土工离心机、振动台)设计中，现阶段通常采用 Buckingham-π 定理设计土-地下结构体系各测试物理量的相似关系，由于涉及多介质耦合的相似关系设计，通常把 Cauchy 常数和 Froude 常数作为物理量间相似关系推导的纽带。针对土-地下结构体系的特点，选取 Froude 常数作为相似标准(重力相似律)来反映原型与模型之间惯性力与重力的相似特性。通过实际场地与模型地基间 Froude 常数的一致条件确定地基-结构体系长度相似性。土-地下结构加速度相似比与地上结构振动台试验相似比设计相比，常取模型体系加速度相似系数为 1，可选取加速度、密度及波速作为基本物理量，在线弹性范围内进行相似推导。相似比设计流程见图 7.3.1。由于土-地下结构体系涉及地下结构和地基土两类材料，首先根据 Buckingham-π 定理进行不同材料相似比设计，在此基础上根据试验目的(如液化特性、结构破坏)及各介质动力特性合理模拟两个必要条件对初步形成的相似比设计体系进行修正与筛选，最终获取目标体系的相似比设计。

针对具体的科学研究问题，应根据不同的相似比设计原则开展相似比设计。以液化地基-地下结构体系相似设计为例，由于振动台模型试验的目的主要是研究饱和砂土液化引起的地基失效时地下结构地震破坏机理及其动力反应规律，据此确定的相似设计基本原则如下：①研究对象为液化地基-地下结构体系，应考虑地基有效上覆土压力和振动孔隙水压力的地震响应；②地下结构的地震反应主要受到周围地基位移场控制；③为模拟土-地下结构模型系统动力相互作用特性，使多种介质材料的相似比相互匹配，土和结构尽量遵循相同的相似比；④考虑振动台

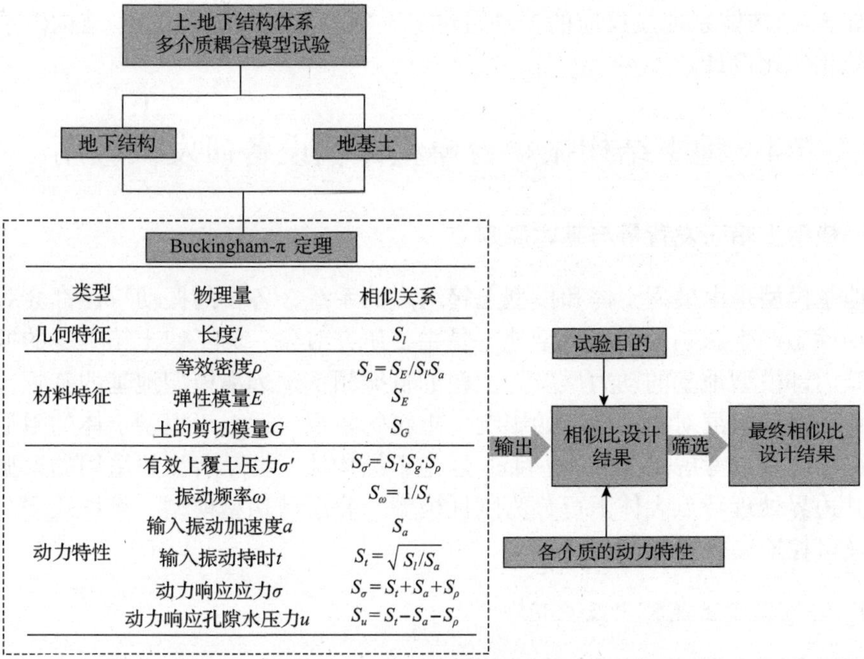

图 7.3.1　地基土-地下结构体系相似比设计流程

的台面尺寸、可输入频率、承载吨位以及其他技术指标参数。根据上述原则，按Buckingham-π 定理导出各种物理量的相似关系，根据模型结构和模型土设计的特点，选取不同的基本物理量(如模型结构以长度、弹性模量、加速度为基本物理量，模型土以剪切波速、密度、加速度为基本物理量)，可推导出模型结构和模型土的相似关系。现有研究表明，针对土-地下结构体系振动台试验特性影响因素中，持时相似比特性对土-地下结构体系地震反应特性影响最为显著。持时相似比的设计将影响输入的地震动特性，如地震动能量、地震动卓越频率等，相同地震动峰值时，持时越长，场地土液化现象也将越明显，长周期特性越显著。以场地土液化影响为研究目的的振动台模型试验，建议直接采用原始地震动记录或少压缩地震记录作为振动台输入地震动[16]。

这里需说明几个基本问题：①按设计相似比直接反推原型场地与结构的地震反应有较大误差，仅作为定性分析指标；②若结构与地基土相似系数差异较大，需按照试验目的进行取舍；③建议将模型场地与原型场地平均剪切波速作为相似比设计中的关键物理量；④地震动特性对体系反应影响很大，持时相似比等需按照实际试验要求进行设计。对于地基土等具备强非线性特性的材料，其相似比设计作为试验设计的基本环节。反推原型结构真实的地震反应须开展更多的准备工作，建议采用数值方法预先模拟试验模型，将数值分析模型所得结果作为试验设计的主要参考与依据，通过半定量数值计算模型驱动定性试验的方案设计这一方法指导土-结构体系地震反应的振动台试验，完善定性试验中的土-结构体系各物理量的相似比设计。

7.4　地下结构振动台模型试验设备研发及应用

7.4.1　模型土箱研发背景与基本原则

地基模型是由模型土体和模型土箱组成的系统，各自的振动特性都会对系统的振动性态产生影响。由于模型地基是主要研究对象，为了使土箱本身的振动不影响其内部模型地基的动力反应，土箱的自振频率须远离模型地基的基频，同时为避免土箱的阻尼对模型地基的影响，土箱的阻尼应远小于模型土体的阻尼，模型箱设计应重点考虑以上两点。目前土-地下结构体系振动台试验采用的模型土箱根据其边界处理特点大体上可分为刚性模型、叠层剪切型模型、悬挂式层状多向剪切及可控连续体模型等。

1. 刚性模型土箱特点及应用[17]

刚性模型土箱构造简单，设计制作相对容易，因此在早期开展的土-地下结构体系地震模拟振动台试验中，均采用刚性模型土箱作为盛土容器。刚性模型土箱是由刚度较大的板、梁等拼接制作而成。由于其箱体侧壁刚度较大，在试验过程中模型土箱侧壁的振动性态对模型地基的振动将产生显著影响，且振动能量传递至侧壁后会产生能量反射，因此刚性模型土箱的“模型箱效应”相对明显。为减小刚性模型土箱的“模型箱效应”，常用的方法是在模型箱内壁设置用柔性材料制作的垫层，如橡胶垫层、泡沫板垫层等，但箱体内壁所衬柔性材料若过刚过薄，则所设垫层难以消除能量在侧壁处的反射，模拟效果不理想；若过柔过厚，又容易导致土层发生弯曲变形而非剪切变形。目前对刚性模型土箱中所设置的柔性垫层材料以及厚度选取对箱体边界及土体变形影响的研究还较少。刚性模型土箱示意图见图 7.4.1。

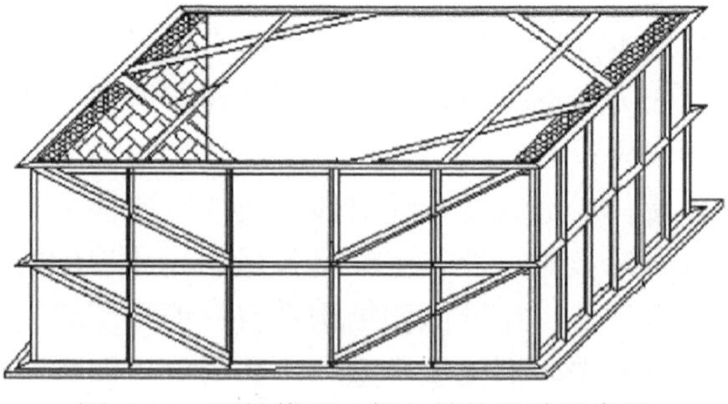

图 7.4.1　刚性模型土箱的结构设计示意图

2. 叠层剪切型模型土箱特点及应用[18]

近年来国内外开展的土-地下结构体系地震模拟振动台模型试验中，叠层剪切型模型土箱的应用较为广泛。这种模型土箱一般由很多层矩形平面钢框架由下至上叠合，层间放置轴承制成。此类模型箱可以实现平面框架层间的相对滑动，较好地模拟土体的剪切变形。模型箱体内壁一般设置一定厚度的橡胶膜以防止土箱内土或水的漏出。大量试验结果表明，叠层剪切型模型土箱对土体运动几乎无约束，可以较好地模拟模型地基在振动过程中的剪切变形，基本上消除了“模型箱效应”对模型地基的影响。但目前所研制的叠层剪切型模型土箱大都只能满足在与激振方向一致的方向上的土体的剪切变形不受约束的要求，即只能进行单向地震动激励的振动台试验，且在大震输入时，土箱边界对土体的振动仍然存在一定影响。叠层剪切型模型土箱见图 7.4.2。

图 7.4.2　叠层剪切型模型土箱示意图

3. 悬挂式层状多向剪切模型土箱特点及应用[19]

为了尽可能减小模型箱对模型土的振动特性的影响，通常使模型箱的自振频率远离模型土的自振频率。悬挂式层状多向剪切变形模型箱装置侧向刚度很小，简化分析示意图见图 7.4.3。模型箱体由柔性索吊起的多个集中质量构成，每个集中质量对应于实际模型箱体中相应的平面框架。由于相邻集中质量之间的柔性索提供的水平刚度远小于竖向刚度，模型箱的水平运动可看作以剪切变形为主。活动铰支座把悬挂支架与柔性索顶端连接起来，使柔性索顶端可在水平任意方向自由滑动。同时，活动铰支座也相当于一个隔震层，起到隔离水平地震的作用，限制台面振动通过悬挂支架向模型箱体的传递。由于模型箱体顶部和底部都在水平方向上自由，模型箱总体在水平向为自由振动体系；同时，由柔性索提起的集中质量组成的模型箱体为柔性体系，模型土箱自振频率很低。

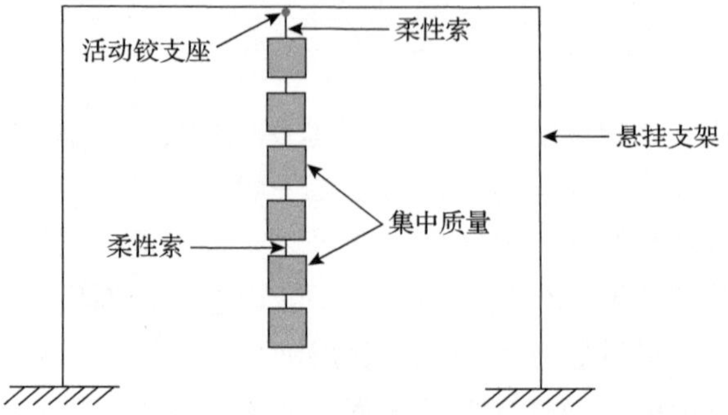

图 7.4.3　悬挂式层状多向剪切模型土箱分析模型

悬挂式层状多向剪切变形模型土箱装置利用以上原理，由钢索吊起的多层圆形中空铝合金框架组成的模型箱体、悬挂支架和底板组成，模型箱体由柔性索吊起的多层平面框架构成，其构造如图 7.4.4 所示。模型箱体由轻质且刚度较大的多层封闭铝合金圆形框架等间距平行排列而成，封闭铝合金圆形框架由沿圆周均匀分布的钢索串接，钢索悬挂于顶部由钢板和钢梁焊接而成的梁板框架上。梁板框架通过均匀布置的万向节架在悬挂支架上。底板用钢板制作，并用方钢管加筋。钢索提起各层铝合金框架，铝合金框架为土体提供侧向刚度约束，钢索顶端固定在水平方向上可自由滑动的梁板框架上，模型箱体顶部可在水平方向自由滑动，各层铝合金框架在水平激励作用下随场地土柱在水平向自由变形。

图 7.4.4　悬挂式层状多向剪切模型土箱

4. 可控连续体模型土箱特点及应用[20]

长线型埋地地下结构模型非一致激励的振动台台阵试验可采用可控连续体模型土箱。此类模型箱的设计应考虑以下方面：①要保证连续体模型箱各个箱体的可靠连接及整体稳定性；②考虑振动台的承载能力；③须保证各模型箱内模型土底部输入的地震动可控，体现地震动的差异性，以实现地震动的非一致激励；④模拟水平双向地震作用的影响时，单个模型箱采用普通的刚性箱，各个箱体间采用悬挂结构的软连接箱体，制作成一中空的由软连接和刚性箱组成的连续体模型箱。在各振动台台面横向输入考虑行波效应后的地震动，各台面间将产生往复错动，台面间箱体能随其做线性运动，则中间箱体各点的地震动可按线性内插计算。软连接箱体与刚性箱之间采用万向节装置连接，以保证连续体模型箱各个箱体的可靠连接及各单体模型箱的相对运动。

连续体模型土箱的构造如图 7.4.5 所示，单个刚性箱是由角钢焊接而成的钢框架和板组成，端部刚性箱由三个侧面(即正立面、背立面、侧立面)和底板组成，中间刚性箱由两个侧面(即正立面、背立面)和底板组成，软连接箱体同样是由正立面、背立面和底板组成，软连接箱体每一侧面均由两对上下布置的万向节装置及万向节装置间的 U 型框架组成。U 型框架由竖向矩形钢和水平槽钢组成。侧面、底板与橡胶板螺栓连接，保证连续体模型箱在振动台试验中能纵向拉伸压缩和横向水平转动。万向节装置包括两个可转动万向节(万向节固定端、万向节滑动端)和连接在两个可转动万向节之间的钢梁组成，钢梁一端通过销钉和万向节固定端上部构件相连，保证钢梁能在竖向非一致地震激励时绕万向节转动；另一端通过一对可滑动轴承和万向节滑动端上部构件相连，保证此端连接装置在横向水平非一致地震激励时能沿钢梁水平滑动。万向节装置对通过与其万向节固定端、滑动端焊接的竖柱和振动台连接，保证两台振动台中间箱体以及模型的重量传递到振动台上。

图 7.4.5　连续体模型土箱

7.4.2　土-地下结构体系物理量的传感与测试

土-地下结构体系涉及的测试物理量较多，且需实现同步采集。在这两个客观条件下，开展振动台模型试验研究须根据试验目的及方案合理选取传感器及采集系统。常用于测试地基地震反应特性的传感器包括：加速度传感器(地基土专用)、孔隙水压力传感器、土压力传感器、激光位移传感器；常用于测试地下结构地震反应的传感器包括：加速度传感器、应变片等。常用传感器见图 7.4.6。近年来，一些新的传感技术已成功应用于场地地基-地下结构体系振动台模型试验，例如，非接触性动态位移测试技术、光纤 Bragg 光栅测试技术、阵列式位移计(shape acceleration array, SAA)、激光位移传感器等[21-23]，测试技术的进步必将有力地促进对场地土-地下结构体系地震反应特征、规律及损伤与失效过程的认识。涉及多种测试信号的采集时，常不能满足在一套采集系统上实现所有类型传感器的连接；若采用多套采集系统进行数据采集，在后续的分析中需特别关注采集系统之间的时差。

(a) 土体加速度传感器　　(b) 加速度传感器　　(c) 微型土压力盒

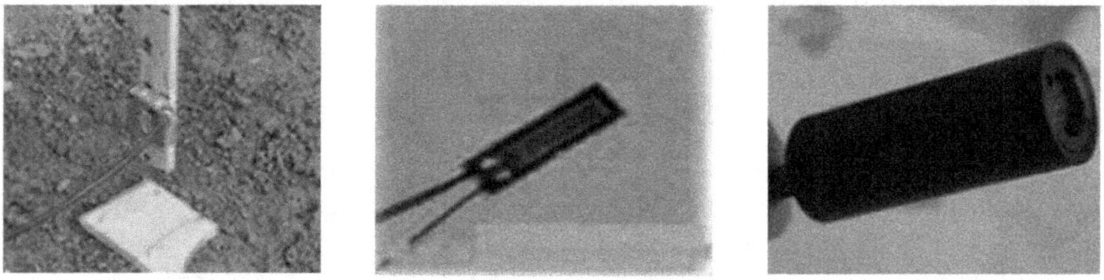

(d) 激光位移传感器　　(e) 应变片　　(f) 孔隙水压力传感器

图 7.4.6　试验中常选用的传感器

7.5　模型地基及结构的制备技术

7.5.1　模型地基的制备方法

土-地下结构模型试验的重点之一是考察地下结构周围场地土的动力反应，模型土的制备应充分考虑涉及模型土动力反应的各个材料参数，如密度、饱和度、级配和透水性等。在模型地基制备过程中应尽量减少人为因素对地基制备的影响，建议在模型地基制备过程中采用柔性链式传感器技术布设加速度传感器及微型孔隙水压力传感器等，此方法于地基土装样之前将传感器位置固定，克服了传统传感器埋置方法的缺点(地基土装样操作时传感器易偏转和移位)，并提高了地基土装样效率。柔性链式传感器布置如图 7.5.1 所示。

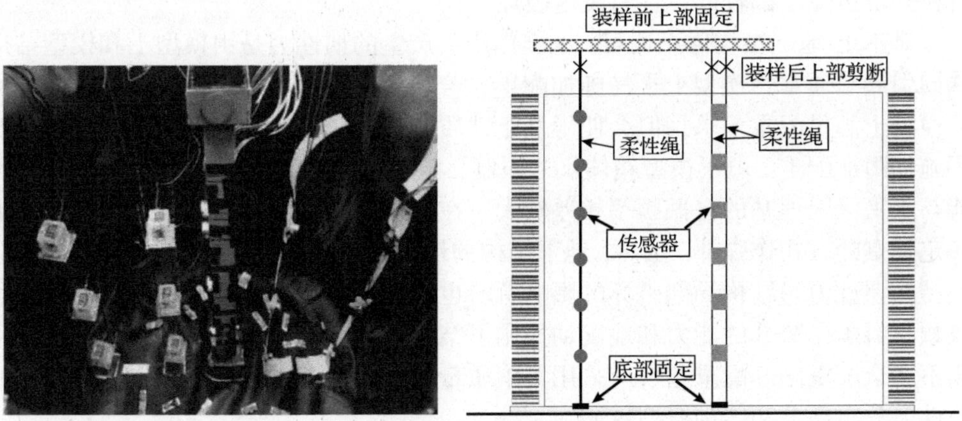

图 7.5.1　柔性链式传感器布置

涉及液化场地的振动台试验中，饱和砂土层的制备常采用水沉法，主要控制饱和度和密实度，制备过程为：①土样晒干并过筛；②在模型箱内倒入一定高度的水，再将土均匀洒落于水中分层制备，每层高度控制约为 0.25m；③每层土装好，用板将土层表面扫平打毛，继续制备下一层土；④将土加到预定高度后，在表面铺一层黏土层(0.15m 左右)，可作为振动过程中液化土层的不透水覆盖层，可以减缓超孔隙水压力的消散，得到更稳定的液化状态；⑤装样完毕后，静置 2～3 天，使模型土固结。

软弱场地的制备过程为：①土样晒干去除杂质；②配制目标含水率的模型地基土；③在模型箱分层制备，每层高度控制约为 0.25m；④每层土装好，用板将土层表面扫平打毛，继续制备下一层土；⑤装样完毕后，静制 6～7 天。若制备饱和软弱场地，可参考液化场地制备方法，由于粉质黏土饱和过程较慢，为了达到一定的饱和效果，建议使其在饱和状态下固结 30 天左右。

7.5.2　模型结构设计原理及制备方法

根据不同的试验目的，模型结构可采用不同的材料制作，目前多采用微粒混凝土或石膏制作模型结构。非破坏性试验中常采用微粒混凝土模型结构，而破坏性试验多采用石膏制备模型结构。

微粒混凝土模型结构的材料主要由微粒混凝土和镀锌钢丝组成。微粒混凝土是一种模型混凝土，以较大粒径的砂砾作为粗骨料，以较小粒径的砂砾作为细骨料。由于微粒混凝土的施工方法、振捣方式、养护条件及材料性能均与普通混凝土十分相似，在动力特性上与原型混凝土有良好相似关系，而且通过调整配合比，可以满足降低弹性模量的要求。

石膏模型结构的材料主要由石膏和镀锌钢丝组成。石膏是脆性材料，其抗压、抗拉和抗折强度都较低，容易发生破坏。

对于土-地下结构体系而言，地震作用下产生的惯性力是由模型土和模型结构共同引起。通常，模型土不易施加配重，若在模型地基土中加入铁砂等物质，可使模型土满足配重要求，但会使地基土性质改变、场地反应失真，故模型土一般不施加附加配重。由于模型箱体尺寸限制，截断边界后的场地土-地下结构体系可能与水平无限地基的自振频率相差较大，在体系动力特性方面可通过对结构施加一定配重的方式作弥补。虽然，地下结构的地震反应主要受场地土层变形的控制，但结构惯性力对结构局部破坏的影响有时也不应忽视，实际配重过程中需要同时兼顾材料承受荷载的能力和地震动作用下结构的整体受力性能，试验实施中可采用不完全配重法。配重布设应采用集中质量布设方法，在一定程度上满足结构的惯性力分布要求和结构振型特征。

模型结构制作多采用泡沫模板结合木模板进行成型，模型施工前，首先将泡沫模板按照设计图纸进行切割，将绑扎的构件安置于设计位置，浇筑微粒混凝土或石膏材料，待达到一定强度时，安置下一步设计所需模板及钢丝等，重复过程，直至模型完成。需要注意的是，在结构模型制作过程中，需留置微粒混凝土试块以测定其强度与弹性模量。为防止地基土进入模型结构内，且不影响模型结构的刚度，采用软塑料薄膜封口模型结构的端口。以变截面地铁车站为例的结构模型制作过程见图 7.5.2。

(a) 绑扎梁、柱钢筋　(b) 绑扎模型结构钢丝网　(c) 模型结构成型

(d) 布设配重块和灯条　(e) 模型结构端口密封

图 7.5.2　结构模型制作流程图

7.6　输入地震动及加载方案

土-地下结构体系振动台模型试验选取地震动记录时主要考虑工程场地的卓越频率而非地下结构动力特性，若针对实际工程开展应用研究，一般可选取工程场地地震安全性评价给出的人工合成地震动记录与两条天然地震动记录作为振动台台面输入地震荷载；若开展地下结构地震响应及破坏机理研究，则可考虑频率成分更为单一的正弦拍波等简谐振动结合天然地震动记录作为振动台台面输入地震荷载。理论上振动台试验中输入地震记录的选择须考虑历经多次地震动激励的土-结构体系的动力特性变化。为激发土-结构体系的较大反应和观察其损伤破坏过程，不同加载阶段的输入地震动记录应选择地震动特性与土-结构体系动力特性动态变化相适应的地震记录。土-地下结构体系振动台模型试验中，即使是中低强度的地震动激励，地基土通常也呈现较强的非线性特征，且不可逆，这与地上结构振动台模型试验不同。地下结构振动台试验中，地震动选取建议遵循以下原则：①少样本输入，即地震动加载工况选取不宜过多；②以地震动反应谱主要周期点作控制指标，选取地震动与设计地震动反应谱相差 20%以内。

土-地下结构模型试验终止条件与地上结构相比(结构刚度衰减作为判断条件)应从地基土宏观现象以及体系动力特性方面进行判断。土-地下结构体系在地震动作用下，特别是进入非线性阶段后，整体的动力特性将发生较大改变，最为理想的工况安排应对体系不同阶段做不同输入。但实际振动台试验操作实施中这样的理想状态无法实现，边试验边选地震动记录的过程除了时间上较难满足外，针对不同的结构体系特性临时选取更加理想的地震记录也存在技术难度。现有的振动台试验一般做法是综合考虑各个因素后根据上文所述地震记录选取原则预先选取数条地震动记录并确定输入顺序，然后在整个试验阶段不再重新选取以及调换输入顺序。此外，在各测试阶段前后应输入白噪声，以测试目标体系的自振频率等动力特性，在涉及多向多维地震动输入工况中，可按照水平双向地震动峰值加速度比为 1∶1 进行设计。

7.7　振动台模型试验数据处理

7.7.1　振动信号预处理

振动信号采集、测试过程中会受到各种干扰，如放大器随温度变化产生的零点漂移、传感器频率范围外低频性能不稳定特性及周边环境复杂性的影响等，造成采集到的振动信号往往会偏离真实数值，如偏离零线位置的加速度信号在积分过程中被放大，使积分得到的速度、位移失真。因此，进行振动信号分析前，需对其进行预处理。主要包括振动信号的基线校正、滤波。多采用最小二乘法完成加速度信号基线校正的处理。设实测振动信号的采样数据为 X_k，假设零线为一个三次多项式函数，其函数表达式采用式(7.7.1)表征。

$$Y_k = y_0 + y_1 k + y_2 k^2 + y_3 k^3 \tag{7.7.1}$$

确定函数 Y_k 中各待定系数 y_j (j=0, 1, 2, 3)，使得函数 Y_k 与采样数据离散点 X_k 的误差平方和最小。

滤波常用的无限脉冲响应数字滤波器(IIR 数字滤波器)包括：Butterworth 滤波器、Chebyshev Ⅰ型滤波器及椭圆滤波器。其中，Butterworth 滤波器在通频带内的幅频响应曲线最为平滑，可完整地保留测试信号通频带内信息；Chebyshev Ⅰ型滤波器在通频带内等波纹，如需要测试信号在通频带存在少许幅度波动，而在阻频带内快速衰减时，选用此类型滤波器；椭圆滤波器阻频带和通频带内都是等波纹，可以采用更低的阶数实现其他两类滤波器的性能指标。一般采用 4 种滤波方法：Lowpass(低通滤波)、Highpass(高通滤波)、Bandpass(带通滤波)、Bandstop(带阻滤波)。针对地震动信号一般选取 Butterworth 滤波器及带通滤波方法进行信号数据处理。

7.7.2 振动信号频域分析

通过振动信号频域分析可以反映振动信号在不同频带的分布特性。常用于地震工程领域的频谱分析方法为：快速傅里叶变换(fast Fourier transformation, FFT)及加速度反应谱分析。通过 FFT 可以将地震动信号从时域变换到频域，并将复杂的地震动信号分解为简单正弦信号的叠加，可以更加精细地了解地震反应特性。地震动加速度反应谱是地震动作用下单质点体系的最大加速度反应随质点自振周期变化的曲线。地震动反应谱计算可采用：杜哈梅积分法、精确法、连续傅里叶传递函数法等方法。

7.7.3 力信号处理方法

振动台试验中测试获取的孔隙水压力、土压力等力信号数据需要合理地对其平滑处理，以减少混入时域信号中的高频随机噪声，从而达到有效去除信号毛刺的效果。数据处理方法建议采用多点滑动平均法(moving average method)，但也需注意对于信号不可多次平滑，以免造成时域信号的峰值丢失，具体数据处理应根据采集数据的特性做出合理的判断。

7.8　典型地下结构模型试验案例

7.8.1　框架式地下地铁车站结构 1-g 振动台模型试验

1. 1-g 振动台模型试验设计

本节介绍的系列振动台模型试验由陈国兴教授课题组在南京工业大学的振动台上完成。通过开展地基土-地铁结构系列大型振动台模型试验，获取框架式地铁车站结构地震反应规律，研究地基土-地铁结构体系在地震动作用下的动力反应特性，以再现非自由场饱和粉质黏土地基、可液化地基震害过程，地基土震陷特征以及地铁车站结构的破坏模式，分析地铁车站结构钢筋混凝土楼板、侧墙和中柱的动应变反应规律，土与结构动力相互作用的机理及其土压力反应的规律。南京工业大学模拟地震振动台台面宽 3.36m，水平单向激振方向长 4.86m，最大载重量为 25t，水平向最大加速度为±1.0g。试验采用 7.4.1 节第 2 小节中介绍的叠层剪切型模型土箱作为盛土容器和基于虚拟仪器技术研发的 98 通道动态信号采集系统以采集各类试验数据信号。试验工况安排见表 7.8.1，通过开展 4 次振动台模型试验，研究不同地基条件下框架式地铁车站结构动力响应特征。

表 7.8.1　地基-地下结构体系系列试验工况安排

试验顺序	试验类型	模型结构选用材料	模型土	加载工况	地震动记录
1	可液化场地 三层三跨结构 非破坏性试验	微粒混凝土	南京细砂	0.1g	远场基岩记录(松潘台)
				0.3g	中远场基岩记录(Taft 台)
				0.5g	近断层基岩记录(什邡八角台)
2	可液化场地 三层三跨结构 破坏性试验	微粒混凝土 (中柱刚度弱化)	南京细砂	0.8g	近断层基岩记录(什邡八角台)
				0.3g	中远场基岩记录(Taft 台)
3	可液化场地 三层三跨结构 破坏性试验	石膏	南京细砂	0.8g	近断层基岩记录(什邡八角台)
				0.3g	中远场基岩记录(Taft 台)
4	软弱场地 三层三跨结构 非破坏性试验	微粒混凝土	粉质黏土	0.1g	远场基岩记录(松潘台)
				0.3g	中远场基岩记录(Taft 台)
				0.5g	近断层基岩记录(什邡八角台)

根据 Buckingham-π 定理进行相似比设计，选取长度、弹性模量、加速度为模型结构相似比设计的基本物理量；选取剪切波速、密度、加速度为模型地基土相似比设计的基本物理量。其中，模型土的几何比尺按如下方法确定：根据

$S_\rho=S_E/S_lS_a$，选取地基土加速度相似系数为 1，模型土的质量密度相似系数为 1，故土体的几何比尺相似系数和其模量相似系数相等。根据已有试验量测结果，模型和原型土剪切波速相似系数约为 1/2，故模量相似系数为 1/4。以土体相似关系为基准取时间相似系数为 1/2，以利于试验中液化的发生。为了便于系列试验的对比分析，其他系列试验按相同相似比开展。系列试验中的模型地基-模型结构体系各物理量相似比详见表 7.8.2。模型地基土分为 2 层：表层土为黏土，厚约 15cm，其余为饱和粉质黏土或饱和砂土，厚约 125cm；模型结构的上覆土层厚度为 12cm。装样完毕后，饱和粉质黏土在饱和状态下静置 30 天，饱和砂土在饱和状态下静置 7 天。模拟钢筋的镀锌钢丝直径为 0.7～1.4mm（梁：1.0mm，柱：0.9mm，箍筋：0.7mm，板：0.9mm），模拟原型混凝土的微粒混凝土配合比为：水∶水泥∶石灰∶粗砂＝0.5∶1∶0.58∶5，模拟原型混凝土的石膏配合比为：水∶石膏＝1∶0.85。试验中非破坏试验采用微粒混凝土模型结构，破坏试验采用石膏模型结构。制作的地铁车站模型结构几何尺寸及成模如图 7.8.1 及图 7.8.2 所示。

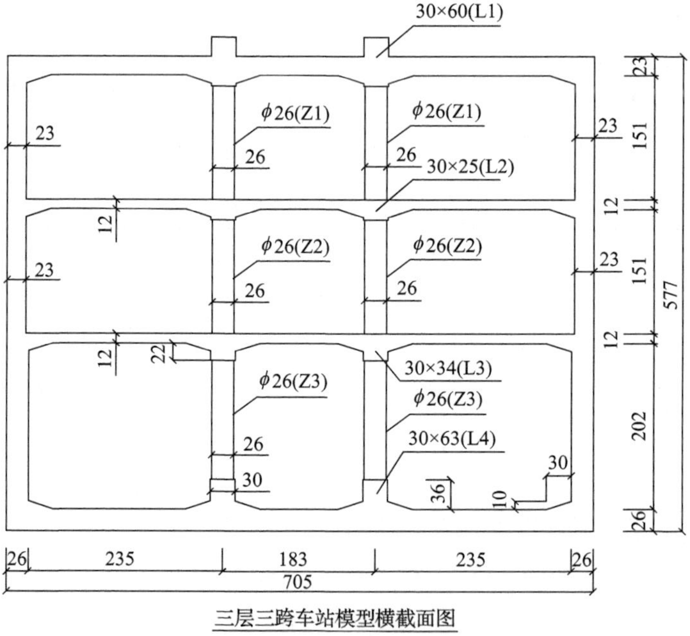

图 7.8.1　地铁车站模型结构横截面设计图（单位：mm）

试验中测试了模型结构的应变、加速度反应和可液化场地的加速度、孔隙水压力、相对位移反应，以及模型结构与地基间的动土压力。选模型场地的中间截面作为主观测面，并设置两个次观测面，以测量地基土中三维加速度场和孔压分布场，地基土中的传感器布置见图 7.8.3，结构侧墙土压力传感器和位移传感器测点布置见图 7.8.4，将应变片布置在地铁车站中的主观测面和辅助观测面上，见图 7.8.5。

(a) 微粒混凝土模型结构　　(b) 石膏模型结构

图 7.8.2　地铁车站模型结构

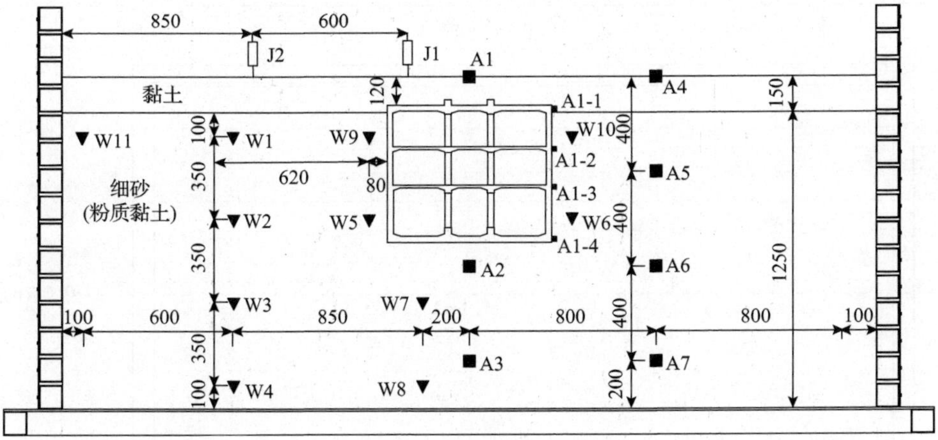

(a) 主观测面

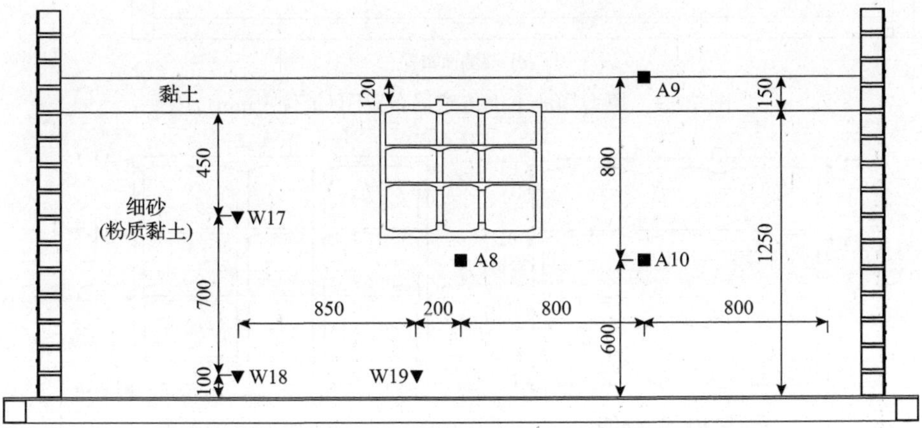

(b) 次观测面-1

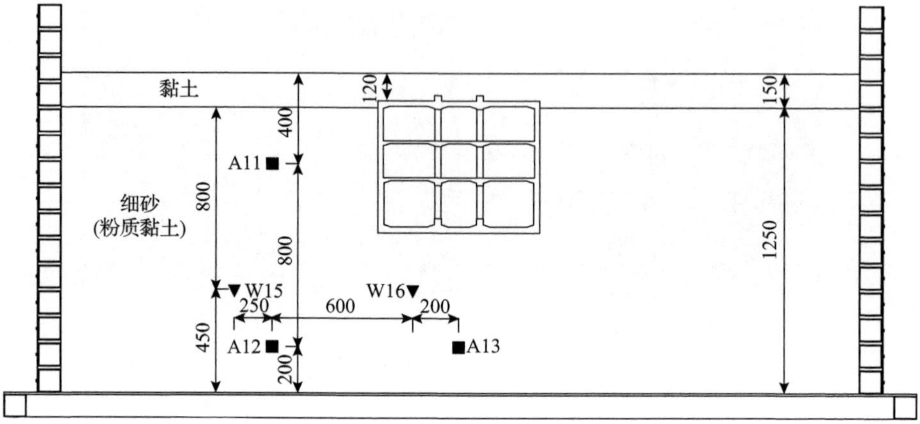

(c) 次观测面-2

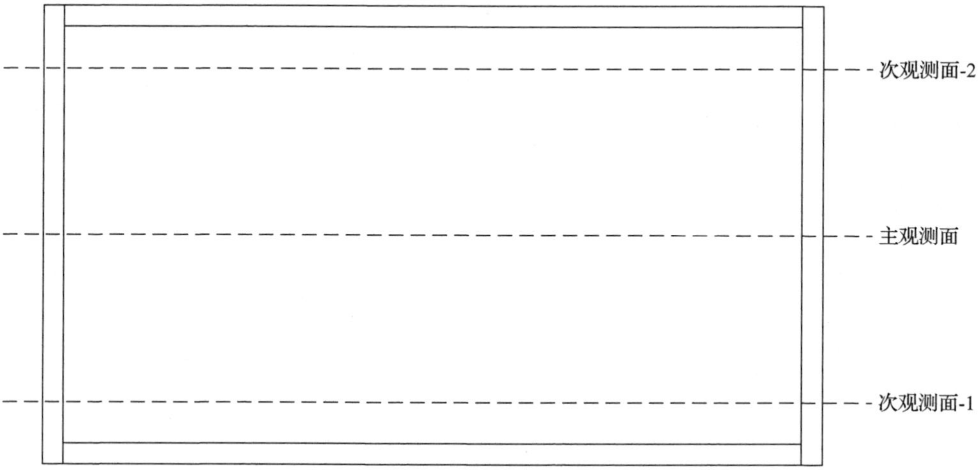

(d) 观测面布置

图 7.8.3　模型场地土中传感器布置图(单位：mm)

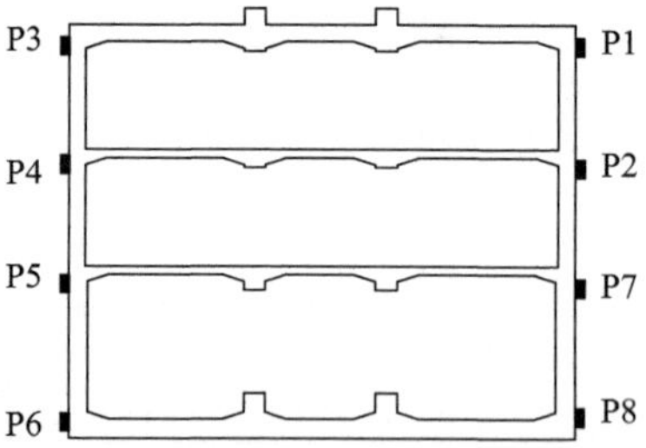

(a) 压力计测点布置

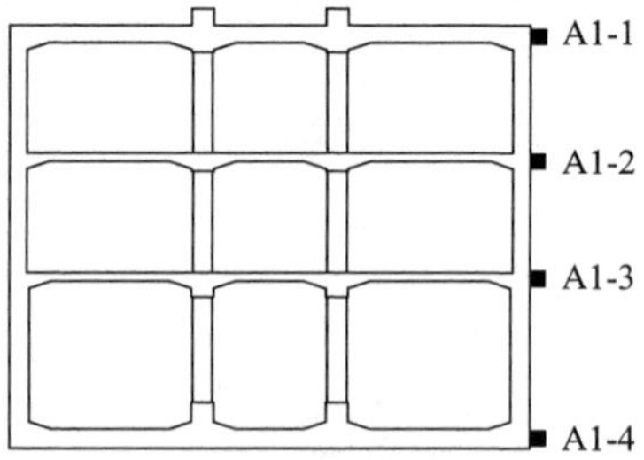

(b) 加速度测点布置

图 7.8.4　结构侧墙土压力传感器和位移传感器测点布置图

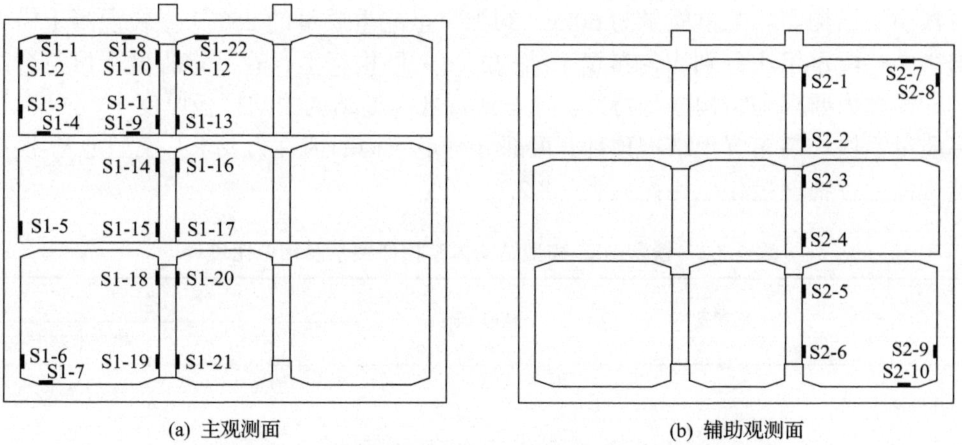

图 7.8.5　车站结构横断面上各观测面应变片布置图

传感器编号字母 A 代表加速度传感器、W 代表孔隙水压力传感器、J 代表激光位移传感器、D 代表拉线式位移传感器、P 代表土压力传感器、S 代表应变片。由于试验过程中少数传感器发生损坏，在不同试验中传感器稍作调整，但放置位置保持一致。

在试验中设计了结构侧向水平位移的测量装置，如图 7.8.6 所示，在结构侧墙的不同高度处固定钢绞线，通过土箱横梁上安装的滑轮，将钢绞线的另一端连接到土箱外部的拉线式位移传感器，根据钢绞线的长度变化，计算地下结构水平位移。

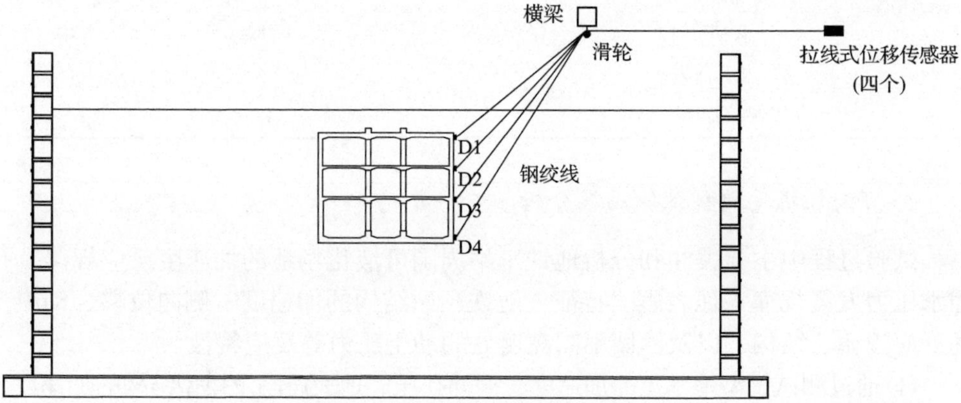

图 7.8.6　结构位移测量装置

试验目的是揭示结构的损伤破坏机理和规律。为达到破坏效果，结构的惯性力作用不应忽视。计算得出微粒混凝土模型结构需要的配重约 980kg，石膏模型结构共需要的配重约 250kg，但在实际配重过程中一方面要考虑材料承受荷载的能力，另一方面考虑到在地震动作用下结构的整体受力性能，故采用不完全配重法。试验中微粒混凝土模型结构实际配重质量为480kg，约为完全配重质量的50%；

石膏模型结构实际配重质量为 60kg，约为完全配重质量的 25%。微粒混凝土模型结构中将配重铅块分别均匀布置于结构的每一层楼板上，在一定程度上可符合结构的惯性力要求和结构振型特征。考虑到石膏模型结构中间楼板厚度小、强度低，将质量铅块均匀布置于结构顶部，可部分满足结构的惯性力要求。模型地基-模型结构体系各物理量相似比详见表 7.8.2。

表 7.8.2　模型地基-模型结构体系相似关系及相似比设计

类型	物理量	相似关系	相似比	
			模型结构	模型地基土
几何特性	长度 l	S_L	1/30	1/4
	惯性矩 I	$S_I=S_L^{\ 4}$	1.2×10^{-6}	—
材料特征	等效密度 ρ	$S_\rho=S_E/S_LS_a$	15/2	1
	弹性模量 E	S_E	1/4	—
	土的剪切波速 V_s	S_{V_s}	—	1/2
	土的剪切模量 G	S_G	—	1/4
	抗弯刚度 EI	$S_{EI}=S_ES_L^{\ 4}$	3.1×10^{-7}	—
动力特性	质量 m	$S_m=S_\rho S_L^{\ 3}$	2.8×10^{-4}	—
	振动频率 ω	$S_\omega=1/S_t$	5.479	2
	输入振动加速度 a	S_a	1	1
	输入振动持时 t	$S_t=(S_L/S_a)^{\ 0.5}$	0.182	1/2
	动力响应应力 σ	$S_\sigma=S_LS_aS_\rho$	1/4	1/4
	动力响应加速度 a	S_a	1	1

2. 可液化场地典型试验结果分析

试验过程中主要关注和分析地铁车站周围可液化场地的加速度反应规律、孔隙水压力发展规律、地表震陷特征，地铁车站结构的加速度、侧向位移、动应变的反应规律、结构，以及侧墙不同高度处的动土压力等反应特性。

(1) 通过测试模型地基土的加速度、振动孔压、地表震陷及模型结构的加速度、水平向相对位移、应变及结构侧墙动土压力反应，发现以下规律：①主震 0.8g 的什邡地震动记录作用时，液化地基土上部和中部的峰值加速度放大系数均小于 1，呈现出显著的减震效应；液化持续时间较长，上部液化土层的孔压消散趋势不明显，下部液化土层的孔压消散较慢；余震 0.3g 的 Taft 地震动作用后，地基土振动孔压的消散较为明显。②主、余震作用时，模型结构峰值加速度反应沿高度方向增大，侧墙动土压力反应沿高度呈中间小、两端大的分布模式。③模型结构中柱的刚度最薄弱，峰值应变反应最大处位于模型结构底层中柱顶端左侧，中柱左右两侧的损伤严重处沿高度方向呈 S 形分布。④试验出现了喷水冒砂、地表裂缝、震陷及地铁地下车站结构上浮、构件裂缝及局部破损等宏观震害现象。试验后典型宏观现象见图 7.8.7。

(a) 试验前模型场地表面状态

(b) 试验后模型场地表面状态

(c) 土层表面有喷砂现象

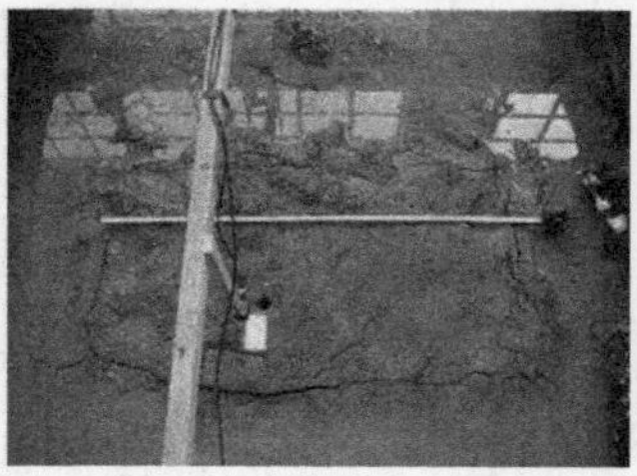

(d) 结构产生明显上浮现象

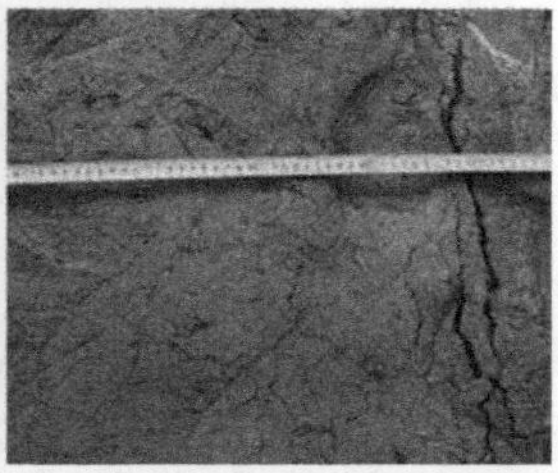

(e) 结构侧边产生明显的裂缝

图 7.8.7　振动台试验过程中发生的宏观现象

(2) 通过测试主、余震作用下模型结构各测点的峰值应变，发现以下规律：主震 0.8g 的什邡地震动记录作用时，模型结构多处部位已达到破坏状态，峰值应变反应最大处位于模型结构底层中柱顶端左侧，拉应变幅值为 113.81$\mu\varepsilon$。总体而言，中柱是地下地铁车站结构最薄弱的构件，且底层中柱的应变反应比其余各层的反应较大。主、余震地下结构应变分布如图 7.8.8 所示。

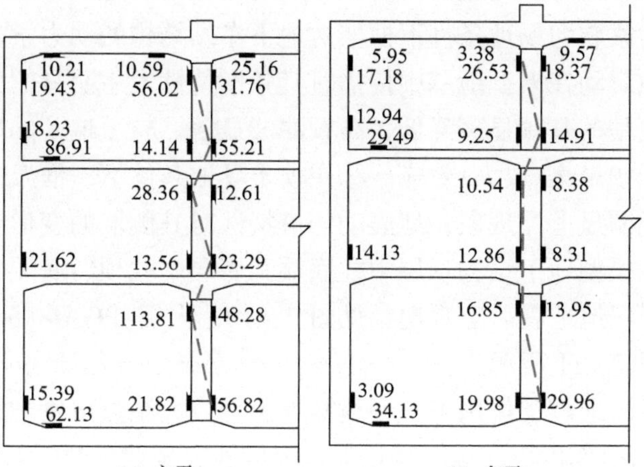

(a) 主震　　(b) 余震

图 7.8.8　主、余震作用下地铁车站结构的峰值拉应变分布(单位：$\mu\varepsilon$)

采用应变损伤度衡量地下地铁车站结构在地震动作用下的损伤程度，可以发现，主震 0.8g 的什邡地震动记录作用时，中柱两侧的应变损伤度较大值自上而下依次为：顶层中柱顶端左侧、中柱底端右侧，中层中柱顶端左侧、底端右侧，底层中柱顶端左侧、底端右侧，中柱两侧的地震损伤度呈 S 形分布，如图 7.8.9 所示。余震 0.3g 的 Taft 地震动记录作用时，中柱两侧地震损伤度的 S 形分布不明显。主震地震动作用结束后，模型结构严重损伤，部分构件破坏，模型结构的刚度分布不均匀，因此，余震作用时其再次损伤的规律不明显。

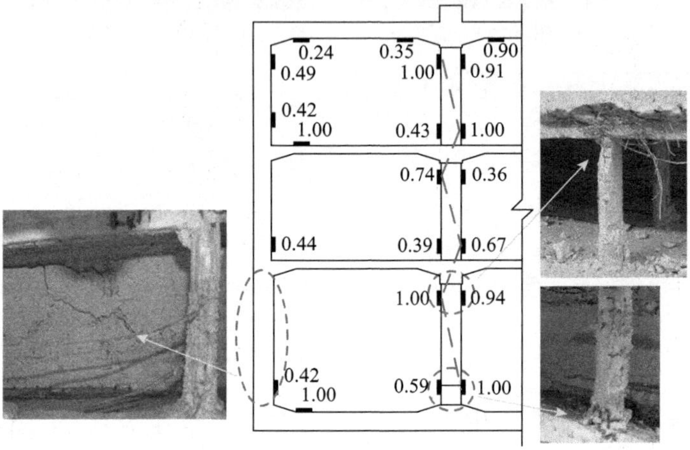

图 7.8.9　主震作用下结构各应变测点的损伤度分布(单位：με)

3. 软土场地试验典型结果分析

通过开展近、远场强地震动作用下软弱场地上地铁地下车站模型结构的振动台模型试验，考察软弱场地条件下框架式地下车站结构的动力学行为特征，典型结论如下：①地震动在模型地基中传播时其频谱特性发生明显的变化；在强地震动作用下软土地基的基频显著降低、高频滤波显著，软土地基的地震动频谱特性呈现出明显的低频聚集(放大)效应。②在软土场地条件下，框架式地下结构相对变形小，未出现明显上浮现象，地震动频谱特性对其侧墙的变形模式和大小存在显著的影响。③模型地下结构顶层中柱底端和底层中柱顶、底端为地震损伤最严重的部位。软弱场地地震后宏观现象见图 7.8.10，大震(PGA=0.5g)作用下地下结构应变分布如图 7.8.11 所示。

通过测试不同地震动作用下模型地基加速度放大系数可发现以下规律：不同地震动(PGA=0.1g)作用下，软弱场地对加速度放大规律一致；对于可液化场地，砂土层自下而上呈现出加速度逐步放大的趋势，而土层顶部位置出现了加速度放

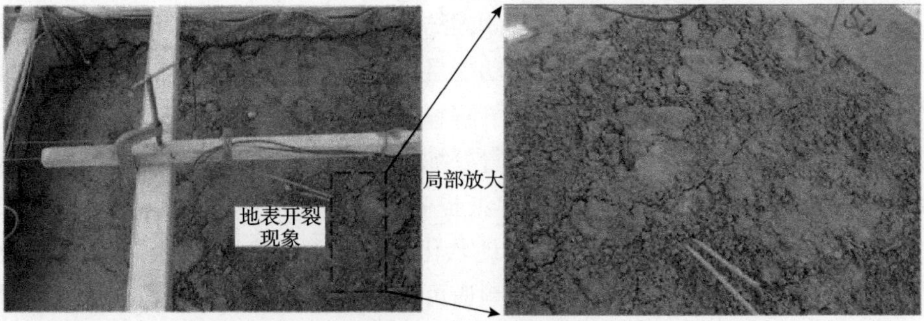

图 7.8.10　试验后地基土地表宏观现象

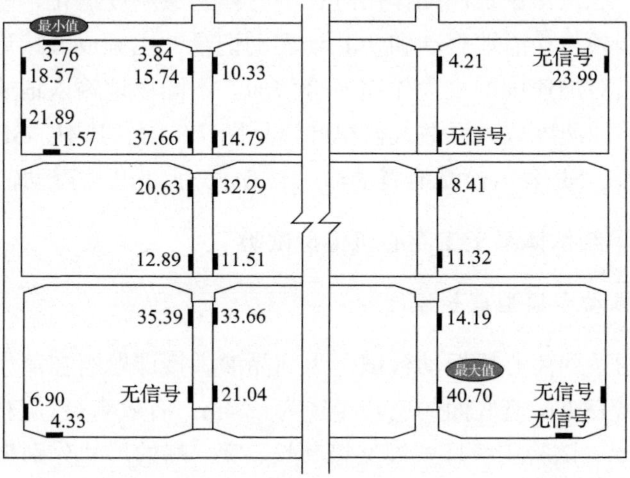

0.5g什邡地震动

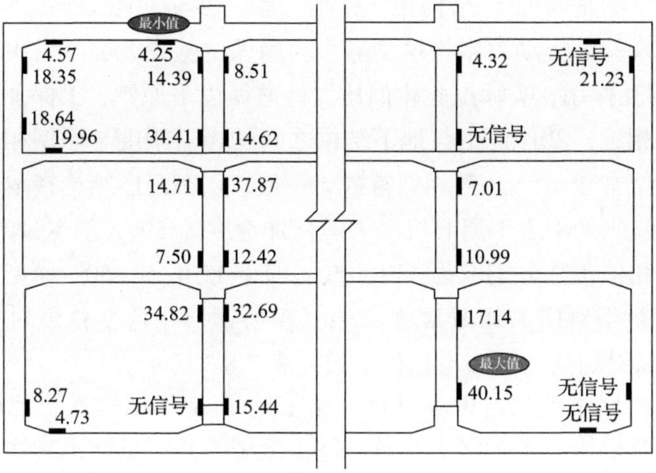

0.5g松潘地震动

图 7.8.11　不同地震动作用下地铁车站结构的峰值拉应变分布(单位：με)

大系数骤减现象，其原因可能为：土体固结和振动过程中，饱和砂土层与上部黏土层形成了薄水层，小震作用下地震动能量无法通过薄水层向上传播，使得地震动能量均积聚在可液化土层中，这也可解释可液化场地上液化层顶部位置的加速度放大系数远大于软弱场地上相同位置处加速度放大系数的现象。随着输入地震动峰值加速度的增加，地震动能量逐渐提高，场地内积聚孔压不断增加。大震(PGA=0.5g)作用下，出现不同程度场地软化现象，浅层液化土层位置处，加速度放大系数均呈现减低趋势；从加速度频谱可以发现，可液化地基对地震动高频成分滤波作用比软弱场地更加明显。其次，可液化地基在顶层黏土层位置出现了加速度放大现象，这是由于地震动作用过程中，黏土层刚度退化，基频降低，使得上覆黏土层的基频与松潘地震动和 Taft 地震动记录的主频成分接近，产生共振，导致地表黏土层对加速度的放大作用显著增加。不同场地输入地震动时地基土不同深度处的峰值加速度放大系数及傅里叶谱见图 7.8.12。其中，SF 工况表示什邡八角地震动输入、SP 表示松潘地震动输入、TA 表示 Taft 地震动输入。

7.8.2 地基-地下结构体系土工离心机模型试验

1. 离心机振动台模型试验设计

本节介绍的系列离心机振动台试验为刘晶波教授课题组在清华大学的离心振动台上完成。离心机吊篮底面的旋转半径为 2.4m，有效半径(旋转中心到模型土样中心)为 2.25m，试验用叠环式模型箱其长、宽、高的尺寸分别为 50cm、20cm、30cm。图 7.8.13 为清华大学 50g-t 土工离心机。

试验主要目的是研究土-结构相互作用、地下结构在地震作用下的反应规律与破坏机制，以及验证土动力本构模型等。为确保试验中能够激发出与原型相似的土-结构动力相互作用，实际试验相似比设计遵循以下原则：①保证原型与模型中各点应力水平相近；②保证土与地下结构之间的相对刚度与原型相近；③保证动力位移反应相似常数 λ_{d} 与几何相似常数 λ 一致；④保证土-结构接触面特性与原型接近。由于试验所采用土工离心机最大运行加速度为 50g，基本量纲系统中长度、加速度对应的相似常数分别取为 1/50、50，即 λ=1/50、λ_g=50；模型土体与原型相同，质量密度量纲对应的相似常数 λ_ρ=1；离心试验中应变量纲对应的相似常数 λ_ε=1，由此可以得到其他物理量相似常数如表 7.8.3 所示。

为了研究成层土地基自由场以及成层土地基-地下结构系统地震非线性动力反应，模型地基选用砂土和黏土制备。砂土选用细砂，试验土样制备过程中通过控制质量密度来保证砂土相对密实度和围压与设计值相同，目标质量密度 ρ_1 为 1.65g/cm^3，含水量 ω_1 为 5%，相对密度 D_{r} 为 40.3%，孔隙比 e 为 0.76，图 7.8.14

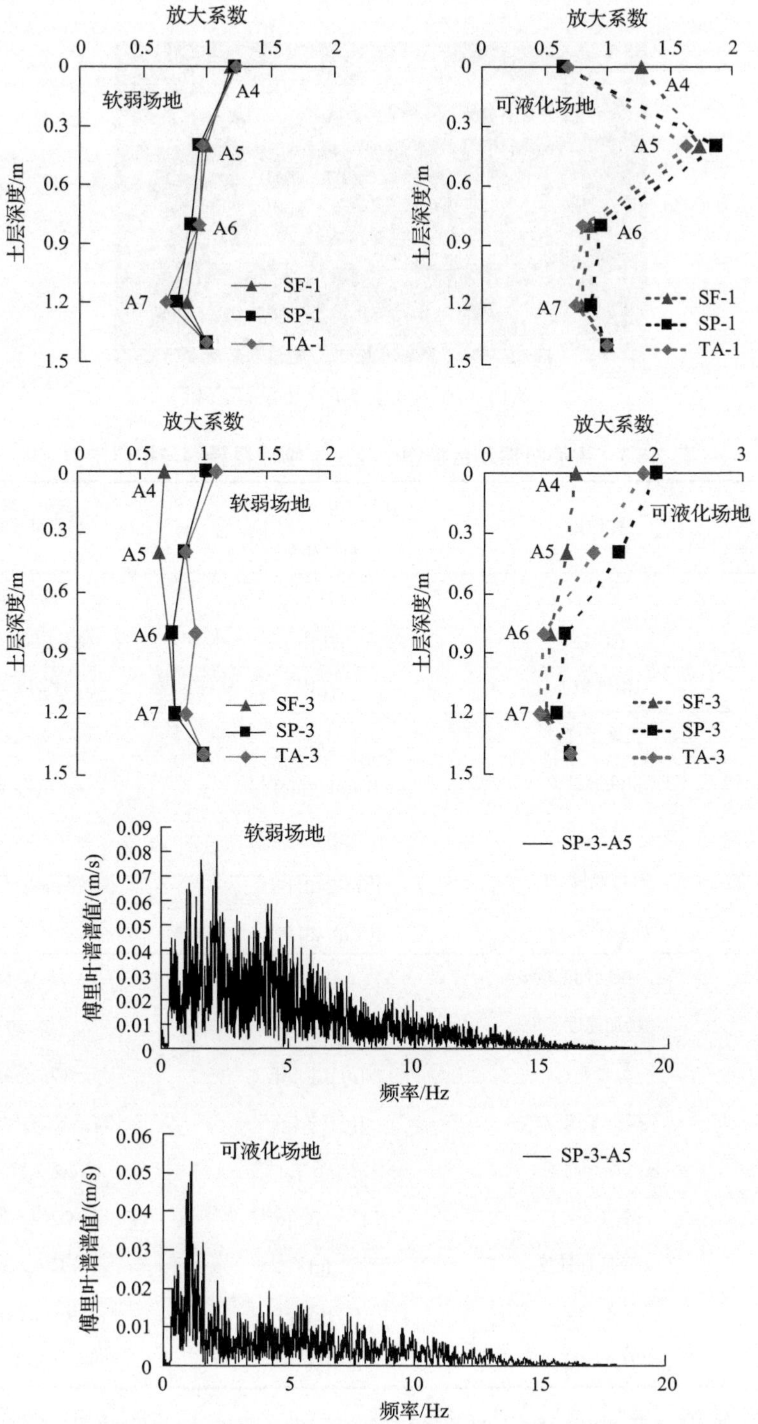

图 7.8.12　软弱与可液化场地不同深度处的峰值加速度放大系数及地表傅里叶谱对比

图 7.8.13　清华大学 50g-t 土工离心机

表 7.8.3　离心机振动台模型试验主要物理量量纲与相似常数

类型	物理量	[L]、[ρ]、[ε]、[g] 量纲系统	相似常数
几何特性	几何尺寸 l	[L]	λ=1/50
	面积 S	$[L]^2$	$\lambda_s=\lambda^2=4\times10^{-4}$
	惯性矩 I	$[L]^4$	$\lambda_I=\lambda^4=1.6\times10^{-7}$
材料特性	质量密度 ρ	[ρ]	$\lambda_\rho=1$
	弹性模量 E	$[L][\rho][g][\varepsilon]^{-1}$	$\lambda_E=\lambda\lambda_\rho\lambda_g/\lambda_\varepsilon=1$
	质量 m	$[\rho][L]^3$	$\lambda_m=\lambda_\rho\lambda^3=8\times10^{-6}$
	抗弯刚度 EI	$[L]^5[\rho][g][\varepsilon]^{-1}$	$\lambda_{EI}=\lambda^5\lambda_\rho\lambda_g/\lambda_\varepsilon=1.6\times10^{-7}$
	抗压刚度 EA	$[L]^3[\rho][g][\varepsilon]^{-1}$	$\lambda_{EA}=\lambda^3\lambda_\rho\lambda_g/\lambda_\varepsilon=4\times10^{-4}$
动力特性	输入振动加速度 a	[g]	$\lambda_a=\lambda_g=50$
	场加速度 g	[g]	$\lambda_g=50$
	力 F	$[\rho][L]^3[g]$	$\lambda_F=\lambda^3\lambda_\rho\lambda_g=4\times10^{-4}$
	弯矩、扭矩 M	$[\rho][L]^4[g]$	$\lambda_M=\lambda^4\lambda_\rho\lambda_g=8\times10^{-6}$
	输入振动时间 t	$[L]^{0.5}[\varepsilon]^{0.5}[g]^{-0.5}$	$\lambda_t=(\lambda\lambda_\varepsilon/\lambda_g)^{0.5}=1/50$
	振动频率 f	$[L]^{-0.5}[\varepsilon]^{-0.5}[g]^{0.5}$	$\lambda_f=(\lambda\lambda_\varepsilon/\lambda_g)^{-0.5}=50$
	动力反应加速度 A	[g]	$\lambda_A=\lambda_g=50$
	动力反应应力 σ	$[\rho][L][g]$	$\lambda_\sigma=\lambda\lambda_\rho\lambda_g=1$
	动力反应应变 ε	[ε]	$\lambda_\varepsilon=1$

为砂土粒径级配累积曲线；黏土选取北京地区基坑开挖中常见的黏土作为模型土，

模型地基制备时以质量密度和含水率作为主要控制参数，其黏土地基设计质量密度 ρ_2 为 1.65g/cm^3，含水量 ω_2 为 12%。

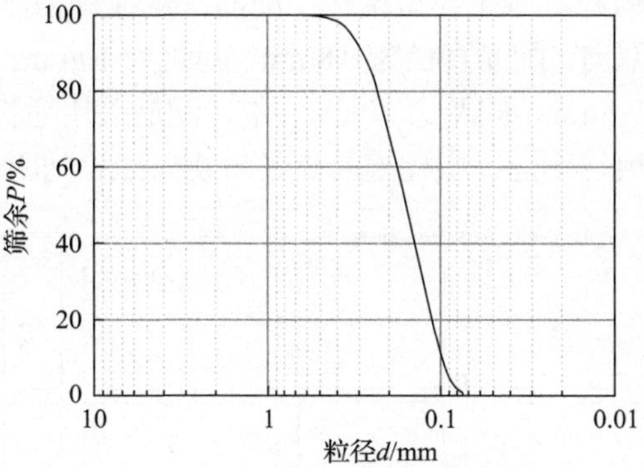

图 7.8.14　砂土粒径级配累积曲线

选用石膏制作地下结构模型，弹性模量为 7963MPa，原型混凝土弹性模量为 30000MPa。按相似关系计算得到石膏复合材料地下结构模型侧墙、顶板、底板和中板厚度分别为 12mm、12mm、12mm 和 7mm；中柱边长为 11mm，模型截面如图 7.8.15 所示。考虑到在石膏复合材料模型中配镀锌钢丝可能与实际钢筋混凝土中混凝土与钢筋之间的协同工作性能不符，试验采用在石膏复合材料模型中配弹性模量较低的纯铝筋来模拟原型结构中的普通钢筋。根据相似比设计，石膏复合材料模型中顶板、底板、侧墙采用双层双向配筋，铝筋直径 1.2mm，间距为 10mm；中板采用单层双向配筋，铝筋直径 1.2mm，间距为 10mm；中柱采用 4ϕ1.2mm 的铝筋，间距为 5.3mm。

图 7.8.15　石膏复合材料横断面(单位：mm)

微粒混凝土是模拟混凝土的理想材料。本次试验中也采用微粒混凝土制作地下结构模型开展了多组工况。按照相似关系计算得到微粒混凝土模型侧墙、顶板、底板和中板厚度分别为 8mm、8mm、8mm 和 5mm；中柱边长为 8mm，模型截面尺寸详见图 7.8.16。为了能够合理模拟原型钢筋混凝土结构，在保证模型结构与原型结构配筋率不变的情况下，微粒混凝土模型结构中配筋采用镀锌钢丝。顶板、底板和侧墙配筋布置方式为双层双向，配筋直径为 0.8mm，间距为 10mm；中板配筋采用单层双向布置，配筋直径为 0.8mm、间距为 10mm；中柱配筋采用通长布置，每根中柱布置 4 根直径为 0.6mm 的镀锌钢丝，中柱箍筋直径为 0.5mm，间距为 12mm。

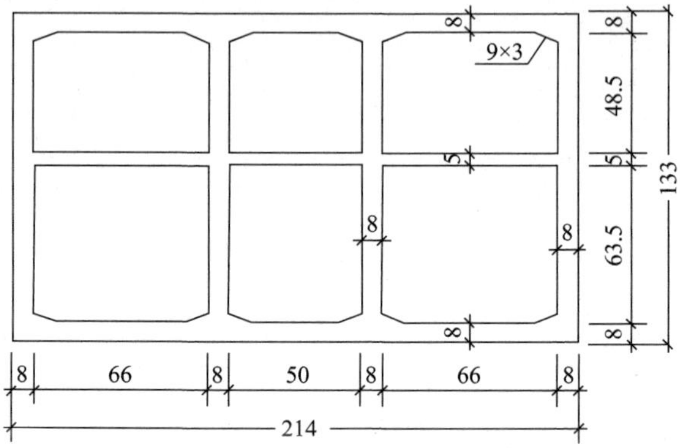

图 7.8.16　微粒混凝土横断面(单位：mm)

试验共进行了 3 组 11 次，内容包括 4 次自由场离心机振动台试验，5 次地基-石膏复合材料地下结构模型离心机振动台试验和 2 次地基-微粒混凝土地下结构模型离心机振动台试验，试验方案如表 7.8.4 所示。场加速度均为 50g，激振方向为单

表 7.8.4　试验方案

试验对象	试验编号	试验内容	地震波
地基自由场	GCFS1	砂土地基自由场	Parkfield
	GCFC2	黏土地基自由场	Parkfield
	GCFL3	成层土地基自由场	Parkfield
	GCFL4	成层土地基自由场	Kobe
地基-双层地下结构(石膏复合材料)系统	GCSP1	砂土地基-地下结构系统(埋深 2.5m)	Parkfield
	GCSP2	成层地基-地下结构系统(埋深 2.5m)	Parkfield
	GCSP3	黏土地基-地下结构系统(埋深 2.5m)	Kobe
	GCSP4	黏土地基-地下结构系统(埋深 5.0m)	Parkfield
	GCSP5	成层地基-地下结构系统(埋深 5.0m)	Parkfield
地基-双层地下结构(微粒混凝土)系统	GCSC1	黏土地基-地下结构系统(埋深 2.5m)	Parkfield
	GCSC2	成层地基-地下结构系统(埋深 2.5m)	Parkfield

向水平激振，分别采用按照相似比调整后的 Kobe 和 Parkfield 地震动记录。离心机振动台试验中采用的叠环式模型箱，高度为 30cm，因此控制模型总高度为 28cm(对应于原型为 14m)。

地基自由场试验模型及其传感器布置如图 7.8.17 所示，试验中分别布置两排加速度传感器，加速度传感器在模型中埋深分别为 3cm、10cm、17cm 和 24cm，换算到原型的埋深分别为 1.5m、5m、8.5m 和 12m。本节中，A 为加速度传感器、D 为位移传感器、E 为土压力传感器、S 为应变片。第二个字母标示传感器量测量的方向，如 H 表示量测量方向为水平、V 表示量测量方向为竖向。地基自由场水平振动试验中，AH1～AH4 量测自由场土体中从顶部到底部加速度反应，AH5～AH8 用来检验叠环式模型箱侧面边界的边界效应。

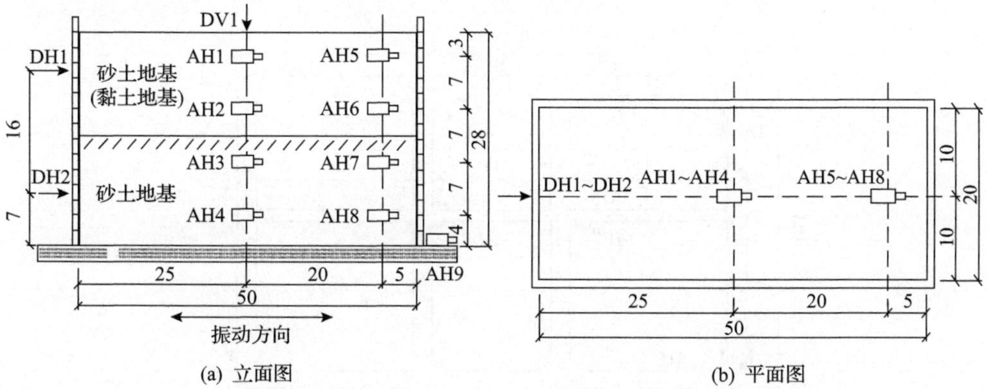

图 7.8.17　地基自由场离心机振动台系列试验模型布置图(单位：cm)

地基-地下结构体系离心机振动台试验中结构顶板的埋深分别为 2.5m 和 5.0m，结构材料分别为石膏复合材料和微粒混凝土。结构模型应变片根据试验前的数值分析结果布置在结构受力较大处或结构薄弱处，模型结构中柱、侧墙、顶板和底板共布置 15 个应变测点，微粒混凝土模型结构应变分布位置见图 7.8.18。模型结构侧面和顶底面共布置 4 个土压力传感器，侧面土压力传感器测量振动过程中动土压力变化对结构应变的影响。图 7.8.19 和图 7.8.20 分别为石膏复合材料模型结构埋深为 2.5m 和 5m 时的加速度传感器和位移传感器布置图，加速度传感器布置在模型结构中轴线和模型结构近场土层，模型结构中轴线的加速度传感器用来测量模型加速度反应沿高度的变化，并且由模型结构顶、底板处加速度时程积分得到位移时程，分析结构顶、底板位置处土层相对位移反应。

2. 系列试验 GCFS1 结果分析

为验证地基自由场加速度反应以及分析叠环式模型箱边界效应，图 7.8.21 给出试验 GCFS1 砂土地基自由场在 Parkfield 地震动记录作用下加速度反应时程曲

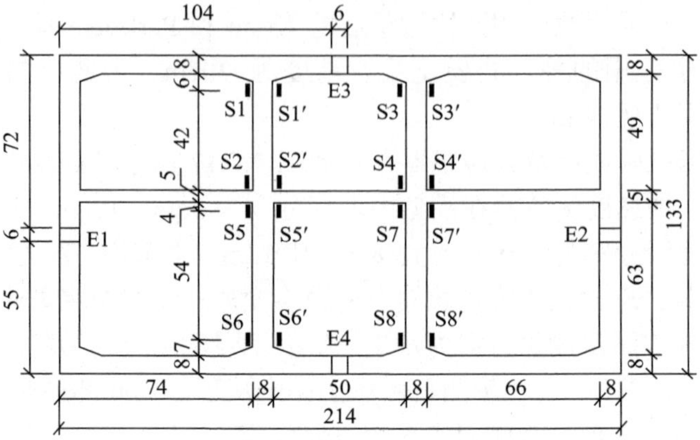

(a) 模型结构观测断面1测点布置

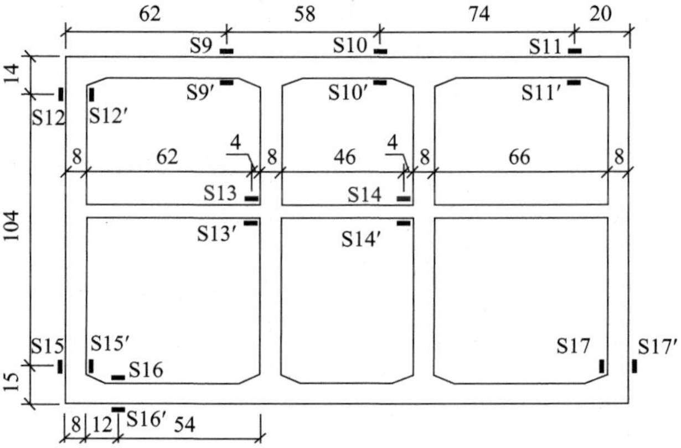

(b) 模型结构观测断面2测点布置

图 7.8.18　微粒混凝土模型结构测点布置图(单位：mm)

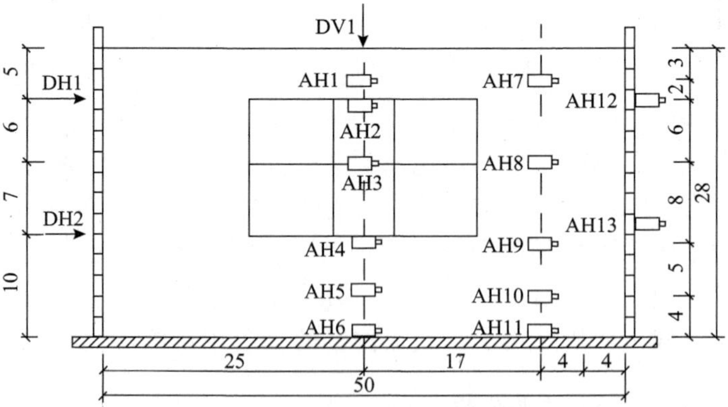

图 7.8.19　埋深 2.5m 传感器布置(单位：cm)

线及其傅里叶谱。AH1～AH4 加速度反应峰值为 0.089*g*、0.084*g*、0.079*g*、0.073*g*，AH5、AH6、AH8 加速度反应峰值为 0.102*g*、0.087*g*、0.074*g*，其中加速度传感器 AH7 损坏无数据。由模型中不同深度处加速度反应峰值可以发现，砂土地基自由场沿高度方向从下到上加速度呈放大效应，接近地表处加速度传感器 AH1 反应峰值相对于底部加速度传感器 AH4 反应峰值的放大系数为 1.22。由加速度傅里叶谱可以看出，试验 GCFS1 在 Parkfield 波作用下低频与高频部分加速度傅里叶谱沿高度方向变化不同，低频部分(小于 2Hz)沿高度呈放大效应，高频部分(大于 3Hz)沿高度先减小后放大。

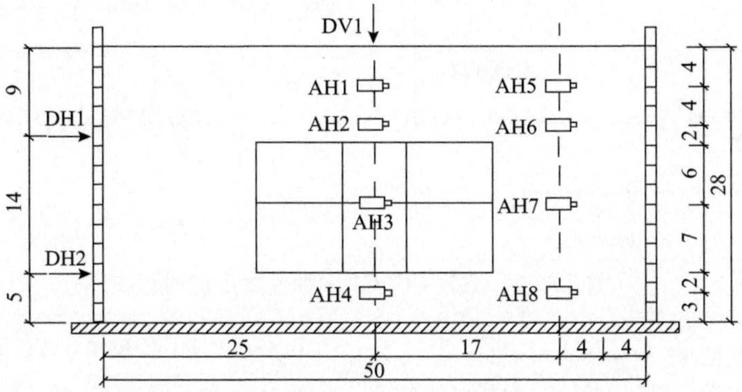

图 7.8.20　埋深 5m 传感器布置(单位：cm)

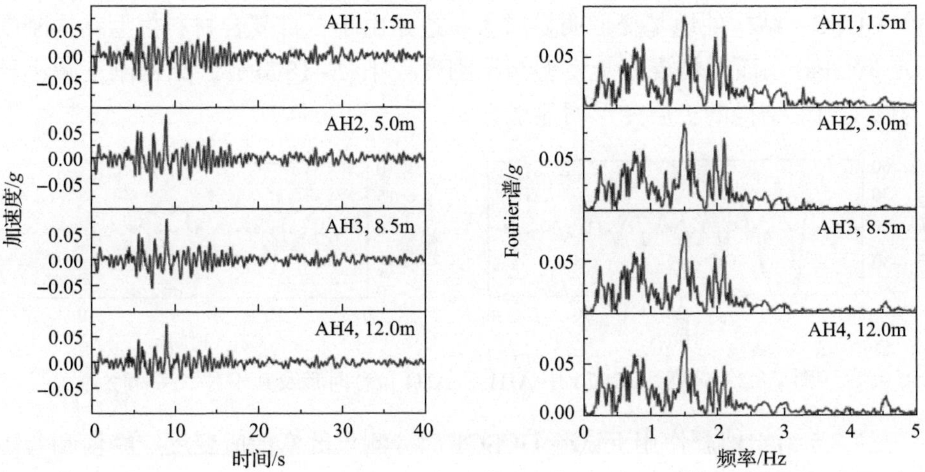

图 7.8.21　试验 GCFS1 中 AH1～AH4 加速度反应时程和傅里叶谱

3. 系列试验 GCSC1 结果分析

试验 GCSC1 加速度传感器实测记录如图 7.8.22 所示，试验中模型结构中轴线处加速度传感器 AH1、AH3、AH4 和 AH5 反应峰值分别为 0.084*g*、0.071*g*、0.083*g* 和 0.084*g*，模型中靠近边壁处的加速度传感器 AH7、AH8 和 AH10 反应峰值分别为 0.088*g*、0.074*g* 和 0.084*g*。

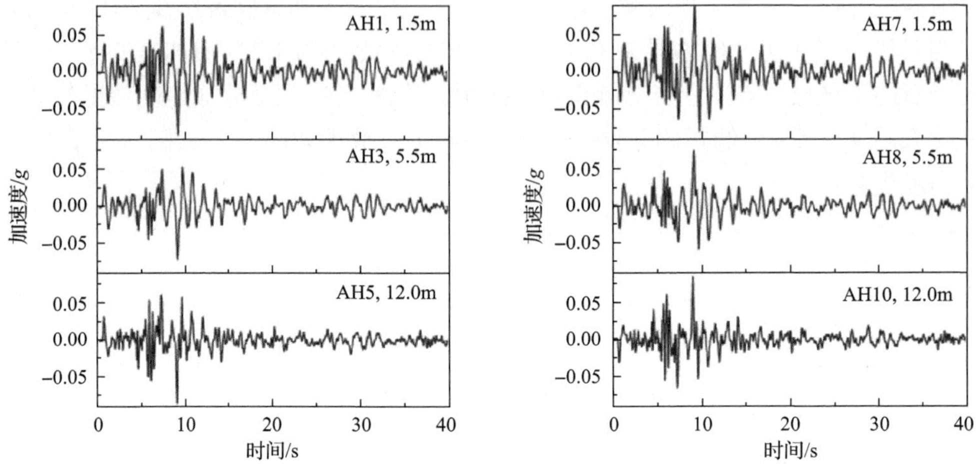

图 7.8.22　试验 GCSC1 中加速度反应时程

分别选取试验 GCSC1 中埋深为 1.5m 和 9.5m 的加速度传感器 AH1 和 AH4 进行加速度积分，可得到的加速度传感器 AH1 和 AH4 位移反应时程和相对位移时程如图 7.8.23 所示，相对位移峰值为 20.0mm。与试验 GCSP1 和 GCSP2 相比，试验 GCSC1 结构处地基变形明显增大，这是由于石膏复合材料模型结构刚度较大（*E*=30GPa），而微粒混凝土模型结构刚度较小（*E*=18GPa），结构刚度减小导致结构以及约束结构的土层变形明显增大。

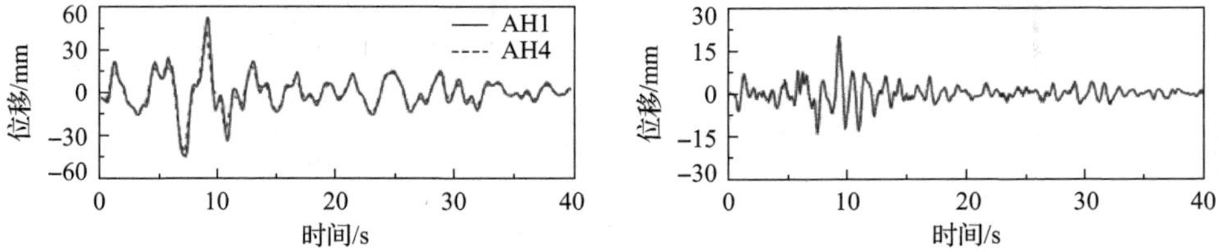

图 7.8.23　试验 GCSC1 中 AH1 和 AH4 位移时程及其相对位移时程

表 7.8.5 给出地震作用下试验 GCSC1 部分测点的弯曲应变反应峰值和弯矩反应峰值，其中弯矩反应由弯曲应变计算得到，结构弹性模量 *E* 采用混凝土材料性能试验实测的微粒混凝土强度换算得到的弹性模量（*E*=18GPa）。低强度微粒混凝土结构表面粗糙，应变片与之粘贴较困难，影响应变测量精度，因此，微粒混凝土模型中结构弯曲应变和弯矩不能真实反映结构地震反应。

表 7.8.5 试验 GCSC1 部分测点附加弯曲应变反应峰值和弯矩反应峰值

测点	S1	S2	S3	S4	S5	S6	S7	S8
弯曲应变/με	13	22	15	13	13	—	19	—
弯矩/(kN·m)	2	4	3	2	3	—	4	—
测点	S9	S10	S11	S12	S13	S14	S16	S17
弯曲应变/με	—	—	9	12	16	15	10	—
弯矩/(kN/m)	—	—	4	6	3	3	5	—

4. 系列试验 GCSC2 结果分析

分别选取试验 GCSC2 中加速度传感器 AH1 和 AH4 的记录，计算结构处地基变形，AH1 和 AH4 位移反应时程和相对位移反应时程曲线见图 7.8.24。从图中可以看出，结构处地基变形峰值为 15mm，与试验 GCSC1 相比，成层土地基在地震作用下的结构处地基变形较黏土地基小，对比试验 GCSP4 中黏土地基变形(23mm)和试验 GCSP5 成层土地基变形(15mm)可以发现同样的规律。因此，不同类型地基-地下结构系统中结构处地基变形反应不同。

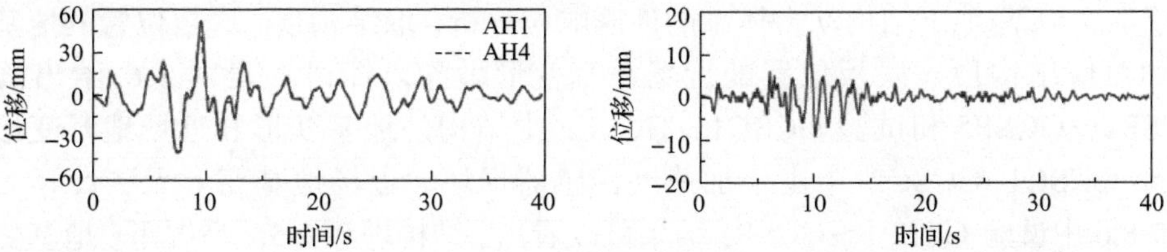

图 7.8.24 试验 GCSC2 中 AH1 和 AH4 位移反应时程和相对位移反应时程

试验 GCSC2 中由于模型结构在试验过程中破坏，大部分应变片损坏，因此无法给出完整应变响应时程，可从模型结构最终破坏形式以及宏观现象中分析结构地震破坏响应机制，结构破坏形态如图 7.8.25 所示。图 7.8.26 给出了破坏后地下结构顶板中部发生 7mm 的竖向沉降情况，等效到原型为 0.35m。图 7.8.27 给出了中柱破坏情况，中柱上、下端均出现钢筋弯折、混凝土剥落现象。图 7.8.28 中侧

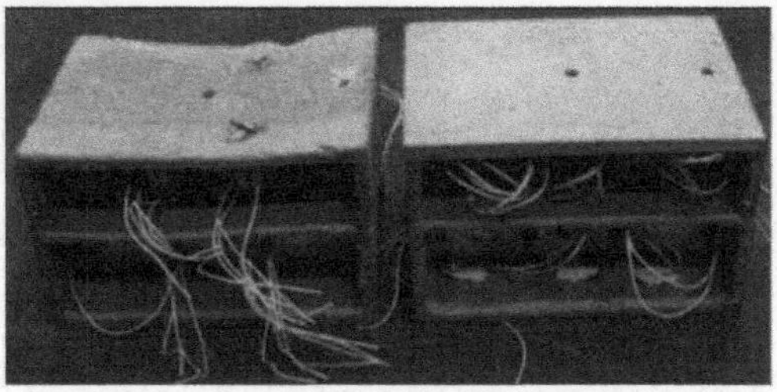

图 7.8.25 微粒混凝土地下结构模型破坏形态

图 7.8.26 顶板沉降

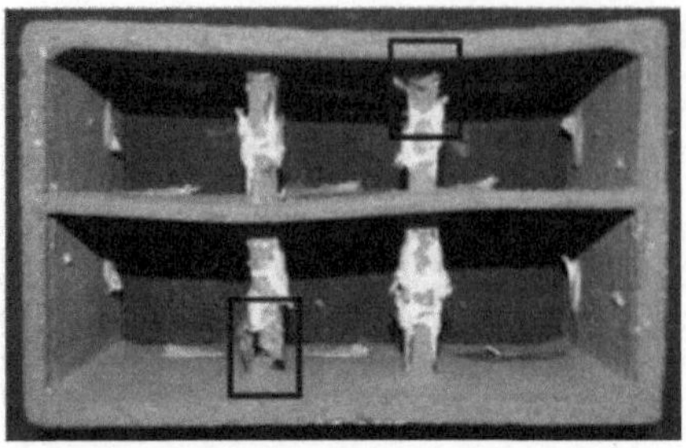

图 7.8.27　中柱破坏

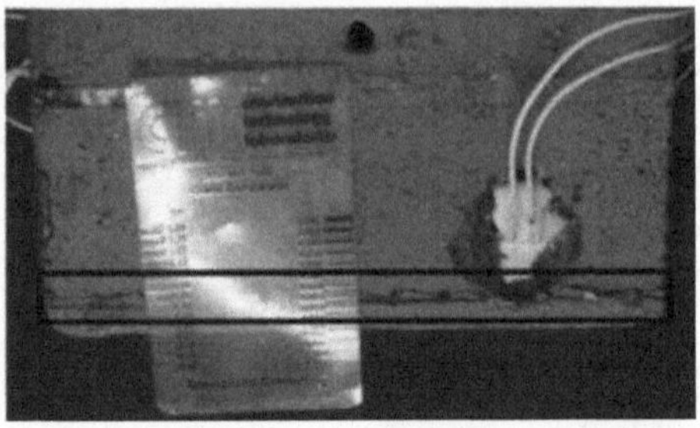

图 7.8.28　侧墙裂缝

墙受弯破坏，出现贯通裂缝。由地下结构破坏现象可知，双层地下结构侧墙角点和中柱上、下端为抗震薄弱环节。

5. 地基-地下结构体系试验结果比较与讨论

从以往的地下空间结构动力破坏研究中可知，地震作用引起的地基变形对地下结构动力反应有重要影响，且在地下结构地震反应分析中，地基变形相对地面峰值加速度更适合作为设计地震动参数。从上述系列试验过程中发现，结构与周围土层振动形态较为一致，因此结构周围的地基变形可以反映主体结构层间位移。对于上文地基-地下结构动力体系的地震响应分析，取结构顶、底板位置的地基变形和对应结构顶、底板位置的近场地基变形做深入探讨。表 7.8.6 给出试验 GCSP1～GCSP5 和试验 GCSC1、GCSC2 中结构处地基变形和近场地基变形。试验 GCSC1、GCSC2 中由于加速度传感器损坏，近场地基变形无法计算。由表 7.8.6 中试验 GCSP1～GCSP3 结果可以看出，结构埋深 2.5m 情况下，地基变形随着台面峰值加速度增加而增大。不同地基-地下结构系统中结构处地基变形和近场地基变形不同，试验 GCSP1 砂土地基-地下结构系统中结构处地基变形小于近场地基变形；黏土地基-地下结构系统中，结构处地基变形大于近场地基变形；成层土地基-地下结构系统中结构处地基变形与近场地基变形接近。观察试验 GCSP4、GCSP5 结果可以发现，结构埋深 5.0m 情况下，地基变形同样随着振动台台面加速度峰值增大而增大，但是不同类型地基变形反应与埋深 2.5m 时不同，黏土地基-地下结构系统中结构处地基变形小于近场地基变形。对比试验 GCSC1、GCSC2 同样可以看出，不同类型地基-地下结构系统中结构处地基变形与近场地基变形不同。石膏复合材料模型结构和微粒混凝土模型结构对应的原型结构弹性模量分别为 E=30GPa 和 E=18GPa，石膏模型结构刚度要大于微粒混凝土模型结构，比较试验 GCSP2 和 GCSC2、试验 GCSP3 和 GCSC1 可以发现，相同土层条件下，结构自身刚度对地震作用下地基-地下结构系统中的地基变形有较大影响。综上所述，结构处地基变形与近场地基变形接近，但结构埋深和结构刚度对其也有一定的影响。

表 7.8.6　地基-地下结构系统地基变形

试验编号	GCSP1	GCSP2	GCSP3	GCSP4	GCSP5	GCSC1	GCSC2
振动台台面加速度峰值/g	0.069	0.107	0.185	0.194	0.177	0.167	0.161
结构处地基变形/mm	5.3	7	10	23	11	20	15
近场地基变形/mm	7.4	7	8	23	15	—	—

7.8.3　考虑竖向地震作用的地下框架结构地震损伤反应离心机振动台模型试验

1. 离心机振动台模型试验设计

已有研究表明，竖向地震作用是大开地铁车站结构发生塌毁破坏的重要因素。本节介绍的试验工作由杜修力教授课题组在浙江大学的离心振动台上完成，试验目的是探讨竖向地震作用对浅埋地下框架结构地震破坏反应和失效模式的影响。

浙江大学软弱土与环境土工教育部重点实验室的 ZJU400 土工离心机试验系统如图 7.8.29 所示。ZJU400 土工离心机由浙江大学和中国工程物理研究院联合研制，该离心机采用电机驱动，双吊篮工作方式，其最大运行能力为 400gt，最大离心加速度 150g，最大有效旋转半径 4.5m。在动力试验中，结合考虑振动台的性能，可施加的人工加速度达 100g。

图 7.8.29　ZJU400 土工离心机试验系统

试验所采用的离心机振动台系统如图 7.8.30 所示，为电液伺服液压驱动式，能够实现水平单向振动，主要由电液激振系统、高压油源、蓄能器、管路系统、控制系统和测试系统等组成。试验中采用的层状剪切模型箱内部尺寸为 0.73m×0.33m×0.42m，由 11 个空心铝框架组成，层间间隙约 5mm，如图 7.8.31 所示。

在浙江大学的离心机振动台上无法进行三向施震，且目前的模型箱也不能合

图 7.8.30　离心机振动台系统

图 7.8.31　层状剪切模型土箱

理模拟水平和竖向地震作用下的场地地震反应，这使得在本次模型试验中直接模拟竖向地震所引起的上覆土体惯性力难以实现。因此，在本次试验中，采用了在结构顶面的上覆土中掺入一定比例的钢砂来模拟上覆土的竖向惯性作用的方法，即通过上覆土的附加重力来近似代替由竖向地震作用引起的上覆土惯性力。上覆土体中的钢砂掺入量须合理考虑，阪神地震中的大开地铁车站上覆土体竖向加速度最大值为(0.4～0.5)g，因此掺入一定比例钢砂使上覆土体自重增加 40%～50% 来近似等效竖向地震动引起的上覆土体惯性力。土-结构系统模型如图 7.8.32 所示，钢砂仅在地下结构顶部的上覆土体中掺入，其他位置密实度一致。

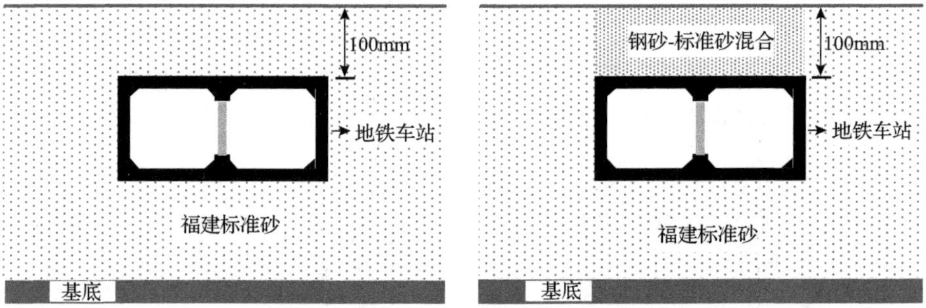

(a) 正常上覆土体的土-结模型　　(b) 上覆土体掺入钢砂的土-结模型

图 7.8.32　土-结构系统模型

本次系列试验共包含五组离心机振动台试验，考虑了不同程度的竖向地震动作用及两种不同的结构形式：强板弱柱模型、强柱弱板模型。具体试验方案见表 7.8.7。

表 7.8.7　试验方案

试验编号	场地类型	上覆土体钢砂掺入量/%	模型结构类型
SSI-1	未掺钢砂	0	强板弱柱模型
SSI-2	掺钢砂	40	
SSI-3	掺钢砂	50	
SSI-4	未掺钢砂	0	强柱弱板模型
SSI-5	掺钢砂	40	

试验中，离心机加速度选择为 50g，因此，几何相似比为 1/50(模型/原型)，相应的重力加速度、水平激振加速度及动力反应加速度相似比为 50∶1，其他相似比参数见表 7.8.8。

表 7.8.8　模型试验相似关系和相似比

类型	物理量	[L]、[ρ]、[ε]、[g] 量纲系统	相似常数	模型/原型
几何特性	几何尺寸 l	[L]	λ	1/50
	面积 S	$[L]^2$	$\lambda_s=\lambda^2$	4×10^{-4}
	惯性矩 I	$[L]^4$	$\lambda_I=\lambda^4$	1.6×10^{-7}
材料特性	质量密度 ρ	[ρ]	λ_ρ	1
	弹性模量 E	$[L][\rho][g][\varepsilon]^{-1}$	$\lambda_E=\lambda\lambda_\rho\lambda_g/\lambda_\varepsilon$	1
	质量 m	$[\rho][L]^3$	$\lambda_m=\lambda_\rho\lambda^3$	8×10^{-6}
	抗弯刚度 EI	$[L]^5[\rho][g][\varepsilon]^{-1}$	$\lambda_{EI}=\lambda^5\lambda_\rho\lambda_g/\lambda_\varepsilon$	1.6×10^{-7}
	抗压刚度 EA	$[L]^3[\rho][g][\varepsilon]^{-1}$	$\lambda_{EA}=\lambda^3\lambda_\rho\lambda_g/\lambda_\varepsilon$	4×10^{-4}
动力特性	输入振动加速度 a	[g]	$\lambda_a=\lambda_g$	50
	场加速度 g	[g]	λ_g	50
	力 F	$[\rho][L]^3[g]$	$\lambda_F=\lambda^3\lambda_\rho\lambda_g$	4×10^{-4}
	线荷载 p	$[\rho][L]^2[g]$	$\lambda_p=\lambda_\rho\lambda^2\lambda_g$	1/50
	弯矩、扭矩 M	$[\rho][L]^4[g]$	$\lambda_M=\lambda^4\lambda_\rho\lambda_g$	8×10^{-6}
	输入振动时间 t	$[L]^{0.5}[\varepsilon]^{0.5}[g]^{-0.5}$	$\lambda_t=(\lambda\lambda_\varepsilon/\lambda_g)^{0.5}$	1/50
	振动频率 f	$[L]^{-0.5}[\varepsilon]^{-0.5}[g]^{0.5}$	$\lambda_f=(\lambda\lambda_\varepsilon/\lambda_g)^{-0.5}$	50
	动力反应线位移 u	$[L][\varepsilon]$	$\lambda_u=\lambda\lambda_\varepsilon$	1/50
	动力反应速度 v	$[L]^{0.5}[\varepsilon]^{0.5}[g]^{0.5}$	$\lambda_v=(\lambda\lambda_\varepsilon\lambda_g)^{-0.5}$	1
	动力反应加速度 A	[g]	$\lambda_A=\lambda_g$	50
	动力反应应力 σ	$[\rho][L][g]$	$\lambda_\sigma=\lambda\lambda_\rho\lambda_g$	1
	动力反应应变 ε	[ε]	λ_ε	1

采用低强度微粒混凝土制作缩尺模型。在制作微粒混凝土模型的同时浇筑三组 10cm×10cm×10cm 以及三组 30cm×10cm×10cm 的立方体试块，分别测试混凝土的强度及弹性模量。养护 28 天后混凝土试块的抗压强度及弹性模量测试结果如表 7.8.9 所示。制模所采用的微粒混凝土强度等级约为 20MPa，满足离心机加载阶段结构的承载力要求。

表 7.8.9　微粒混凝土抗压强度及弹性模量值

试件	抗压强度/MPa	弹性模量/GPa
1	20.9	13.40
2	20.7	12.61
3	20.7	13.12
平均值	20.8	13.04

根据模型箱内部尺寸确定缩尺模型的整体尺寸，考虑到小尺寸模型的制模难度，采取结构几何相似比尽可能大的设计原则。缩尺模型参考大开地铁车站破坏最为严重的断面进行设计，制作的模型如图 7.8.33 所示。模型中包含三根立柱，其中中间位置的立柱作为主要观测与分析的对象。模型结构几何尺寸为纵向长 250mm、宽 340mm、高 144mm、顶板厚 16mm、底板厚为 17mm、左右墙厚 14mm。模型结构包含三根立柱，立柱截面为 8×20mm，立柱之间轴心间距 70mm，车站模型配筋采用直径为 0.7mm 的铁丝及网片，网片网孔间距 14mm，模型尺寸及配筋如图 7.8.34 所示。

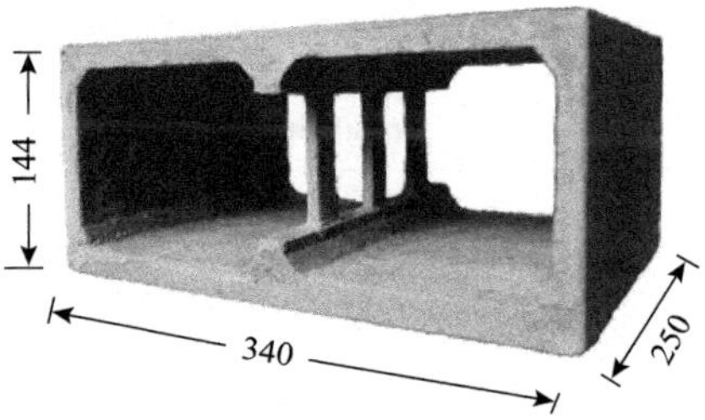

图 7.8.33　模型车站几何尺寸(单位：mm)

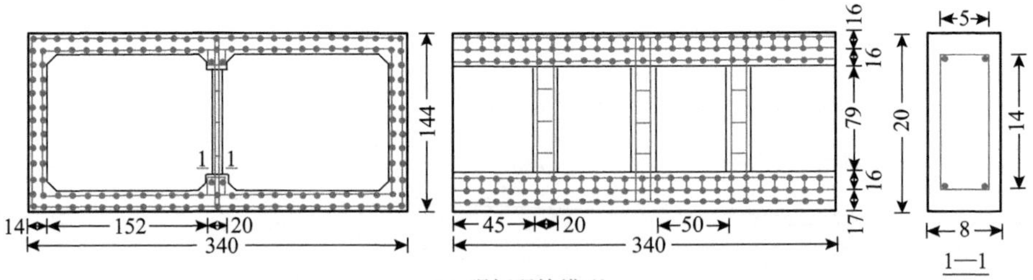

(a) 强板弱柱模型

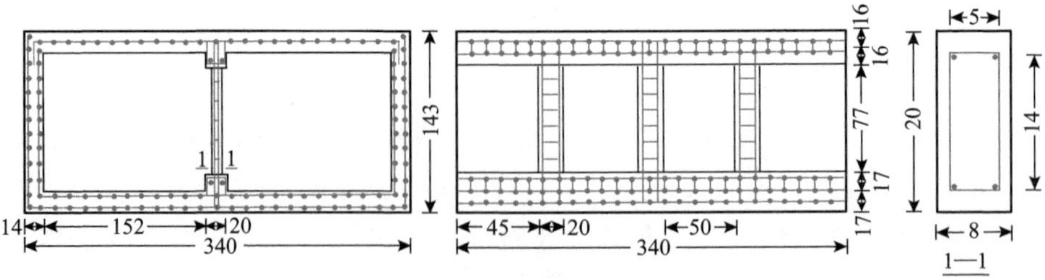

(b) 强柱弱板模型

图 7.8.34　车站结构模型配筋图(单位：mm)

模型场地为福建标准砂干砂场地，采用砂雨法制作，相对密实度为 50%，标准砂物理力学性质指标见表 7.8.10，颗粒级配曲线见图 7.8.35。

表 7.8.10　福建标准砂物理力学性质指标

物理量	G_s	e_{max}	e_{min}	e	D_{50}/mm	φ/(°)
参数值	2.645	0.961	0.615	0.78	0.16	39

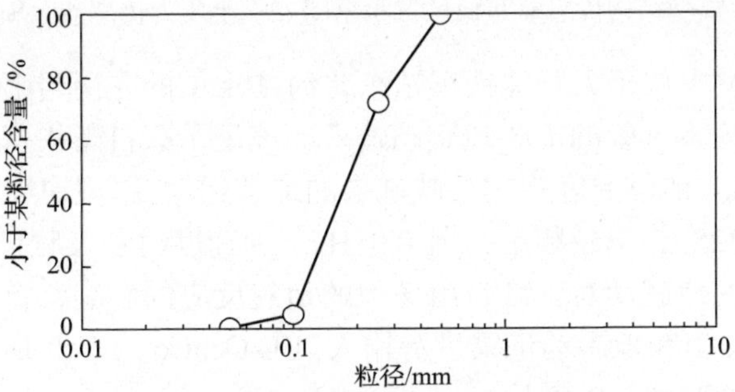

图 7.8.35　福建标准砂颗粒级配曲线

制作结构上覆土体掺钢砂的干砂场地时，将一定比例的细钢砂(0.3mm 粒径不锈钢丸)与标准砂均匀混合后制作上覆土体。结构上覆土体不掺钢砂时的总质量约为 16.9kg，增大 50%自重的上覆土体采用钢砂、标准砂质量比为 11：14.35 进行混合制作。由于仅在结构上覆土体中掺入钢砂，所以在制作上覆土层时严格进行格挡处理，将中央处与两侧分开进行浇砂。

试验采用的传感器主要有加速度传感器、激光位移传感器、土压力盒及应变片等，同时为了监控试验过程中地铁车站内部的破坏情况，在结构内部安装了微型摄像头、传感器及微型摄像头，其布设位置见图 7.8.36 和图 7.8.37。

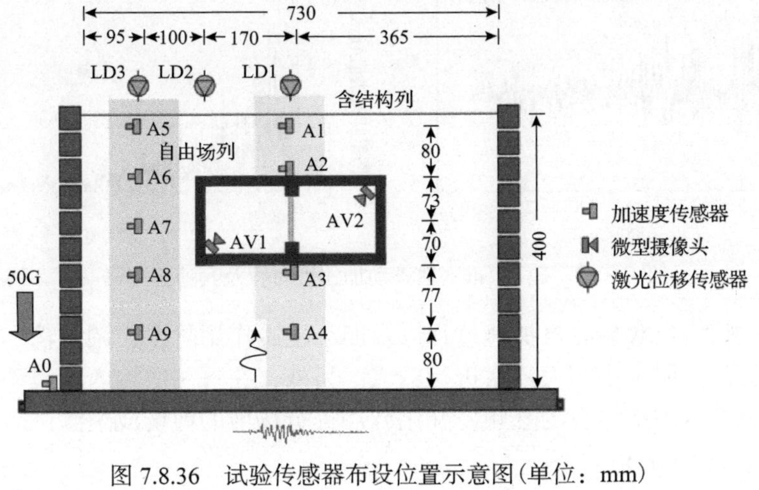

图 7.8.36　试验传感器布设位置示意图(单位：mm)

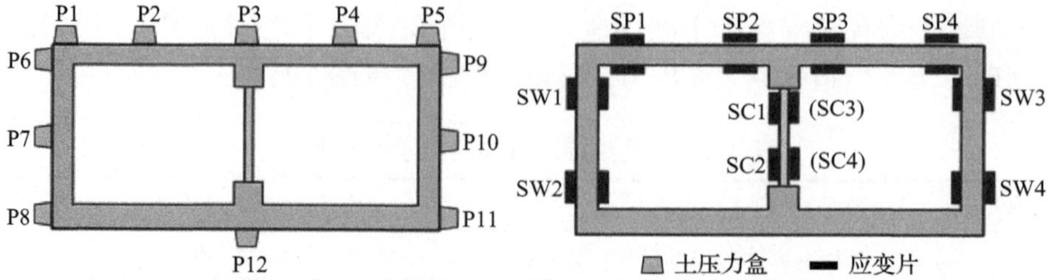

图 7.8.37　模型结构传感器布设位置示意图(P：土压力传感器；S：应变片)

选取阪神地震中位于大开地铁车站东北约 10km 的花岗岩上神户大学观测到的地震动记录作为本试验的主要地震动输入。该记录取自露头基岩处，受到局部土层特性影响较小,能够更客观地反映基岩的地震运动。原型地震动记录持时 32s，峰值加速度为 0.328*g*，卓越频率约为 0.91Hz，加速度时程及频谱见图 7.8.38。为了比较不同频谱的地震动对干砂自由场地的地震反应的影响，自由场试验还另外采用 EL-Centro 及 Taft 地震动记录进行输入，EL-Centro 及 Taft 地震动加速度记录及频谱见图 7.8.39 和图 7.8.40。

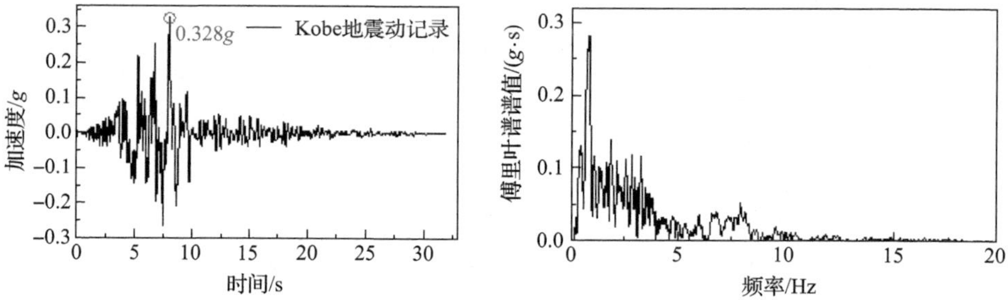

图 7.8.38　Kobe 地震动加速度时程及其傅里叶谱

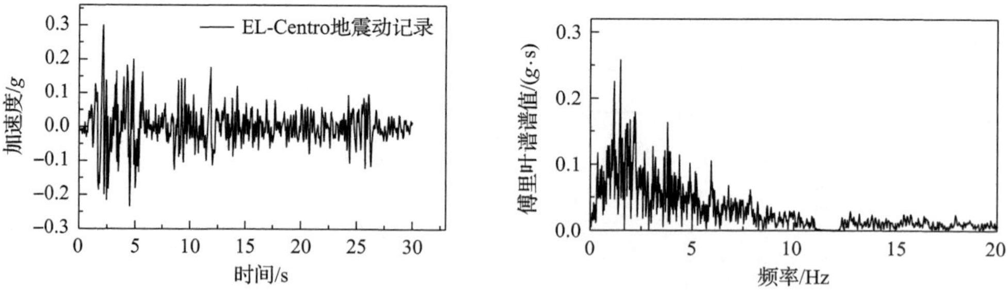

图 7.8.39　EL-Centro 地震动加速度时程及其傅里叶谱

每组试验均包含离心机加速过程以及四个地震作用阶段，调整输入地震动的峰值加速度，按照由小到大依次进行输入。另外，在每一次输入地震动之前，采用小幅值白噪声测试体系的基频，并用脉冲进行场地的剪切波速测试。具体加载工况安排见表 7.8.11。

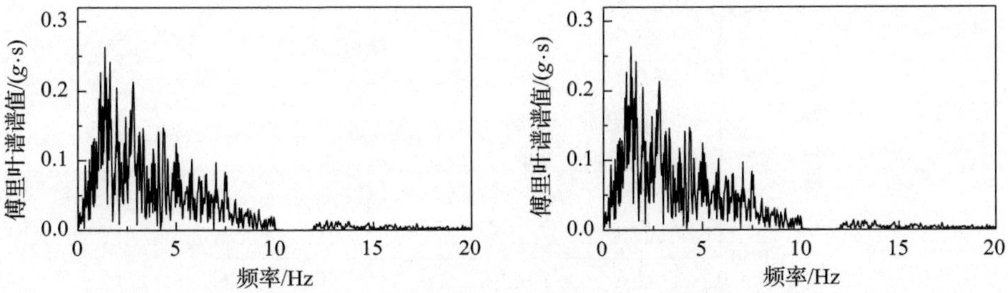

图 7.8.40　Taft 地震动加速度时程及其傅里叶谱

表 7.8.11　试验加载工况

	工况号	地震动	幅值/g
加速阶段	EQ-0	—	0～50
阶段一	EQ-1	白噪声及脉冲	0.05
	EQ-2	Kobe	0.1
阶段二	EQ-3	白噪声及脉冲	0.05
	EQ-4	Kobe	0.32
阶段三	EQ-5	白噪声及脉冲	0.05
	EQ-6	Kobe	0.4
阶段四	EQ-7	白噪声及脉冲	0.05
	EQ-8	Kobe	0.52
	EQ-9	白噪声	0.05

2. 增加上覆自重考虑竖向地震作用的方法可行性分析

图 7.8.41、图 7.8.42 分别给出了 SSI-1～SSI-5 试验中 EQ-4(Kobe-0.32g)工况的结构顶部地表处及自由场地表的加速度反应时程及其频谱特性，以及各个地震工况下自由场与非自由场土层的加速度峰值放大系数。由图可知，五次试验中相同位置处加速度时程及其频谱、加速度峰值放大规律基本一致，说明在五次试验中土-结构体系获得了较为一致的水平地震反应，每组试验间具有较好的可比性；同时，在结构上覆土体中掺入钢砂并未明显改变原土-结构体系的水平地震反应。

3. 试验宏观现象对比分析

表 7.8.12 给出了五组试验中观察到的结构损伤对比情况。

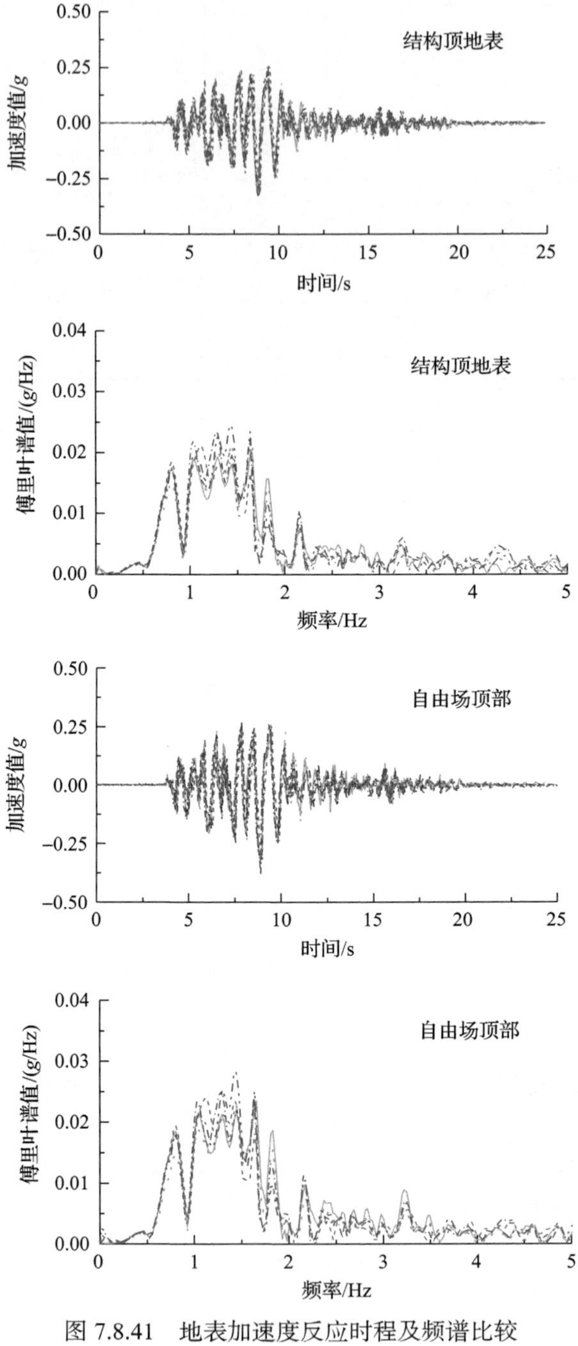

图 7.8.41　地表加速度反应时程及频谱比较

SSI-1　SSI-2　SSI-3　SSI-4　SSI-5

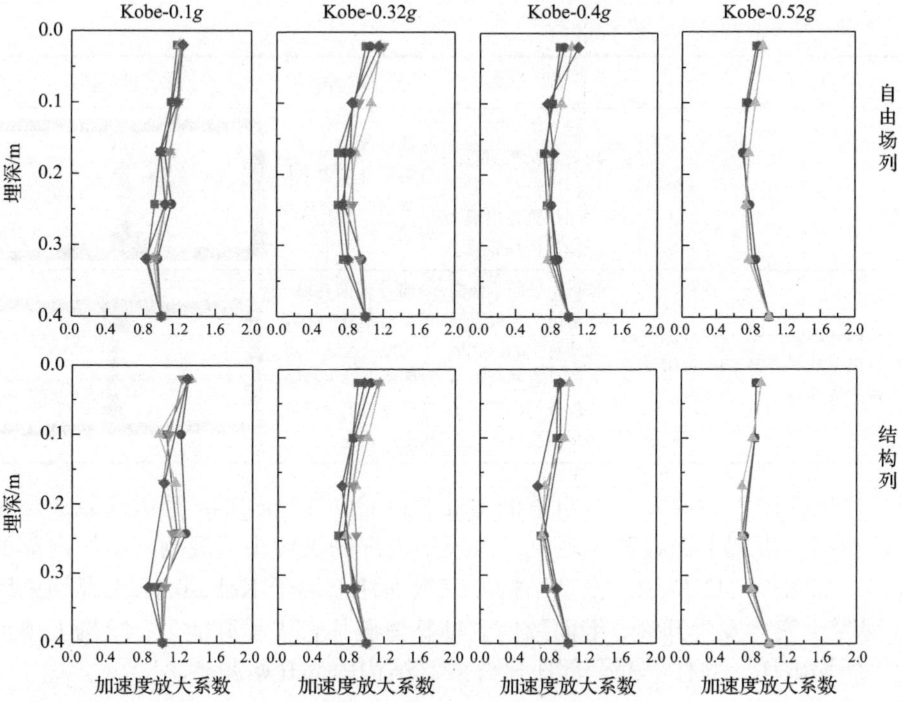

图 7.8.42　土层加速度峰值放大系数

SSI-1　SSI-2　SSI-3　SSI-4　SSI-5

表 7.8.12　模型结构损伤对比

	破坏过程	中柱	顶、底板	左、右侧墙	最终破坏模式
SSI-1	未破坏	无开裂现象	无开裂现象	无开裂现象	
SSI-2	Kobe-0.1*g* 一根外侧中柱表层混凝土脱落；Kobe-0.32*g* 三根中柱均产生剪切破坏，顶板下塌	两根外侧中柱破坏于柱顶，中间中柱破坏于柱底	顶板中部出现了明显的下塌变形；顶板外侧墙、板交界处各出现一条结构性裂缝	左、右侧墙外侧上部墙、板交界处各出现一条结构性裂缝	
SSI-3	Kobe-0.4*g* 工况结束后约 1min 时三根立柱同时破坏，继而顶板下塌并折断	三根立柱均首先于柱顶破坏，之后立柱纵筋全部压弯外鼓，混凝土剥落	上顶板中间偏左位置以及靠右侧墙附近位置出现断裂破坏，钢筋被拉断；靠左侧墙附近位置出现两条结构性裂缝	左侧墙上部出现断裂破坏，右侧墙外侧上部出现一条结构性裂缝	

续表

	破坏过程	中柱	顶、底板	左、右侧墙	最终破坏模式
SSI-4	未破坏	无开裂现象	顶板外侧中部出现一条表皮裂缝，顶板内侧左、右中间位置各出现一条结构性裂缝	左侧墙外侧上部、右侧墙外侧上、下部各出现一条表皮裂缝	
SSI-5	Kobe-0.52g一根外侧中柱底部出现表皮开裂	一根外侧中柱的底部出现了表皮开裂	顶板上表面梁板交界部位、顶板下表面两跨中心、底板右侧上表面两跨中心位置均出现一条结构性裂缝	侧墙外表面在墙、板交界位置均出现了明显的裂缝，而左侧墙上部为结构性裂缝，其余三条为表皮裂缝	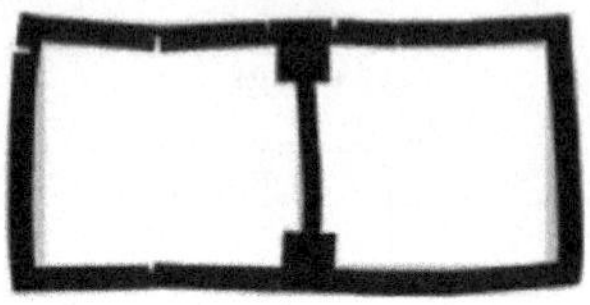

结构顶部掺钢砂增大 50%自重的 SSI-3 试验在 Kobe-0.4g 地震荷载加载完毕后，模型结构出现了塌毁破坏现象，由模型内部的摄像头可观测到结构内部的破坏过程，如图 7.8.43 所示。模型结构的三根立柱上端于 Kobe-0.4g 工况结束后约 1min 混凝土突然发生开裂，继而致使立柱整体破坏丧失承载能力，结构上顶板随之发生坍塌破坏，立柱纵筋全部压弯外鼓，结构内部开始漏砂。

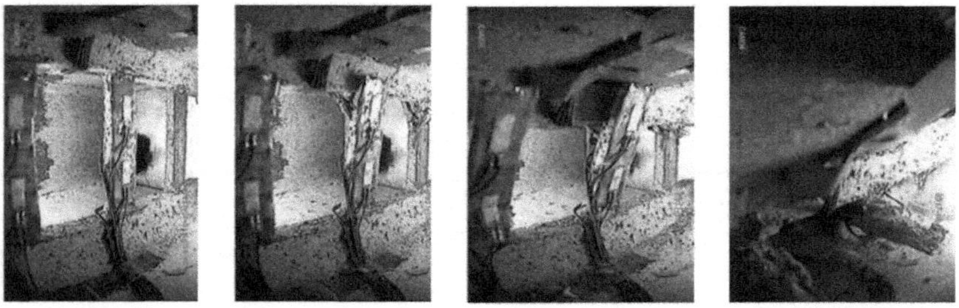

(a) 立柱破坏前　　(b) 立柱柱顶破坏　　(c) 立柱进一步破坏　　(d) 顶板坍塌

图 7.8.43　中柱破坏过程

图 7.8.44 为模型结构的震害现象与大开地铁车站实际震害现象对比图，从图中可以看出模型结构的破坏形式与大开地铁车站坍塌的破坏形式基本一致，二者结构框架均呈现“M”形整体塌毁破坏；模型结构框架左侧墙损伤位置与大开地铁车站完全一致，靠近中柱的左侧顶板及左侧墙体上部出现严重的拉裂破坏而形成塑性铰，顶板产生折断破坏。左侧墙上部破坏细节如图 7.8.44(c)、(d)所示；模型结构框架右侧的破坏模式与大开地铁车站稍有不同，大开地铁车站右侧顶板与侧墙的破坏与左侧基本呈对称分布，而模型结构右侧顶板靠近中柱位置发生破坏，而在顶板与侧墙交叉部位左侧产生拉裂成为塑性铰，产生差异的原因可能与施加荷载形式有关(试验仅考虑单向水平施震)；模型结构中柱的破坏形式与大开车站某中柱的破坏形式基本一致，二者均为外侧混凝土剥落，内部混凝土压碎，钢筋完全外漏，主筋被压弯，中

柱完全失去竖向承载能力，继而顶板坍塌，柱顶纵梁与柱底纵梁几乎接触，具体细节如图 7.8.45(e)、(f)所示，呈现出中柱在剪、压受力状态下的典型破坏形式。

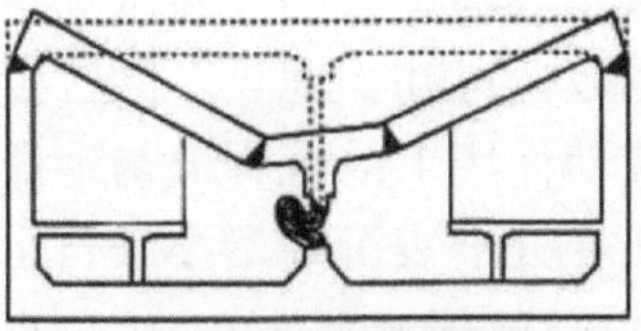
(a) 横断面破坏示意图

(b) 模型破坏模式正视图

(c) 侧墙外侧上腋裂缝

(d) 模型侧墙外侧上腋裂缝

(e) 柱7

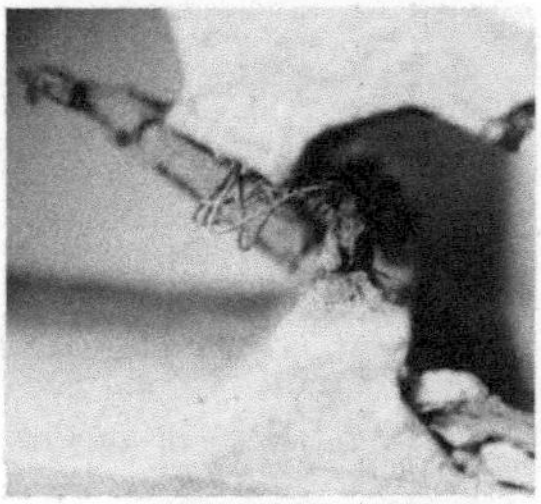
(f) 模型外侧立柱

图 7.8.44　模型结构与大开地铁车站破坏模式对比

模型场地震害现象与大开地铁车站实际地表震害情况如图 7.8.45 所示，二者地表均呈现“V”形塌陷，最大沉降位置为地下框架结构的中柱处。试验后测得地表最大沉降为 60mm(换算原型为 3m)，而大开地铁车站震害调查得到的现场地表最大沉降为 2.5m。通过定量比较，试验宏观震害现象在量级上与大开地铁车站实际震害调查结果基本一致。

(a) 上部路面破坏情况

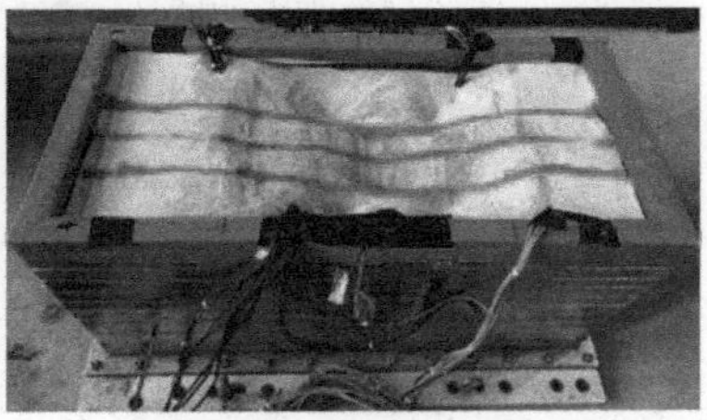
(b) 模型试验地表沉降情况

图 7.8.45　模型场地与大开地铁车站破坏模式对比

4. 实测地表沉降、土压力及结构应变分析

图 7.8.46 给出了 SSI-3 组试验激光位移传感器记录的地表沉降位移时程，激光位移传感器布置情况见图 7.8.36。由实测数据可知，地表不同位置处沉降位移随着地震动的逐级增加而增大，且每次地震动作用下的沉降值与地震动幅值大小呈正相关；在 Kobe-0.4g 工况之前，结构所在处地表沉降量小于自由场地表；结构于 Kobe-0.4g 工况后发生塌毁破坏，结构中心顶部地表处 LD-1 测点及侧墙位置地表处 LD-2 测点出现了突升，而自由场地表沉降量并未有明显增大。结构中心顶部地表处 LD-1 测点沉降量最大，达到 2.16m。

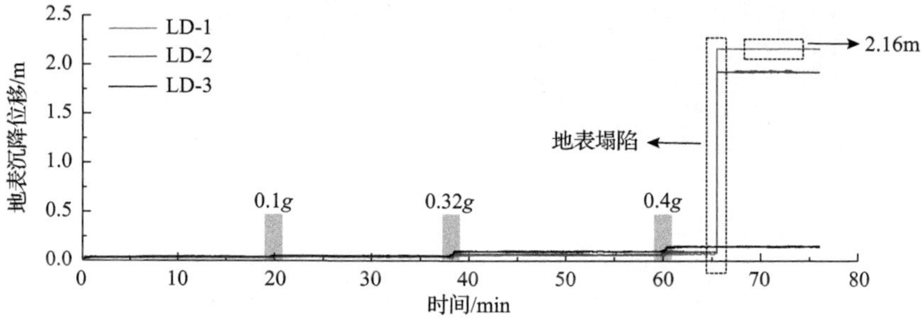

图 7.8.46　SSI-3 组试验实测地表沉降位移时程

图 7.8.47 给出了 SSI-1、SSI-3 组试验在各工况实测得到的土压力。由图可知，大多数测点土压力时程均随着地震动的逐级增加而增大，说明土体在地震动的剪切作用下逐渐密实，使得结构与土体接触、挤压作用增强。试验 SSI-3 中土压力均大于试验 SSI-1，这表明竖向地震作用有效地增大了地下结构的受力水平。

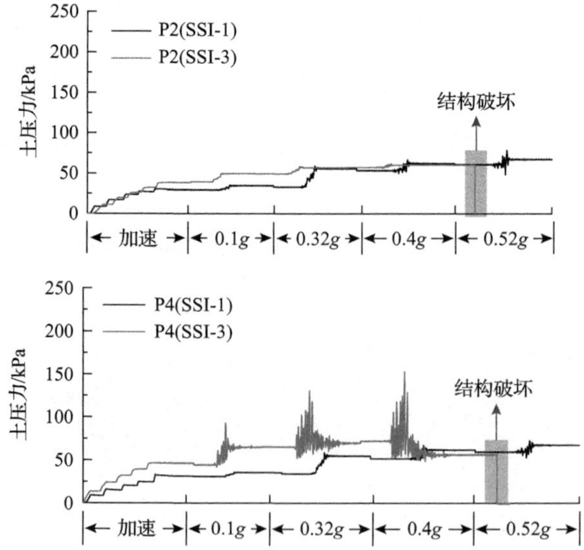

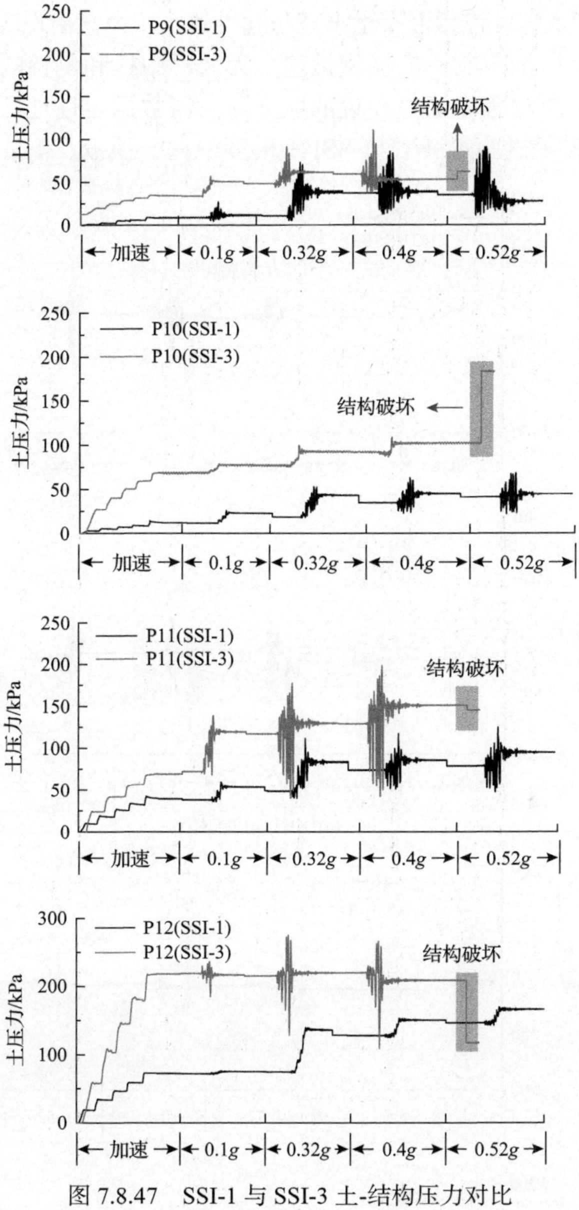

图 7.8.47　SSI-1 与 SSI-3 土-结构压力对比

对于试验 SSI-3，在 0.4g 地震动施加结束后一段时间各个测点土压力值均同时产生突变，结合宏观震害现象可知该突变点是由于结构产生塌毁破坏引起的。此时，顶、底板测点 P2、P4、P12 土压力值产生突降，这是由于模型结构顶板产生塌毁破坏后，结构竖向刚度急剧下降，使得结构顶、底板与土体挤压作用降低。然而右侧墙 P10、P11 测点土压力变化不大，分析可知右侧墙在结构破坏后整体性保持完好，刚度衰减较小，这与宏观震害现象一致；右侧墙上部 P9 测点土压力产生瞬时突升，这是由于该位置产生塑性铰后混凝土出现凸起导致土压力盒出现应力集中的现象。

受当前测试手段的限制，在模型试验中无法对中柱和侧墙的轴力进行直接测试，因此在数据分析过程中通过布设的应变片测得数据定性地评价构件的轴力水平。由图 7.8.48 表示试验 SSI-1 与 SSI-3 模型中柱、顶板及侧墙应变对比，可知

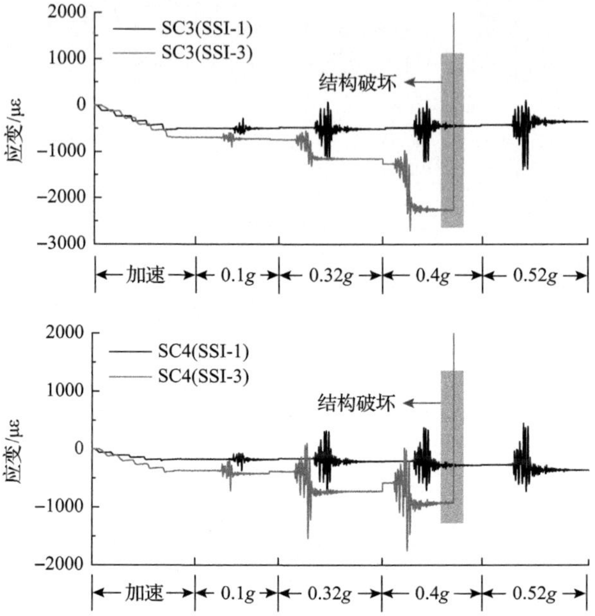

(a) 中柱动应变对比

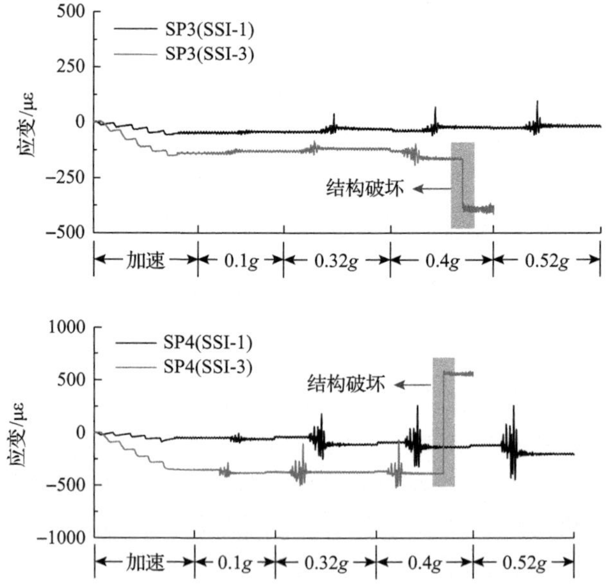

(b) 顶板动应变对比

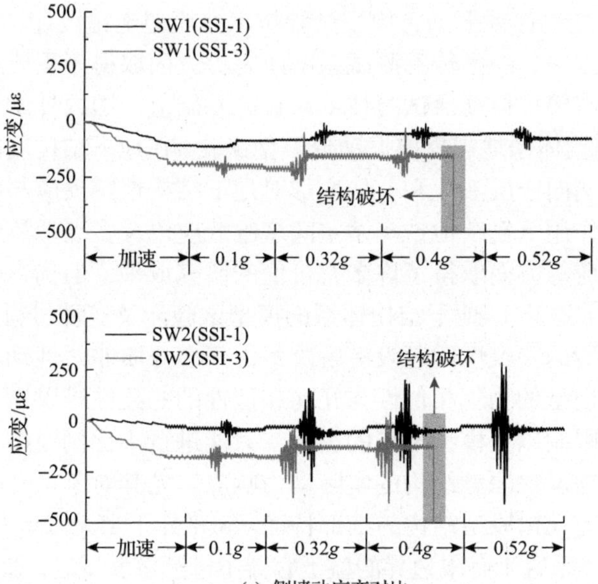

(c) 侧墙动应变对比

图 7.8.48　SSI-1 与 SSI-3 模型结构应变对比

试验 SSI-3 中模型结构中柱、顶板及侧墙的应变均大于试验 SSI-1，同时中柱的应变远大于侧墙，这表明竖向地震动有效地增大了地下结构侧墙和中柱的压力水平，且中柱的轴向应力显著大于侧墙。

由图 7.8.48(a)和(c)中 SSI-3 中柱和侧墙应变对比可知，在相同地震作用下，中柱的残余应变远远大于侧墙。由于中柱的轴压比大于侧墙，在相同水平地震作用下更易出现损伤甚至破坏，由此推断中柱是地下结构的薄弱构件，在地震作用下更易出现损伤甚至破坏。

由图 7.8.48(a)结构中柱应变对比发现，正常上覆土体试验中(SSI-1)模型结构中柱在 0.32g 和 0.4g 地震作用下未出现明显的残余应变，而考虑上覆土体惯性力的试验(SSI-3)中的模型结构中柱却出现了较大的残余应变，说明中柱随着轴压的增大，其水平变形能力变弱，在地震过程中更容易出现塑性损伤甚至破坏。

7.9　本 章 小 结

模型试验是认识地铁地下结构震害机理的重要手段，它不仅可以揭示地下结构破坏机理、失效模式及破坏形态，而且为利用数值分析方法定量研究地下结构地震反应规律提供数据支撑。现代抗震试验技术的发展，为大型地下工程结构的大尺度模型试验、多尺度非线性精细化建模的地震损伤破坏与震灾控制研究提供了有力的支撑。

近些年，土-结构体系振动台模型试验技术在模型土箱设计，模型地基、模型结构设计和制作方法，新型传感测试系统研制等方面取得了重要进展，形成了较为成熟的成套地震模拟振动台试验技术。在此基础上，国内外学者也进行了大量的场地土-地下结构体系地震反应振动台模型试验，在地下结构周围地基土的液化机理、地下结构侧向土层液化和剪切变形对地下结构地震反应与损伤特征的影响研究、双向地震作用下复杂地铁车站空间多维效应以及多点地震作用下长线型地下结构的差动效应等方面取得了许多有价值的研究成果，但仍存在如下亟待解决的问题和难点：①地基土-地下结构体系的模型试验涉及多种材料，原型材料和模型材料物理相似性的一致性问题没有解决；由于多介质非线性动力相互作用的特点，相似关系中模型的物理相似性与几何相似性的一致性难以满足。②由于现有模型试验条件的限制以及模型土箱的影响，只能进行小比例模型的试验，模型试验结果不能很好地反映原型结构的实际动力响应，尤其对于尺寸敏感的结构，模型试验难以很好地模拟原型结构的细部特征。③将处于半无限地基中的土-地下结构动力相互作用体系置于有限边界的盛土容器中进行模型试验，如何更有效地模拟实际场地半无限地基边界是个有待进一步研究的课题，尤其在三维输入地震动时，模型箱边界效应的进一步消除以及对半无限地基辐射阻尼效应的有效模拟，仍缺少有价值的研究成果。④地下工程的建造不可避免地要邻近或穿越既有建(构)筑物、地下基础设施和不同土质条件的工程场地，因此地基土-地下结构群的动力相互作用将明显改变所在场地周围土体的动力反应特征，进而影响其周围建(构)筑物的地震反应特征，目前对大型地下结构群的地震灾变机理与动力响应特征研究较少。

参 考 文 献

[1] Moss R E S, Crosariol V A. Scale model shake table testing of an underground tunnel cross section in soft clay[J]. Earthquake Spectra, 2013, 29(4): 1413-1440.

[2] Chen G X, Wang Z H , Zuo X, et al. Shaking table test on the seismic failure characteristics of a subway station structure on liquefiable ground[J]. Earthquake Engineering and Structural Dynamics, 2013, 42(10): 1489-1507.

[3] Chen G X, Chen S, Qi C Z, et al. Shaking table tests on a three-arch type subway station structure in a liquefiable soil[J]. Bulletin of Earthquake Engineering, 2015, 13(6): 1675-1701.

[4] Chen G X, Chen S, Zuo X, et al. Shaking table tests and numerical simulations on a subway structure in a soft soil[J]. Soil Dynamic and Earthquake Engineering, 2015, 76: 13-28.

[5] 安军海，陶连金，王焕杰，等. 可液化场地下盾构扩挖地铁车站结构地震破坏机制振动台试验[J]. 岩石力学与工程学报, 2017, 36(8): 2018-2030.

[6] 唐柏赞，李小军，陈苏，等. 可液化地基-非规则截面地铁车站地震变形研究[J]. 振动与冲击, 2020, 39(11): 217-225.

[7] Chou J C, Kutter B L, Travasarou T, et al. Centrifuge modeling of seismically induced uplift for the BART Transbay Tube[J]. Journal of Geotechnical and Geoenvironmental Engineering, ASCE, 2011, 137(8): 754-765.

[8] 刘晶波, 刘祥庆, 王宗刚, 等. 土-结构动力相互作用系统离心机振动台模型试[J]. 土木工程学报, 2010, 43(11): 114-121.

[9] 凌道盛, 郭恒, 蔡武军, 等.地铁车站地震破坏离心机振动台模型试验研究[J]. 浙江大学学报(工学版), 2012, 46(12): 2201-2209.

[10] 周健, 陈小亮, 贾敏才, 等. 有地下结构的饱和砂土液化宏细观离心机试验[J]. 岩土工程学报, 2012, 34(3): 392-399.

[11] Chen J, Shi X J, Li J. Shaking table test of utility tunnel under non-uniform earthquake wave excitation[J]. Soil Dynamics and Earthquake Engineering , 2010, 30(11): 1400-1416.

[12] 汪明武. 可液化场地土工抗震动态离心机试验与数值模拟[M]. 北京: 科学出版社, 2012.

[13] Iai S. Similitude for shaking table tests on soil-structure-fluid model in 1g gravitational field[J]. Soils and Foundations, 1989, 29(1): 105-118.

[14] Iai S, Sugano T. Soil-structure interaction studies through shaking table tests[J]. Theme Lecture for the Second International Conference on Earthquake Geotechnical Engineering, 1999, 3: 927-940.

[15] Hwang J I. Behavior of piles subjected to flow of liquefied soil and verification of similitude law for 1g shaking table tests[D]. Seoul: Seoul National University, 2004.

[16] 高峃成. 地震动持时压缩比对液化场地地震响应影响的振动台试验研究[D]. 北京: 北京工业大学, 2017.

[17] 庄海洋. 土-地下结构非线性动力相互作用及其大型振动台试验研究[D]. 南京: 南京工业大学, 2006.

[18] 陈国兴, 王志华, 左熹, 等. 振动台试验叠层剪切型土箱的研制[J]. 岩土工程学报, 2010, 32(1): 89-97.

[19] 李霞. 地铁地下结构水平双向地震反应振动台模型试验研究[D]. 北京: 北京工业大学, 2012.

[20] 韩俊艳. 埋地管道非一致激励地震反应分析方法与振动台试验研究[D]. 北京: 北京工业大学, 2014.

[21] 陈苏, 陈国兴, 徐洪钟, 等. 光纤 Bragg 光栅应变测试技术在大型振动台模型试验中的应用[J]. 振动与冲击, 2014, 33(10): 113-118.

[22] 陈苏, 陈国兴, 韩晓健, 等. 非接触性动态位移测试方法的研发与应用验证[J]. 应用基础与工程科学学报, 2013, 21(4): 725-734.

[23] 倪克闯, 高文生. 阵列式位移计测试技术在土-结构体系振动台模型试验中的应用[J]. 岩土力学, 2014, 35(s2): 278-283.

第 8 章　地下结构地震反应特征及参数影响分析

由于周围土体的约束作用，地下结构与地上结构的地震反应有着明显差异。了解地下结构地震反应的主要特征和规律，是对地下结构进行理论分析和数值分析的重要基础。目前，关于地下结构地震反应特征的认识仅仅是基于少量实测资料分析、理论判断或定性推理得到的，缺乏基于理论模型和数值分析基础上的严格验证。鉴于此，本章基于严格的理论模型，从数值分析的角度系统地研究了土-结构系统参数和地震动参数对地下结构地震反应的影响规律。

8.1　土-结构系统参数影响分析

8.1.1　计算模型

以日本阪神地震中严重塌毁的大开地铁车站为工程背景，大开地铁车站的横断面如图 8.1.1 所示(W1：侧墙底部；W2：侧墙顶部；C1：中柱底部；C2：中柱顶部)，场地土层参数见表 8.1.1。一维场地等效线性化分析采用图 8.1.2 所示的典型砂土和黏土的剪切模量比和滞回阻尼系数随等效剪应变变化曲线。采用阪神地震中神户大学获得的地震动记录作为输入地震动，其中，南北和东西向水平地震动记录合成了与车站横断面方向一致的地震动记录作为基岩水平输入地震动，基岩竖向输入地震动为原始记录，其加速度时程曲线分别如图 8.1.3 所示[1,2]。

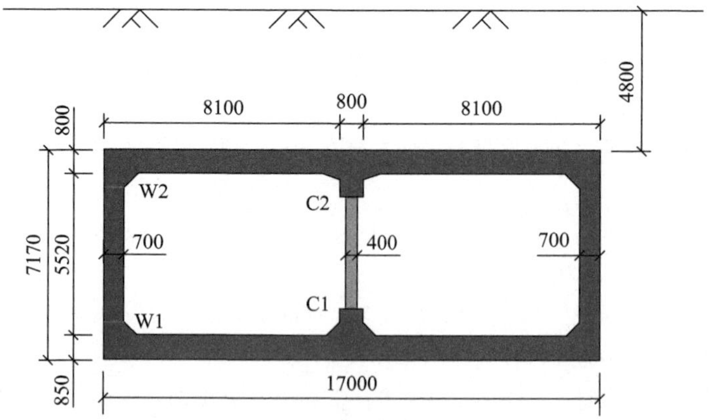

图 8.1.1　大开地铁车站横断面(单位：mm)

表 8.1.1　土层参数

分层	土质	深度/m	密度/(kg/m^3)	剪切波速/(m/s)	泊松比
1	填土	0～1.0	1900	140	0.333
2	砂土	1.0～5.1	1900	140	0.488
3	砂土	5.1～8.3	1900	170	0.493
4	黏土	8.3～11.4	1900	190	0.494
5	黏土	11.4～17.2	1900	240	0.490
6	砂土	17.2～39.2	2000	330	0.487
7	基岩	>39.2	2100	500	0.470

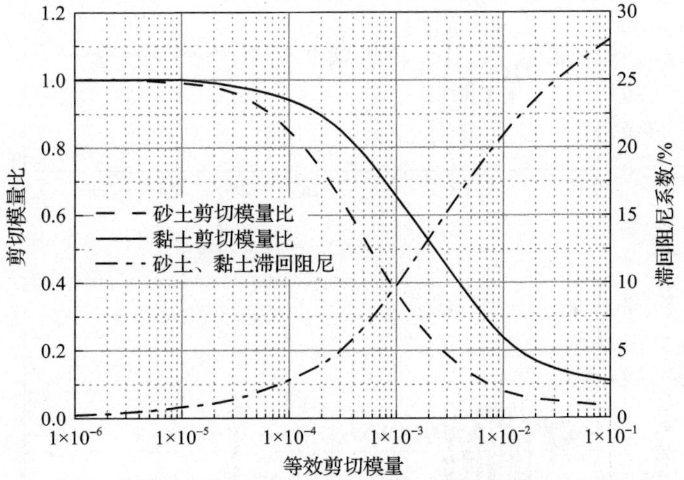

图 8.1.2　砂土和黏土的等效线性化曲线

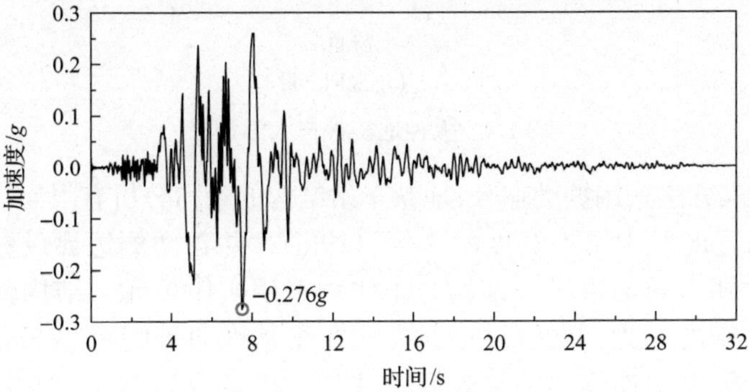

(a) 南北分量

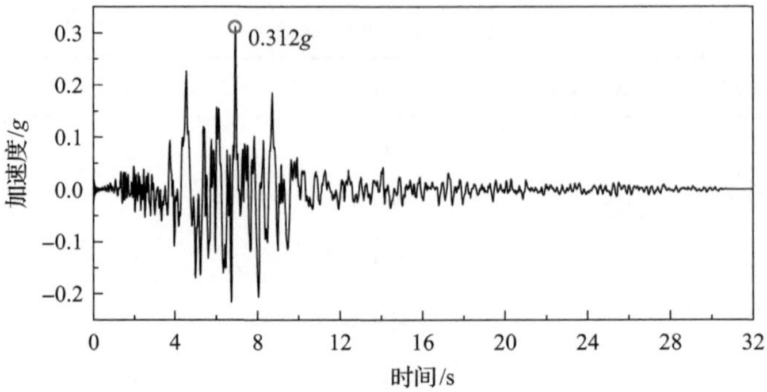

(b) 东西分量

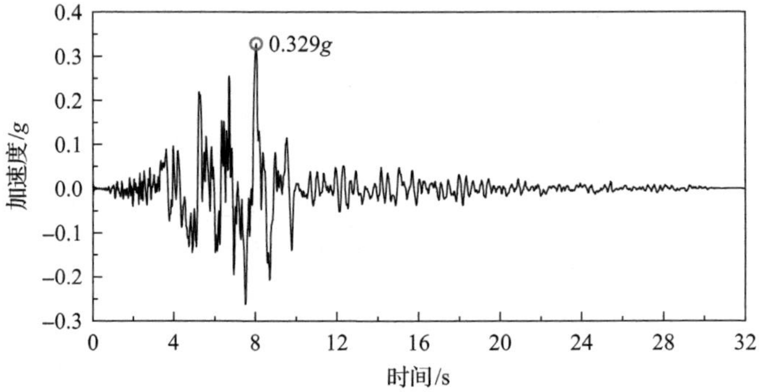

(c) 合成车站横向水平分量

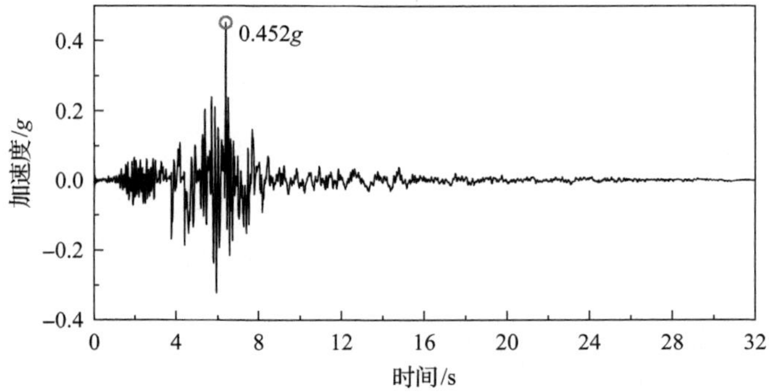

(d) 竖向分量

图 8.1.3　阪神地震神户大学记录

地震动输入方法采用振动输入，地铁车站结构的动力分析有限元模型如图 8.1.4 所示，模型总宽度取为结构宽度的 7 倍(119m)，并在两侧边界设置黏弹性人工边界条件，底部为固定边界。结构与土体均采用实体单元。结构弹性模量取为 3.0×10^4MPa，密度取为 2500kg/m^3。中柱在车站纵向等间距(3.5m)分布，横断面分析中将其等效为连续墙，等效后中柱弹性模量取为 8.57×10^3MPa，密度取为 714kg/m^3。

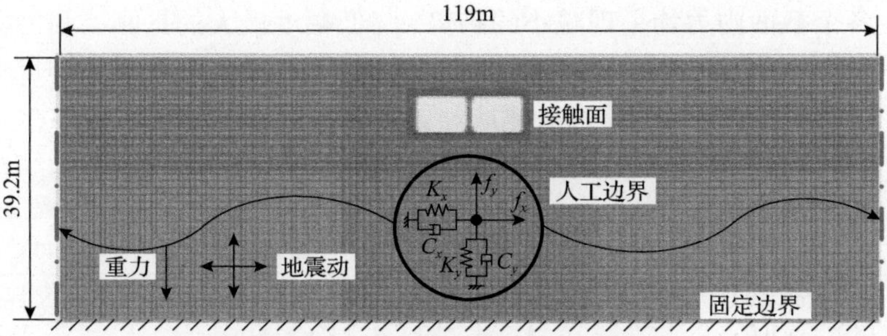

图 8.1.4　动力时程分析有限元模型

8.1.2　结构惯性对地下结构地震反应的影响

与地上结构类似，地下结构自身具有惯性效应，本节通过减小结构密度来降低结构惯性效应从而研究结构惯性对土-结构系统地震反应的影响。工况 m-2500 中参数取值均为实际情况，结构密度为 2500kg/m^3；工况 m-100 中结构密度取实际结构密度的 4%，取值为 100kg/m^3，视为忽略结构惯性作用。结构和土体之间接触面的摩擦系数取为 0.4。选取结构水平变形、构件截面内力及结构周围接触面土压力和土剪力进行对比研究。

不同结构密度工况下结构的水平变形对比结果见图 8.1.5。在水平和竖向双向地震作用下，工况 m-2500 和工况 m-100 的最大水平变形分别为 20.5mm 和 19.3mm。通过对比发现，当结构密度变化为实际密度的 4%时，结构最大水平变形相差不超过 6%。在水平和竖向双向地震动作用下，结构的惯性效应对结构最大水平变形的影响较小，可以忽略。

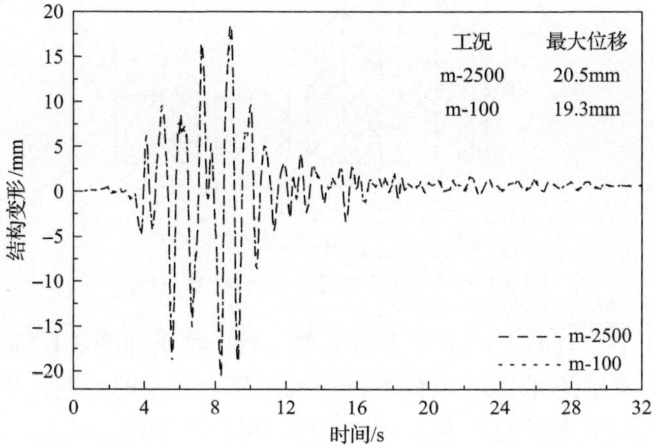

图 8.1.5　不同结构密度下结构变形对比

四个典型截面的内力对比结果如图 8.1.6 所示。当结构密度变为实际结构密度的 4%时，各个截面内力均呈现减小的趋势，降低幅度最大的是侧墙和中柱底部截面的轴力，降低幅度最高约为 20%。该部分差异主要是由于地下结构自重引起，仅考虑地震荷载工况下结构惯性对侧墙和中柱轴力的影响要远小于 20%。换句话讲，当计算中考虑了初始地应力和结构自重应力平衡时，地震引起的结构惯性效应对结构内力的影响也是可以忽略的。

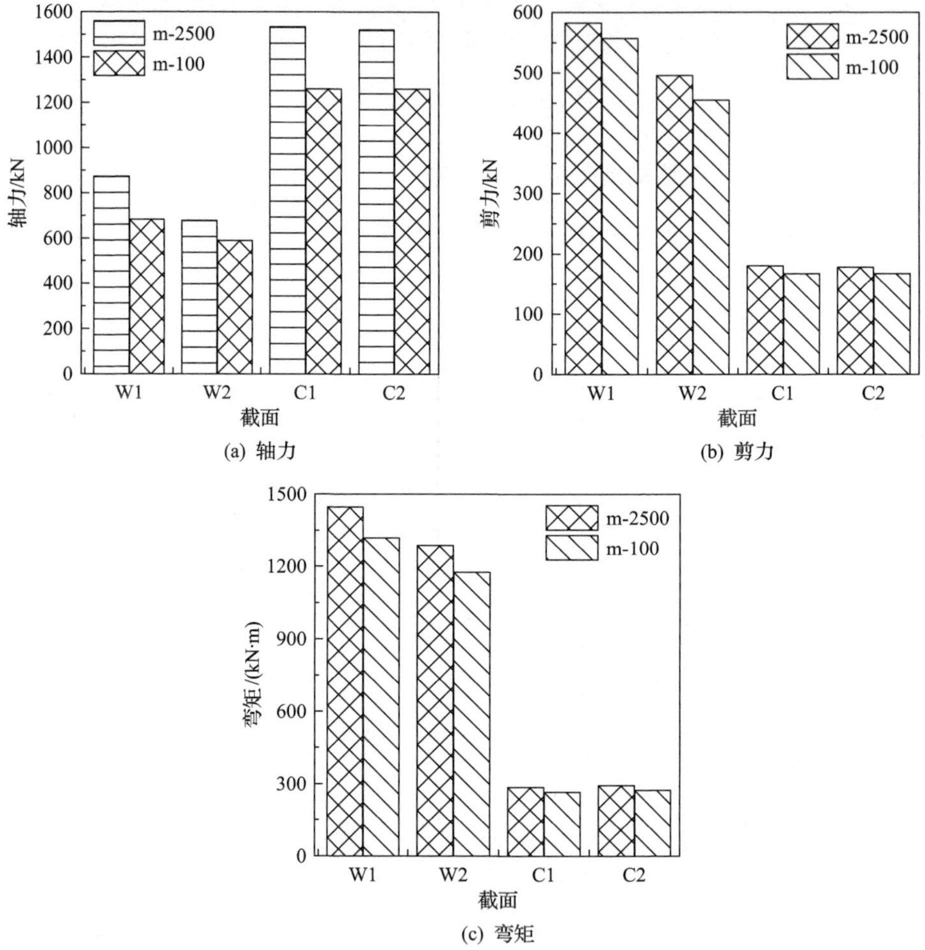

图 8.1.6　不同结构密度下构件内力对比

结构周围四个接触面上的土压力和土剪力对比结果如图 8.1.7 所示。当结构密度变为实际结构密度的 4%时，结构底板处的土压力和土剪力变化最为明显。结构密度降低引起的结构底板处的土压力和土剪力降低约 30%，该部分差异主要也是由于结构的自重有大幅度的降低所引起的。其余三个接触面上的土压力和土剪力虽有小幅的降低或提高，但变化幅度都不大，最高约 2%。当计算中考虑了初始地应力和结构自重应力平衡时，该影响可以忽略。

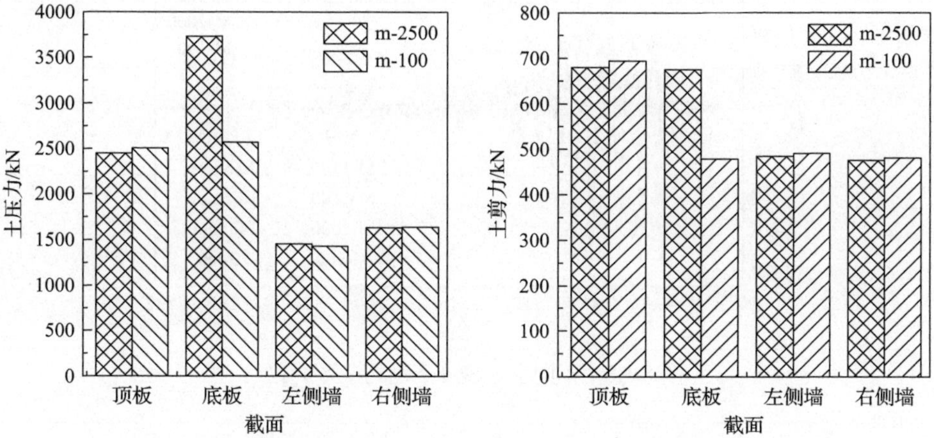

(a) 土压力　(b) 土剪力

图 8.1.7　不同结构密度工况下接触面力对比

上述研究表明，在水平和竖向双向地震动作用下，结构惯性对地下结构的侧墙和中柱的轴力、结构底面的土压力和土剪力均有一定程度的影响，这主要是结构自重和竖向地震动同时作用的结果，以结构自重影响为主，当计算中考虑了初始地应力和结构自重应力平衡时，这些影响可以忽略不计。对其他内力反应和接触面上的土压力、土剪力均没有明显影响。

8.1.3　土层惯性对地下结构地震反应的影响

采用与上一小节相同的研究方法，通过减小土-结构系统中土层的密度分析土层惯性对地下结构地震反应的影响。土层密度分别取为 1900kg/m^3、1500kg/m^3、1000kg/m^3 和 100kg/m^3，工况依次命名为 M-1900、M-1500、M-1000 和 M-100。结构和土体间接触面的摩擦系数取为 0.4。

与上一小节类似，本节仍选取结构水平变形、构件截面内力以及结构周围接触面土压力和土剪力进行对比研究。不同工况下结构的水平变形对比结果见图 8.1.8。在水平和竖向双向地震动作用下，结构的最大水平变形均随着土层密度的减小而降低。当土体密度变为实际密度的 5%时，结构顶底板的最大水平相对位移减小幅度约为 84%。可以看到，忽略土体质量对地下结构的水平变形有较大的影响，土体的惯性对地下结构地震反应的影响要远大于结构自身惯性的影响。

四个典型截面的内力对比结果如图 8.1.9 所示。随土层密度减小，结构各个截面内力均呈现减小的趋势。在水平和竖向地震动共同作用下，当土层密度变为实际的 5%时，各截面内力降低比例为 70%～90%。图 8.1.10 为结构周围四个接触面上的土压力和土剪力对比结果。可以看出，土层密度取值越小，各个接触面的

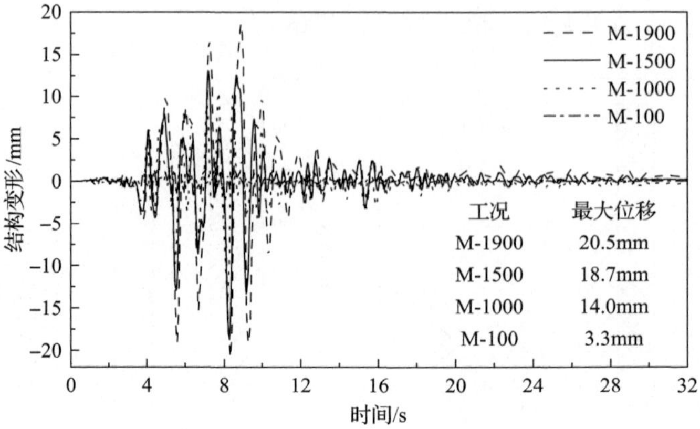

图 8.1.8　不同土层密度下结构变形对比

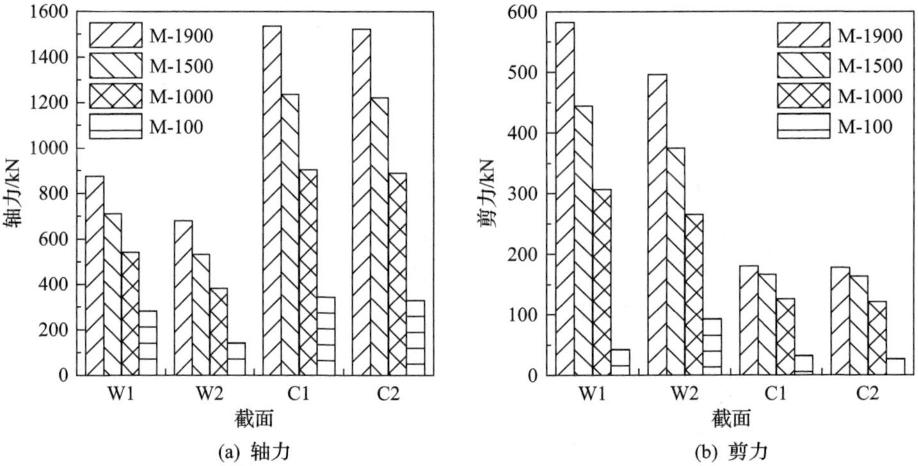

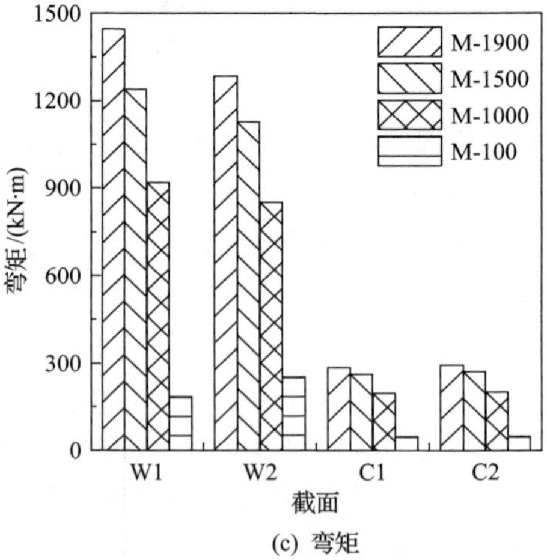

图 8.1.9　不同土层密度下构件内力对比

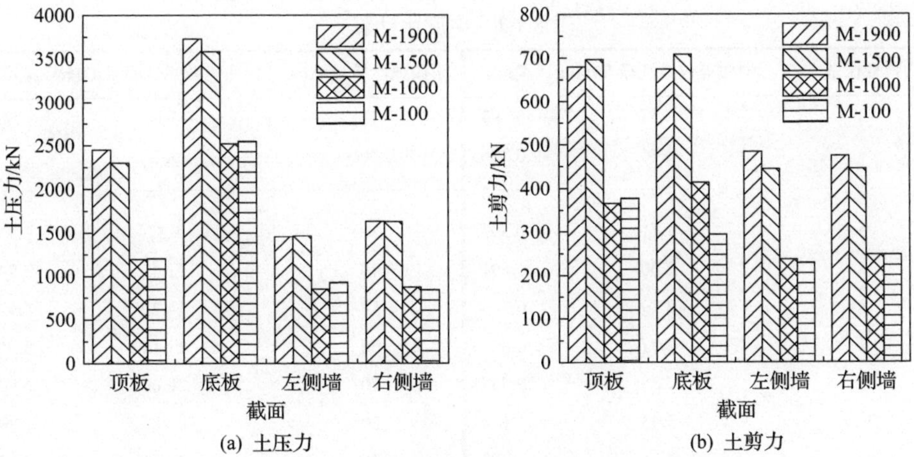

图 8.1.10　不同土层密度下接触面力对比

土压力和土剪力基本呈现逐渐减小的趋势。在水平和竖向地震动共同作用下，当土层密度变为实际情况的 5%时，各接触面土压力和土剪力降低比例约为 30%～60%。与结构惯性对构件内力的影响对比可看出，土体惯性是地下结构地震反应的主要控制性因素之一，也就是说，场地土层的地震变形反应对地下结构地震反应是主要的控制因素之一。

8.1.4　土-结构柔度比对地下结构地震反应的影响

为研究土-结构柔度比对地下结构地震反应的影响，定义矩形框架结构的土-结构柔度比为：在等代土体单元顶面施加水平剪切力 τ，相应地在结构顶部一侧施加集中推力 τW，分别计算各自在水平荷载作用下的变形 Δ，并定义土与结构之间的相对柔度比为 $F(F=\Delta_{soil}/\Delta_{str})$，如图 8.1.11 所示[3]。其中下标 soil 表示土层，str 表示结构。土与结构的柔度可以通过结构力学或数值方法进行求解。共设计 21 种不同柔度比模型(见表 8.1.2)，其中每种柔度比情况输入水平和竖向双向地震动进行分析。

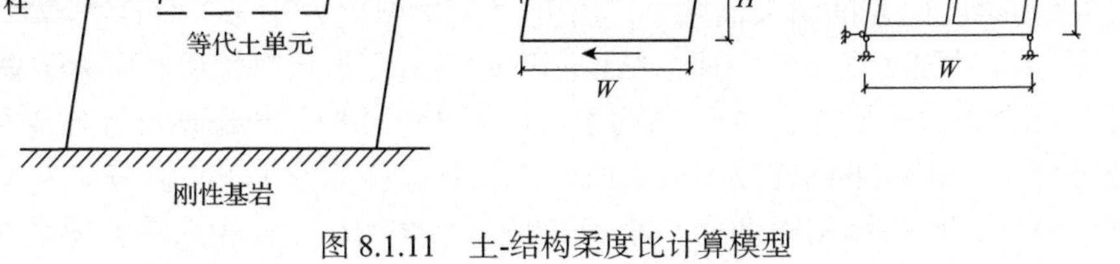

图 8.1.11　土-结构柔度比计算模型

表 8.1.2　柔度比计算

结构弹性模量/GPa	中柱等效弹性模量/GPa	柔度比	结构弹性模量/GPa	中柱等效弹性模量/GPa	柔度比
2	0.57	0.197	18	5.14	1.686
3	0.86	0.296	20	5.71	1.974
5	1.43	0.493	25	7.14	2.466
6	1.71	0.592	30	8.57	2.959
7	2.00	0.691	40	11.43	3.945
8	2.29	0.789	50	14.29	4.929
9	2.57	0.888	60	17.14	5.918
10	2.86	0.987	70	20.00	6.906
12	3.43	1.184	80	22.86	7.893
13	3.71	1.283	90	25.71	8.879
15	4.29	1.480			

对不同土-结构柔度比，提取地下结构顶、底板水平相对位移最大值，记为 D_{str}，提取该时刻自由场对应位置处土层的水平相对位移最大值，记为 D_f。将 D_{str} 与 D_f 相比得到土-结构相互作用系数 $\beta=D_{str}/D_f$。对于大开地铁车站，无量纲化后的相互作用系数 β 与土-结构柔度比 F 的关系如图 8.1.12 所示。

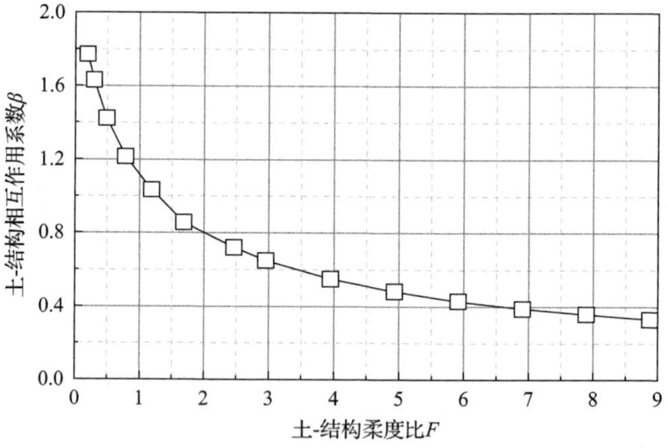

图 8.1.12　土-结构相互作用系数随土-结构柔度比变化规律

由图 8.1.12 可知，在水平和竖向地震动共同作用下，土-结构相互作用系数 β 均随土-结构柔度比 F 的增大而减小。当土-结构柔度比 F 小于 1 时，土-结构相互作用系数 β 基本都大于 1，即地下结构刚度较小时水平相对位移反应大于自由场对应土层相对位移；反之，当土-结构柔度比 F 大于 1 时，土结构相互作用系数 β 基本都小于 1，即地下结构刚度较大时水平相对位移反应小于自由场对应土层相对位移。另外，当土-结构柔度比 F 小于 2 时，土-结构相互作用系数 β 随柔度比 F

变化曲线斜率较大，说明柔性地下结构的地震变形受土-结构柔度比影响较为显著；而当土-结构柔度比 F 大于 2 时，土-结构相互作用系数 β 随柔度比 F 变化的曲线逐渐平缓，说明刚性地下结构的地震变形受土-结构柔度比影响不明显。

图 8.1.13 为水平和竖向地震动共同作用下地下结构典型截面内力随土-结构柔度比 F 的变化关系。图 8.1.13(a)为水平和竖向地震动作用下地下结构典型截面轴力随土-结构柔度比 F 的变化关系。可以看出，在水平和竖向双向地震动作用下，侧墙顶、底部的轴力随着土-结构柔度比 F 均呈现逐渐减小的趋势。中柱顶(C2)、底部(C1)的轴力随着土-结构柔度比 F 的增大而逐渐增大，当柔度比 F 小于 2 时上升趋势比较明显，当柔度比 F 大于 2 时趋于平稳。图 8.1.13(b)为水平和竖向双向地震动作用下地下结构典型截面剪力随土-结构柔度比 F 的变化关系。可以看

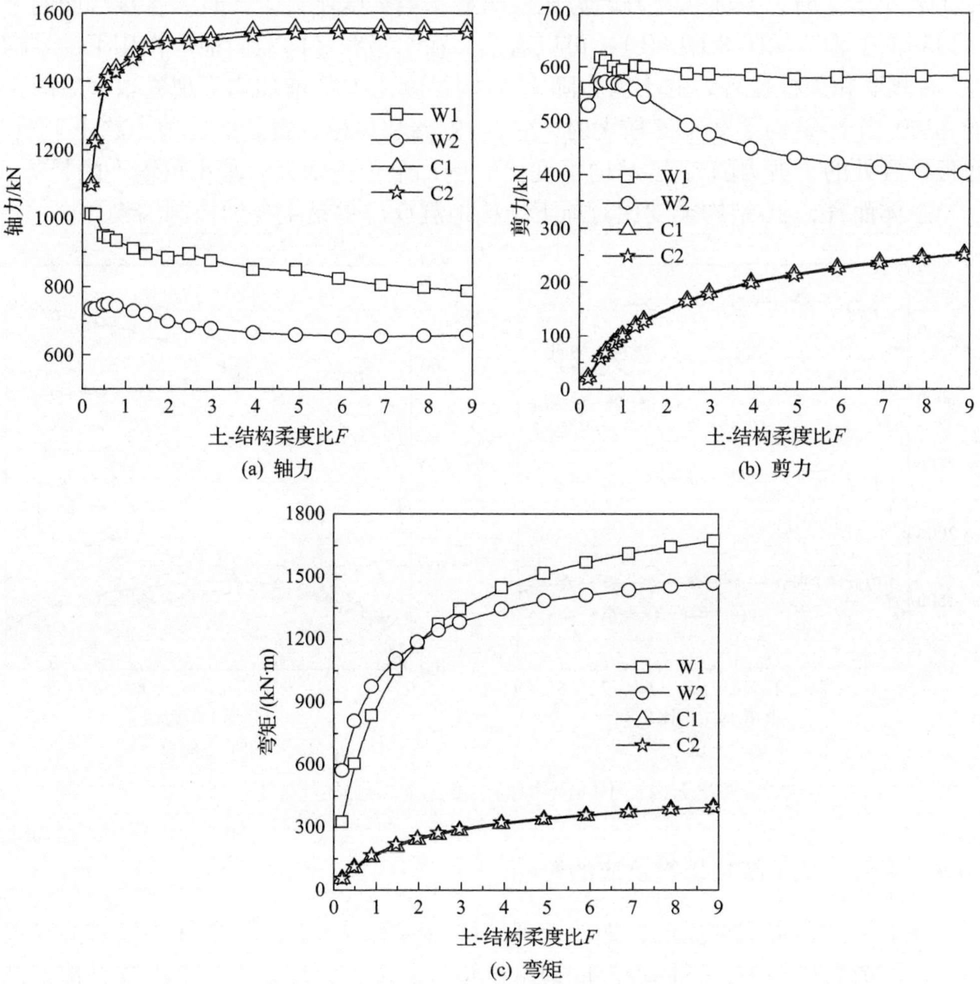

(a) 轴力　(b) 剪力

(c) 弯矩

图 8.1.13　不同土-结构柔度比下构件内力对比

出，在水平和竖向双向地震作用下侧墙顶(W2)、底部(W1)剪力随土-结构柔度比 F 增加均呈现先增大后减小的趋势。中柱顶、底部剪力随土-结构柔度比 F 增加而逐渐增大。图 8.1.13(c)为水平和竖向双向地震动作用下地下结构典型截面弯矩随土-结构柔度比 F 的变化关系。可以看出，在水平和竖向双向地震作用下侧墙顶底部弯矩和中柱顶底部弯矩随土-结构柔度比 F 增加均呈现逐渐增大的趋势。在土-结构柔度比 F 小于 2 时，各曲线上升趋势比较明显，表明该柔度比范围内的地下结构截面弯矩受土-结构柔度比的影响显著。

图 8.1.14 为水平和竖向双向地震动作用下地下结构周围接触面土压力和土剪力随土-结构柔度比 F 的变化关系。从图 8.1.14(a)中可以看出，在水平和竖向双向地震作用下，结构四周接触面的土压力随着土-结构柔度比 F 增加而增大。当柔度比 F 小于 2 时，各曲线上升趋势比较明显；当柔度比大于 2 时，各接触面的土压力趋向平稳。从图 8.1.14(b)中可以看出，在水平和竖向双向地震作用下，结构左、右侧墙和顶板位置处的土剪力随土-结构柔度比 F 的增加均呈现先增大后减小的趋势；当土-结构柔度比 F 较大时，左、右侧墙和顶板位置处的土剪力趋于平稳。底板位置处的土剪力随着土-结构柔度比 F 增加呈现先增大后减小再增大的趋势。

总体而言，土-结构柔度比对地下结构地震反应也是主要的控制因素。

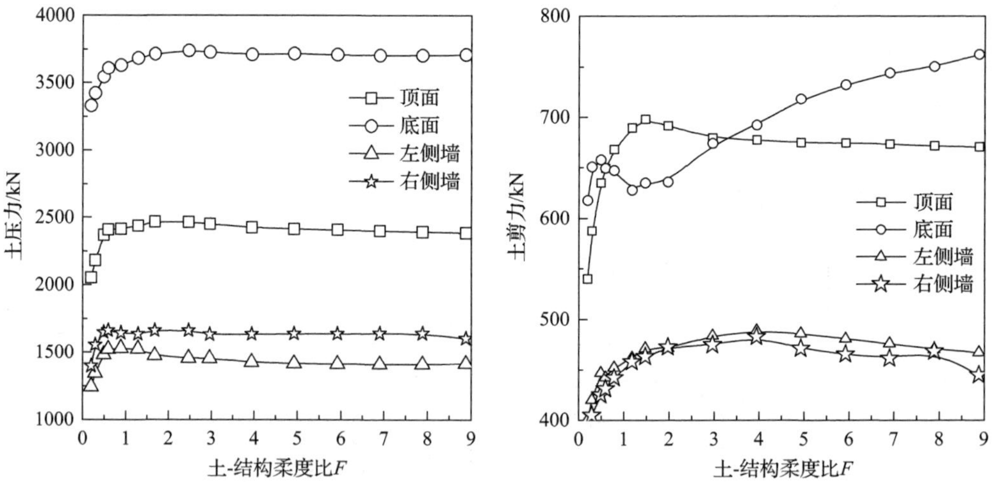

(a) 土压力　　(b) 土剪力

图 8.1.14　不同土-结构柔度比下接触面力对比

8.1.5　埋深对地下结构地震反应的影响

地下结构震害调查显示，随着地下结构埋深的增大，结构破坏程度有减轻趋势。地震荷载作用下，不同埋深的地下结构地震反应差异较大，即埋深对地下结构的受力及抗震性能具有显著影响[4-6]。

在研究埋深对地下结构地震反应影响规律时，结构所处的初始状态不容忽视。由于土体、岩石、混凝土等均为强非线性材料，结构和土体的初始应力状态决定了结构所能承担的最大地震作用，同时也影响结构和土体在同样地震作用下的变形。决定结构和围岩土体初始应力状态存在差异的因素包括结构埋深、施工工法、结构形式、场地条件等，而存在差异的根本原因在于结构周围土体的土拱效应的形成程度。土拱的形成一般伴随着围岩土体的变形(地层损失)和土体传力路径的改变，即地下结构修建过程中，围岩土体地层损失的释放量决定了土拱效应的形成程度，进而影响作用于地下结构上的土压力荷载。本节采用数值分析方法给出地层损失对不同埋深条件下地下结构应力状态的影响规律，为地下结构地震反应分析的初始条件提供依据，进而研究埋深对地下结构地震反应的影响规律[7]。

当不考虑地层损失时，计算获得的结构中柱的轴压与结构埋深之间的关系见图 8.1.15。由图可知，结构中柱的轴压随着结构埋深的增加基本上呈现线性增大趋势。当结构埋深为 20m，中柱轴压约为 22.1MPa，大于混凝土的设计强度，接近其标准强度，即结构中柱临近破坏状态。若将此时获得的计算结果作为地下结构地震反应分析的初始应力条件，结构能够承担的地震作用将非常小，且获得的结构地震反应规律将会失真。

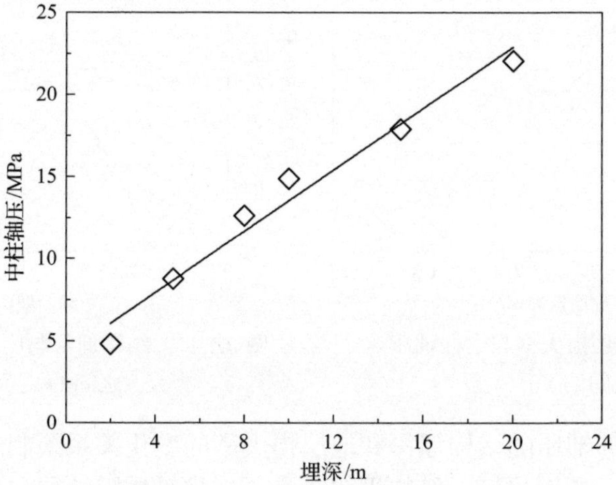

图 8.1.15　中柱轴压与埋深之间的关系

事实上，要获得地震荷载作用前地下结构的合理初始状态，首先要真实地模拟地下结构的建造过程，根据地层损失率，在适当的时机进行支护，再经过结构、土体受力再调整和自平衡过程，土体与结构达到稳定状态。土拱形成后，对于深埋地下结构，结构承担的竖向荷载小于结构上覆土体的重力，此状态才是地下结构与土体所处的真实应力状态。

本节旨在给出不同地层损失率下结构的受力状态，获得地层损失率与结构受力之间的关系，为了简便，忽略了地下结构的建造过程。为了获得不同地层损失率下土拱效应的形成程度与结构所处的应力状态，取 20m 埋深为例，探讨地层损失对结构与土体应力状态的影响。不同地层损失率下结构中柱轴压与地层损失率之间的关系见图 8.1.16。由图可知，当地层略有损失时，中柱轴压迅速减小；随着地层损失率的增加，中柱轴压逐渐减小，同时轴压的减小速率也逐渐减小；当地层损失率大于 0.4%时，中柱轴压减小缓慢，并在地层损失率为 0.5%时趋于稳定值。当设定地层损失率为一定时，随着埋深的增加，结构中柱轴压的减小量也不相同。图 8.1.17 给出了地层损失率为 0.5%时，随着结构埋深增加，结构中柱轴压损失率(地层损失下中柱轴压除以无地层损失下中柱轴压)的变化趋势。由图可知，在相同地层损失下，随着结构埋深增加，中柱的轴压损失率逐渐增加。这主要由于埋深越大，不进行地层释放时中柱的轴压越大，当进行地层释放时，埋深越大的结构其中柱的应力释放量越大。此外，假定大开地铁车站的埋深在 15m 附近时，土拱完全形成，即该结构的深浅埋界限埋深约为 15m。

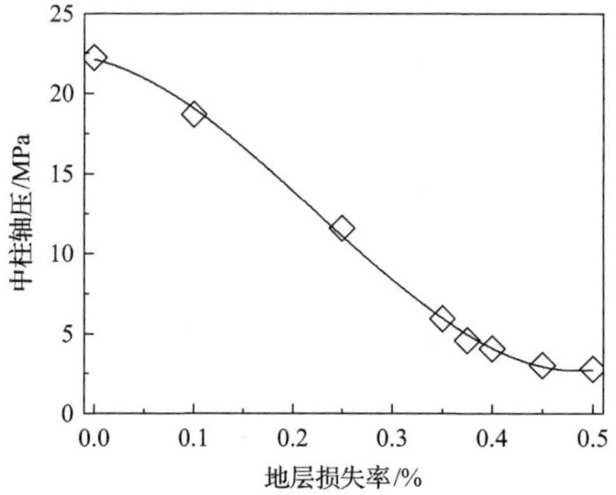

图 8.1.16　地层损失率与中柱轴压之间的关系

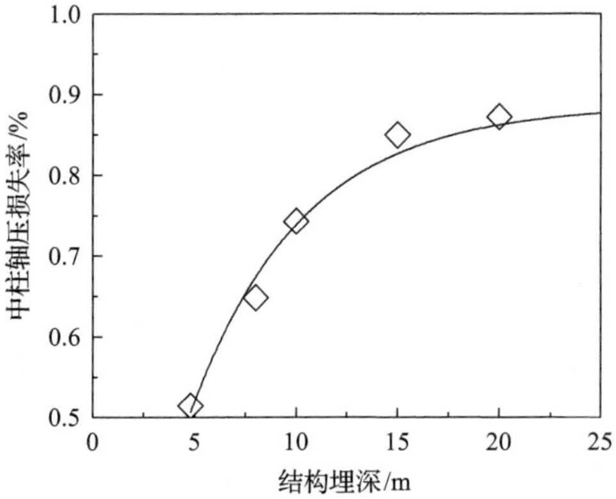

图 8.1.17　结构埋深与中柱轴压损失率之间的关系

将结构中柱的轴压随结构埋深和地层损失率的变化关系绘制成三维曲面图，如图 8.1.18 所示。由图可知，结构埋深越大，中柱轴压随地层损失率的增加减小得越快，但最终都趋于稳定；对于某一地层损失率，结构埋深越大，中柱轴压越大，但随着埋深继续增加，中柱轴压相差不大，这主要是土拱形成后，作用于结构中柱的土体荷载不再增大的缘故。

选用阪神地震中的神户气象台记录和人工岛记录，模拟地铁车站结构在埋深分别为 2m、4.8m、8m、10m、15m 和 20m 时的地震反应。以中柱顶、底部水平向相对位移为例分析整体结构的水平向非线性地震反应，图 8.1.19 给出了中柱顶、底部水平向相对位移的最终值与埋深之间的关系。由图可知，结构的水平向地震反应随着埋深呈先增大后减小的趋势。不同地震作用下，结构最大水平变形对应的埋深并不相同，但介于 8m 和 15m 之间，说明水平向地震反应存在一个最不利埋深，该值较土拱效应完全形成的埋深小(15m)。

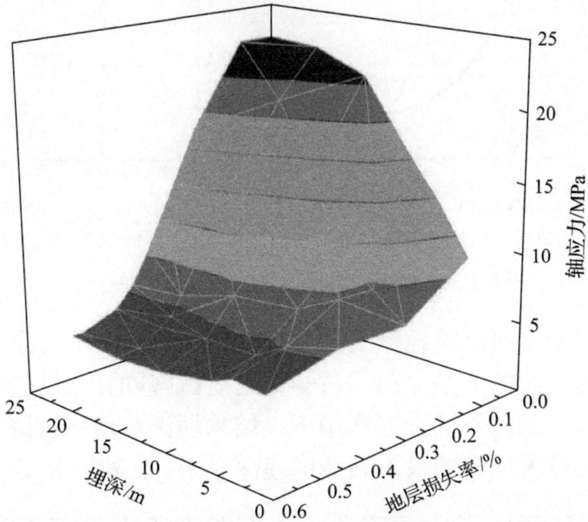

图 8.1.18　中柱轴压随结构埋深和地层损失率的变化关系

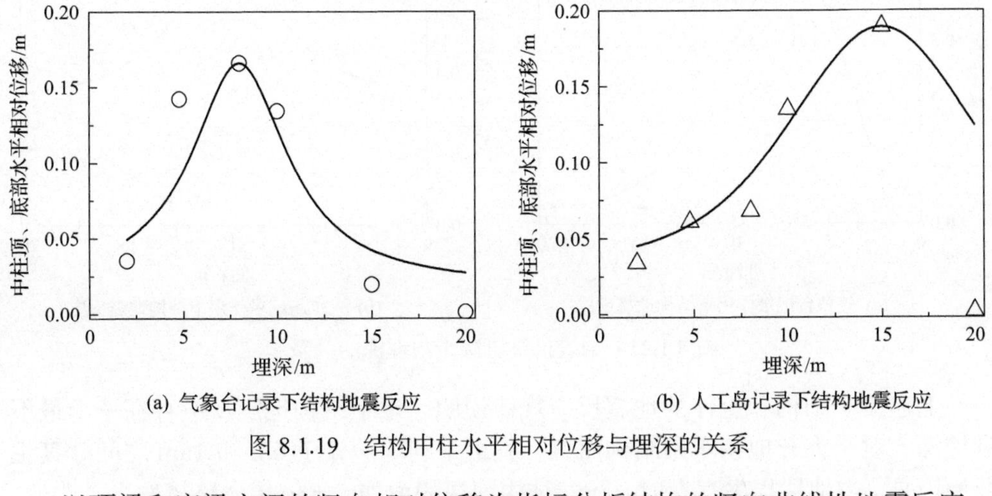

图 8.1.19　结构中柱水平相对位移与埋深的关系

以顶梁和底梁之间的竖向相对位移为指标分析结构的竖向非线性地震反应，图 8.1.20 给出了结构竖向最终变形与埋深之间的关系。由图可知，结构的竖向地震反应随着埋深增大也呈现出先增大后减小的趋势，在结构埋深介于 8m 和 15m 之间时达到最大值，当埋深大于 15m 后，结构变形随着埋深的增加而减小，同样说明结构竖向地震反应存在最不利埋深。

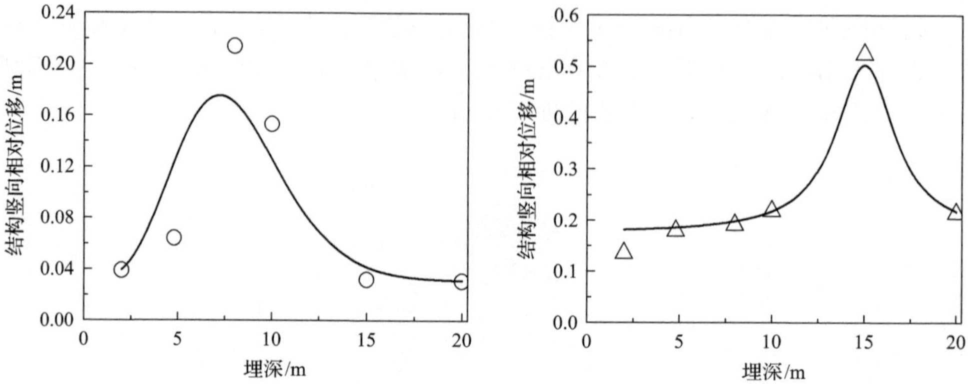

(a) 气象台记录下结构地震反应　　(b) 人工岛记录下结构地震反应

图 8.1.20　结构竖向相对位移与埋深的关系

地面沉降能够从侧面反映地下结构地震反应规律，图 8.1.21 给出了地表最终沉降量与结构埋深之间的关系。由图可知，地表沉降同样随着结构埋深呈现出先增大后减小的趋势，虽然不同地震作用下，结构埋深与地表沉降之间的关系存在差异，但结构发生最大反应的最不利结构埋深介于 6m 和 15m 之间。

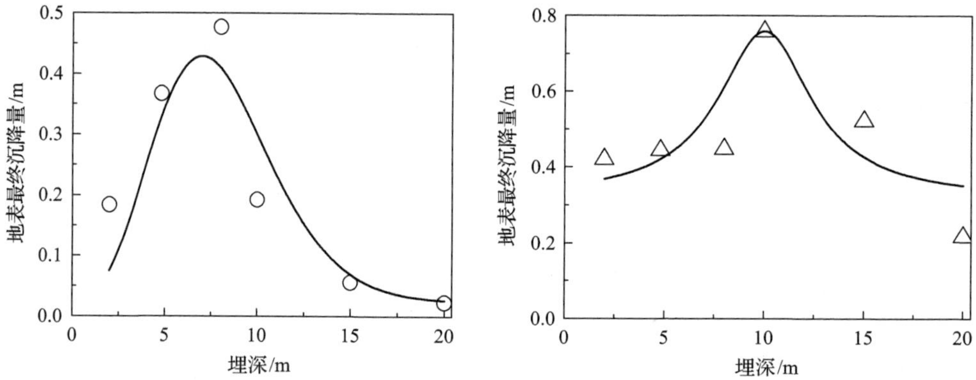

(a) 气象台记录作用下结构地震反应　　(b) 人工岛记录作用下结构地震反应

图 8.1.21　地表最终沉降量与埋深的关系

上述关于结构和土体的地震反应规律说明，地下结构地震反应存在一个最不利埋深，对于大开地铁车站结构而言，其最不利埋深介于 6m 和 15m 之间。其主要原因是，当地层损失存在时，随着结构埋深的增加，土体传力路径发生了改变，当结构埋深达到其界限埋深时，上覆土体的土拱完全形成，土体具有自承载能力，其一部分自重应力传递至结构两侧的土体承担，使得结构所处的初始应力场不再随埋深而增大，这是典型的土拱效应。此外，动荷载作用下土拱的承载能力较静载作用下高，因此地震作用时，施加在结构上的附加动荷载随着埋深的增加不再持续增加，进而使获得的地下结构地震反应最不利埋深比结构深浅埋的界限埋深小。也就是说，对于地下结构，当结构处于其上覆土体的土拱效应即将形成所对应的埋深时，地下结构的地震反应最为强烈。此外，地下结构地震反应最不利埋深还与地震动特性相关。

8.1.6　土-结构界面接触对地下结构地震反应的影响

与地上结构不同，地下结构被周围土体所约束，在地震作用下结构与土体之间存在界面接触效应。本节设置土-结构界面接触为法向硬接触，分别取切向摩擦系数为 μ=0.2、0.4、0.6 和 0.8，讨论不同摩擦系数对地下结构地震反应的影响。

结构的水平变形对比结果见图 8.1.22。可以看出，在水平和竖向双向地震作用下，结构的水平变形均随着接触面摩擦系数增大而增大。但整体上，接触面的摩擦系数对结构的水平变形影响不大。

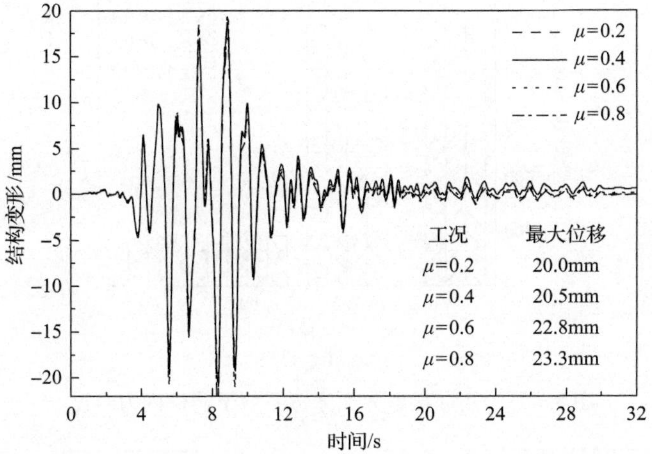

图 8.1.22　不同接触界面摩擦系数下结构水平变形对比

选取图 8.1.1 中四个典型截面的内力，对比结果见图 8.1.23。可以看到，随着接触面摩擦系数增大，除中柱顶、底部截面轴力外其他截面内力均表现为小幅增大的趋势。在水平和竖向双向地震动作用下，当接触面摩擦系数由 0.2 增大到 0.8 时，侧墙顶部截面 W2 的剪力提高比例最大，约提高 33%。然而，相对于截面 W1 而言，截面 W2 的内力值略小，因此，实际工程设计中的控制截面为 W1，其最大内力提高不超过 20%。

结构周围四个接触面上的土压力和土剪力的对比结果如图 8.1.24 所示。可以看到，在水平和竖向双向地震动作用下，随着接触面摩擦系数增大，结构周围土压力无明显变化；结构周围的土剪力有逐渐增大的趋势，左侧墙土剪力提高比例最大，约提高 167%。其原因是，虽然不同接触面摩擦系数下结构周围土压力相当，但摩擦系数增大，接触面切向的土层剪力显著提高。

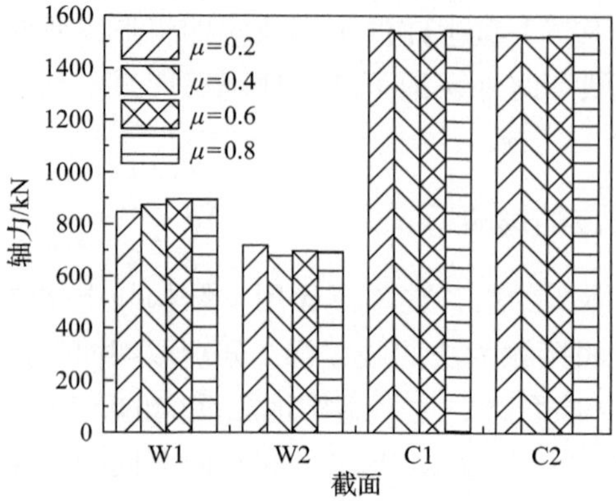

(a) 轴力

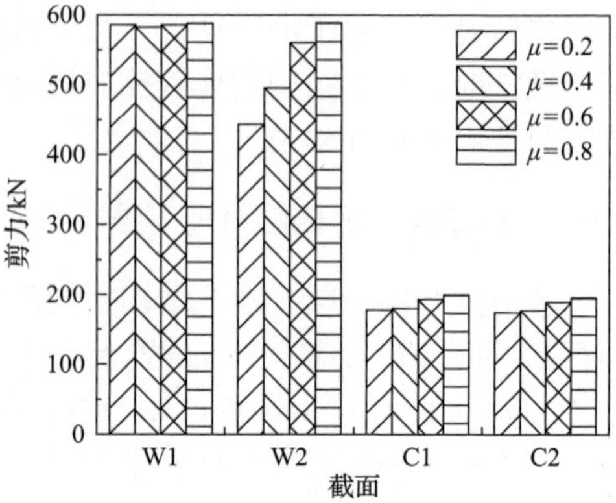

(b) 剪力

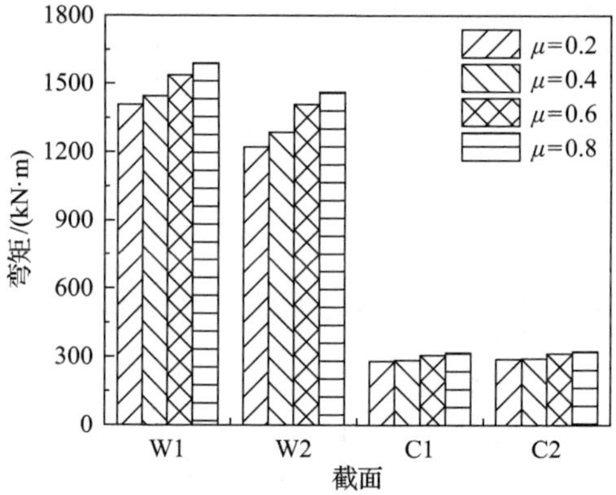

(c) 弯矩

图 8.1.23　不同接触界面摩擦系数下构件内力对比

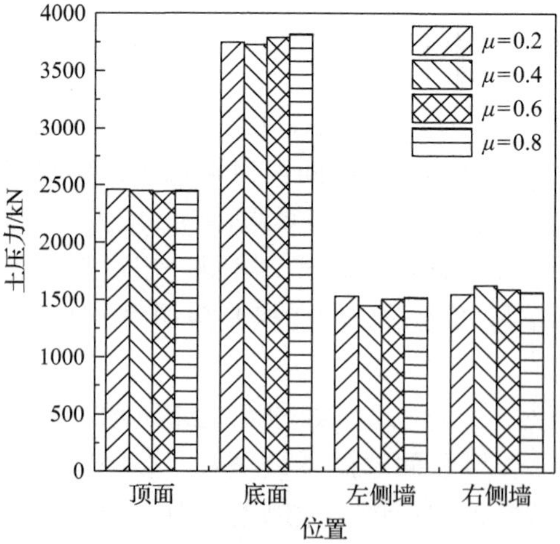

(a) 土压力

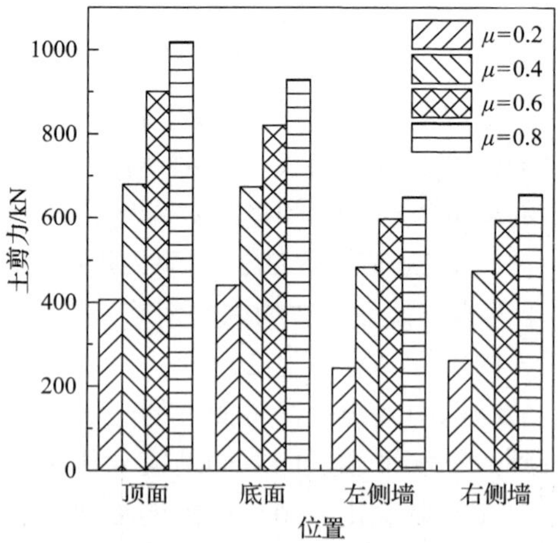

(b) 土剪力

图 8.1.24　不同接触界面摩擦系数下接触面力对比

综上，可以看到接触面摩擦系数对地下结构内柱的受力地震反应影响并不明显。鉴于此，考虑到接触面摩擦系数也较难准确估计和地下结构抗震性能的控制性因素主要是内柱的原因(后面将详细阐述)，一般情况可以忽略这种影响，或者取一个中间值 0.4。

8.2　地震动参数影响分析

8.2.1　地震动作用方式对地下结构地震反应的影响

本节首先讨论地震动作用方式对地下结构地震反应的影响，即仅有水平地震动作用以及水平和竖向双向地震动共同作用下地下结构地震反应的差异。结构与土体之间设置为法向硬接触，切向摩擦接触，摩擦系数取为 0.4[8]。

图 8.2.1 为水平地震动作用下以及水平与竖向地震动共同作用下中柱层间位移对比图。结果表明，两种计算工况下结构水平变形的时程曲线基本吻合，仅有水平地震动作用时的结构水平变形最大值为 20.2mm，略低于水平与竖向双向地震动共同作用下结构水平变形的最大值(20.5mm)。可见，竖向地震动对结构的水平变形影响不显著。

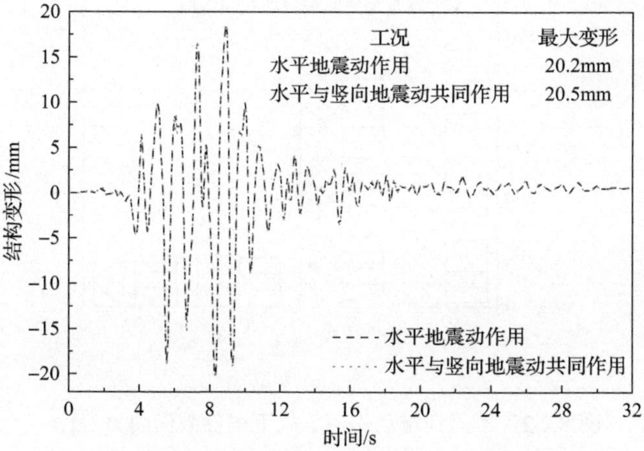

图 8.2.1　不同地震动作用方式下结构变形对比

为进一步讨论地震动作用方式对地下结构地震反应的影响，选取对比指标为图 8.1.1 中的四个典型截面的截面内力。构件截面内力对比结果见图 8.2.2。两种不同地震动作用方式下，结构关键截面内力有所不同。其中，水平和竖向地震动共同作用时，各截面内力值均要大于仅有水平地震动作用时的对应内力值。对于中柱和侧墙轴力而言，地震动作用方式对其影响最大。尤其是中柱顶、底面的轴力提升幅度高达 55%。对于中柱、侧墙的剪力和弯矩而言，地震动作用方式的改变对其影响相对较小，增加竖向地震动作用仅适度提升了侧墙底部剪力幅值，约为 11%，其他各截面的剪力值和弯矩值的提升幅度都不到 5%。总体而言，竖向地震动作用显著增大了内柱的轴力，适度增大了侧墙的轴力，其余各内力值均没有明显变化。

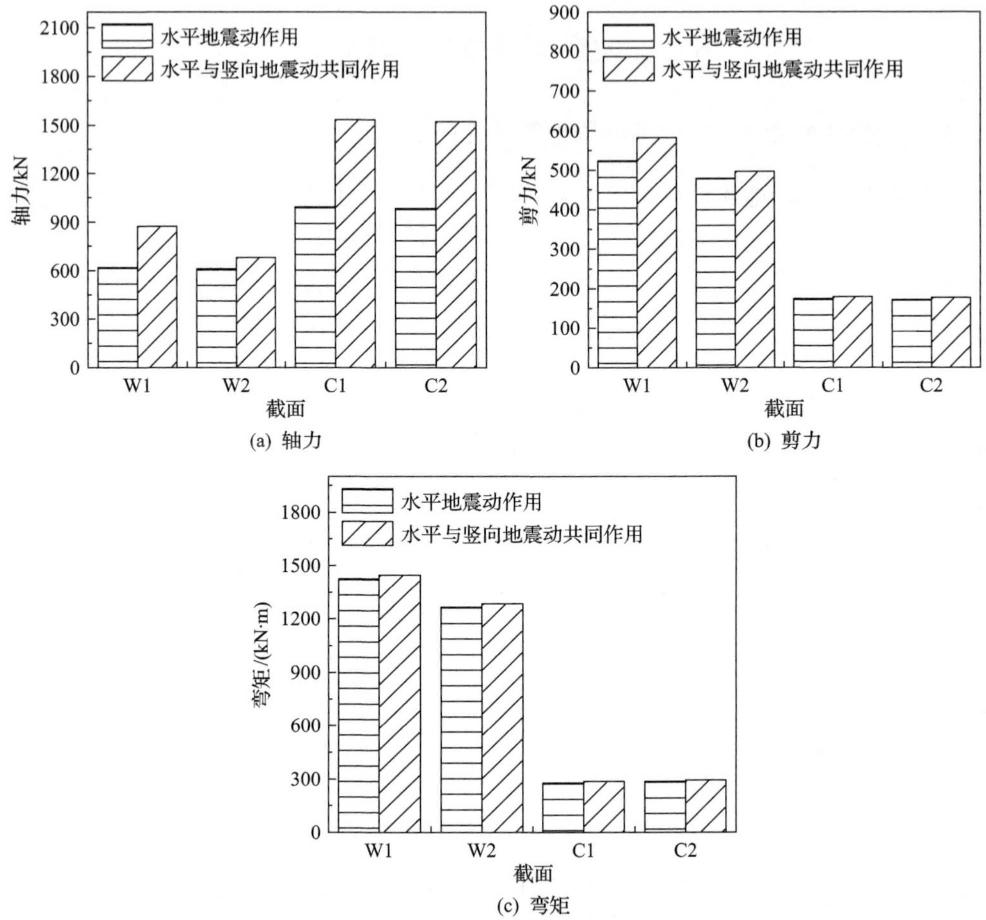

(a) 轴力　(b) 剪力　(c) 弯矩

图 8.2.2　不同地震动作用方式下构件截面内力对比

结构周围土压力和土剪力的比较结果如图 8.2.3 所示。由图可知，水平和竖向地震动共同作用下，结构周围的土压力和土剪力均要大于仅有水平地震动作用时所对应的反应值。对于结构顶、底面的土压力，地震动作用方式的改变对其影响最大，增加竖向地震动作用后结构顶面土压力的提升幅度约高达 54%。地震动作用方式对各接触面的土剪力影响较小，增加竖向地震动作用后仅结构顶面土剪力的提升幅度稍大，约为 9%，其他各接触面的土剪力值的提升幅度均小于 5%。可见，水平和竖向地震动共同作用下各接触面土压力和土剪力与仅有水平地震动作用下各接触面反应值存在差异，但除了结构顶、底面的土压力值相差较大外，其余各接触面反应值均无明显变化。

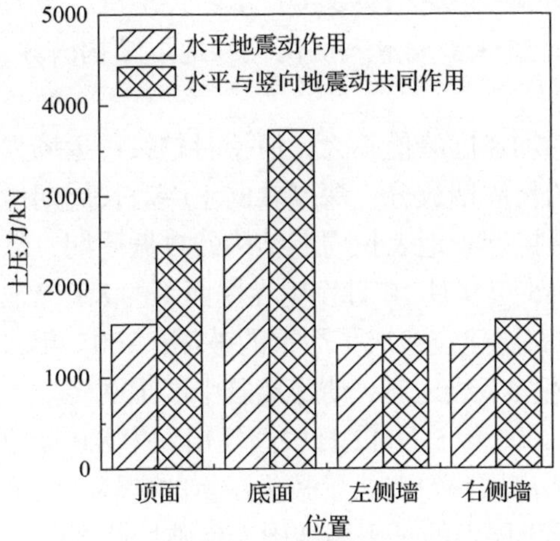

(a) 土压力

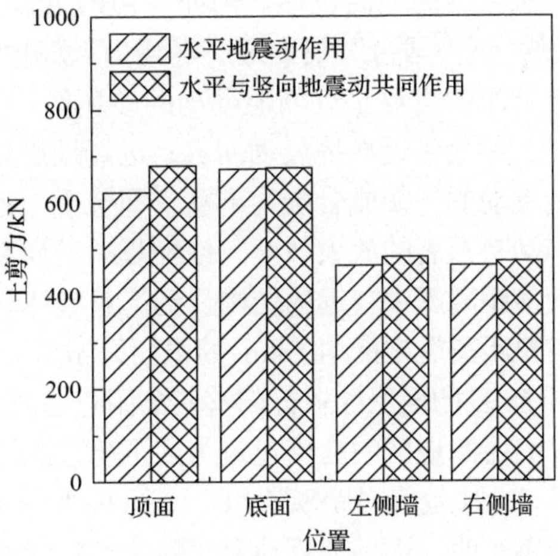

(b) 土剪力

图 8.2.3　不同地震动作用方式下接触面力对比

上述研究表明，地震动作用方式对地下结构地震反应的关键影响在于显著增大了结构顶面的土压力和内柱轴力。

8.2.2　近、远场地震动对地下结构地震反应的影响

地震动本身是一个非常复杂的随机过程，其中包含很多不确定性因素。随着对地震动特性研究的不断深入，地震动的一些其他特性也越来越引起重视，如近场地震动特性中的大位移、速度脉冲和强烈竖向振动，以及远场地震动中长周期能量在软弱深厚土层上的放大效应等。本节主要针对近场地震动及远场地震动各自的特点，研究其对地下结构地震反应的影响差异。

近场和远场地震动的概念均建立在场地和震中与断层的相对位置关系上，目前尚无统一的说法。近场通常定义为“在震源周围一定比例波长范围内的位置”，并认为一般震中距小于 50km 的地震动是近场地震动。距断层距离大于 200km 场地上的大震对应的地震动一般认为是远场地震动。近场地震动的主要特点有：①速度脉冲效应。地震动时程曲线包含有明显的脉冲现象，以速度脉冲型运动最为常见。速度脉冲型地震动具有类似脉冲的波形，周期持时较长，包含较丰富的中长周期分量，脉冲峰值较大。②方向性效应。方向性效应可根据断层破裂方向与场地的位置关系分为前方向性效应、后方向性效应和中性方向性效应。③竖向加速度效应。地震中一般竖向加速度比相应的水平向加速度要小，峰值通常被假设为水平方向的 2/3，但是对于近场地震动来说并非总是如此，越来越多的近场加速度

记录表明 2/3 这个值是偏小的。由于近场地震动具有高能量脉冲运动、方向性效应和竖向加速度较大的特点，地震往往对结构产生高能量冲击，同时可能导致大尺度永久性的地面位移。例如，1994 年美国北岭地震、1995 年日本阪神地震，以及 1999 年中国台湾集集地震等均为近场地震，造成了大量人员伤亡和地下结构破坏，究其原因主要是近场地震动的破坏作用。

相比于近场地震动而言，远场地震动的加速度峰值不大，但持时较长；远场强地震动的低频成分更为丰富，即包含丰富的长周期成分。深厚软弱土层对长周期地震动有显著的放大效应，使地震动的周期更接近于地表长周期结构的自振周期，从而使距离震中较远的结构受到严重破坏。1985 年 9 月 19 日发生在墨西哥的 8.1 级地震对距离震中区 400km 的墨西哥城地区的高层建筑造成了严重的破坏；2005 年 3 月 28 日印度尼西亚苏门答腊岛附近海域发生 8.7 级地震，使距离震中区 100 多公里外的沿海地区的高层建筑遭到了严重破坏；2008 年 5 月 12 日中国汶川发生 8.0 级地震，此次地震对距离汶川 750km 的西安地区高层建筑造成了较为严重的破坏。以上震害表明，远场地震动会对修建于软弱深厚土层上的长周期结构产生破坏性作用。

从工程意义而言，远场地震动一般是与大震对应的，下面实际分析中也采用了 100km 左右的强震记录作为远场地震动，地震动记录从阪神地震、科贾埃利(Kocaeli)地震、洛马・普雷塔(Loma-Prieta)及北岭地震动记录中选取。将所有地震动记录的 PGA 调整为 0.2g，竖向地震动按照原有水平、竖向地震动 PGA 比值进行相应调整。所选近、远场地震动记录如表 8.2.1 所示，阪神地震中 Kobe 原始地震动记录及调整 PGA 后的地震动记录及相应频谱见图 8.2.4 和图 8.2.5。计算模型仍然采用了前述大开地铁车站的结构和场地资料和动力时程法。

表 8.2.1　所选近、远场地震动记录

地震	记录台站	震级/M	断层距 R/km	V_{s30}/(m/s)	水平向 PGA/g	竖向 PGA/g	双向 PGA 比值（竖向/水平）
阪神-远场(1-F)	OKA	6.9	86.94	609	0.0789	0.0366	0.462
阪神-近场(1-N)	Kobe University	6.9	0.92	1043	0.3118	0.452	1.45
科贾埃利-远场(2-F)	Tekirdag	7.51	165.02	521.76	0.0337	0.01	0.297
科贾埃利-近场(2-N)	Gebze	7.51	10.92	792	0.2608	0.1938	0.743
洛马・普雷塔-远场(3-F)	Point Bonita	6.93	83.45	1315.92	0.0717	0.0345	0.48
洛马・普雷塔-近场(3-N)	LGPC	6.93	3.88	594.83	0.57	0.896	1.572
北岭-远场(4-F)	Mojave-Oak Creek Canyon	6.69	75.8	422.73	0.0594	0.0233	0.392
北岭-近场(4-N)	LA Dam	6.69	5.92	628.99	0.4263	0.3193	0.749

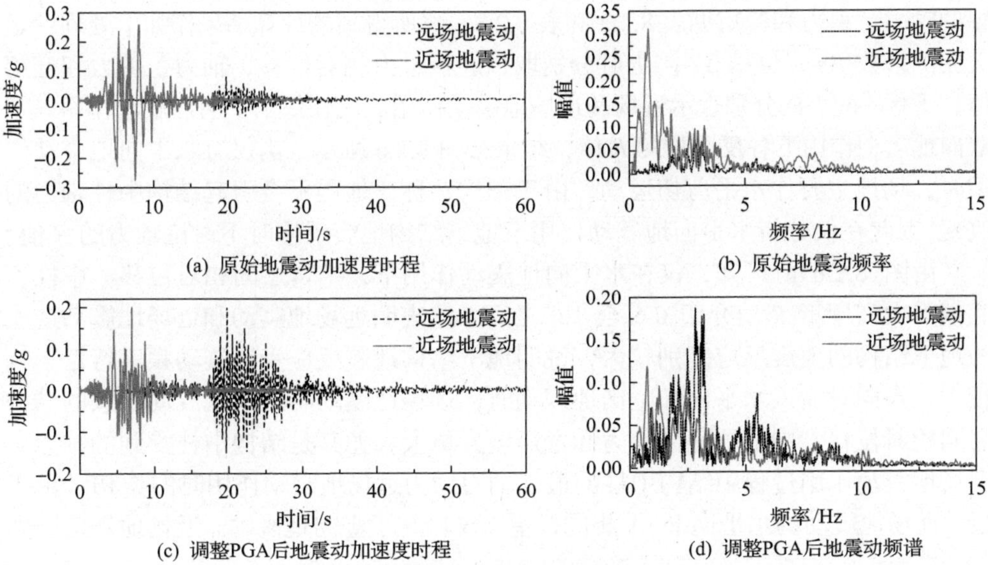

(a) 原始地震动加速度时程　(b) 原始地震动频率

(c) 调整PGA后地震动加速度时程　(d) 调整PGA后地震动频谱

图 8.2.4　Kobe 记录水平向加速度时程及频谱

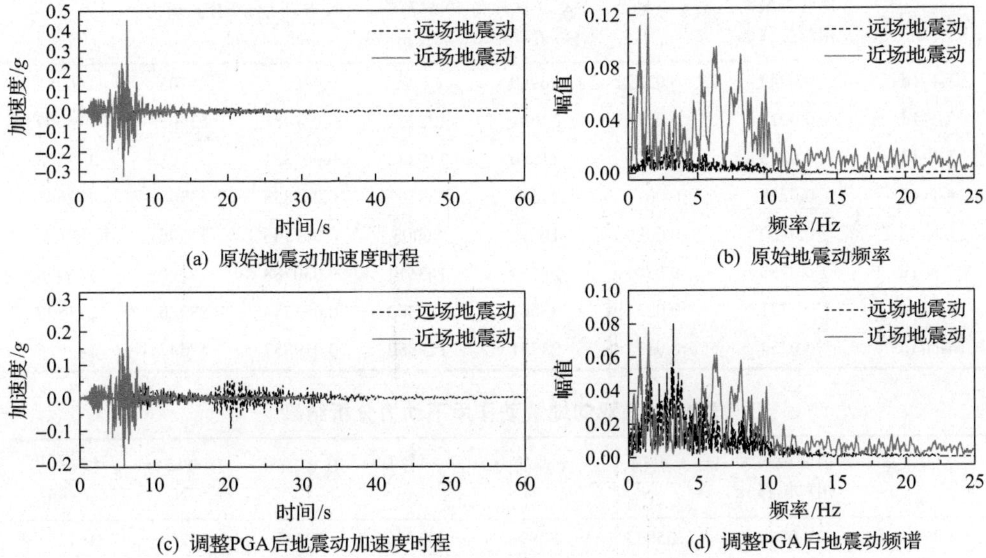

(a) 原始地震动加速度时程　(b) 原始地震动频率

(c) 调整PGA后地震动加速度时程　(d) 调整PGA后地震动频谱

图 8.2.5　Kobe 记录竖向加速度时程及频谱

由图 8.2.4 和图 8.2.5 可知，近场地震动原始记录 PGA 远大于远场地震动，近场地震动竖向加速度分量较大，竖向与水平向地震动分量的 PGA 比值大于 2/3；近场地震动持时较远场地震动偏短，PGA 出现位置更早；调整 PGA 后，通过频谱比较显示，近场地震动高频成分较丰富，而远场地震动低频成分更丰富。

中柱底端与顶端的水平相对位移最大值及对应时刻的中柱顶部 A 与底部 B 位

置的轴力、剪力和弯矩见表 8.2.2 和表 8.2.3。将所得到的计算结果作如下处理：定义比例系数 $R=A_N/A_F$，其中 A 可分别取顶底板最大相对位移、轴力、剪力和弯矩值，下标 N 和 F 分别表示近场和远场地震动作用。比较仅水平向地震动作用以及双向地震动作用下各反应量的 R 值，结果如图 8.2.6 所示。当仅有水平向地震动作用时，场地主要作水平剪切运动，由于结构对称，地震不会引起结构中柱轴力的改变,因此在仅分析水平向地震动作用下地下结构地震反应时不讨论轴力的 R 值。

由图 8.2.6(a)可知，仅在水平向地震动作用下，结构层间相对位移、中柱顶底端剪力和弯矩 R 值介于 0.6 至 1.6 之间。这表明远场地震动和近场地震动造成的地下结构的地震反应差别较大，说明地下结构地震反应受地震动频谱特性影响较大。当同时输入水平向和竖向地震动时，远场地震动与近场地震动导致的结构层间相对位移、中柱顶底部剪力和弯矩差异更大，尤其是结构中柱受到的轴力，近场地震动作用过程中结构中柱的最大轴力约为远场地震动作用时的 7 倍。由于近、远场地震动的水平向 PGA 相同，差异仅存在于竖向地震动，近场地震动剧烈

表 8.2.2　仅水平向地震动作用下动力分析结果

地震动编号	顶底板最大相对位移/m	A 点轴力/N	A 点剪力/N	A 点弯矩/(N·m)	B 点轴力/N	B 点剪力/N	B 点弯矩/(N·m)
1-F-1d	0.0249	0.0222	26969	64299	0.022504	44105	156281
2-F-1d	0.0211	0.0213	23041	122222	0.021488	53603	135069
3-F-1d	0.0275	0.0024	31240	159442	0.003321	68008	173295
4-F-1d	0.0218	0.0617	27517	137357	0.065858	53060	142647
1-N-1d	0.0150	0.0090	16912	86003	0.009346	37696	95016
2-N-1d	0.0288	0.0303	29574	163614	0.030788	77220	186978
3-N-1d	0.0331	0.0231	33661	182362	0.023344	88226	211508
4-N-1d	0.0224	0.0192	23741	125880	0.019853	57547	142036

表 8.2.3　双向地震动作用下动力分析结果

地震动编号	顶底板最大相对位移/m	A 点轴力/N	A 点剪力/N	A 点弯矩/(N·m)	B 点轴力/N	B 点剪力/N	B 点弯矩/(N·m)
1-F-2d	0.0249	35933	26970	145646	38183	64299	161235
2-F-2d	0.0211	82204	23041	122222	86286	53603	135069
3-F-2d	0.0275	94388	31980	161679	97420	68714	175704
4-F-2d	0.0218	18224	27518	137357	17146	53060	142647
1-N-2d	0.0150	82097	16912	86003	85662	37696	95016
2-N-2d	0.0288	212129	29575	163614	220022	77220	186978
3-N-2d	0.0331	148231	33662	182362	155012	88226	211508
4-N-2d	0.0224	99192.9	23741	125880	104863	57547	142036

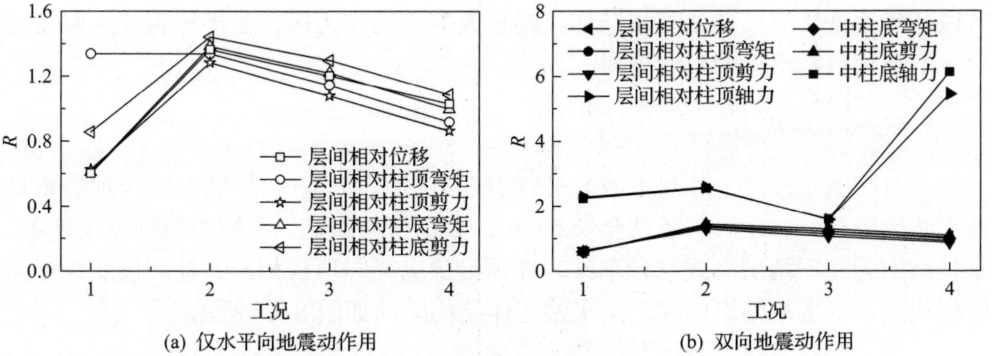

图 8.2.6　不同地震动输入情况结果对比

的竖向振动导致结构中柱产生了更大的轴力。因此，对于近断层区地下结构，在进行抗震设计时，更应当关注竖向地震动效应。

8.2.3　地震动入射角度对地下结构地震反应的影响

相对已确定的工程场址，地震发生存在一定的随机性，震源深度及场址的震中距同样存在一定的随机性。对于工程场址附近的深源地震，入射地震波通常可假定为竖直向上传播的平面体波。而对于相距工程场址适度远的浅源地震，地震波传播方向相对竖直方向往往具有一定的倾斜角度，如图 8.2.7 所示。对于城市地铁车站结构，其用途逐步从单一功能发展为多功能，结构形式也从简单的矩形形式发展到平立面多样风格，出现了越来越多的体形复杂的大型结构。对于隧道结构，随国家经济建设的发展，呈现出“标准高、线路长、规模大、隧道多”的特点。这些大型和长线型地下结构的地震反应可能受地震动入射角度影响显著。本

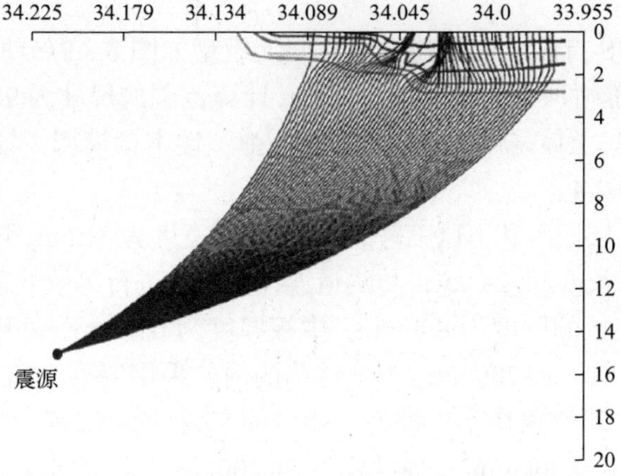

图 8.2.7　地震动传播至工程场地的斜入射机制示意图

节以苏州地铁星海广场站车站结构及某长大隧道结构为例，分析地震动入射角度对地下结构地震反应的影响规律[9-11]。

1. 地铁车站结构

星海广场站，位于苏州市域 CBD 的核心位置，该地区是全国 21 个地震重点监视防御区之一。星海广场站全长 573m，沿东西向布置，采用明挖顺做法施工。车站结构为地下两层岛式站台车站，柱顶设顶纵梁与顶板相连、柱底设底纵梁与底板相连、中层板处设中纵梁。车站主体结构断面如图 8.2.8 所示。

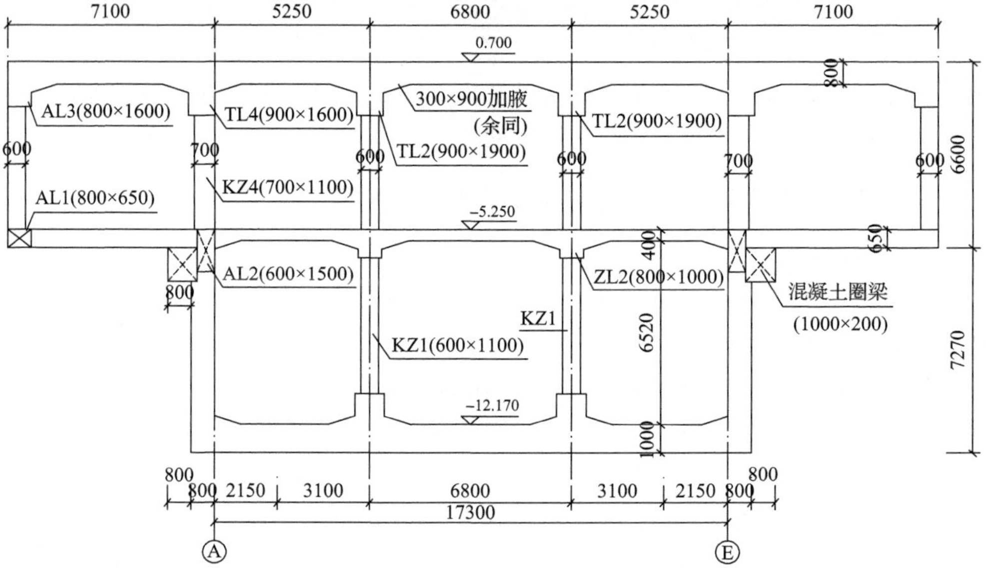

图 8.2.8　车站主体结构断面图(单位：mm)

利用 ABAQUS 有限元软件建立的有限元模型如图 8.2.9(a)所示，模型底面为地表面下 42.8m，车站顶板处的埋深为 2.5m，计算范围的尺寸为 95m(X 向)×95m(Z 向)×42.8m(Y 向)。土体采用 Mohr-Coulomb 弹塑性本构模型，场地地层情况及土性物理参数见表 8.2.4。

车站结构为上层五跨和下层三跨的结构，上层宽度为 31.5m，下层宽度为 18.9m，纵向长度选取六跨长区间 28.0m，与隧道连接处刚度进行等效处理如图 8.2.9(b)所示。结构顶板和底板的厚度为 800mm，中板厚度为 650mm，外墙厚度为 600mm，柱的截面尺寸为 700mm×700mm。车站结构的内柱采用混凝土和钢筋分离式建模，混凝土采用混凝土塑性损伤本构模型，相应的参数见表 8.2.5。钢筋采用 Mises 弹塑性模型，密度为 7800kg/m^3，弹性模量为 200GPa，泊松比为 0.1，屈服应力为 534MPa，配筋率为 6.0%，车站结构的梁、顶板、底板及侧墙采用钢筋弥散到混凝土中的方法考虑钢筋混凝土材料的属性，顶板及底板的平均配筋率为 1.0%，梁的平均配筋率为 4.0%。输入的地震记录为阪神地震神户气象台加速度记录，地震动的入射角度 θ 分别为 0°，即垂直向上入射，以及 15°、30°斜入射三种工况。

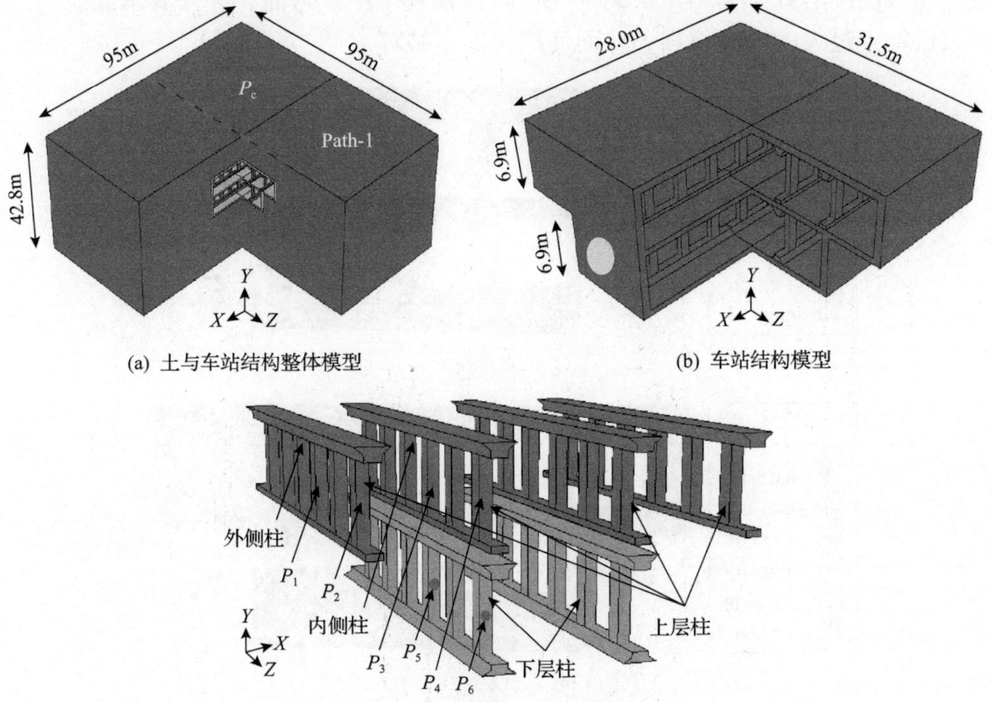

(a) 土与车站结构整体模型　(b) 车站结构模型

(c) 柱网及监测位置示意图

图 8.2.9　星海广场地铁车站有限元模型

表 8.2.4　场地参数

层号	土层描述	层厚/m	初始剪切模量/MPa	重度/(kN/m³)	内摩擦角 φ/(°)	弹模/MPa	泊松比	孔隙率
1	淤泥质土	0.0～5.5	25.0	19.2	12.6	3.5	0.32	—
2	粉质黏土	5.5～22.0	47.9	18.7	12.0	2.7	0.32	—
3	粉细砂	22.0～39.0	105.8	19.0	35.0	4.2	0.32	0.474
4	黏土	39.0～60.0	126.3	20.2	21.0	5.3	0.32	—

表 8.2.5　混凝土材料参数

材料	密度/(kg/m³)	弹性模量/GPa	泊松比	初始压缩屈服应力/GPa	极限压缩屈服应力/GPa	拉伸破坏应力/GPa
混凝土	2400	32.5	0.2	11.38	25.6	2

图 8.2.10 给出了地震动不同入射角度下车站结构的最终变形情况。由图可知，入射角 θ=0°和 15°时，地下车站结构的变形较小，表现为上层柱和下层柱均略有弯曲，顶板和中板略有沉降。柱的最大变形发生在 1/2 高度处，板的最大变形则发生在板的中心处。而当入射角 θ=30°时，柱发生严重弯曲，失去其承载能力，导致板发生过大的沉降位移，从而使结构发生破坏。

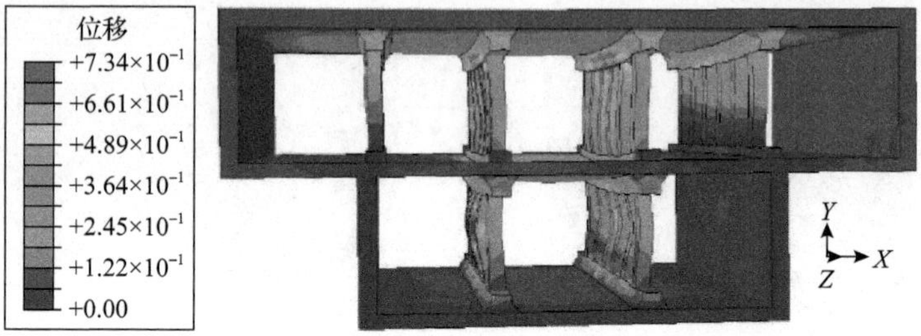

(a) 入射角θ=0°

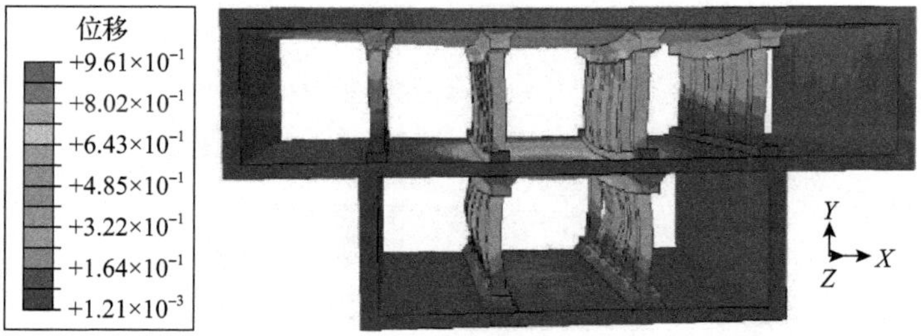

(b) 入射角θ=15°

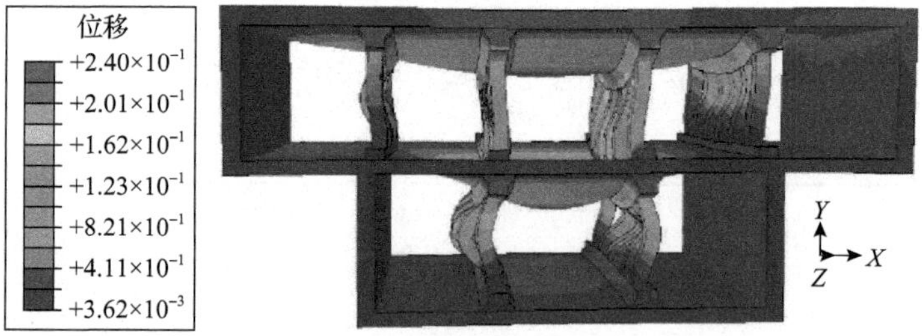

(c) 入射角θ=30°

图 8.2.10　地震动不同入射角度下车站结构的变形图

不同的地震动输入方向会影响构件的水平位移，具体表现为地震动的斜入射会增大构件的位移幅值，且入射角越大，其影响越显著，这实际上也是水平向与竖向地震动结合的作用方式。此外，中柱的位移变形总体大于边柱，这是由于边柱受到的约束较强些。观察结构横向各柱的 X 方向位移可知，下层柱的变形最大，其次是上层内侧柱，变形最小的为外侧柱。外侧柱和下层柱的变形相似，均为向 X 负方向的弯曲变形且中上部变形较大；而内侧柱则为向 X 正方向的弯曲变形。

2. 隧道结构

某隧道洞身段的有限元模型见图 8.2.11[12,13]。其中，横向(X 方向)取 500m，竖向(Y 方向)取 100m，纵向(Z 方向)取 140m。隧道为圆形隧道，截取长度 400m，埋深 50m，隧道直径 10m，衬砌厚度 0.4m，采用 C20 混凝土。围岩采用线弹性模型,衬砌采用混凝土塑性损伤模型,材料参数见表 8.2.6。围岩剪切波速为 735.4m/s，划分的最大网格尺寸为 5m。隧道衬砌与围岩介质之间采用绑定约束，忽略界面处的相对滑移。

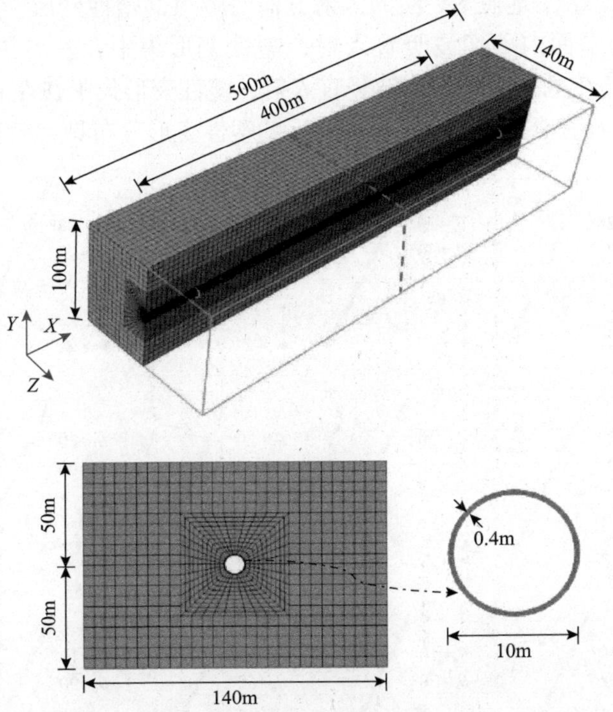

图 8.2.11　隧道结构有限元模型

表 8.2.6　混凝土衬砌和围岩的材料参数

材料	密度 /(kg/m³)	弹模 /GPa	泊松比	初始压缩屈服应力 /MPa	极限压缩屈服应力 /MPa	拉伸破坏应力 /MPa
混凝土	2500	30	0.2	11.7	20	2
围岩	2500	3.65	0.35	—	—	—

在有限元模型的 4 个侧面和底面施加黏弹性人工边界。输入地震动为 1989 年洛马·普雷塔地震的基岩记录。定义 SV 波传播方向与竖直方向(Y 方向)夹角为传

播角 θ_p，定义 SV 波振动方向在水平面投影与隧道轴线夹角为振动角 θ_v。为研究 SV 波入射方向对隧道地震反应的影响，SV 波传播角 θ_p 取 0°、10°、20°和 28°。对于每一个传播角 θ_p 值，振动角度 θ_v 分别取 0°、30°、60°和 90°，共 16 种地震动入射角度工况。

图 8.2.12 给出了 16 种地震动入射角度下衬砌结构的等效塑性应变云图。从图中可以看出，对于每一种工况，衬砌塑性变形沿隧道轴线基本均匀分布，说明隧道两端截断部位对隧道整体反应的影响并不显著，隧道地震反应沿隧道轴线方向上具有一致性，因此可取隧道轴线中间横截面的反应作为隧道整体反应。从图 8.2.12 中可以看出，地震 SV 波的入射方向对隧道的塑性变形影响较大。θ_p=0°，θ_v=90°为传统的平面内剪切波竖直入射，塑性变形集中在左右拱肩和拱脚处；θ_p=0°，θ_v=0°为传统的平面外剪切波竖直入射，塑性变形集中在左右拱腰处。相对于以上两种传统入射情况，其他入射方向下的塑性变形分布具有明显的差异。总体

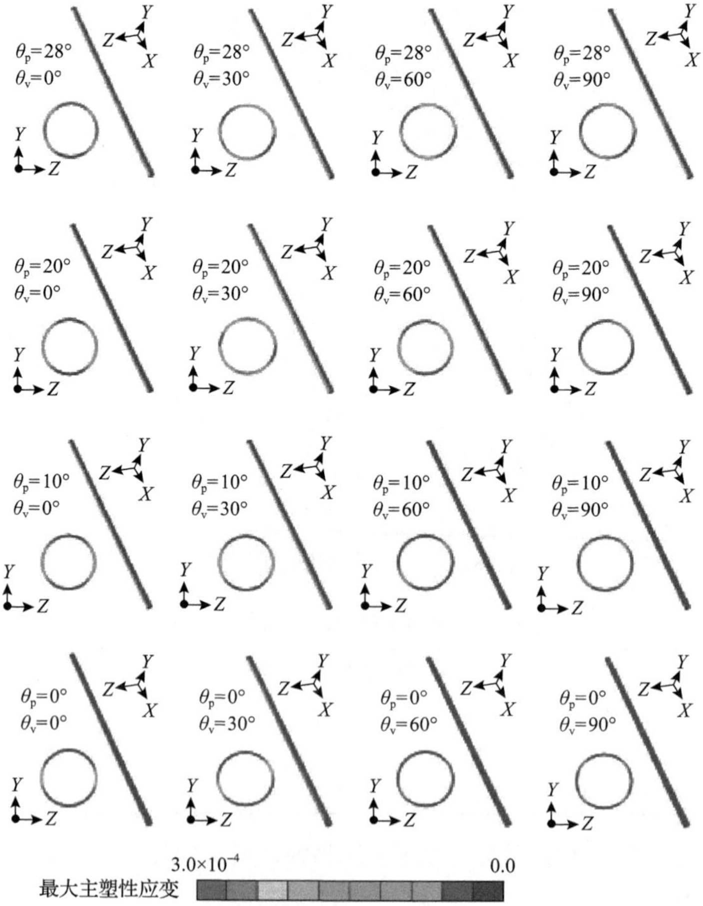

图 8.2.12　衬砌结构的等效塑性应变云图

来说，随传播角度 θ_p 的增加，衬砌塑性破坏越为严重；随振动角度 θ_v 的增加，衬砌塑性变形由位于拱腰处变为位于拱肩和拱脚部位，且出现左右非对称分布情况。

上述地铁车站和隧道结构地震反应分析表明，地震动入射角度对地下结构地震反应影响较为显著，地震动倾斜入射可能成为较传统竖直入射更为不利的地震作用工况。

8.2.4　地震动峰值参数对地下结构地震反应的影响

1. 人工合成地震动

将大开地铁车站结构以 4.8m 的埋深分别置于北京金安桥地铁场地（硬）、珠市口地铁场地（中）和苏州星海广场地铁场地（软）中[14]。选用人工合成地震动，生成地震动的方法见文献[15]，目标反应谱如图 8.2.13 所示，取自《城市轨道交通结构抗震设计规范》（GB 50909—2014），场地类别为 I 类，场地特征周期 T_g=0.20s，阻尼比为 0.05。

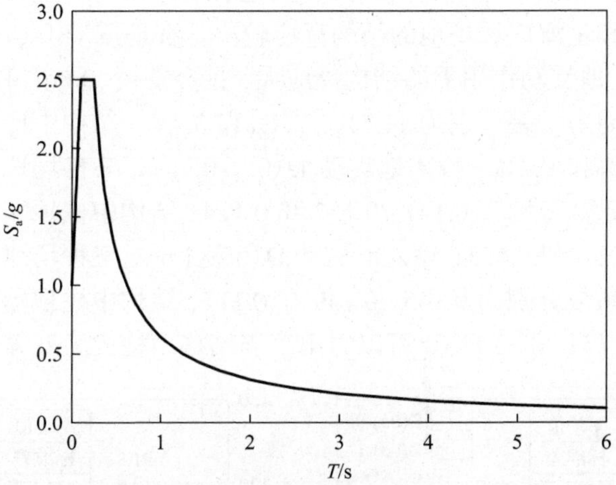

图 8.2.13　目标反应谱

第一类地震动时程（PGA 和 PGD 相同而 PGV 不同）中，分为两组，每组的峰值加速度均为 1g，目标位移均为 0.5m，目标峰值速度分别取为 0.05m/s 和 0.10m/s，所合成的地震动平稳段持时取 8s，对目标峰值速度和目标峰值位移拟合的相对误差不超过 5%，对目标反应谱拟合的相对误差不超过 1%，从而每组选取 25 条地震动，将两组地震动分别命名为 D(05)-05 和 D(05)-1。同理，第二类地震动时程（PGA 和 PGV 相同而 PGD 不同）也取两组地震动（每组 25 条），每组的峰值加速度均为 1g，目标速度均为 0.1m/s，目标峰值位移分别取为 0.05m 和 0.10m，两组地震动分别命名为 V(1)-05 和 V(1)-1。

2. 地震动峰值速度的影响

图 8.2.14 是中柱相对位移峰值的平均值、标准差和变异系数。由图可以看出，同一类地震动作用下，金安桥场地的中柱变形最大，珠市口和星海广场场地中柱变形较小。地震动 D(05)-1 作用下结构中柱变形比地震动 D(05)-05 作用下的变形大，且金安桥、珠市口和星海广场场地的中柱位移增幅分别为 10.0%、0.4%和 1.4%。输入地震动 D(05)-05 时，三种场地条件下中柱位移的变异系数分别为 0.108、0.137 和 0.128；输入地震动 D(05)-1 时，三种场地条件下中柱位移的变异系数分别为 0.126、0.133 和 0.114。可见，当变异系数相当的情况下，珠市口场地中柱相对位移受 PGV 的影响最小，星海广场场地中柱相对位移受 PGV 影响次之，金安桥场地中柱相对位移受 PGV 影响最大。

以结构中柱相对位移最大时刻为基准，研究地震动作用下中柱、顶底板及结构侧墙内力变化。图 8.2.15 和图 8.2.16 分别为中柱顶端剪力和弯矩的平均值、标准差和变异系数。从图中可以看出，同一类地震动作用下，金安桥场地的结构反应最大，珠市口和星海广场场地的结构反应较小。在地震动 D(05)-1 作用下结构反应比 D(05)-05 地震动作用下的结构反应大，且金安桥、珠市口和星海广场场地下结构中柱顶端剪力增幅分别为 11.7%、2.4%和 0.4%，结构中柱顶端弯矩增幅分别为 11.7%、2.2%和 0.4%。输入地震动 D(05)-05 时，三种场地条件下结构中柱顶端剪力的变异系数分别为 0.141、0.157 和 0.124，结构中柱顶端弯矩的变异系数分别为 0.134、0.154 和 0.123；输入地震动 D(05)-1 时，三种场地条件下结构中柱顶端剪力的变异系数分别为 0.145、0.149 和 0.117，结构中柱顶端弯矩的变异系数分别为 0.132、0.151 和 0.115。可以看出，当结构中柱内力变异系数相当的情况

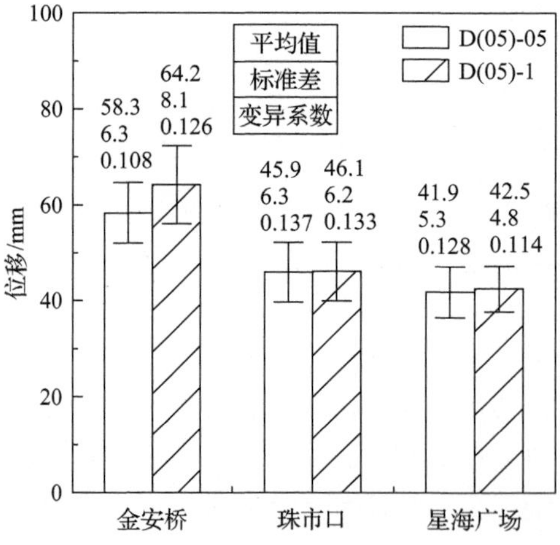

图 8.2.14　中柱相对位移峰值均值和变异性

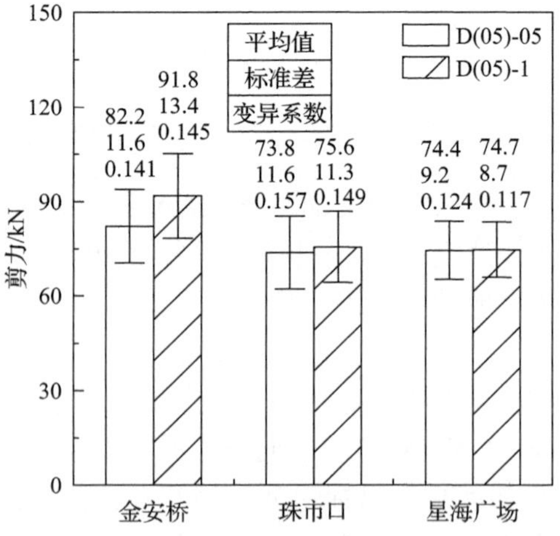

图 8.2.15　中柱顶端剪力均值和变异性

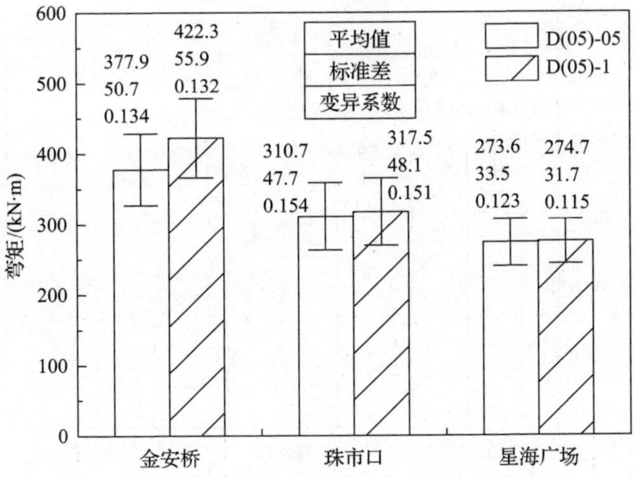

图 8.2.16　中柱顶端弯矩均值和变异性

下，星海广场场地下结构中柱剪力和弯矩受 PGV 影响最小，珠市口场地次之，金安桥场地结构中柱剪力和弯矩受 PGV 影响最大。

图 8.2.17～图 8.2.19 分别为结构顶板、底板和侧墙处土层剪力的平均值、标准差和变异系数。从图中可以看出，同一类地震动作用下，金安桥场地下结构顶底板、侧墙的土层剪力最大，珠市口和星海广场场地土层剪力较小。与 D(05)-05 地震动作用下结构反应相比，D(05)-1 地震动作用下金安桥和珠市口场地下结构顶板处土层剪力值增幅分别为 7.9%和 1.2%，而星海广场场地下结构顶板处土层剪力降低了 1.4%；三种场地条件下结构底板处土层剪力值增幅分别为 6.4%、4.8%和 2.3%，结构侧墙处土层剪力值增幅分别为 7.4%、3.7%和 2.6%。输入 D(05)-05

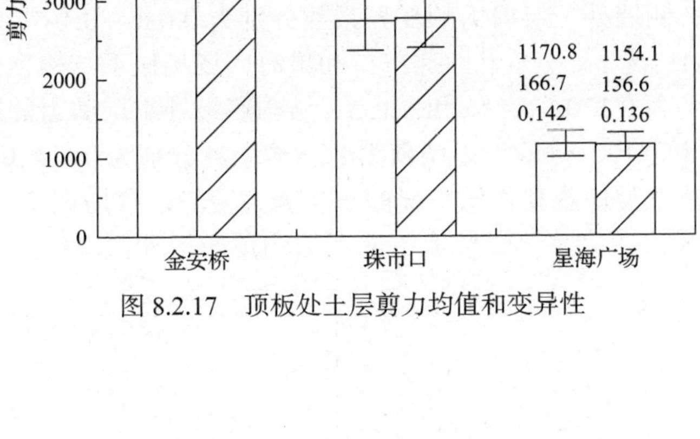

图 8.2.17　顶板处土层剪力均值和变异性

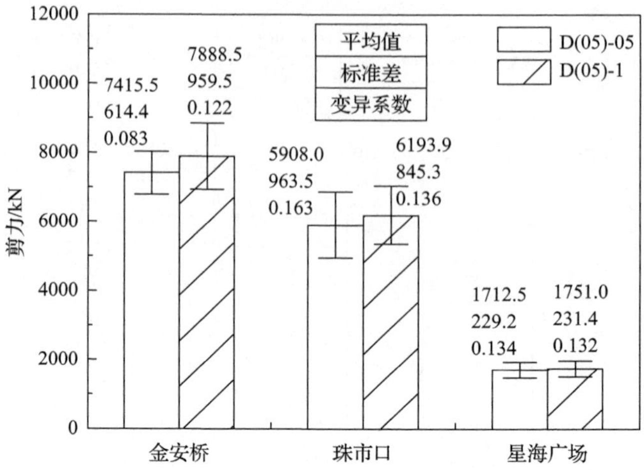

图 8.2.18　底板处土层剪力均值和变异性

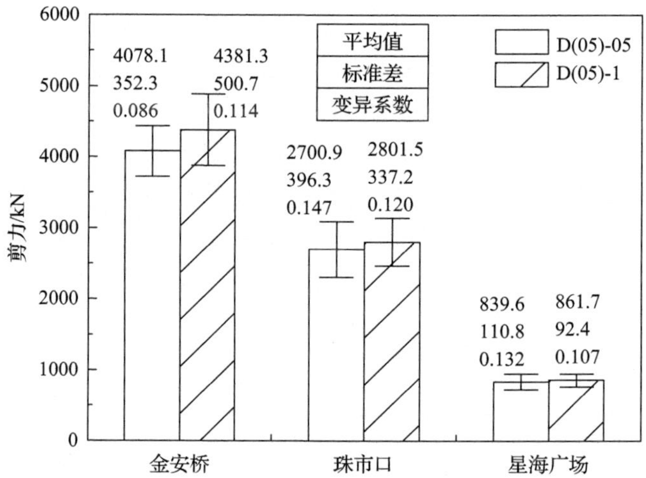

图 8.2.19　侧墙处土层剪力均值和变异性

地震动情况下，金安桥、珠市口和星海广场场地下结构顶板处土层剪力的变异系数分别为 0.124、0.139 和 0.142；结构底板处土层剪力的变异系数分别为 0.083、0.163 和 0.134；侧墙处土层剪力的变异系数分别为 0.086、0.147 和 0.132。输入 D(05)-1 地震动情况下，金安桥、珠市口和星海广场场地下结构顶板处土层剪力的变异系数分别为 0.120、0.136 和 0.136；结构底板处土层剪力的变异系数分别为 0.122、0.136 和 0.132；侧墙处土层剪力的变异系数分别为 0.114、0.120 和 0.107。可以看出，上述各类地震动作用工况的土层剪力变异系数均在 0.11 左右，此时地震动峰值速度的变化对较硬场地中地下结构顶底板和侧墙处土层剪力的影响较大。

3. 地震动峰值位移的影响

图 8.2.20 是结构中柱位移峰值的平均值、标准差和变异系数。同类地震动作用下，金安桥场地下结构中柱变形最大，珠市口和星海广场场地下结构中柱变形较小。在地震动 V(1)-1 作用下结构中柱变形比 V(1)-05 地震动作用下的中柱变形大，且金安桥、珠市口和星海广场场地下结构中柱位移无明显变化，增幅分别为 1.2%、0.3%和 0.5%，增幅均较小。输入地震动 V(1)-05 时，三种场地条件下结构中柱位移的变异系数分别为 0.126、0.133 和 0.114；输入地震动 V(1)-1 时，三种场地条件下结构中柱位移的变异系数分别为 0.107、0.132 和 0.110。当变异系数相当的情况下，三种不同场地条件下结构中柱变形受地震动峰值位移的影响不明显。

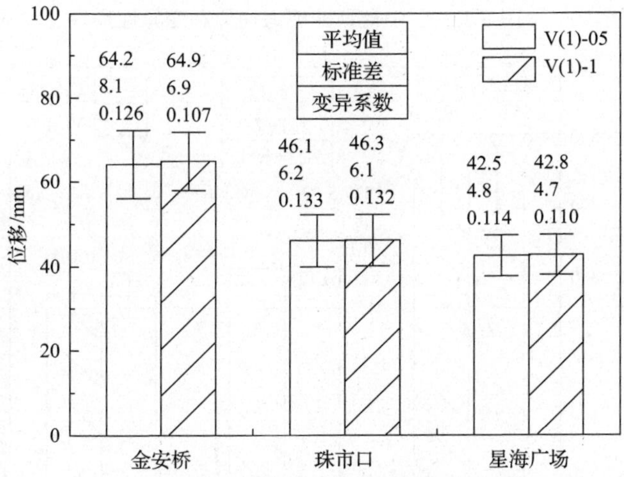

图 8.2.20　中柱位移峰值均值和变异性

以结构中柱相对位移最大时刻为基准，研究地震动作用下结构中柱、顶底板及侧墙内力的变化。图 8.2.21 和图 8.2.22 分别为结构中柱顶端剪力和弯矩的平均值、标准差和变异系数。在地震动 V(1)-1 作用下，结构中柱剪力和弯矩比 V(1)-05 地震动作用下的反应大，且金安桥、珠市口和星海广场场地下结构中柱顶端剪力的增幅分别为 2.1%、–1.3%和 1.3%，中柱顶端弯矩的增幅分别为 1.1%、–1.0%和 1.3%。输入地震动 V(1)-05 时，三种场地条件下结构中柱顶端剪力的变异系数分别为 0.145、0.149 和 0.117；中柱顶端弯矩的变异系数分别为 0.132、0.151 和 0.115。输入地震动 V(1)-1 时，三种场地条件下结构中柱顶端剪力的变异系数分别为 0.122、0.154 和 0.110；中柱顶端弯矩的变异系数分别为 0.117、0.150 和 0.108。当结构中柱内力变异系数相当情况下，地震动峰值位移提高一倍，对于不同场地条件下结构中柱内力的影响规律有所不同，但整体变化都不大。

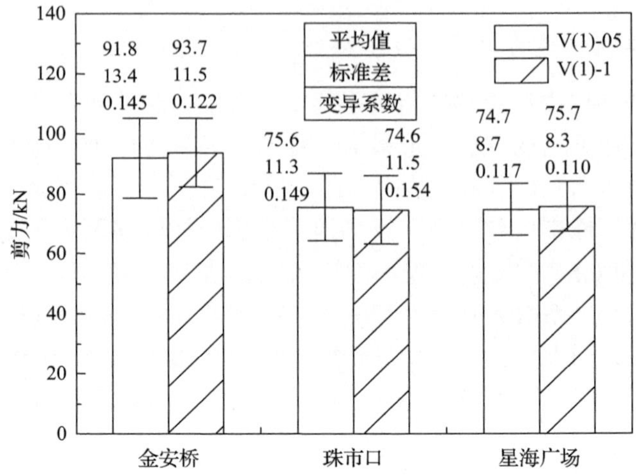

图 8.2.21　中柱顶端剪力均值和变异性

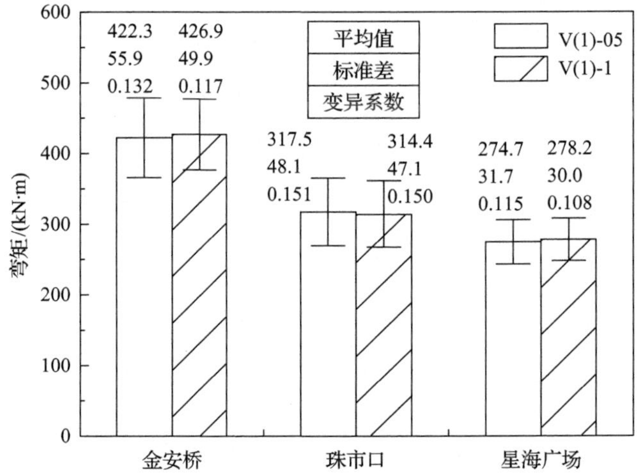

图 8.2.22　中柱顶端弯矩均值和变异性

图 8.2.23、图 8.2.24 和图 8.2.25 分别为结构顶板、底板和侧墙处土层剪力的平均值、标准差和变异系数。输入 V(1)-1 地震动相比于输入 V(1)-05 地震动，金安桥、珠市口和星海广场场地下结构顶板处土层剪力增幅分别为 0.7%、–0.5% 和 0.19%，结构底板处土层剪力增幅分别为–0.04%、–3.9%和 1.0%，结构侧墙处土层剪力增幅分别为 0.13%、–3.0%和 0.3%。输入 V(1)-05 地震动情况下，三种场地条件下结构顶板处土层剪力的变异系数分别为 0.120、0.136 和 0.136；结构底板处土层剪力的变异系数分别为 0.122、0.137 和 0.132；结构侧墙处土层剪力的变异系数分别为 0.114、0.120 和 0.107。输入 V(1)-1 地震动情况下，三种场地条件下结构顶板处土层剪力的变异系数分别为 0.102、0.140 和 0.124；结构底板处土层

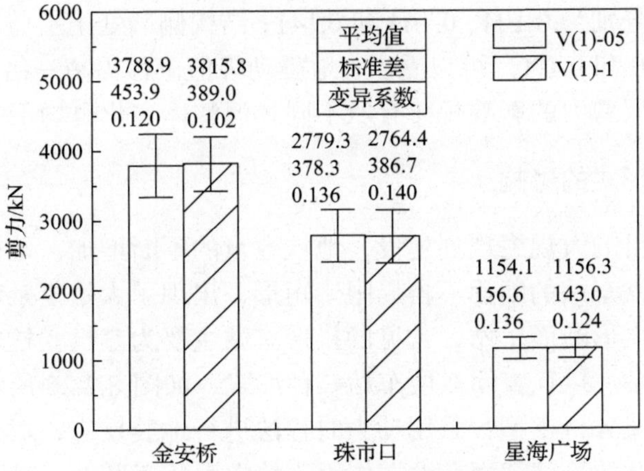

图 8.2.23　顶板处土层剪力均值和变异性

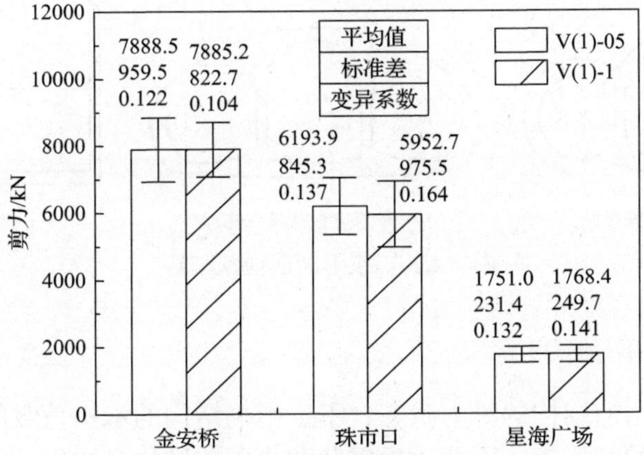

图 8.2.24　底板处土层剪力均值和变异性

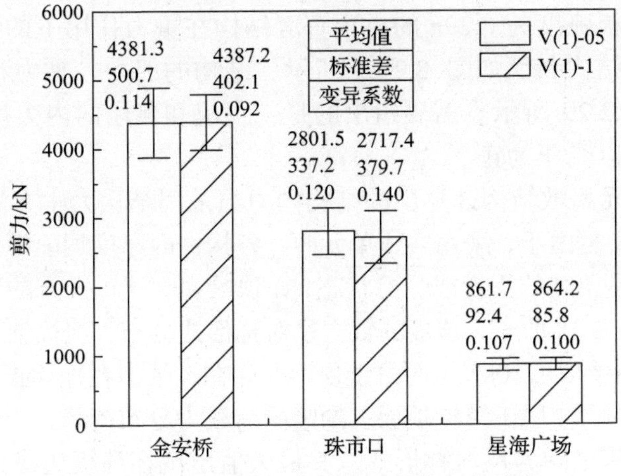

图 8.2.25　侧墙处土层剪力均值和变异性

剪力的变异系数分别为 0.104、0.164 和 0.141；结构侧墙处土层剪力的变异系数分别为 0.092、0.140 和 0.100。可以看出，地震动峰值位移提高一倍，对不同场地条件下结构周围土层剪力的影响规律有所不同，但整体变化也均不大。

8.2.5　截面断面形式的影响

随着地铁项目的大规模规划建设，地铁数量的不断增加，地铁车站结构形式也越来越多。地铁车站的断面不再局限于矩形，出现了大量复杂断面的结构，其中较为多见的是拱形断面车站，常见的拱形车站主要为三拱立柱式地铁车站、单拱立柱式地铁车站、拱顶直墙双层车站三种形式，如图 8.2.26 所示。本节基于有限元软件建立数值分析模型，采用动力时程法进行地震反应，对拱顶直墙车站和矩形断面地铁车站的关键截面在地震作用下的内力及变形进行对比分析。

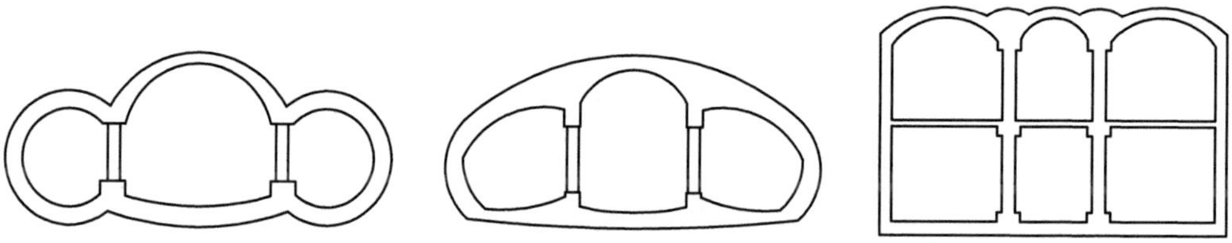

(a) 三拱立柱式地铁车站　　(b) 单拱立柱式地铁车站　　(c) 拱顶直墙双层车站

图 8.2.26　拱形断面地铁车站

1. 重力作用下结构内力

地震荷载作用前结构的受力状态，不仅影响结构的承担荷载的能力，而且影响结构在地震中的变形等，因此，地震荷载作用前结构各构件的受力状态需要明晰。特别地，需要分析顶板弧度对顶板、中柱及侧墙内力的影响规律。对比矩形框架结构与顶板弧度为 0.29π 的拱顶直墙结构在重力作用下的结构内力，计算采用的拱顶直墙结构断面如图 8.2.27 所示，结构的剪力、轴力和弯矩图分别如图 8.2.28 和图 8.2.29 所示。需要指出的是，顶板和侧墙的内力均为单位长度对应的内力，轴力以受压为正。

采用实体单元离散结构计算出的结构内力与采用结构力学方法求解出的结果存在差异。这主要是由于，采用实体单元时，各构件的厚度均能模拟出来，进而结构节点部分不再是单纯的受弯或受剪状态，如顶梁和侧墙正上方的顶板实际上处于受压状态。如图 8.2.28 所示，顶板的轴力呈对称形式分布，顶板轴力在中柱和侧墙之间为正值，大小约为 210kN，而由于顶梁的存在，轴力在顶梁正上方处为负值，其最大值为 313kN。作用于结构顶板上的竖向荷载为分布荷载，因此，顶板的轴力在结构左跨和右跨之间为反对称形式，其最大值出现在顶板边缘正上方，大小为

322kN。顶板弯矩也呈对称形式分布，正弯矩最大值出现在左右跨的跨中，大小为 280kN·m；负弯矩最大值出现在顶板与侧墙交接处，大小为 216kN·m。

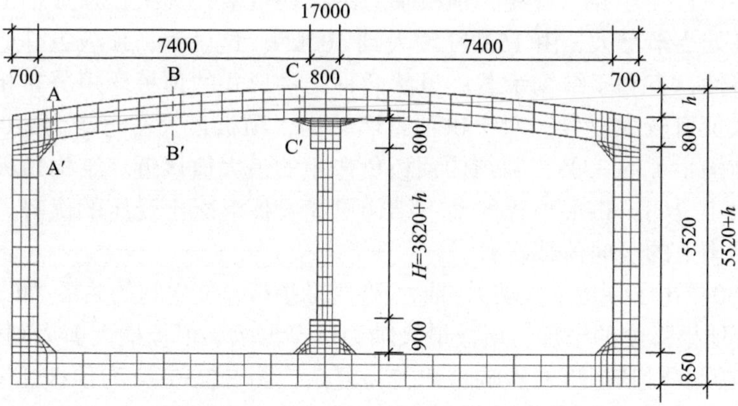

图 8.2.27　拱顶直墙结构断面图(单位：mm)

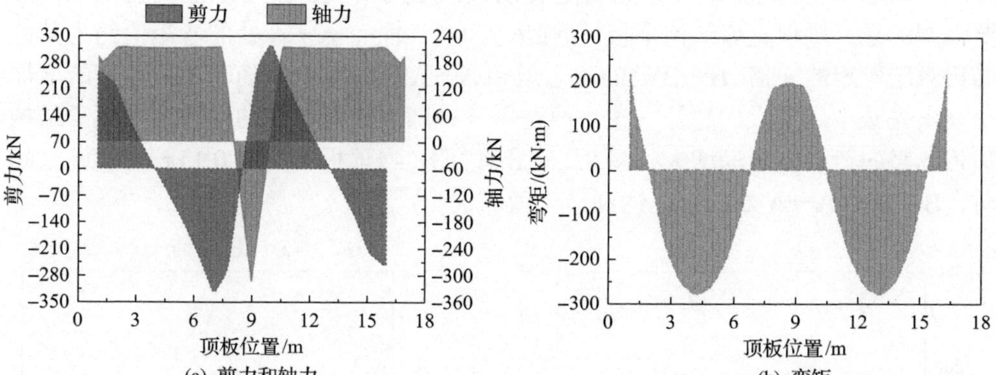

(a) 剪力和轴力　(b) 弯矩

图 8.2.28　重力作用下矩形框架结构顶板内力

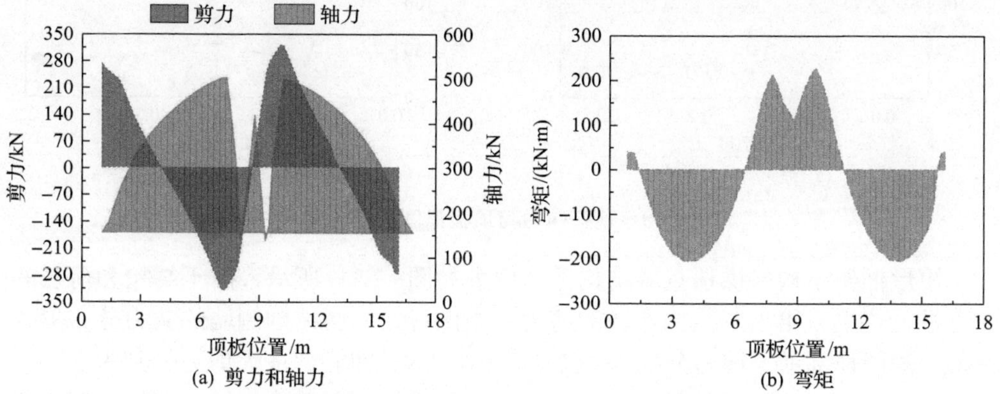

(a) 剪力和轴力　(b) 弯矩

图 8.2.29　重力作用下拱顶直墙结构顶板内力

图 8.2.29 给出了顶板弧度为 0.29π 拱顶直墙结构顶板内力图。顶板剪力的分布形式与矩形框架结构类似，剪力的最大值也接近，为 315kN。但是顶板的轴力变化规律存在较大差异，首先，顶板轴力不存在负值，其次，顶板轴力大小由侧墙处向中柱处逐渐增大，由 153kN 增大到 500kN。这说明，顶板更好地发挥了混凝土抗压特性，有利于结构承载。虽然两种结构形式的顶板弯矩分布相同，但正弯矩的最大值有较大差异。对于拱顶直墙结构，顶板最大正弯矩为210kN·m，比矩形框架结构小了约 33%；两结构顶板负弯矩的最大值接近。结构顶板内力的分布规律及大小说明，拱形顶板的地下结构更能发挥混凝土受压的优势，承担更大的作用于结构上的竖向荷载。

图 8.2.30 给出了顶板最大剪力、轴力、弯矩随顶板弧度之间的关系。如图 8.2.30(a)所示，随着顶板弧度的增加，顶板最大轴力逐渐增大，顶板最大剪力则逐渐减小。然而，顶板弧度对其弯矩的影响规律较为复杂，图 8.2.30(b)为顶板弧度对 B—B′处正弯矩和 A—A′、C—C′处负弯矩的影响规律。如图所示，一旦顶板存在弧度，A—A′处的负弯矩明显下降，之后随着顶板弧度的增大，其弯矩值变化不大。需要强调的是，拱顶直墙结构顶板(即弧度为 0.0π 时)，A—A′处的弯矩值约为其他结构对应弯矩的 4 倍。B—B′处的正弯矩和 A—A′处的负弯矩随着顶板弧度的增加呈现出先减小后增大的趋势。这主要是由于，随着顶板弧度的增加，作用于结构顶板的竖向荷载也逐渐增大，图 8.2.30(b)说明，当顶板弧度在 0.15π～0.20π 之间时，B—B′和 A—A′处的弯矩达到最小值。

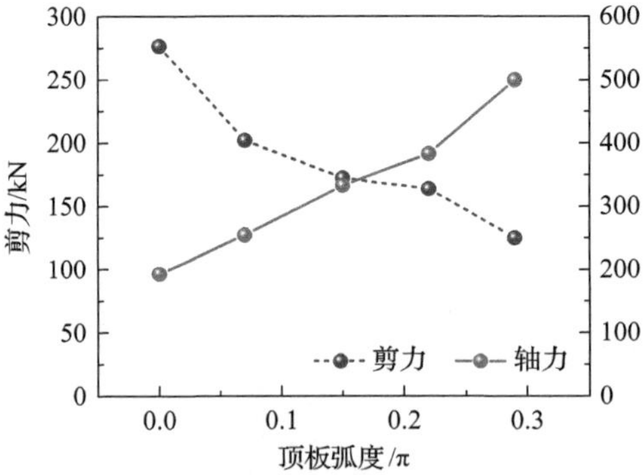

(a) 最大剪力与轴力

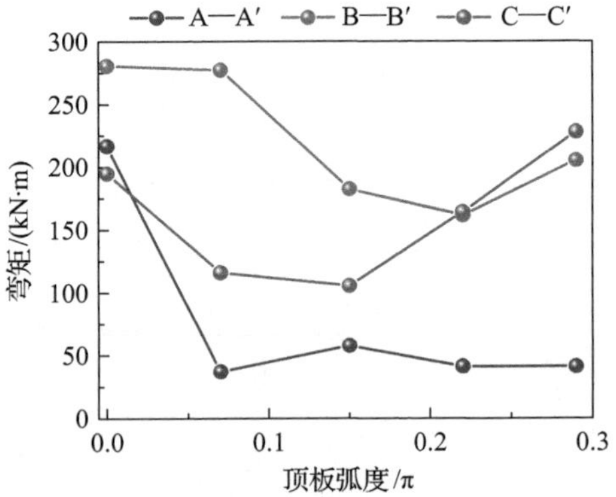

(b) 最大弯矩

图 8.2.30　顶板内力与顶板弧度之间的关系

矩形框架结构与拱顶直墙结构侧墙剪力如图8.2.31 所示，由于结构和荷载的对称性，这里只给出了结构左墙的剪力。由图可知，两结构侧墙的剪力分布形式类似，侧墙顶部最大剪力分别为 152kN 和 180kN，而底部最大剪力分别为 325kN 和 375kN。图8.2.32 给出了侧墙顶部、底部及中柱底部剪力与结构顶板弧度之间的变化关系。虽然随着顶板弧度的增加，结构顶板能够帮助侧墙承担部分水平土压力，但是结构承担的水平土压力也随着顶板弧度的增加而增大，因此，侧墙顶部与顶部的剪力随着顶板弧度的增加略微减小，继而呈现出增大的趋势。特别地，中柱底部的剪力几乎为零，也就是说，与结构侧墙承担的土压力相比，中柱承担的水平荷载可以忽略，即结构中柱仅为竖向承载构件。

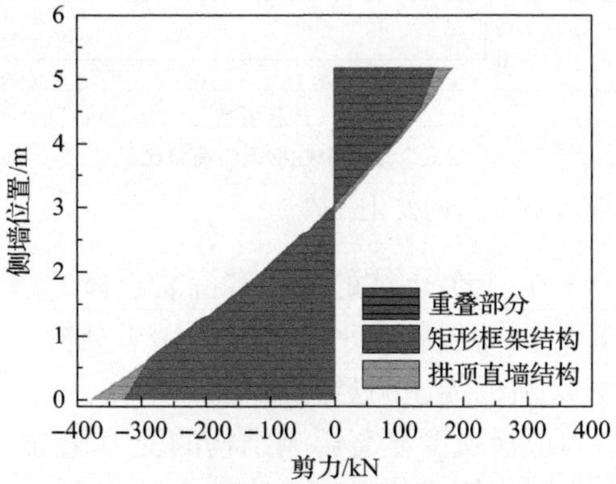

图 8.2.31 侧墙剪力

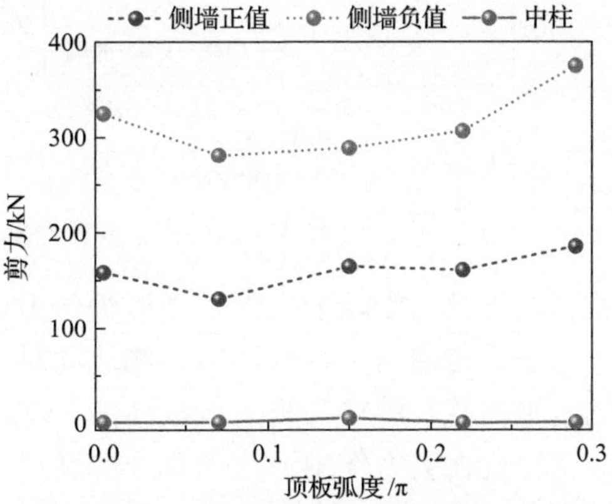

图 8.2.32 剪力与顶板弧度的关系

图 8.2.33 给出了围岩土体的主应力方向云图，通过该方向可以揭示上覆土体的传力机制。对矩形框架结构，上覆土体的主应力方向在竖直方向，如图 8.2.33(a)中 a—a′所示，即上覆土体沿竖直方向运动。对于拱顶直墙结构，上覆土体的主应力方向发生了偏转，如图 8.2.33(b)中 b—b′所示，即上覆土体的部分重力荷载传递给周围土体承担。但是随着顶板弧度的增加，结构正上方土体的体积也逐渐增大，因此，中柱的轴力先减小后增大，但是侧墙的轴力持续增大，如图 8.2.34 所示。当结构顶板弧度为 0.15π 时，中柱轴力达到最小值，然而随着顶板弧度的增加，中柱承担的作用于结构上的竖向荷载的比例逐渐减小，并趋于定值，该定值不小于 30%。当结构顶板弧度大于 0.15π 时，中柱承担荷载的比例减小的趋势有所降低。综上所述，拱顶地下结构顶板、侧墙与中柱的力学功能与框架式地下结

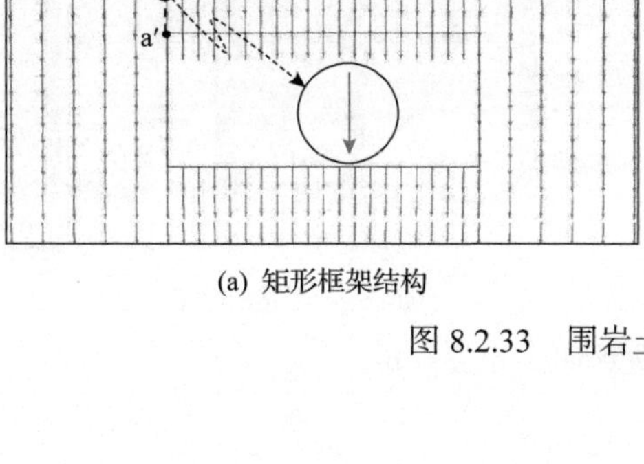

(a) 矩形框架结构

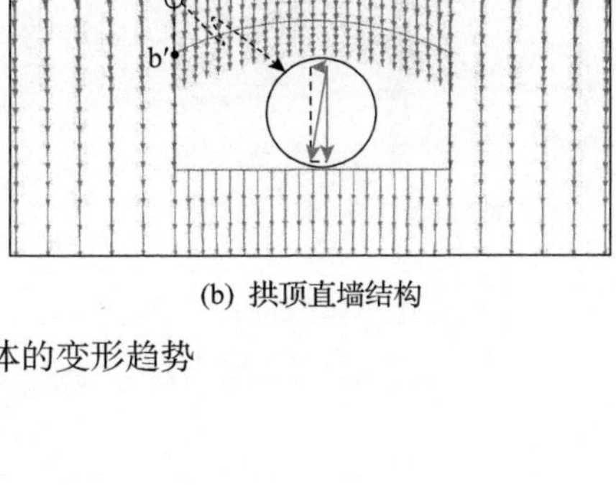

(b) 拱顶直墙结构

图 8.2.33 围岩土体的变形趋势

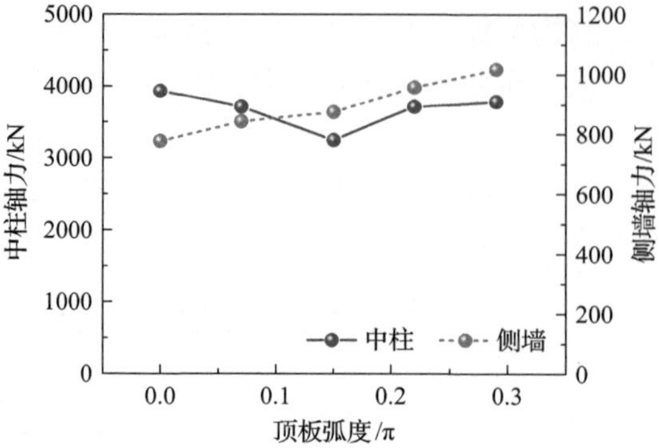

(a) 中柱与侧墙轴力

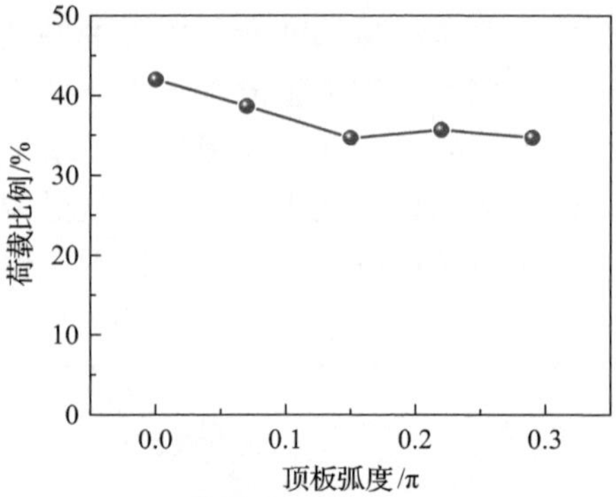

(b) 中柱承担的荷载比例

图 8.2.34　中柱与侧墙轴力随顶板弧度的变化规律

构各构件的力学功能类似：顶板为传力功能，将上覆土体的重力和围岩土体的水平土压力传递给中柱与侧墙；侧墙同时承担竖向荷载和几乎全部的作用于结构上的水平荷载；中柱为竖向承载构件，仅仅承担顶板传递的竖向荷载。

结构在重力作用下的受力分析显示，结构顶板弧度显著影响结构的受力状态。然而，与矩形框架结构相比，拱顶直墙结构中柱与侧墙的受力功能没有显著变化，采用拱顶顶板能够更好地发挥混凝土的抗压特性，提高顶板的承载功能。结构顶板的最优弧度介于 0.15π 和 0.20π 之间。

2. 拱形断面与矩形断面地铁车站地震反应对比

以某拱形断面和矩形断面两层三跨地铁车站为研究对象，车站位于华北平原地带，是暗挖浅埋地下结构，顶板覆土厚度约为 4.8m。车站主体为地下两层三跨的双柱岛式结构形式，其中矩形车站为典型的框架结构，拱形车站为拱顶直墙框架结构。车站主体采用 C40 混凝土，内柱采用 C50 混凝土，总长 225.7m。两车站横断面尺寸如图 8.2.35 所示，两种结构宽度为 21.1m，高度为 14.84m，侧墙厚

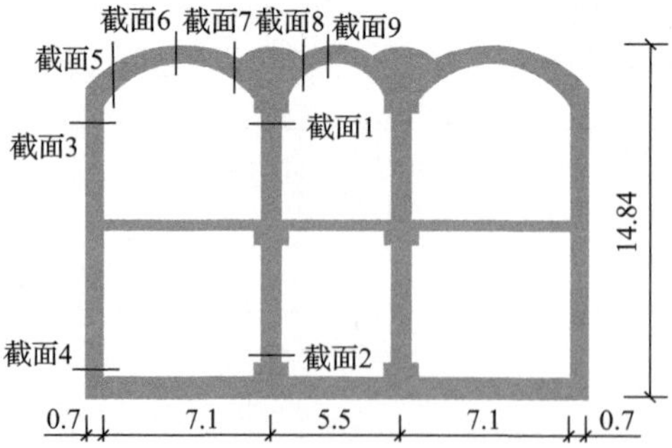

(a) 拱形车站断面图

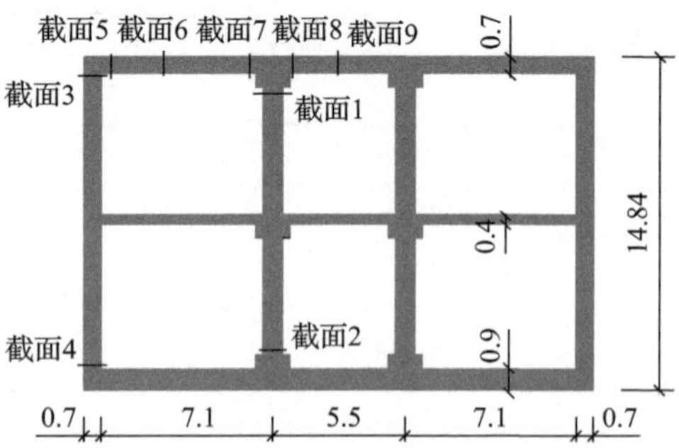

(b) 矩形车站断面图

图 8.2.35　地铁车站断面图(单位：m)

度为 0.7m，纵向跨度均为 7.1m，顶板厚 0.7m，底板厚 0.9m，中层板厚 0.4m。矩形车站内柱净高 11.5m，拱形车站内柱净高 10.5m，内柱截面宽度均为 0.8m。为了探究不同地震动作用方式对两种断面车站的影响，模拟四种工况下结构的震反应，其中工况 1 和工况 2 分别为两种车站在单独水平地震动下的反应，工况 3 和工况 4 则为两种车站在水平与竖向地震动动共同作用下的反应，各工况的具体情况如表 8.2.7 所示。

表 8.2.7　模拟工况

工况	断面形式	地震动
1	矩形	水平向
2	拱形	水平向
3	矩形	水平向+竖向
4	拱形	水平向+竖向

图 8.2.36 为工况 1 和工况 2 中各截面的轴力峰值对比情况，其中两种车站结构内柱截面单位面积的轴力明显大于其余构件截面，拱形车站内柱轴力与矩形车站相近，侧墙轴力更大。在水平地震动作用下，两种不同断面的地铁车站在地震作用下的内力分布明显不同，拱形断面车站内柱承受轴力占竖向力的比例明显小于矩形车站，内柱底端剪力和弯矩更小。矩形断面地铁站侧墙顶端和顶板边缘处的弯矩较大，容易发生应力集中而破坏，而拱形断面车站相同位置处的弯矩明显减小，侧墙顶端的剪力明显减小，因此拱形顶板在强震中不易失效，更有利于抗震。但相较于矩形断面车站，部分截面的内力增大，即拱形断面车站内顶柱端的剪力和弯矩有所增大，顶板边跨中部更是轴力、剪力和弯矩均显著增大，使其成为拱形车站在地震中可能发生破坏的位置。

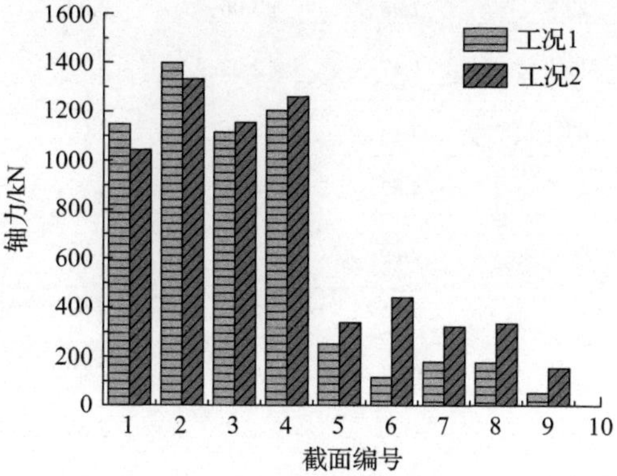

(a) 轴力

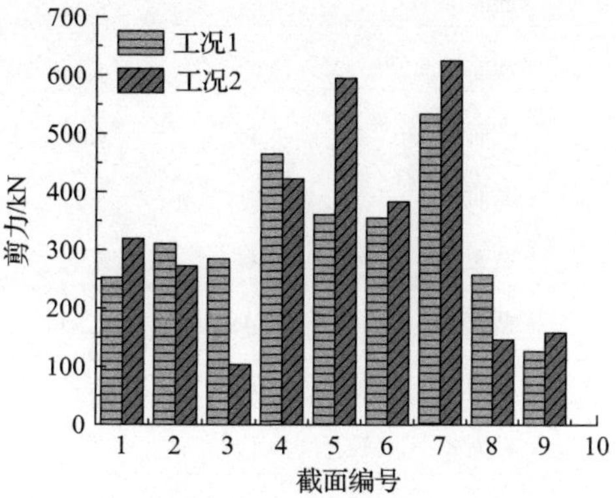

(b) 剪力

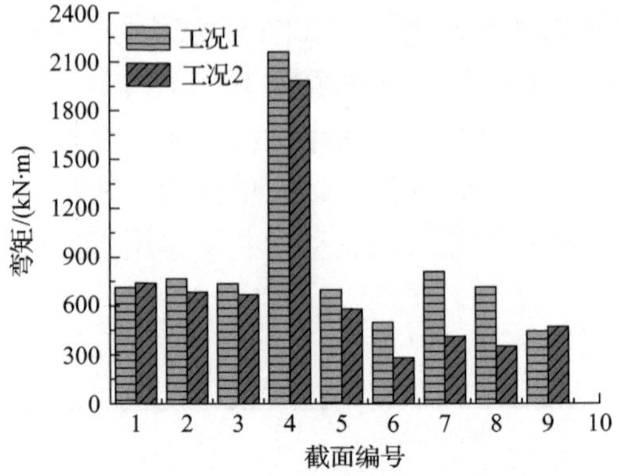

(c) 弯矩

图 8.2.36　水平地震在作用下地铁车站断面内力

为了更加直观地体现竖向地震动的加入对结构内力的影响，引入内力放大系数β，即

$$\beta = \frac{F_2 - F_1}{F_1} \times 100\% \tag{8.2.1}$$

式中，F_2代表水平与竖向地震动共同作用下截面内力；F_1代表单独水平地震动作用下截面内力。工况 3 和工况 4 中各截内力放大系数见表 8.2.8，水平与竖向地震动共同作用下和单独水平地震动作用下相比，两种车站顶板部分截面内力放大系数较大，但由于原内力基数较小，内力上升幅度不大。拱形车站和矩形车站内柱

表 8.2.8　拱形与矩形断面内力放大系数

断面类型	轴力/%		剪力/%		弯矩/%	
	矩形	拱形	矩形	拱形	矩形	拱形
截面 1	6.35	5.94	2.93	2.98	3.06	3.09
截面 2	1.72	1.58	1.81	1.47	2.03	1.77
截面 3	6.46	6.98	4.04	3.76	3.06	3.67
截面 4	7.81	7.85	4.56	4.62	4.86	4.89
截面 5	5.44	4.84	6.75	5.28	3.17	3.76
截面 6	17.48	6.30	4.82	5.05	5.04	4.52
截面 7	4.17	2.45	6.36	6.17	6.25	2.89
截面 8	4.19	0.36	–0.47	–3.42	1.70	2.54
截面 9	14.07	31.27	–0.55	–0.25	6.70	2.62

顶、底端的剪力与弯矩变化极小，增大不超过 3%，侧墙顶、底端的剪力和弯矩变化不明显，浮动不超过 5%。而竖向力变化显著，在水平与竖向地震动共同作用下，拱形车站内柱轴压比明显小于矩形车站，侧墙轴压比则明显更大，两者差值较小，内力分配更为合理。

3. 拱形顶板弧度影响地铁车站地震反应

水平地震动单独作用下，结构中柱和侧墙的最大水平变形如图 8.2.37 所示。结构侧墙与中柱的最大变形量随着顶板弧度的增加而增大，但是中柱的高度也随着顶板弧度的增加也增加，这里给出中柱的漂移比随着顶板弧度的增加而变化的规律，如图 8.2.37 所示。由图可知，中柱的最大漂移比随着顶板弧度的增加而逐渐较小，也就是说，增加结构顶板的弧度可以改善中柱的地震反应，但中柱地震反应随顶板弧度的减小量有限，一般不超过 20%。由于各结构侧墙的高度为定值，因此，侧墙的漂移比随顶板弧度的增加也没有显著变化。

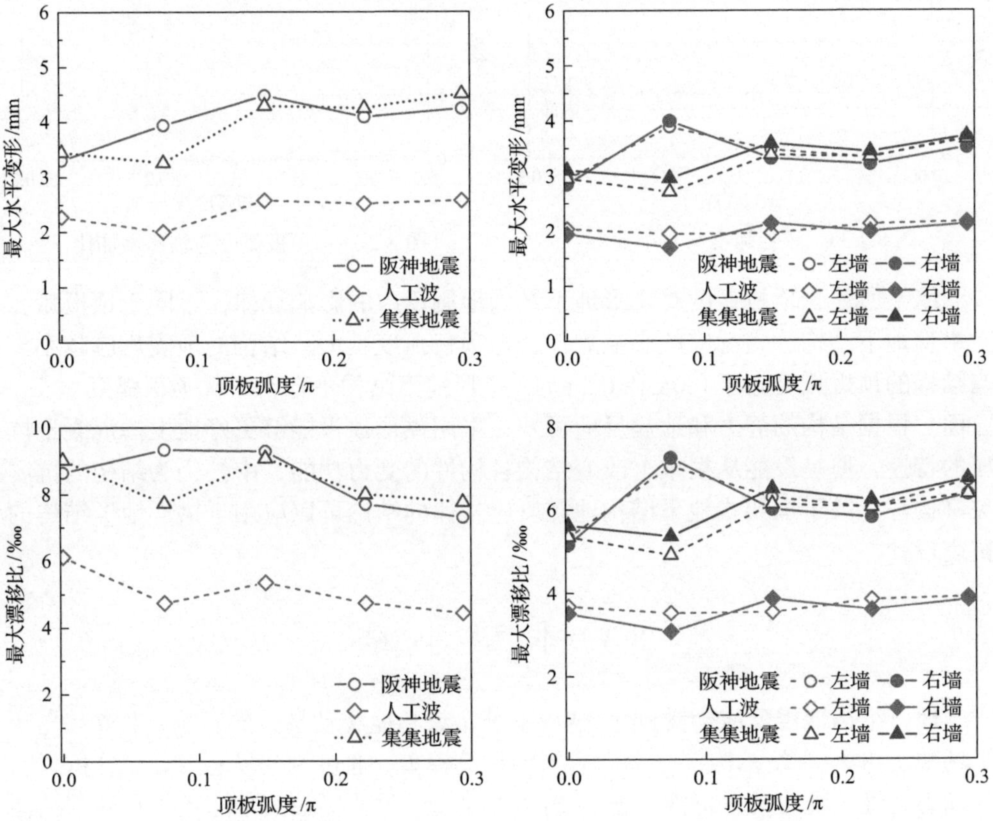

(a) 中柱　　(b) 侧墙

图 8.2.37　顶板弧度与构件最大变形之间的关系

由水平与竖向地震动共同作用下结构的反应获得的中柱与侧墙最大漂移比与顶板弧度之间的关系如图 8.2.38 所示。由图可知，中柱的最大漂移比随着顶板弧度的增大而减小，而侧墙的最大漂移比随着顶板弧度的增大而增加。当顶板弧度为 0.2π 时，中柱最大漂移比比框架结构最大漂移比大约 20%，继续增加顶板弧度时，中柱的最大漂移比减小的趋势减缓，且中柱与侧墙的最大漂移比趋于相等。整理中柱、侧墙最大轴力增加比与顶板弧度之间关系，将其绘制于图 8.2.39 中。由图可知，当顶板弧度为 0.0π 时，地震动导致的构件最大轴力增加比约为 20%；一旦顶板弧度大于 0.0π，构件最大轴力增加比减小至 10%左右，继续增大顶板弧度时，该增加比不再有明显变化。

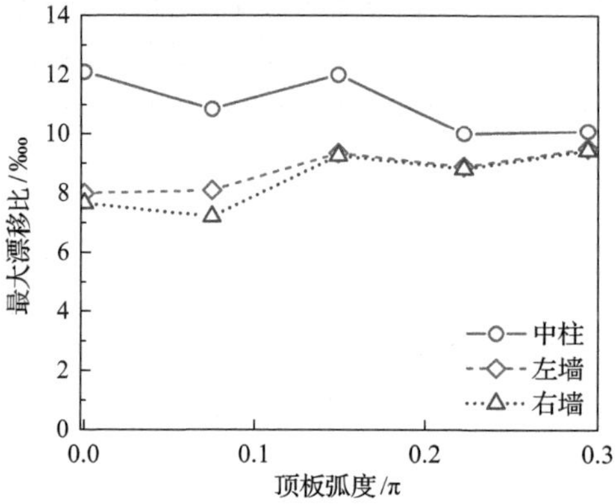

图 8.2.38　顶板弧度与水平变形

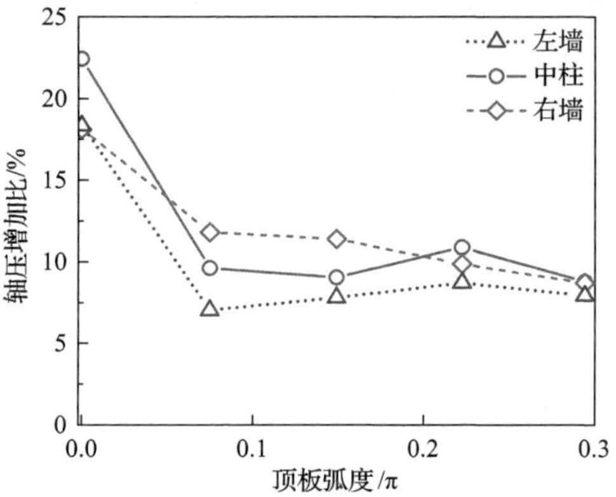

图 8.2.39　顶板弧度与轴压增加比

综上所述，顶板弧度对拱形地下结构地震反应的影响规律，不同于顶板弧度对拱形地下结构静力反应的影响规律，即顶板弧度越大，结构的地震反应越小。当结构的顶板弧度介于 0.0π 和 0.3π 时，拱形地下结构不存在最优顶板弧度。另一方面，根据结构的静力和地震反应可知，采用拱形顶板能够更好地发挥混凝土抗压的特性，但是没能从根本上改变结构各构件的受力功能，中柱仍为结构的抗震关键构件，关于框架式地下结构地震反应规律的结论可以应用于拱形地下结构的抗震设计。

8.3　本 章 小 结

地下结构地震反应会受到土-结构系统参数和地震动参数的影响。本章首先基于场地土-地铁车站结构二维动力有限元计算模型，通过改变模型参数，分析了结构动力特性、场地动力特性、土-结构柔度比、埋深及接触面摩擦系数对地下结构地震反应的影响，得出：对于地下结构而言，在水平和竖向双向地震动作用下，结构惯性对地下结构的侧墙和中柱的轴力、结构底面的土压力和土剪力均有一定程度的影响；场地土层的地震变形反应对地下结构地震反应是主要的控制因素之一；结构顶底板水平最大相对位移、关键构件截面弯矩随着土-结构柔度比分别单调减小和增大，结构关键构件截面的剪力、轴力值和土-结构接触面的最大平均剪力系数随着土-结构柔度比的增大变化较复杂；当结构处于其上覆土体的土拱效应即将形成所对应的埋深时，地下结构的地震反应最为强烈；而接触面摩擦系数对地下结构内柱的受力地震反应影响并不明显，建议取中间值 0.4。

通过改变基底输入的地震动，分析了地震动作用方式、类型、入射角及峰值参数对地下结构地震反应的影响，得出：竖向地震动对结构的水平变形影响不显著，但显著增大了内柱的轴力，提升了结构顶面土剪力；远场地震动和近场地震动造成的地下结构的地震反应差别较大，并且双向地震动同时作用时差距会进一步加大；地震动入射角度显著影响结构的地震反应，地震动倾斜入射可能成为较传统竖直入射更为不利的地震作用工况；地震动峰值速度差异对地下结构地震反应的影响，在硬土场地条件下较大，中硬场地条件下次之，软土场地条件下最小；地震动峰值位移差异对不同场地条件下的地下结构的地震反应无明显影响。

通过改变截面断面形式，分析了拱顶直墙车站和矩形断面地铁车站的关键截面在地震作用下的内力及变形规律，得出：拱形顶板能够更好地发挥混凝土抗压的特性，但中柱仍为结构的抗震关键构件。

参 考 文 献

[1] 杜修力，康凯丽，许紫刚，等. 地下结构地震反应的主要特征及规律[J]. 土木工程学报，2018, 51(7): 11-21.

[2] Xu Z G, Du X L, Xu C S, et al. Numerical research on seismic response characteristics of shallow buried rectangular underground structure[J]. Soil Dynamics and Earthquake Engineering, 2019, 116: 242-252.

[3] Huo H, Bobet A, Fernández G, et al. Load transfer mechanisms between underground structure and surrounding ground: evaluation of the failure of the Daikai station[J]. Journal of Geotechnical and Geoenvironmental Engineering, 2005, 131: 1522-1533.

[4] Wang J N. Seismic Design of Tunnels: A Simple State-of-the-art Design Approach[M]. New York: Parsons Brinckerhoff, 1993.

[5] Cilingir U, Madabhushi S G. Effect of depth on seismic response of circular tunnels[J]. Canadian Geotechnical Journal, 2010, 48(1): 117-127.

[6] Cilingir U, Madabhushi S G. Effect of depth on the seismic response of square tunnels[J]. Soils and Foundations, 2011, 51(3): 449-457.

[7] Chian S C, Madabhushi S P G. Effect of buried depth and diameter on uplift of underground structures in liquefied soils[J]. Soil Dynamics and Earthquake Engineering, 2012, 41: 181-190.

[8] Ma C, Lu D C, Du X L, et al. Effect of buried depth on seismic response of rectangular underground structures considering the influence of ground loss[J]. Soil Dynamics and Earthquake Engineering, 2018, 106: 278-297.

[9] 路德春, 李云, 马超, 等. 斜入射地震作用下地铁车站结构抗震性能分析[J]. 北京工业大学学报, 2016, 42(1): 87-94.

[10] 黄景琦, 杜修力, 田志敏, 等. 斜入射 SV 波对地铁车站地震响应的影响[J]. 工程力学, 2014, 31(9): 81-88.

[11] 杜修力, 黄景琦, 赵密, 等. SV 波斜入射对岩体隧道洞身段地震响应影响研究[J]. 岩土工程学报, 2014, 36(8): 1400-1406.

[12] Huang J Q, Zhao X, Zhao M, et al. Effect of peak ground parameters on the nonlinear seismic response of long lined tunnels[J]. Tunnelling and Underground Space Technology, 2020, 95: 103175.

[13] Huang J Q, Zhao M, Du X L. Non-linear seismic responses of tunnels within normal fault ground under obliquely incident P waves[J]. Tunnelling and Underground Space Technology, 2017, 61: 26-39.

[14] 杜修力, 许紫刚, 袁雪纯, 等. 地震动峰值位移和峰值速度对地下结构地震反应的影响[J]. 震灾防御技术, 2018, 13(2): 293-303.

[15] Zhao F X, Zhang Y S, Lv H S. Artificial ground motion compatible with specified ground shaking peaks and target response spectrum[J]. Earthquake Engineering and Engineering Vibration, 2006, 5(1): 41-48.

第 9 章　地下结构地震破坏机理与失效模式分析

地下结构受周围土体的约束，长期以来人们认为地下结构的抗震性能优于地上结构，因此，针对地下结构的抗震问题重视不够，相关的研究进展较为缓慢。这也源于地下结构建设的规模相对较小，发展时间较短，并且地下结构几乎都未经历过强地震的考验。近些年来，世界范围内的多次强地震对地下结构造成了严重破坏，如 1995 年日本阪神地震、1999 年中国台湾集集地震、1999 年土耳其科贾埃里地震以及 2008 年中国汶川地震等。尤其是 1995 年日本阪神地震中，多个地铁车站及其区间隧道遭受了严重破坏，甚至出现了大开地铁车站完全塌毁的震害，这是首个大型地下结构地震塌毁破坏的案例，从而引起了地震工程专家和工程师对地下结构抗震问题的关注。本章在总结大开地铁车站的地震破坏现象和规律的基础上，分析并揭示其地震破坏机理与失效模式。

9.1　大开地铁车站工程概况与震害现象

9.1.1　阪神地震中地铁车站和区间隧道震害

1995 年 1 月 17 日，日本西南部神户-大阪地区发生里氏 7.3 级地震，震中位于神户市南部的淡路岛(六甲断层带)上，震源深度约为 10～14km。本次地震造成当地 5500 多人死亡，35000 多人受伤，约 30 万人无家可归，以及超过 18 万栋建筑发生倒塌或严重损坏，造成的直接经济损失约 1470 亿美元。

在神户市内 5 条地铁线路的 21 座车站中，神户高速铁道大开车站、长田车站及区间隧道，神户市营铁道的三宫车站、上泽车站、新长田车站、上泽车站西侧的隧道及新长田车站东侧的隧道均发生了不同程度的破坏，其中破坏最为严重的是大开地铁车站。神户地区车站及隧道破坏位置如图 9.1.1 所示[1]。

大开地铁车站采用明挖法，建于 1962～1964 年间，距震中约 15km，地震时车站中间部分 120m 范围内的 35 根柱子完全破坏，直接导致车站顶板失去支撑能力而折断，使得车站上方的 28 国道发生路面坍陷，最大沉降量达 2.5m。大开地铁车站原有设计虽未考虑地震因素，但设计非常保守且结构整体安全系数很高，尤其是车站中柱所用的混凝土强度等级明显高于其他部位混凝土的强度等级。车站周围无液化土层[2,3]，也没处于断层区域，遭到如此严重的地震破坏，完全出乎人们的意料。

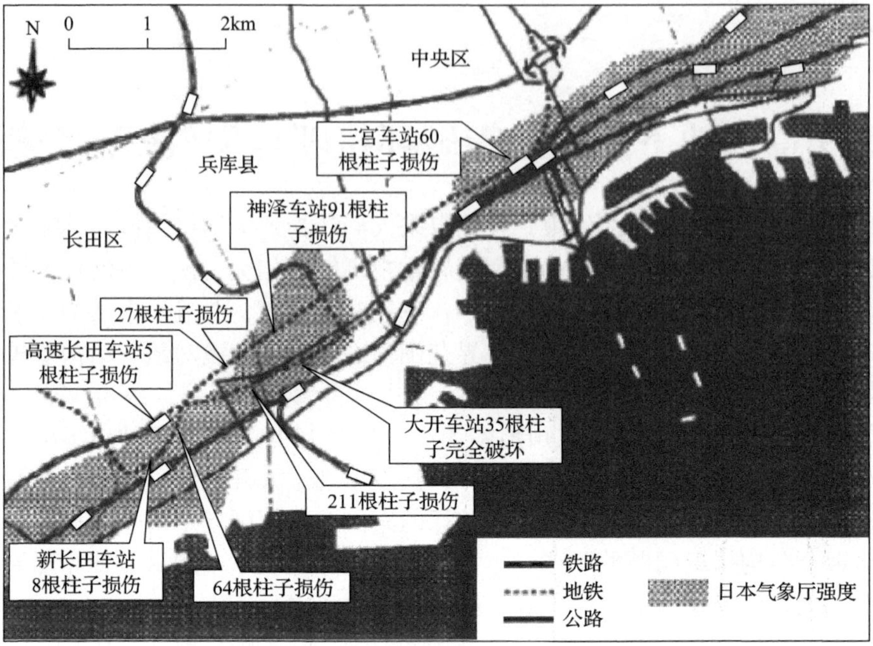

图 9.1.1　神户地区车站及隧道破坏位置示意图[1]

大开地铁车站沿线方向按截面形式和破坏程度的不同可分为 3 个部分，如图 9.1.2 所示。第一部分(柱号 1～23)为长田车站一侧的一层两跨标准结构，横断面宽 17m、高 7.17m，这一部分是震害最为严重的区域。震后调查发现，该区域的中柱几乎全被压坏，其破坏形式可分为两种：一种是柱内纵筋大致呈左右对称状压曲，破坏区域为灯笼状，如图 9.1.3(a)所示[1]；另一种是柱子的单向压弯破坏，如图 9.1.3(b)所示[1]。中柱的破坏导致顶板的折断和塌陷，结构断面呈“M”形破坏形态，顶板中线两侧 2m 范围内的最大纵向裂缝宽度达 150～250mm。顶板的横向裂缝大致沿纵向等距离分布，且大多出现在中柱的边缘，裂缝宽度达 70mm。侧墙上部出现一定程度的弯折变形，两侧侧墙上部均向内侧发生了一定倾斜。侧墙折弯处内侧主筋受压屈曲，混凝土压碎脱落；外侧产生最大宽度达 200mm 的裂缝。第二部分(柱号 24～29)为两层四跨结构，横断面尺寸为宽 26m、高 10.12m，在划分的三个部分中这一部分的破坏程度最轻，如图 9.1.3(d)、(e)所示[1]。在地下二层的 6 根中柱中，仅靠近第一部分的 24、25 号中柱和靠近第三部分的 29 号中柱出现轻微破坏，且这 3 根中柱的破坏均发生在柱顶，呈压碎鼓胀状。受第一部分破坏的影响，地下一层的底板向下倾斜并产生沉降。地下二层的横隔墙上均出现“X”状斜裂缝，如图 9.1.3(e)所示[1]，这主要是由垂直于断面方向的水平分量作用引起的；第三部分(柱号 30～35)的结构形式与第一部分相似，如图 9.1.3(c)所示[1]，同样为一层两跨结构，但破坏程度轻于第一部分。在第三部分，中柱下部发生剪切破坏，混凝土剥落，轴向钢筋被压曲外露，导致上顶板下沉约 5cm。

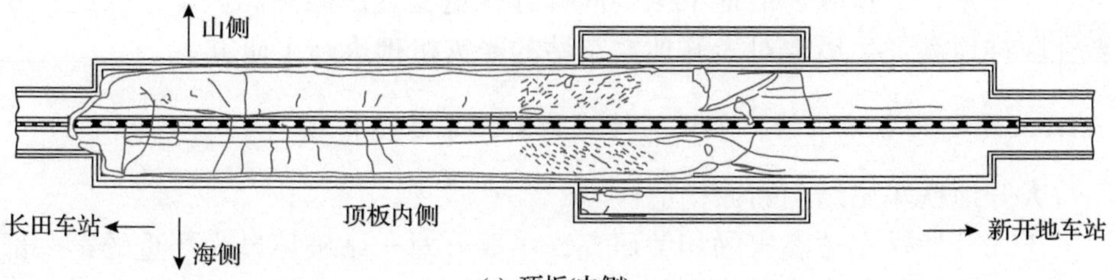

(a) 顶板(内侧)

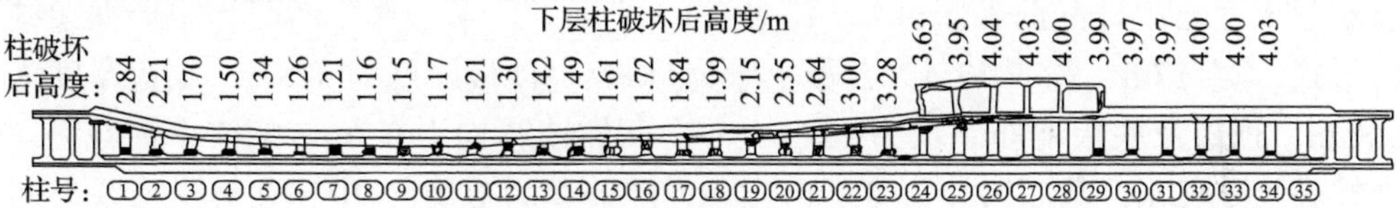

(b) 中柱

图 9.1.2　大开地铁车站破坏情况纵向示意图

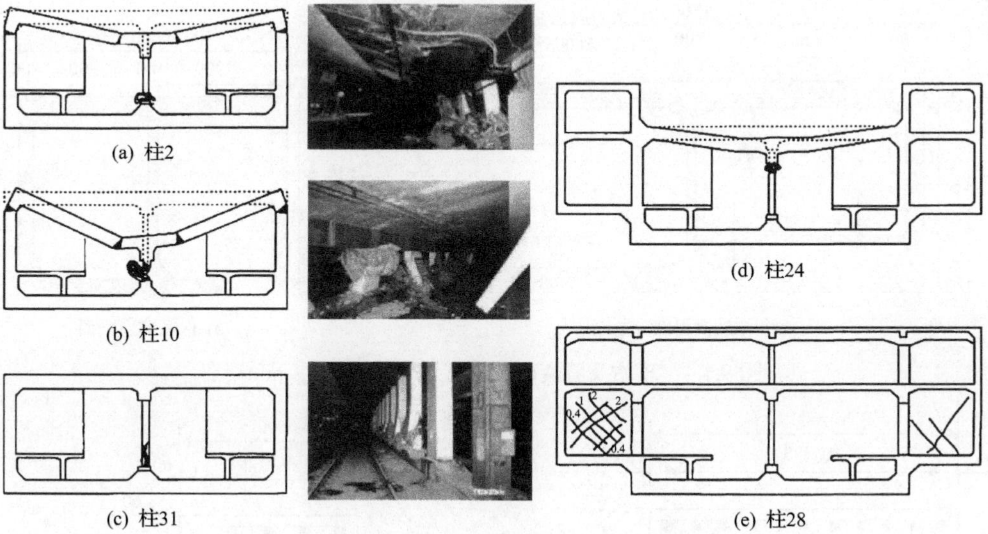

(a) 柱2　(b) 柱10　(c) 柱31　(d) 柱24　(e) 柱28

图 9.1.3　不同位置处车站中柱破坏示意图[1]

9.1.2　大开地铁车站震害分析

作为目前世界范围内唯一一例遭受严重震害的大型地下结构，大开地铁车站的震害现象受到学术界以及工程界的高度关注。自 1995 年阪神地震发生后，日本学术与工程界积极开展震害调查，并进行了大量理论分析与试验研究，探究了大开地铁车站破坏的原因，得到的新的认识用于指导大开地铁车站的灾后修复。我国地处环太平洋地震带和欧亚地震带之间，多数城市和重大工程建设场地的地震活动非常频繁，大量兴建的地下结构同样存在遭受地震破坏的风险，因此，我国学者在阪神地震发生后也对大开地铁车站的受灾机理进行了研究。

1. 大开地铁车站结构、邻近场地及地震记录基本情况

1) 大开地铁车站结构断面构造

关于大开地铁车站震害的相关研究，主要针对车站破坏最为严重的第一部分结构，并与震害相对轻微的邻近区间隧道进行对比。车站第一部分及相邻区间隧道断面尺寸与中柱配筋如图 9.1.4 和图 9.1.5 所示[4]。第一部分断面为矩形框架结构形式，宽 17m，高 7.17m，上覆土厚为 4.8m。顶板厚度为 0.8m，底板厚度为 0.85m，顶板及底板配筋率均为 1.0%，左右两侧墙厚均为 0.7m，配筋率为 0.8%。中柱高为 3.82m，截面尺寸为 0.4m×1.0m，配筋率为 6.0%，中柱在隧道沿线方向

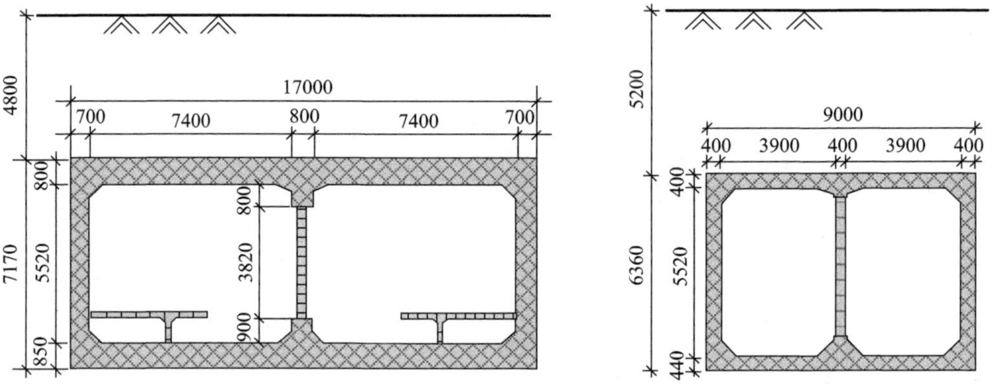

(a) 车站倒塌部分断面　　(b) 区间隧道断面

图 9.1.4　车站及隧道破坏位置示意图(单位：mm)

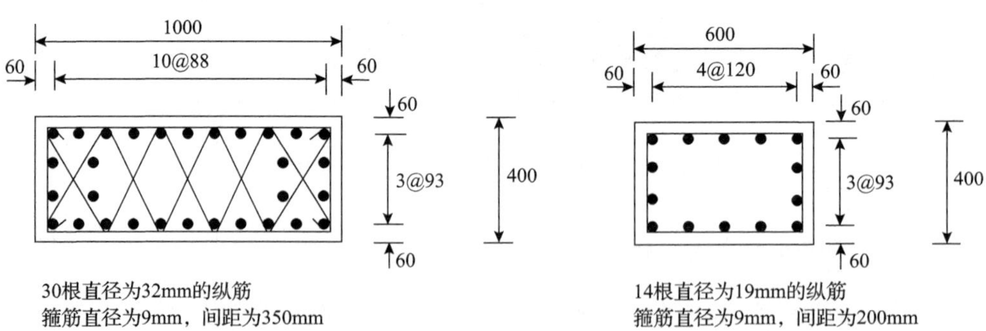

(a) 车站中柱　　(b) 区间隧道中柱

图 9.1.5　中柱配筋图[4](单位：mm)

的净距为 2.5m。柱上部梁深为 1.6m，底部梁深为 1.75m。与第一部分相邻的区间隧道同样为矩形框架形式，宽为 9m，高 6.36m，上覆土厚为 5.2m。顶板及侧墙厚度均为 0.4m，底板厚度为 0.44m，配筋率均为 1.1%。中柱高为 4.12m，截面尺寸为 0.4m×0.6m，配筋率为 5.6%，中柱在隧道沿线方向的净距为 2.5m。

据资料记载[1,4]，中柱所用混凝土设计强度为 23520kPa，结构其他部分混凝土设计强度为 20580kPa，钢筋的设计屈服强度为 31200MPa(=24000MPa×1.3)。震后在中柱位置处开展了混凝土现场材料试验，锤击试验测得立方体混凝土强度为 37240kPa，圆柱体压缩试验测得混凝土强度为 39690kPa，表明混凝土施工质量合格，可排除施工质量因素导致中柱遭受地震破坏。

2) 周边土层特性

阪神地震后，日本铁道综合技术研究所对大开地铁车站的高速长田车站侧(No.B-1)、新开地车站侧(No.B-2)以及两者之间(No.B-3)的三个位置进行了土层纵断面构造的勘察测量，在 No.D-1 处实施的弹性波探查，观测点位置如图 9.1.6 所示。根据这些勘察结果，得到了土层纵断面构造，如图 9.1.7 所示。震后勘察获得的大开地铁车站水位为–6～–8m，远低于地震前周边水位的勘察结果–3～–4m。

目前，大开地铁车站场地参数主要有两组，如表 9.1.1 和表 9.1.2 所示。两组场地参数土层分布基本一致，而基岩深度存在差异。此外，两组场地参数的泊松比取值差别较大：组 1 泊松比值大多接近 0.5，这与研究问题的侧重点有关，在计算分析中，当采用等效线性化方法考虑土的非线性特性时，用以表征实际土层弹性波波速这一特性，或者研究不排水条件土的力学特性时，可取土的泊松比为 0.5；组 2 泊松比值更符合土的试验测试结果。日本学者多采用组 1 土层参数，而我国学者大多采用组 2 土层参数。

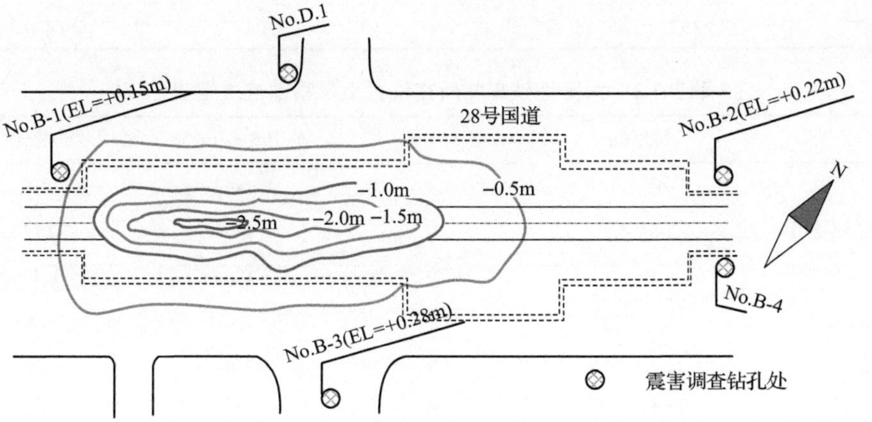

图 9.1.6　场地勘察钻孔位置示意图

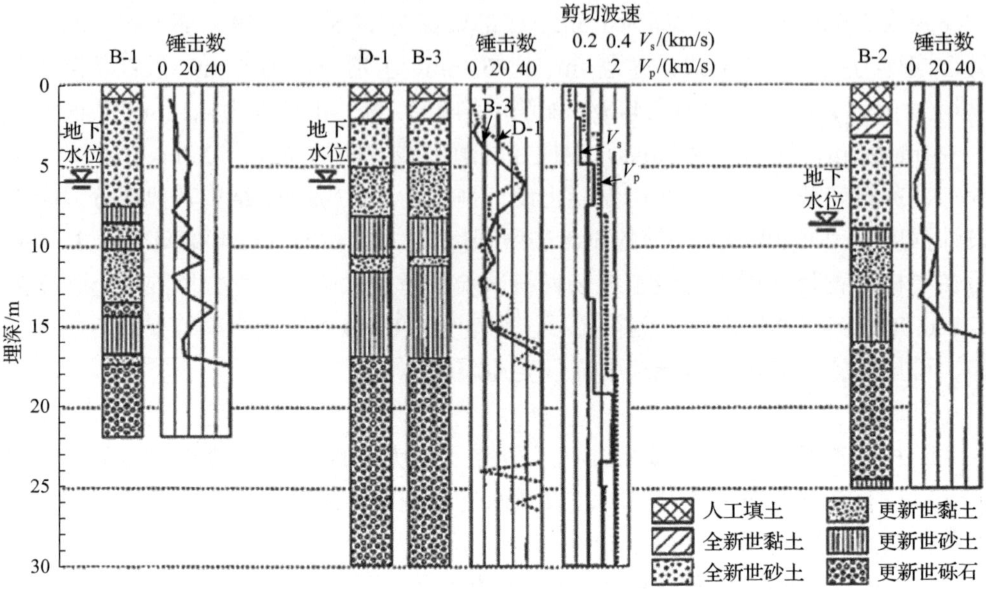

图 9.1.7　大开车站沿线土层纵断面构造

表 9.1.1　大开地铁车站所在位置土层物理性质组 1[4,5]

土层	深度/m	密度/(t/m³)	剪切波速/(m/s)	泊松比
1	0～1.0	1.9	140	0.333
2	1.0～5.1	1.9	140	0.488
3	5.1～8.3	1.9	170	0.493
4	9.2～11.4	1.9	190	0.494
5	11.4～17.2	1.9	240	0.490
6	17.2～39.2	2.0	330	0.487
7	>39.2	2.1	500	0.470

表 9.1.2　大开地铁车站所在位置土层物理性质组 2[6]

土质	深度/m	密度/(t/m³)	剪切波速/(m/s)	泊松比
人工填土	0～1.0	1.9	140	0.33
全新世砂土	1.0～5.1	1.9	140	0.32
全新世砂土	5.1～8.3	1.9	170	0.32
更新世黏土	9.2～11.4	1.9	190	0.40
更新世黏土	11.4～17.2	1.9	240	0.30
更新世砂土	17.2～22.2	2.0	330	0.26
基岩	>22.2	—	—	—

3) 地震动记录

阪神地震中，观测得到了多达 200 条地震动记录，但在大开地铁车站位置处并没有观测点，因此，进行震害分析时，通常选取其附近观测站点测得的地震动作为输入记录。研究工作大多选取神户大学、神户海洋气象台以及神户人工岛等三处地震动观测记录作为地震动力输入记录[2, 6-25]，其中神户大学观测点位于大开地铁车站东北约 10km 的花岗岩上；神户海洋气象台观测点位于大开地铁车站东北约 3.5km 的台地上；神户人工岛观测点位于大开地铁车站东侧约 4km 的土层深度为 83m 的洪积砂砾层上。观测点位置及地震动时程如图 9.1.8 所示，地震动加速度峰值见表 9.1.3[26]。

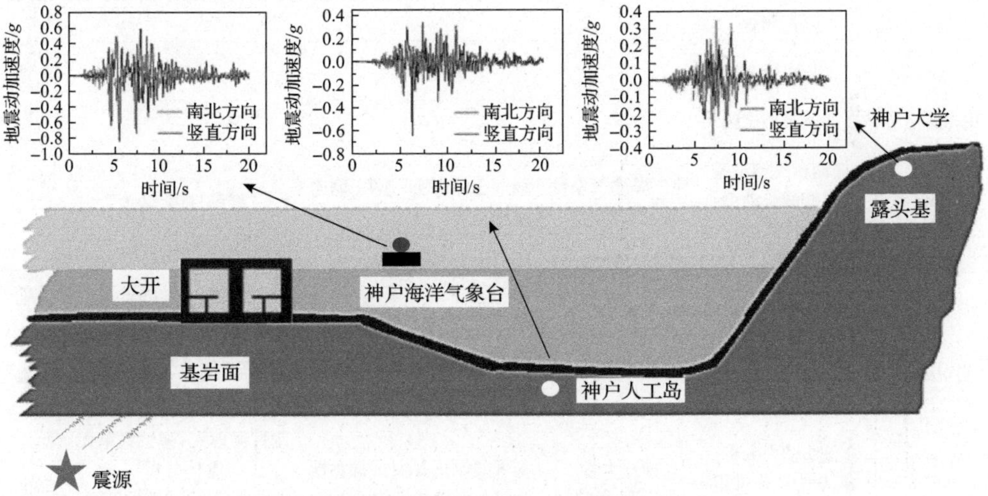

图 9.1.8　大开站附近获取的阪神地震动记录

表 9.1.3　地震动加速度峰值

加速度峰值	神户海洋气象台	神户人工岛 (–83m)	神户大学
南北方向加速度峰值/g	0.834	0.643	0.328
竖直方向加速度峰值/g	0.339	0.183	0.346

由于神户大学地震动记录于地表硬基岩处 (V_{s30}=1043m/s) 测得，受到局部土层特性影响较小，能更客观地反映基岩的地震运动特性，相比而言，较适合作为输入地震动。而神户海洋气象台记录是在土层的地表处 (V_{s30}=312m/s) 获得的，神户人工岛记录是在土层深处获得的，但该位置仍然处于较软的土层中 (V_s=320m/s)，两者均受到所在位置处土层的影响，若选取其作为输入地震动，应按照所在位置处土层情况进行地震动反演，以获取基岩处的地震记录，才能够作为合理的输入地震动。

2. 大开地铁车站震害研究

针对大开地铁车站的震害问题，国内外学者开展了震害调查、模型试验及数值模拟研究，如表 9.1.4 所示。由于研究者大多采用数值模拟的方法研究大开地铁车站的成灾机理，表 9.1.4 也总结了研究学者所采用的地震动记录及分析模型[26]。

表 9.1.4　震害研究方法汇总表

研究者	研究方法	数值分析			
		输入地震动记录	场地土材料本构/动力分析模型边界	钢筋混凝土结构	维度
Iida 等[1]	震害调查	—	—	—	—
Uenishi 等[11]	频率分析	—	线弹性	线弹性	一维
川西智浩等[9]	推覆模型试验	—	—	—	—
Iwatate 等[7]	振动台模型试验 模型试验动力计算	神户海洋气象台 (仅水平向)	线性土体/底部刚性、侧向滚轴边界	线弹性/梁单元	二维
车爱兰等[8]	振动台模型试验 整体动力分析	神户海洋气象台 (仅水平向)	线性、Davidenkov 模型/底部刚性、侧向滚轴边界	线弹性/梁单元	二维
刘祥庆等[18,19]	拟静力推覆分析	—	弹塑性模型/底部刚性、侧向附加自由场模型	钢筋混凝土纤维模型/梁单元	二维
矢的照夫等[5]	整体动力分析 拟静力二次推覆分析	神户大学 (水平+竖向)	等效线性化方法/底部黏性边界、侧向能量传递边界	刚性梁单元+弹性梁单元 (整体分析) 刚性梁单元+弹性梁单元+刚塑性弹簧(推覆分析)	二维
An 等[2]	整体动力分析 拟静力二次推覆分析	神户海洋气象台 (水平+竖向) 神户 Higashi 桥 (水平+竖向) 尼崎市 (水平+竖向)	弹塑性本构模型/底部刚性、侧向组合人工边界	混凝土弥散、分离模型/实体单元	二维
中村晋[10]	整体动力分析 拟静力二次推覆分析	神户人工岛–83m (水平+竖向)	等效线性化方法/底部黏性边界、侧向能量传递边界	刚性梁单元+弹性梁单元 (整体分析) 刚性梁单元+弹性梁单元+刚塑性弹簧(推覆分析)	二维
曹炳政等[6]	整体动力分析	神户海洋气象台 (水平+竖向)	等效线性化方法/底部刚性、侧向透射边界	线弹性/梁单元	二维
杜修力等[24]	整体动力分析	神户地区记录 (水平+竖向)	统一硬化本构模型/底部、侧向均黏弹性边界	混凝土损伤塑性模型/实体单元	三维

续表

研究者	研究方法	数值分析			
		输入地震动记录	场地土材料本构/动力分析模型边界	钢筋混凝土结构	维度
杜修力等[25]	整体动力分析	神户海洋气象台（水平+竖向）	三维弹塑性本构模型/底部、侧向均黏弹性边界	混凝土损伤塑性模型/实体单元	三维
Huo 等[12]	整体动力分析拟静力二次推覆分析	神户人工岛–83m（水平+竖向）	修正曼辛曲线本构模型/底部刚性、侧向自由边界	线弹性（整体分析）弹塑性（推覆分析）/实体单元	二维
庄海洋等[14,15]	整体动力分析	神户海洋气象台（水平+竖向）	基于 Davidenkov 骨架曲线的黏弹性本构模型/底部刚性、侧向自由边界	混凝土动力损伤塑性模型/梁单元	二维
孙超[20]	整体动力分析	神户海洋气象台（水平+竖向）	莫尔-库仑模型/边界未介绍	混凝土结构损伤模型/实体单元	二维
卢志杰等[21]	整体动力分析	神户地区记录（仅水平向）	考虑剪切模量退化的莫尔-库仑模型/底部刚性、侧向自由场边界	分段非线性模型/梁单元	二维
刘如山等[16]	整体动力分析	神户人工岛–83m（水平+竖向）	等效线性化方法/底部刚性、侧向自由边界	钢筋混凝土纤维模型/梁单元	二维
王刚等[23]	整体动力分析	神户人工岛–83m（仅水平向）	饱和砂土循环本构模型/底部刚性、侧向滚轴边界	线弹性/实体单元	二维
还毅等[22]	整体动力分析	神户海洋气象台（水平+竖向）	扩展 Drucker-Prager 模型/底部、侧向均黏弹性边界	混凝土损伤塑性模型/实体单元	三维

进行大开地铁车站地震反应分析时，必须合理选用地震动记录及输入方式、人工边界条件、材料及接触本构模型等，这对于模拟震害过程与分析成灾机理至关重要。目前研究有待完善的方面有：

(1) 实测地震动记录调整或反演得到合理的地震动输入记录。

(2) 场地分析模型基岩面深度、弹性/刚性的合理确定。

(3) 土体截断边界处设置，正确描述自由场地震应力-变形和能量逸散效应的边界条件，以及考虑近场土体非线性后近场域-远场域力-位移协调一致的边界条件。An 等[2]、曹炳政等[6]、Huo 等[12]、庄海洋等[14]、刘如山等[16]的计算模型也存在侧边界没有考虑土层自由场应力、变形影响的问题，这必然带来大的计算误差。Iwatate 等[7]、车爱兰等[8]、王刚等[23]虽然未考虑侧边界土层自由场应力、变形影响，但采用侧向滚轴边界可以很好的反映土层自由场剪切变形特征。

(4) 考虑材料非线性特性，尤其是峰值荷载后材料的软化特性。除杜修力等[24, 25]的研究外，其他研究中，岩土体材料都是采用线性或没有考虑应变软化特性的非线性本构模型，不能反映土体的局部破坏特征。

(5)考虑结构的三维地震反应特性。还毅等[22]、杜修力等[24,25]利用三维数值模型研究了大开地铁车站的三维地震反应特性。

9.2　大开地铁车站地震破坏影响因素分析

选取大开地铁车站破坏最为严重的标准段结构与高速长田车站、大开地铁车站中央大厅段以及区间隧道段进行对比研究，通过分析不同工况下结构地震破坏程度的差异，探讨地震动作用方式、围岩场地条件及结构形式等因素对大开车站结构地震反应的影响。

9.2.1　地震动作用方式对大开地铁车站地震反应的影响

分析大开地铁车站在仅有水平向地震动作用、水平与竖向地震动同时作用时的地震反应规律，探讨地震动作用方式对大开车站地震反应的影响。图 9.2.1 与图 9.2.2 分别给出了两种地震作用方式下，地震荷载作用至 6.50s 和 14.00s 两个时刻结构混凝土的等效塑性应变云图。由图可知，当仅有水平地震动作用时，虽然车站中柱及侧墙顶、底端均出现了一定程度的损伤破坏，但由等效塑性应变云图可知，结构各位置处的塑性变形并未贯穿各构件，各构件未完全丧失承载能力，大开车站未出现整体塌毁破坏。双向地震动作用时，大开地铁车站中柱丧失承载能力，结构发生了严重的塌毁破坏，可见竖向地震动作用对大开地铁车站的地震

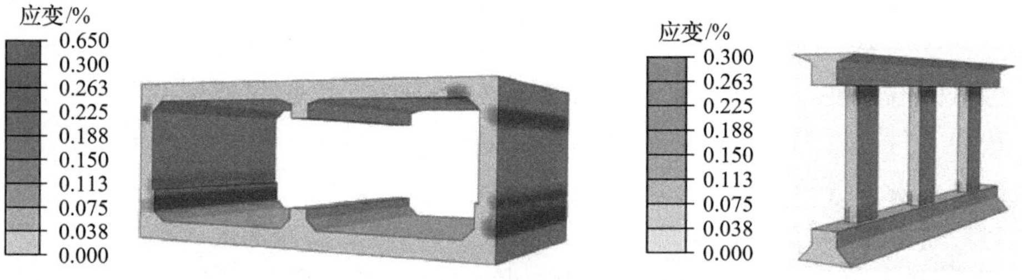

(a) 6.50s

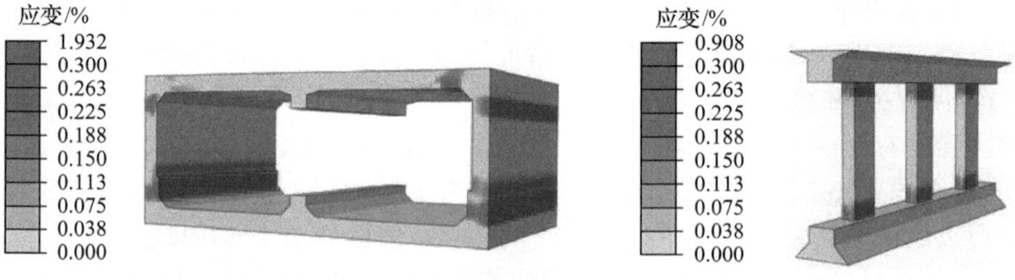

(b) 14.00s

图 9.2.1　仅水平向地震动作用下结构等效塑性应变云图

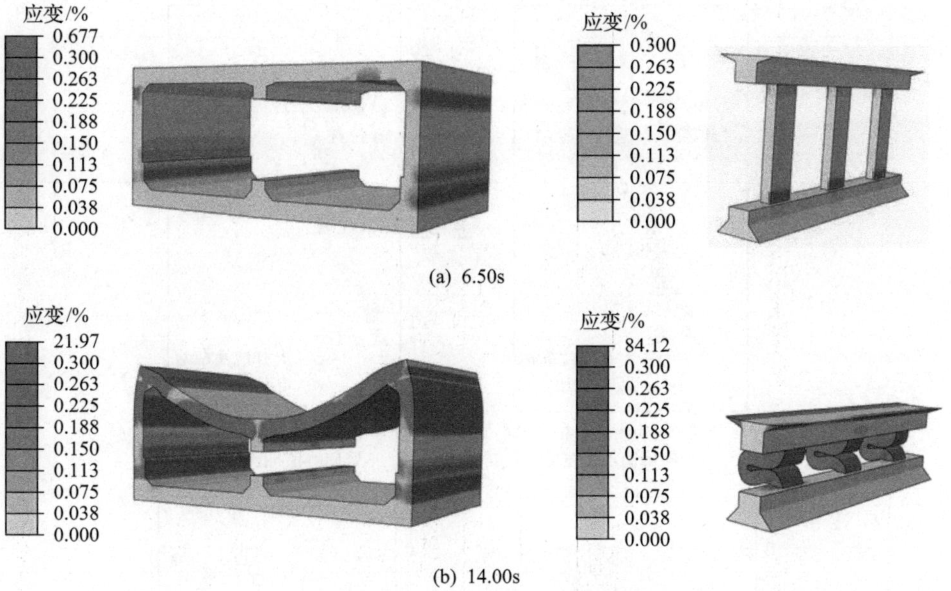

图 9.2.2　水平与竖向地震动共同作用下结构等效塑性应变云图

破坏作用尤为重要。综合分析可知，阪神地震中大开地铁车站破坏始于中柱的破坏，中柱的抗震能力是保持结构整体抗震安全性能的关键。

9.2.2　场地条件对车站结构地震反应的影响

震害经验表明，场地条件是引起地震动在地表及其附近局部变化的主要因素，而地下结构的地震反应主要受其围岩土体的变形所控制。高速长田站与大开站为神户高速铁路线上相邻的两个地铁车站，两者在结构设计及施工方面近乎一致，仅所处场地土层分布有一定差异，而在阪神地震中，两者出现了具有明显差异的破坏程度与破坏模式，这说明大开地铁车站遭受地震破坏极有可能与其特定的场地条件密切相关。

通过对高速长田站进行地震反应模拟分析，并与大开地铁车站进行对比，讨论围岩土层条件对车站结构地震反应的影响。数值分析时，高速长田站与大开地铁车站结构及材料参数、输入地震动均完全一致，仅场地土层分布与参数不同。图 9.2.3 给出了大开地铁车站及高速长田站场地水平与竖向地震反应，两者土层峰值加速度与峰值位移分布分别如图所示。大开地铁车站与高速长田站的场地地震反应的差异表现为：①两者水平向峰值加速度分布情况较为相似；②大开地铁车站所在场地–25m 以上土层的竖向峰值加速度小于高速长田站；③大开地铁车站所在场地–25m 以上土层的水平向峰值位移与竖向峰值位移也小于高速长田站。这主要与场地勘测中所述的大开地铁车站结构下方的土层比高速长田站下方的土层更硬有关。

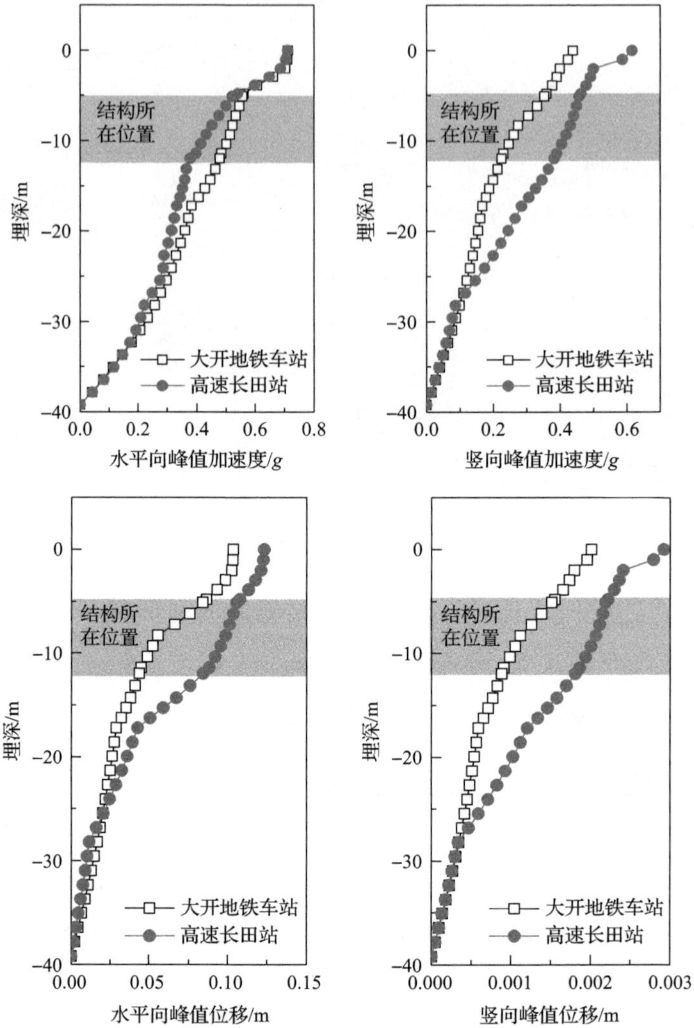

图 9.2.3　土层峰值加速度与峰值位移分布比较

车站结构顶底板所在位置土层的水平相对位移如图 9.2.4 所示，大开地铁车站结构所在位置的土层水平相对位移显著大于高速长田站，这主要是由于大开地铁车站结构高度范围内的土层较大高速长田站周围土层更软。大开地铁车站土层水平相对位移最大值约为 5.1cm，而高速长田站则为 2.4cm。

图 9.2.5 给出了数值模拟得到的 6.50s 和 14.00s 时刻高速长田站结构的等效塑性应变云图。虽然高速长田站结构中柱及侧墙顶、底端也均出现了一定的损伤破坏，但破坏程度始终小于同时刻大开地铁车站结构的损伤，由等效塑性应变云图可知，各位置处的塑性变形并未贯穿各构件，因而各构件的承载能力不会显著降低，高速长田站在地震作用下并未出现严重的塌毁破坏。

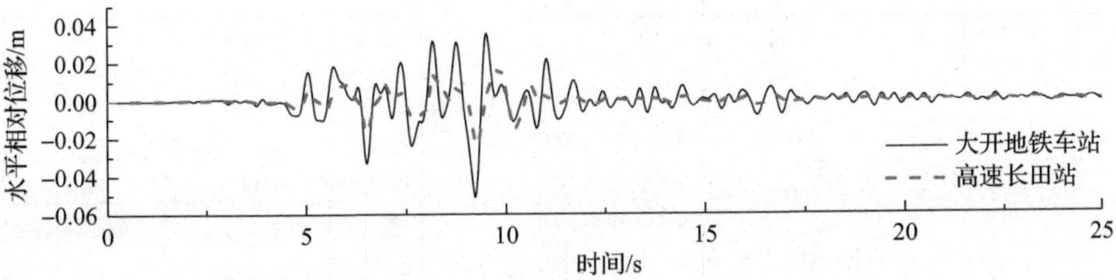

图 9.2.4　结构顶底板位置处土层水平相对位移比较

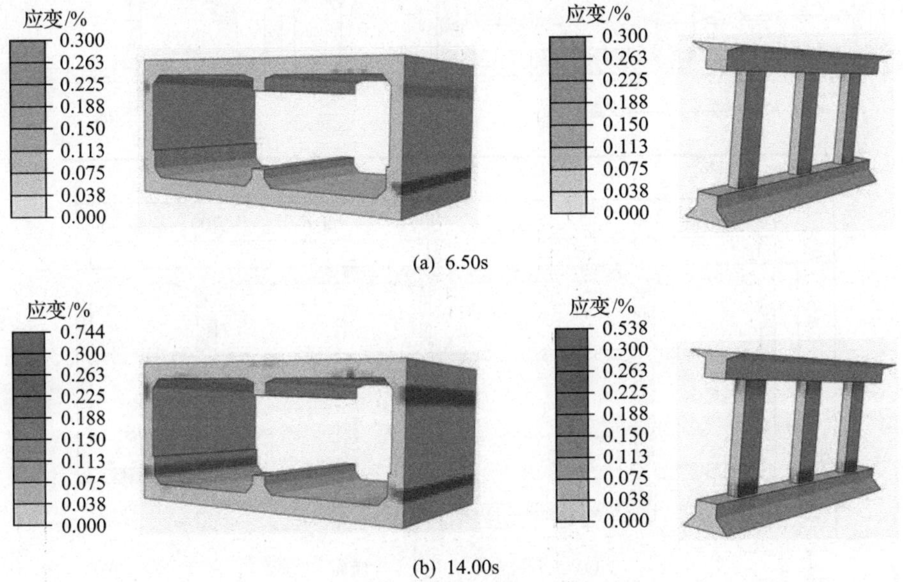

图 9.2.5　高速长田站结构等效塑性应变云图

9.2.3　大开地铁车站不同断面处的地震反应

1. 各断面结构地震反应

大开地铁车站及区间隧道结构的断面尺寸如图 9.2.6 所示。由图可知，车站与隧道结构均为矩形框架形式。中央大厅站断面的中间框架部分与第一部分相连接，左右两侧及上部区域为楼梯间及检票口等。由震害调查[1]可知，大开地铁车站第一部分单层双跨结构为地震破坏最严重的区域，然而，与这一区域相连的中央大厅端部区域和长田站—大开站区间隧道并没有出现严重的破坏，仅在中央大厅中柱端部出现一定程度的损伤破坏，区间隧道上、下楼板的最大竖向相对变形量不超过 20cm，而中央大厅结构则小于 10cm。采用数值模拟方法分析区间隧道及中央大厅的地震反应和损伤破坏情况，并与大开地铁车站标准段进行对比，讨论结构断面形式对地下结构地震反应的影响。

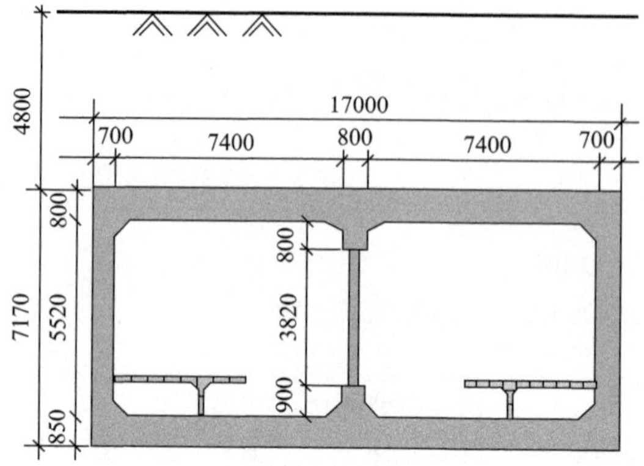

(a) 大开地铁车站倒塌位置断面

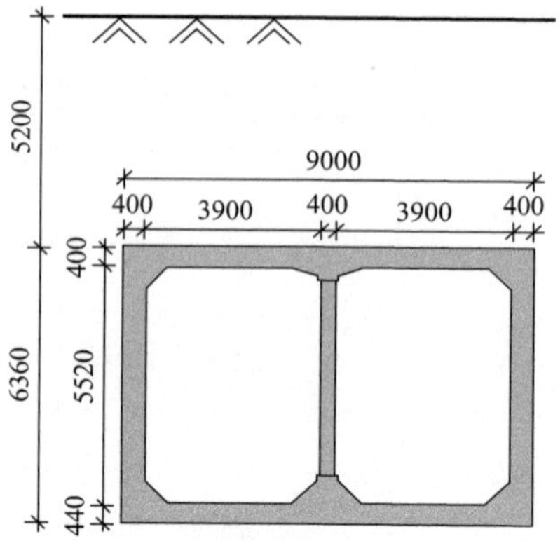

(b) 区间隧道断面

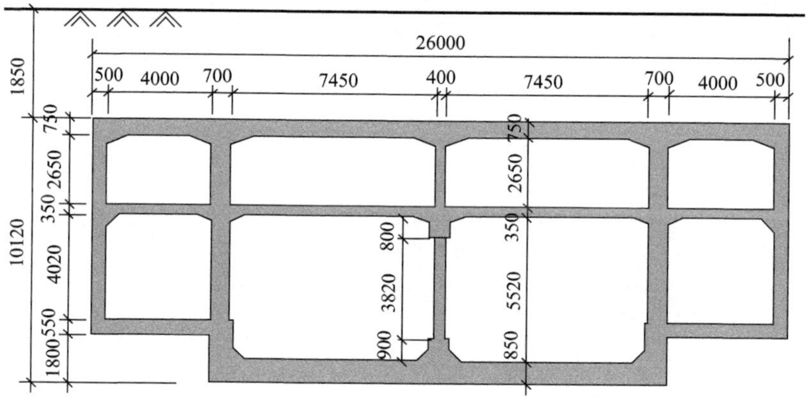

(c) 大开地铁车站中央大厅断面

图 9.2.6　车站及隧道横断面示意图(单位：mm)

图 9.2.7 和图 9.2.8 分别给出了地震作用后区间隧道结构和大开地铁车站中央大厅结构的等效塑性应变云图。可以看出，隧道结构侧墙在地震作用下发生了一定程度的损伤破坏，而中柱端部出现整个断面的损伤破坏，区间隧道并未发生整体塌毁破坏。中央站厅结构的损伤小于大开地铁车站倒塌段和区间隧道结构，损伤主要集中在中柱及侧墙端部，中央站厅在地震作用下也未出现严重的塌毁破坏。

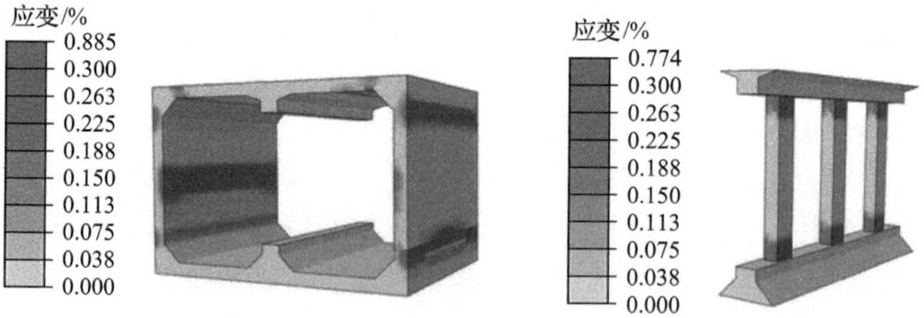

图 9.2.7　区间隧道结构等效塑性应变云图

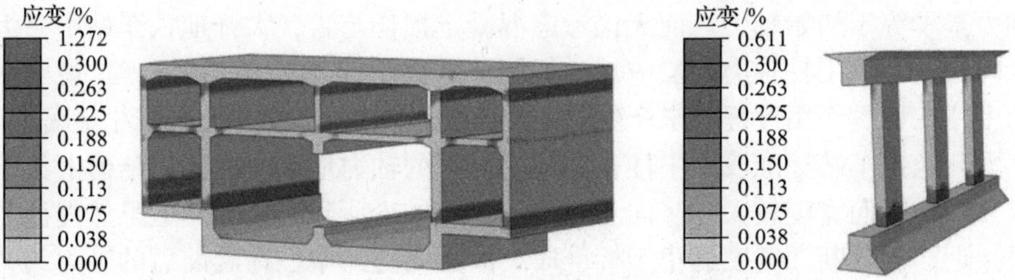

图 9.2.8　大开地铁车站中央大厅结构等效塑性应变云图

2. 各断面结构损伤破坏机理

1)结构中柱轴力

当混凝土采用塑性损伤模型时，中柱产生塑性变形后，混凝土强度和刚度退化，中柱的轴力将减小。这里为了说明中柱轴力减小的程度，增加了混凝土采用线弹性模型时的分析工况。大开地铁车站标准段、中央大厅及区间隧道结构中柱在相同地震作用下的轴力时程曲线如图 9.2.9 所示。由图可知，考虑混凝土的损伤时，大开地铁车站标准段中柱在 7.5s 时刻出现破坏，表现为竖向轴力骤减并趋于零。而不考虑混凝土损伤时，中柱的轴力虽然波动较大，但地震荷载作用后，中

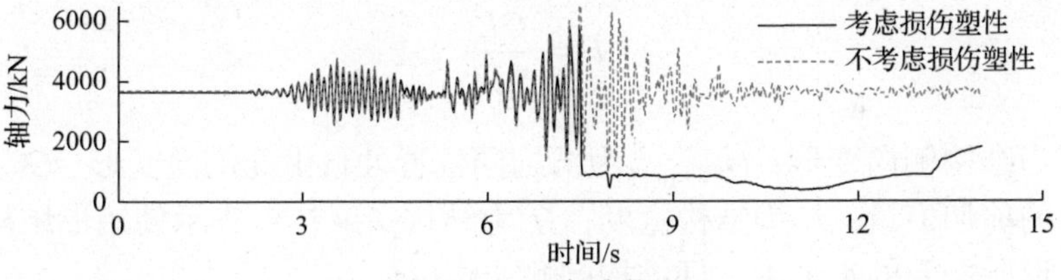

(a) 标准段

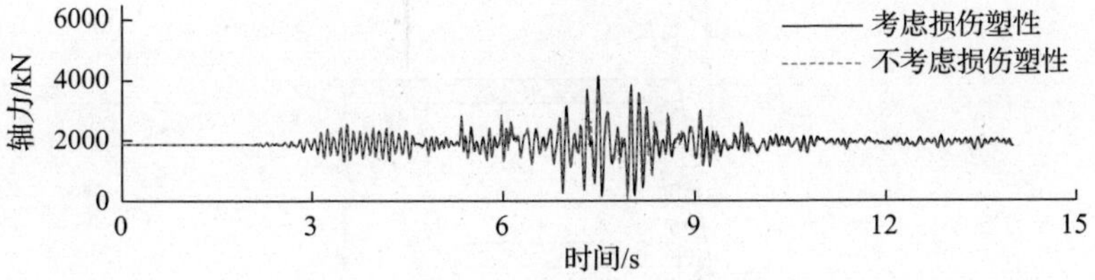

(b) 中央大厅

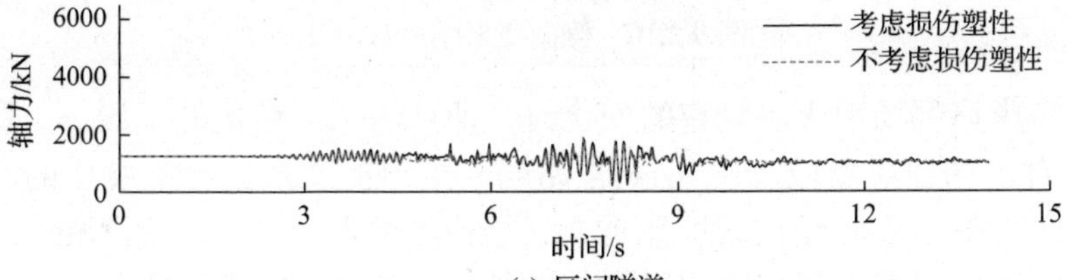

(c) 区间隧道

图 9.2.9　中柱轴力反应

柱轴力基本等于初始轴力。而无论考虑混凝土损伤与否，大开地铁车站中央大厅与区间隧道结构中柱轴力的反应规律类似，不存在轴力骤减的情况，这说明两结构的中柱在地震作用过程中未产生严重的损伤，中柱的承载能力未发生显著变化。

大开地铁车站标准段的中柱在破坏前受到的轴力最大，主要是结构上覆土层较厚、结构断面宽度较大、竖向承载构件相对较少所致。区间隧道虽然埋深与标准段接近，但其断面宽度远小于标准段，故区间隧道中柱地震前后的轴力约为标准段中柱初始轴力的 1/3；中央大厅虽然断面宽度较标准段更大，但其埋深远小于标准段，且有更多的竖向承力构件，因此中央大厅中柱的轴力约为标准段中柱初始轴力的 1/2。

2) 土-结构相对刚度

土-结构的相对刚度是影响地下结构体系地震反应的重要因素。大开地铁车站标准段、中央大厅及区间隧道结构虽然均处于同一场地条件，但三者自身刚度差异较大，这也造成了三个结构地震反应和损伤破坏特征的差异。Wang[27]基于线弹性理论给出了矩形结构(如图 9.2.10 所示)的场地-结构侧向变形比 R 与柔度比 F 之间的关系：

$$R = \frac{D_{\mathrm{s}}}{D_{\text{free-field}}} \tag{9.2.1}$$

$$F = \frac{GL}{S_1 H} \tag{9.2.2}$$

式中，D_{s} 为结构侧向变形；$D_{\text{free-field}}$ 为结构同位置处自由场侧向变形；G 为结构位置处土层的剪切模量；L 为结构宽度；H 为结构高度；S_1 表示使矩形结构产生单位侧向变形所需要的水平力，即结构的侧向刚度。

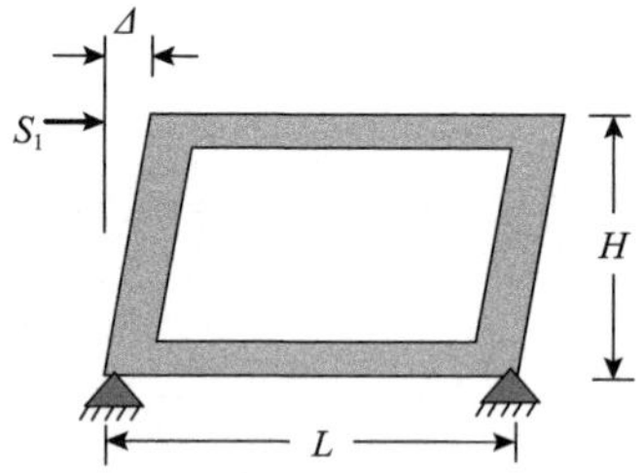

图 9.2.10　侧向变形刚度计算

当不考虑局部场地土层分布的变化时，即认为三个结构处于均一土层中，三者对应的自由场地震反应一致。根据 Wang 给出的变形比与柔度比的变化规律(图 9.2.11)可知，场地-结构柔度比越大，结构的变形越大。由于混凝土结构在地震作用过程中会出现不同程度的损伤，其刚度将有一定折减，即场地-结构柔度比增大，地震作用过程中场地-结构柔度时变，且较难直接获取。这里根据结构在地震作用中的最大变形，结合图 9.2.11 中拟合的变形比 R 与柔度比 F 的关系，近似地估计损伤后结构的柔度。

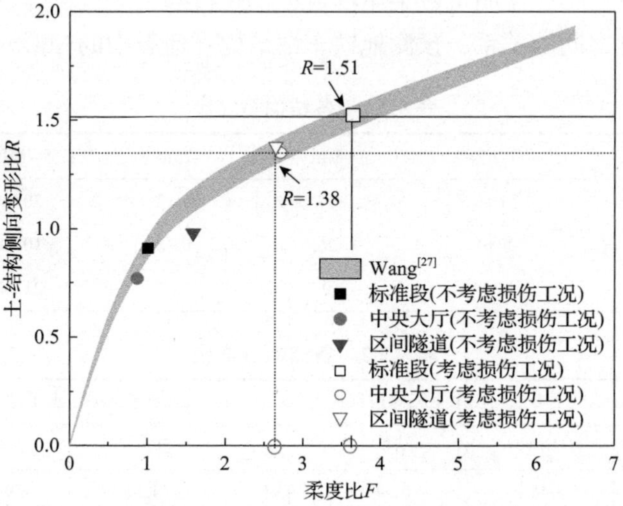

图 9.2.11　变形比与柔度比的关系

结构的侧向柔度可以通过拟静力推覆获取，首先采用线弹性模拟获取结构的侧向柔度，计算结果一方面可以验证图 9.2.11 中的拟合关系，另一方面也可对比分析地震作用导致的场地-结构柔度比的变化。在计算场地-结构侧向变形比 R 时，三个模型均取场地标高为–5.1m 与–11.4m 处的水平相对位移，以统一评价结构与相同位置处土层的柔度比，场地位移的监测位置如图 9.2.12 所示。在计算柔度比 F 时，考虑到中央大厅是双层框架结构，而这里主要关注中柱位置处的侧向变形，其主要受下层结构控制，受上层结构的影响不大，因此，仅评价下层结构的柔度，即拟静力推覆的位置为中央大厅结构中板处。同时，由于中央大厅结构并不是规则矩形结构，推覆时，将结构下层空缺处的土体进行了补齐。此外，土层剪切模量 G 取结构位置处土体剪切模量的加权平均值。

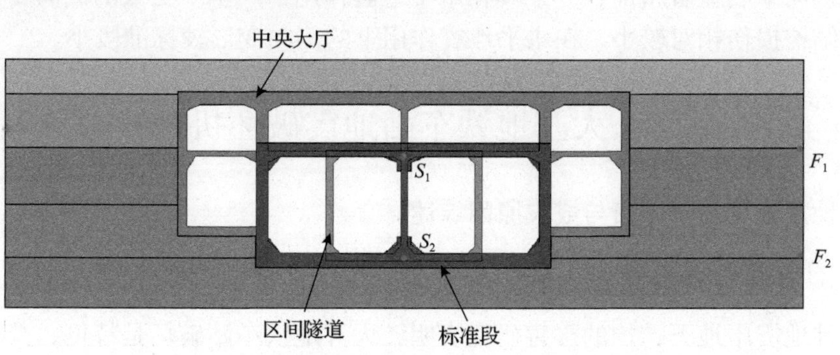

图 9.2.12　场地-结构侧向变形比计算监测点

采用线弹性理论计算获得的场地-结构的侧向柔度比与位移比计算结果见表 9.2.1 和表 9.2.2，对比 Wang 的拟合结果可知，Wang 提出的公式与各车站结构的推覆模拟结果一致。说明可以采用推覆模拟获得的柔度比，并结合 Wang 提出的位移比与柔度之间的关系，预测地铁车站结构在地震中的变形。

表 9.2.1　各结构柔度比

结构	G/MPa	L/m	H/m	S_1/MPa	F
标准段	21.83	17	7.17	50.99	1.01
中央大厅	22.87	26	6.72	102.2	0.87
区间隧道	23.94	9	6.36	21.34	1.59

表 9.2.2　各结构位移比

结构	结构不考虑损伤水平相对位移最大值/cm			结构考虑损伤水平相对位移最大值/cm		
	自由场	结构	R	自由场	结构	R
标准段	4.46	4.09	0.91	4.39	6.95	1.51
中央大厅	4.75	3.65	0.77	4.23	5.83	1.38
区间隧道	4.52	4.41	0.98	4.32	5.97	1.38

通过场地及结构侧向变形(表 9.2.2)以及 Wang 的经验公式来估计结构在地震作用下的侧向柔度。如图 9.2.11 所示，考虑结构损伤时，标准段柔度比 F 估计值约为 3.6，中央大厅与区间隧道柔度比 F 估计值约为 2.6。结合表 9.2.1、表 9.2.2、图 9.2.11 分析可知，结构初始柔度为：中央大厅>标准段>区间隧道；结构发生损伤后，大开站标准段-土体柔度比 F 由初始的 1.01 增加至 3.6，而大开地铁车站中央大厅-土体柔度比 F 由 0.87 增至 2.6,区间隧道-土体柔度比则由 1.59 增至 2.6。可推断，发生损伤后三种结构柔度比满足：中央大厅=区间隧道<标准段。这说明在地震作用下，大开地铁车站标准段受到的损伤较中央大厅以及区间隧道更为严重，其侧向柔度显著增加，导致其在水平地震作用下产生了更大的侧向变形；其余两种结构损伤相对较小，在水平地震作用下的侧向变形较标准段小。

9.3　大开地铁车站地震破坏机理

9.3.1　地震破坏影响因素与成灾原因综述

1. 影响因素

阪神地震中地下结构的震害研究表明，大开地铁车站破坏是特例，其破坏是由于特定的地震动特性、场地条件及结构形式等多方面因素的共同作用所致。结合大开地铁车站地震塌毁破坏影响因素的研究成果，从地震动特性、局部场地特性及结构构造三方面分析大开地铁车站的成灾原因[26]。

1）地震动特性

首先，阪神地震中地面水平运动非常强烈。观测到的 200 多条强震记录中，位于神户市内的水平地震动加速度峰值（PGA）均在 0.4g 至 0.84g 之间，尤其以神户市海洋气象台记录得到的水平分量 PGA 为最大，高达 0.84g。此外，本次地震是一次直下冲击型地震，一个重要特征就是地震动竖向振动分量大。规范建议取地震动的竖向 PGA 近似为水平向 PGA 的 0.65 倍或相等，而神户人工岛地表处记录到的竖向 PGA 分量达到 0.57g，是水平 PGA 分量 0.34g 的 1.6 倍，这远远超过了规范的建议值。

关于水平地震动还是竖向地震动对结构破坏起关键作用这一问题，不同学者有不同的观点。Iida 等[1]对大开地铁车站震害情况进行了详细调查，通过分析观测到的破坏现象得出：结构周围土体的水平变形，产生了强大的水平力并作用于结构上，最终致使结构顶板与底板之间产生了过大的相对位移，同时结构在上覆土体的竖向惯性力作用下而发生破坏，但并没有证据表明竖向作用力直接导致结构的破坏。Huo 等[12]比较了仅水平地震动作用和水平向与竖向地震动共同作用下结构的地震反应，计算结果显示竖向地震动对结构地震反应影响小于水平地震动的影响。庄海洋等[14,15]同样开展了水平向地震动、竖向地震动，以及两者共同作用下大开地铁车站的地震反应分析，计算结果表明水平向地震作用引起的结构内力远大于竖向地震动引起的结构内力，水平向地震作用是造成大开地铁车站破坏的主要因素。杜修力等[24]通过分别施加水平向地震动、竖向地震动，以及双向地震动，分析了大开地铁车站的地震反应，计算结果表明，单独水平向地震或单独竖向地震作用，均不能导致大开地铁车站结构出现塌毁破坏，大开地铁车站结构的塌毁是由于水平向和竖向地震的共同作用所致。Liu 等[19]、王瑞民等[28]的研究结果也表明，车站倒塌是由于强大的水平及竖向地震动共同作用导致的。An 等[2]的分析结果表明，水平向地震动是车站破坏的主要原因，但强烈的竖向地震动导致中柱轴力的显著增大，中柱变形能力被削弱，因此不能忽视竖向地震作用的影响。中国自贡地震与日本阪神地震具有的共同特征——震源浅、震中位于市区或附近，陈念英[29]通过分析得出，造成震中区建筑物破坏的主要因素是竖向地震作用而不是水平地震作用。于翔[30]、曹炳政等[6]也对大开地铁车站进行了分析，结论是竖向地震力对结构破坏具有显著影响。

此外，地震动频率也对场地及结构的地震反应有重要影响。Uenishi 等[11]基于波动理论建立了大开地铁车站中柱-上覆土简化模型，分析了大开地铁车站的地震反应，结果表明，结构破坏原因可能是地震动的频率特性使结构上覆土体发生了共振。酒井久和等[31]分析了卓越频率成分对结构破坏的影响，认为大开地铁车站结构的侧向变形决定了其塌毁破坏，而地震动的低频成分对结构侧向变形具有重要影响。

2）局部场地特性

场地特性是导致大开地铁车站发生倒塌破坏的重要影响因素之一。值得注意的是，阪神地震时，神户市地铁车站中的大开站和上泽站受灾最为严重，而神户高速铁路的其余车站，如新长田站、长田站及三宫站受灾较轻。中村晋[10]比较了大开地铁车站及高速长田车站的地震反应，得出两者破坏程度不同的原因是，高速长田车站周围土层硬度比大开地铁车站周围土层的硬度大，因而发生的水平剪切变形更小，故未遭受严重破坏，大开地铁车站周围土层发生了过大的剪切变形，并致使结构破坏。Konagai 等[32]观测了阪神地震发生后神户地铁沿线地表产生的永久位移，研究地下结构破坏情况与地表永久位移间的联系，震害调查显示中柱震害严重的部位，如新长田车站及附近、上泽车站及附近及三宫车站，所在位置处地表土的震后位移值均达到所测值的峰值，一定程度证明地下结构的变形是由其周围土的变形所决定。

Parra-Montesinos 等[13]分析了两个不同破坏程度的断面，结果表明厚度较大的上覆土体在竖向地震动的作用下，对车站中柱施加了过大的轴向压力，进而导致车站的破坏。孙超[20]分析了大开地铁车站在不同覆盖土层厚度的情况下结构的地震反应，认为随着覆盖土层厚度的增加，地下结构侧向变形逐渐增加，当覆盖土层厚度超过地下结构高度后，结构侧向变形呈线性增长规律。杜修力等[24,25]研究了大开地铁车站在不同埋深时的地震反应规律，结果表明，结构在不同深埋时的地震反应规律和破坏程度差异显著，存在一个抗震最不利埋深，在该埋深处结构的地震反应最为强烈。

饱和砂土地基液化会导致建筑物发生失稳破坏，虽然并未有记录证明大开地铁车站附近存在液化土层，并且附近地层在地震中没有表现出明显的宏观液化现象[2,3]，但也有研究者开展了相关研究。王刚等[23]通过建立能够模拟饱和砂土液化后大应变的弹塑性本构模型，对大开地铁车站进行了地震反应数值分析，结果表明饱和砂土层液化可以使得车站结构产生集中的相对位移，进而造成结构破坏。

3）结构构造

大开地铁车站第二部分的区间隧道截面及中柱轻微损伤，与发生严重破坏的第一部分形成鲜明对比，结构尺寸及构造的不同是造成这一巨大差异的重要因素。如图 9.1.4 所示，区间隧道断面的宽度较车站断面小很多，具有更大的刚度，刚度越大对其周围土的约束能力越强，反之则越弱。中柱配箍率的差异也可能造成结构破坏程度的不同，如图 9.1.5 所示，破坏区域中柱箍筋间距 350mm，均不满足中、日、美规范中柱端加密区箍筋间距要求，而区间隧道中柱箍筋间距为 200mm，满足规范要求，此时中柱具有更好的抗剪性能。An 等[2]通过增加大开地铁车站中柱的箍筋率、配筋率和减少纵筋配筋率，对中柱进行了极限承载能力分析，结果表明，增加箍筋率、配筋率能够有效提高中柱的变形能力，更有利于结构抗震。此外，车站两端以及车站宽度改变位置处布置的横墙，在地震中承担了较大的水平剪力，结构在这些位置处的侧向变形较小，因此结构第二部分的中柱破坏较轻，进而保持了结构的完整性。

通过以上对大开地铁车站震害因素分析，得到以下三点认识：

(1) 水平地震作用导致结构侧向变形过大，使得中柱发生过大的层间位移或转角，导致结构发生剪切破坏；对于近场强地震，竖向地震作用的分量显著，导致车站的中柱承受由上覆土体惯性力引起的很大轴力，造成中柱的水平变形能力降低；在一定的水平及竖向地震动共同作用下，中柱因变形能力不足而发生剪切破坏。地震动频谱特性同样影响地下结构周围土体的地震反应，当地震动的卓越频率与土体自振频率接近时，将加剧土体的地震反应。

(2) 土层及结构的自身刚度对地下结构的地震反应有重要影响。土层自身刚度越大则其变形越小，地下结构也不易发生大变形破坏。结构刚度越大，对其周围土体的变形约束能力越强，反之则越弱，刚度较小的结构更易发生破坏；在一定埋深范围内，上覆土体越厚，作用于结构顶板上的竖向惯性力越大，结构越容易发生破坏。结构存在一个抗震最不利埋深，埋深超过此深度后，结构的地震反应越小；地震引起的场地液化，可造成结构周围土体产生大变形或所在土层发生集中变形，地下结构由于失去周围土体的约束或变形过大而破坏。

(3) 地下结构的截面形式及尺寸对抗震性能也有显著影响。跨度越小，结构越不易破坏；中柱是地下结构抗震的薄弱环节，改善其配筋或增加减震构造可有效增强其变形能力，避免或减轻其地震破坏，进而提高地下结构的整体抗震能力。

2. *成灾原因*

国内外学者采用不同的分析方法，研究了大开地铁车站的地震破坏机理。Iida 等[1]基于现场震害调查，推测大开地铁车站受到了强烈的水平地震动作用，中柱端部附近由于弯剪作用达到了强度极限，中柱受损后致使框架结构侧向承载能力降低，进而产生过大的变形，此时附加弯矩作用使中柱的水平、竖向承载能力急剧降低最终完全破坏，这实际上是将大开地铁车站的破坏归因为侧向抗剪能力不足。Iwatate 等[7]基于振动台模型试验和线弹性数值模拟结果，得出强大的水平地震荷载通过周围土层作用于车站结构使其发生剪切变形，中柱产生的应变是侧墙的 5 倍，中柱由于抗剪承载能力不足而发生破坏，进而导致上顶板的坍塌。矢的照夫等[5]通过二次拟静力推覆分析得出，强大的水平荷载首先使中柱达到剪切屈服状态并严重损伤，中柱的竖向承载能力也随之丧失，并在持续地震作用下发生整体压弯破坏，侧墙的上端及上顶板在中柱压弯破坏后发生受弯屈服，大开地铁车站的倒塌是由于中柱的弯剪破坏所致。上述研究者都强调了地层水平相对变形对地下结构产生的剪切破坏，认为中柱的抗剪能力不足是大开地铁结构破坏的主因。An 等[2]认为竖向地震动对大开地铁车站的破坏起到了不可忽视的作用，大开地铁车站的破坏是由于中柱抗剪能力和变形能力不足导致，竖向地震作用引起中柱轴力的增加改变了中柱抗剪能力和变形能力，但他们仍然强调地层水平相对变形对地下结构产生的剪切破坏是主要的，竖向地震作用加大了其破坏程度，因此，中柱的破坏仍然是剪切破坏。Huo 等[12]通过对比分析了破坏区域及邻近区间的地震反应，认为大开地铁车站破坏区域较邻近区间的土-结构相对刚度比偏小，前者由地震引起的中柱侧向变形为 4cm，而后者仅为 3cm。前者由于配箍不足以及跨度较大而导致轴向荷载较高，在剪切作用下发生脆性破坏；而后者由于横断面宽度较窄，且中柱配置了适度的箍筋，中柱有足够的延性抵抗地震引起的侧向变形而免于破坏。庄海洋等[14,15]认为，在地震作用下，车站结构顶板与侧墙的交叉部位和中柱的顶底端首先发生弯曲破坏而形成塑性铰，使得顶板上覆土体的大部分重力传递给中柱，顶板破坏后传来的上覆土体重力和地震作用，使得中柱最终发生压曲和弯曲的双重破坏，进而导致车站顶板的坍塌。刘如山等[16]、邬玉斌[17]认为，在地震过程中，结构经历了多个周期的动力荷载作用，在重复弯矩和剪力的作用过程中，受弯矩和剪力较大的柱端最先出现混凝土脱落，竖向地震作用引起的高频变轴力加速了中柱外围混凝土的破裂并降低了中柱的竖向承载能力，上覆土层的重力作用和竖向地震动使中柱的上下端被压碎而破坏，进而导致顶板及上覆土体的塌落，整个截面呈“M”形破坏。刘祥庆等[18,19]认为，由于采用明挖法施工，大开地铁车站顶板上覆土层为人工回填土，在强烈地震作用下回填土易发生剪切破坏而松散地堆载于结构之上，使结构中柱及顶板的荷载增大。在竖向地震动作用下中柱的轴力进一步增大，致使其在过大的轴力条件下受弯承载力急剧降低。同时，强烈的水平地震作用使中柱上下端承受过大的弯矩而形成塑性铰；在高轴压与大弯矩共同作用下，中柱上下端的塑性铰进一步发展，最终导致在这些部位发生压弯破坏而折断。此时顶板中部产生了较大挠度，引起上覆路面发生较大的沉陷，进而使结构发生整体倒塌。杜修力等[24,25]认为，在强震作用下，大开地铁车站上覆土体首先发生剪切破坏而丧失抗剪能力；上覆土体丧失抗剪能力后，在竖向地震作用下，其竖向惯性力作用于车站结构的顶板上，该惯性力主要由中柱承担，中柱的轴压比显著增大，侧向变形能力急剧下降，中柱因为侧向变形能力不足首先发生破坏，继而顶板折断，最后结构发生整体倒塌。

9.3.2 大开地铁车站地震破坏过程模拟

本节采用三维时域显式整体非线性分析方法模拟大开地铁车站的地震损伤破坏过程，结合中柱、侧墙等组成构件的不同受力功能，以及关键构件的力学性能与体系受力分配等方面，系统阐述大开地铁车站的地震破坏机理和失效模式[25]。

以大开地铁车站在阪神地震中破坏最严重的部分作为研究对象，建立三维有限元模型，模拟大开地铁车站的地震反应，地震动采用神户气象台监测站获得的竖向和水平向时程记录。围岩土体非线性模型采用三维弹塑性本构模型[33]。为简化分析，计算时将土体进行等效均一化处理，并根据相关文献[2, 5, 12, 23-25, 34]及其场地反应分析确定了土的材料参数，如表 9.3.1 所示。混凝土采用塑性损伤模型，混凝土强度等级为 C30。钢筋采用理想弹塑性本构模型，参数取值分别为 ρ=7800kg/m^3、E=200GPa、υ=0.1，屈服应力为 240MPa。土与结构间法向采用硬接触，单元间相互不侵入；切向采用摩擦接触，摩擦系数为 0.4，并考虑“弹性滑移”。钢筋植入混凝土，不考虑钢筋与混凝土间的黏结作用。

表 9.3.1　土体材料参数

密度/(kg/m^3)	摩擦角/(°)	泊松比	压缩指数	回弹指数	初始孔隙比	前期固结压力/MPa
1960	33	0.3	0.12	0.008	0.6	1.5

图 9.3.1 所示为模拟获得的大开地铁车站结构和围岩土体变形与实际震害调查结果的对比，图中左侧为数值模拟结果，右侧为震害调查图片。实际震害调查发现，大开地铁车站一半以上的中柱被压弯屈曲，混凝土脱落，钢筋外露呈压曲状，侧墙出现大量宽大裂纹，顶板在中柱左右两侧的位置发生弯折，且在中央稍偏左的位置坍塌，其破坏状态呈“M”型。计算获得了上述钢筋屈曲、中柱压弯、顶板折断后塌落和地面沉陷等四种典型的破坏形态。对比可知，计算结果与震害调查较为吻合。计算获得的结构上覆土体产生的最大沉降值达 2.486m，这与震害调查得到的 2.5m 沉降基本相当，表明数值模拟合理地再现了大开车站结构的塌毁破坏模式。

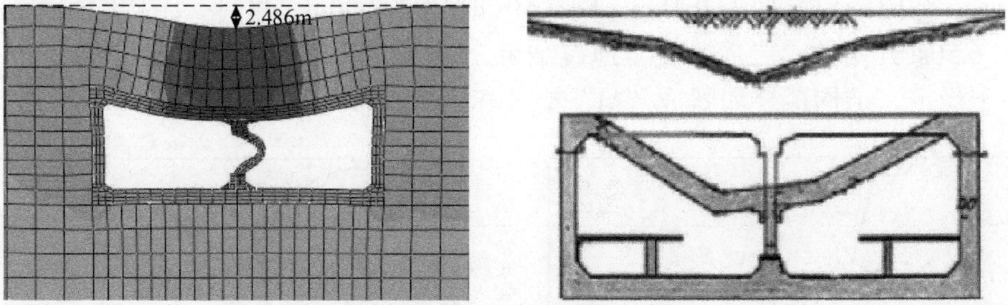

(a) 横断面破坏轮廓

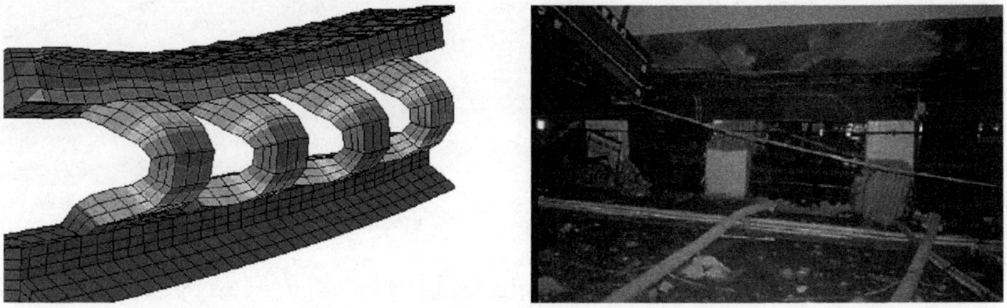

(b) 中柱弯曲

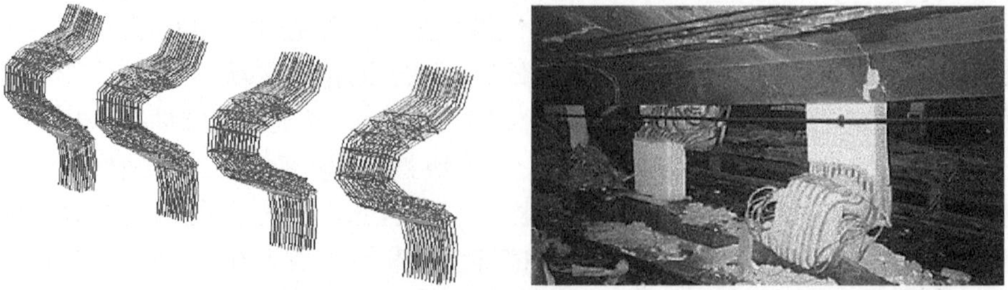

(c) 钢筋屈曲

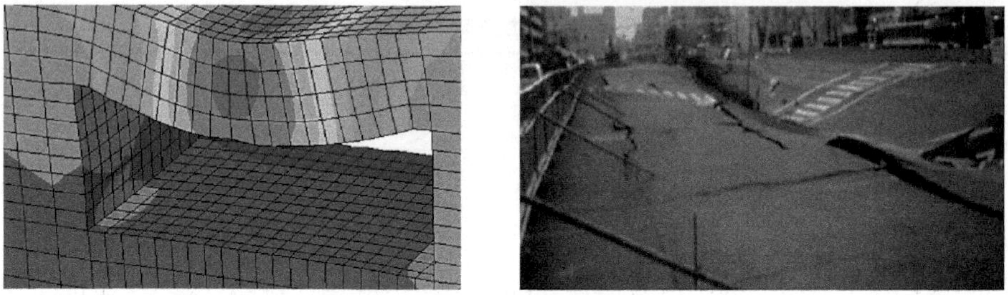

(d) 地面沉降

图 9.3.1　数值模拟结果与实际震害对比

图 9.3.2 为结构顶、底板之间的竖向相对变形时程曲线和地表沉降时程曲线。由图可知，土体沉降和结构变形均随着地震荷载作用时间的持续而增加，并在地震作用完成时达到最大值。在 6.50s 时，结构竖向变形仅为 0.15m，在随后的一秒时间内，竖向变形增加了 0.35m，到 7.50s 时达到 0.50m。可见，结构的塌毁破坏是从 6.50s 开始的。之后，直至地震结束，土体沉降和结构变形持续增加，并逐渐趋于稳定，结构最终塌毁成“M”型破坏模式。

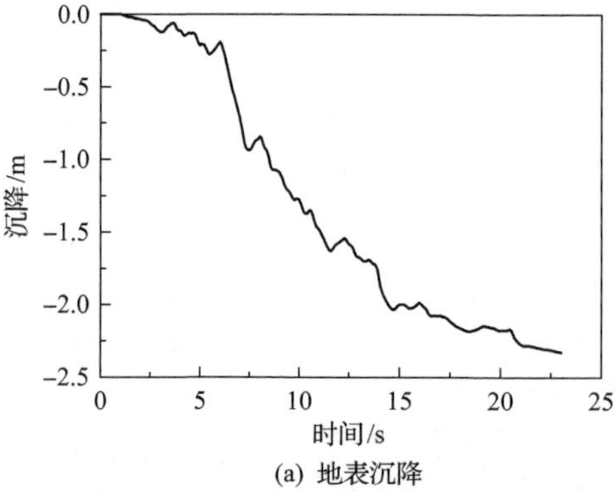

(a) 地表沉降

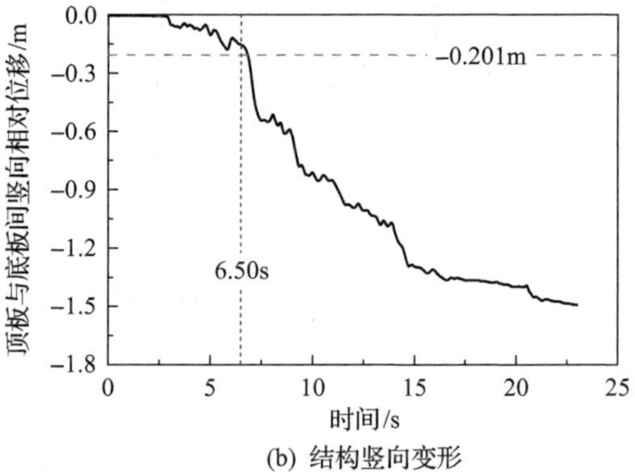

(b) 结构竖向变形

图 9.3.2　地表沉降、结构竖向变形时程曲线

为了进一步确定导致结构塌毁破坏的关键构件，首先对结构顶板的承载能力进行静力分析。建立如图 9.3.3(a)所示的有限元模型，将围岩土体底部完全固定，

两侧定向约束,施加重力荷载,然后逐渐增加重力加速度,直至结构破坏。图 9.3.3(b)为获得的顶底板 a、b 点的竖向相对位移和结构承担的竖向荷载之间的关系。由图可知，结构承担的竖向荷载随着重力加速度的增加先增大然后几乎保持不变，但 a、b 点的竖向相对位移持续增大。这里认为结构承担的荷载达到极大值时，顶板发生破坏。因此，顶板的竖向变形能力为 0.201m。

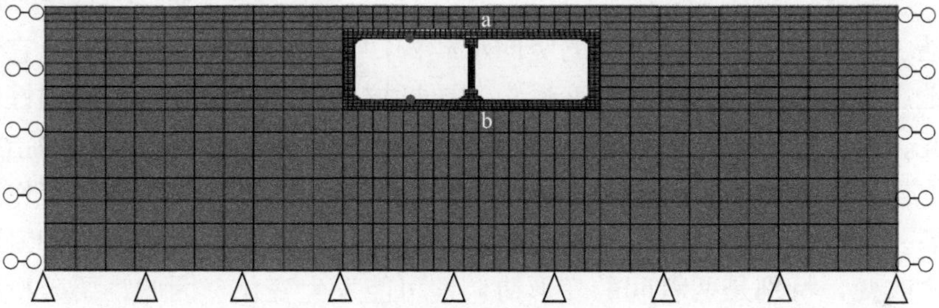

(a) 有限元模型

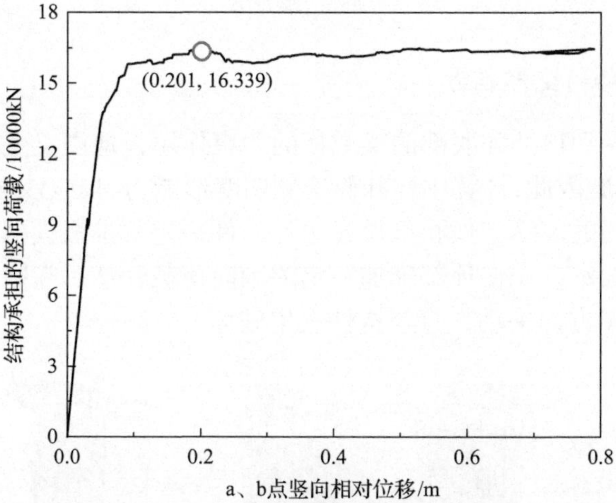

(b) 力-位移曲线

图 9.3.3　顶板承载能力计算

大开地铁车站结构开始破坏时刻，结构的变形如图 9.3.4(a)所示。由图可知，结构中柱在 6.50s 时发生严重倾斜。此时结构顶板变形不明显，且由图 9.3.2(b)

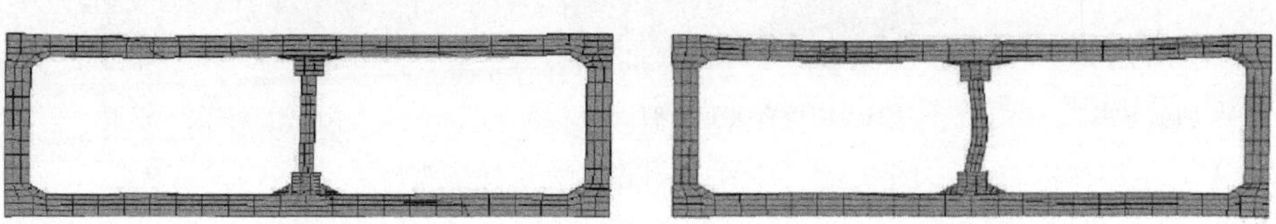

(a) 6.50s　　(b) 8.10s

图 9.3.4　大开地铁车站灾变过程

可知，顶板与底板间的竖向相对变形仅为 0.150m，小于顶板承担变形的能力 0.201m。随后，在 8.10s 时中柱已经发生弯曲变形，结构顶板在与侧墙连接处也出现轻微变形，但其他部位未见明显变形。因此，大开地铁车站的塌毁破坏不是从顶板破坏开始的，而是从中柱的破坏开始的。

9.3.3 地下结构地震破坏机理

中柱、侧墙是地下结构关键的竖向承载构件，在地震作用过程中，它们既抵抗水平地震作用导致的场地水平变形，又要抵抗上覆土体自重和竖向惯性效应作用。因此，将侧墙、中柱的极限承载力和变形能力作为判断构件破坏的指标，根据获得中柱与侧向的地震反应，分析结构的地震破坏机理。由于在地震作用过程中，侧墙、中柱的受力分配在不断转移和调整，它们各自的承载能力和变形能力也在随之改变，特别是两者间的变形协调性可能发生变化。因此，要分析地下结构的地震破坏过程和机理，首先要分析中柱和侧墙在不同轴力荷载作用下，抵抗水平变形的能力。

1. 中柱及侧墙的变形能力

中柱和侧墙受到顶部和底部的梁或板的约束作用，地震发生时，柱端近似发生水平方向的平动。因此，计算中柱和侧墙侧向变形能力时，应该根据如图 9.3.5(a) 所示的中柱和侧墙的实际工作状态设置边界条件，进行推覆模拟。边界条件的设置为：底部完全固定，先在顶部施加一定的轴向荷载，然后在限制顶部旋转的条件下，让顶面沿 *X* 方向平动，直至构件发生破坏。

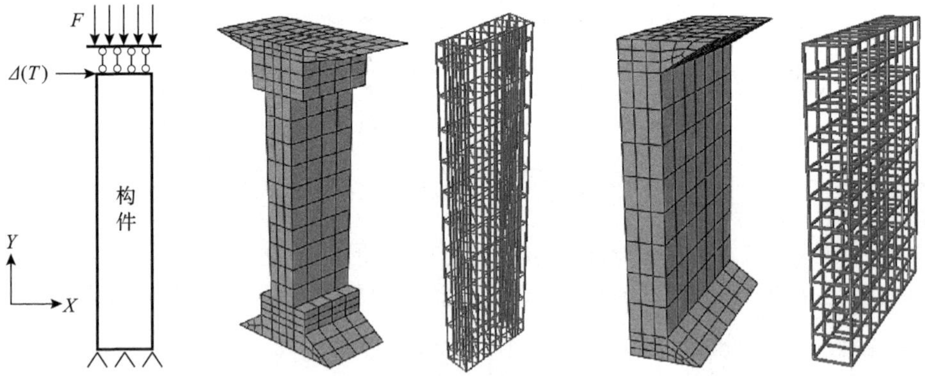

(a) 加载方式　(b) 中柱有限元模型　(c) 侧墙有限元模型

图 9.3.5　中柱与侧墙有限元分析模型

建立如图 9.3.5(b) 和 (c) 所示的有限元模型，模拟中柱与侧墙（沿墙的纵向方向取一延米）在不同轴力下的侧向变形与荷载之间的关系，获得的计算结果如图 9.3.6

所示。由于水平向地震荷载的振动方向为 X 向，因此，后文中所述的侧向均为 X 向。为了便于分析，对轴力和侧向变形进行了无量纲化处理，获得的位移角与水平向反力之间的关系曲线如图 9.3.6 所示，图中

$$位移角=\frac{\Delta}{H}\times 100\% \tag{9.3.1}$$

$$剪力比=\frac{T}{\sigma_d \times A}\times 100\% \tag{9.3.2}$$

式中，Δ为构件顶部位移；H 为构件的高度；T 是数值模拟过程中监测到的柱底 X 向反力；σ_d 为混凝土设计强度；A 为构件的截面积。中柱与侧向的水平向反力随着位移角的增大呈现出先增大后减小的趋势，轴压比越大，结构中柱与侧墙的侧向承载能力峰值出现得越早，即中柱和侧墙的变形能力随着轴压比的增大而减小；轴压比越大，曲线峰值后下降速度越快，即随着轴压比的增加，构件的脆性增加。

中柱、侧墙峰值荷载下降至 85%时，对应的变形即为极限变形能力。中柱和侧墙的极限变形状态的层间位移角，为图 9.3.6 中曲线上的“○”点，绘制中柱与侧墙的极限变形能力包线如图 9.3.7 所示。对比可知，中柱与侧墙的侧向变形能力均随着轴压比的增加而减小。当侧墙轴压比小于 0.2 时，其极限变形能力大于 2.0%；当中柱的轴压比小于 0.4 时，其极限变形能力大于 2.0%；而当中柱的轴压比从 0.4 增加至 0.8 时，中柱的极限变形能力从 2.0%迅速减小至 1.2%，这表明轴压比显著影响中柱的侧向变形能力。

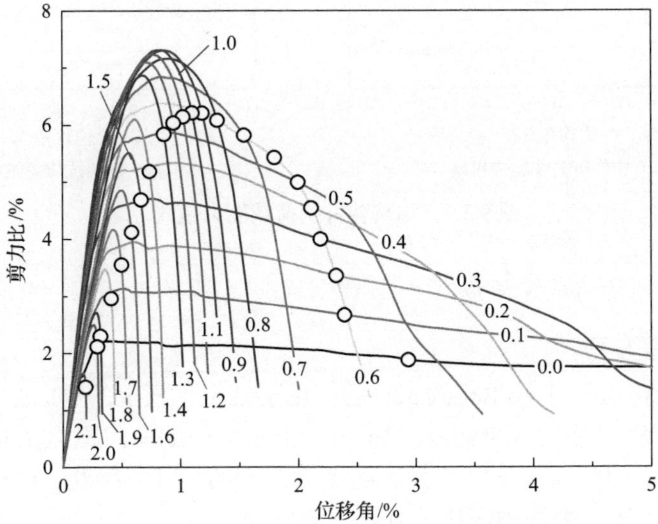

(a) 中柱

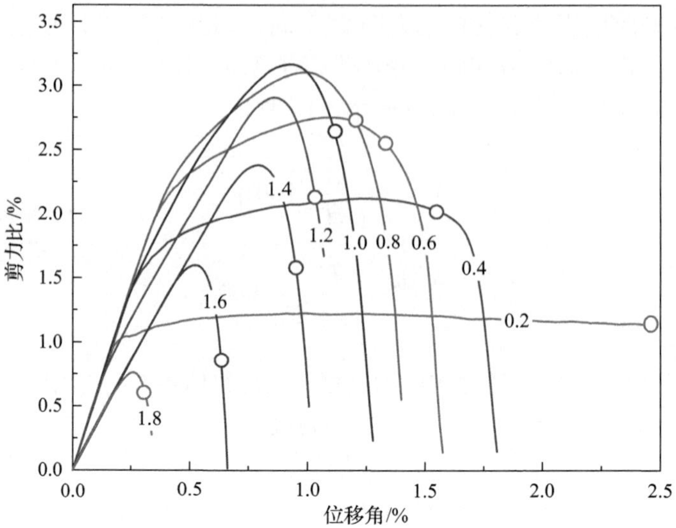

(b) 侧墙

图 9.3.6　不同轴压比(图中数字表示)下中柱与侧墙荷载-位移曲线

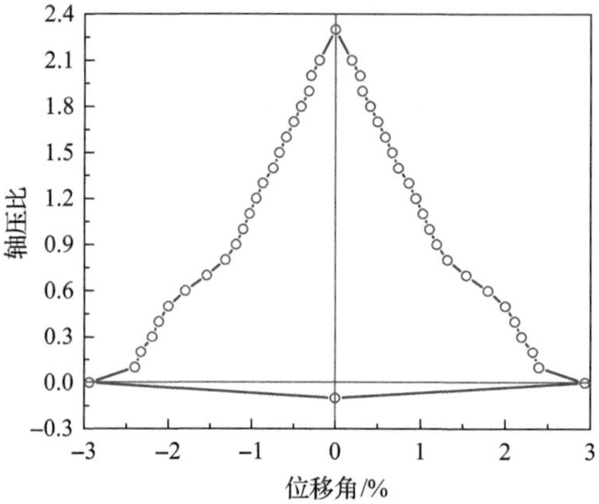

(a) 中柱抗荷载能力包线

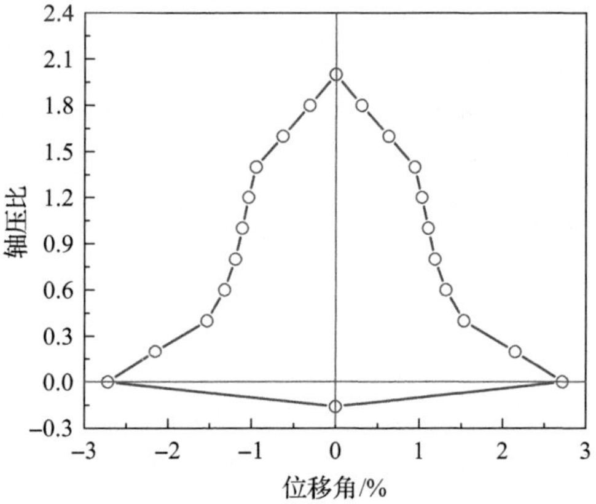

(b) 侧墙抗荷载能力包线

图 9.3.7　结构构件抗荷载能力包线

2. 中柱及侧墙的地震反应

1)竖向地震反应

地震荷载作用前,中柱承担约32%的作用于结构顶板上的竖向荷载,如图9.3.8所示。左右侧墙共承担了68%的竖向荷载，由于中柱的净间距为2.5m，且侧墙的截面在X方向上的尺寸大于中柱截面在X方向上的尺寸，因此，中柱的轴压比远大于侧墙的轴压比，中柱轴压比为0.48，侧墙为0.08。

地震过程中，中柱和侧墙的轴压比时程曲线如图9.3.8(b)和(c)所示。由图可知，侧墙的轴压比虽然在 4.0～10.0s 之间有较大浮动，但总体变化不大，不超过 0.1；相比之下，中柱的轴压比则变化较大，在 4.08s 时达到最大值，约为初始轴压比的 1.27 倍。

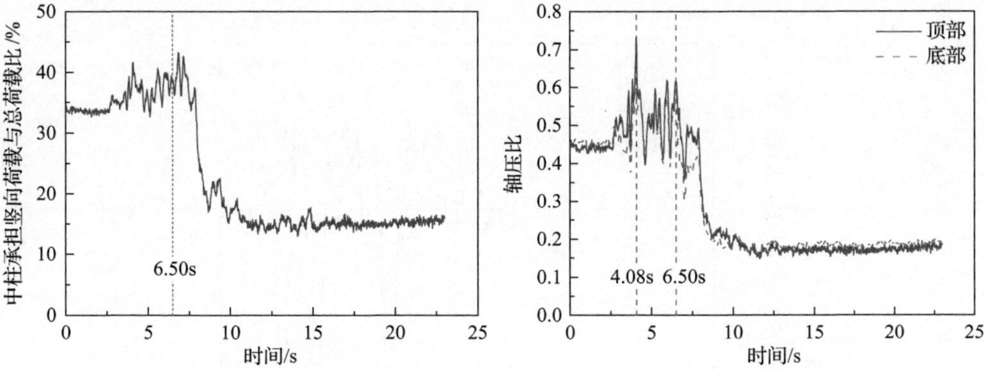

(a) 中柱承担的竖向荷载比例　(b) 中柱反应

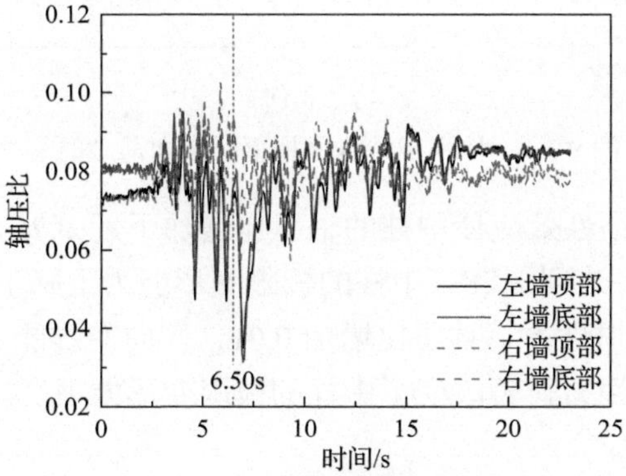

(c) 侧墙反应

图 9.3.8　中柱与侧墙竖向地震反应

中柱轴压比增大的原因是，地震过程中上覆土体的竖向惯性效应，使得作用于结构顶板的竖向荷载增加。由图 9.3.9 所示的作用于结构顶板上的竖向荷载可知，在结构破坏的 6.50s 时刻，作用于结构顶板上的竖向荷载幅值约为上覆土体作用于结构顶板荷载的 1.2 倍，即上覆土体的竖向加速度约为 0.2g。土体竖向加速度幅值与计算输入的竖向加速度幅值相当，表明结构破坏前，上覆土体已经剪坏并堆积于顶板上，并随着结构振动而在竖向做上下运动。

在 6.50s，即破坏时刻，中柱轴压比超过 0.60，换而言之，此时上覆土体的竖向惯性力超过其重力的 0.2 倍，而中柱承担了超过 37%的竖向荷载(包括上覆土体的重力和竖向惯性力)。由式(9.3.3)计算可知，上覆土体竖向惯性力的 62%由中柱承担。

$$\frac{1.2G_s \times 37\% - G_s \times 32\%}{0.2G_s} = 62\% \tag{9.3.3}$$

式中，G_s 为上覆土体重力。

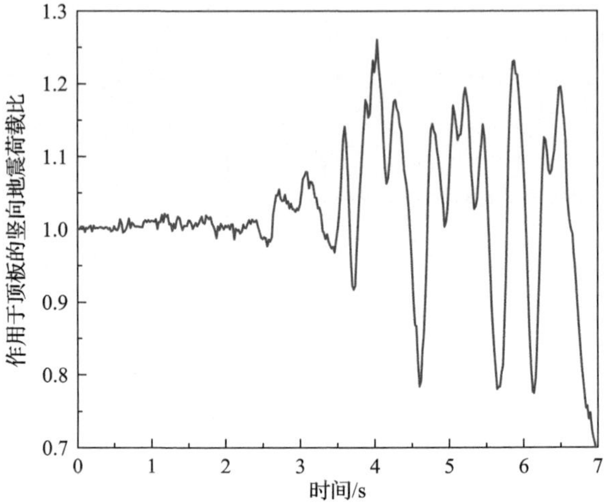

图 9.3.9　作用于结构顶板上的竖向荷载时程

上覆土体的竖向惯性效应使中柱的轴压比增加了近 0.2，特别是 4.08s，中柱的轴压比增加了 0.3，达到 0.78，中柱的极限变形能力下降了 0.8%。而侧墙仅承担了 38%上覆土体的惯性力，轴压比增加 0.01，侧向变形能力几乎不变。因此，结构上覆土体竖向惯性力显著改变了中柱的极限变形能力。

2) 水平向地震反应

地震过程中，结构中柱承担的水平向剪切荷载比例的时程曲线如图 9.3.10 所示。由图可知，中柱承担的水平剪切荷载的比例不超过 8.0%，即使在中柱破坏时刻，承担的比例也仅为 6.0%。对比图 9.3.8(a)所示的中柱承担竖向荷载的比例可知，与静力荷载作用下中柱的功能一样，地震荷载作用时，地下结构中柱也主要起到承担竖向荷载的支撑作用；而侧墙不仅要承担竖向荷载，还要承担水平剪切荷载的作用。

虽然地震过程中结构中柱与侧墙承担的水平向剪切荷载的比例相差较大，但由图 9.3.11 所示的中柱与侧墙底顶部水平向相对位移时程曲线可知，在 0～6.50s 之间，墙、柱顶部位移角相等，即结构侧墙、顶板和中柱是同步运动的，而位移角稍有差别，中柱位移角稍大，其原因为两者的高度不同，中柱高度为 3.82m，而侧墙为 5.20m。在地震中，结构顶板的功能不仅是将上覆土体产生的竖向荷载传给中柱和侧墙，还要将土体产生的水平向位移传递给结构中柱和侧墙。

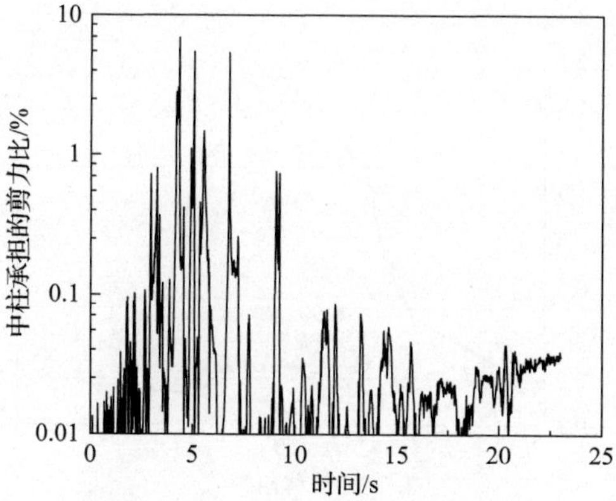

图 9.3.10　中柱水平向地震反应

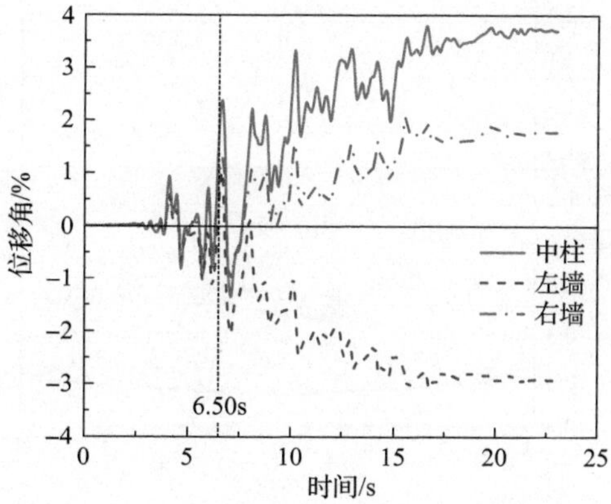

图 9.3.11　结构中柱与侧墙相对位移时程

在 6.50s 时刻，结构中柱与侧墙的轴压比、位移角如表 9.3.2 所示。中柱的位移角为 1.9%，侧墙的位移角不超过 1%。而此时中柱的轴压比约为 0.6，侧墙的轴压比约为 0.09。如上所述，在轴压比小于 0.25 时，侧墙的侧向变形能力高于中柱，而中柱的侧向变形能力随着轴压比的增加而减小。因此，结构开始破坏时刻，中柱侧向变形能力低于侧墙的变形能力。

表 9.3.2　破坏时刻结构反应

位置	中柱		左墙		右墙	
	轴压比	位移角/%	轴压比	位移角/%	轴压比	位移角/%
顶部	0.616	1.9	0.070	0.6	0.091	1.0
底部	0.603		0.076		0.090	

将静力荷载作用下获得的构件的承载能力包线和中柱、侧墙的地震反应时程绘制于图 9.3.12 中，可知中柱在轴压比为 0.60 时，能够承担的最大位移角约为 1.75%，而侧墙在轴压比为 0.09 时，能够承担的最大位移角超过 2.3%。因此，在 6.50s 时，中柱的地震反应超出了其变形能力，中柱因侧向能力不足而发生破坏；此时，侧墙承担的竖向荷载和层间变形反应未超出其变形能力包线，侧墙未发生破坏。

中柱丧失承载能力后，结构上覆土体的重力和竖向惯性力由结构顶板传递至侧墙。因此，顶板承担较大的剪力和弯矩，顶板中部因弯矩过大产生显著的挠曲变形直至折断，而侧墙的轴压比不会显著增加。结构顶板与底板间的竖向相对位移，在随后的一秒内增大了 0.35m，说明结构顶板已经开始塌落。随着顶板的折断，结构整体发生塌毁破坏，最终中柱、顶板和侧墙构成的体系破坏状态呈“M”型。

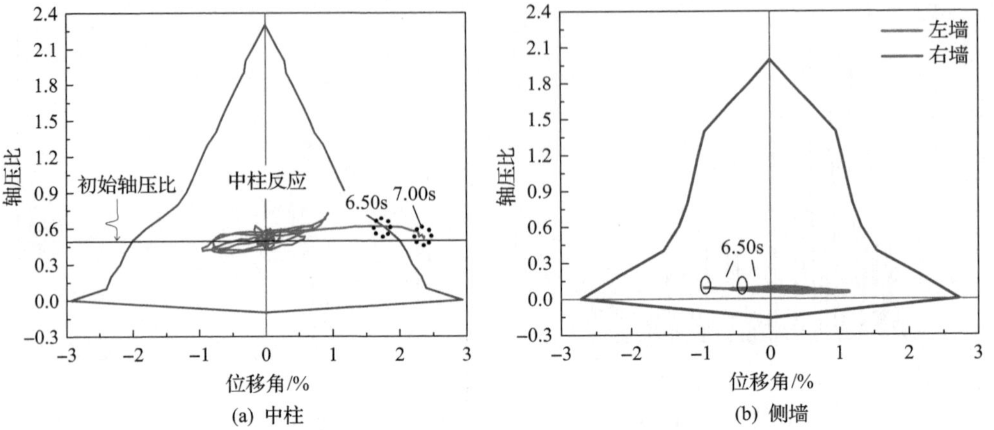

图 9.3.12　结构反应与抗荷载能力包线

由上述分析可知，大开地铁车站在阪神地震中的塌毁破坏是由于水平和竖向地震共同作用导致的。竖向地震作用使已发生剪切破坏的上覆土体的竖向惯性效应增强，显著地增加了结构中柱的轴压比，导致侧墙、中柱在水平剪切作用下的极限变形能力不协调，极限变形能力显著降低的中柱首先发生破坏，引起顶板折断和侧墙的破坏，进而结构发生整体坍塌。大开地铁车站结构的地震破坏是由于中柱在地震作用过程中变形能力不足所致，要提高大开地铁车站及结构形式相似的地下结构的抗震能力，关键是如何保证柱的竖向承载能力不显著降低的同时提升水平向的变形能力。

9.3.4　地下结构构件承载功能

结合大开地铁车站的地震破坏机理及结构各构件在地震前后承担荷载的大小，可以分析得出结构各受力构件的承载功能[35]。如图 9.3.13 所示，地震荷载作用前，结构顶板主要起到传力功能，即将上覆土体的重力和水平土压力传递给中柱与侧墙；

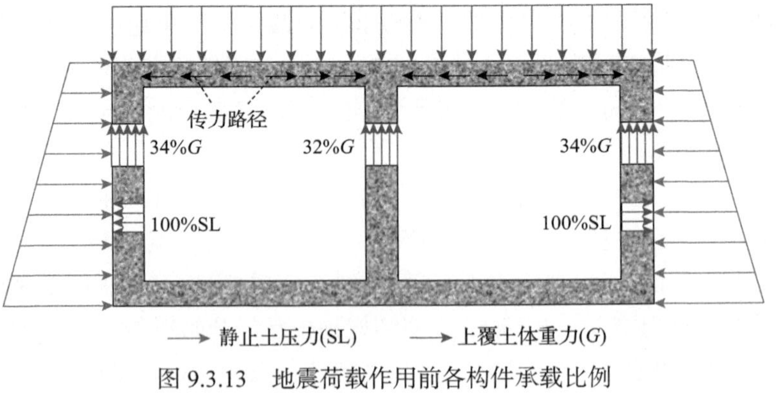

图 9.3.13　地震荷载作用前各构件承载比例

结构中柱主要起到竖向支撑的作用，即仅承担顶板传递的竖向荷载（承担上覆土体重力的 32%左右）；侧墙不仅要承担顶板传递的竖向荷载，还要承担水平土压力。

如图 9.3.14 所示，地震荷载作用中，结构各构件的承载功能不变，但承担荷载的比例发生了变化。顶板主要将上覆土体的重力和惯性力及地震导致的水平土压力传递给中柱与侧墙；中柱仍然起到竖向支撑的作用，尤其是承担了超过 60%的作用于结构上的上覆土体的惯性力；结构侧墙需要承担顶板传递的竖向荷载、水平向荷载及其作用于侧墙的水平土压力，而且侧墙几乎承担了地震中作用于结构上的所有水平荷载。

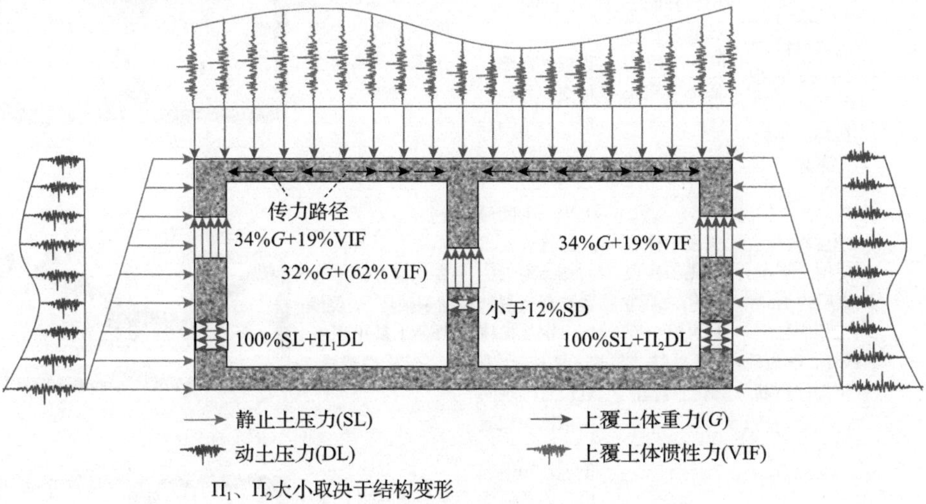

图 9.3.14　地震荷载作用中各构件承载比例

9.4　地下框架结构地震破坏机理模型试验验证

第 7 章对已开展的离心机振动台试验方案、结构宏观破坏现象和典型测试数据进行了详细的介绍，本节结合相关试验结果，从上覆土体不同惯性效应和顶板、中柱变形能力两个角度，通过对比分析结构的宏观震害现象，进一步讨论地下框架结构地震破坏机理。

试验中，五个模型结构的破坏程度与破坏模式均不相同，各构件的开裂与破坏情况如表 9.4.1 所示。由于模型尺寸较小，难以直接测量结构混凝土开裂所产生的裂缝宽度及深度，这里宏观上，以观测裂缝沿构件厚度方向的延伸长度作为指标，评价结构的损伤程度是否影响构件承载力，若裂缝延伸长度达到构件厚度的 1/3 及以上，则判断为结构性裂缝，构件失去承载能力，否则视为表皮开裂，不影响构件承载力。

表 9.4.1　模型结构宏观震害现象描述

模型	破坏过程	中柱	顶、底板	左、右侧墙	最终破坏模式
SSI-1	未破坏	无开裂现象	无开裂现象	无开裂现象	
SSI-2	加速度峰值为 0.1g 时，一根外侧中柱表层混凝土脱落；加速度峰值为 0.32g 时，三根中柱均产生剪切破坏，顶板下塌	两根外侧中柱破坏于柱顶，中间中柱破坏于柱底	顶板中部出现了明显的下塌变形；顶板外侧墙、板交界处各出现一条结构性裂缝	左、右侧墙外侧上部墙、板交界处各出现一条结构性裂缝	
SSI-3	加速度峰值为 0.4g 时，工况结束后约 1min 时三根中柱同时破坏，继而顶板下塌并折断	三根中柱均首先于柱顶破坏，之后立柱纵筋全部压弯外鼓，混凝土剥落	上顶板中间偏左位置以及靠右侧墙附近位置出现断裂破坏，钢筋被拉断；靠左侧墙附近位置出现两条结构性裂缝	左侧墙上部出现断裂破坏，右侧墙外侧上部出现一条结构性裂缝	
SSI-4	未破坏	无开裂现象	顶板外侧中部出现一条表皮裂缝，顶板内侧左、右中间位置各出现一条结构性裂缝	左侧墙外侧上部、右侧墙外侧上下部各出现一条表皮裂缝	
SSI-5	加速度峰值为 0.52g 时，一根外侧中柱底部出现表皮开裂	一根外侧中柱的底部出现了表皮开裂	顶板上表面梁板交界部位、顶板下表面两跨中心、底板右侧上表面两跨中心位置均出现一条结构性裂缝	侧墙外表面在墙、板交界位置均出现了明显的裂缝，而左侧墙上部为结构性裂缝，其余三条为表皮裂缝	

由 SSI-1～SSI-3 模型中柱的破坏程度对比发现，三组试验中柱的破坏程度从小到大依次为 SSI-1<SSI-2<SSI-3；未考虑竖向地震作用时的 SSI-1 结构中柱在持续的地震作用中始终保持完好，且未出现任何肉眼可见的裂缝；考虑 0.4g 竖向地震作用的 SSI-2 试验中，中柱产生了严重的剪切破坏，导致顶板出现了一定的下

塌，墙、板交界位置附近出现了结构性裂缝；而考虑 0.5g 竖向地震作用的 SSI-3 试验，结构中柱出现了更为严重的破坏，柱子整体压弯屈曲且鼓向一侧，完全失去竖向支承能力，导致顶板产生折断破坏，结构整体框架产生了“M”形塌毁。分析可知，造成三组试验中模型结构出现差异破坏的主要原因是上覆土体在振动过程中产生的竖向惯性力大小不同。与 SSI-1 模型结构相比，考虑竖向地震作用的 SSI-2 和 SSI-3 结构中柱均承受更高的轴压作用，在场地水平地震反应无显著差别的情况下，整体结构发生了严重的破坏，尤其对于考虑更大竖向地震作用的 SSI-3 结构更是出现了整体的塌毁破坏。由此可见，竖向地震动对地下框架结构的地震破坏反应起关键作用。

由 SSI-2 与 SSI-5 模型结构震害对比可知，SSI-2 模型(强板弱柱)在 0.32g 地震工况中三根中柱均出现了严重破坏，结构顶板产生了明显的塌毁破坏；而 SSI-5 模型(强柱弱板)在 0.52g 工况中，虽结构外框架出现了较严重的开裂损伤，但结构整体未出现塌毁破坏的现象。分析可知，由于 SSI-5 组试验中，对模型中柱加强，使其变形能力增大，尽管承受较高的竖向地震作用，但在强地震作用下始终保持完好，避免了结构整体出现严重的破坏。进一步证明中柱是地下框架结构的关键抗震构件。

9.5 本章小结

本章针对 1995 年阪神地震中地铁车站及区间隧道出现程度不同的破坏现象，对震害现象及实际地震动、场地条件与结构参数进行了详细的文献调研工作。基于三维非线性动力时程分析方法，对大开车站标准断面、高速长田站、区间隧道及大开车站中央大厅进行了地震破坏反应分析。通过计算结果的对比，分析了产生地震破坏程度差异的影响因素，并总结了浅埋地下框架结构的地震破坏机理，得出：地震作用、场地条件以及结构形式等因素均影响结构中柱在地震作用过程中所受到的水平侧向变形反应及其所处的轴压比状态，这些因素对结构抗震产生不利影响的状况共同导致了大开车站在阪神地震中发生了较其他地下结构更为严重的地震破坏。

参考文献

[1] Iida H, Hiroto T, Yoshida N, et al. Damage to Daikai subway station[J]. Soils and Foundations, 1996, 36: 283-300.

[2] An X H, Shawky A A, Maekawa K. The collapse mechanism of a subway station during the Great Hanshin Earthquake[J]. Cement and Concrete Composite, 1997, 19(3): 241-257.

[3] Shahrour I, Khoshnoudian F, Sadek M, et al. Elastoplastic analysis of the seismic response of

tunnels in soft soils[J]. Tunnelling and Underground Space Technology, 2010, 25(4): 478-482.
[4] 土木本部技術部. 神戸高速鉄道東西線大開駅災害復旧の記録[M]. 东京: 佐藤工業株式会社, 1997.
[5] 矢的照夫, 梅原俊夫, 青木一二三, 他. 兵庫県南部地震による神戸高速鉄道・大開駅の被害とその要因分析[C]//土木学会論文集, 1996, (537): 303-320.
[6] 曹炳政, 罗奇峰, 马硕, 等. 神户大开地铁车站的地震反应分析[J]. 地震工程与工程振动, 2002, 22(4): 102-107.
[7] Iwatate T, Kobayashi Y, Kusu H, et al. Investigation and shaking table tests of subway structures of the Hyogoken-Nanbu earthquake[C]// Proceedings of the 12WCEE, 2000: 1-6.
[8] 车爱兰, 岩檜敞广, 葛修润. 关于地铁地震响应的模型振动试验及数值分析[J]. 岩土力学, 2006, 27(8): 1293-1298.
[9] 川西智浩, 清野純史, 井澤淳. 側壁の損傷に着目した開削トンネルの地震時耐力把握のための実験的研究[C]//土木学会論文集 A1, 2013, 69(4): 509-516.
[10] 中村晋. 地震被害程度の差異に着目した地下鉄の被害要因分析[C]//土木学会論文集 I 巻, 2000, 654(I-52): 335-354.
[11] Uenishi K, Sakurai S. Characteristic of the vertical seismic waves associated with the 1995 Hyogo-ken Nanbu(Kobe), Japan earthquake estimated from the failure of the Daikai Underground Station[J]. Earthquake Engineering and Structural Dynamics, 2000, 29(6): 813-821.
[12] Huo H, Bobet A, Fernández G, et al. Load transfer mechanisms between underground structure and surround ground: evaluation of the failure of the Daikai station[J]. Journal of Geotechnical and Geoenvironmental Engineering, 2005, 131(12): 1522-1533.
[13] Parra-Montesinos G J, Bobet A, Ramirez J A. Evaluation of soil-structure interaction and structural collapse in Daikai subway station during Kobe earthquake[J]. ACI Structural Journal, 2006, 103(1): 113-122.
[14] 庄海洋, 程绍革, 陈国兴. 阪神地震中大开地铁车站震害机制数值仿真分析[J]. 岩土力学, 2008, 29(1): 245-250.
[15] 庄海洋. 土-地下结构非线性动力相互作用及其大型振动台试验研究[D]. 南京: 南京工业大学, 2006.
[16] 刘如山, 邬玉斌, 杜修力. 用纤维模型对地下结构地震破坏的数值模拟分析[J]. 北京工业大学学报, 2010, 36(11): 1488-1495.
[17] 邬玉斌. 地铁车站地震反应和破坏机理分析[D]. 哈尔滨: 中国地震局工程力学研究所, 2008.
[18] 刘祥庆. 地铁地下结构地震反应分析方法与实验研究[D]. 北京: 清华大学, 2008.
[19] Liu J B, Liu X Q. Pushover analysis of Daikai subway station during the Osaka-Kobe

earthquake in 1995[C]// The 14th World Conference on Earthquake Engineering, Beijing, 2008.
[20] 孙超. 地铁地下结构抗震性能及分析方法研究[D]. 哈尔滨: 中国地震局工程力学研究所, 2009.
[21] 卢志杰, 黄俊鸿. 浅埋隧道非线性动态时程分析——以日本大开隧道为例[C]//第八届海峡两岸隧道与地下工程学术与技术研讨会, 高雄, 2009: 1-12.
[22] 还毅, 方秦, 陈力,等. 强震作用下地铁车站结构损伤破坏的三维非线性动力分析[J]. 北京工业大学学报, 2011, 37(6): 852-862.
[23] 王刚, 张建民, 魏星. 可液化土层中地下车站的地震反应分析[J]. 岩土工程学报, 2011, 33(10): 1623-1627.
[24] 杜修力, 王刚, 路德春. 日本阪神地震中大开地铁车站地震破坏机理分析[J]. 防灾减灾工程学报. 2016, 36(2): 165-171.
[25] 杜修力, 马超, 路德春, 等. 大开地铁车站地震破坏模拟与机理分析[J]. 土木工程学报, 2017, 50(1): 53-62.
[26] 杜修力, 李洋, 许成顺, 等. 1995 年日本阪神地震大开地铁车站震害原因及机理分析研究进展[J]. 岩土工程学报. 2018, 40(2): 223-236.
[27] Wang J N. Seismic Design of Tunnels, A Simple State-of-the-art Design Approach[M]. Monograph 7. New York: Parsons Brickerhoff Quade & Douglas, Inc., 1993.
[28] 王瑞民, 罗奇峰. 阪神地震中地下结构和隧道的破坏现象浅析[J]. 灾害学, 1998, 13(2): 63-66.
[29] 陈念英. 从日本阪神地震再谈竖向地震作用的重要[J]. 成都大学学报(自然科学版), 1996, 15(1): 56-59.
[30] 于翔. 地铁建设中应充分考虑抗地震作用: 阪神地震破坏的启示[J]. 铁道建筑技术, 2000, (6): 32-35.
[31] 酒井久和, 野津厚. 地中構造物の損傷に影響する地震動の周波数成分[C]// 第 11 回日本地震工学シンポヅウム, 2002: 1033-1038.
[32] Konagai K,Kamiya H, Nishiyama S. Deformation buildup in soils during the Kobe earthquake of 1995[J]. Seismic Fault-induced Failures, 2001, 1: 81-90.
[33] Ma C, Lu D C, Du X L, et al. Developing a 3D elastoplastic constitutive model for soils: A new approach based on characteristic stress[J]. Computers and Geotechnics, 2017, 86: 129-140.
[34] 杜修力, 马超, 路德春. 正常固结黏土的三维弹塑性本构模型[J]. 岩土工程学报, 2015, 37(2): 235-241.
[35] Ma C, Lu D C, Du X L, et al. Structural components functionalities and failure mechanism of rectangular underground structures during earthquakes[J]. Soil Dynamics and Earthquake Engineering, 2019, 119: 265-280.

第 10 章　地下结构抗震性能评价

目前的地下结构的抗震设计理念本质上还是属于确定性的分析和设计方法，但由于地震动本身的随机性、场地岩土体参数及工程结构材料特性本身的不确定性，即便在同一强度的地震作用下地下结构也会呈现不同的动力反应规律甚至结构损伤破坏状态，从而导致其震后结构功能完整性存在显著差别，并引起不同程度的经济和财产损失。由于以地铁车站为代表的地下结构作为城市基础设施重要组成部分在城市区域经济和发展中起着举足轻重的作用，研究不同概率水平的地震与地铁车站结构和功能受损之间关系，并以此为基础进一步评估区域震后经济损失，开展系统的地下结构地震风险分析，则需要从目前确定性的分析方法向基于概率的分析方法逐步过渡。

考虑到从工程结构功能完整性角度给出其性能量化评定指标需综合考虑结构损伤、功能失效及区域经济和社会影响等因素较为困难，本章主要从结构受力性能和物理破坏方面给出了浅埋地下地铁车站结构性能水准划分及其量化性能指标体系；结合地下结构抗震关键构件的变形能力，并考虑到竖向地震动对地下结构动力反应的影响，分别建立能够反映不同地震荷载组合下结构抗震性能指标体系；以我国典型浅埋地下地铁车站为案例展示地下结构地震易损性分析总体流程，给出不同地震等级作用下地铁车站结构遭受不同破坏程度的概率，为基于性能的结构抗震设计方法在浅埋地下结构中的运用提供必要参考。最后，针对与结构地震安全性直接关联，也是工程结构设计人员最为关注的地下结构抗震承载力极限，在综合考虑地下结构地震损伤演化过程的基础上，提出了地下结构的极限抗震能力评价指标与方法，并对地下结构的抗震能力影响因素进行了讨论分析，表明地下结构极限抗震能力评价指标和评价方法的合理性。

10.1　工程结构抗震性能评价的理论与方法

工程结构的地震易损性表示在给定强度的地震作用下结构发生或超过某种破坏状态时的条件失效概率，它宏观地描述了地震动强度与结构破坏程度之间的关系。地震易损性的应用对象广泛，可从某一个单独的工程结构到区域的建筑类群。地震易损性分析的结果通常有两种，分别是易损性曲线和破坏概率矩阵，以直观的形式评价不同地震强度下结构的性能。它可以定量地给出地震动强度与结构破坏程度之间的相互对应关系，这种对应关系可以通过结构的地震易损性曲线来体现：曲线上的点一一对应结构在不同性能水准下的失效概率以及产生该性能水准的破坏所需要的地震动强度，通过结构地震易损性曲线，便可以定量地刻画出工程结构的抗震性能。结构地震易损性曲线的绘制有两种常用方法：一种是基于以往地震的破坏报告，通过统计或者专家经验而得到经验易损性曲线；另一种是通过大量数值计算分析结构的地震反应而得到相应的地震易损性曲线。

进行地震易损性分析主要包含两个步骤，即需求分析和损伤分析。其中，需求分析建立了不同地震强度(intensity measure, IM)和结构的地震反应(如内力、变形等)间的概率关系，即结构抗震设计时所需要满足工程需求参数(engineering demand parameter, EDP)；损伤分析则给出结构不同反应和结构损伤(damage measure, DM)之间概率关系。采用全概率的方法结合上述两个分析结果，即可给出特定地震强度下，工程结构发生地震损伤的概率。因此，基于上述认识，可以总结出工程结构地震易损性分析中所需关注的几个关键问题：①结构地震易损性分析中的不确定性；②结构地震反应分析方法；③地震强度指标的选取；④工程需求参数和结构损伤指标的选取。本节将对上述四个关键问题的研究进行综述。

1. 结构地震易损性分析中的不确定性

地震易损性分析作为一种基于概率的不确定性分析方法，不确定性的来源主要有地震输入的不确定性、场地条件不确定性及工程结构的不确定性。不确定性通常可以分为两类，即偶然不确定性(aleatory uncertainty)和认知不确定性(epistemic uncertainty)[1]。偶然不确定是一种事物内在固有的随机性，通常增加试验的数量并不能减少这些变异的出现；而认知不确定性来源于人们由于相关知识的缺乏，对特定问题的了解程度受限所带来的影响等，理论上随着知识增加，认知不确定性可以随之降低。Der Kiureghian 等[1]也指出，实际建模分析过程中，偶然不确定性和认知不确定性通常难以被严格区分，要根据具体情况而定。例如，对于现有钢筋混凝土结构中的混凝土强度应属于认知不确定性，因为通常在采样测试过程中必然存在测试误差，增加采样数量和更换更准确的测试方法可以有效降低其不确定性；而当结构还处于设计阶段时，混凝土强度便属于偶然不确定性，因为此时建模分析过程中无法人为去控制混凝土施工浇筑质量，也无法进行相应的材料强度测试。因此，后续地下结构地震易损性分析过程中均认为所分析的工程场地和地下结构已经建成，其岩土体参数和结构材料参数的不确定性属于认知不确定性。地震事件由于尚未发生，本章内容暂时认为其属于偶然不确定性。

在工程结构地震易损性分析中，通常人为选择一簇地震记录作为模型输入。地震的不确定性体现在任意两条不同地震记录都具有差异性，也称之为记录与记录间的随机性(record-to-record randomness)。一般来说，在结构地震易损性分析时，地震记录的选择需要根据具体工程对象所处地震地质环境条件选取相类似的历史地震记录。通常主要考虑地震震级 M 和场址-震源距 R，以及工程场地对应的剪切波速 V_{s30}。对于有特定地震环境和工程背景的情况，通常需综合考虑断层特性、历史地震震级 M、场址-震源距 R 及场地类别等，选择地震环境大致相近的系列历史地震动记录，并验证这些地震记录调幅后的平均反应谱是否与场址地区一致危险反应谱相容。对于无明确地震环境和工程背景的情况，一般根据对场址的经验判断直接给出 M、R 的大致范围，或者选取地震工程中常用的一簇地震记录，如 FEMA P695 报告中推荐的 28 组近场记录(包括 14 组近场带脉冲和 14 组近场无脉冲地震记录)和 22 组远场地震记录[2]。此外，如果所选择地震记录太少不能有效体现地震记录不确定性，太多又会出现不确定性的“饱和”现象。为有效反映地震动的随机性并同时兼顾计算分析效率，FEMA P58 报告[3]指出，通常在所选择的地震记录平均反应谱和目标反应谱吻合较好的情况下，应至少选择 7 对地震记录，否则应至少选择 11 对地震记录。

针对岩土体和结构材料的不确定性，主要来源于建模分析过程中所选取的模型材料性能特征参数与材料参数真实值之间的差异。通常基于随机理论，选取若干对工程结构动力反应具有显著影响的材料参数作为随机变量，根据相应试验数据或者已有研究成果确定各随机变量的均值、方差、变异系数或者给出随机变量的具体分布形式，常用的分布形式主要包括：正态分布、对数正态分布、指数分布、极值分布等。岩土和结构材料特征参数作为随机变量的取值范围通常可借鉴已有的岩土工程和结构工程可靠度相关研究的统计[4]。已有地上建筑结构的抗震研究表明[5]，结构材料和地基系数的不确定性不仅会增加地震易损性分析结果的离散性，也会影响其对数均值，但整体而言，地震易损性分析中地震记录的不确定性为主要的影响因素。

2. *结构地震反应分析方法*

针对工程结构本身的重要性及场地条件复杂程度，结构抗震性评价过程中所采用的地震反应分析方法可大致分为：拟静力法(如地震系数法、底部剪力法、非线性 Pushover 法等)、振型分解反应谱法、非线性动时程分析方法等。随着计算机的计算效率和工程结构分析软件性能的不断提升，非线性动时程分析方法在结构抗震研究和工程实践中的应用越来越广泛。现阶段常用的非线性动力时程反应分析方法主要有 4 种，如图 10.1.1 所示：①云分析法(cloud analysis, CLA)[6]；②增量动力分析法(incremental dynamic analysis, IDA)[7]；③多条带分析法(multiple stripe analysis, MSA)[8]；④耐震时程分析法(endurance time analysis，ETA)[9]。

CLA 通常采用一系列未缩放的、具有不同地震动强度(IM)的实测地震记录集作为输入进行结构非线性动力时程反应分析，提取每一次动力时程反应分析获得结构工程需求参数(EDP)，建立 IM-EDP 散点图并进行数据统计分析获得平均反应曲线和结果的离散度，如图 10.1.1(a)所示。在选择地震记录方面，可根据目标场址周边的地震环境选定 *M* 和 *R* 的临界值，基于此将 *M-R* 平面分为四个子区间，然后在每个区间内选择尽量等量的地震记录，一般建议这些地震记录在各自的 *M-R* 区间内尽量均匀分布，从而认为这些地震记录大致上代表由所在 *M-R* 特征区间所定义的地震场景。

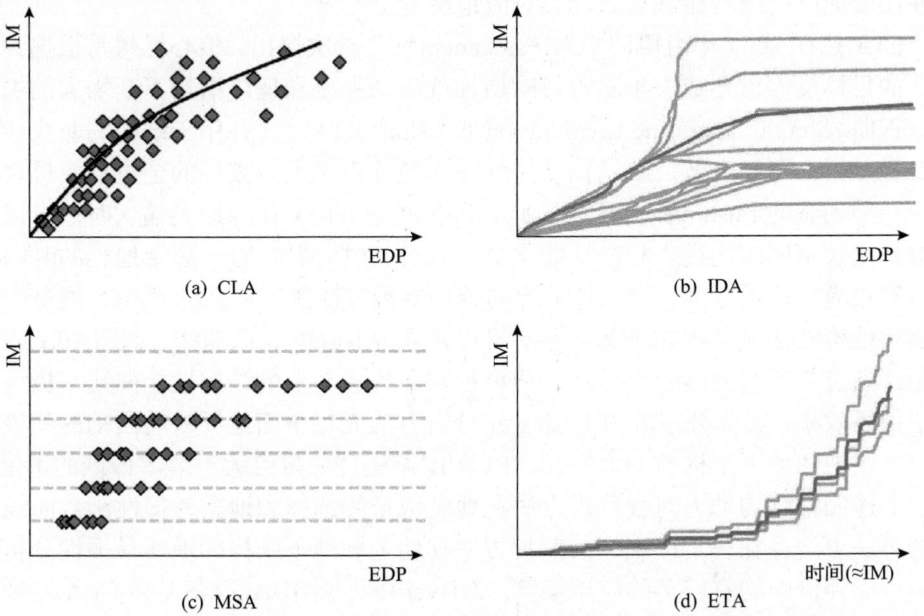

图 10.1.1　常用非线性动力时程反应分析方法[10]

IDA 最早由 Vamvatsikos 和 Cornell 提出，通过对若干具有代表性的地震记录进行人工调幅，将其缩放至多个不同的强度等级，再使用这些调幅过后的地震动进行结构非线性动力时程分析并建立 IDA 曲线，如图 10.1.1(b)所示。IDA 可以有效地再现结构随着地震动强度的逐步增加，从线弹性到屈服，再进入弹塑性状态，直至最后破坏的全过程，操作相对简单方便因而被广泛运用到结构地震易损性分析和抗震性能评价中。为获得相对可靠的结构地震易损性曲线，FEMA P58 报告[3]建议在地震动均值反应谱和设计反应谱吻合度不理想的情况下，至少选择 11 对地震记录进行 IDA 分析，每组地震记录缩放次数不少于 8 次。由于 IDA 仅仅对地震动幅值进行简单缩放，而忽略了地震动本身的频谱特性变化。一些研究表明，IDA 中如果对地震记录的幅值进行过度放大可能会导致结构非线性动力分析的结果出现较严重失真[11]。

MSA 通常需要选取多组地震记录作为输入，每一组地震记录所代表的地震强调分别对应场地地震危险水平，如设计地震水平(design earthquake, DE)或最大可信地震水平(maximum credible earthquake, MCE)等，从而分析结果中每一条带上的分析结果代表某一地震危险水平下结构可能产生的地震反应，如图 10.1.1(c)所示。MSA 多用于结构在不同地震强度等级下的抗震性能评估。在 MSA 中，通常要求所选的每组地震动均值反应谱与场地目标反应谱有较高的吻合度。需要指出的是，不同的场地地震危险水平下的地震记录选择可以不同，但需要保证每个条带使用的地震记录均能够有效代表对应地震危险等级。

ETA 是在 2004 年由伊朗学者 Estekanchi 等[9]首次提出，核心思想是根据预先定义的目标反应谱合成一条随着持时增加地震动强度和反应谱均不断增大的加速度时程曲线(endurance time acceleration function, ETAF)，并用于结构的非线性动力时程分析，可以有效反映结构从弹性进入塑性直至发生破坏的全过程，可以被视为一种动态的 Pushover 方法。因此，以相同的 ETAF 作为地震输入时，可以简单通过比较不同结构进入相同性能水准(如结构破坏倒塌)时所耐受地震的时间便能得到对应的抗震强度，进而评估不同结构的抗震性能。与 IDA 类似，通过耐震时程和地震动强度(IM)的等效转换，可以建立 IM-EDP 关系曲线，如图 10.1.1(d)所示。通过少量的耐震时程分析，便可得到平均意义上的结构性能曲线，极大提高了计算效率，可弥补拟静力 Pushover 分析方法无法全面地反映地震动的随机特性以及场地和地下结构的动力特性，以及 IDA 法计算量巨大、效率偏低的不足。

上述四种结构动力时程分析方法在地震记录的选择和地震易损性函数曲线拟合的方法上均存在一定区别，前三种方法在地上和地下结构的地震易损性分析和抗震性能评价中均有较多的应用案例。Jalayer 等[12]对 IDA、MSA 和 CLA 三种方法进行了对比研究，并指出在地震记录选取和缩放恰当的前提下，三种方法所建立的结构地震易损性曲线较为一致，均能较好反映地震动不确定性引起的结构反应的离散性。Estekanchi 等[13]，Hariri-Ardebili 等[14]及钟紫蓝等[15]近些年来陆续验证了 ETA 在多层框架结构、高坝、地下结构等抗震性能评价上的适用性。

3. 地震强度指标的选取

在基于性能的地震工程(performance-based earthquake engineering, PBEE)框架中，地震动强度指标(IM)作为联系地震危险性分析和结构地震反应分析的桥梁，直接影响结构抗震性能评价结果的准确性和可靠性。由于地震动记录的随机性和结构破坏状态的复杂性，如何确定一个能综合反映地震动强度大小的指标用于结构抗震分析，是实现基于性能抗震设计和评价亟待解决的一个基本问题。根据考虑地震动强度参数个数的不同，IM 又可以分为以单个参数定义的标量型 IM 和以两个参数定义的向量型 IM[15]。

标量型 IM 大致可分为两类：①仅考虑地震动信息的，如 PGA、PGV、PGD 等；②与结构特性相关的，如伪加速度反应谱峰值(PSA)、伪速度反应谱峰值

(PSV) 等。仅考虑地震动信息强度指标可以进一步分为加速度型、速度型、位移型及其他。与结构特性相关强度指标可以进一步分为与反应谱单值相关的和反应谱时间段积分相关的两种类型。表 10.1.1 列举了 20 种常用的地震动强度指标，其

表 10.1.1　分析中采用的地震动强度指标

类型		编号	名称	定义
仅考虑地震动信息型	加速度型	1	峰值加速度	$\text{PGA}=\max\lvert a(t)\rvert$
		2	Arias 强度	$\text{AI}=\dfrac{\pi}{2g}\int_0^{t_{\text{tot}}} a(t)^2\text{d}t$
		3	累计绝对速度	$\text{CAV}=\int_0^{t_{\text{tot}}}\lvert a(t)\rvert\text{d}t$
		4	均方根加速度	$a_{\text{rms}}=\sqrt{\int_{t_5}^{t_{95}} a(t)^2\,\text{d}t/t_{\text{d}}}$
		5	特征强度	$I_{\text{C}}=a_{\text{rms}}{}^{1.5}t_{\text{d}}{}^{0.5}$
		6	持续最大加速度[15]	加速度时程中第三个最大值 (SMA)
	速度型	7	峰值速度	$\text{PGV}=\max\lvert v(t)\rvert$
		8	均方根速度	$v_{\text{rms}}=\sqrt{\int_{t_5}^{t_{95}} v(t)^2\,\text{d}t/t_{\text{d}}}$
		9	能量密度指标	$\text{SED}=\int_0^{t_{\text{tot}}} v(t)^2\text{d}t$
		10	复合指标	$I_{\text{F}}=\text{PGV}\times t_{\text{d}}{}^{0.25}$
		11	持续最大速度[15]	速度时程中第三个最大值 (SMV)
	位移型	12	峰值位移	$\text{PGD}=\max\lvert d(t)\rvert$
		13	均方根位移	$d_{\text{rms}}=\sqrt{\int_{t_5}^{t_{95}} d(t)^2\,\text{d}t/t_{\text{d}}}$
	其他	14	峰值速度平方与峰值加速度比	PGV^2/PGA
考虑结构特性型	与反应谱单值相关	15	伪加速度谱峰值	$\text{PSA}=\max PS_a$
		16	伪速度谱峰值	$\text{PSV}=\max PS_v$
	与反应谱时间段积分相关	17	加速度谱强度	$\text{ASI}=\int_{0.1}^{0.5} PS_a\text{d}T$
		18	速度谱强度	$\text{VSI}=\int_{0.1}^{2.5} S_v\text{d}T$
		19	Housner 强度	$\text{HI}=\int_{0.1}^{2.5} PS_v\text{d}T$
		20	有效峰值加速度	$\text{EPA}=\text{mean}\int_{0.1}^{0.5} S_a\text{d}T/2.5$

中 $a(t)$、$v(t)$、$d(t)$ 分别为地震动加速度、速度、位移时程；S_a、S_v 分别表示加速度反应谱、速度反应谱；PS_a、PS_v 分别表示伪加速度反应谱、伪速度反应谱；t_{tot} 是地震动持时，t_5 和 t_{95} 分别表示 5%和 95% AI 强度的时刻，$t_d = t_{95}-t_5$ 表示有效强震持时。由于结构抗震性能评估的目标之一是要建立 IM-EDP 间的概率统计关系，所以理论上 IM 的适用与否可根据它们在预测结构反应时所能提供的地震动特性相关信息来决定的。针对不同类型的工程结构和场地类型，研究人员通常依据大量非线性时程分析的统计结果，综合考虑有效性（efficiency）、实用性（practicality）、有益性（proficiency）、充分性（sufficiency）及可预测性（predictability）等选择适用于目标结构地震损伤和抗震性能评价的最优 IM。地上结构地震过程中发生损伤破坏主要由水平方向惯性力起主导作用，而地面峰值地震加速度（PGA）测量方便，并与地震水平惯性力有较直接关系，因此长期以来 PGA 均为结构地震易损性研究首选的标量型 IM。随着人们对工程结构抗震认识的加深，研究者发现，PGA 仅包含了地震加速度时程的峰值信息，而忽略了地震动频谱、持时及结构本身的动力特征。Shome[6]指出，对于框架结构，与 PGA 相比，结构自振周期 T_1 对应的谱加速度 $S_a(T_1)$ 作为 IM 可更好地预测结构地震反应，有效降低分析结构的离散性。对于地下结构，由于受到周围围岩土体的约束，地震反应特性与地上结构存在明显不同，其地震反应主要受控于结构周围土体和围岩的变形或相对位移，最优 IM 选取的相关研究还非常有限。Zhang 等[16]基于有效性、实用性、有益性和充分性判别准则考虑不同结构埋深影响，探究了适用于地铁车站地震反应分析的地震动强度参数。结果表明，随着结构埋深从浅到深，加速度相关型地震动强度参数有益性逐渐减弱，而速度型地震动强度参数有益性逐渐增强。

虽然一些标量型 IM 可提供较好的结构抗震性能预测效果，但其本身包含的地震信息较为有限。向量型 IM 由于通常由两个相互较为独立的标量型 IM 组成，能体现更多的地震信息，理论上对结构地震反应的预测能力一般要好于标量型 IM。近些年来，一些研究者也尝试采用向量型 IM 来预测结构动力反应，并将其用于结构地震易损性分析中。需指出的是，当使用二维向量型 IM 作为地震动强度指标时，结构地震易损性分析的结果由易损性曲线变成了易损性曲面。对于地上结构多数情况下，研究者们提出的向量型 IM 都由 $S_a(T_1)$ 与第二个标量型 IM 组成。Baker 等[17]将 $S_a(T_1)$ 和谱形状系数组合成一个新的向量型 IM 用于钢筋混凝土框架结构的地震易损性分析中，并验证了所提出的向量型 IM 比 $S_a(T_1)$ 有更好的结构地震反应预测能力。关于向量型 IM 的研究尚处于起步阶段，且由于向量型 IM 相对复杂，在基于性能的地震工程研究和实践中使用较少。

综上，目前在基于性能的地震工程框架中，对于地下结构开展最优 IM 的研究相对有限，只能暂时借鉴地上结构抗震的研究经验。但鉴于地上结构和地下结构地震破坏机理有着本质上的不同，对于各类型 IM 在地下结构的实用性有待进一步考证。

4. 工程需求参数和结构损伤指标的选择

在基于性能的结构抗震设计体系中，工程需求参数(EDP)是对结构地震反应的度量，其在地震易损性分析中是联系地震动强度(IM)和结构损伤(DM)的重要环节。EDP 的选择应当能够较充分反映结构整体性能水平，可以比较直观地区分结构从弹性到塑性再到最后破坏的各临界极限状态，有效表征结构在地震过程中不同的损伤破坏等级，同时，EDP 也应当是实际工程中可以方便测量和获取的物理量。结构震害损伤模型需要反映结构体系或构件在地震作用下的刚度、承载力和耗能能力退化的过程，即损伤演变过程。结构震害损伤指标(damage index, DI 或 damage measure, DM)是定量描述结构损伤模型特征的重要参数。现有的结构损伤指标分别包括基于强度、变形(延性)、刚度、周期(频率)、能量以及复合指标等多种类型，也可以按是否能反映结构损伤累积特性分为非累积型损伤指标和累积型损伤指标[18]。不同类型的 DI 有各自适用性的同时，缺陷也同样普遍存在。例如，基于结构损伤同时与最大地震反应和累积耗能相关的共同认识，在众多钢筋混凝土结构损伤指数中，Park 等[19]提出的复合型损伤指数可考虑混凝土柱的最大变形和累积滞回耗能线性组合，从而被广泛认可和应用。但其模型不足之处有：半经验性指数多适用于构件损伤判定，结构整体损伤评价效果较差，界限值不严格收敛(在弹性阶段 DI 不等于 0，而在极限承载力阶段 DI 又通常大于 1)，不能反映构件极限滞回耗能随累积幅值的变化和加载路径效应等[20]。

在工程结构抗震性能评价中，通常所选择的 EDP 与具体结构形式密切相关。最大层间位移转角由于其直观简单，实际工程中可以方便测量，且通过结构非线性 Pushover 分析可快速建立结构整体抗震能力曲线并划分各临界极限状态，是地震易损性分析中最常用的 EDP。我国《建筑抗震设计规范》(GB 50011—2010)[21]中也给出了钢筋混凝土框架结构的弹性和弹塑性层间位移角的参考限值。目前，地下结构抗震性能的评价主要参考的是地上结构量化性能指标研究成果，《城市轨道交通结构抗震设计规范》(GB 50909—2014)[22]中将层间位移角值为 1/250 统一作为地下结构地震反应的极限指标并被广泛使用。然而地下结构与地上结构地震反应机理不同，且地下结构有较高的防水和更为严格的裂缝宽度控制要求，因此，学者们基于层间位移角对地下结构的抗震性能进行划分，并对各极限状态下指标的相应限值进行研究，统计如表 10.1.2 所示。由表 10.1.2 可知，各学者采用的研究方法不同，对于性态水准的位移角限值研究相差较大。针对目前地下结构抗震性能水准定义的研究不足，杜修力等[23]选取 18 座不同断面的地铁车站结构建立三维整体有限元模型，进行地下结构 Pushover 分析，并对结果进行概率统计，在 84%的概率保证率情况下，给出了具有一定统计意义和普适性的浅埋地下矩形车站结构抗震性能限值：正常使用水准——1/1223，可以使用水准——1/343，修复后可使用——1/161，不能使用——1/105。针对地下隧道结构，其他类型 EDP 和 DI 也被用于衡量结构地震反应。Argyroudis 等[24]和 Qiu 等[25]分别针对浅埋隧道和山岭隧洞的横断面，考虑地震动和土体力学特征的不确定性，以隧道横截面弯矩比为隧道地震损伤量化衡量指标，通过拟静力数值分析方法建立了结构的地震易损性曲线。Zhong 等[26]以典型三类场地条件下的两层三跨地铁车站为研究对象，将基于增量动力分析的结构地震易损性分析方法引入到地铁车站横断面的抗震性能评价中，初步探讨了适用于浅埋地下结构的地震动强度指标，并分别建立了以地表峰值加速度和地表峰值速度为地震强度衡量指标的浅埋地铁车站的地震易损性曲线，得到结构在不同地震烈度水平下的失效概率。

表 10.1.2　地下结构性能指标的量化限值

学者	评价指标	量化指标	
		性态水准	位移角限值
董正方等[27]	层间位移角	弹性	1/550
		中震	1/250
		塑性	1/70
王文晖[28]		基本完好	1/1000
		轻微破坏	1/600
		中等破坏	1/400
		严重破坏	1/200
何志明等[29]		基本完好	1/625
		轻微破坏	1/535
		中等破坏	1/470
		严重破坏	1/284
庄海洋等[30]		基本完好	1.2/1000
		轻微破坏	2.5/1000
		中等破坏	4/1000
		严重破坏	6.5/1000

综上所述，由于地下结构受土体约束，地震作用下土-结构相互作用效应显著，且缺乏实际的震害资料，目前对地下结构地震易损性分析中 EDP 和 DI 的选择以及不同性能水平的定义并不明确，还需要进一步的探索。

5. 地下结构的地震易损性分析流程

针对土-结构动力相互作用体系，基于非线性增量动力分析法(IDA)，地下结构地震易损性分析流程如图 10.1.2 所示，主要包括四个部分：模型验证、损伤量化、地震动处理和抗震性能评价。详细过程如下所述。

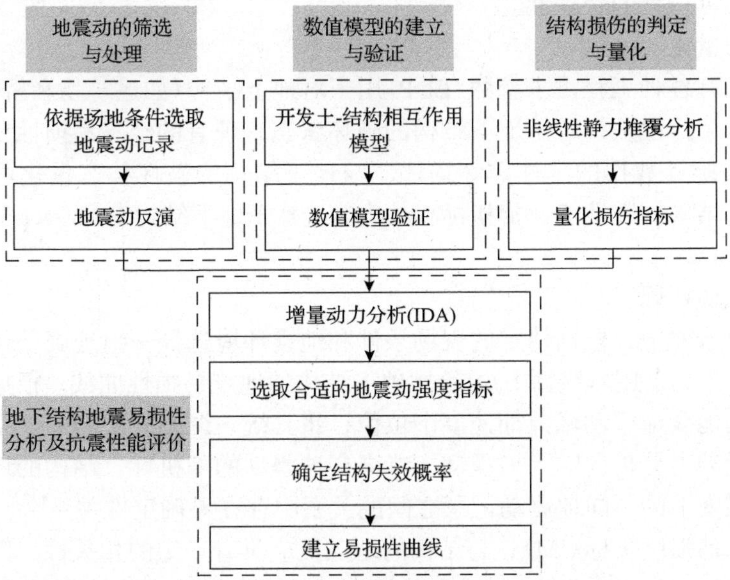

图 10.1.2　地下结构地震易损性一般分析流程

1) 模型验证

如图 10.1.3 所示，在进行大量非线性动力时程分析之前，需要建立并验证成层场地中矩形地下结构的数值模型。对于土体和地下钢筋混凝土结构，应仔细选择适当的本构模型，以反映地震作用下土体和结构的非线性力学特性。同时需要

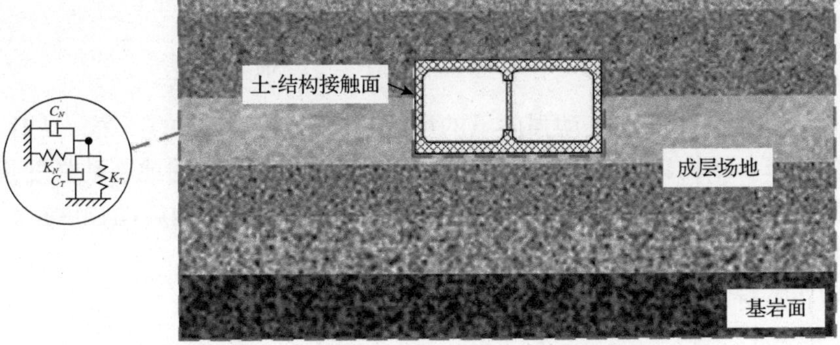

图 10.1.3　成层场地下土-结构相互作用示意图

合理设置周围土体与地下结构之间的接触面，以模拟地震期间土体与结构之间的黏结滑移。此外，考虑到计算效率和精度要求，采用适当的人工边界条件来截断半无限土体并模拟能量辐射效应。最后，将重力载荷施加到土-结构相互作用系统上，以恢复周围土体和地下结构的初始应力场。非线性土-结构相互作用模型动力时程分析得出的数值结果要与已发表文献中的现有试验和数值结果进行验证，以确保上述建模过程的合理性。

2) 损伤量化

目前已有各种工程需求参数(EDP)用于对地上结构(如建筑物和桥梁)进行易损性分析[18,31]，但是，对于地下结构的破坏状态，现有的经验易损性分析只是基于过去地震统计数据的定性破坏描述。与地下结构的破坏状态量化可借鉴本章10.2节地下结构抗震性能评价指标相关内容，基于地下结构 Pushover 分析方法具体确定。

3) 地震动处理

在这项研究中，根据特定的现场条件和地震环境选择一组地震动作为数值模型的地震输入，采用非线性 IDA 绘制地下结构的地震易损性曲线。根据所选强震记录数据的地表地震动峰值加速度中位值，将其统一调幅到不同强度水平，作为非线性增量动力分析的输入地震动。考虑到地震动的随机性，结构的地震反应与相同地震强度下的不同地震动记录之间的关系中存在不确定性关系[32]。通过选择合适的地震动强度指标(IM)，与结构的地震反应具有一定的相关性，以减少所得数据的离散性。可以在 Riddell[33]的研究中找到对现有 IM 的详细定义。

4) 抗震性能评价

考虑到地面运动的不确定性，对非线性 IDA 结果进行线性回归分析，以评估结果的中值和离散度。对于给定的地面运动 IM，地下结构的破坏程度可以通过上一步中量化的 EDP 界限值的概率来评估。根据先前对地上和地下结构的地震易损性研究[24,34]，通常假定地震易损性曲线可以用对数正态概率分布函数描述如下：

$$P_{\mathrm{f}}(d_{\mathrm{s}} \geqslant d_{\mathrm{si}} \mid S) = \Phi\left[\frac{1}{\beta_{\mathrm{tot}}} \cdot \ln\left(\frac{S}{S_{\mathrm{mi}}}\right)\right] \tag{10.1.1}$$

式中，P_{f} 代表结构在某地震动强度下的反映超越某性能水准的概率；d_{s} 代表在某一地震强度下，结构达到的某一性能水准；S 是指本书选定的地震动强度指标；Φ 代表标准正态累积概率函数；S_{mi} 代表导致某一损伤状态下地震动强度指标 IM 的中间临界值；β_{tot} 代表总的对数正态标准偏差。

对数正态标准偏差 β_{tot} 的计算公式为

$$\beta_{\mathrm{tot}} = \sqrt{\beta_{\mathrm{DS}}^2 + \beta_{\mathrm{C}}^2 + \beta_{\mathrm{D}}^2} \tag{10.1.2}$$

按照文献[35]中地震灾害损失风险评估软件(HAZUS)对建筑物结构的要求，取 β_{DS} 等于 0.4；根据文献[36]中 BART 系统的开挖隧道的分析，取 β_C 等于 0.3；将 S_{mi} 和 β_{tot} 的值代入公式(10.1.1)，计算出结构在不同水平的地震动作用下结构的失效概率，便可得到地震易损性曲线。

10.2　地下结构抗震性能评价指标

本节内容主要关注的是地下结构的功能状态和结构物理反应两方面。其中功能状态以震后结构构件损伤程度、修复难度等要素来描述，通常以性能水准来区分不同等级的功能状态；而结构的物理指标是指震后结构力学上具体参数的反应值，通常以应力、位移、加速度、能量耗散及损伤等物理量来表述。在性能抗震设计中将性能水准下结构相应的物理指标限值确定为结构的抗震性能指标。对于地下结构而言，竖向地震动作用有可能削弱结构整体的抗震性能，性能指标的确定也不再只局限于结构本身，而与实际所承受的水平与竖向地震动荷载特性相关。

结构性能水准划分及其完善的性能指标体系是抗震设计的先决条件之一，目前关于地上框架式结构性能指标研究的对象主要以地面结构为主，涉及地下结构性能抗震设计的指标的研究成果还不充分。由于地下结构与地上结构的地震反应规律不同，若将地上结构的性能指标体系应用于地下结构抗震设计显然是不合理的。本节针对地下结构抗震性能评价指标，基于地下结构 Pushover 分析方法给出其量化评价标准。

10.2.1　性能水准划分与指标标定方法

基于性能的抗震设计与以往抗震设计理念最大不同之处在于强调结构需进行多目标设防。传统观念认为地下结构不必考虑抗震安全问题，因此目前相关规范均未明确给出地下结构性能水准的划分细则。鉴于此，本章借鉴 Vision 2000 报告[37]中关于地面建筑物性能水准划分与定义，将浅埋框架地铁车站结构基于性能的抗震设计划分为四个水准，并对不同水平的功能状态进行了简略描述，见表 10.2.1。

表 10.2.1　浅埋矩形地铁车站结构性能水准定义

性能水准	功能状态	定性描述
1	正常使用	主体与非主体结构没有损伤，设备功能完好，能够正常运行
2	可以使用	地铁地下抗震关键构件基本完好，设备功能完好，可以正常运行
3	修复后使用	地铁地下抗震关键构件发生中度损伤，设备功能整体正常，经修复后可以正常运行
4	不能使用	地铁地下抗震关键构件发生不可修复的严重破坏，设备功能失常

已有的震害分析与研究表明，地下地铁车站结构的抗震性能很大程度上取决于中柱构件的变形能力，因此，可采用中柱构件的层间位移角来描述结构的破坏状态。中柱的抗震性能可通过宏观的力-变形曲线，即中柱相对剪力-层间位移角关系曲线来体现。结构不同性能水准所对应的层间位移角限值则完全可以依据性能曲线所反映的构件变形能力来确定。

如图 10.2.1 所示，分别在曲线上标定原点 *O*、混凝土开裂点 *A*、屈服荷载点 *B*、峰值荷载点 *C*，以及极限荷载点 *D*。其中 *A* 点定义为曲线线性阶段与非线性阶段的临界点所对应的变形；*C* 点为构件的峰值荷载对应的变形；确定 *A* 与 *C* 点后，屈服点 *B* 可通过几何作图法获得；*D* 点为构件承载能力退化至峰值荷载的 85%所对应的变形。结合本节对地下结构性能水准的划分原则可定义层间位移角在 *O-A* 区间时，结构处于性能水准 1-正常使用状态，相应的性能指标极限值则取 *A* 点对应的层间位移角 δ_1；同理可定义结构层间位移角在 *A-B*、*B-C* 及 *C-D* 区间结构分别处于性能水准 2-可以使用、性能水准 3-修复后使用、性能水准 4-不能使用的功能状态，相应的性能指标限值则分别为 δ_2 、 δ_3 及 δ_4 。

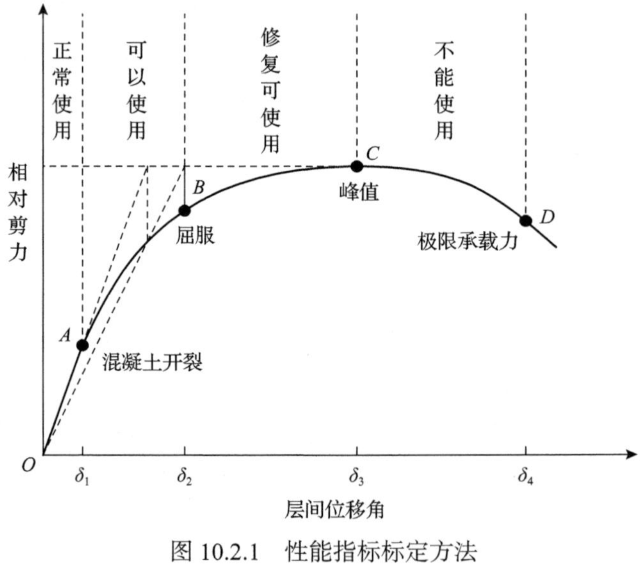

图 10.2.1　性能指标标定方法

上文所述的相对剪力取结构底层中柱上下截面受力差值；层间位移角则定义为底层中柱上下位移之差与层高的比值，如式(10.2.1)所示。

$$\delta = \frac{u_1 - u_2}{H} \tag{10.2.1}$$

式中，δ为结构层间位移角；u_1 与 u_2 分别为中柱上下截面节点的峰值反应位移；H

为层间高度。

10.2.2　水平地震动作用下性能指标标定

为了标定浅埋地下框架结构的性能指标，选取了 18 个典型的浅埋框架式地铁车站结构进行有限元数值分析。基于地下结构 Pushover 分析方法[38]获取了每个工况下车站中柱的性能曲线，经过统计分析，建立了浅埋地下地铁车站结构横向抗震性能指标体系。

1. 工程资料

地铁车站计算模型主要来源于国内城市已建成的实际地铁工程，如表 10.2.2 所示，车站埋深分布在 2～4.8m 的范围，所在场地的平均剪切波速的均值在 220～563m/s 之间，土层主要包含填土、粉土、黏土、砂土、卵石等。

表 10.2.2　地铁车站工程基本资料

车站名称	整体断面尺寸(高×宽)/(m×m)	中柱		埋深/m	场地平均剪切波速/(m/s)
		断面尺寸/(m×m)	配筋率/%		
BS1	13.41×19.7	0.7×1.2	3.4	4.8	246
BS2	13.41×19.7	0.7×1.2	2.3	3	246
BS3	13.7×19.7	0.7×1.2	3.0	3.6	337
BS4	13.03×19.2	0.7×0.9	3.0	3.4	293
BS5	13.3×20.5	0.7×1.2	3.2	3.35	233
BS6	13.8×20.9	1×1.1	2.6	3.3	262
CS1	14×21.6	0.7×0.9	2.7	2.5	265
CS2	12.8×20.7	0.7×1.2	2.3	3.6	310
CS3	13.14×21.5	0.7×0.9	2.3	3.9	293
CS4	14.3×22.9	0.7×0.9	2.3	4	563
CS5	14.54×21.7	0.7×0.9	2.34	3.3	296
CS6	13.54×22.9	0.7×1.0	2.64	3.5	261
CS7	13.14×21.1	0.7×0.9	2.34	3.5	302
CS8	14.54×23.1	0.8×1.0	2.46	4.4	220
CS9	13.8×20.9	0.7×1.1	2.4	3.3	262
DS1	22.6×26.6	0.8×1	2.0	2	282
DS2	18.9×22.8	0.8×0.9	2.6	3	337
DS3	20.5×24.6	0.8×1.2	2.5	3	360

所选取的地铁车站结构横断面均为常见的矩形框架形式，如图 10.2.2 所示，包含了两层两跨(BS)、两层三跨(CS)及三层三跨(DS)等的多种断面类型，车站宽度分布在 19～26m 之间，高度分布在 12～23m 之间，中柱均为矩形截面，截面面积在 0.6～1.2m^2 之间。车站侧墙混凝土等级为 C35 或 C40，中柱混凝土等级为 C40 或 C50，中柱配筋率分布在 2%～3.4%之间。

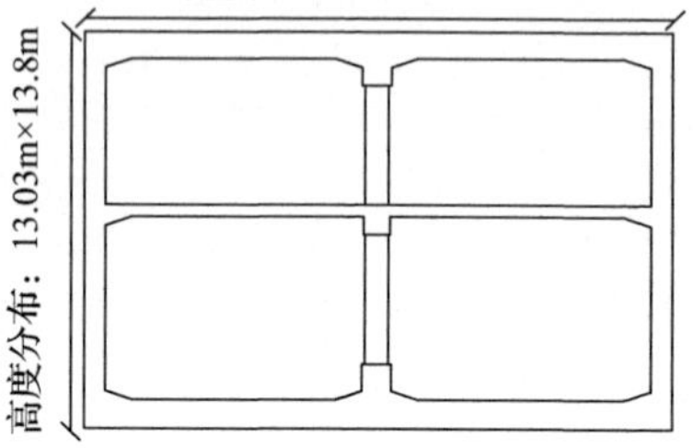

(a) BS：两层两跨

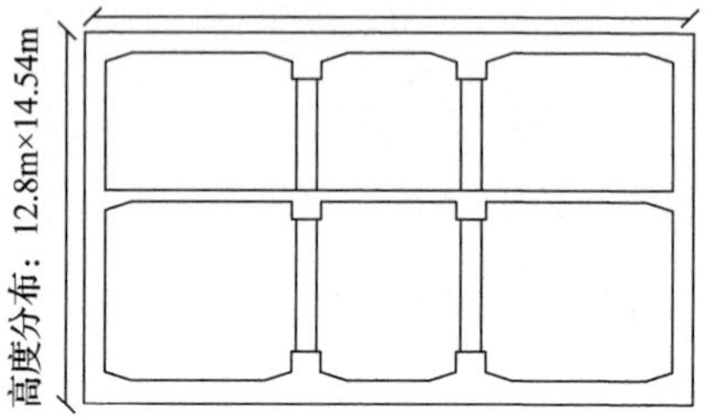

(b) CS：两层三跨

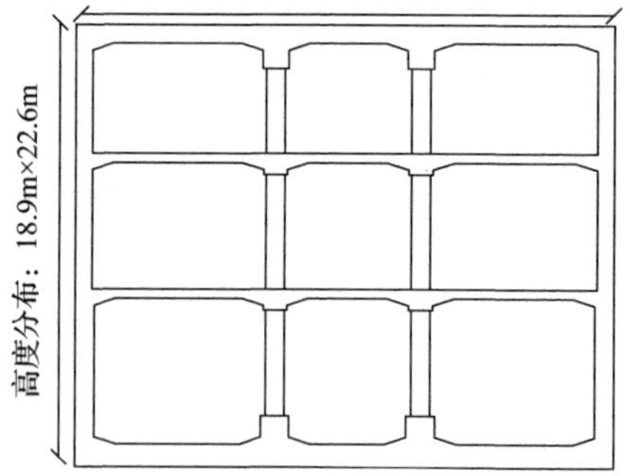

(c) DS：三层三跨

构件混凝土等级

等级	C35	C40	C50
中柱		BS4/6 CS5 DS3	BS1/2/3/5 CS1/2/3/4/6/7/8/9 DS1/2
侧墙	BS1/2 CS2/5/6/8	BS3/4/5/6 CS1/3/4/7/9	DS1/2/3

图 10.2.2　典型地铁车站结构横断面示意图

2. 地下结构 Pushover 分析方法

为获取地铁车站结构从弹性到弹塑性过程的全性能曲线，数值计算采用地下结构 Pushover 方法进行分析，其力学分析模型见图 10.2.3。

计算模型底部约束，每层单元逐级施加不同强度的水平加速度，其分布规律主要根据每层单元所在的高度计算得到，即荷载最终成倒三角的梯度分布模式。为了消除单一地震动记录给计算结果带来的偶然性，基于从美国太平洋地震工程研究中心(Pacific Earthquake Engineering Research Center, PEER)强震记录数据库[39]选取了 22 条地震动记录，并以其自由场计算结果的平均值作为目标位移。借鉴增量动力分析方法的思想，逐级增大加速度幅值，直至结构彻底丧失承载能力为止。

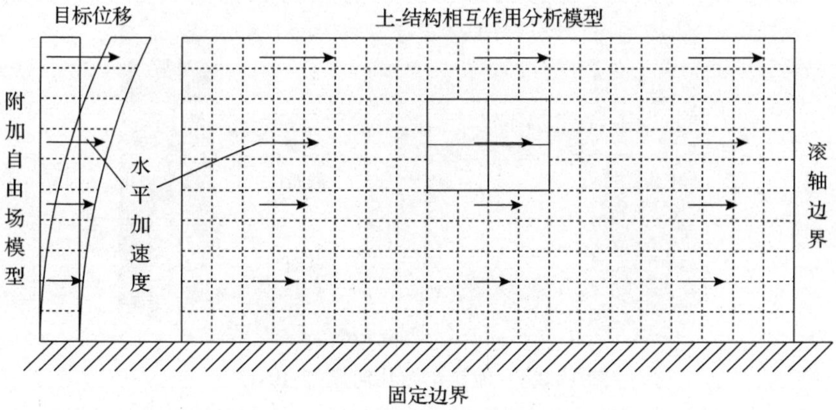

图 10.2.3　地下结构 Pushover 方法力学分析模型

3. 数值模型

数值模型中包括土-结构整体模型与自由场模型，为消除端部效应，在车站纵向方向选取三跨建立有限元模型，研究对象主要为车站横断面，图 10.2.4 为 BS1 车站的几何模型。整体模型两侧宽度取车站结构 7 倍以上，模型高度延伸至基岩面或距离车站底板 3 倍的车站高度。整体模型底部完全固定，两侧设置滚轴边界；纵向上，车站与周围场地假设为平面应变问题，即对两端面进行法向约束，如图 10.2.5 所示。考虑土与结构的相互作用，土体与结构法向采用硬接触，单元之间互不侵入，切向采用摩擦接触，摩擦系数取 0.4，模型中采用嵌入方式加入钢筋网。结构与土体均选用三维实体单元，钢筋选用三维梁单元。

选取塑性损伤本构模型来模拟混凝土结构的力学行为。土体本构采用 Martin 等[40]改进的 Davidenkov 骨架曲线非线性黏弹性模型，如图 10.2.6 所示，为本节车站所在场地几种典型土体骨架曲线，其模型力学表达式如式(10.2.2)所示：

$$\begin{cases} \tau(\gamma) = G \cdot \gamma = G_{\max} \cdot \gamma\left[1 - H(\gamma)\right] \\ H(\gamma) = \left[\dfrac{(\gamma/\gamma_0)^{2b}}{(1 + (\gamma/\gamma_0)^{2b}}\right]^a \end{cases} \tag{10.2.2}$$

式中，$\tau(\gamma)$ 为剪应力；G 与 $G_{\max}$ 分别为剪切模量与最大剪切模量；γ为剪应变。值得注意的是，改进后的 γ_0 与常数 a、b 一样，不再具有物理意义，仅作为土性的拟合参数。

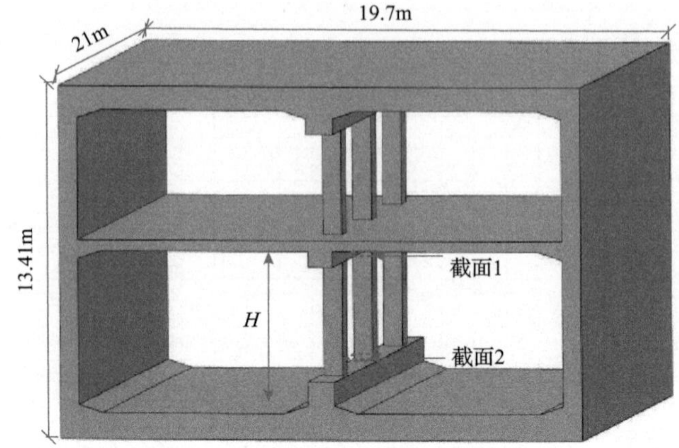

图 10.2.4　地铁车站几何模型(BS1)

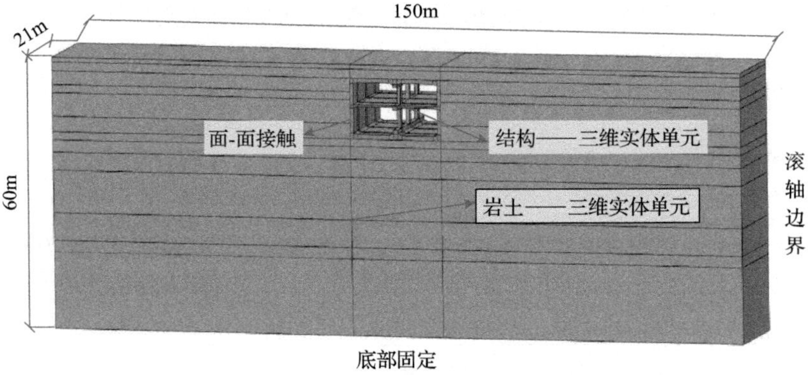

图 10.2.5　土-结构相互作用几何模型

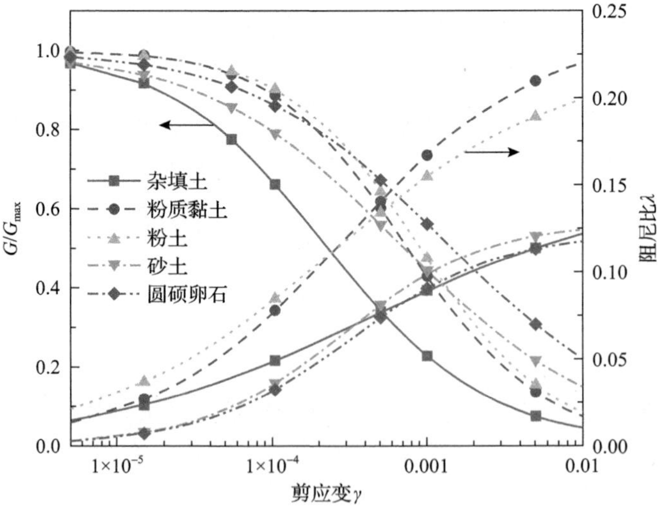

图 10.2.6　场地岩土力学特性

4. 性能指标标定

由概率学知识可知，若样本的数据类型服从正态分布，则可获取任意保证率下的限值。

根据 10.2.1 节所述的作图法，统计得到所有车站各性能水准所对应的层间位移角限值，并将所有数据样本根据性能水准的定义分为 4 组，如表 10.2.3 所示。每个性能水准下的性能指标限值结果是不同的，具有不确定性。因此为了研究其总体分布性质，采用 SPSS 软件对样本数据进行参数检验，结果表明，性能水准 1、3、4 组成的样本均服从正态分布，而性能水准 2 则服从对数正态分布。为了便于分析，采用概率学常用的方法对性能水准 2 数据取自然对数，使其服从正态分布。

表 10.2.3　基于层间位移角限值计算结果(水平)

车站名称	层间位移角限值/%			
	功能正常	可以使用	修复可使用	不能使用
BS1	0.107	0.4	0.83	1.04
BS2	0.099	0.35	0.72	1.02
BS3	0.11	0.35	0.85	1.27
BS4	0.1	0.32	0.6	1.05
BS5	0.14	0.56	0.98	1.32
BS6	0.085	0.47	0.96	1.09
CS1	0.098	0.34	0.69	1.15
CS2	0.109	0.31	0.74	1.09
CS3	0.092	0.36	0.75	0.98
CS4	0.089	0.32	0.81	1.25
CS5	0.084	0.31	0.71	1.13
CS6	0.09	0.32	0.68	1.1
CS7	0.069	0.3	0.83	1
CS8	0.076	0.27	0.7	1.14
CS9	0.128	0.43	0.84	1.2
DS1	0.087	0.26	0.47	0.92
DS2	0.103	0.28	0.59	0.75
DS3	0.11	0.54	1.05	1.33

工程上一般会留出一定安全限值，这里以 $(u-\sigma)$ 确定为最后的抗震性能指标，保证率可以达到 84%。表 10.2.4 为仅考虑水平地震动荷载作用下地铁车站结构性能指标体系。

表 10.2.4 基于层间位移角的性能指标体系(水平)

性能水准	正常使用	可以使用	修复后使用	不能使用
层间位移角限值	1/1223	1/343	1/161	1/105

10.2.3 水平竖向地震动共同作用下性能指标标定

在 1995 年阪神大地震中，大开地铁车站出现了严重的坍塌破坏，研究结果[41]表明竖向地震动是导致车站破坏的重要原因之一，因此，将继续讨论水平与竖向地震动共同作用下浅埋框架结构的性能指标。其基本思路依然是通过数值分析获取大量实际地铁工程的抗震性能曲线，最后基于统计分析，在一定保证率原则上以层间位移角建立结构抗震性能指标体系。所选的实际工程参数和数值模型参数参考 10.2.2 节，此处不再列出。由于需要考虑竖向地震动作用，二者的简化抗震分析方法将有所区分。

1. 考虑水平和竖向双向 Pushover 分析方法

传统地下结构 Pushover 分析方法一般只考虑水平单向地震作用。然而，本节的目标是分析结构在水平和竖向双向地震动作用下的抗震性能，因此首先需要在传统地下结构 Pushover 方法上进行改进，使其能够同时考虑水平和竖向双向地震作用。其基本思想是借鉴传统 Pushover 水平荷载施加方法，通过在场地模型中施加沿高度分布的竖向加速度，并同样通过自由场模型的目标位移来控制所施加竖向加速度的最终值，其力学模型如图 10.2.7 所示，主要步骤如下：

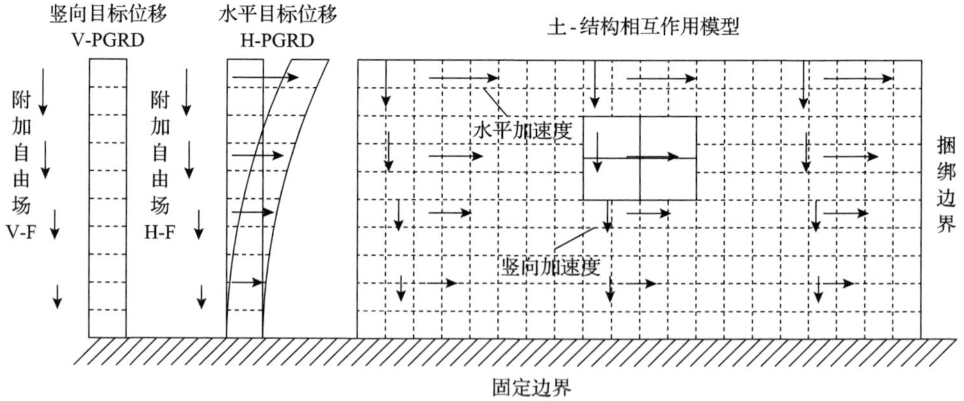

图 10.2.7 考虑竖向水平双向地震动地下结构 Pushover 力学模型

(1)建立土-结构整体相互作用模型，以及附加的两个自由场模型，分别记为 V-F 与 H-F。对三个模型分别施加重力，提取支点反力与单元应力，进行地应力平衡。

(2) 获取目标位移，选取若干条地震动记录，以 PGA 为参考，将加速度时程调幅至同一水平强度，分别进行竖向地震动作用与水平地震作用下的自由场反应，并记录竖向地震动下自由场竖向峰值相对位移(vertical peak ground displacement, V-PGRD)，以及水平地震动作用下水平峰值相对位移(horizontal peak ground displacement, H-PGRD)。

(3) 在整体模型单元中施加沿高度分布的水平加速度与竖向加速度，在 V-F 自由场模型中施加竖向加速度，在 H-F 中施加水平加速度，直至自由场 V-F 与 H-F 分别达到相应的目标位移(V-PGRD、H-PGRD)。在 ABAQUS 软件中可以通过荷载幅值来控制结构的竖向位移与水平位移同时达到目标位移。

2. 性能指标标定

考虑水平和竖向双向地震动作用下各车站的性能指标限值数据结果如表 10.2.5 所示[42, 43]。参照 10.2.2 节的统计方法，最终建立了以层间位移角为评价标准的性能指标体系，如表 10.2.6 所示。为便于分析，表 10.2.6 中还汇总了单独水平地震作用时性能指标体系与 Vision 2000 报告[37]所给出的地上框架性能指标体系。

表 10.2.5　基于层间位移角限值计算结果(水平和竖向)

车站名称	层间位移角限值/%			
	功能正常	可以使用	修复可使用	不能使用
BS1	0.049	0.38	0.7	0.87
BS2	0.054	0.31	0.55	0.92
BS3	0.086	0.39	0.67	0.9
BS4	0.06	0.27	0.44	0.77
BS5	0.078	0.45	0.83	0.97
BS6	0.062	0.28	0.5	0.55
CS1	0.074	0.29	0.57	0.84
CS2	0.06	0.35	0.63	0.87
CS3	0.052	0.16	0.67	0.93
CS4	0.054	0.3	0.57	0.88
CS5	0.09	0.28	0.43	0.82
CS6	0.058	0.23	0.56	0.91
CS7	0.05	0.21	0.49	0.8
CS8	0.068	0.24	0.69	0.78
CS9	0.086	0.2	0.57	0.69
DS1	0.045	0.2	0.39	0.85
DS2	0.09	0.27	0.46	0.57
DS3	0.082	0.36	0.8	0.97

表 10.2.6　基于层间位移角的性能指标体系对比

性能水准		正常使用	可以使用	修复后使用	不能使用
层间位移角限值	水平与竖向共同作用	1/1955	1/475	1/217	1/139
	水平单独作用	1/1223	1/343	1/161	1/105
	Vision 2000（地上结构）	1/550	1/200	1/67	1/40

由表 10.2.5 可知，地下结构性能指标体系任意水准的限值均要小于 Vision 2000 所建议的地上结构性能指标限值，主要原因在于地上与地下结构关键构件所承受的轴压比值存在较大差异。由于上覆土体的自重压力，地下结构中柱所承受的轴压比一般要大于地上结构，从而导致地下结构中柱的变形能力更加薄弱。当考虑竖向地震动作用的设防时，其所建立的性能指标限值比仅考虑水平单独荷载时要更加严格。

综上所述可以得知，地上结构的性能指标体系并不适用于地下结构的性能抗震设计。就地下结构体系本身而言，当考虑不同条件的地震动设防时，对应的性能指标限值也将有所区别。

10.3　典型地下结构的地震易损性分析

针对典型浅埋地下两层三跨地铁车站工程案例，本节将基于 IDA 分析的结构地震易损性评价方法进一步拓展至地铁车站结构抗震性能评价中，通过非线性动力时程分析，对常用的地震动强度指标进行对比分析，建议适用于浅埋地下结构的地震动强度指标，并建立了 Ⅰ 类、Ⅱ 类和 Ⅲ 类场地中的典型地铁车站结构地震易损性曲线，为地铁车站在不同地震动作用下地下结构的损伤预测提供依据。

10.3.1　场地计算模型

选取某一典型浅埋两层三跨地下结构为研究对象，参考《建筑抗震设计规范》（GB 50011—2010）[21]中工程场地类别的划分，选取了典型的地铁场地条件，场地覆盖层厚度均为 60m，三种场地的等效剪切波速为 400m/s、237m/s 和 147m/s，工程场地类别分别对应为 Ⅰ 类、Ⅱ 类和 Ⅲ 类。表 10.3.1 分别给出了这三类场地的场地土层物理参数，采用的各土层的剪切模量比、阻尼比与剪切应变幅值的试验曲线如图 10.3.1 所示。

10.3.2　土-结构相互作用计算模型

本节分析的两层三跨地铁车站横截面尺寸如图 10.3.2 所示，分析内容为其非线性地震反应和抗震性能。

表 10.3.1　土层物理性质

场地类别	土层	土类	土层厚度/m	密度ρ/(kg/m^3)	剪切波速/(m/s)	泊松比ν	剪切模量G/MPa
Ⅰ	1	人工填土	4.0	1800	300	0.2	162
	2	圆砾卵石 1	12.0	2100	500	0.25	525
	3	圆砾卵石 2	20.0	2200	550	0.23	666
	4	圆砾卵石 3	24.0	2150	600	0.20	774
Ⅱ	1	人工填土	5.0	1750	180	0.25	57
	2	粉质黏土	10.0	1900	250	0.3	118.8
	3	细砂	10.0	2000	300	0.25	180
	4	细粉砂	15.0	2000	320	0.25	205
	5	卵石	20.0	2280	500	0.2	525
Ⅲ	1	淤泥质土	5.5	1920	120	0.32	28
	2	淤泥粉质黏土	16.5	1870	160	0.32	48
	3	细砂	17.0	1900	230	0.32	101
	4	黏土	21.0	2020	250	0.32	126.3

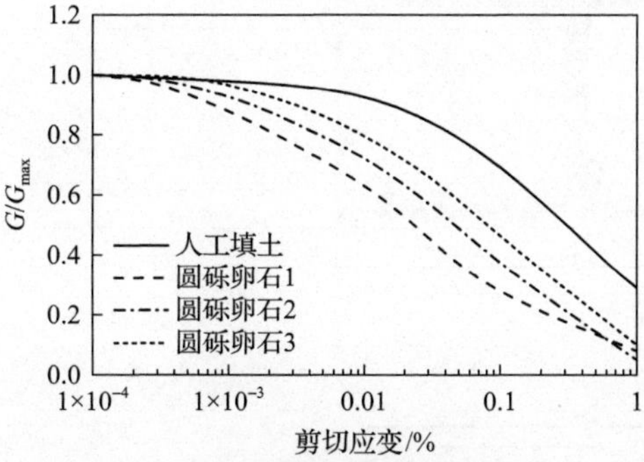

(a) 剪切模量比变化曲线

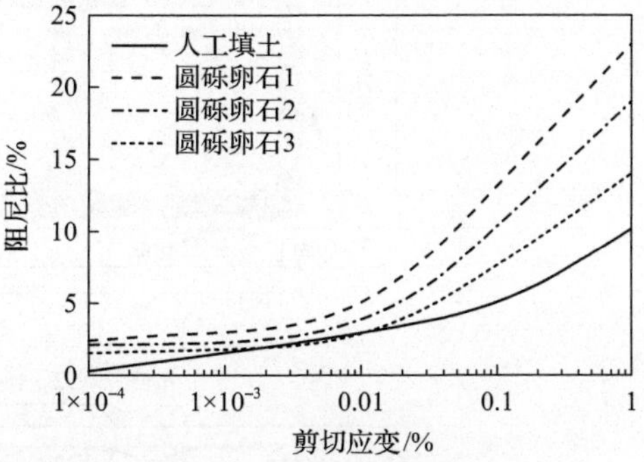

(b) 阻尼比变化曲线

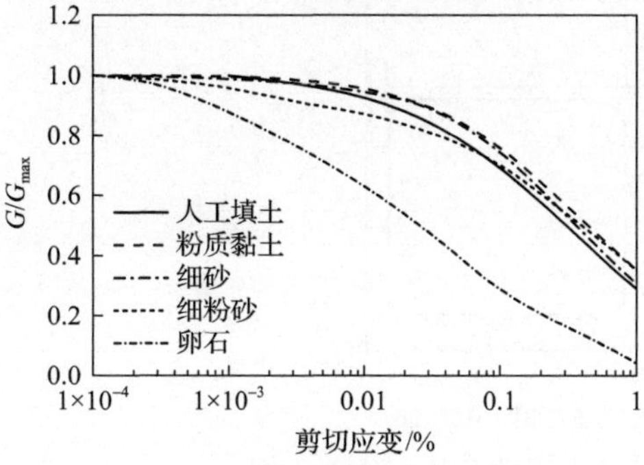

(c) 剪切模量比变化曲线

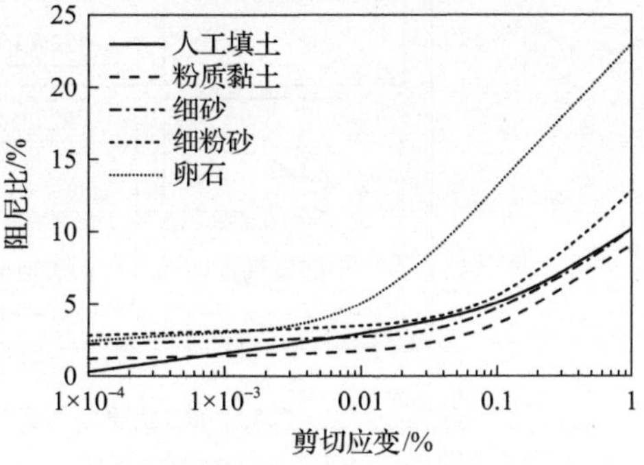

(d) 阻尼比变化曲线

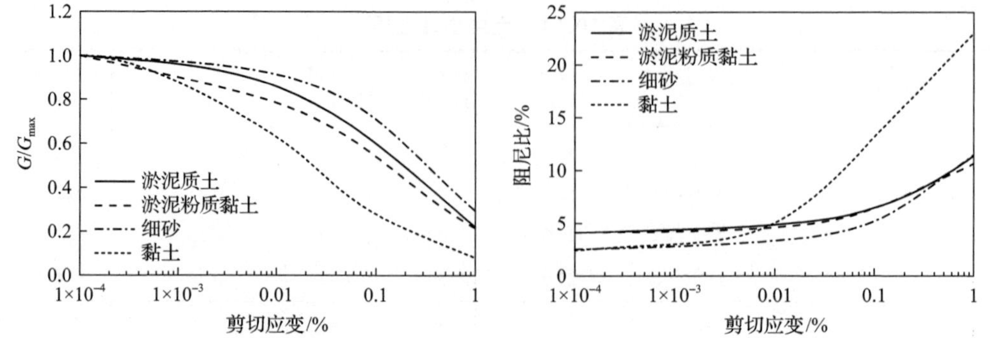

(e) 剪切模量比变化曲线　　(f) 阻尼比变化曲线

图 10.3.1　土体模量阻尼比变化曲线

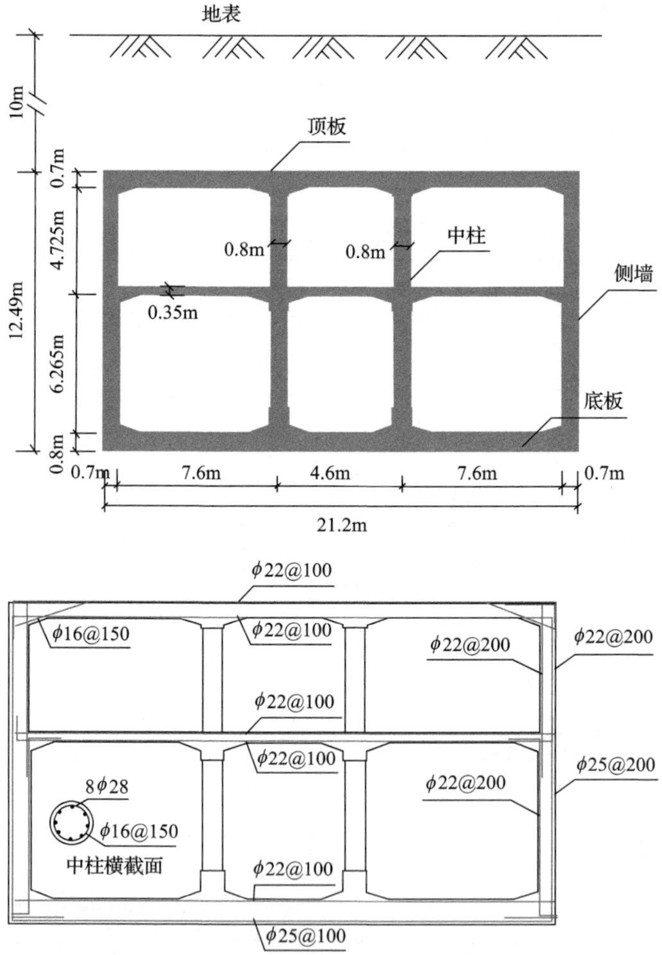

ϕ25@100：钢筋直径是25mm，纵向间距是100mm

图 10.3.2　地铁车站横断面示意图

地铁车站结构的配筋率为：顶板 1.1%、上下层隔板 1.7%、底板 1.1%、侧墙 0.65%、柱 1%，在此使用基于 ABAQUS 开发的非线性纤维梁柱单元 PQ-Fiber 来考虑结构的非线性，钢筋采用考虑随动硬化弹塑性本构的 USteel02 模型，混凝土采用考虑抗拉强度的混凝土模型 UConcrete02，实际建模中按中柱的实际间距(9.12m)对材料参数进行折减，混凝土及钢筋本构关系如图 10.3.3 所示，材料参数如表 10.3.2 所示。

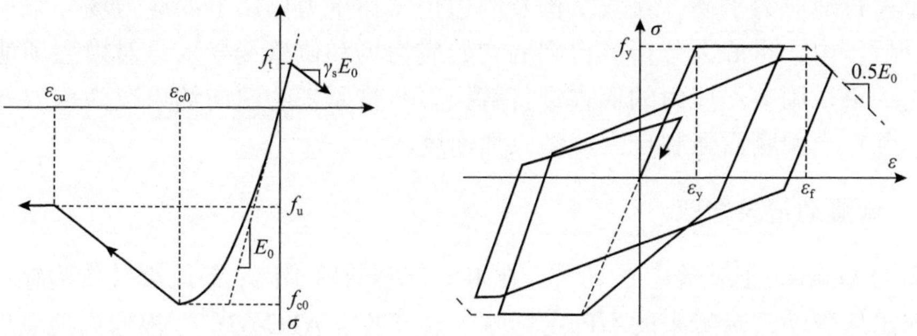

(a) UConcrete02的本构关系　　(b) USteel02的本构关系

图 10.3.3　混凝土和钢筋非线性本构关系

表 10.3.2　混凝土及钢筋材料参数

材料	密度 ρ/(kg/m^3)	弹性模量 E/GPa	泊松比 ν	屈服强度 f_y/MPa	轴心受压强度 f_{c0}/MPa	轴心受拉强度 f_t/MPa	极限受压强度 f_u/MPa	峰值压应变 ε_{c0}	极限压应变 ε_{cu}
钢筋	7800	200	0.3	235	—	—	—	—	—
混凝土	2500	30	0.15	—	14.3	2.01	12.2	0.001	0.0038

土-结构整体有限元模型如图 10.3.4 所示，结构埋深取为 10m，为消除边界效应对地下结构地震反应的影响，取有限元土体模型宽度为结构宽度 10 倍。在模型

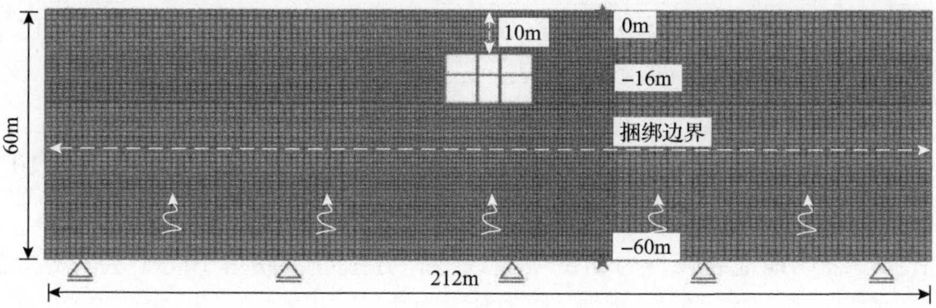

图 10.3.4　土-结构整体有限元模型

两侧边设置捆绑边界，使得等高度处土体两侧节点可以在地震动作用下做水平剪切运动。在土-结构接触界面处，采用摩擦接触，考虑土-结构之间黏结、滑移和脱开，摩擦系数 μ 设为 0.4。在划分网格时，将结构周围的土体网格进行了加密处理，该划分方式既保证了结构计算结果的准确性，也提高了计算效率。

依据上述参数建立的土-结构模型，为模拟车站结构所处地层的真实受力状态，①在静力分析步中，约束模型场地两侧及底面的法向约束，顶面自由，对整个模型进行地应力平衡，获取结构及周边土体在重力作用下的应力场分布；②在动力分析步中，将静力分析步得到的初始应力场和位移场导入，对模型场地两侧的法向约束采用节点反力的形式进行替换，并将原来的法向约束改为重力方向的约束，并在模型底面强制自由场输入加速度。

10.3.3　地震动记录选取

根据 Vamvatsikos 等[34]的研究，在 IDA 方法中采用 21 条地震动作为输入，足够反映出地震动记录带来的不确定影响。本节参考 ATC-63[44]，根据场地条件、地震动强度、震中距大小等主要参考指标，从美国太平洋地震工程研究中心（PEER）强震记录数据库[39]选取了 21 条地震记录，所选的 21 条地震动震级在 6 级到 8 级范围内（$M_w6.0\sim M_w8.0$），震中距离为 5～135km，图 10.3.5 为所选 21 条地震记录的加速度反应谱曲线。同时通过一维场地地震波动理论，反演出工程基岩位置水平地震动反应谱，如图 10.3.6 所示。

在进行时域分析时，通过等效线性化方法来近似考虑土体的非线性。时域分析中土体介质阻尼一般采用瑞利阻尼形式，即 $C=\alpha M+\beta K$。一维土层时域分析时，通常采用与结构动力计算中相同假定，即

$$\begin{Bmatrix}\alpha\\ \beta\end{Bmatrix}=\frac{2\omega_i\omega_j}{\omega_j^2-\omega_i^2}\begin{bmatrix}\omega_j & -\omega_i\\ -\dfrac{1}{\omega_j} & -\dfrac{1}{\omega_i}\end{bmatrix}\begin{Bmatrix}\xi_i\\ \xi_j\end{Bmatrix} \tag{10.3.1}$$

式中，ξ_i 和 ξ_j 为覆盖土层第 i 和 j 阶振型的阻尼比。对于任意阶振型阻尼比 ξ_n，可以通过α、β及相应的自振频率ω_n 表示：

$$\xi_n=\frac{\alpha}{2\omega_n}+\frac{\beta\omega_n}{2} \tag{10.3.2}$$

借助一维场地地震反应分析的等效线性化方法可以获得不同土层的等效阻尼比 ξ_n，因此在构造时域分析方法的瑞利阻尼时可以假定 $\xi_i=\xi_j=\overline{\xi}_n$，则由式（10.3.2）

可得

$$\begin{Bmatrix} \alpha \\ \beta \end{Bmatrix} = \frac{2\bar{\xi}_n}{\omega_j + \omega_i} \begin{bmatrix} \omega_i \omega_j \\ 1 \end{bmatrix} \tag{10.3.3}$$

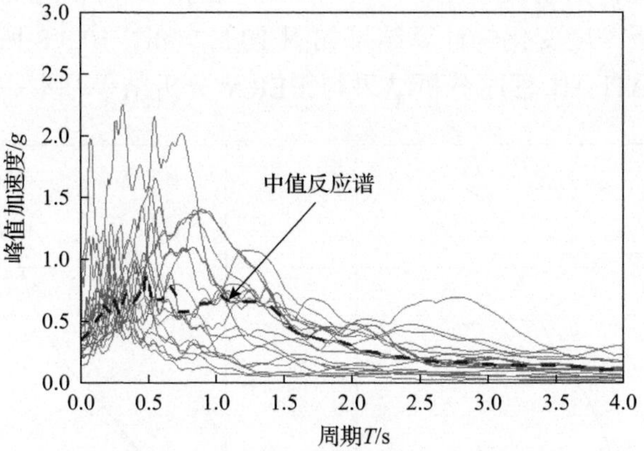

图 10.3.5　地震动加速度反应谱曲线

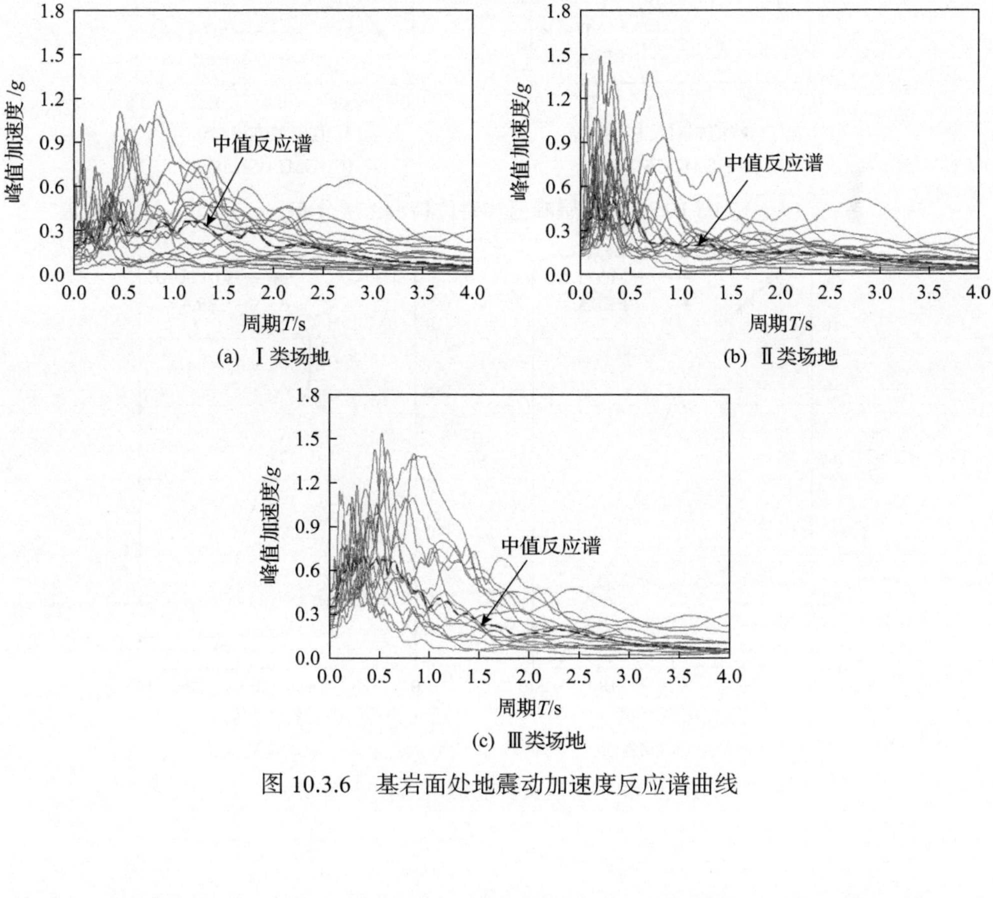

(a) Ⅰ类场地

(b) Ⅱ类场地

(c) Ⅲ类场地

图 10.3.6　基岩面处地震动加速度反应谱曲线

由一维频域等效线性化程序 EERA 得到不同强度地震作用下各土层的等效阻尼比和等效剪切模量，再由式(10.3.3)可得到各土层瑞利阻尼系数α和β。将计算得到的场地土层动力参数输入至 ABAQUS 进行动力时程分析，与 EERA 的频域结果进行比较。ABAQUS 进行自由场时程分析时，计算模型两侧施加捆绑边界，底部施加反演后的自由场加速度。两者计算得到的土层峰值相对位移分布和最大剪应力分布随土层深度变化的计算结果如图 10.3.7 和图 10.3.8 所示。从图中可以看出，编制的 MATLAB 程序分析结果与 EERA 分析结果基本一致，表明本节所

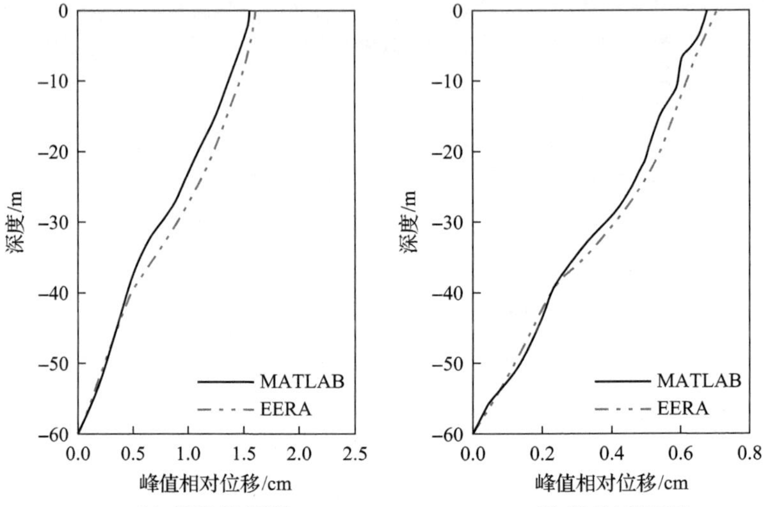

(a) GM2-TMZ000　(b) GM14-SHI000

图 10.3.7　土层峰值相对位移沿土层分布

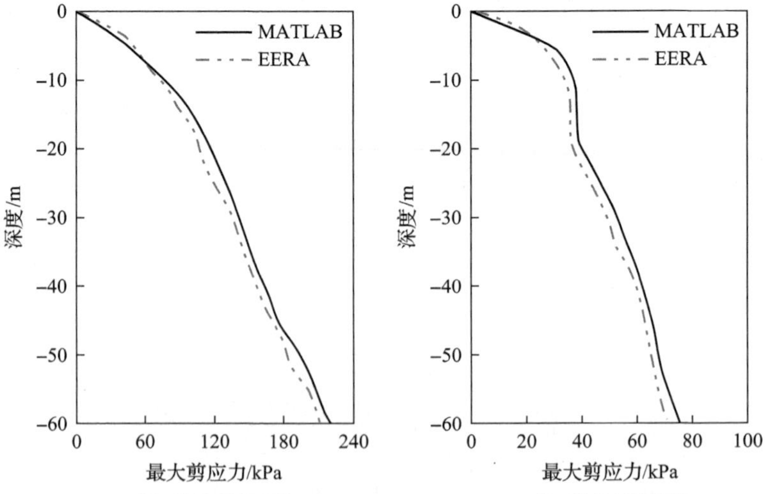

(a) GM2-TMZ000　(b) GM14-SHI000

图 10.3.8　土层最大剪应力沿土层分布

采用的 MATLAB 程序能很好地反映土体地震响应。

10.3.4　地震动强度指标选取

由于地震动输入具有很强的随机性，不同特性的地震动会引起结构不同的破坏表现，导致结构的结果分析在很大程度上依赖于地震动输入。采用不同的地震动强度参数所得到的分析结果往往不尽相同，仅采用单一地震动强度参数来描述地震动输入问题无法完全描述地震动的随机性，故采用多个地震动强度参数描述地震动响应是较好解决该问题的一个趋势。本节分别选取如图 10.3.4 所示的三类场地下地表处(0m)、结构中部(–16m)和基岩处(–60m)这三处的峰值加速度、峰值速度和峰值位移作为地震动强度指标 IM，通过对比不同指标对结构地震响应分析结果离散性的影响确定出最合理的地震动强度指标。

在计算地震动强度指标的离散性时，为保证结构损伤指标的唯一性，不同场地下的结构统一选取最大层间位移角 θ_{max} 来进行对比分析。Vamvatsikos 等[34]指出，结构损伤指标与地震动强度参数之间近似满足指数关系，其关系式形式如式(10.3.4)所示。该关系式得到了国内外研究人员的广泛认可，在此本节也采用该关系式研究合理的地震动强度参数。

$$\ln(\mathrm{DM}) = \ln(a) + b \cdot \ln(\mathrm{IM}) \tag{10.3.4}$$

由于式(10.3.4)满足一元线性回归模型，可采用最小二乘法原理对获得的 n 个离散点(IM_i, DM_i)进行回归分析，进而获得 ln(IM)与 ln(DM)的经验回归直线，并得到条件对数标准差，如式(10.3.5)所示。

$$\beta_{\ln(\mathrm{DM}|\mathrm{IM})} = \sqrt{\frac{\sum(\ln(\mathrm{DM}) - \ln(a \cdot \mathrm{IM}^b))^2}{n-2}} \tag{10.3.5}$$

其中，n 表示非线性动力时程分析的次数。对于一个地震动参数 IM 来说，其值越小，结构响应的离散性越小，所选地震动强度参数的有效性越高，反之则越差。

图 10.3.9 通过数据离散和线性回归方程得出了Ⅱ类场地下地铁车站中柱的最大层间位移角 θ_{max} 关于峰值加速度 PGA、峰值速度 PGV 和峰值位移 PGD 的离散程度，直观地展现了结构损伤指标与地震动强度参数的离散性。由图 10.3.9 可知，lnPGA-lnθ_{max} 的离散性最小(β=0.27)，说明 PGA 的有效性最好；PGV 有效性次之(β=0.40)，PGD 的有效性最差(β=0.62)。

为比较埋深的影响，将自由场下不同埋深处的峰值加速度、峰值速度和峰值位移分别作为 IM，地下结构的最大层间位移角作为 DM，分析其离散性，三类场地下两层三跨地铁车站结构的数值分析结果对比如图 10.3.10 所示。通过对比分析表明：①Ⅰ、Ⅲ类场地下，峰值加速度的离散性小于峰值速度且两者均远小于峰值位移，Ⅱ类场地下，峰值速度的离散性略小于峰值加速度 PGA 且两者均远小于峰值位移；②埋深对结果离散性的影响无统一规律，但相同 IM 指标下不同埋深处的平均标准偏差值变化范围较小。鉴于工程上易获取地表地震动强度指标值，本节最终选择地表处的峰值加速度 PGA 作为 IDA 曲线中的 IM 指标。

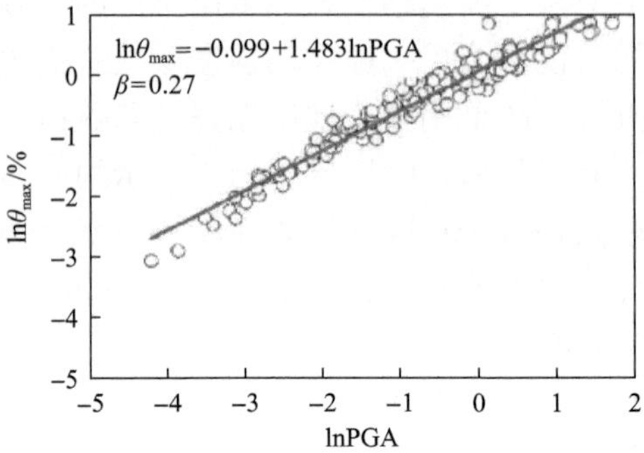

(a) lnPGA-lnθ_{max}

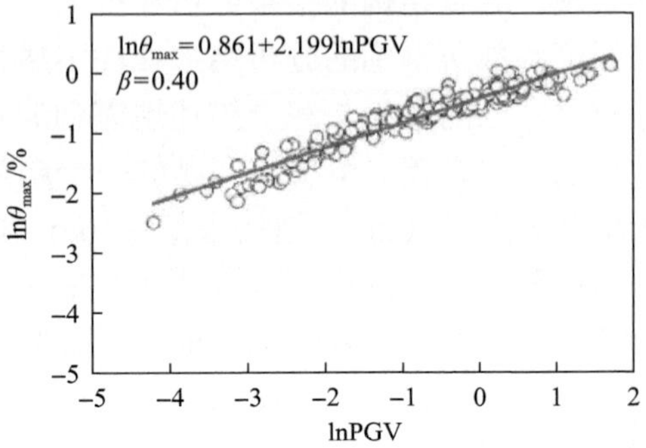

(b) lnPGV-lnθ_{max}

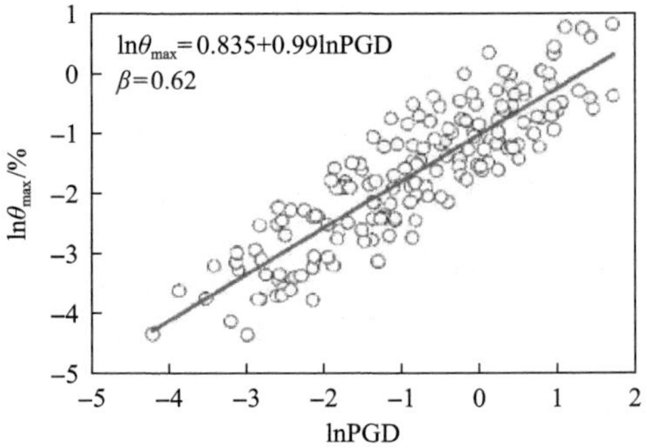

(c) lnPGD-lnθ_{max}

图 10.3.9　不同 IM 有效性的比较

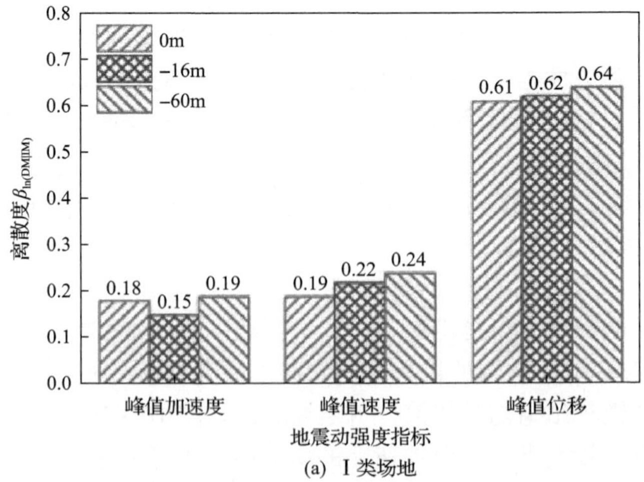

(a) Ⅰ类场地

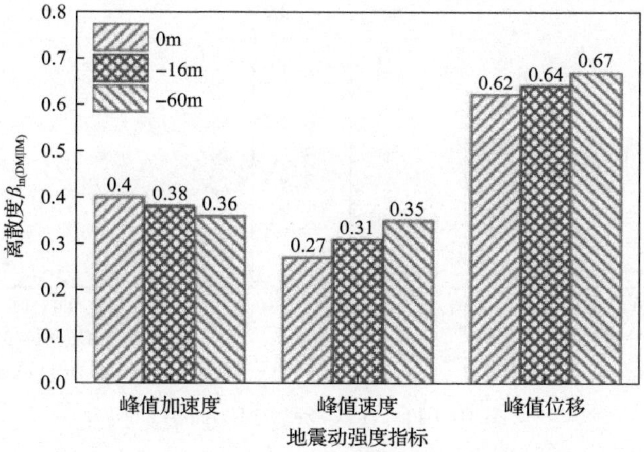

(b) Ⅱ类场地

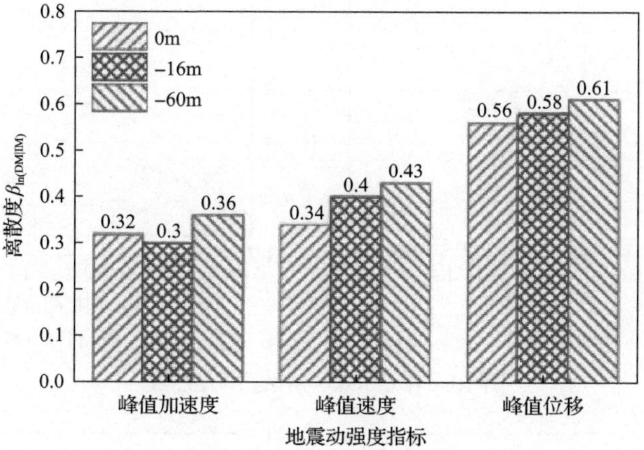

(c) Ⅲ类场地

图 10.3.10　三类场地中不同 IM 的离散程度

按照 10.2 节的对比分析，进行 IDA 曲线簇的绘制时，IM 取地表峰值加速度，DM 取结构的最大层间位移角 θ_{max}。考虑到 IDA 曲线簇中包含了大量的数据，且曲线之间存在差异性，故本节在对 IDA 分析数据进行统计时，假定 IDA 曲线服从正态分布，在某一 DM 值下，得到不同 IM 值的均值和不同 IM 对数值的标准差，继而将得到的 IDA 曲线分别整理成 16%、50%、84%三条百分位数曲线，用来表征全部 IDA 曲线的平均水平和离散性。

从图 10.3.11(a)～图 10.3.13(a)的两层三跨地铁车站结构的 IDA 曲线中可以看出，对于每一组土-结构模型，在初始阶段时，曲线密集度较高，随着地震动强度的增加，计算结果的离散性也呈现逐渐增大趋势，开始出现一些波动现象；采用不同的地震动作为输入，不同的 IDA 曲线之间也存在着较大的差异，这表明地下车站结构的地震反应变化规律与所输入的地震动特性密切相关。

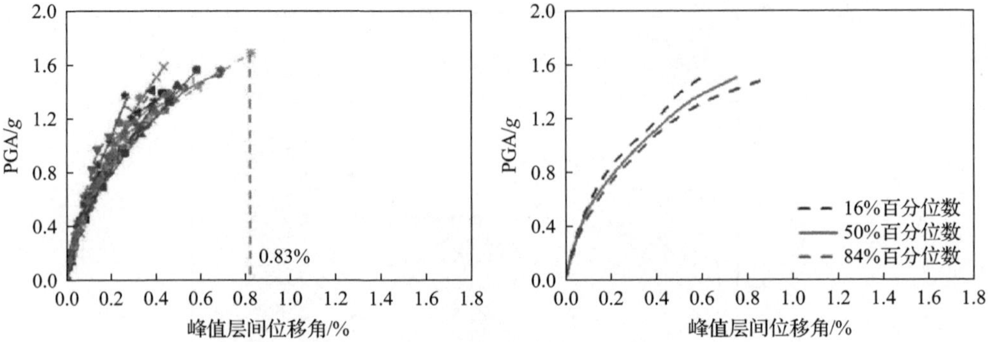

(a) IDA曲线　(b) 百分位数曲线

图 10.3.11　Ⅰ类场地的 IDA 曲线

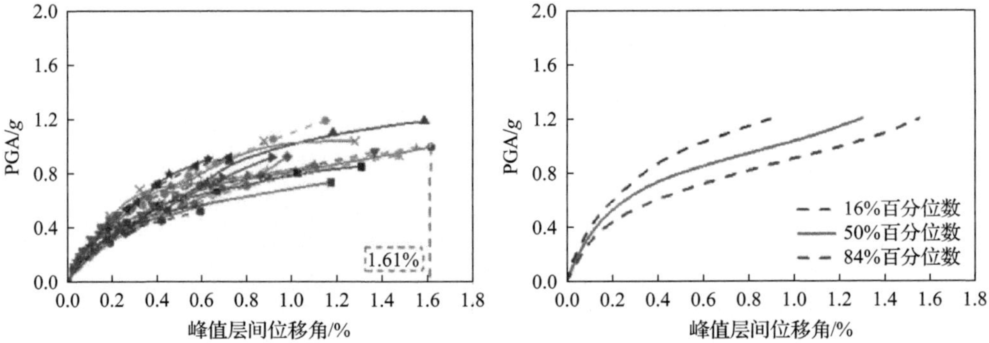

(a) IDA曲线　(b) 百分位数曲线

图 10.3.12　Ⅱ类场地的 IDA 曲线

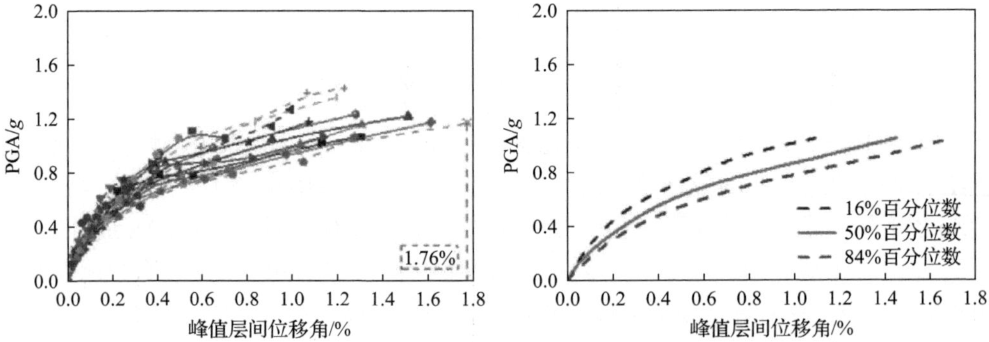

(a) IDA曲线　(b) 百分位数曲线

图 10.3.13　Ⅲ类场地的 IDA 曲线

通过图 10.3.11(b)～图 10.3.13(b)的百分位数曲线可以看出：①三类场地对输入的地震动都具有放大作用，作为输入的地震动记录最大峰值为 0.8g，通过场地传播到土体表面时，Ⅲ类场最大放大至 1.0g，Ⅱ类场地最大放大至 1.2g，Ⅰ类场地将地震波最大放大至 1.55g,即场地土密实度越高对输入地震动的放大作用越明显。②Ⅲ类场地下结构的最大层间位移角为 1.76%，Ⅱ类场地下结构的最大层间位移角为 1.61%，Ⅰ类场地下结构的最大层间位移角为 0.83%，即结构的变形却随着场地土密实度的增加而呈减小的趋势，这是由于较为软弱的场地土随着输入地震作用的增强而发生剪切模量减小的现象，剪应变增加而产生较大的变形，从而让结构也产生较大的变形。③与地上结构不同，由于地下结构的变形会受到周围土体的约束作用，限制其结构的侧向变形，使得地下车站结构的 IDA 曲线没有明显的水平阶段，结构先后经历了弹性变形和弹塑性变形这两个阶段，每个阶段都代表了结构不同的损伤和破坏状态。④三种场地下代表结构平均动力响应的 50%百分位数曲线在开始阶段斜率相对较大，结构在强度较小的地震动激励下处于弹性阶段，随着地震强度的增大，曲线斜率不断下降，但下降幅度有限，表明随着地震强度的持续增大，结构的大部分构件都进入到塑性阶段，即在较小的地震强度增量的情况下，结构整体就会产生较大的变形，结构刚度大幅下降，结构整体将会产生严重的损伤破坏。

10.3.5　地下结构的地震易损性分析

地下结构由于受到周围岩土体的约束作用，其受力和变形与地上结构存在较大差异。为了确定结构的抗震性能，如前述 10.2 节所述内容，使用如图 10.3.14 所示的静力推覆分析方法对地下结构进行分析，将结构的性能水平划分为：基本完好、轻微破坏、中等破坏、严重破坏和倒塌五个等级。根据这五个等级的破坏状态的划分，结构的极限状态为：轻微破坏(C1)、中等破坏(C2)、严重破坏(C3)和倒塌(C4)四级。表 10.3.3 给出了基于上述 Pushover 方法定义的两层三跨地铁车站结构中柱的不同损伤状态对应的最大层间位移角界限值。

根据 10.1 节内容所述，通常假设地震易损性服从双参数对数正态分布[24]，在不同强度地震作用下结构反映超过破坏阶段所定义的结构需求能力参数的条件概率，可表示为式(10.1.1)。

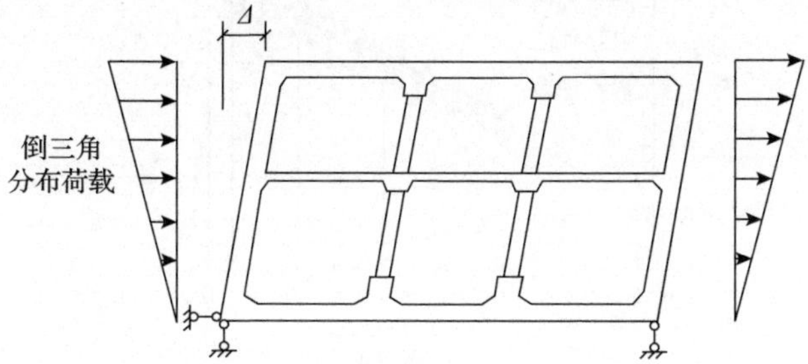

图 10.3.14　地下结构的非线性静力推覆分析图

表 10.3.3　层间位移角损伤状态的定义

性能水准	功能状况	评价指标的范围	评价指标的中间取值/%
基本完好	功能完好	$\theta_{max} \leqslant 0.08\%$	—
轻微破坏	功能连续	$0.08\% < \theta_{max} \leqslant 0.34\%$	0.21
中等破坏	控制破坏与经济损失	$0.34\% < \theta_{max} \leqslant 0.62\%$	0.48
严重破坏	保证安全	$0.62\% < \theta_{max} \leqslant 0.95\%$	0.79
倒塌	功能完全丧失	$0.95\% < \theta_{max} < 1\%$*	0.98

* 1%是基于工程经验得到的。

如前所述，取 β_{DS} 等于 0.4，取 β_C 等于 0.3，β_D 是数据点在线性对数回归坐标系 ln(IM)-ln(DM) 中的标准偏差。对结构进行大量增量动力分析，并对结果数据进行统计回归分析，求得数据点的线性拟合曲线，再求得定义的结构极限状态评价指标的中间值与线性拟合曲线的交点，即为 S_{mi} 在极限状态下的取值。对地铁车站 IDA 分析的数据结果进行线性回归分析，如图 10.3.15 所示。表 10.3.4 给出了对数正态分布曲线的临界参数，即埋在三个不同场地的地下结构的地震响

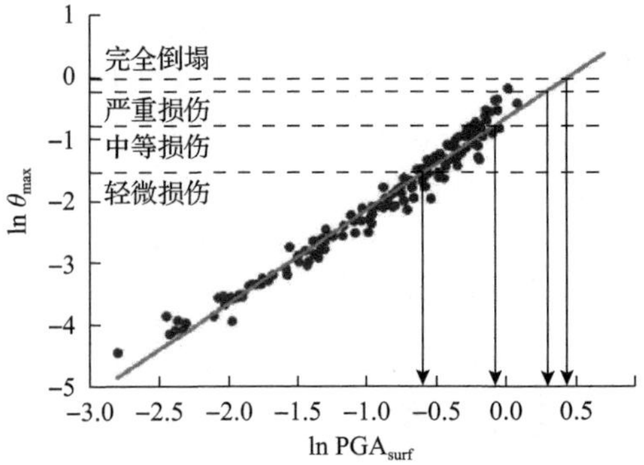

(a) Ⅰ类场地

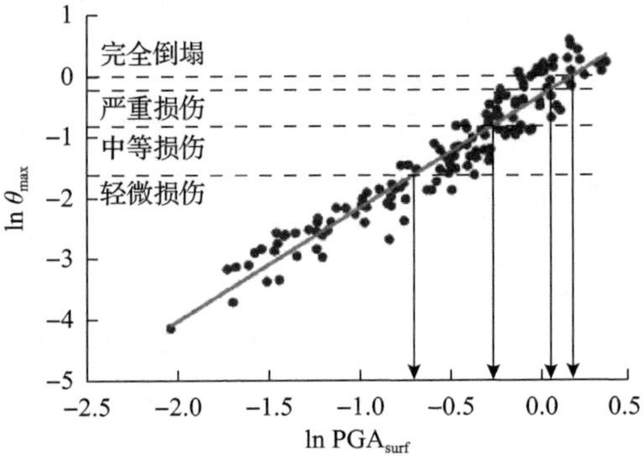

(b) Ⅱ类场地

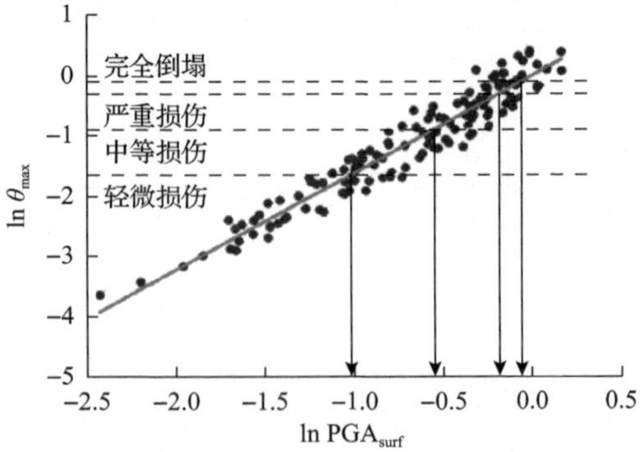

(c) Ⅲ类场地

图 10.3.15　三类场地下结构最大层间位移角线性回归

表 10.3.4　地铁车站地震易损性函数的统计参数

场地类型	性能水准	地表峰值加速度	
		$S_{mi,a}/g$	$\beta_{tot,a}/g$
Ⅰ	轻微破坏	0.53	0.50
	中等破坏	0.90	0.50
	严重破坏	1.34	0.50
	倒塌	1.52	0.50
Ⅱ	轻微破坏	0.51	0.56
	中等破坏	0.78	0.56
	严重破坏	1.08	0.56
	倒塌	1.22	0.56
Ⅲ	轻微破坏	0.36	0.53
	中等破坏	0.63	0.53
	严重破坏	0.85	0.53
	倒塌	0.91	0.53

应的中值临界值和对数正态标准偏差，对应于 PGA 的不同损伤状态(轻微损伤、中等损伤、严重损伤和完全坍塌)。

基于 IDA 分析结果所得的 S_{mi} 和 β_{tot} 值，建立如图 10.3.16 所示的两层三跨地铁车站结构的地震易损性曲线，反映在不同强度地震动作用下结构发生轻微破坏、中等破坏、严重破坏与倒塌四个性能水准的概率。随着地震强度的增大，结构四个性能水准超越概率逐渐增大并最终趋于 100%，在同一强度地震作用下结构轻微破坏、中等破坏、严重破坏与倒塌四个性能水准的超越概率依次递减。Ⅰ类场地下对应超越概率为 50%的轻微破坏、中等破坏和严重破坏的 PGA 值分别是 0.53g、0.90g、1.34g 和 1.52g；Ⅱ类场地下对应超越概率为 50%的轻微破坏、中等破坏和严重破坏的 PGA 值分别是 0.51g、0.78g、1.08g 和 1.22g；Ⅲ类场地下对应超越概率为 50%的轻微破坏、中等破坏和严重破坏的 PGA 值分别是 0.36g、0.63g、0.85g 和 0.91g。

基于上述建立的地下结构地震易损性曲线，可以估算出两层三跨地铁车站结构在给定地震动震级下的地震损伤概率，可用于地铁车站的初步地震风险评估。最大考虑地震的 PGA 值对应于三个不同地震烈度区 50 年内 2%的超过概率的 PGA 值，根据《中国地震动参数区划图》(GB 18306—2015)[45]，7 度、8 度和 9 度地震烈度区对应的地震动峰值加速度分别为 0.22g、0.41g 和 0.63g。

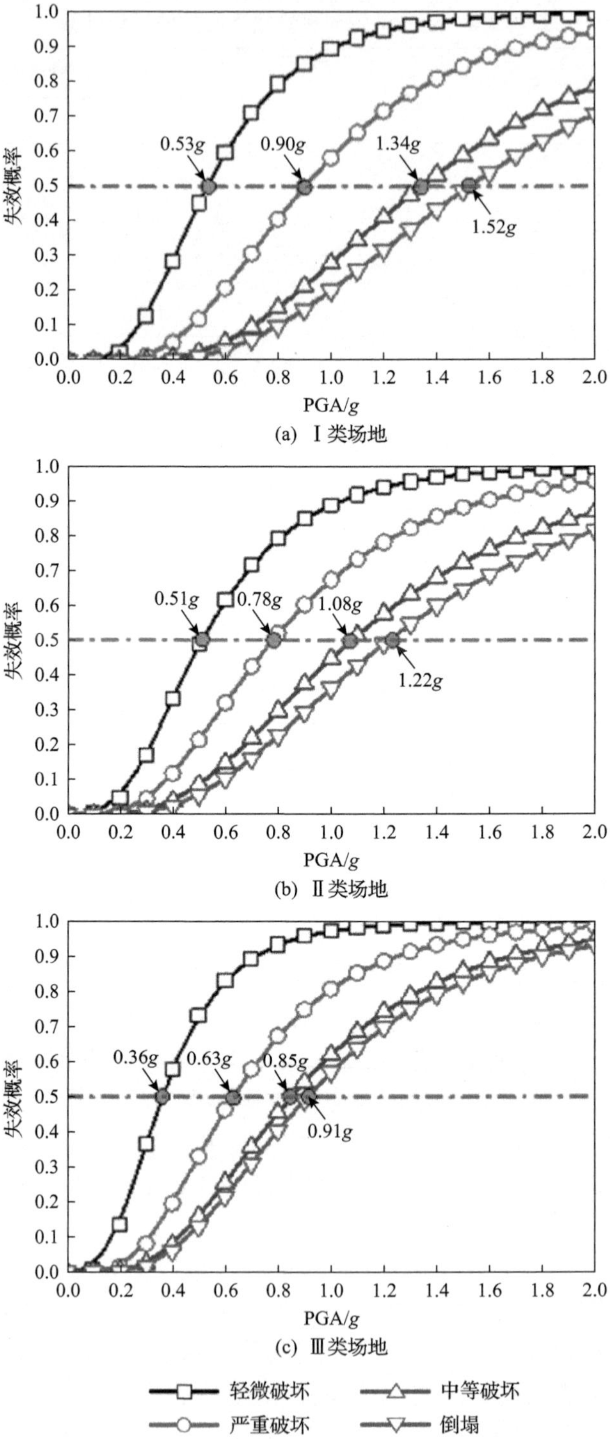

图 10.3.16　三类场地下结构的地震易损性曲线

表 10.3.5 给出了不同地震烈度下结构在各性能水平下的失效概率。例如，对于埋在地震烈度为 7 度的区域中的三个工程场地中的地铁车站，该结构保持几乎完好无损，地震破坏的可能性小于 15%。然而，对于地震烈度为 9 度的地区，不同的场地对地下结构的抗震性能有显著的影响。在Ⅲ类场地的地铁车站很可能遭受中度到大范围的地震破坏。软土的破坏概率大于硬土，在给定的地震烈度下，从基本完好到大范围破坏的失效概率依次递减。

表 10.3.5　三类场地下不同性能水准的失效概率

地震烈度水平	最大考虑地震的 PGA/g	场地类别	性能水准/%				
			基本完好	轻微损伤	中等损伤	严重损伤	完全坍塌
7 度	0.22	Ⅰ	94	3	2	1	0
		Ⅱ	91	5	2	1	1
		Ⅲ	89	15	2	1	1
8 度	0.41	Ⅰ	90	6	3	2	1
		Ⅱ	65	22	8	2	3
		Ⅲ	43	39	12	5	1
9 度	0.63	Ⅰ	37	39	17	3	4
		Ⅱ	35	30	18	5	12
		Ⅲ	16	35	21	4	24

10.4　地下结构极限抗震能力分析方法

结构抗震极限承载能力与结构抗震安全性能紧密联系，通常是工程结构设计人员最为关注的能力。地下结构的极限抗震能力包括两方面的含义：一方面是地下结构自身的极限变形能力，一般采用层间位移角表示；另一方面是地下结构达到极限变形所需要的地震作用，一般用峰值加速度、峰值速度或峰值位移表示。但由于结构的极限变形能力与所承受的轴压比密切相关，而构件轴压则时刻随外界荷载的变化而改变，这就使得结构在地震作用过程中其自身极限变形能力与动力反应是时刻发生变化的。由此可以得知，结构实际的极限抗震能力可以描述为结构动力反映恰好超越或等于结构极限变形能力所需的地震动强度。鉴于此，地震记录不同，地下结构的极限抗震能力也可能存在差异，这种差异反映了不同地震记录条件对地下结构地震反应的影响。当采用足够多的地震记录对结构进行地震反应分析时，极限抗震能力的值也就相对稳定，具有一定的统计平均意义。

地下结构进行抗震设计或动力时程分析时，通常是根据地下结构的抗震设防标准对输入地震记录的峰值进行调幅，进而分析结构的地震反应。对实际结构进行极限抗震能力分析时，也采用类似的方法，给出结构达到极限抗震能力时能够抵抗地震记录 PGA 的值。

10.4.1　破坏比的概念

研究地下结构的抗震能力，首先给出结构是否破坏的判断标准，此标准一般通过定量化的评价指标来体现。判断标准的选取、评价指标的量化与结构的破坏机理密不可分。结合框架式地下结构地震破坏机理可知，中柱的地震反应超出了其极限变形能力后发生破坏，并最终导致结构发生整体倒塌。中柱变形能力不足导致大开地铁车站结构的地震破坏，因此，中柱的极限变形能力可以作为地下结构的抗震性能评价指标。需要指出的是，结构的极限变形能力是结构自身的特性，只和结构的类型、尺寸等条件相关，是用来评价结构性能的标准。因此，在利用中柱极限变形能力评价地下结构抗震性能时，必须考虑地下结构的地震反应过程，是一个与状态相关的动态过程。

在对比分析结构中柱地震反应与极限变形能力之后，这里定义了一个结构破坏比 $f_{\mathrm{r}}(t)$，即在某一轴压比下，结构的当前位移角与结构极限位移角之比。通过破坏比来评价结构变形能力发挥的程度。$f_{\mathrm{r}}(t)$ 的表达式为

$$f_{\mathrm{r}}(t)=\frac{\theta_1(t)}{\theta_0(t)} \tag{10.4.1}$$

式中，$\theta_1(t)$ 表示 t 时刻结构中柱的层间位移角；$\theta_0(t)$ 表示中柱在 t 时刻对应的轴压比下的极限层间位移角。

以大开地铁车站结构在阪神地震中的地震反应为例，$\theta_0(t)$、$\theta_1(t)$ 分别如图 10.4.1

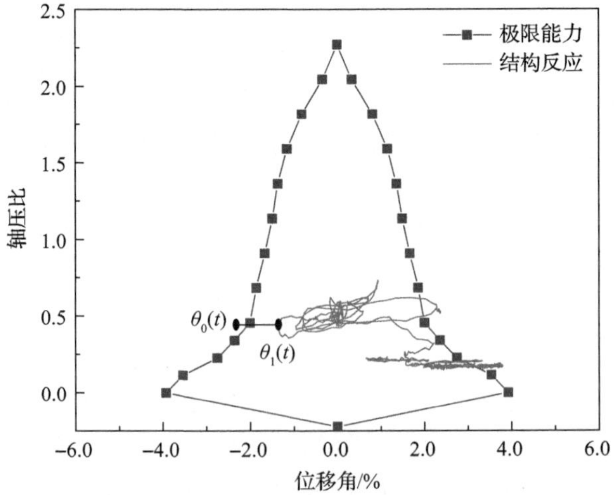

图 10.4.1　结构破坏比示意图

所示，破坏比 $f_r(t)$ 为结构在每一时刻所处的极限变形能力的发挥程度，$f_r(t)$ 的最大值 f_{rmax} 表示地下结构的地震反应程度：当 $f_{rmax}<1$ 时，结构的地震反应并未达到结构自身的极限变形能力，结构处于安全状态；当 $f_{rmax}=1$ 时，结构的地震反应刚好达到其极限变形能力；当 $f_{rmax}>1$ 时，结构的地震反应已经超出了其极限变形能力，结构已达到破坏状态。$f_r(t)$ 的值初次超过 1 的时刻定义为 t_1，主要研究 $t\leqslant t_1$ 时结构的地震反应规律，$f_r(t)$ 可以作为判断结构是否破坏的定量指标，$f_{rmax}=1$ 时对应的地震记录的 PGA 即为结构的极限抗震能力。

阪神地震中大开地铁车站结构的破坏比 $f_r(t)$ 时程曲线如图 10.4.2 所示。由图可知，结构破坏比 $f_r(6.50)=1$，即该时刻结构发生了破坏，阪神地震 6.50s 时刻对应的地震记录幅值为大开地铁车站结构的极限抗震能力。

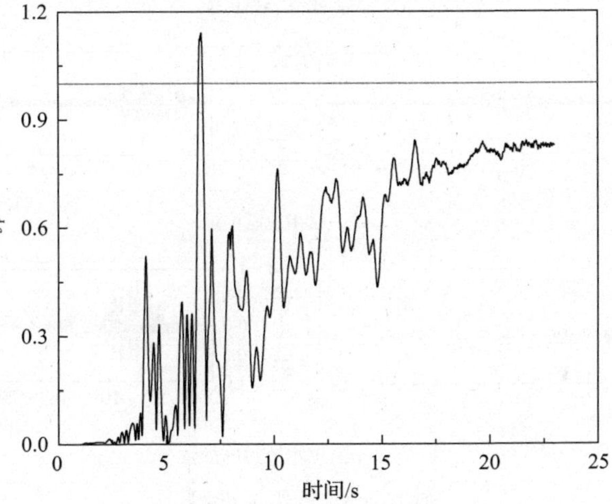

图 10.4.2　结构破坏比时程曲线

10.4.2　地震记录选取

由于地震记录的随机性，不能简单地针对某一条地震记录进行调幅计算，应选取频谱特性具有代表性的多条典型地震记录，获得地下结构的极限抗震能力是一个依赖频谱特性的地震记录幅值区间。因此，选取已经造成地下结构发生损伤破坏的阪神地震、集集地震、汶川地震和熊本地震中监测到的地震记录，以地震中发生塌毁破坏的大开地铁车站结构为例进行分析，获得该结构的极限抗震能力。

选取的四组地震记录的加速度时程分别如图 10.4.3 所示。除了熊本地震记录外，其他三条地震记录的持时均超过 40s，地震记录作用时间较长。四条地震记录的水平向和竖向加速度幅值(PGA)均较大，水平向 PGA 值均超过了 0.8g，尤其是熊本地震，水平向 PGA 已经超过了 1.1g；竖向 PGA 也在 0.8g 左右(阪神记录除外）。此外，汶川地震记录出现了明显的双峰值现象。

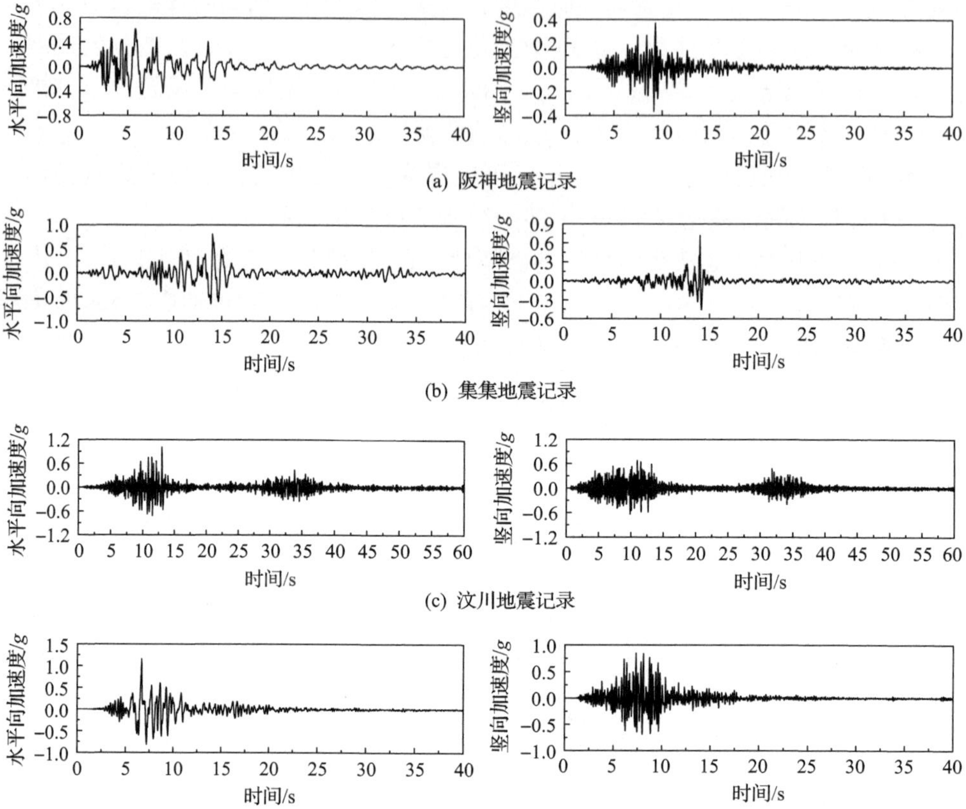

(a) 阪神地震记录

(b) 集集地震记录

(c) 汶川地震记录

(d) 熊本地震记录

图 10.4.3　四组地震记录

四组地震记录的傅里叶谱如图 10.4.4 所示。对于水平向地震记录，四组地震

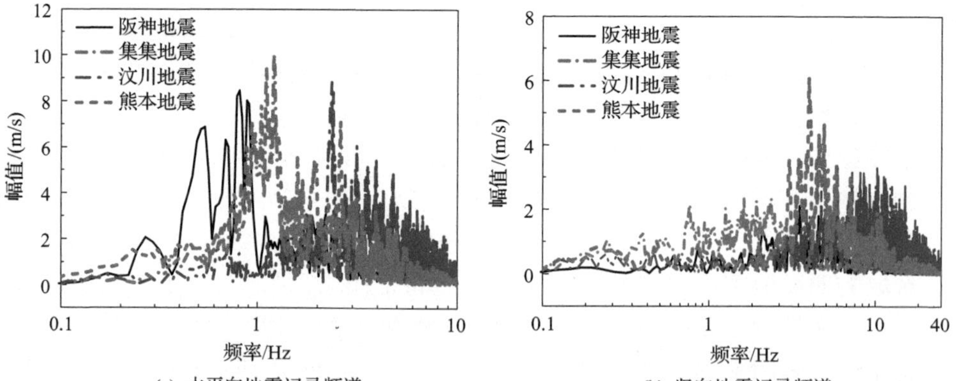

(a) 水平向地震记录频谱　　(b) 竖向地震记录频谱

图 10.4.4　四组地震记录傅里叶谱

记录的傅里叶幅值差别不大；阪神地震、集集地震和熊本地震的卓越频率，均明显小于汶川地震水平记录的卓越频率，其中阪神地震的卓越频率最小。对于竖向地震记录，四组地震记录的傅里叶幅值差别较大，其中熊本地震的傅里叶幅值约为阪神地震傅里叶幅值的 3 倍；阪神地震的卓越频率明显较其他记录小，约是熊本地震卓越频率的 1/10。此外，选取的四组地震记录水平地震记录的卓越频率介于 0.4Hz 和 1.2Hz 之间，竖向地震记录的卓越频率介于 0.7Hz 和 10.0Hz 之间，卓越频率较为宽泛，能够代表可能遭受到的地震。

10.4.3　结构抗震限值分析方法

阪神地震中大开地铁车站结构已经塌毁破坏，峰值加速度超过了结构自身的极限抗震能力。为准确获得大开地铁车站结构在阪神地震条件下的抗震限值，对地震记录的加速度进行调幅，得到 $f_{\mathrm{rmax}}=1$ 时对应的地震记录幅值大小。设调幅系数为 n，调幅后的地震记录为

$$a'_{\max}=na_{\max} \tag{10.4.2}$$

$$a'(t)=na(t) \tag{10.4.3}$$

式中，$a(t)$ 和 $a_{\max}$ 分别为原地震记录加速度时程和 PGA；$a'(t)$ 和 $a'_{\max}$ 分别为调幅后的地震记录加速度时程和 PGA。

地震记录加速度幅值的调幅原则如下：固定一个方向的 PGA 为定值，设定调幅系数，①若 $n_0=1$ 时，$f_{\mathrm{rmax}}>1$，根据 f_{rmax} 的大小选定 $n_1<1$，然后计算结构的地震反应，给出相应的 $f_{\mathrm{r}}(t)$；若 $n=n_1$ 时，$f_{\mathrm{rmax}}>1$，则设定 $n_2=n_1/2$，给出相应的 $f_{\mathrm{r}}(t)$；若 $n=n_1$ 时，$f_{\mathrm{rmax}}<1$，则设定 $n_2=(1+n_1)/2$，给出相应的 $f_{\mathrm{r}}(t)$……，直至获得 $f_{\mathrm{rmax}}=1$ 对应的 n 值；②若 $n_0=1$ 时，$f_{\mathrm{rmax}}<1$，根据 f_{rmax} 的大小选定 $n_1>1$，计算结构的地震反应，给出相应的 $f_{\mathrm{r}}(t)$；若 $n=n_1$ 时，$f_{\mathrm{rmax}}>1$，则设定 $n_2=(1+n_1)/2$，给出相应的 $f_{\mathrm{r}}(t)$；若 $n=n_1$ 时，$f_{\mathrm{rmax}}<1$，则设定 $n_2=1+2\times n_1$，给出相应的 $f_{\mathrm{r}}(t)$……，直至获得 $f_{\mathrm{rmax}}=1$ 对应的 n 值。

当阪神地震的水平记录单独作用时，结构的破坏比时程曲线如图 10.4.5 所示，n=1.00 时，f_{rmax}<1.0，结构没有发生破坏；令 n=1.20，对地震记录加速度幅值进行调幅，结构反应明显增强，此时 f_{rmax}>1.0，其数值接近 1.4，继续对地震记录幅值进行调幅；令 n=1.10 时，f_{rmax} 略大于 1.0；令 n=1.05 时，f_{rmax} 略小于 1.0；采用内插的方法计算获得 f_{rmax}=1.0 时，对应的 n=1.06。大开地铁车站的水平向抗震限值为 0.65g，对应于图 10.2.6 中的 A 点。

同样地，可求出大开地铁车站结构对阪神地震竖向记录的抗震限值为 1.37g，如图 10.4.6 中 B 点所示。同时也可以获得两个方向记录任意组合方式下结构的抗

震限值。将获得的结构抗震限值对应的 PGA 组合，并给出对应的包络线。图 10.4.6 中的曲线即为大开地铁车站对阪神地震记录的抗震限值。由于 0.65g(A 点)远小于 1.37g(B 点)，表明水平地震记录对大开地铁车站结构地震反应的影响程度要大于竖向地震记录。

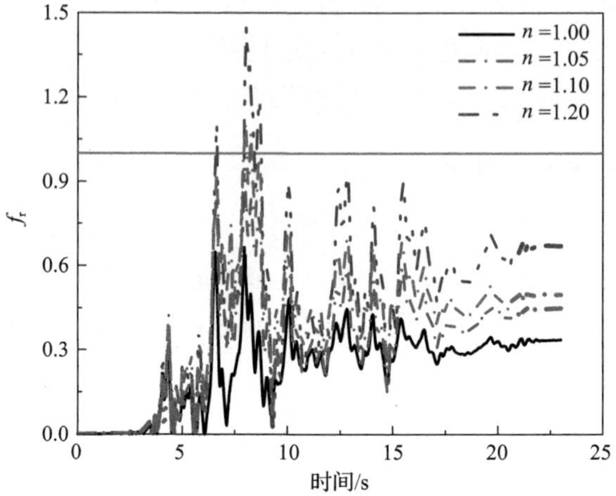

图 10.4.5　阪神地震记录作用下结构的破坏比时程曲线

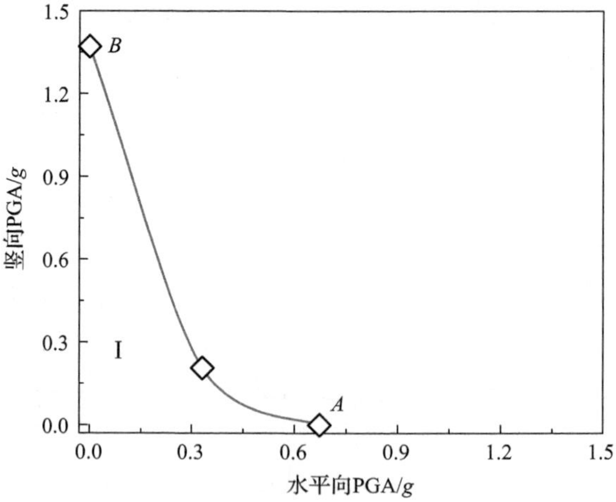

图 10.4.6　结构在阪神地震作用下的抗震限值

10.4.4　地下结构极限抗震能力

采用上述方法，分别模拟大开地铁车站结构在集集地震、汶川地震、熊本地震和阪神地震记录作用下结构的地震反应，并确定大开地铁车站结构对各地震记录的抗震限值。计算获得的每组地震记录作用下结构的抗震限值、对应的包络线分别如图 10.4.7 所示。各地震记录的频谱特性存在差异，因此不同记录作用下结构破坏比对应的 PGA 不同。大开地铁车站结构对阪神地震的抗震限值曲线处于最下方，即当结构遭受水平和竖向 PGA 分别相同的地震记录作用时，阪神地震作用下结构反应最大，汶川地震次之，集集地震和熊本地震条件下结构反应相近。

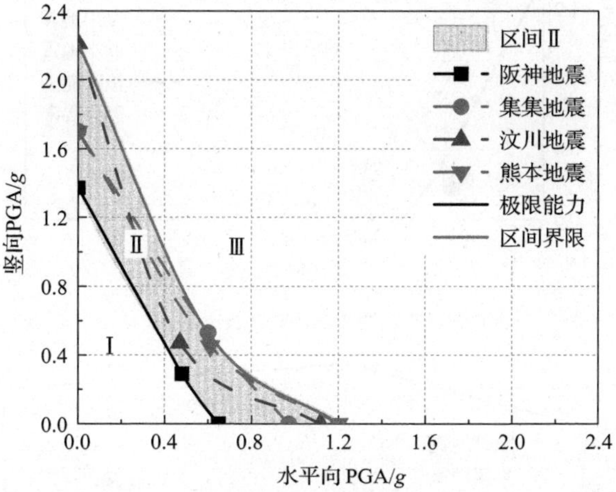

图 10.4.7　地下结构极限抗震能力

结构在每组地震记录作用下的抗震限值外包线组成了一个带状区间，如图 10.4.7 所示，将所有区域划分成了Ⅰ、Ⅱ和Ⅲ三个区间。当地震的水平向和竖向地震记录 PGA 组合处于Ⅰ区时，结构处于绝对安全状态，即结构遭受这类地震作用时一定不会发生塌毁破坏；当地震的水平向和竖向地震记录 PGA 组合处于Ⅲ区时，结构处于破坏状态，即结构遭受这类地震作用时一定发生破坏；当地震的水平向和竖向地震记录 PGA 组合处于Ⅱ区时，结构有可能发生破坏，结构的破坏与否与地震记录的频谱和持时特性相关。因此，地下结构的极限抗震能力为具有一定概率意义的带状区域。

10.4.5　地下结构抗震能力影响因素分析

为了分析各影响因素对地下结构极限抗震能力的影响，以大开地铁车站为例，模拟大量地震记录组合方式下，车站结构的地震反应，获取结构的破坏比时程曲线，分析结构的破坏比变化规律，其中地震记录加速度幅值组合如图 10.4.8 所示，地震记录组合分别位于Ⅰ、Ⅱ和Ⅲ区间内。将各地震记录组合的水平向和竖向 PGA 以及其相应的 f_{rmax} 绘制成三维图形，如图 10.4.9 所示。由图可知，通过 f_{rmax} 判定的结构的地震反应与采用图 10.4.9 确定的结构极限抗震能力范围的判定结果一致，表明地下结构极限抗震能力评价指标和评价方法的合理性。

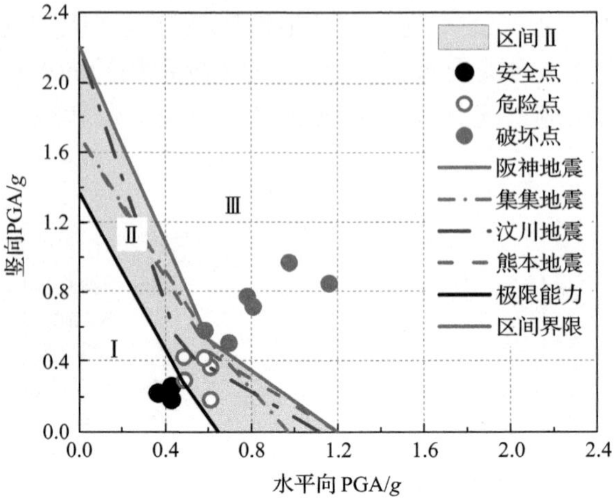

图 10.4.8　地下结构极限抗震能力

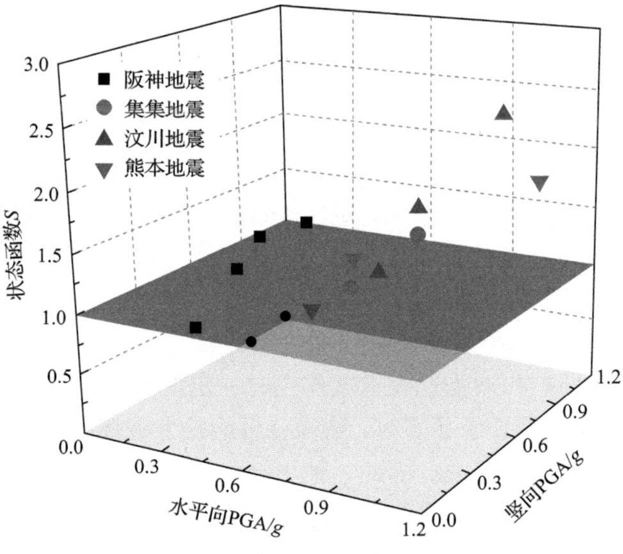

图 10.4.9　地下结构极限抗震能力(三维图形)

1. 地震记录频谱特性的影响

地下结构的极限抗震能力受地震记录频谱特性的影响较大，以图 10.4.3 所示的地震记录为例，分析加速度反应谱对结构极限抗震能力的影响。四条水平向地震记录的卓越周期之间的关系为 $T_{\text{熊本}}<T_{\text{汶川}}<T_{\text{集集}}<T_{\text{阪神}}$，竖向地震记录的卓越周期之间的关系为 $T_{\text{汶川}}<T_{\text{熊本}}<T_{\text{阪神}}<T_{\text{集集}}$。图 10.4.9 所示水平地震作用下结构的极限抗震能力之间的关系为 $\text{PGA}_{\text{阪神}}<\text{PGA}_{\text{集集}}<\text{PGA}_{\text{汶川}}<\text{PGA}_{\text{熊本}}$，而竖向地震作用下结构的极限抗震能力之间的关系为 $\text{PGA}_{\text{阪神}}<\text{PGA}_{\text{集集}}\approx\text{PGA}_{\text{熊本}}<\text{PGA}_{\text{汶川}}$。水平向地震记录的卓越周

期大小与结构的极限抗震能力大小一致，即大开地铁车站结构对卓越周期较大的水平地震记录更为敏感，因此，极限抗震能力对应的 PGA 较小。竖向地震记录方面，车站结构对卓越周期约为 0.3s 的地震记录较为敏感，即卓越周期越接近 0.3s 结构的地震反应越大。可见，对于大开地铁车站结构，当遭受到水平地震分量所含的长周期较多、竖向地震记录卓越周期接近 0.3s 的地震记录时，结构的地震反应较强；反之，结构的地震反应较弱。因此地下结构水平地震反应是一个变形问题，受围岩土体变形的控制，结构竖向地震反应是一个振动问题，受地震荷载频率的控制更为明显。

2. 地震记录持时特性的影响

地震记录频谱特性对地下结构地震反应的影响，还体现在破坏比随地震记录持时的变化规律上。由图 10.4.10 所示的不同地震记录作用下结构破坏比时程曲线可知，f_{rmax} 对应的时刻不一定是地震记录的 PGA 时刻，这主要是由于结构的损伤破坏是随着地震作用的持续而逐渐累积的。对于加速度幅值持续时间较长的地震记录，如阪神地震水平向地震记录，每一个加速度幅值，$f_r(t)$ 都有一个较大的积累，因此，在地震记录 PGA 时刻，结构的破坏比不是最大值。在阪神地震单向水平荷载作用下，结构反应最大时刻，即 f_{rmax} 所对应的时刻为 7.96s。而对于 PGA 较大，而其他加速度幅值持续时间较短的地震记录，如集集地震的单向水平地震记录，随着地震作用的持续，$f_r(t)$ 的积累值不大，f_{rmax} 时刻即为单向水平地震记录 PGA 时刻。总之，简单地采用 PGA 这一单一指标无法合理描述地下结构的地震反应规律，也不能仅采用 PGA 作为判断结构极限抗震能力的指标。

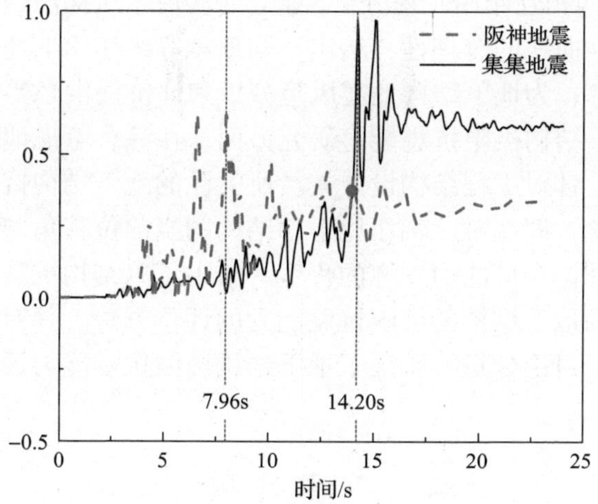

图 10.4.10　结构的破坏比时程曲线

采用破坏比对地下结构极限抗震能力进行评价，既能反映结构本身的承载能力，又能描述场地条件、地震记录特性、结构损伤演化过程等因素对结构抗震能力的影响，具有普适性；地下结构对不同频谱特性地震记录的极限抗震能力又有差异，因此该方法又具有特殊性。

10.5 本章小结

以地铁车站为代表的地下结构作为城市基础设施重要组成部分在城市区域经济和发展中起着举足轻重的作用。由于地震动本身的随机性、场地岩土体参数及工程结构材料特性本身的不确定性，研究不同概率水平的地震与地铁车站结构和功能受损之间关系，并以此为基础进一步评估区域震后经济损失，开展系统的地下结构地震风险分析，需要从目前确定性的分析方法向基于概率的分析方法逐步过渡。工程结构抗震性能分析中关键环节主要包括：结构性能指标及其量化标定，结构地震易损性分析及极限抗震能力分析。

考虑到从工程结构功能完整性角度给出其性能量化评定指标需综合考虑结构损伤、功能失效及区域经济和社会影响等因素较为困难，本章主要基于结构受力性能和物理破坏，关注的地下结构的功能状态和结构物理反应两方面，给出了浅埋地下地铁车站结构性能水准划分及其量化性能指标体系；结合地下结构抗震关键构件的变形能力，并考虑到竖向地震动对地下结构动力反应的影响，分别建立能够反映不同地震荷载组合下结构抗震性能指标体系。

在地下结构地震易损性分析方面，以我国典型浅埋两层三跨地下地铁车站为案例，展示地下结构地震易损性分析总体流程，基于增量动力分析方法，开展了大量非线性土-结构相互作用时程分析，建立并验证了所提出的典型场地条件下地下结构地震易损性曲线的合理性，给出不同地震等级作用下地铁车站结构遭受不同破坏程度的概率，为地下结构地震风险分析和评价提供必要的理论依据。

针对浅埋地下结构极限抗震能力研究方面，在综合考虑地下结构地震损伤演化过程的基础上，针对工程结构设计人员所关注的地下结构抗震承载力极限，引入了破坏比的概念，即在某一轴压比下，结构的当前位移角与结构极限位移角之比，来评价地下结构变形能力发挥的程度，给出了以结构抗震限值外包线组成的一个带状区间作为地下结构的极限抗震能力的评价方法。并对地下结构的抗震能力影响因素进行了讨论分析，验证了地下结构极限抗震能力评价指标和评价方法的合理性。

参考文献

[1] Der Kiureghian A, Ditlevsen O. Aleatory or epistemic? Does it matter?[J]. Structural Safety, 2009, 31(2): 105-112.

[2] Federal Emergency Management Agency (FEMA). Quantification of building seismic performance factors[R]. FEM Report P 695, Redwood City, CA, USA: Applied Technology Council, 2018.

[3] Federal Emergency Management Agency (FEMA). Seismic performance assessment of buildings[R]. FEM Report P58, Redwood City, CA, USA: Applied Technology Council, 2018.

[4] Melchers R E, Beck A. Structural Reliability Analysis and Prediction[M]. 3rd ed.New York: John Wiley & Sons, 2017.

[5] Dolšek M. Simplified method for seismic risk assessment of buildings with consideration of aleatory and epistemic uncertainty[J]. Structure and Infrastructure Engineering, 2012, 8 (10): 939-953.

[6] Shome N. Probabilistic seismic demand analysis of nonlinear structures[D]. Stanford: Stanford University, 1999.

[7] Zhong Z, Shen Y, Zhao M, et al. Seismic fragility assessment of the Daikai subway station in layered soil[J]. Soil Dynamics and Earthquake Engineering, 2020, 132: 106044.

[8] Jalayer F, Cornell C. Alternative non-linear demand estimation methods for probability-based seismic assessments[J]. Earthquake Engineering and Structural Dynamics, 2009, 38 (8): 951-972.

[9] Estekanchi H, Vafai A, Sadeghazar M. Endurance time method for seismic analysis and design of structures[J]. Scientia Iranica, 2004, 11 (4): 361-370.

[10] Hariri-Ardebili M A, Sattar S, Estekanchi H E. Performance-based seismic assessment of steel frames using endurance time analysis[J]. Engineering Structures, 2014, 69: 216-234.

[11] Dávalos H, Miranda E. Evaluation of bias on the probability of collapse from amplitude scaling using spectral-shape-matched records[J]. Earthquake Engineering and Structural Dynamics, 2019, 48: 970-986.

[12] Jalayer F, Ebrahimian H, Miano A, et al. Analytical fragility assessment using unscaled ground motion records[J]. Earthquake Engineering and Structural Dynamics, 2017, 46: 2639-2663.

[13] Estekanchi H E, Arjomandi K, Vafai A. Estimating structural damage of steel moment frames by endurance time method[J]. Journal of Constructional Steel Research, 2008 (64): 145-155.

[14] Hariri-Ardebili M, Mirzabozorg H, Kianoush R. Comparative study of endurance time and time history methods in seismic analysis of high arch dams[J]. International Journal of Civil Engineering, 2014, 12 (2): 219-236.

[15] 钟紫蓝，甄立斌，申铁尧，等. 基于耐震时程分析法的地下结构抗震性能评价[J]. 岩土工程学报, 2020, 42 (8): 1482-1490.

[16] Zhang C M, Zhao M, Zhong Z L, et al. Optimum intensity measures for probabilistic seismic demand model of subway stations with different burial depths[J]. Soil Dynamics and Earthquake Engineering, 2022: 107138.

[17] Baker J, Cornell C. Choice of a vector of ground motion intensity measures for seismic demand

hazard analysis[C]//Proceeding of the 13th World Conference on Earthquake Engineering, Vancouver, Canada, 2004.

[18] Williams M S, Sexsmith R G. Seismic damage indices for concrete structures: A state-of-the-art review[J]. Earthquake Spectra, 1995, 11(2): 319-349.

[19] Park Y, Ang A H S. Mechanistic seismic damage model for reinforced concrete [J]. Journal of Structural Engineering, ASCE, 1985, 111(4): 722-739.

[20] 何浩祥，陈奎，范少勇．基于弹塑性耗能差率的地震损伤评估模型及分析方法[J]．振动工程学报, 2018, 31(3): 382-390.

[21] 中华人民共和国住房和城乡建设部．建筑抗震设计规范(GB 50011—2010)[S]．北京：中国建筑工业出版社, 2016.

[22] 中华人民共和国住房和城乡建设部．城市轨道交通结构抗震设计规范(GB 50909—2014)[S]．北京：中国计划出版社, 2014.

[23] 杜修力，蒋家卫，许紫刚，等．浅埋矩形框架地铁车站结构抗震性能指标标定研究[J]．土木工程学报, 2019, 52(10): 111-119.

[24] Argyroudis S A, Pitilakis K D. Seismic fragility curves of shallow tunnels in alluvial deposits[J]. Soil Dynamics and Earthquake Engineering, 2012, 35: 1-12.

[25] Qiu W, Huang G, Zhou H, et al. Seismic vulnerability analysis of rock mountain tunnel[J]. International Journal of Geomechanics, 2018; 18(3): 1-16.

[26] Zhong Z, Shen Y, Zhao M, et al. Seismic performance evaluation of two-story and three-span subway station in different engineering sites[J]. Journal of Earthquake Engineering, 2021: 1-31.

[27] 董正方，王君杰，姚毅超．城市轨道交通矩形地下结构层间位移角研究[J]．地下空间与工程学报, 2014, 10(S2): 1848-1852.

[28] 王文晖．地下结构使用抗震分析方法及性能指标研究[D]．北京：清华大学, 2013.

[29] 何志明，陈清军．考虑竖向地震作用效应的地下典型空间结构易损性性能指标探讨[J]．力学季刊, 2018, 39(01): 117-125.

[30] 庄海洋，任佳伟，王瑞，等．两层三跨框架式地铁地下车站结构弹塑性工作状态与抗震性能水平研究[J]．岩土工程学报, 2019, 41(1): 131-138.

[31] Elenas A, Meskouris K. Correlation study between seismic acceleration parameters and damage indices of structures[J]. Engineering Structures, 2001, 23(6): 698-704.

[32] Mehanny S S F, Ayoub A S. Variability in inelastic displacement demands: uncertainty in system parameters versus randomness in ground records[J]. Engineering Structures, 2008, 30: 1002-1013.

[33] Riddell R. On ground motion intensity indices[J]. Earthquake Spectra, 2007, 23(1): 147-173.

[34] Vamvatsikos D, Cornell C. Incremental dynamic analysis[J]. Earthquake Engineering and Structural Dynamics, 2002, 31(3): 491-514.

[35] NIBS. HAZUS-MH: Technical Manuals[M]. Washington DC: Federal Emergency Management Agency and National Institute of Building Science, 2004.

[36] Salmon M, Wang J, Jones D, et al. Fragility formulations for the BART system[C]//Proceedings of the 6th Conference on Lifeline Earthquake Engineering, TCLEE, Long Beach, 2003.

[37] Structural Engineering Association of California. SEAOC Version 2000. Performance based seismic engineering of building[R]. Sacramento, California, 1995.

[38] 刘晶波，刘祥庆，李彬. 地下结构抗震分析与设计的 Pushover 分析方法[J]. 土木工程学报, 2008, 41(4): 73-80.

[39] Pacific Earthquake Engineering Research Center. PEER strong motion database[DB/OL]. California Berkeley, 2005[2005-9-1]. http://peer.berkeley.edu/smcat/index.html.

[40] Martin P P, Seed H B. One-dimensional dynamic ground response analyses[J]. Journal of the Geotechnical Engineering Division, 1982, 108(7): 935-952.

[41] 杜修力，马超，路德春，等. 大开地铁车站地震破坏模拟与机理分析[J]. 土木工程学报, 2017, 50(01): 53-62, 69.

[42] 蒋家卫. 地铁地下结构抗震性能指标量化及地震易损性分析[D]. 北京：北京工业大学, 2021.

[43] Du X L, Jiang J W, El Naggar Hesham M, et al. Interstory drift ratio associated with performance objectives for shallow-buried multistory and span subway stations in inhomogeneous soil profiles[J]. Earthquake Engineering &Structural Dynamics, 2021, 50: 655-672.

[44] Applied Technology Council. Quantification of building factors[S]. ATC-63 Project Report, 2008.

[45] 中国国家标准化管理委员会. 中国地震动参数区划图(GB 18306—2015)[S]. 北京：中国标准出版社, 2015.

第 11 章　地下结构减震控制

1995 年日本阪神地震中大开地铁车站发生的严重坍塌破坏事件颠覆了人们对地下结构抗震安全问题的传统认知，引起了各国学者的广泛关注和重视。研究学者们针对地下车站的震害机理开展了大量的理论和试验研究[1-4]，普遍认为竖向支撑柱是地铁车站的抗震薄弱环节，地震中容易发生破坏。由以上章节可知，在水平向及竖向地震共同作用下，已剪切破坏的上覆土体竖向惯性效应增强，显著增加了支撑柱的动态轴压比，从而极大地削弱了其抗剪切变形能力，中柱先于侧墙发生破坏，从而引起结构体系的整体塌毁破坏。因此，在保证车站支撑柱足够竖向承载能力的基础上，提高其抗剪切变形能力或减小其水平变形是改善地下框架结构整体抗震性能的有效途径。

本章从以下两个方面介绍地下结构的抗、减震措施：采用截断柱、分体柱及叠层加芯柱等措施可增加中柱抗剪变形能力，提高车站的整体抗震性能；采用减、隔震支座等措施可在不改变中柱竖向变形承载力的前提下降低中柱的水平地震反应，即改变结构的抗侧力分配和地震力的传递。另外，可以采用增强中柱、加强顶板、改变结构形式等措施优化地下结构抗震设计，提高结构整体抗震能力。

11.1　截　断　柱

传统的地下框架结构的中柱和上、下梁板间的连接方式是“固接”，车站发生水平相对变形时，中柱端部将产生较大的内力以及出现集中塑性铰。轴压比越高，集中塑性铰破坏越严重，水平变形能力越差。为了提高中柱的水平变形能力和增加自复位能力，提出一种新型抗震支撑柱——截断柱[5]，利用人为的构造措施通过减小支撑柱抗侧强度和刚度来提高其变形能力，进一步地，在截断柱及上下板之间预留孔道，使用无黏结预应力筋连接支撑柱与上、下梁板，利用预应力筋回弹性提高结构的自复位能力。如图 11.1.1 所示，中柱上、下两端被截断，释放了柱端弯矩，在地震作用下，中柱与两端梁的接触面将产生类似“张开”和“闭合”的“摇摆”模式，与“固接”模式相比，可有效降低中柱两端的塑性损伤区域，大幅提升地震时中柱的水平变形能力，同时仍能起到稳定的承重作用，这实际上是一种控制失效模式、提高抗震能力的思路。同时，对于地下结构而言，上覆土重力和无黏结预应力筋在一定程度上可提高中柱的自复位效果。

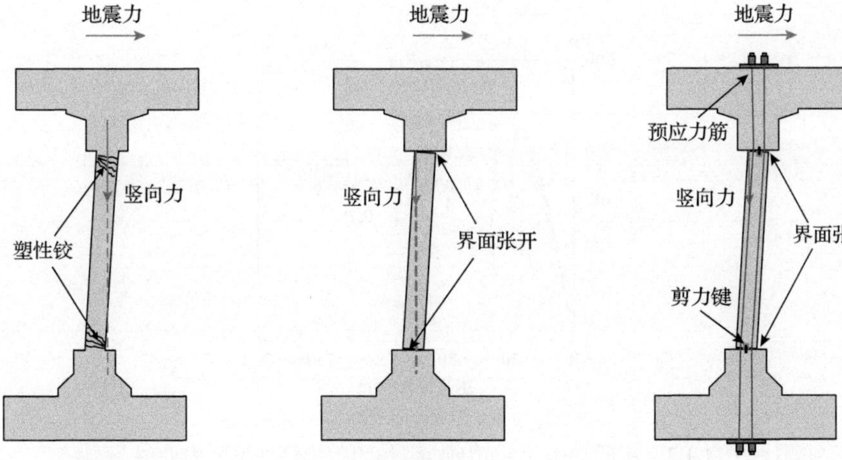

(a) 固接柱　(b) 截断柱　(c) 预应力筋截断柱

图 11.1.1　不同结构形式中柱构造示意图

为对比传统固接柱和新型抗震柱的抗震性能差异，分别建立传统固接柱和新型“截断”形式中柱(截断柱)以及预应力筋截断柱的有限元数值分析模型，研究三种类型中柱在单调加载作用下的变形能力和承载力以及往复循环加载条件下的滞回特性和恢复效果。

图 11.1.2 为不同轴压比作用下固接柱、截断柱和预应力筋截断柱的荷载-变形曲线，其中，将水平剪力降至峰值剪力 85%时的变形作为柱的极限变形能力值。从图中可以看出，随着轴压比增大，三者抗侧承载力和变形能力的变化趋势相近。随着变形的增加，抗侧承载力呈现出先增加后降低的趋势，且轴压比越大，其承载力下降趋势越明显。在相同轴压比作用下，截断柱和预应力筋截断柱的抗侧承载力低于固接柱的抗侧承载力，但两者的变形能力明显增强。以轴压比 0.7 为例，截断柱和预应力筋截断柱的极限位移(图中方框内数值)提高了一倍以上。其主

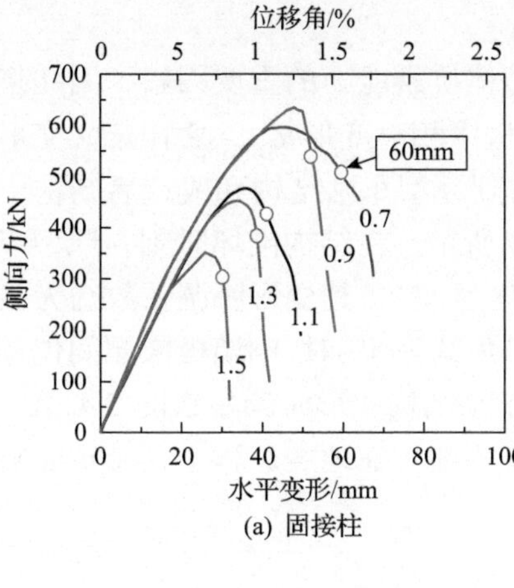

(a) 固接柱

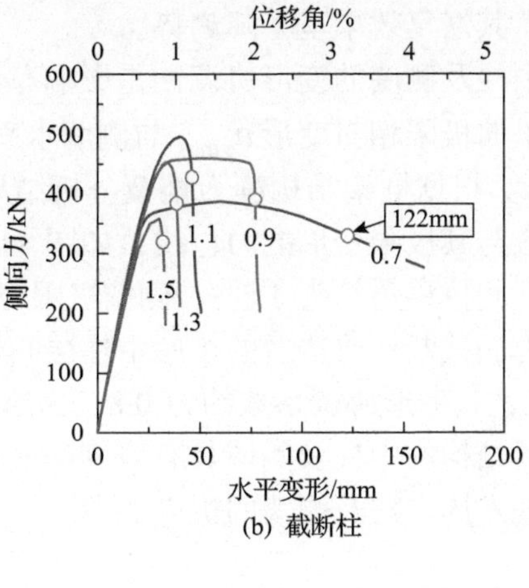

(b) 截断柱

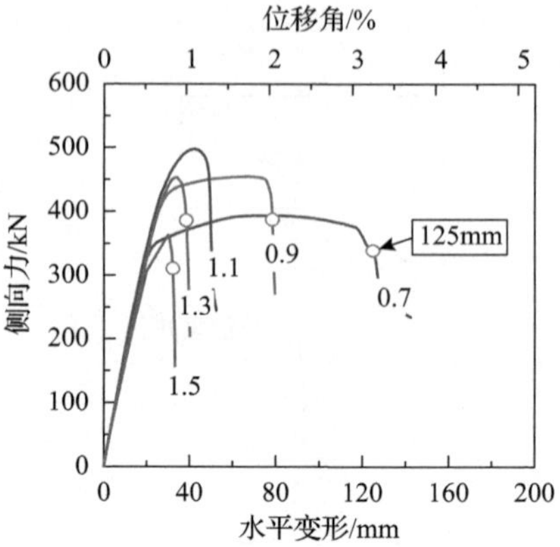

(c) 预应力筋截断柱

图 11.1.2　不同轴压比(图中数字)作用下中柱变形能力曲线

要原因是，截断柱模型两端约束放松，连接处的弯矩得到释放，使得中柱抗弯刚度变小，变形能力提高。

图 11.1.3 给出了各试件在不同轴压和不同变形情况下的滞回曲线，这里未考虑钢筋与混凝土之间的黏结滑移，仅讨论试件在加、卸载过程中的恢复效果。截断柱和预应力筋截断柱相较于固接柱抗侧承载力和耗能能力有所降低，但两者的残余变形明显减小，且预应力筋截断柱表现出更好的恢复效果。这种自复位能力可保证地下结构关键支撑柱在地震作用后不发生较大侧向变形。同时提取了相同变形条件(相同侧向位移 X)下固接柱和截断柱的塑性应变云图，如图 11.1.4 所示。可以看出，截断柱的损伤仅集中在柱两端的接触界面处，有效降低了柱两端的损伤，避免了塑性铰的形成。基于不同轴压比作用下截断柱和预应力筋截断柱的推覆位移角与残余位移角的关系曲线，得到每条曲线的突变点，即不同轴压比作用下，构件可恢复的最大变形曲线，如图 11.1.5 所示。当中柱水平位移在自复位最大变形范围内，即位于可恢复区时，中柱可达到自恢复的效果。而随着轴压比的增加，其恢复效果呈下降趋势。

中柱及侧墙的变形协调性是影响车站整体抗震能力的重要因素，因此将中柱的水平向极限相对变形 $u_{\text{c max}}$ 与侧墙水平向极限相对变形 $u_{\text{s max}}$ 之比定义变形协调系数 α。根据框架结构静力推覆分析结果得到原型车站结构和改造后结构中柱地震反应与其极限变形能力包线，如图 11.1.6 所示，在结构破坏时刻，原型车站中柱的层间位移角约为 1.5%，侧墙极限位移角为 5%，其变形协调系数约为 0.33。预应力筋截断柱改造后的车站中柱层间位移角约为 4%时，侧墙极限层间位移角约为 5%，其变形协调系数约为 0.8，为原型车站结构变形协调系数的 2.4 倍，表明改造后结构的中柱及侧墙具有更好的变形协调性。在地震过程中，结构能够更大程度地发挥中柱及侧墙的抗震能力。

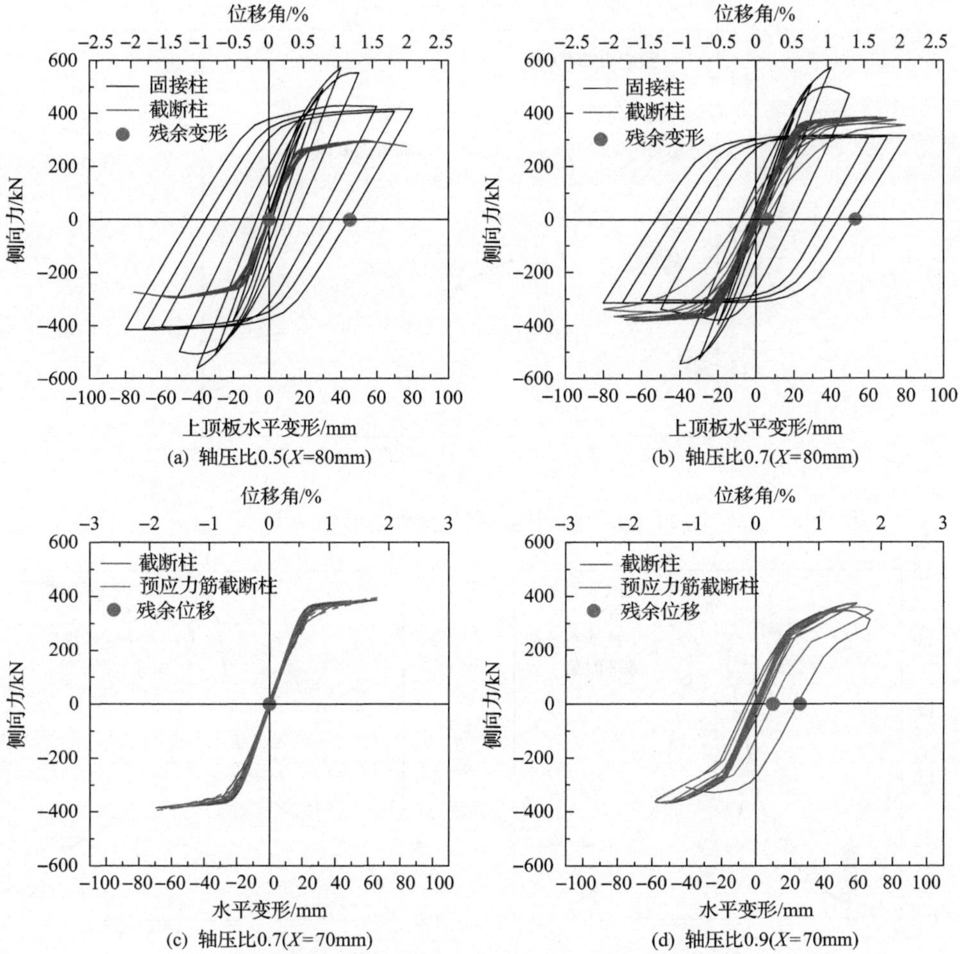

图 11.1.3　各试件的水平荷载-变形滞回曲线

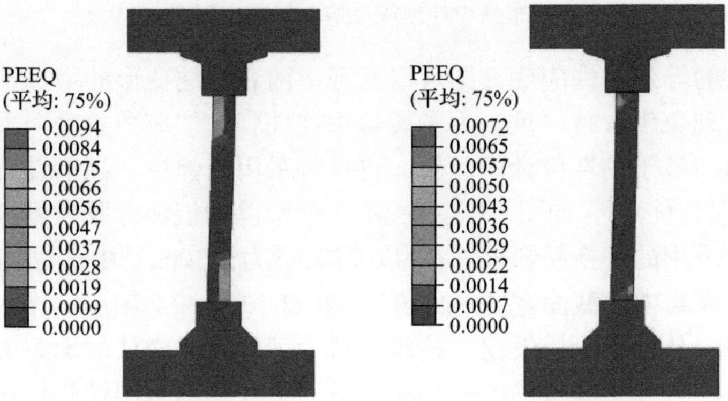

(a) 固接柱　　(b) 截断柱

图 11.1.4　试件混凝土等效塑性应变云图

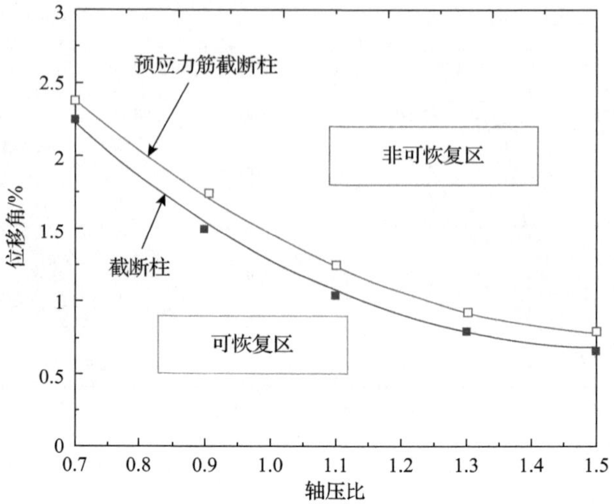

图 11.1.5　轴压比-自复位最大变形分界线

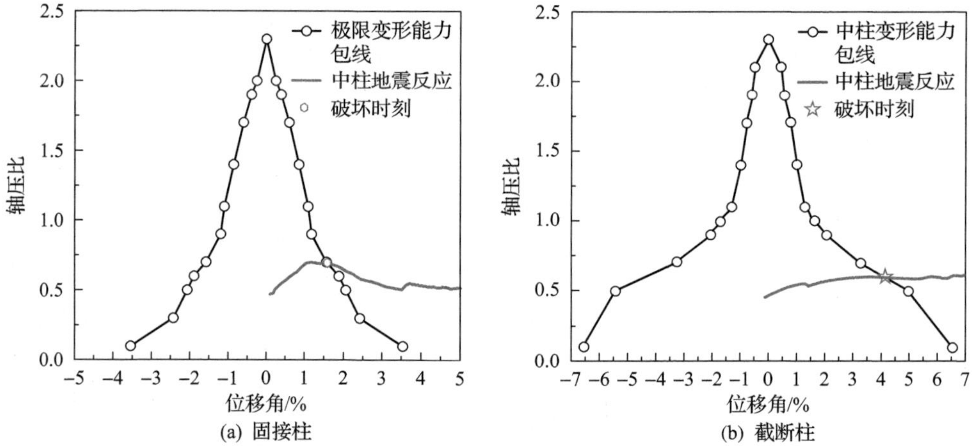

图 11.1.6　车站中柱地震反应与极限变形能力包线

根据中柱的等效塑性应变云图可以发现，随着中柱变形的增加，中柱柱脚位置的应力集中现象越来越严重。为了缓解中柱柱脚的“应力集中”现象，提高中柱的变形能力，基于韧性设计的思想，将柱脚采用高弹性、高韧性的材料进行更换(简称新型组合柱)[6]，如图 11.1.7 所示。分别以钢板和橡胶为例进行说明，此时两种组合柱采用的替换材料尺寸α为 0.750，β为 0.300(其中α、β分别为替换材料的宽度、高度与中柱截面宽度的比值)。图 11.1.8 为 0.7 轴压比作用下，中柱的变形能力曲线。从图中可以看出，柱脚材料为钢板时，中柱的承载力明显提高，并且变形能力明显高于固接柱的变形能力；而中柱脚部采用橡胶材料时，中柱的承载能力略有降低，但其变形能力远远高于固接柱的变形能力。分别提取上述两种新型组合柱在极限位移时刻的等效塑性应变云图，如图 11.1.9 所示。可以看出，采用高弹性、高韧性的材料替换中柱柱脚后，有效地缓解了柱脚的应力集中现象，减小了柱脚的损伤，提高了中柱的变形能力，尤其是采用橡胶材料替换后，柱脚的损伤会更大程度地降低。考虑到截断接触界面损伤较严重，实际工程中可对其进行加固处理。

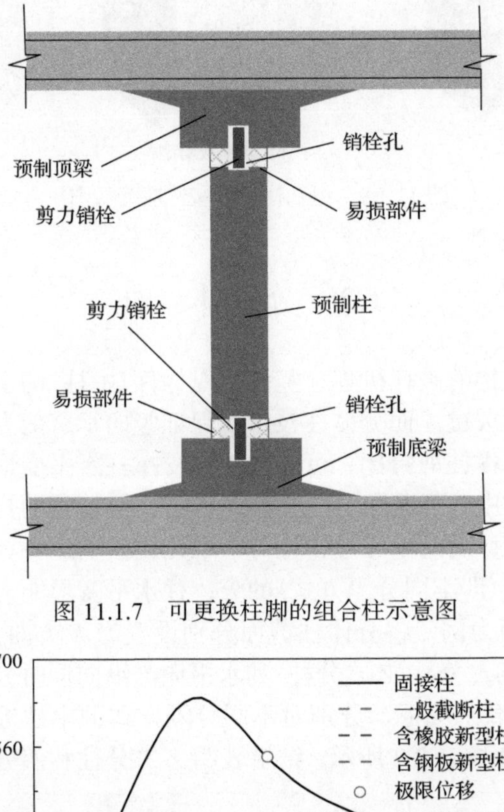

图 11.1.7　可更换柱脚的组合柱示意图

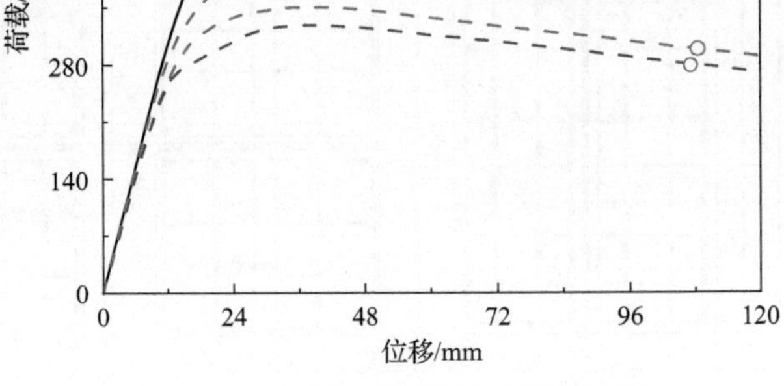

图 11.1.8　不同结构中柱变形能力曲线

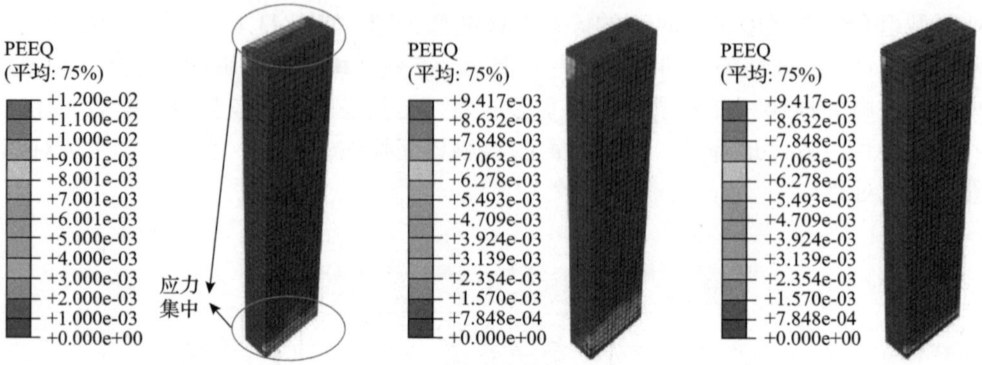

(a) 一般截断柱　　(b) 含钢板新型柱　　(c) 含橡胶新型柱

图 11.1.9　组合柱等效塑性应变云图

11.2 分 体 柱

基于地下框架结构的破坏机理，竖向支撑构件(中柱)的水平变形能力是影响结构整体抗震性能的关键。而分体柱技术在保证竖向承载能力的同时，通过降低支撑柱刚度、增大支撑柱剪跨比，可有效提高支撑柱水平变形能力。因此，将其应用于地下框架结构中，可提高中柱抗震性能[7,8]。分体柱的具体构造措施是将整截面的柱子分几个等截面的单元柱，且每个单元柱独立配筋。如图 11.2.1 所示，为研究不同截面构造(即不同分隔方式)的分体柱水平变形能力及承载能力，以实际地铁车站中柱截面为例，将分体柱截面分别设置为 X 方向分体的二分柱(X 二分柱)，Z 方向分体的二分柱(Z 二分柱)和水平向与纵向同时分体的四分柱。在轴压比为 0.5 的竖向荷载工况下，分别对不同分隔方式的中柱进行静力推覆分析，各试件的变形曲线如图 11.2.2 所示，结果表明 X 二分柱和四分柱均能提升中柱的

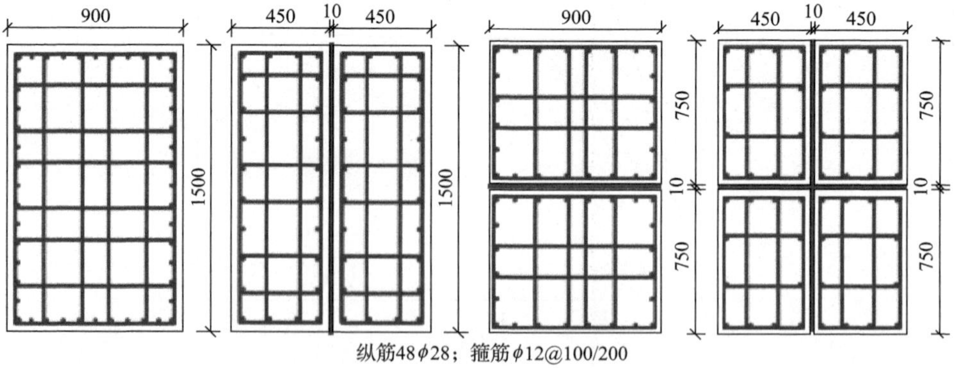

(a) 整体柱　　(b) X 二分柱　　(c) Z 二分柱　　(d) 四分柱

图 11.2.1　中柱截面不同分割方式及配筋图(单位：mm)

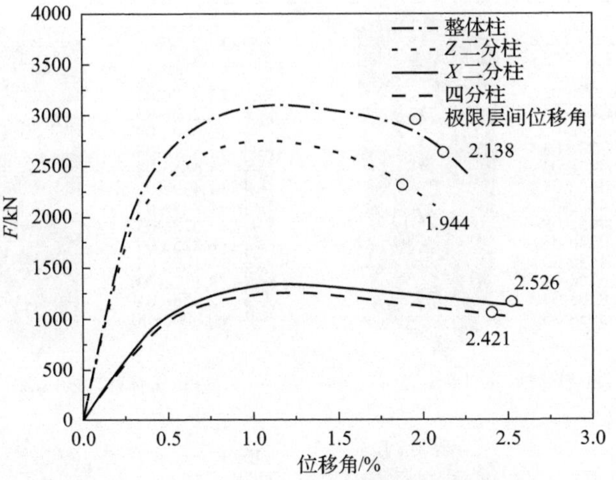

图 11.2.2　不同分隔方式试件变形曲线

水平变形能力，而 Z 二分柱反而降低中柱在水平方向的变形能力。X 二分柱最大限度地保证中柱竖向承载能力的同时，对中柱的水平变形能力提升效果最好。因此，下文分体柱均采用 X 二分柱。

采用位移加载模式对中柱进行静力推覆分析，获取不同轴压比下整体柱和分体柱的极限变形能力包络线，如图 11.2.3 所示。可以看出，在规范规定的地下结构中柱设计轴压比范围内，分体柱始终能够有效提升中柱的极限变形能力。此外，采用分体柱替换现浇整体柱能有效降低中柱的损伤程度，减小中柱受损伤区域。如图 11.2.4 所示，提取轴压比 0.8 作用下中柱不同层间位移比(δ)时整体柱及分体柱的等效应变云图，可见随着水平变形的增大，整体柱的损伤区域由柱端产生向

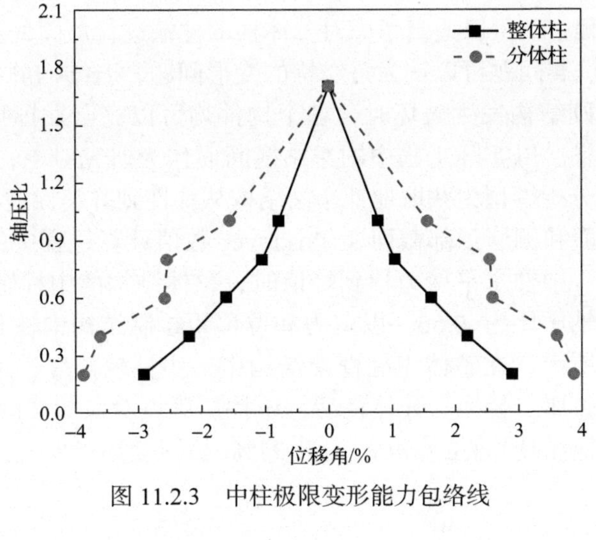

图 11.2.3　中柱极限变形能力包络线

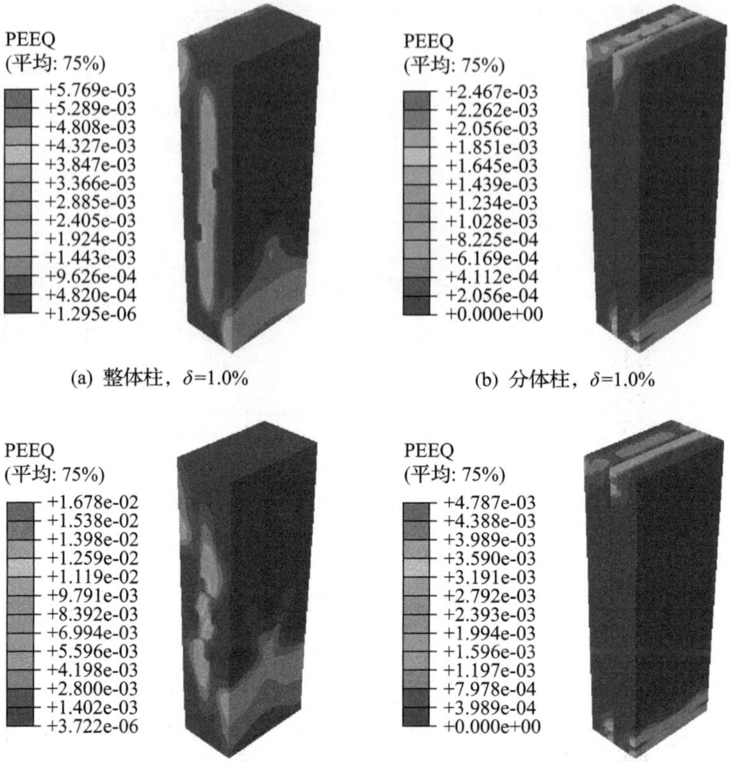

(a) 整体柱，δ=1.0%　　(b) 分体柱，δ=1.0%

(c) 整体柱，δ=1.5%　　(d) 分体柱，δ=1.5%

图 11.2.4　轴压比 0.8 作用下试件混凝土等效塑性应变对比图

中部发展，最终损伤遍布整个柱体，而分体柱的损伤程度远小于整体柱且主要集中在中柱的上下端部，有效减小了中柱的损伤区域。因此，为进一步减小中柱损伤，在实际的工程中，可以适当考虑对分体柱的柱端进行加固处理。

地下结构的抗震问题可以认为是结构的变形问题，若结构的各个构件具备协调的变形能力，则结构发生破坏时，各个构件均可以完全发挥自身的能力，达到理想的抗震效果。以实际工程中的车站横断面作为研究对象，建立土-结构相互作用 Pushover 分析模型为获取地铁车站结构从弹性到弹塑性过程的性能曲线，记录中柱柱顶截面和侧墙顶部截面在 Pushover 数值计算过程中的剪力与中柱和侧墙的相对位移。中柱水平剪力达到峰值时，整体结构的中柱轴压比为 0.64，分体结构的中柱轴压比为 0.66。以剪力和位移角绘制结构中柱和侧墙的变形曲线，如图 11.2.5 所示。在整体中柱框架结构中，中柱较侧墙先进入屈服状态并且先于侧墙遭到破坏。替换为分体柱后，中柱屈服点对应的层间位移角 δ_2 提升 20%，峰值荷载对应的层间位移角 δ_3 提升 21%，极限变形点对应的层间位移角 δ_4 提升 42%。

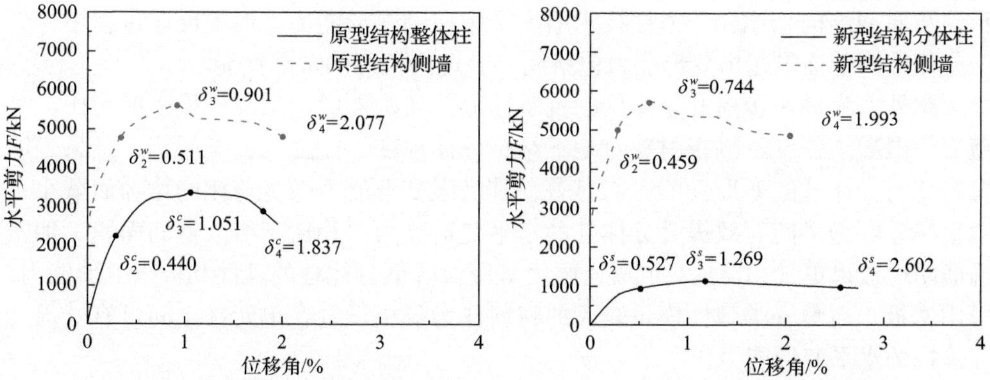

(a) 整体柱地下框架结构　　　　　　(b) 分体柱地下框架结构

图 11.2.5　构件变形曲线

以延性系数 μ(极限位移角 δ_4 和屈服位移角 δ_2 的比值)来评价构件的延性，原型框架结构整体柱的延性系数为 4.175，新型框架结构分体柱的延性系数为 4.937，中柱延性提升 18%，中柱在达到最大承载能力状态后仍能吸收一定能量，并且能产生较整体柱更大的变形而不致破坏。层间位移角达到 1.993%时，侧墙的承载力已下降至峰值荷载值的 85%，可认为侧墙已破坏，而此时分体中柱依然能起到支撑的作用，采用分体柱替换现浇整体柱改善了浅埋地下框架结构在高轴压比工况下中柱和侧墙变形不协调的问题，有效提升了地下车站结构的抗震性能。

进一步建立土-结构相互作用体系动力计算模型，获得地下结构在地震作用下的地震响应，运用变形能力包络线和中柱地震反应的相互关系作为地下结构抗震性能的评价指标，计算结果如图 11.2.6 所示。整体柱在 8.26s 时刻的反应超出变形能力包络线，认为此时结构已经破坏，而分体柱的最大反应未超出变形能力包络线，表明分体柱在该地震水平下的变形能力满足要求。动力时程数值分析结果显

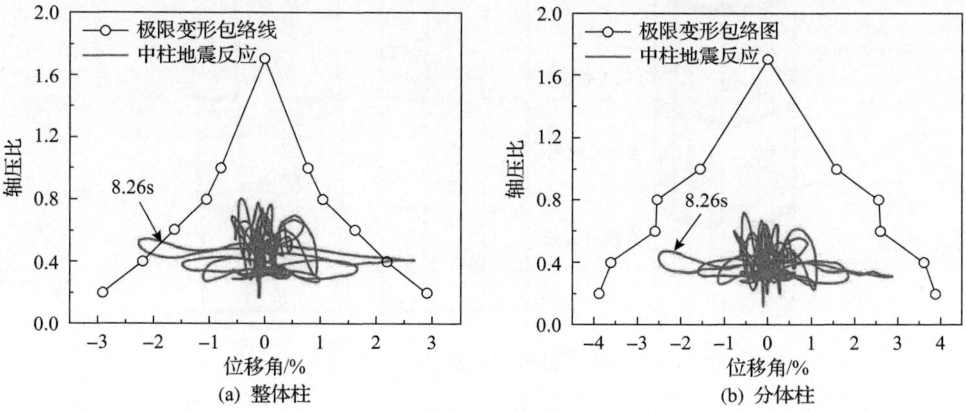

(a) 整体柱　　　　　　(b) 分体柱

图 11.2.6　中柱反应与变形能力包络线

示，与原型结构相比，分体柱技术增大了中柱的变形能力，地震反应过程中，新型分体结构中柱未超出变形能力包络线，表现出很好的抗震性能。

此外，为进一步提升分体柱的抗震性能，从构件层次系统分析了剪跨比、配箍率、混凝土强度、隔板材料对地下结构分体柱变形能力的影响规律，结果表明剪跨比对分体柱的变形性能影响显著，其极限变形能力随剪跨比的增加而减小；适量提升配箍率能有效提升分体柱的水平变形能力，相比于增大箍筋面积，加密箍筋间距效果更佳；仅提高混凝土强度等级会降低分体柱的延性和极限变形能力；采用木板、石膏一类弹性模量较大的材料作为隔板设置在单元柱之间可有效提升分体柱的水平变形能力。

总体而言，采用分体柱作为地下结构中柱能够在不改变中柱竖向承载能力的前提下，增加中柱的长细比，通过提高其变形能力来提升关键抗震构件的抗震性能，从而避免其因延性不足而发生破坏，并且有效提升了中柱和侧墙的变形协调能力及结构整体抗震性能，为分体柱在地下结构中的应用提供有效设计参考。

11.3 叠层加芯柱

为了避免结构中柱因侧向变形能力不足而发生破坏，提出一种新型叠层加芯柱[9,10]。叠层加芯柱可有效提高中柱的水平变形能力，保证大变形情况下中柱仍具有良好的支承作用。叠层加芯柱的具体构造及变形特征如图 11.3.1 所示。

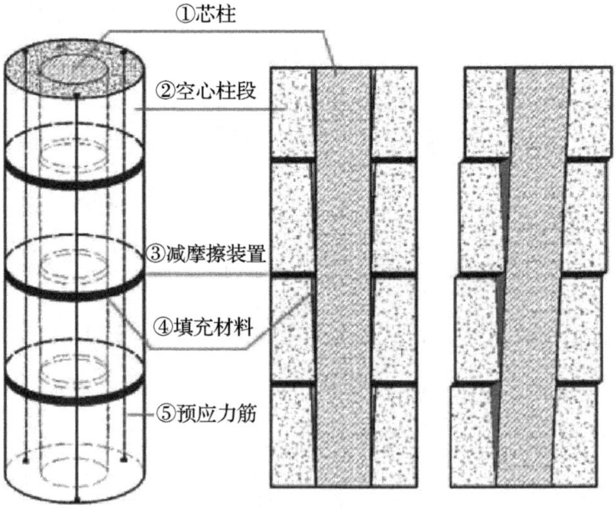

图 11.3.1 叠层加芯柱的具体构造及变形特征

叠层加芯柱主要由内部芯柱、外侧预制叠层空心柱段、空心柱段间减摩擦装置、芯柱与外侧柱段间的弹性填充层组成，必要时可在外侧柱段中增加预应力筋，以保证中柱的整体性和柱段间的协调变形。外侧预制叠层空心柱段由各预制层依次叠加组成中空结构，内部芯柱插入预制叠层柱段的空腔中，形成整体叠层加芯柱。在外侧预制叠层空心柱段的各预制层之间设置减摩擦装置，保证柱段间在剪力作用下可以发生水平相对滑移。芯柱截面尺寸小、长细比大、水平变形能力强，容易满足结构的变形需求；外侧柱段竖向不连续，柱段之间可发生相对错动，水平变形过程中较少承担剪力和弯矩。竖向荷载在柱段之间均匀传递，可避免现浇混凝土柱截面一端受拉、一端受压的情况。芯柱和外侧柱段互为约束和支撑，两者共同作用、优势互补。受压时，芯柱与外侧柱段共同承担竖向荷载，可达到与普通现浇柱等同的竖向承载能力；受剪时，剪力主要由芯柱承担，外侧柱段的剪切变形转化为柱段间的水平滑移，柱段全截面均匀受压，大变形时柱段仍具有较好的竖向承载能力。

建立叠层加芯柱的有限元模型，获得叠层加芯柱在不同轴压比作用下的推覆力-位移曲线，如图 11.3.2 所示。此曲线可分为三部分：水平荷载初次下降前为芯柱的弯曲变形过程，水平抗侧力由芯柱的抗侧力和柱段之间的摩擦力组成；芯柱达到抗剪强度后，水平变形继续增加时，各柱段之间平稳滑动，而抗侧力基本保持不变；最后，水平荷载平稳上升，增加的部分为芯柱和外侧柱段之间的剪切作用造成的。推覆位移过大时，芯柱截面发生局部剪切破坏，导致水平抗侧力不再继续增加。

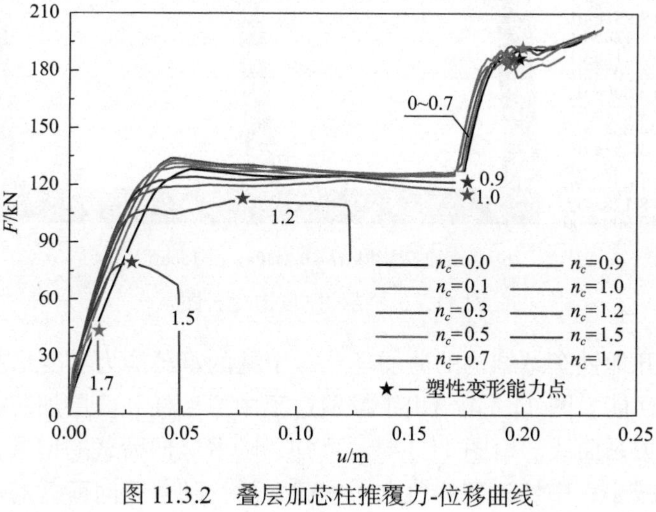

图 11.3.2　叠层加芯柱推覆力-位移曲线

以大开地铁车站结构为原型，改变中柱形式，采用叠层加芯柱替换原型柱，改变顶板上的竖向荷载水平，进行了静力推覆试验，对比分析不同条件对结构抗震性能的影响规律。图 11.3.3 为原型车站结构和采用叠层加芯柱的结构刚度退化云图。从该云图中可以定性地判断结构的破坏模式和损伤演化规律。宏观上看，原型结构破坏前，中柱全截面出现严重的刚度退化和损伤累积，中柱是结构率先破坏的构件。此外，中柱的弯曲导致顶板挠曲加大，顶板下表面出现受拉裂缝。结构墙板连接隅角处是应力集中部位，出现了较明显的损伤破坏。对于采用叠层加芯柱的结构，在水平推覆过程中，叠层加芯柱的变形既不是弯曲变形，也不是剪切变形，而是通过柱段之间的滑移变形保持和顶板的协调变形。柱段的滑移释放了剪力和弯矩，柱端横截面不再出现受压区压应力集中以及受拉区混凝土开裂的现象，而是全截面均匀受压，柱段基本没有较大的损伤。从宏观上看，采用叠层加芯柱可明显提高结构的水平变形能力和竖向承载能力。

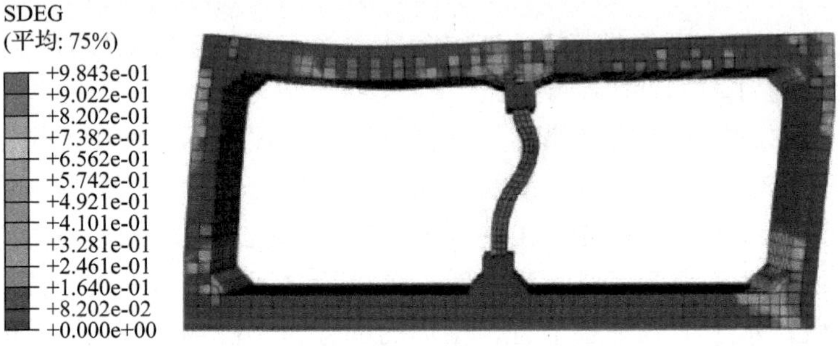

(a) 原型结构(P=0.2MPa，u=27cm)

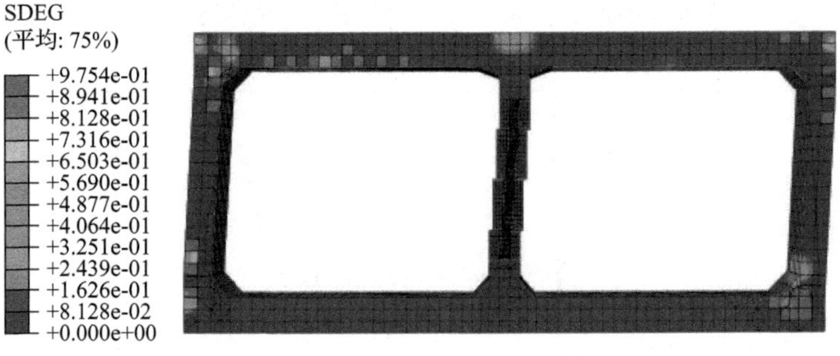

(b) 叠层加芯柱结构(P=0.2MPa，u=15cm)

图 11.3.3　结构刚度退化云图

中柱是大开地铁车站结构的薄弱环节，中柱的承载能力和变形能力直接决定了结构的抗震性能。图 11.3.4 给出了推覆过程中原型柱和叠层加芯柱承担的剪力与推覆位移的关系曲线。由图 11.3.4(a)可知，随着竖向荷载的增大，中柱的抗剪强度先增大后减小；中柱达到峰值水平承载力后，随着竖向荷载的增大，荷载下降段曲线越来越陡，说明高轴压的中柱容易发生脆性破坏。而随着推覆位移的增大，叠层加芯柱承担的剪力单调增加，中柱表现出较好的延性性能。从数值上看，中柱承担的剪力很小，相对于结构的抗侧力而言几乎可以忽略不计。由于叠层加芯柱外侧柱段不连续，柱段间设置摩擦接触，中柱整体抗侧刚度明显减小。中柱承担的剪力主要由芯柱的剪力和柱段之间的摩擦力组成，芯柱长细比大，变形能力强而抗侧力弱，同时，柱段之间的摩擦系数较小，摩擦力也较小，因此，叠层加芯柱基本不承担剪力，但具有较好的大变形稳定性。

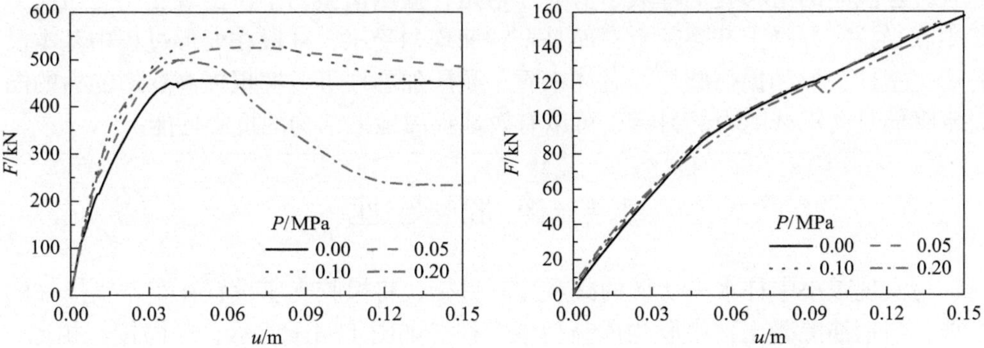

(a) 原型柱　(b) 叠层加芯柱

图 11.3.4　中柱剪力与推覆位移关系曲线

采用同样的分析方法，提取中柱柱端水平相对位移和竖向相对位移关系曲线，如图 11.3.5 所示。对于原型结构，当竖向荷载较大时，中柱的竖向变形逐渐增加，尤其当中柱剪力超过抗剪强度后，即位移大于 0.06m 时，中柱的竖向变形迅速增加，说明当中柱达到抗剪强度后，其竖向承载能力显著下降。而对于叠层加芯柱而言，随着推覆位移的增大，中柱的柱端竖向相对变形变化很小，推覆位移达到 0.15m 时，叠层加芯柱的竖向相对变形增量小于 1mm。推覆过程中，中柱的竖向相对变形变化较为平稳，未出现明显的竖向变形加速和不可控现象，表明采用叠层加芯柱可以有效提高结构的竖向承载能力并减小中柱的竖向相对变形。

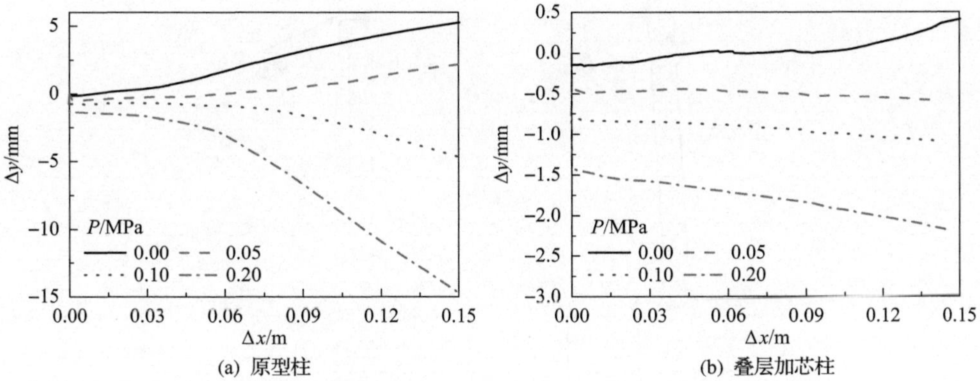

(a) 原型柱　(b) 叠层加芯柱

图 11.3.5　中柱柱端水平相对位移-竖向相对位移关系曲线

由以上分析可知，采用叠层加芯柱替换原有矩形中柱后，中柱和结构均表现出较好的变形能力和竖向承载能力。当水平变形较大时，结构或中柱的水平承载能力均未出现下降，而是屈服后一直缓慢上升，表现出很好的延性性能。在推覆过程中，叠层加芯柱在竖向没有出现明显的变形，表现出良好的竖向支承能力。而且，柱段间的滑移变形释放了剪力和弯矩，柱端横截面不再出现受压区压应力集中和受拉区混凝土开裂现象，而是全截面均匀受压，柱段在变形过程中基本没有产生塑性变形和损伤破坏。总体来看，叠层加芯柱可以实现提高变形能力的同时不降低竖向承载能力的目标，可以有效地提高地下结构的抗震性能。

11.4 橡 胶 支 座

为实现减小中柱水平变形的减震控制目标，将橡胶支座设置在车站支撑柱的柱顶，与钢筋混凝土柱串联构成新型减震柱。如图 11.4.1 所示，与固接柱相比，减震柱在一定程度上改变了结构的抗侧力分配和地震力的传递，并利用橡胶支座较大的水平变形能力来吸收支撑柱部分的地震能量，以此达到减小地震作用下地铁车站支撑柱变形反应的目的。以日本单层双跨式大开地铁车站为例，将橡胶支座设置在中柱与顶梁之间，结合车站中柱横截面尺寸及其承受较大竖向压力的特点，为保证支座具有较大的竖向承载力以及正常使用状态下橡胶支座的压应力满足压应力限值的要求，橡胶支座的尺寸不宜设置过小，采用局部加大柱顶截面尺寸的措施，沿地铁车站纵向方向在中柱顶端并排设置两个相同的橡胶支座，以满足支座承载力稳定性及施工质量要求。

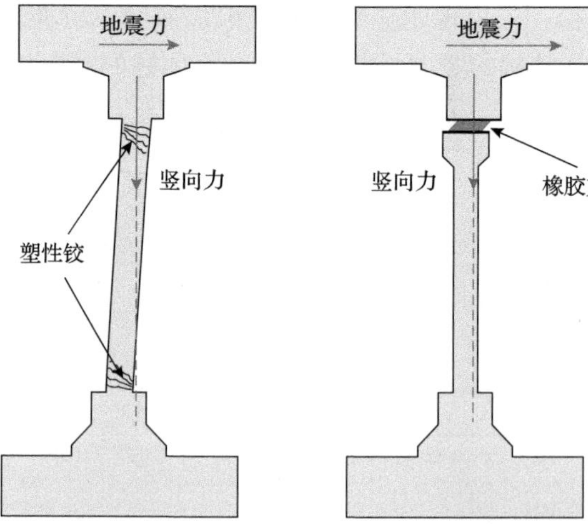

(a) 固接柱　　(b) 减震柱

图 11.4.1　固接柱和减震柱构造示意图

考虑到上覆土体和竖向地震作用下支座的受压稳定性问题，建立土-结构以及支座的三维模型，采用非线性动力时程分析方法，对比研究不同地震强度下地铁车站柱端设置普通叠层橡胶支座(LNR)和铅芯橡胶支座(LRB)两种支座类型的减震效果以及橡胶支座的受力状态。两类橡胶支座尺寸见图 11.4.2。基于结构的动力反应结果，获得各工况下结构关键构件的水平变形，从表 11.4.1 可以看出，在相同地震作用下新型减震结构的侧墙水平变形较原型结构均略有增大，相反，中柱的水平变形大幅度地减小，其减震率最高达到了 86% 左右。而设置的橡胶支座类型不同，其减震效果也有所差异。LNR 对中柱的变形减震效果要优于 LRB，但支座位移和结构侧墙变形略有增大。

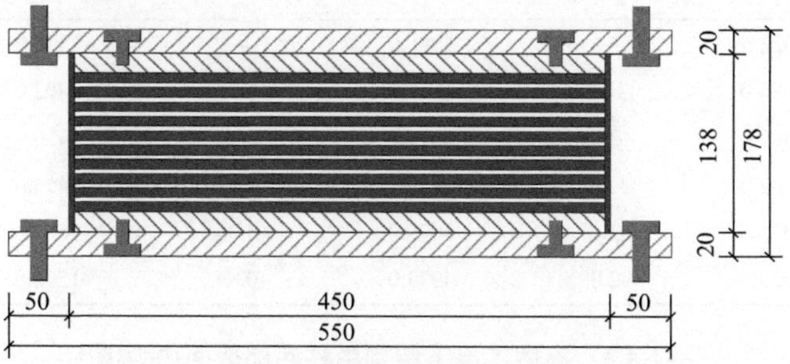

(a) 普通叠层橡胶支座

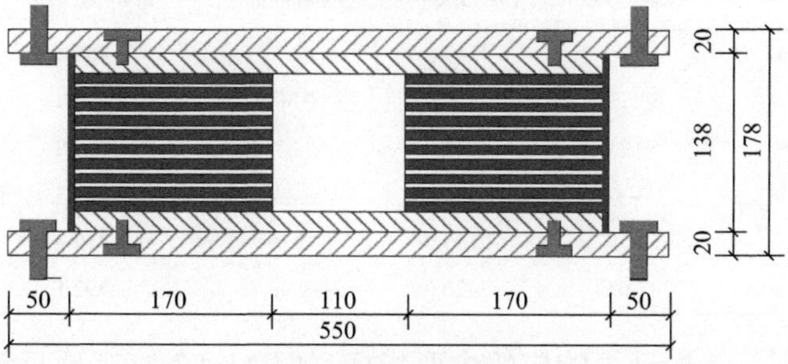

(b) 铅芯橡胶支座

图 11.4.2　橡胶支座示意图(单位：mm)

表 11.4.1　不同工况下结构关键构件水平变形值

工况	地震动峰值加速度/g	支座类型	侧墙最大水平变形/m	减震率/%	中柱最大水平变形/m	减震率/%	支座最大水平变形/m
DE-1	0.2	无	0.0241	—	0.0244	—	—
DE-2	0.2	LNR	0.0267	–10.80	0.0032	86.77	0.0256
DE-3	0.2	LRB	0.0264	–9.42	0.0102	58.14	0.0187
SDE-1	0.4	无	0.0867	—	0.1020	—	—
SDE-2	0.4	LNR	0.0923	–6.46	0.0212	79.17	0.0952
SDE-3	0.4	LRB	0.0919	–6.03	0.0346	66.09	0.0759

为对比研究新型减震结构和原型结构内力响应的差异性，分别提取中柱和侧墙底部截面的内力值(轴力、剪力和弯矩)，如表 11.4.2 和表 11.4.3 所示，新型减震结构的侧墙底部截面的最大剪力、轴力和弯矩值与原型车站结构相比均有所增大，但其变化程度并不显著。中柱底部截面的最大轴力较原型结构无明显变化，而剪力和弯矩均有较大程度的减小，中柱剪力的减震率最高，达到了 83%左右。同样地，相比于 LRB，LNR 显示出较好的内力减震效果。

表 11.4.2　不同工况下结构侧墙底部截面内力值

工况	剪力/kN	减震率/%	轴力/kN	减震率/%	弯矩/(kN·m)	减震率/%
DE-1	1523.0	—	−4388.0	—	−1310.0	—
DE-2	1685.0	−10.64	−4651.0	−5.99	−1403.0	−7.10
DE-3	1580.0	−3.74	−4571.0	−4.17	−1430.0	−9.16
SDE-1	1884.0	—	−4929.0	—	−1455.0	—
SDE-2	1934.0	−2.65	−5079.0	−3.04	−1504.0	−3.37
SDE-3	1923.0	−2.07	−4973.0	−0.89	−1502.0	−3.23

表 11.4.3　不同工况下结构中柱底部截面内力值

工况	剪力/kN	减震率/%	轴力/kN	减震率/%	弯矩/(kN·m)	减震率/%
DE-1	522.5	—	−4643.0	—	−488.4	—
DE-2	88.2	83.12	−4629.0	0.30	−139.4	71.46
DE-3	160.9	69.21	−4626.0	0.37	−313.8	35.75
SDE-1	611.8	—	−4929.0	—	−585.3	—
SDE-2	291.1	52.39	−5185.0	−5.19	−419.4	28.34
SDE-3	320.3	47.65	−5420.0	−9.96	−492.1	15.92

作为衡量车站结构动力响应的主要指标，图 11.4.3 直观地显示出了 0.2g 地震动峰值加速度作用下中柱的水平变形和水平剪力时程变化情况。可以发现，减震车站中柱的剪力和变形结果类似，相比于原型结构均有大幅度的减小，且相同地震动作用下设置 LNR 的车站结构减震效果更好。分析可知，在柱端设置水平刚度较小的橡胶支座，一方面吸收了地震作用下支撑柱部分主要的变形，大大降低了中柱的水平变形；另一方面改变了结构抗侧力体系，减小了中柱剪力和弯矩传递。另外，相同尺寸的 LRB 相比于 LNR，增大了支座与中柱的刚度比值，因此，中柱的减震效果有所降低。由以上结果表明，相比于传统抗震结构，柱顶增设柔性橡胶支座可大幅度降低地下车站中柱的水平变形和内力反应，尤其是中柱剪力和弯矩的减震率达到 80%左右，实现了结构关键支撑柱的减震控制。

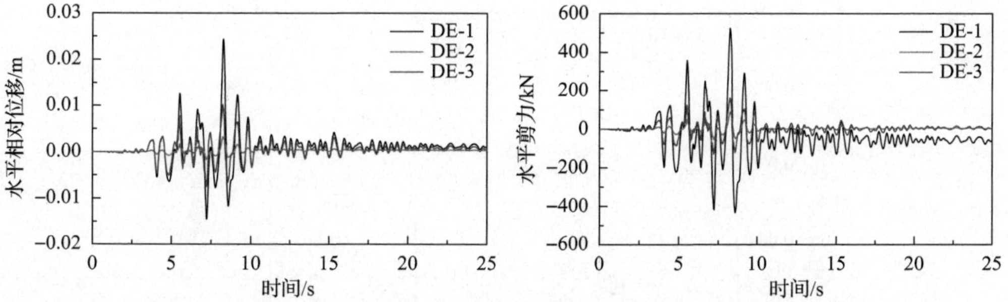

图 11.4.3　0.2*g* 地震动峰值加速度工况下中柱动力反应时程曲线

基于地下结构抗震设防目标，绘制中柱动力反应曲线与极限变形能力包络线，如图 11.4.4 所示。可以发现，0.2*g* 的地震动加速度峰值作用下中柱的地震反应曲线均位于支撑柱的极限变形能力包络线内，结构处于安全的工作状态；而 0.4*g* 的强地震作用下原型大开车站中柱的水平变形较大，超出了其极限变形能力包络线，中柱发生破坏，而设置了橡胶支座的新型减震结构中柱的水平位移均不大于 0.04m，一直处于安全区域内。由此可以说明，橡胶支座的设置对地下结构中柱起到了很好的保护作用，达到了破坏模式可控的效果。

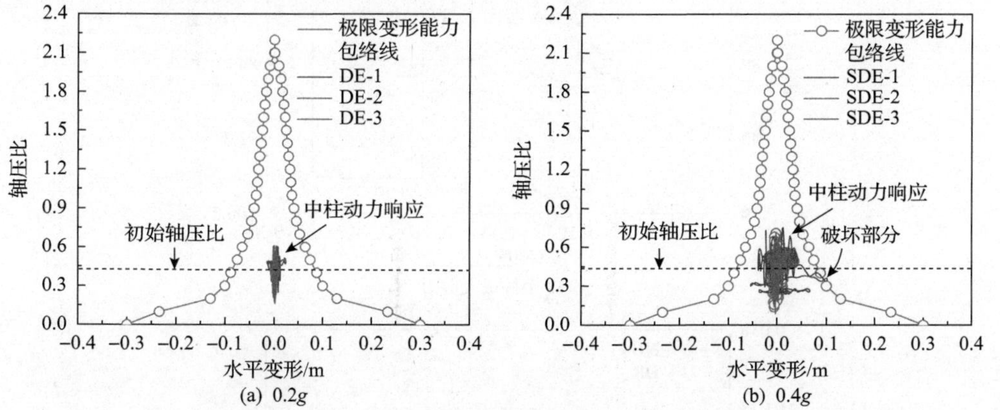

图 11.4.4　中柱动力反应与极限变形能力包络线

橡胶支座的水平刚度特性是影响支座变形能力和减震效果的重要因素。因此，以橡胶支座和中柱的水平刚度比值(刚度比) β 为设计参数，分别改变橡胶剪切模量 G 和橡胶总厚度 Tr 来实现不同的 β 值。由图 11.4.5 所示的刚度比与结构动力响应关系曲线可知，橡胶支座的水平刚度特性对中柱的减震效果影响较大，随着支座水平刚度的降低，即刚度比的减小，中柱剪力和变形呈线性减小的趋势，且在刚度比 0.044～0.253 的变化范围内，减震率均在 60%以上。另外，随着刚度比的增大，减震结构的侧墙水平变形和支座水平位移均逐渐减小。侧墙水平变形

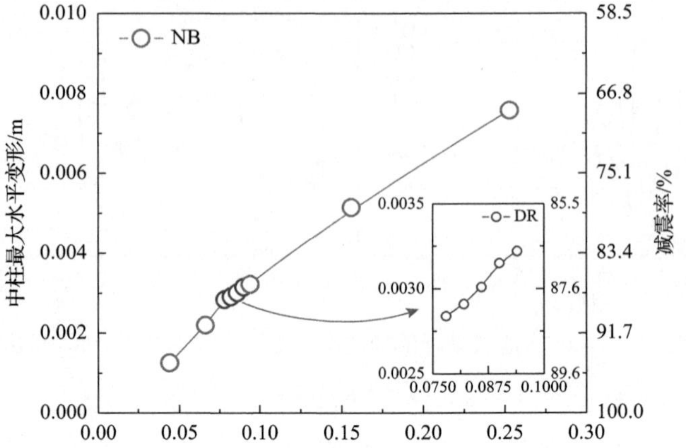

(a) 中柱最大水平变形

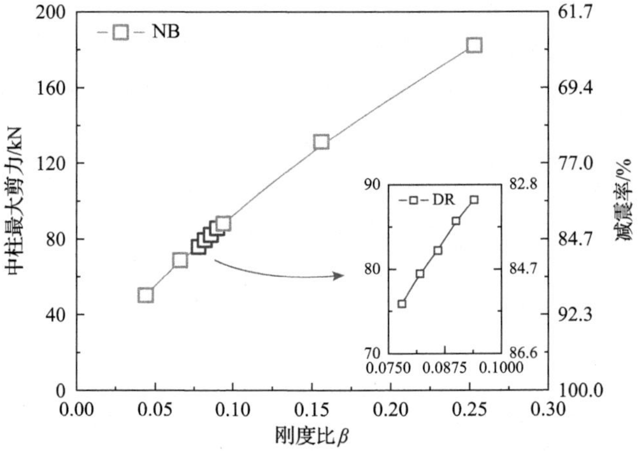

(b) 中柱最大剪力

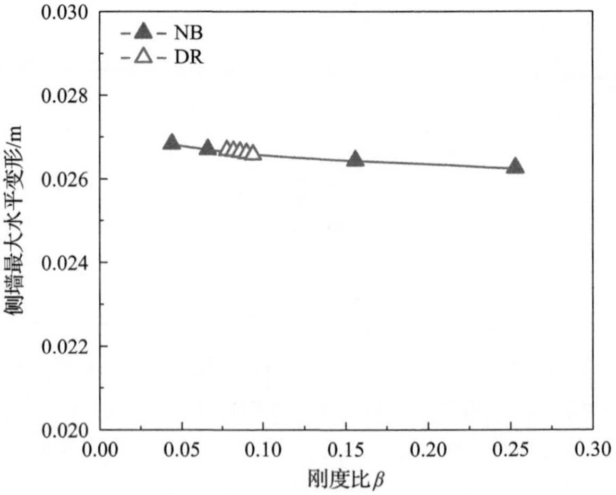

(c) 侧墙最大水平变形

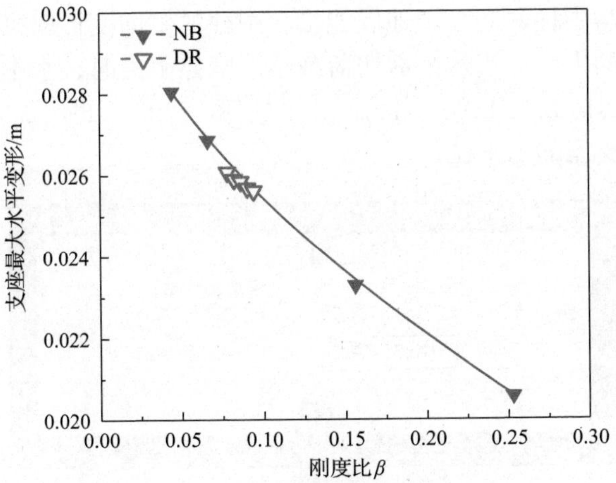

(d) 支座最大水平变形

图 11.4.5　刚度比和结构动力响应关系曲线图

NB-不同橡胶剪切模量工况，DR-不同橡胶层厚度工况

的变化程度较小，增幅在 8%～10%，而支座的最大水平位移有所下降，降幅可达 28%。因此，在保证减震效果的基础上，合理选取橡胶支座的水平刚度可实现地下结构的减震控制和支座性能的优化。

综上所述，通过在地下结构支撑柱柱端串联柔性橡胶支座，实现了结构关键支撑柱的减震控制，改变了结构的抗侧力机制，大幅度减小了中柱的变形、剪力和弯矩。相同尺寸和参数的天然叠层橡胶支座对中柱的减震效果要优于铅芯橡胶支座，但支座位移和结构侧墙变形略有增大。橡胶支座的水平刚度特性对中柱的减震效果影响较大，随着支座水平刚度的降低，即刚度比的减小，中柱剪力和变形呈线性减小的趋势。为减小结构侧墙和橡胶支座的水平变形，并实现对较小外界荷载激励的控制作用，在保证减震率的前提下，可适当增加橡胶支座的阻尼，即采用铅芯橡胶支座或搭配阻尼器的天然叠层橡胶支座。

11.5　滑动摩擦支座

结合浅埋地下框架结构的失效模式和结构减震控制理念，设置位移吸收型的减震装置来减小支撑柱的水平变形可提高结构的抗震性能。区别于地上结构增大结构周期的隔震设计理念，在地下地铁车站中柱的柱端设置滑动支座可将顶板和中柱隔开从而释放梁柱节点约束，地震作用下利用滑板之间的相对水平滑移吸收中柱部分的水平变形，减小中柱的地震反应。支撑柱的承载能力是评价地下结构抗震安全性能的关键，其抗压承载力、抗剪承载力以及变形能力是影响结构响应的关键因素，它们之间相互关联并决定了地震激励下地下结构的安全。如图 11.5.1

所示，滑动支座与中柱共同承担地震能量，中柱的侧向变形取决于水平剪切荷载和滑动摩擦阻力的大小。当水平剪切荷载小于摩擦阻力时，水平变形完全由中柱承担；当水平剪切荷载大于摩擦阻力时，中柱侧向变形不再增加，支座开始滑动，水平变形转化为支座的水平位移。

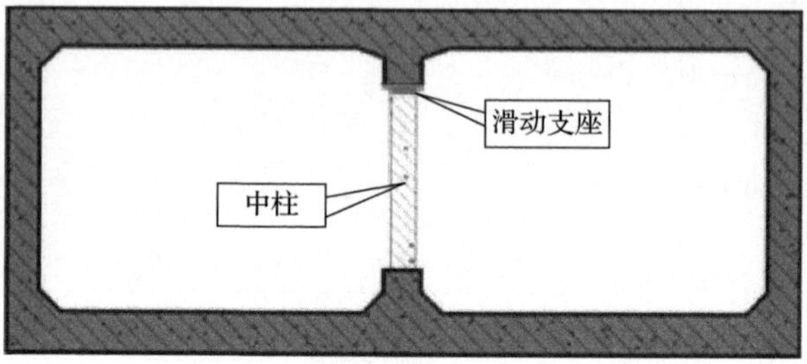

图 11.5.1　滑动支座布置位置示意图

基于地下结构抗震设防目标，构件的变形能力可依据支撑柱的荷载-位移曲线来确定。因此，为实现支撑柱的破坏模式可控，从结构中截取出中柱部分模型，采用位移加载模式进行不同轴压下的中柱静力推覆模拟分析，得到中柱的支撑柱荷载-位移曲线，根据上述四水准抗震性能指标的划分，确定不同轴压下各性能指标点对应的剪力和位移，计算获得中柱分别达到混凝土开裂荷载、屈服荷载和峰值荷载对应的摩擦系数，如图 11.5.2 所示。摩擦系数的取值取决于水平剪力和竖向压力的比值，以支撑柱达到最大轴压比 0.9 为例，在线弹性范围内，即水准 2 范围对应的最小摩擦系数为 0.077，理论上，当支座摩擦系数小于其值，摩擦阻力就小于相对应轴压下的屈服荷载，支座滑动，则中柱的侧向变形得以控制。

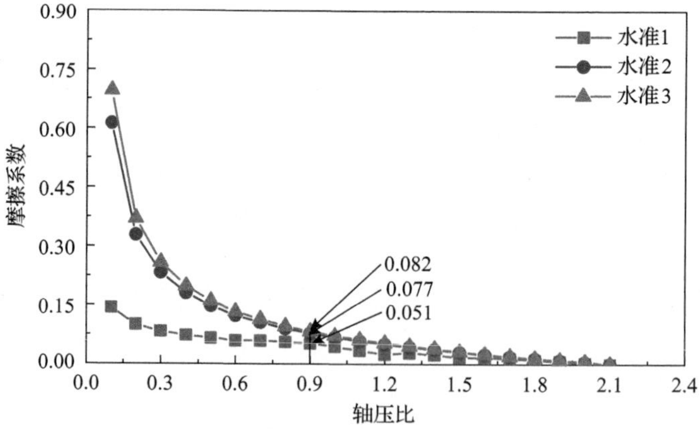

图 11.5.2　轴压比-摩擦系数关系图

聚四氟乙烯(PTFE)类滑动支座构造简单、承载力强、使用寿命长、价格低廉，因而在地上房屋建筑、桥梁结构中应用较多。摩擦副采用复合聚四氟乙烯板与镜面不锈钢材料，具有摩擦系数极低、自润滑免维护、耐摩擦高寿命等特点。相比于滑板橡胶支座，双向活动盆式橡胶支座和球形钢支座可承受较大的竖向载荷，并适应径向、环向位移要求，具有良好的减震性能，支座构造如图 11.5.3 和图 11.5.4 所示。将这两类滑动支座设置于地下结构中柱与顶梁之间进行结构减震控制，取聚四氟乙烯滑板与钢材之间的摩擦系数为 0.04，建立滑动支座-结构-土体的三维有限元模型，对组成的减震结构体系进行非线性动力时程分析，以验证两类滑动支座的有效性。

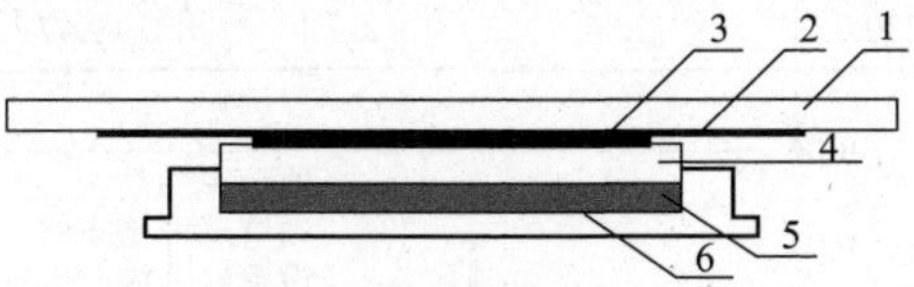

图 11.5.3　双向活动盆式橡胶支座

1-顶板；2-不锈钢板；3-PTFE 板；4-中间钢；5-橡胶板；6-底盆

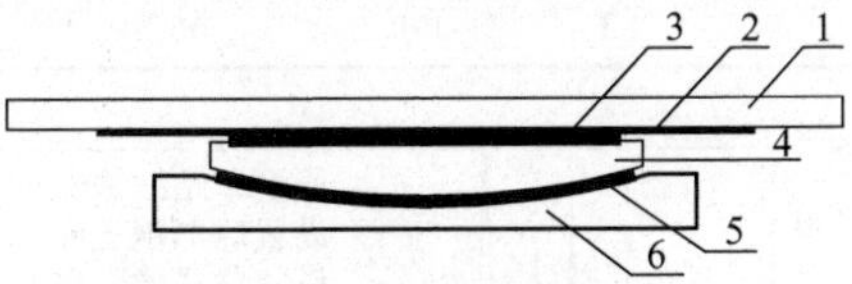

图 11.5.4　双向活动球形钢支座

1-上支座板；2-不锈钢板；3-PTFE 板；4-球面板；5-PTFE 圆弧板；6-下支座板

表 11.5.1 和表 11.5.2 分别给出了原型车站结构和设置滑动支座后车站结构各构件的水平变形值和截面内力值。与原型大开车站相比，柱顶设置减震支座后结构侧墙水平变形均略有增大，增幅在 10%以内，与其变形结果较一致，侧墙底部内力变化较小，增幅或减幅均在 10%以内。减震结构中柱的水平变形明显降低，减震率在 70%左右，与结构变形结果相类似，中柱底部的剪力和弯矩均有较大程度的减小。图 11.5.5 给出了设置双向活动盆式橡胶支座和球形钢支座后大开地铁车站结构中柱剪力和水平变形时程曲线，相对于原型大开地铁车站，设置滑动支座后中柱的水平剪力和变形均有大幅度的减小，对应加速度峰值时刻中柱的最大剪力和最大水平变形减小为原来的 30%～40%。总体来说，两种类型滑动支座的减震效果相当，相比于较为平滑的盆式橡胶支座，球形钢支座由于圆弧滑动面的存在，增大水平向阻力的同时释放了更多的柱端弯矩，因此，地震作用下设置球形钢支座的中柱剪力值更大些，而弯矩值较小。

表 11.5.1　不同工况下结构关键构件水平变形值

工况编号	支座类型	侧墙最大水平变形/m	减震率/%	中柱最大水平变形/m	减震率/%	支座最大水平变形/m
1	无	0.0481	—	0.0493	—	—
2	盆式橡胶支座	0.0497	–3.33	0.0145	70.59	0.0471
3	球形钢支座	0.0522	–8.52	0.0153	68.97	0.0415

表 11.5.2　不同工况下结构构件截面内力值

截面	工况	剪力/kN	减震率/%	轴力/kN	减震率/%	弯矩/(kN·m)	减震率/%
侧墙底部	1	2042.0	—	–5531.0	—	–1644.0	—
	2	2214.0	–8.42	–5556.0	–0.45	–1738.0	–5.72
	3	2144.0	–5.00	–5728.0	–3.56	–1678.0	–2.07
中柱底部	1	571.8	—	–5946.0	—	–508.8	—
	2	184.7	67.70	–5640.0	5.15	–289.4	43.12
	3	190.2	66.74	–5230.0	12.04	–257.1	49.47

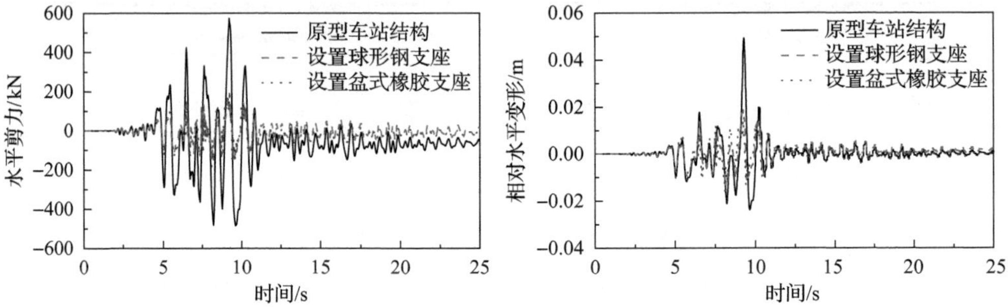

图 11.5.5　中柱动力反应时程曲线

由图 11.5.6 所示的最大竖向压力时刻的支座压应力云图可知，两类减震支座的最大竖向压应力均位于中间钢衬砌的边缘部位，且未达到材料的屈服应力，支座处于弹性阶段，未出现塑性损伤，保证了结构中柱竖向承载力的安全和稳定。

综上所述，设置滑动摩擦支座的减震结构在保证竖向承载力的基础上，释放梁柱节点水平约束，改变了结构抗侧力体系力学模型，使得地震作用下地下地铁车站结构的水平变形不直接由支撑柱承担，即通过滑动支座的摩擦副克服滑动摩擦阻力消耗结构中柱部分地震作用下的大变形，并在保证中柱竖向承载能力的基础上较大程度地减小了结构中柱的相对水平变形，有效地避免了中柱抗侧变形能

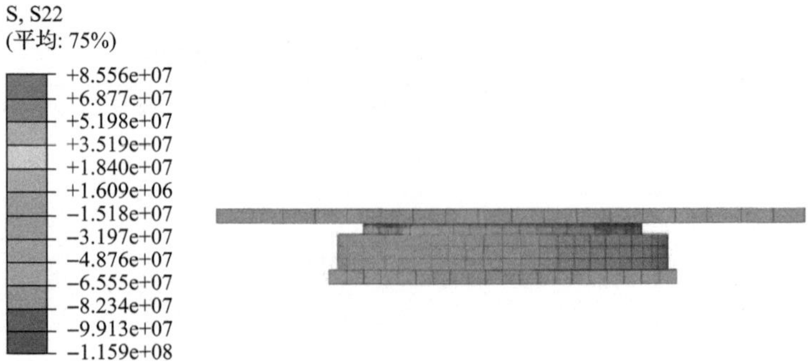

(a) 盆式橡胶支座

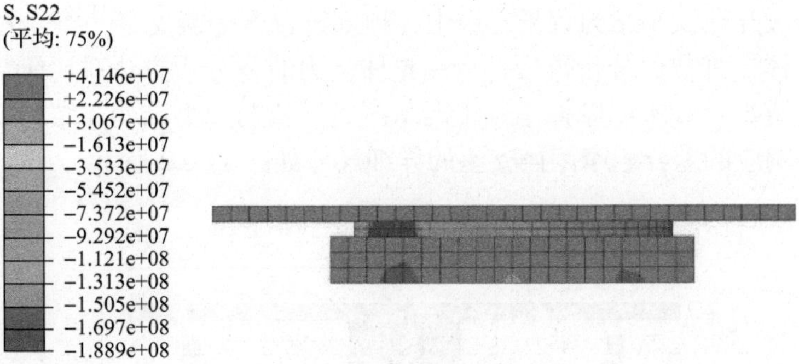

(b) 球形钢支座

图 11.5.6　最大竖向压力作用下滑动支座压应力云图

力不足的劣势，从而保证地震过程中地下结构关键支撑构件的安全性能，提高地下地铁车站结构的抗震性能。而控制支撑柱在地震作用下处于弹性阶段，震后只需更换相应的减震装置即可满足基本的使用要求。

11.6　摩擦摆支座

减隔震技术的研究始于地面建筑结构，其中较为典型的减隔震装置有摩擦摆支座，因其造价低、施工简单、承载能力高等特点，目前已在许多大跨空间结构、桥梁结构等领域得到了广泛应用。摩擦摆支座主要包括下支座板、球形滑块和上支座板组成，如图 11.6.1 所示。其中，下支座板包括由不锈钢材料制作成球形滑面的滑槽和限位装置；球形滑块上下表面均涂有聚四氟乙烯等低摩擦材料；球形滑块嵌在上支座下部类似关节腔中，以便形成面接触并使上支座板在滑块滑动时始终保持水平。当地震到来时，地面的水平运动会促使滑块在其圆弧面内水平滑动，从而迫使上部结构轻微抬高。然后，滑块又会在自身重力作用下恢复到原来的位置，即圆弧滑动面的最底部。该装置具有良好的稳定性、复位功能和抗扭转能力。

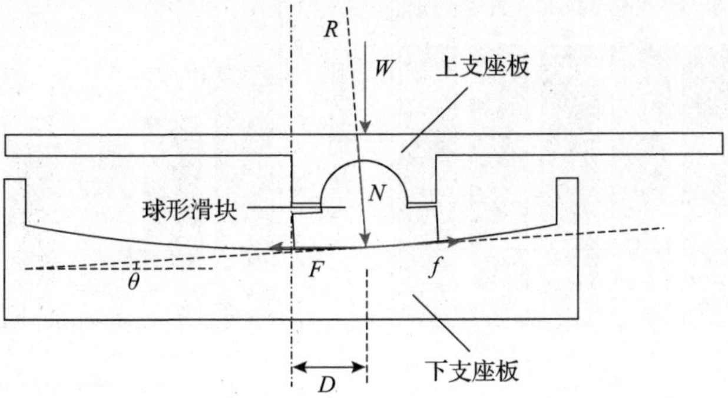

图 11.6.1　摩擦摆支座受力示意图

以日本大开地铁车站为背景，在中柱顶部设置摩擦摆支座[11,12]。通过建立土-地下结构整体二维数值分析模型，运用整体动力时程分析方法对比研究了摩擦摆支座不同滑道半径和不同摩擦系数工况下减震结构与原型结构在结构变形和截面内力等动力响应的差异。摩擦摆支座的详细尺寸如图 11.6.2 所示。

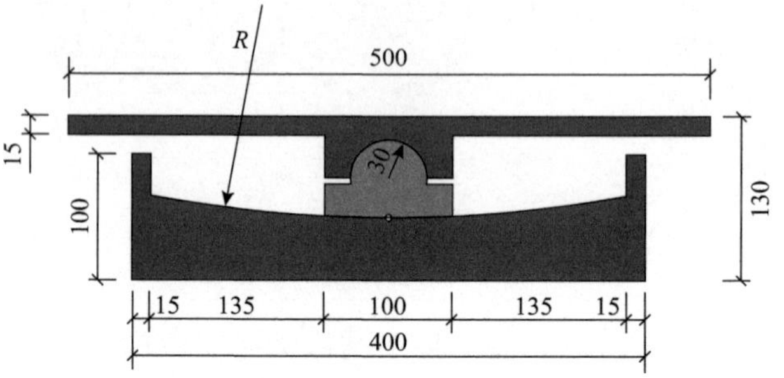

图 11.6.2　摩擦摆支座尺寸详图(单位：mm)

图 11.6.3 列出了不同滑道半径工况下减震结构侧墙和中柱水平变形与原型结构的对比情况。其中，支座滑动面的摩擦系数统一取为 0.01，滑道半径分别设置为 0.5m、0.75m、1m、1.25m 和 1.5m。可以看出，设置了摩擦摆支座的减震结构侧墙水平变形较原型结构均有所增大，但幅度均不大，约为 3%。并且，随着滑道半径的增大，侧墙位移也略微增大。相反，减震结构的中柱水平变形较原型结构却大幅降低。并且，随着滑道半径的增大，中柱位移逐渐减小。分析可知，设置了摩擦摆支座的减震结构的整体水平抗侧刚度较原型结构有所降低，相同地震荷载条件下其水平变形更大，而中柱水平变形减小的原因是由于摩擦摆支座很大程度上释放了中柱顶部的水平约束，使顶板的水平位移不能有效地传递到中柱顶部。由图 11.6.3(c)和(d)可知，当滑道半径增大时，中柱的残余位移、滑动面峰值位移和残余位移均呈现略微增大的趋势。总体来说，滑道半径越大，越趋于平缓，顶

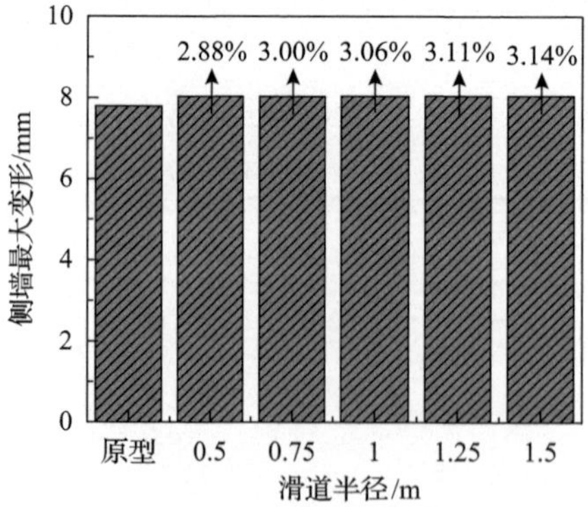

(a) 侧墙最大变形

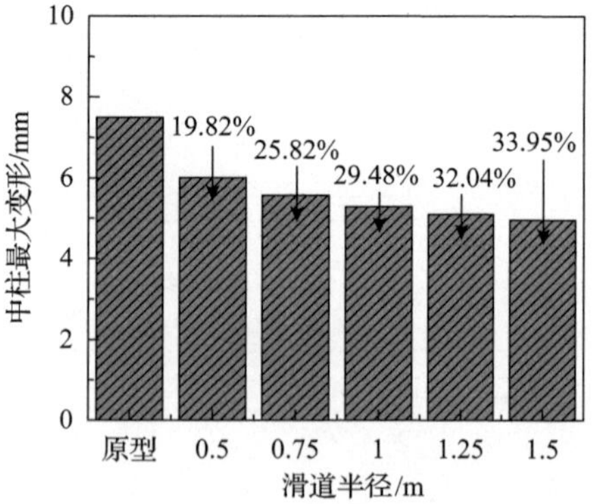

(b) 中柱最大变形

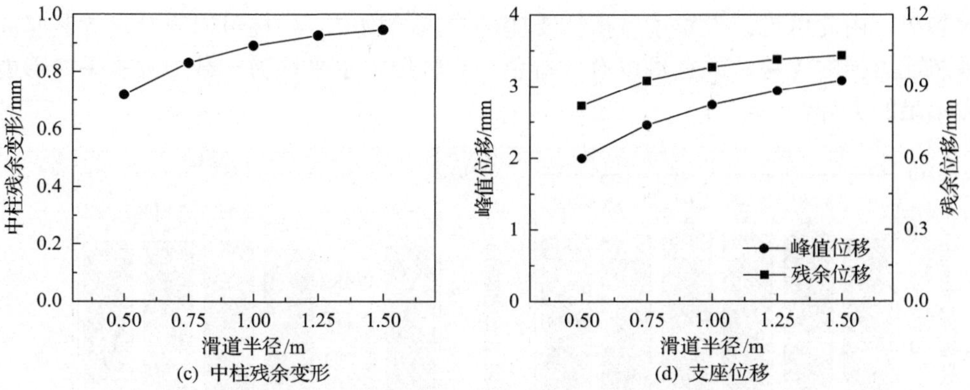

图 11.6.3　不同滑道半径工况下车站结构变形

梁与中柱顶部的滑移更为有利，这也使得中柱底部的内力值的减震率逐渐增大，可以有效降低中柱的水平变形。但不利于中柱的自复位性能，表现为滑动面的残余位移增大。因此，在实际设计过程中摩擦摆支座需要选择适当的滑道半径。

选取滑道半径为 1m 的计算工况，通过改变滑动面摩擦系数，进一步研究了不同摩擦系数工况下摩擦摆支座的减震效果。其中，滑动面摩擦系数分别为 0.01、0.02、0.03、0.04 和 0.05。图 11.6.4 列出了不同摩擦系数工况下车站结构侧墙和中柱水平变形与原型结构的比较关系，可以看出设置了摩擦摆支座的减震结构侧墙变形较原型结构均有所增大，但幅度均不大，约为 3%。并且，随着摩擦系数的增大，侧墙位移略微减少。然而，对于中柱的变形值而言，随着摩擦系数的增大，中柱位移也逐渐增大。并且，当摩擦系数较大时，减震结构的中柱变形值有可能大于原型结构。就是说，滑动面摩擦系数越大，虽使结构表现出较好的自复位性能，但中柱的最大变形却比原型结构要大，对地下结构抗震不利。中柱的残余变形、滑动面峰值位移和残余位移均随着滑动面摩擦系数的增大而逐渐减小，并且当摩擦系数较大时，支座并不能有效滑动。也就是说，当滑动面摩擦系数越大，滑道越趋于粗糙，顶梁与中柱顶部的滑移更为不利，这也使得中柱底部的内力值的减震率逐渐减小。与此同时，当滑道过于粗糙后，摩擦摆支座的滑移效果不明显，因此摩擦摆支座的残余位移也越来越小，表现出来的自复位效果也较好。

选取结构侧墙底部和中柱底部的轴力、剪力和弯矩来比较原型结构与减震结构之间的差异。不同滑道半径和不同摩擦系数工况下的计算结果如表 11.6.1 和表 11.6.2 所示。可以看出，减震结构侧墙底部的轴力、剪力和弯矩值均没有明显的变化，增幅或减幅均在 2%左右，中柱轴力较原型结构基本保持不变，而剪力和弯矩值较原型结构减小幅度较大，尤其中柱剪力的减震率约高达 80%。并且，随着滑道半径的增大及摩擦系数的减小，中柱剪力和弯矩值均呈现减小趋势，而减震率呈增大趋势。由此可见，设置了摩擦摆支座的减震结构中，中柱可以充分发挥其竖向承载能力强的优势，并且可以有效避免其高轴压下水平抗剪承载力及水平变形能力不足的劣势。

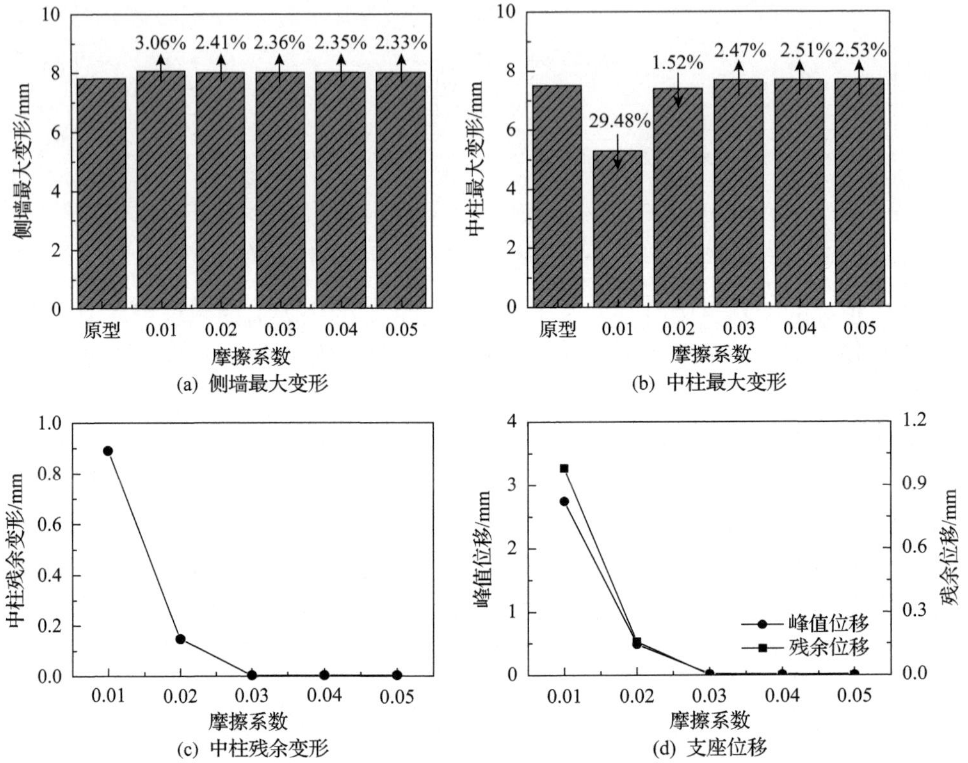

(a) 侧墙最大变形

(b) 中柱最大变形

(c) 中柱残余变形

(d) 支座位移

图 11.6.4　不同摩擦系数工况下车站结构变形

表 11.6.1　不同滑道半径工况下车站结构关键截面内力值

滑道半径及减震率	侧墙底部截面			中柱底部截面		
	轴力/kN	剪力/kN	弯矩/(kN·m)	轴力/kN	剪力/kN	弯矩/(kN·m)
原型	800.9	565.4	561.6	1300.0	70.1	102.6
0.5m	791.2	566.3	567.9	1239.0	14.4	46.5
减震率/%	1.21	–0.16	–1.12	4.69	79.46	54.68
0.75m	791.1	566.4	568.2	1239.0	13.2	43.1
减震率/%	1.22	–0.18	–1.18	4.69	81.17	57.99
1m	791.1	566.5	568.4	1239.0	12.5	41.1

续表

滑道半径及减震率	侧墙底部截面			中柱底部截面		
	轴力/kN	剪力/kN	弯矩/(kN·m)	轴力/kN	剪力/kN	弯矩/(kN·m)
减震率/%	1.22	−0.19	−1.21	4.69	82.17	59.94
1.25m	791.1	566.5	568.5	1239.0	12.0	39.7
减震率/%	1.22	−0.19	−1.23	4.69	82.88	61.31
1.5m	791.1	566.6	568.6	1239.0	11.8	38.6
减震率/%	1.22	−0.21	−1.25	4.69	83.17	62.38

表 11.6.2　不同摩擦系数工况下车站结构关键截面内力值

摩擦系数及减震率	侧墙底部截面			中柱底部截面		
	轴力/kN	剪力/kN	弯矩/(kN·m)	轴力/kN	剪力/kN	弯矩/(kN·m)
原型	800.9	565.4	561.6	1300.0	70.1	102.6
0.01	791.1	566.5	568.4	1239.0	12.5	41.1
减震率/%	1.22	−0.19	−1.21	4.69	82.17	59.94
0.02	791.2	565.8	566.8	1239.0	18.4	57.1
减震率/%	1.21	−0.07	−0.93	4.69	73.75	44.35
0.03	791.2	565.7	566.7	1239.0	19.3	59.5
减震率/%	1.21	−0.05	−0.91	4.69	72.47	42.01
0.04	791.1	565.7	566.6	1239.0	19.4	59.7
减震率/%	1.22	−0.05	−0.89	4.69	72.33	41.81
0.05	791.1	565.7	566.6	1239.0	19.6	59.8
减震率/%	1.22	−0.05	−0.89	4.69	72.04	41.72

总体而言，通过在地铁车站结构中柱顶部设置摩擦摆支座能起到结构抗震减震的作用，但其减震机理完全不同于地面建筑结构。地下结构中设置摩擦摆支座的减震原理是发挥关键构件的竖向承载能力的同时减小其在地震作用下的变形，从而避免其因延性不足而发生破坏。相比于原型结构，由于在中柱顶部设置了摩擦摆支座使得结构整体抗侧刚度减小，减震结构的水平相对变形有一定增大，但增幅不大。中柱顶部设置摩擦摆支座会引起结构内力的重分布，侧墙内力的变化并不明显，但中柱剪力和弯矩值减小幅度较大。并且随着滑道半径的增大及摩擦系数的减小，减震效果越明显，中柱和摩擦摆支座的自复位能力越好。

11.7　圆弧凹槽滚轴支座

基于支撑柱变形控制的局部减震设计理念，提出一种用于地下地铁车站支撑柱的减震装置——圆弧凹槽滚轴支座(AGRB)。相比于滑动摩擦支座，滚动摩擦支座以其更小的滚动摩擦阻力和更高的竖向承载能力，可以起到对地铁车站支撑柱更好的减震效果[13-15]。考虑到地震作用下地下框架结构的变形模式和整体稳定性，将减震装置固定安装在地下车站结构的支撑柱柱顶是一种较为安全和有效的布置形式。圆弧凹槽滚轴摩擦支座结合传统滚动摩擦支座和平面滑移摩擦支座的特点，设置固定的圆弧凹槽和钢滚轴，通过钢滚轴和 PTFE 圆弧板的相对滑动来实现地震作用下地铁车站结构支撑柱的减震控制。该装置主要由上座板、下座板、圆柱形凹槽、PTFE 圆弧板和钢滚轴组成，具体构造如图 11.7.1 所示。

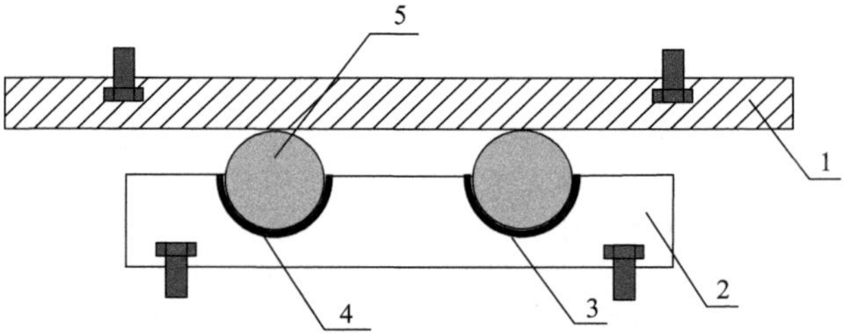

图 11.7.1　圆弧凹槽滚轴支座示意图

1-上座板；2-下座板；3-圆柱形凹槽；4-PTFE 圆弧板；5-钢滚轴

正常使用状态下，圆弧凹槽的设置一方面可以限制钢滚轴水平位移，另一方面有利于支撑柱的受压稳定，可防止支撑柱出现较大偏压损伤，保证了圆弧凹槽滚轴摩擦支座的正常工作性能。此外，通过设置具有较小摩擦系数的 PTFE 圆弧板及添加硅脂润滑剂，可减小钢滚轴的滚动摩擦阻力从而改善其摩擦性能。如图 11.7.2 所示，当地震作用时，圆弧凹槽滚轴摩擦支座能够承受上部结构自重和竖向地震作用，并通过钢滚轴的转动实现地下地铁车站支撑柱与横梁的水平相对运动，使得水平地震作用下结构周围土体施加于地铁车站结构的水平向的相对变形不直接由支撑柱承担。相比于传统的滑板支座，该支座具有较高的竖向承载力及较小的摩擦阻力，更适用于承受较大竖向压力的地下地铁车站结构并有利于支撑柱的减震。

为了验证所提出装置的适用性和有效性，以大开地铁车站为研究对象，建立土-结构体系的有限元分析模型，探讨了该装置对浅埋地下框架结构抗震性能的改善效果。通过动力时程分析对比研究相同地震动作用下原型车站结构和柱端设置 AGRB 减震结构的地震响应差异，并从结构变形、内力及地震损伤等方面验证了

AGRB 的减震效果。

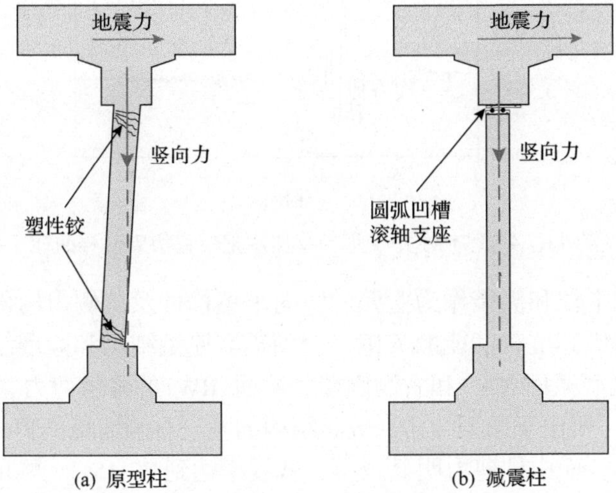

图 11.7.2　中柱结构形式

提取结构各构件的水平位移数据，获得结构中柱和侧墙的位移角历史时程曲线。由图 11.7.3 可知，相比于原型结构，减震结构的中柱位移角大幅度降低，减震率达到了 83.4%。而减震结构侧墙位移角较原型结构有所提升，峰值位移角增大了 10.66%。理论分析可知，在柱端设置圆弧凹槽滚轴支座，一方面吸收了地震作用下支撑柱部分主要的变形，大大降低了中柱的水平变形；另一方面减小了结构整体水平抗侧刚度，从而增大了结构侧墙的水平变形。此外，AGRB 的水平位移历史时程变化与结构的水平变形规律一致，并较结构水平变形略有增大，如图 11.7.4 所示，说明模型中地震作用下钢滚轴能够正常转动，并将中柱部分承担的水平地震力通过克服支座摩擦力转化为其本身的水平位移，验证了动力时程分析中减震支座建模的正确性。在 17s 以后，地震作用力较小并逐渐减小至零，不足以克服 AGRB 的摩擦力，这时支座不再产生位移，完全由支撑柱承担。

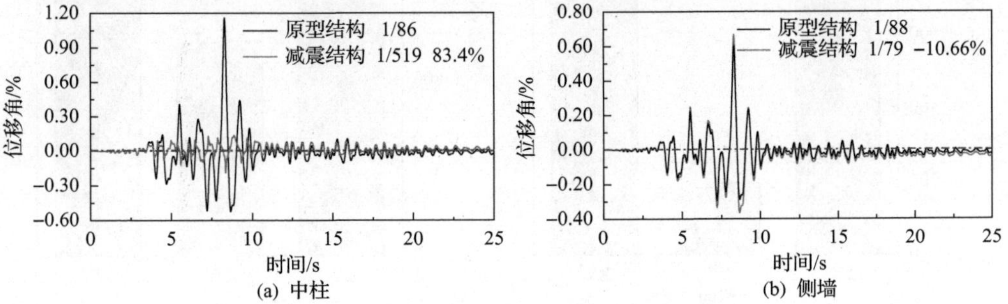

图 11.7.3　结构构件位移角历史时程曲线

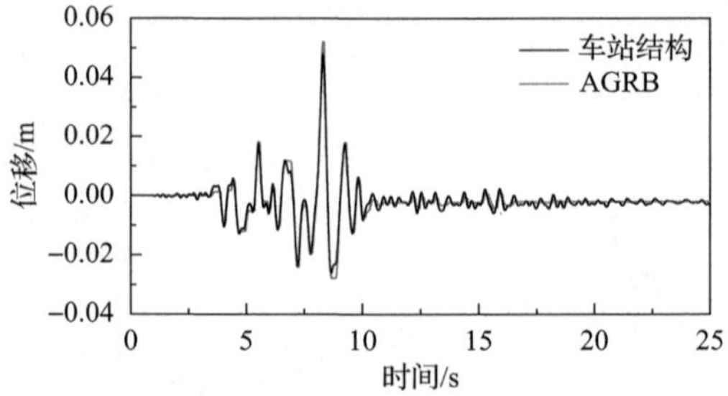

图 11.7.4　结构水平变形与支座水平位移历史时程曲线

地下结构的中柱和侧墙作为主要的竖向承重构件及抗侧力构件，研究其内力响应规律也是评价其抗震性能的关键。分别提取原型结构和减震结构左侧侧墙底截面(LW)、中柱底截面(CC)和右侧侧墙底截面(RW)的峰值剪力、轴力和弯矩值，结果见图 11.7.5。相比于原型结构，减震结构的左、右侧墙峰值剪力略有增大，增大幅度不足 10%，而中柱剪力明显减小，减震率达到 77.45%。峰值弯矩表现出与剪力相同的规律，减震结构的左、右侧墙峰值弯矩值较原型结构有所提升，增长幅度不足 7%，而中柱峰值弯矩有大幅度的降低，减震率为 70.60%。此外，在中柱柱顶设置 AGRB 后，结构的竖向承载能力基本保持不变，关键构件的峰值轴力变化幅度很小，均不足 7%。可见，AGRB 的设置起到了对中柱有利的减震作用，与结构变形结果相类似，减震结构在保证竖向承载力的基础上，改变了结构的抗侧力体系，通过克服支座较小的摩擦阻力释放梁柱之间的剪力和弯矩，并通过支座自由水平位移适应结构地震作用下的大变形，增加侧墙部分承担的地震力，提高中柱和侧墙的变形协调性，极大地减小中柱的水平变形以及剪力和弯矩的传递。

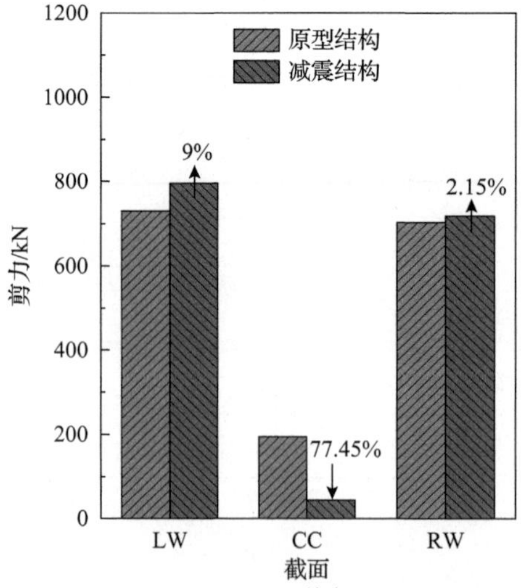

(a) 剪力

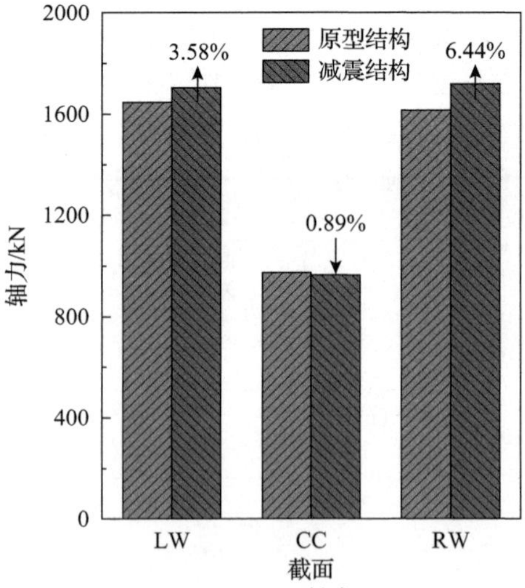

(b) 轴力

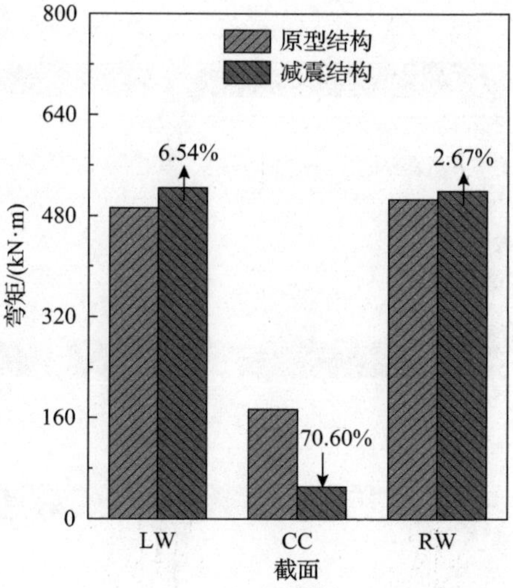

(c) 弯矩

图 11.7.5　结构峰值内力对比图

基于有限元模拟结果，提取 25s 地震作用下的结构受拉损伤、受压损伤及塑性应变云图，如图 11.7.6 所示。减震结构与原型结构的地震损伤有明显的差异，原型结构在中柱顶底部及顶底板与侧墙的交接处受拉损伤因子均超过了 0.9，发生了严

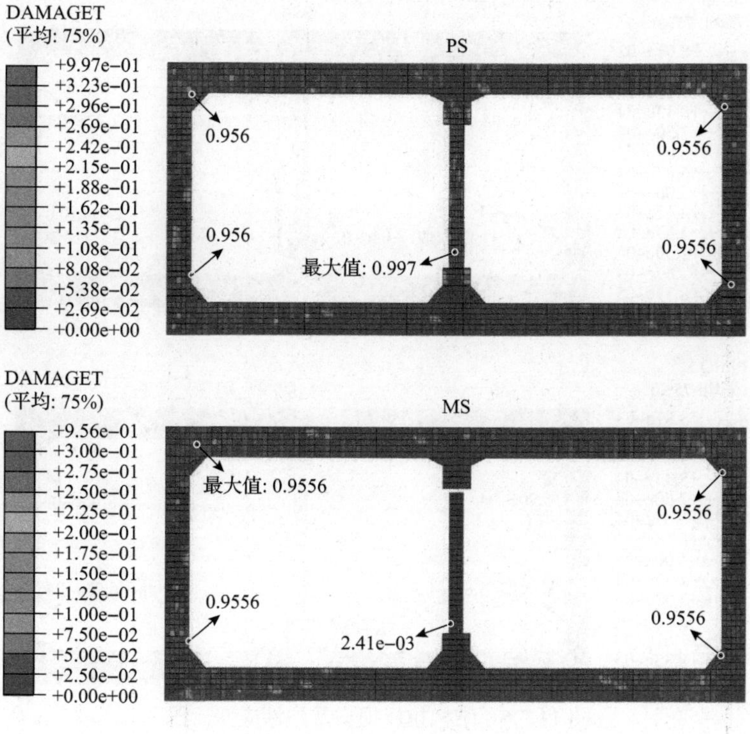

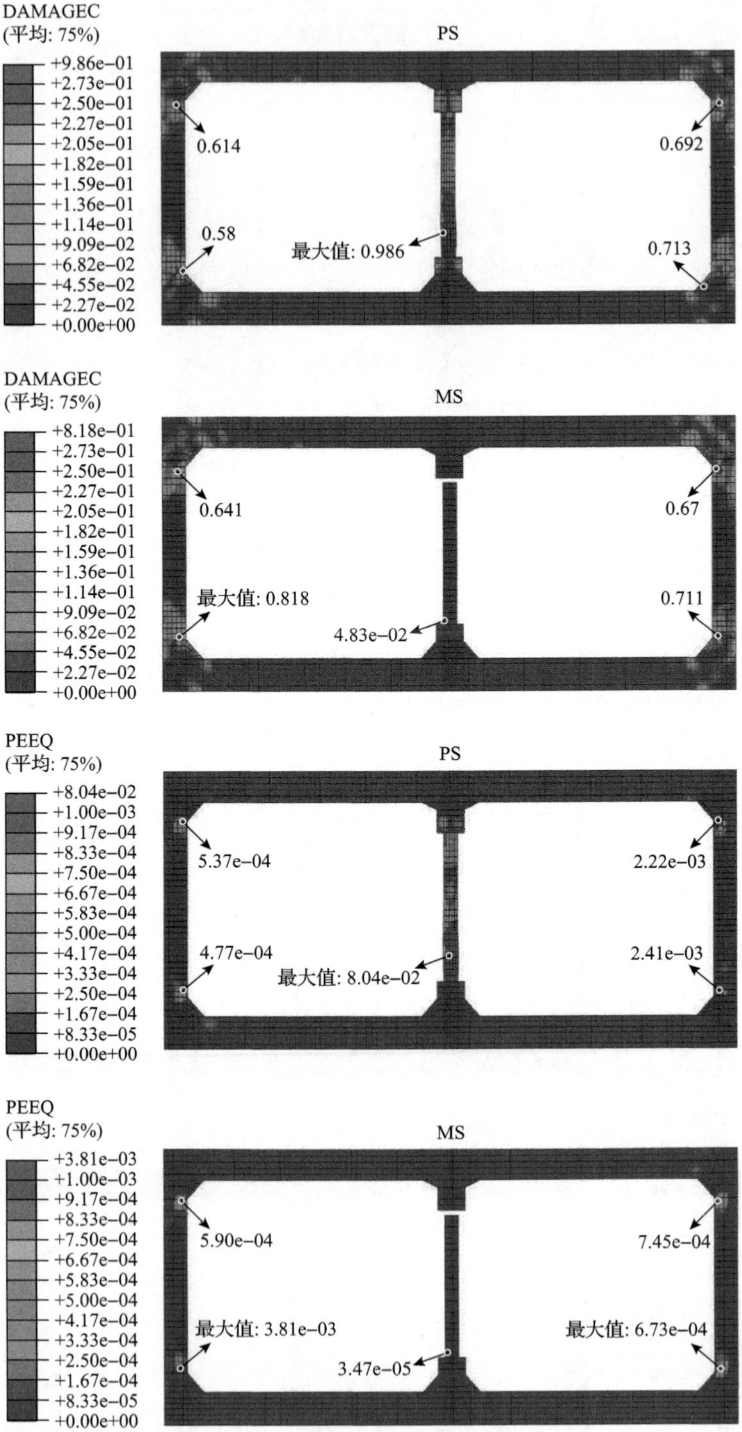

图 11.7.6　结构拉压损伤及塑性应变云图

重的拉伸断裂，而圆弧凹槽滚轴支座的设置，显著改善了中柱的受拉损伤，其受拉损伤因子最大值仅为 2.41×10^{-3}。同样地，原型结构中柱顶底部和底板与侧墙的交接处产生较大的压缩损伤和塑性应变，相同地震作用下减震结构整体的塑性损伤有所缓解，极大地减小了中柱的塑性损伤区域和损伤程度，避免了塑性铰的出现，保护了中柱在地震中免受损坏。

进一步地，采用 ABAQUS 有限元软件中的线性摄动法获得土体、结构以及土-结构体系动力特性的重要指标-自振频率，如表 11.7.1 所示。可以发现，结构的自振频率大于场地土体的自振频率，原因在于结构的刚度较大，相同的结论体现在用结构代替土体后，土-结构体系的自振频率也略大于场地土体的自振频率，但变化程度很小，验证了地下结构的动力响应取决于土体的动力特性这一规律。另外，柱端设置 AGRB 后的减震车站结构(MS-AGRB)前五阶自振频率相比于原型车站结构(PS)略有减小，减小幅度仅为 0.9%，可略微降低结构整体的抗侧刚度。而设置 AGRB 的土-结构体系(SMS-AGRB)前五阶自振频率几乎与原型土-结构体系(SPS)相同，仅第一阶频率略有减小，且不足 0.3%，进一步说明了在地下车站结构柱端设置 AGRB 并没有影响土-结构体系整体的自振特性，并且对地下结构本身的自振特性也影响较小。因此，在地铁车站柱端设置 AGRB 的减震措施与传统意义上通过减小结构自振频率来增大自身周期的地上结构减隔震方式不同，而是基于地铁车站的失效模式和支撑柱变形控制的局部减震设计理念，减小支撑柱的水平变形和损伤程度。

表 11.7.1　模型自振频率

模型	自振频率				
	第一阶	第二阶	第三阶	第四阶	第五阶
土体	1.0485	1.5387	2.1543	2.1955	2.2726
PS	9.827	27.79	31.216	57.866	71.039
MS-AGRB	9.736	27.726	30.858	57.429	70.282
SPS	1.0514	1.3261	1.5933	1.9849	2.1906
SMS-AGRB	1.0511	1.3261	1.5933	1.9823	2.1906

综上所述，圆弧凹槽滚轴支座具有良好的竖向承载能力和水平变形性能，相比于原型车站结构，减震结构在保证竖向承载能力的基础上，通过释放梁柱之间的水平约束，使得中柱完全受压而不受拉。圆弧凹槽滚轴支座的设置改变了结构抗侧力机制，减小了结构的水平刚度，尽管结构整体的地震响应略有增大，但对抗震关键构件-支撑柱起到了有力的减震作用，极大地减小了地震作用下中柱的水平变形、剪力、弯矩及塑性损伤，可以作为一种有效的地下结构减震措施。此外，地下结构受围岩土体的约束，地震响应主要取决于土体的动力特性，而柱顶设置

圆弧凹槽滚轴支座对结构的自振频率影响较小。其减震原理和思想为实现地震作用下支撑柱的减震控制以及保持结构功能延续的高性能结构形式提供了有效的减震设计和加固方案。针对目前已建设成并存在抗震问题的地铁车站工程，通过将梁柱截断，设置圆弧凹槽滚轴支座，可实现结构震时的减震控制和震后的快速修复。

11.8 本章小结

为了减轻和防御地下结构在地震过程中的破坏，传统的抗震设计一般是加强结构自身强度。而地下结构埋置于土体当中，结构的地震反应在一定程度上取决于周围土体的变形，这是与地面建筑结构相比最显著的差异。因此，地下结构与地上结构的隔震设计存在较大的区别。本章提出了应用于地下结构的减震控制技术，一类是提高中柱变形能力的新型抗震体系，主要技术措施包括应用截断柱、分体柱及叠层加芯柱；另一类是减小中柱变形反应的减震体系，主要技术措施是在柱端设置橡胶支座、摩擦摆支座及滚动支座等。研究表明，以上技术措施在减小地下结构地震反应方面均有很好的效果，改善了结构整体抗震能力，为提升地下结构防震减灾能力及推动减震技术在地下车站结构中的实践应用方面提供了参考。

针对地下结构地震破坏机理与失效模式，地下框架结构因中柱侧向变形能力不足致使结构在地震中发生破坏，因而在不改变中柱竖向承载能力的基础上，通过改善中柱水平向地震反应，能够有效减轻框架式地下结构的地震破坏。采用截断柱、分体柱及叠层加芯柱作为地下结构中柱能够在不改变中柱竖向承载能力的前提下，通过增加中柱的长细比、改变柱端约束或提高中柱自身强度等措施来提高其变形能力从而提升关键抗震构件的抗震性能，避免其因延性不足而发生破坏，并且有效提升了中柱和侧墙的变形协调能力及结构整体抗震性能。而采用在柱端设置不同类型减震装置对支撑柱的抗震性能均起到了不同程度的改善作用，由减震装置承担部分中柱承受的地震能量，改变了结构的抗侧力分配和地震力的传递，为减小地下结构支撑柱的地震反应提供了有效的设计思路。

参考文献

[1] 杜修力，李洋，许成顺，等. 1995 年日本阪神地震大开地铁车站震害原因及成灾机理分析研究进展[J]. 岩土工程学报, 2018, 40(02): 223-236.

[2] An X, Shawky A A, Maekawa K. The collapse mechanism of a subway station during the Great Hanshin earthquake[J]. Cement and Concrete Composites 1997, 19(3): 241-257.

[3] 杜修力，马超，路德春，等. 大开地铁车站地震破坏模拟与机理分析[J]. 土木工程学报，

2017, 50(1): 53-62.

[4] Xu C S, Zhang Z H, Li Y, et al. Validation of a numerical model based on dynamic centrifuge tests and studies on the earthquake damage mechanism of underground frame structures[J]. Tunnelling and Underground Space Technology, 2020, 104: 103538.

[5] 杜修力, 王子理, 刘洪涛. 基于韧性设计的一种地下框架结构抗震新体系研究[J]. 震灾防御技术, 2018, 13(03): 493-501.

[6] 杜修力, 阴孟莎, 刘洪涛, 等. 柱脚可更换的地下结构抗震截断柱技术性能分析[J]. 震灾防御技术, 2019, 14(03): 524-534.

[7] 汪洋筱珊, 张梓鸿. 提升地下框架结构抗震性能的分体柱措施研究[C]//2020 年工业建筑学术交流会, 北京, 2020.

[8] 许成顺, 汪洋筱珊, 杜修力, 等. 分体柱在地下车站结构中的减震效果研究[J]. 岩土工程学报, 2021, 43(4): 624-633.

[9] 路德春, 李强, 杜修力, 等. 基于失效模式控制的地铁车站结构抗震性能研究[J]. 岩土工程学报, 2019, 41(08): 1400-1407.

[10] Lu D, Wu C, Ma C, et al. A novel segmental cored column for upgrading the seismic performance of underground frame structures[J]. Soil Dynamics and Earthquake Engineering, 2020, 131: 106011.

[11] 杜修力, 许紫刚, 许成顺, 等. 摩擦摆支座在地下地铁车站结构中的减震效果研究[J]. 工程力学, 2019, 36: 60-67, 88.

[12] Xu Z, Du X, Xu C, et al. Numerical analyses of seismic performance of underground and aboveground structures with friction pendulum bearings[J]. Soil Dynamics and Earthquake Engineering, 2020, 130: 105967.

[13] Ma C, Lu D, Du X.Seismic performance upgrading for underground structures by introducing sliding isolation bearings[J]. Tunnelling & Underground Space Technology, 2018, 74: 1-9.

[14] 刘迪. 基于失效模式控制的地铁地下车站结构减震技术研究[D]. 北京: 北京工业大学, 2023.

[15] Liu D, Du X L, El NaggarHesham M, et al. Seismic mitigation performance analysis of underground subway station with arc grooved roller bearings[J]. Soil Dynamics and Earthquake Engineering, 2022, 153: 107082.

第 12 章　地下结构抗震简化分析方法

地下结构抗震分析方法是随着国内外学者对地下结构动力响应特性的认识，以及历次地震中地下结构震害的调查、分析总结和相关研究的不断深化而发展的。目前，国内外学者已经提出了多种分析理论和方法，大致可分为解析法和数值法两大类。解析法具有完善的理论基础，一般只能在均匀、线弹性介质和圆形结构等极为简单的二维形状假定下才能得到，适用范围受限，但可方便用于分析各种参数影响规律，验证数值方法的准确性；数值法适用于非均匀、非线性介质和各种复杂形状结构的二维和三维问题，适用范围广泛，但建模难度大、成本高，不方便初设阶段应用。因此，发展用于初设阶段简便、实用的地下结构抗震分析方法仍具有十分重要的工程价值[1,2]。

最早的地下结构抗震简化分析方法直接借鉴了地面建筑抗震分析的等效静力法，这一方法至今仍在国内的公路、铁路隧道工程结构抗震设计规范中应用。由于等效静力法存在没有考虑土-结构体系动力特性和土-结构相互作用效应的先天性理论缺陷，与抗震设计理论的发展不相适应，较长时间以来一直受到学术界的诟病。20 世纪 60～70 年代，国内外学者通过震害调查和原型观测发现，地震中地下结构的变形主要受周围场地变形影响，表现为随周围地层同步运动。基于这一认识，国外学者提出了自由场变形法和柔度系数法，后者是在前者的基础上考虑了土-结构相互作用效应，这些方法也在美国洛杉矶地铁建设中获得了应用。为进一步考虑地下结构与周围土体之间的相互作用，日本学者提出了反应位移法和反应加速度法等方法。中国学者也将地面结构抗震性能分析的 Pushover 方法发展应用于地下结构抗震性能分析。

本章从计算模型和方法特点两个方面分别介绍一些常用的地下结构抗震简化分析方法。针对目前各方法忽略了竖向地震作用引起的浅埋结构上覆土层惯性力对地下结构地震破坏反应的影响问题，以及目前各方法未利用具有统计特性设计反应谱进行计算的问题，介绍作者在这些方面的最新研究成果。

12.1　地震系数法

地震系数法是基于地上结构抗震静力设计理论发展而来的，认为地下结构的地震反应主要是由地震引起的土体和结构惯性力控制，它将地震作用引起的结构惯性力和场地土层主动土压力直接施加在结构上计算结构的内力和变形[3]。

12.1.1　计算模型

地震系数法假设场地土层和地下结构内各质量点的地震加速度一致，用等效荷载来反映地震作用引起的惯性力，采用静力方法分析地震作用下地下结构的内力和变形。以浅埋框架结构为例，地震系数法考虑地震作用下结构所受的地震力(荷载)由两部分组成：一是结构所受的地震作用产生的荷载(等效静荷载)，包括结构的惯性力(结构顶板惯性力 F_1^1、结构底板惯性力 F_1^2、结构侧墙惯性力 F_1^3)、上覆土体的惯性力(F_2)和结构一侧土体的主动侧压力增量(Δe)；二是结构另一侧土体提供的抵抗力(P)，其计算模型如图 12.1.1 所示。

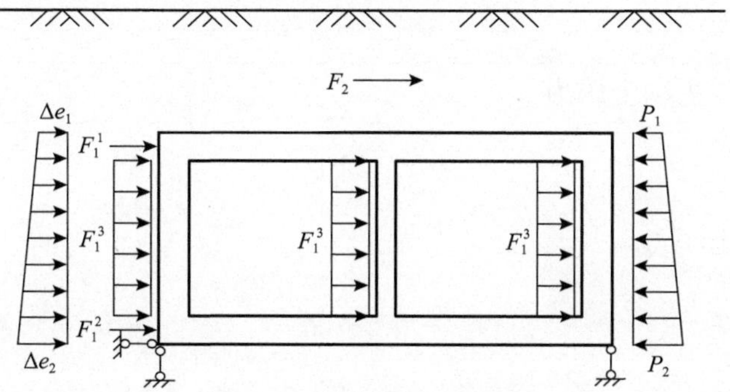

图 12.1.1　地震系数法计算模型

1. 结构惯性力

结构顶板惯性力：

$$F_1^1 = \eta A_g m_{\mathrm{t}} \tag{12.1.1}$$

结构底板惯性力：

$$F_1^2 = \eta A_g m_{\mathrm{b}} \tag{12.1.2}$$

结构侧墙惯性力：

$$F_1^3 = \eta A_g \frac{m_{\mathrm{w}}}{h'} \tag{12.1.3}$$

式中，η 为水平地震作用修正系数，根据《铁路工程抗震设计规范》(GBJ 111—87)，对于岩石地基，η=0.2，非岩石地基，η=0.25；m_{t}、m_{b}、m_{w} 分别为结构顶板、底板和侧墙的质量；h' 为侧墙净高度；A_g 为水平地震动峰值加速度，6 度地区取 0.05g, 7 度地区取 0.10g(0.15g), 8 度地区取 0.20g(0.30g), 9 度地区取 0.40g。

2. 结构上覆土体惯性力

$$F_2 = \eta A_g m_{土} \tag{12.1.4}$$

式中，$m_{土}$ 为结构对应上覆土体的质量。

3. 主动侧向土压力增量

对于横断面为矩形的地下结构，侧墙主动土压力增量 Δe_i 可按下式计算。

$$\Delta e_i = e_i' - e_i \tag{12.1.5}$$

其中，无地震时主动土压力

$$e_i = \lambda_a q_i \tag{12.1.6}$$

有地震时主动土压力

$$e_i' = \lambda_a' q_i \tag{12.1.7}$$

$$\begin{cases} \lambda_a' = \tan^2\left(45° - \dfrac{\varphi - \beta}{2}\right) \\ \lambda_a = \tan^2\left(45° - \dfrac{\varphi}{2}\right) \end{cases}, \quad \begin{cases} q_1 = \gamma H \\ q_2 = \gamma(H + h) \end{cases} \tag{12.1.8}$$

式中，φ 为内摩擦角；β 为地震角，取值可参考《铁路工程抗震设计规范》(GBJ 111—87)；γ 为土的容重；q_1、q_2 分别为结构顶、底板位置处的土压力；H、h 分别为结构的埋深、结构的高度。

地震作用下，地震荷载(结构、上覆土柱所受的惯性力和结构一侧的地震主动侧压力增量)首先由结构另一侧的土压力支撑，当该土压力不足以抵抗地震荷载时，需要考虑结构底板与地基的摩擦力。

(1) 当土层能提供的被动土压力足够大时，地震荷载全部由土层提供的水平抵抗力抵消，此时认为结构底板与地基之间无摩擦力。

此时，抵抗力可按静力平衡条件，并假定其呈梯形分布来确定。

$$\begin{cases} P_1 = \dfrac{2HF}{(2H + h)h} \\ P_2 = \dfrac{2(H + h)F}{(2H + h)h} \end{cases} \tag{12.1.9}$$

式中，F 为地震荷载(结构、上覆土柱所受的惯性力和一侧的地震主动侧压力的合力)，即

$$F = F_1^1 + F_1^2 + F_1^3 h' + F_2 + \frac{1}{2}(\Delta e_1 + \Delta e_2)h \tag{12.1.10}$$

(2) 当土层能提供的被动土压力小于地震荷载时，需要计算结构底板与地基之间的摩擦力。此时抵抗力及摩擦力 f 计算按如下公式计算。

$$\begin{cases} P_1 = \gamma H \tan^2\left(45° + \dfrac{\varphi - \beta}{2}\right) - e_1 \\ P_2 = \gamma(H+h)\tan^2\left(45° + \dfrac{\varphi - \beta}{2}\right) - e_2 \\ f = F - \dfrac{1}{2}(P_1 + P_2)h \end{cases} \tag{12.1.11}$$

同时，上述 f 值必须小于底板与地基之间的极限摩擦力值 $Q\tan\varphi'$ (此处 Q 为结构及上方土柱的重量，φ' 为底板与地基之间的摩擦角)，否则，结构将失去横向抗滑稳定性。

采用地震系数法进行地下结构横断面抗震分析时，应首先建立结构底部简支的静力计算分析模型，然后将上述惯性力、主动侧压力增量和与之对应的抵抗力施加在结构上。地震系数法形式上与地上结构的分析方法相类似，至今仍在我国铁路、公路的隧道工程结构抗震设计中应用(《铁路工程抗震设计规范》(GBJ 111—87)、《公路工程抗震设计规范》(JTJ 004—89))。

12.1.2　方法特点

地下结构抗震分析的地震系数法借鉴了地上结构抗震分析的等效荷载法思路，该方法假设埋置于地基中的地下结构与场地均保持相同的地震动，这显然与实际情况不符，场地-结构体系的动力特性影响被忽略。该方法实际上是结构抗震设计静力理论思想的体现，已严重落后于抗震设计理论的发展现状。另外，将地下结构上覆土层的地震水平惯性力全部作用于结构上，也忽略了场地土层的分担效应，是一种严重的高估。从计算模型来看，该方法忽略了土层与结构相对刚度比对结构变形的影响，没有反映土-结构相互作用效应。《地铁设计规范》(GB 50157—2013)也明确指出，地震系数法一般适用于惯性力起支配作用的地下结构的抗震分析。对于普通地铁隧道等地下结构，地震系数法给出的结果误差极大。

12.2　自由场变形法

随着地下结构抗震研究工作的不断深入，国内外学者认识到地下结构的地震反应主要受周围场地土层变形的影响，并非地震系数法所述的惯性力[4]。自由场变形法正是基于这一观点建立的，该方法忽略了地下结构与周围土层刚度的差异以及地下结构或地下开挖对土层变形的影响，认为地下结构的水平剪切变形与地震作用下结构位置处的自由场剪切变形相同，并直接将其施加在结构上计算结构的内力[5]。

12.2.1　计算模型

当地下结构与周围土层的刚度接近时，地震作用下地下结构变形与自由场变形基本一致。自由场变形法基于上述假定，将地震作用下结构位置处的自由场变形直接施加在结构上计算结构内力，其计算模型如图 12.2.1 所示。将结构底部简支，在结构顶部施加水平集中力(P)或在结构侧墙施加水平倒三角形分布力(q)，对结构进行逐步加载，使其发生的侧向变形达到自由场变形，计算得到最大变形值($\varDelta$)，将此时结构的反应作为地下结构的地震反应。

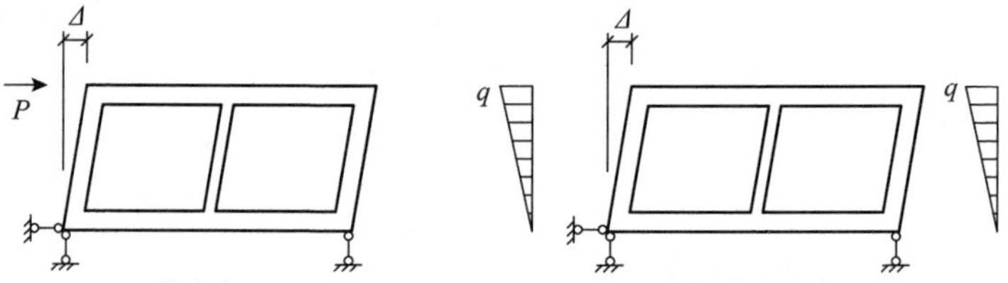

图 12.2.1　自由场变形法计算模型

自由场变形法的一个关键问题是确定结构的水平最大变形值，实际上也是确定结构位置处对应土体的水平剪切变形值。当地下结构所在场地为均匀线性场地条件时，其变形可通过弹性波动理论等方法确定；当场地条件较为复杂时，自由场变形通常采用数值方法计算，可以采用等效线性化程序 SHAKE91、EERA 和土层非线性地震反应分析软件 RSLNLM 等，也可以采用动力时程分析方法进行自由场的地震反应分析。地下结构在地震时的变形主要由顶板所受土剪力和侧墙土压力作用引起[6]。自由场变形法的加载模式也就分为了以下两种模式：当地下结构埋深比较大时，结构的变形主要由顶板剪力引起，此时采用集中力作为地震荷载进行计算；当地下结构埋深比较小时，结构的变形主要由侧墙土压力引起，此时在结构侧墙施加倒三角形分布力作为地震荷载计算。

12.2.2　方法特点

自由场变形法的基本思想是认为地下结构的地震反应主要受控于周围场地土体的变形，而非结构和场地土体的惯性力，这与人们当前对地下结构地震反应的认识水平相符合。而且，现有的自由场变形求解方法相对比较成熟，使得这一方法容易应用。但是，该方法的不足是忽略了土-结构相互作用的影响。

由于地下结构刚度与所在场地的土层刚度往往不同，并有可能相差数倍，在这种情况下地下结构变形与自由场变形也将明显不同。该方法忽略了地震作用下土-结构相互作用的影响，一般情况下，将导致较大的误差。在自由场变形法的计算模型中采用地下结构简支模型也无法正确反映周围土层对结构的约束作用。虽然对于不同埋深条件下地震荷载形式可等效为作用在侧墙的集中力或倒三角形分布力，但整体上来说这两种荷载形式也过于简单，无法真实地反映地下结构在地震作用下的受力特点。自由场变形法体现了地下结构反应主要受周围土层变形影响的特点，比地震系数法更为合理。当地下结构刚度与周围土层刚度基本一致时，自由场变形法可得到较为满意的精度。

12.3　柔度系数法

自由场变形法假设结构的变形与周围土体变形一致，忽略了结构与周围土层的相互作用。然而在实际工程中，地下结构的刚度和周围土体的刚度往往存在较大差异，地下结构的存在将对周围土层和地下结构本身的地震变形产生影响。柔度系数法在自由场变形法的基础上，采用近似的经验修正系数以考虑土-结构刚度的差异对地下结构变形的影响[7]。

12.3.1　计算模型

柔度系数法认为在地震作用下，土体和结构会产生较为复杂的相互作用，一般来说，地下结构比周围土体“硬”，结构将抵抗地面的变形。另一方面，当地下结构比周围土体“软”时，结构周围土体的变形可能大于自由场的变形。由此可见，相对刚度比对结构的响应起着至关重要的作用。该方法将土-结构相互作用效应对地下结构变形的影响作为一个经验的修正系数直接乘以自由场变形来估计地下结构变形，计算表达式如下：

$$\varDelta_{\mathrm{S}} = \beta \varDelta_{\mathrm{f}} \tag{12.3.1}$$

式中，$\varDelta_{\mathrm{S}}$ 为地震作用下地下结构变形；$\varDelta_{\mathrm{f}}$ 为地震作用下自由场变形；β 为土-结构相互作用系数。通过土-结构相互作用系数可确定地下结构变形，并采用与自由场变形法相同的计算模型进行结构内力反应分析。

地下结构抗震分析的柔度系数法与自由场变形法的计算模型一致，关键参数除自由场变形外，还有土-结构相互作用系数。土-结构相互作用系数是地震作用下结构的等效剪应变和对应位置自由场剪应变的比值，可通过结构-土柔度比或刚度比确定。结构-土柔度比 F 为结构与相同外形尺寸的土单元在等效荷载作用下的变形比，如图 12.3.1 所示，其计算公式如下：

$$F=\frac{\varDelta_{\mathrm{S}}}{\varDelta_{\mathrm{M}}}=\frac{G_{\mathrm{f}}W}{S_{1}H} \tag{12.3.2}$$

式中，$\varDelta_{\mathrm{S}}$ 为结构在一定荷载作用下的变形；$\varDelta_{\mathrm{M}}$ 为与结构外形尺寸相同的等代土单元在等效荷载作用下的变形；G_{f} 为地基土的剪切模量；S_1 为结构断面的剪切刚度；W 为结构宽度；H 为结构高度。

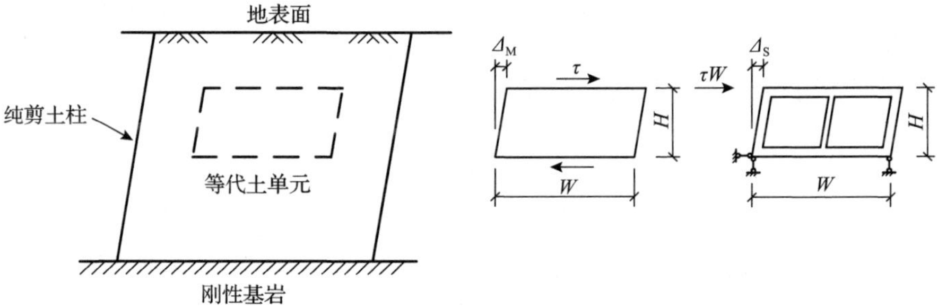

图 12.3.1　结构-土柔度比计算模型

对于常规地下结构断面形式，如矩形或圆形截面，当采用柔度系数法进行抗震设计时，土-结构相互作用系数可采用图 12.3.2 所示的经验曲线进行取值[6]。通

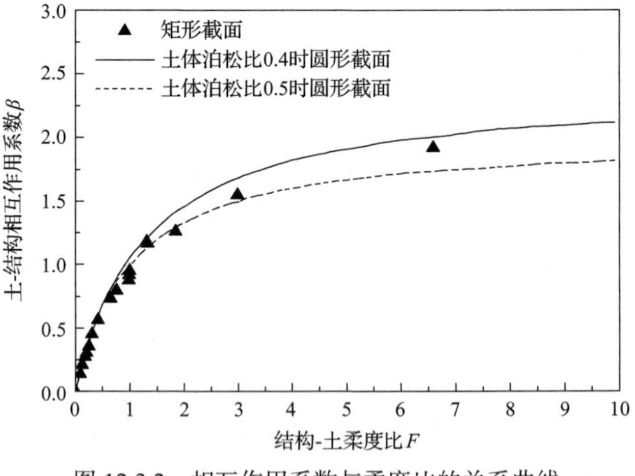

图 12.3.2　相互作用系数与柔度比的关系曲线

过该系数及自由场的变形确定结构变形，进而计算结构的内力反应和变形。

12.3.2　方法特点

柔度系数法是在自由场变形法的基础上发展而来的。引入土-结构相互作用系数，可近似估计土-结构相互作用效应对地下结构地震变形的影响。该方法的不足之处在于，考虑土-结构相互作用效应对地下结构地震变形的影响时仅仅计及了结构-土柔度比或刚度比的因素，而忽略了结构埋深、形状、尺寸以及场地条件差异性等其他因素。除此之外，柔度系数法和自由场变形法的计算模型存在相同的问题，如简单的荷载分布形式难以准确反映实际地震时结构上所受的地震荷载作用的分布形式。

12.4　反应位移法

如上所述，各国学者进行了大量的震害调查、现场观测、试验研究和理论分析，结果均表明，地震作用下地下结构的地震反应受控于周围土层的地震变形，其位移、速度和加速度等结构反应均与周围土层基本一致[8,9]，结构自身的动力特性由于周围土体的约束效应和与同体积的土体相比其质量相对较小等原因而受到抑制，结构的动力特性影响可以忽略。前述自由场变形法虽然抓住了地下结构的地震反应受控于周围土层的地震变形这一主要因素，但忽略了土-结构相互作用效应对地下结构地震反应的影响。柔度系数法从概念上弥补了自由场变形法的不足，进一步提高了地下结构地震反应分析的精度，但仍然忽略了结构埋深、形状、尺寸及场地条件差异性等因素的影响。为此，日本学者依据子结构概念，提出了可以较好考虑这些因素的反应位移法[10,11]。

12.4.1　计算模型一

反应位移法将地下结构与周围土体的作用效应用分布的地基弹簧来模拟，将结构沿深度方向的自由场位移差、剪应力分布分别作用在结构周边的离散弹簧上，以此来计算结构的内力反应。其中，地基弹簧计算可考虑结构埋深、形状、尺寸及场地条件差异性等因素。

除上述地基弹簧、自由场土层相对变形和剪应力外，反应位移法中还规定了要考虑结构惯性力，如图 12.4.1 所示。图中分别列举了传统反应位移法和广义反应位移法的计算模型，其中广义反应位移法是指选取的计算模型范围可包含部分土体，以便形成规则断面[12]。《城市轨道交通结构抗震设计规范》(GB 50909—2014)规定，土层相对位移可根据地下结构顶底板位置处自由土层发生最大相对位移时刻的土层位移分布确定，即相对于结构底板位置处的变形，并施加于结构两侧面压缩弹簧及上部剪切弹簧远离结构端部。结构自身的惯性力为结构物的质量与最大加速度的乘积，可作为集中力施加在结构形心上，也可以按照各部位的最大加速度计算惯性力并施加在相应的结构部位上，事实上结构惯性力效应与其他两个因素的效应相比是一个小量，一般是可以忽略的。结构上、下表面的土层剪力可通过自由场土层地震反应分析得到，也可以采用反应谱法计算土层位移，通过土层位移微分确定土层应变，最终通过物理关系计算土层剪力。

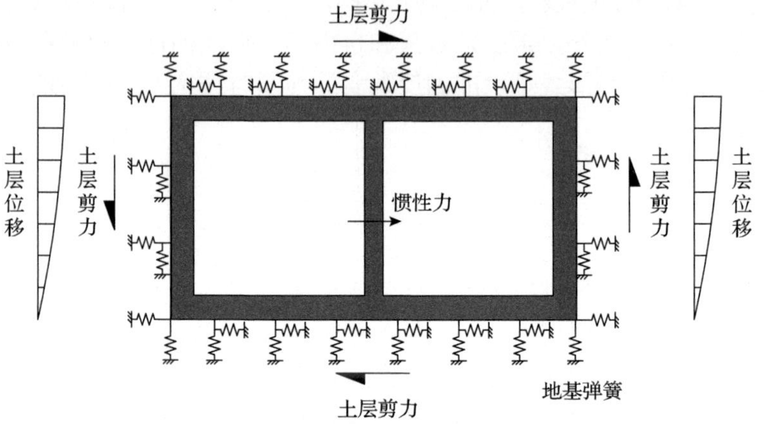

(a) 传统反应位移法的计算模型

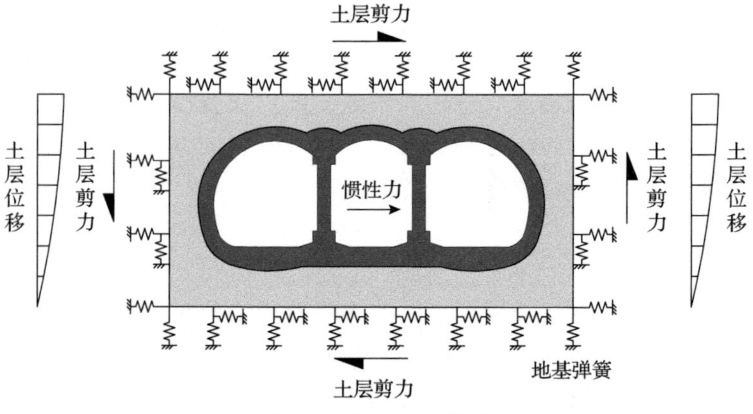

(b) 广义反应位移法的计算模型

图 12.4.1 反应位移法计算模型

确定基床系数后，地基弹簧的刚度可按下式计算：

$$k = KLd \tag{12.4.1}$$

式中，k 为压缩或剪切地基弹簧刚度(N/m)；K 为基床系数(N/m^3)；L 为垂直于结构横向的计算长度(m)；d 为土层沿隧道与地下车站纵向的计算长度(m)。

《城市轨道交通结构抗震设计规范》(GB 50909—2014)指出反应位移法中土层相对位移、结构惯性力与周围土层剪力的计算应符合下列规定。

(1)土层相对位移可按下式计算，土层地震反应位移应取地下结构顶底板位置处自由场土层发生最大相对位移时刻的土层位移分布。

$$u'(z)=u(z)-u(z_{\mathrm{B}}) \tag{12.4.2}$$

式中，$u'(z)$为深度 z 处相对于结构底部自由场土层的位移(m)；$u(z)$为深度 z 处自由场土层地震反应位移(m)；$u(z_{\mathrm{B}})$为结构底部 z_{B} 处的自由场土层地震反应位移(m)。

(2)结构惯性力计算公式如下：

$$f_i=m_i\ddot{u}_i \tag{12.4.3}$$

式中，f_i为结构区域 i 单元上作用的惯性力(N)；m_i为 i 单元对应的质量(kg)；$\ddot{u}_i$为地下结构顶底板位置处自由场土层发生最大相对位移时刻，自由场土层对应于 i 单元位置处的绝对加速度(m/s^2)。

(3)作用在矩形结构侧壁上的剪应力计算公式如下：

$$\tau_{\mathrm{S}}=(\tau_{\mathrm{U}}+\tau_{\mathrm{B}})/2 \tag{12.4.4}$$

式中，τ_{S}为矩形结构侧壁所受的剪应力(Pa)；τ_{U}、τ_{B}分别为自由场土层发生最大相对位移时刻，结构顶底板位置处自由场土层的剪应力(Pa)。

反应位移法中的关键问题是地基弹簧刚度的确定，地基弹簧刚度也将直接影响计算结果的精确度。静力有限元法是求解弹簧系数最为广泛的方法，该方法基于局部变形理论中的 Winkler 假设，认为弹性地基某点上施加的外力只会引起该点的变形，而与其他点所受荷载无关，同时假定弹性抗力与变形成正比，如图 12.4.2 所示。去除了结构的孔洞土体中的四个侧面分别施加垂直向和水平向的作用力，然后根据各侧面的位移来确定各面的弹簧系数。

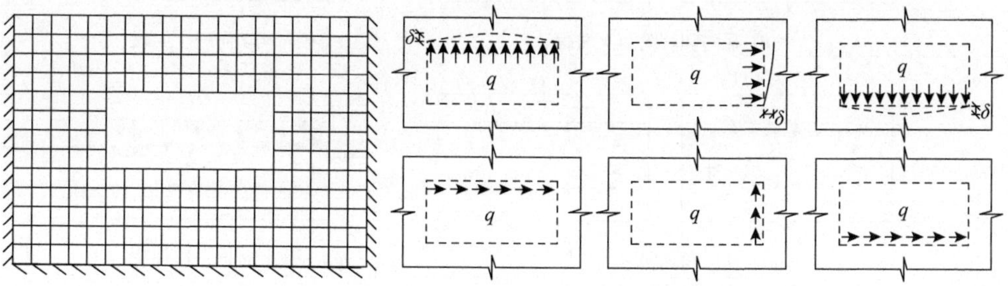

图 12.4.2　采用静力有限元法计算基床系数

为了克服现有反应位移法计算模型中地基弹簧之间互不相干的不足，减小由此造成的土体与地下结构四周接触面上荷载分布的误差，并减少计算次数以提高求解效率，可对地基弹簧刚度系数的求解方法进行改进。改进方法的假设条件是地下结构各侧面处于同一方向上的弹簧性质相同，即地基弹簧刚度系数的值相同[13]。对去除地下结构后的土体划分单元形成有限元模型，在需要计算弹簧刚度系数的侧面的对应方向上施加单位均布荷载，其他侧面和该侧面的其他方向固定。将计算得到的该侧面上各节点对应方向上的变形取平均值确定该侧面上对应方向上的弹簧刚度系数。

求解地基弹簧刚度系数的时候一般需要计算 6 次，如图 12.4.2 所示。此外，图 12.4.3 提供了静力有限元法计算弹簧刚度系数的另外 7 种求解方式[14]。其中，图 12.4.3(a)仅需进行 3 次计算就可确定所有弹簧的刚度系数，图 12.4.3(b)、(d)、(f)需进行 2 次计算，图 12.4.3(c)、(e)、(g)只需进行 1 次计算，大大节约了计算成本，提高了计算效率。

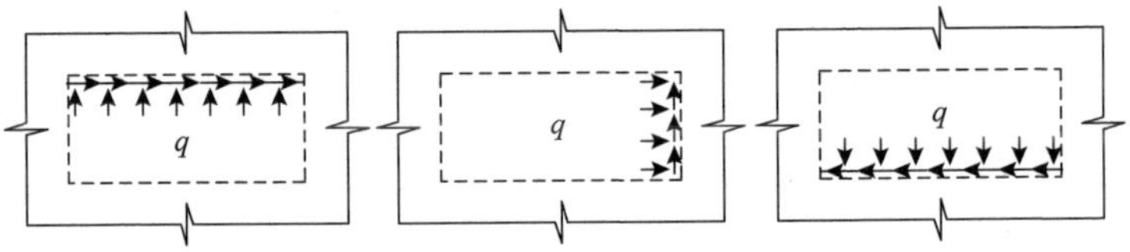

(a) 单面水平向和竖向同时加载

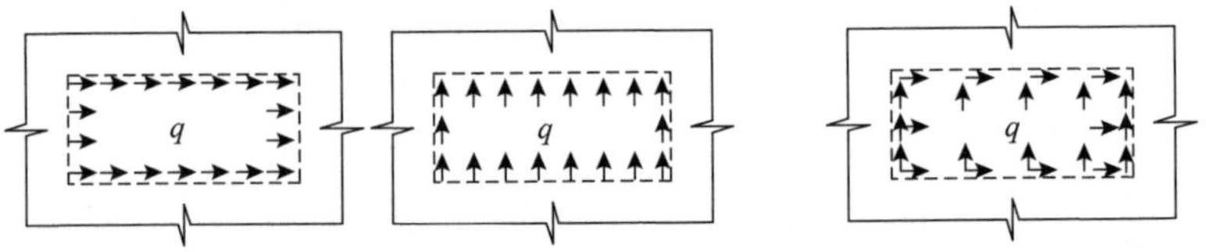

(b) 水平向和竖向两次加载　　(c) 水平向和竖向一次加载

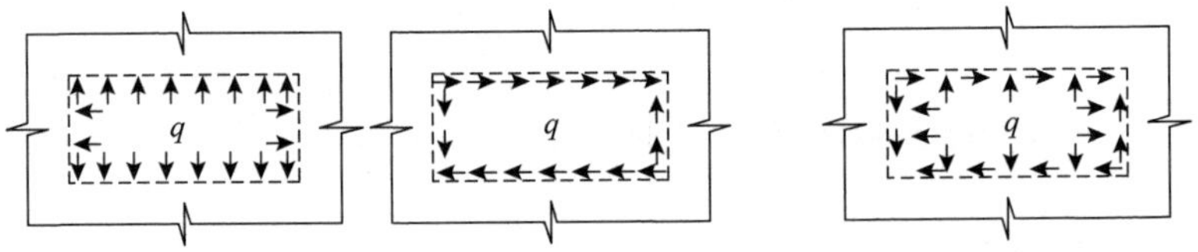

(d) 径向和切向两次加载　　(e) 径向和切向一次加载

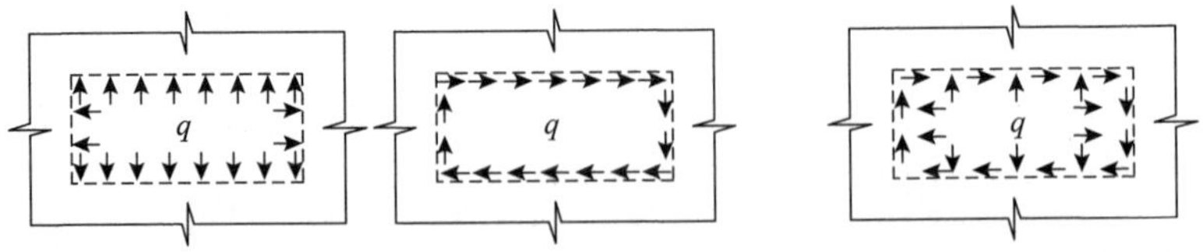

(f) 径向和环向两次加载　　(g) 径向和环向一次加载

图 12.4.3　改进地基土弹簧刚度系数求解次数

虽然上述方法求解方便，但其力学概念不够严谨。严谨的弹簧系数求解思路如图 12.4.4 所示，将孔洞周边各个节点固定，当第 i 个节点在 x 方向上施加单位位移，即 d_{ix}=1 时，在第 j 个节点 x 方向上引起的反力记为 R_{ixjx}，y 方向上引起的反力记为 R_{ixjy}。所得的反力矩阵即为地基土弹簧刚度系数矩阵 $\boldsymbol{k}$，这样得到的离散地基弹簧刚度是一个耦联的关系。由于计算工作量大，这一种方法在工程实践中并未得到广泛应用。

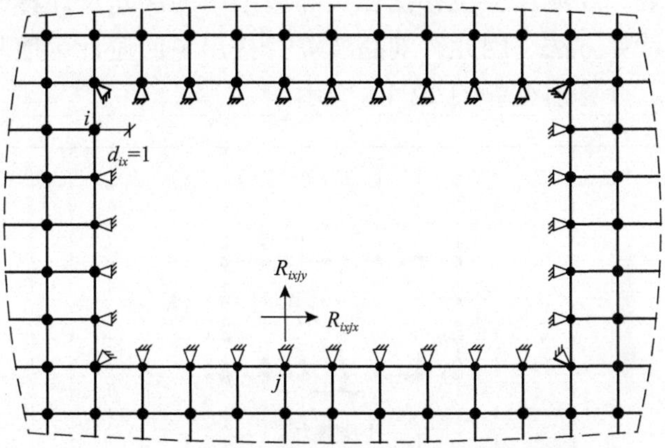

图 12.4.4　改进地基土弹簧刚度系数求解精度

$$
\boldsymbol{k} = \begin{bmatrix}
k_{1x1x} & k_{1x2x} & \cdots & k_{1xnx} & k_{1x1y} & k_{1x2y} & \cdots & k_{1xny} \\
k_{2x1x} & k_{2x2x} & \cdots & k_{2xnx} & k_{2x1y} & k_{2x2y} & \cdots & k_{2xny} \\
\vdots & \vdots & & \vdots & \vdots & \vdots & & \vdots \\
k_{nx1x} & k_{nx2x} & \cdots & k_{nxnx} & k_{nx1y} & k_{nx2y} & \cdots & k_{nxny} \\
k_{1y1x} & k_{1y2x} & \cdots & k_{1ynx} & k_{1y1y} & k_{1y2y} & \cdots & k_{1yny} \\
k_{2y1x} & k_{2y2x} & \cdots & k_{2ynx} & k_{2y1y} & k_{2y2y} & \cdots & k_{2yny} \\
\vdots & \vdots & & \vdots & \vdots & \vdots & & \vdots \\
k_{ny1x} & k_{ny2x} & \cdots & k_{nynx} & k_{ny1y} & k_{ny2y} & \cdots & k_{nyny}
\end{bmatrix} \tag{12.4.5}
$$

12.4.2　计算模型二

从上述表述中可以看出，经典的反应位移法基本概念简单明确，方便理解和设计人员操作，但也存在一系列问题。计算模型方面，经典反应位移法工程实践中实际上是采用了非耦联的离散地基弹簧刚度来模拟结构与周围土层的相互作用关系，这是一种简化的模型，可能导致与实际约束情况差异较大的情形出现，特别是在结构角部，非耦联的离散地基弹簧无法形成有效约束，有可能低估结构角部内力反应。计算参数选取方面，经典反应位移法中地基弹簧系数的大小对结构内力计算结果有很大影响，不同的地基弹簧系数确定方法可能造成较大的差异，这也与具体的情况相关，需要积累一定的经验。计算工作量方面，进行 6 次有限元计算来确定地基弹簧系数的静力有限元方法计算工作量也很大，几种改进的简化方式也各有其适用范围。

通过分析发现，经典反应位移法在实际应用中的误差及计算成本主要取决于地基弹簧模型和计算方法。因此，刘晶波等[15]提出了回避计算地基弹簧刚度的整体式反应位移法。计算模型如图 12.4.5 所示。

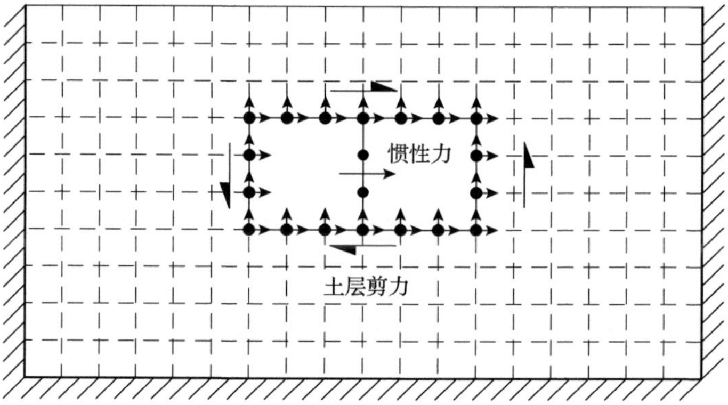

图 12.4.5　整体式反应位移法计算模型

整体式反应位移法直接将土-结构作为一个整体来进行分析，实际上是一种基于简化整体模型的直接有限元方法。地基弹簧采用的土层有限元模型代替，能够准确地反映周围土层对地下结构的约束作用，特别是对结构角部的有效约束。实际上，与前述地基弹簧刚度计算方法相比计算工作量更小，大大节约了计算成本。

整体式反应位移法具体分析方法如下：

(1)确定土层变形引起的施加在结构上的地震作用力。如图 12.4.6 所示，直接在除去结构的土层有限元模型中将土-结构交界面强制拉到自由场变形位置处，此时结构位置处节点反力即为土层变形引起的施加在结构上的地震作用力。

(2)确定土层变形引起的施加在结构周边上的自由场剪应力。与经典反应位移法完全相同。

(3)确定施加在结构上的地震惯性力。与经典反应位移法完全相同。

从以上分析可以看到，整体式反应位移法所改进的就是用土层有限元模型代替等效地基弹簧。

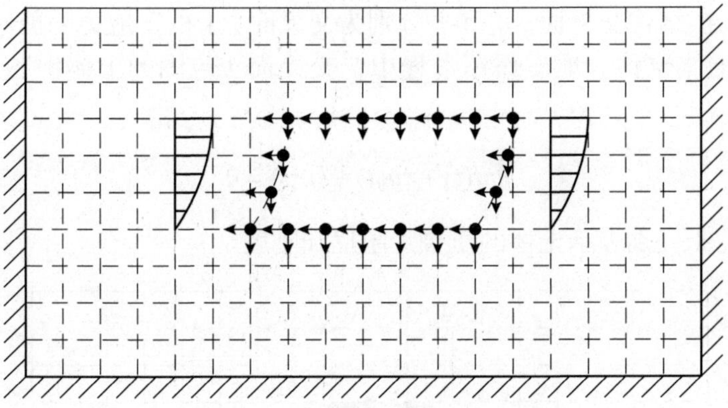

图 12.4.6　土层变形等效荷载的求解

12.4.3　计算模型三

由于复杂断面地下结构地基弹簧系数和结构周围剪应力的求解更为困难，经典反应位移法和整体式反应位移法通常适用于能方便求解地基弹簧系数和结构周围剪应力的矩形或圆形等规则断面地下结构。对其他复杂断面形状的地下结构，结构与土体接触界面上的自由场应力确定较为复杂，剪应力和正应力均存在，需要考虑应力场在结构-土体边界面上的分解与合成。因此，刘晶波等[16]提出了一种改进的方法，即整体式反应位移法二，如图 12.4.7 所示。

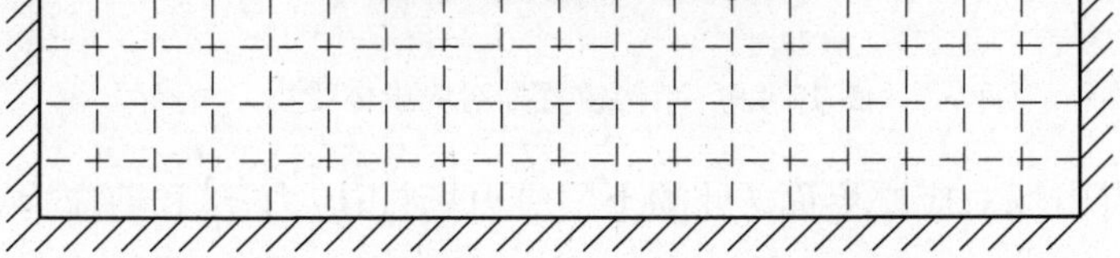

图 12.4.7　整体式反应位移法二的计算模型

具体分析方法如下：

(1)确定土层变形引起的施加在结构上的地震作用力。与前述整体式反应位移法相同，如图 12.4.8 所示。

(2)确定土层变形引起的施加在结构周边上的自由场应力。结构周边自由场应力是自由场土体中与土-结构交界面对应位置处的土层应力，如图 12.4.9 所示。

图中，I表示土-结构交界面；σ_I和τ_I分别为交界面I上的正应力和剪应力；u为交界面I内的土体位移。地震作用过程中，交界面I包围的土体中各点的平衡方程为

$$m\ddot{u}(t)+c\dot{u}(t)+ku(t)=0 \tag{12.4.6}$$

式中，m、c、k分别表示土体的质量、阻尼和刚度。

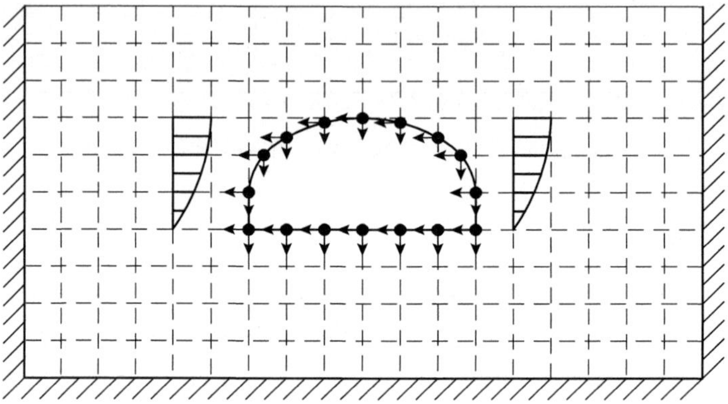

图 12.4.8　土层变形引起的等效荷载求解

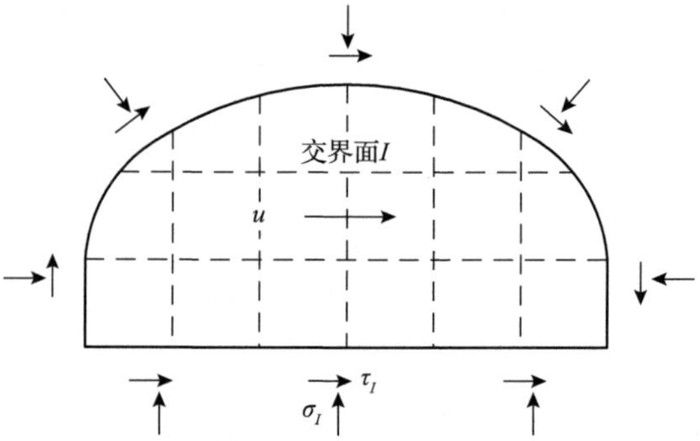

图 12.4.9　结构位置处对应土体受力

当已知自由场对应交界面I处的土层应力场(正应力σ_I^0和剪应力τ_I^0)时，边界条件如下：

$$\begin{cases}\sigma_I(t)=\sigma_I^0(t)\\ \tau_I(t)=\tau_I^0(t)\end{cases} \tag{12.4.7}$$

联合式(12.4.6)和式(12.4.7)，求解得到交界面I上的位移场u_I^0。

以上问题可以等效为已知交界面I上的位移场u_I^0，如图 12.4.10 所示，其中

u_I 为交界面 I 上的位移场。此时边界条件如下：

$$u_I(t) = u_I^0(t) \tag{12.4.8}$$

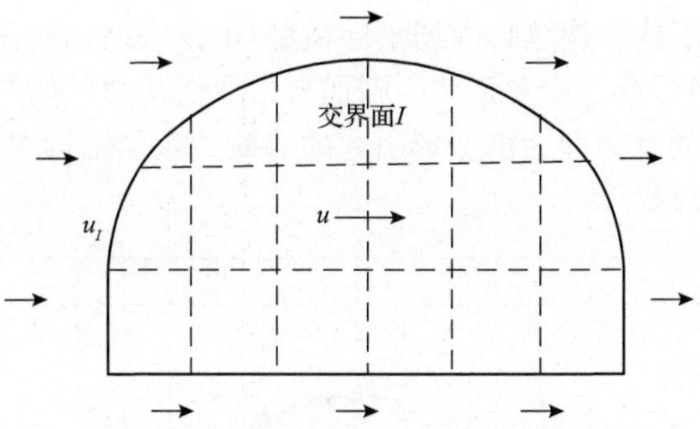

图 12.4.10　结构位置处对应土体位移

联合式(12.4.6)和式(12.4.8)求解，即可获得交界面 I 处的土层应力场(正应力 σ_I^0 和剪应力 τ_I^0)。

该方法旨在计算结构在地震过程中的最大反应，因此取自由场对应于结构位置处发生最大相对位移时刻进行分析，同时忽略阻尼项的影响，此时式(12.4.6)和式(12.4.8)可化为

$$\begin{cases} ku = -m\ddot{u}^0 - c\dot{u}^0 \approx -m\ddot{u}^0 \\ u_I = u_I^0 \end{cases} \tag{12.4.9}$$

从式(12.4.9)可以看出，当对土-结构交界面 I 内土体施加惯性力 $-m\ddot{u}^0$ ($\ddot{u}^0$ 为自由场的加速度)，并在交界面 I 上施加给定的自由场位移 u_I^0 (u_I^0 为自由场对应于交界面 I 处的位移)时，方程的解可对应于自由场的解，而此时交界面 I 上的反力也就是自由场反应对应于交界面 I 位置处的应力，即作用在结构周边上的自由场应力。

综上所述，作用在结构周边上的自由场应力可通过强制结构所占土体位移达到的自由场位移进行计算，如图 12.4.11 所示。

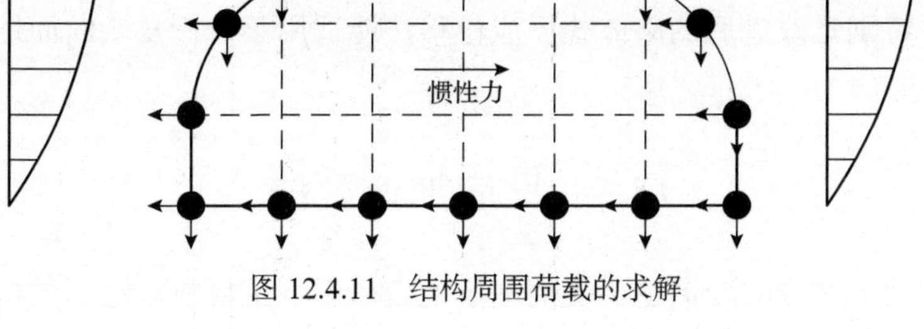

图 12.4.11　结构周围荷载的求解

对比图 12.4.8 和图 12.4.11 可见，土层变形引起的等效荷载由图 12.4.8 模型在交界面 I 处施加 u_I^0 进行计算，作用在结构周边上的自由场应力由图 12.4.11 模型同样在交界面 I 处施加 u_I^0 进行计算，二者计算模型中交界面 I 处的位移条件一致，可进行合并。相当于建立连续自由场土层模型(不挖去结构所占土体)，在交界面 I 位置处施加自由场位移，交界面 I 内施加自由场惯性力，如图 12.4.12 所示。此时交界面 I 位置处的反力即为由变形引起的等效荷载与结构周围荷载之和，称为等效输入地震作用荷载。

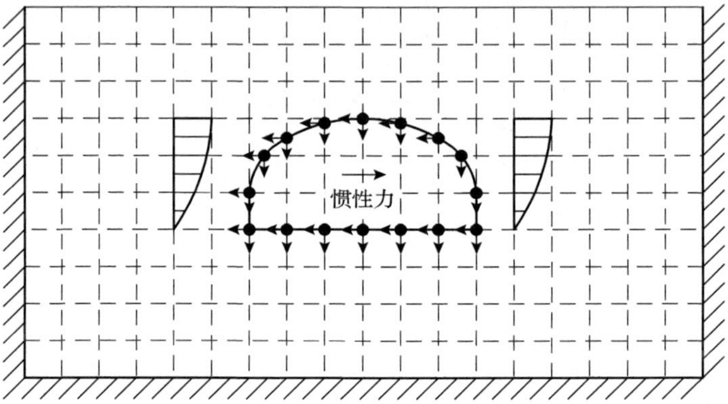

图 12.4.12　等效输入地震动荷载的求解

12.4.4　方法特点

反应位移法通过引入地基弹簧来模拟地震作用下土-结构间的相互作用，并考虑土层相对位移、结构惯性力和结构周围土层剪应力三部分荷载。该方法考虑到了地下结构地震反应的特点，能够较为真实地反映结构的受力特征，是一种有效的设计方法。然而，对于地基弹簧刚度而言，严谨的静力有限元分析方法将带来巨大的计算成本，各种简化后的近似方法又不可避免地会带来一定的计算误差，特别是与周围土层相连的结构角部的应力畸变不能得到体现。除此之外，结构位置处的土层相对位移无论是采用规范推荐的余弦函数分布形式还是通过一维自由场地震反应分析确定都是一种近似估计。

与经典反应位移法相比，整体式反应位移法在计算精度和计算成本方面有一定的优势，特别是改进后的整体式反应位移法能适用于分析复杂断面地下结构的地震反应。

12.5　反应加速度法

地震中地下结构的变形主要受周围场地变形影响是目前对地下结构地震反应

特征的基本认识，前述方法中除地震系数法外均是在这一观点基础上建立起来的，不同之处主要体现在考虑土-结构相互作用效应的具体处理方法方面。从振动力学角度看，土-地下结构体系的地震反应是一个由于运动惯性引起的体积力问题，反应位移法实质上是在动力子结构法基础上简化而来，土-结构交界面的输入忽略了结构存在对土体-结构界面处的土体变形和应力影响，直接将土体-结构界面处与自由场土体中对应的土体变形和应力施加到结构上，这必然会带来一定的误差，而且经典的反应位移法还存在地基弹簧刚度不准确和计算不方便的问题。因此，日本学者提出了反应加速度法来改进这些问题[17,18]。

12.5.1　计算模型

横断面地下结构反应加速度法的基本思想是将土体划分为二维平面应变模型，结构采用梁单元。计算地震作用的方法是，首先进行一维土层反应分析，从中抽取地下结构上下底位置发生最大相对位移时刻土层的水平向绝对加速度值，然后将其以体积力的方式转化成节点力施加到有限元模型上，其计算模型如图 12.5.1 所示。

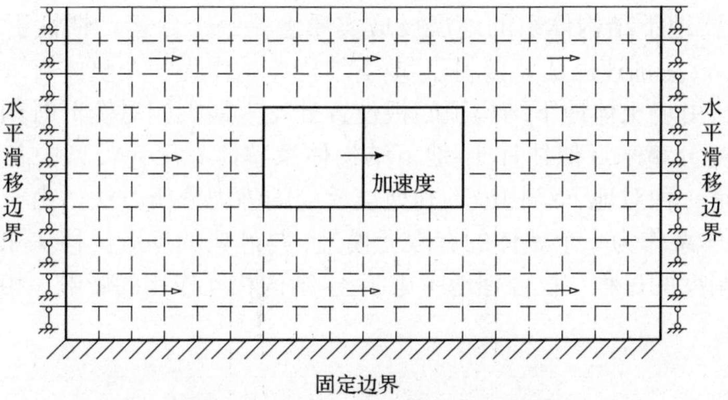

图 12.5.1　反应加速度法计算模型

反应加速度法的关键是确定有限元模型中各节点上的水平加速度，也称水平有效反应加速度，可用一维自由场土层地震反应分析方法获得。由于土层除了惯性力以外还存在阻尼力，图 12.5.2 所示的是第 i 层土体单元在地下结构顶底板位置处发生最大相对变形时刻的平衡状态，其平衡方程见式(12.5.1)。

$$\tau_i - \tau_{i-1} + \rho_i h_i \ddot{u}_i + c_i \dot{u}_i = 0 \tag{12.5.1}$$

式中，τ_{i-1}、τ_i 分别为地下结构顶底板位置处发生最大相对变形时刻第 i 层土单元顶部与底部的剪应力，当 i=1 时，τ_0=0；ρ_i 为第 i 层土单元的密度；h_i 为第 i 层土单元的厚度；c_i 为阻尼系数；$\ddot{u}_i$、$\dot{u}_i$ 分别为土单元绝对加速度和绝对速度。由于阻尼力存在，反应加速度法施加的水平加速度并不等于土层反应的绝对加速度，而应该是式(12.5.1)中两个剪应力差值对应的有效反应加速度，可写为

$$a_i = \frac{\tau_i - \tau_{i-1}}{\rho_i h_i} \tag{12.5.2}$$

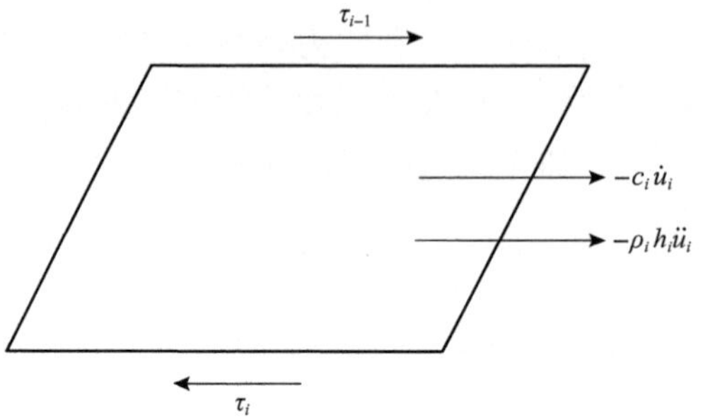

图 12.5.2　土体单元平衡状态

12.5.2　方法特点

基于对土-地下结构体系的地震反应实质上是一个由运动惯性引起的体积力问题的认识，反应加速度法直接将土-地下结构体系作为一个整体有限元模型来进行分析，用自由场土体地下结构顶底板位置处发生最大相对变形时刻的自由场土体中的加速度分布来近似估计土-地下结构体系整体有限元模型中各节点的惯性体积力，这是一种对地下结构最不利地震反应的静力分析方法。由于直接采用了土-地下结构体系作为一个整体的有限元模型，与经典的反应位移法相比省略了确定地基弹簧刚度的过程，较合理地考虑了土-结构相互作用的影响，相对来说理论基础较为完备。

12.6　Pushover 分析方法

Pushover 分析方法是一种简便、高效的结构地震反应分析方法，已在地上建筑结构抗震性能和易损性分析、基于性能的抗震设计中得到了广泛的应用。由于地下结构与地上结构的地震反应特点不同，地上结构地震反应分析的 Pushover 方法不能直接应用于地下结构的地震反应分析。

地上结构地震反应 Pushover 分析方法是一种非线性静力分析方法，施加在结构上的等效静力荷载依据结构沿高度分布的水平地震变形假定模式推得。通过逐级单调递增地施加地震作用等效静力荷载，可获得结构抗震性能的全曲线，以此评估结构的地震易损性和开展基于性能的抗震设计。因此，Pushover 分析方法是一种比较简便、实用的结构抗震性能分析和设计方法。它的关键在于假定的地震

变形模式是否合理，通常是以结构的一阶振型作为假定的地震变形模式，并在此基础上结合结构自身的动力特性特点和地震动特征开展了一些高阶振型形态影响的研究工作。由于地下结构受到周围地基约束，在地震作用下其地震反应特征与地上结构的地震反应特征有极大的差异，地下结构的地震反应主要受场地变形的控制，自身的动力特性对其地震反应一般影响并不大，因此，照搬地上结构的地震反应分析 Pushover 方法并不合适，需要发展一种能适用于地下结构地震反应的 Pushover 分析方法。刘晶波等[19-21]开展了这方面的工作并取得了进展。

12.6.1　计算模型

地下结构地震反应分析的 Pushover 模型与反应加速度法模型相同，重点在地震作用等效水平荷载确定方面。地上结构地震反应的 Pushover 分析方法中，地震作用等效水平荷载是在结构的侧向直接施加的，其荷载分布模式有均匀、倒三角形和抛物线形等多种分布形式，可视不同的结构和地震动特征而合理确定。地下结构地震反应 Pushover 分析方法的等效荷载确定可借鉴地上结构地震反应 Pushover 分析方法中的等效荷载确定方式，但不能像地上结构一样直接将其作为水平推覆力作用到土-结构体系模型的土体侧面边界上，也不能简单地施加到地下结构的侧面上。由前述可知，自由场地基土体变形是控制地下结构地震反应的主要因素。换言之，控制自由场土体变形的地震体积惯性力就成为了控制地下结构地震反应的主要因素。因此，地下结构地震反应 Pushover 分析方法可借鉴反应加速度法的思路来确定土体-结构体系有限元模型中各节点的体积惯性力，并将此作为地下结构地震反应 Pushover 分析方法中的水平推覆力。只不过这里的水平推覆力是分布在土体-结构体系有限元模型中的体积力而已。

基于以上思想，确定水平体积力的惯性加速度的分布形式可通过自由场一维土层地震反应分析方法获得。这里给出了三种方法获得水平等效惯性加速度分布形式。

(1) 方法一：直接采用基岩地震动作用下自由场土体中各节点的绝对峰值加速度。

(2) 方法二：可通过土体最大变形状态获得，这与 12.5 节介绍的方法相同。

(3) 方法三：假定自由场土体在地震作用下的反应以一阶振型为主，高阶振型的影响可以忽略。这时，自由场土体中的水平等效惯性加速度可简化为倒三角形分布形式，第 i 层土单元的水平等效惯性加速度可以表示为

$$a_i = \frac{H - H_i}{H} a_0 \tag{12.6.1}$$

式中，H 为自由场土层的总高度；H_i 为该层土单元中心距离地表的高度；a_0 为地面峰值加速度。

12.6.2　方法特点

地下结构地震反应 Pushover 分析方法与反应加速度法类似，其计算模型均采用了土-结构整体有限元模型，较为合理地考虑了土-结构相互作用效应影响。该方法概念清晰，可适用于复杂横断面结构形式。除此之外，采用 Pushover 分析方法对地下结构进行抗震分析时，可以考虑强震作用下土体与结构的非线性，从而实现罕遇地震作用的弹塑性分析，预测地下结构构件弹性-开裂-屈服-弹塑性-破坏全过程，判断塑性铰出现的顺序和分布以及结构的薄弱部位等，并最终获得地下结构完整的抗震能力曲线。体积惯性力的合理确定是该方法的关键。

12.7　惯性力-位移法

已有研究表明，浅埋地下结构上覆土体作为回填土或地震时破坏可导致土体对地下结构的约束作用减弱，同时竖向地震动的作用会增大或减小上覆土体作用到地下结构顶板上的土压力，增大的土压力将导致地下结构竖向承力构件-内柱的轴压比显著升高、侧向变形能力降低的情况出现，从而引起地下结构发生地震破坏。传统反应位移法并不能反映浅埋地下结构的这种地震破坏机理，因此，杜修力等[22]在传统反应位移法的基础上提出了一种可以考虑这一问题的惯性力-位移法，其计算模型有如下两种模式。

12.7.1　计算模型一

在传统反应位移法计算模型基础上，舍弃结构顶部的压缩和剪切弹簧，同时考虑剪切破坏后的上覆土体在竖向地震动的作用下产生的最大向下竖向惯性力，提出一种惯性力-位移法，其计算模型如图 12.7.1 所示。

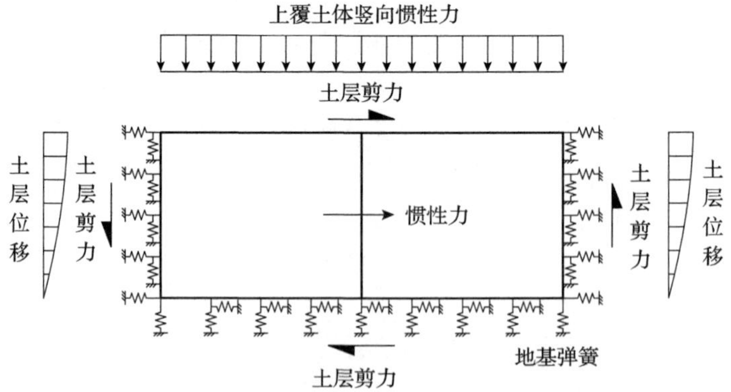

图 12.7.1　惯性力-位移法计算模型一

惯性力-位移法模型不需要确定结构顶部的压缩弹簧和剪切弹簧刚度系数，但需要确定上覆土体在竖向地震荷载作用下的最大向下竖向惯性力。此外，其余各荷载可按传统反应位移法的方式施加在结构上。因此，本节主要阐述与传统反应位移法不同的两个关键参数的确定方法。

1. 地基弹簧刚度系数

图 12.7.2 所示为惯性力-位移法地基弹簧刚度系数计算模型，需要确定作用在结构侧墙和底板上的水平和竖直的弹簧刚度。在结构侧墙、底板对应土体处分别施加水平和竖直方向的均布荷载 q，然后分别计算各种荷载作用下的变形 δ，得到地基弹簧刚度系数 $K=q/\delta$。假设结构同一个面上的弹簧性质相同，即弹簧刚度一致，因此结构在均布荷载 q 的作用下某一面的变形 δ 应为该面各个节点变形的平均值。

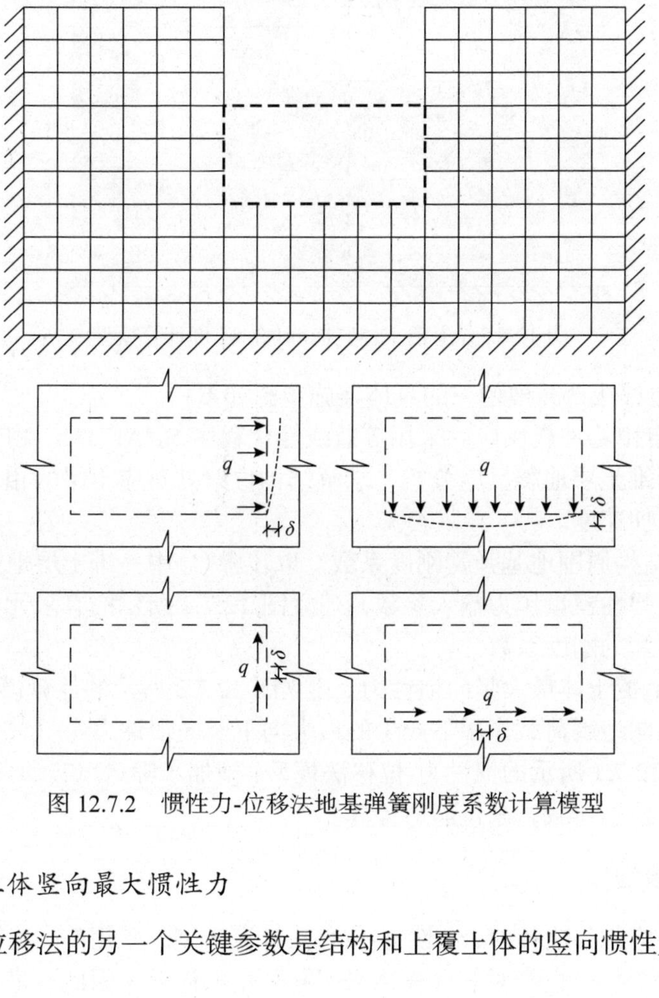

图 12.7.2　惯性力-位移法地基弹簧刚度系数计算模型

2. 上覆土体竖向最大惯性力

惯性力-位移法的另一个关键参数是结构和上覆土体的竖向惯性力，这也是本书方法与传统反应位移法和其他地下结构抗震简化分析方法的最大区别。竖向地震动作用下，结构及其上覆土体的竖向加速度反应很大程度上取决于结构的竖向抗压刚度，尤其中柱的抗压刚度影响更为明显[23]。因此，可将中柱等效成一定宽度范围($B/2 \times D \times H$，B 为结构宽度，D 为柱间距，H 为结构高度)的土层，如图 12.7.3 所示，对等效后的一维场地进行竖向地震反应分析。为方便起见，假设结构竖向加速度等于等效后土层中心位置加速度，上覆土体竖向加速度也等于其中心位置加速度，并以此作为两者竖向惯性力的计算依据。

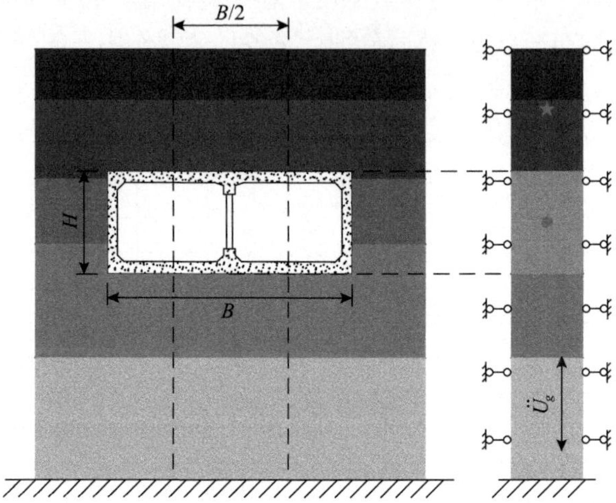

图 12.7.3　上覆土体竖向峰值加速度计算模型

惯性力-位移法计算模型一的具体实施步骤如下：

(1) 求解自由场地震反应。采用等效线性化程序 SHAKE91、EERA 等对自由场模型进行一维土层地震反应分析，求解结构位置处对应土层的相对变形、土层剪应力和土层加速度。

(2) 求解结构周围地基弹簧刚度系数。以步骤(1)中一维土层地震反应分析得到的土体有效弹性模量作为输入参数，建立图 12.7.2 所示的有限元模型，求解结构周围地基弹簧的刚度系数。

(3) 求解上覆土体最大竖向惯性力。建立图 12.7.3 所示的计算模型，求解结构上覆土体在竖向地震荷载作用下产生的最大向下竖向惯性力。

(4) 按图 12.7.1 所示的惯性力-位移法模型，施加步骤(1) (2) (3)确定的结构周围地基弹簧及地震荷载，进行静力计算。

12.7.2　计算模型二

与传统反应位移法相同，惯性力-位移法计算模型一采用静力有限元方法确定地基弹簧刚度系数，也会对其计算结果引起一定的误差。因此，借鉴整体式反应位移分析法通过建立土-结构整体分析模型的方式，提出惯性力-位移法的第二种计算模型(整体式惯性力-位移法)，其计算模型如图 12.7.4 所示。

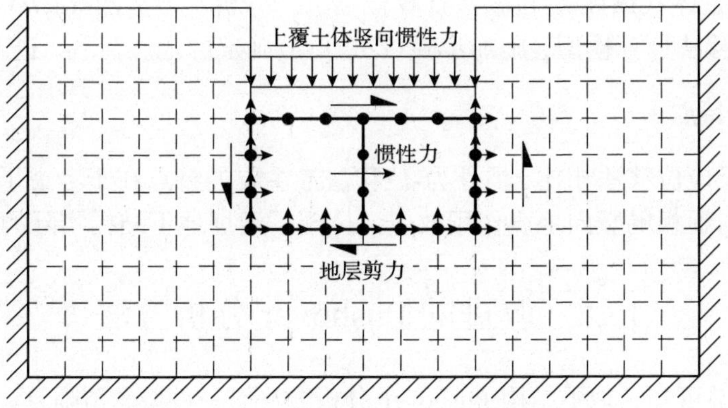

图 12.7.4　惯性力-位移法计算模型二

惯性力-位移法计算模型一、二的差异仅体现在地基约束弹簧计算模型方面，其他方面一致，包括土层变形、结构周围剪力、结构惯性力和上覆土体最大竖向惯性力。

整体式惯性力-位移法的具体实施步骤如下：

(1)求解自由场地震反应。与传统反应位移法相同，采用等效线性化程序 SHAKE91、EERA 等对自由场模型进行一维土层地震反应分析，求解结构位置处对应土层的相对变形、土层剪应力和土层加速度。

(2)求解土层变形等效荷载。建立除去结构和上覆土体的土层有限元计算模型，如图 12.7.5 所示，在地下结构对应位置处施加步骤(1)中求得的相对位移，计算土-结构接触面上的节点反力，记录该部分反力，作为整体式惯性力-位移法地震作用中的土层变形等效荷载。

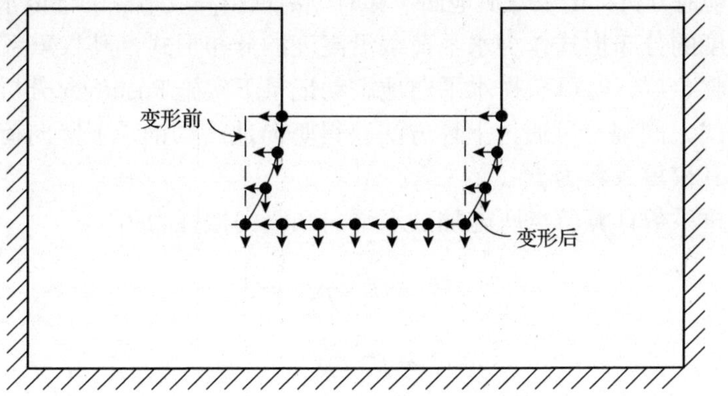

图 12.7.5　土层变形引起的等效荷载

(3) 求解上覆土体最大竖向惯性力。建立图 12.7.3 所示的计算模型，求解结构上覆土体在竖向地震荷载作用下产生的最大向下竖向惯性力。

(4) 建立整体式惯性力-位移法计算模型进行分析。建立图 12.7.4 所示的整体式惯性力-位移法计算模型，施加步骤 (1) (2) (3) 确定的地震荷载，进行静力计算。

12.7.3　方法特点

与传统反应位移法相比，惯性力-位移法最主要的特点在于考虑了浅埋地下结构上覆土体对顶板的竖向地震作用效应，体现了浅埋地下结构实际的震害机理。

12.8　改进的 Pushover 分析方法

由 12.6 节可知，地下结构 Pushover 分析方法是一种概念清晰且计算较为精确的弹塑性简化抗震分析方法，但该方法所涉及的分析模型仅考虑了水平地震作用。针对大开地铁车站结构地震破坏的研究表明，竖向地震引起的作用在顶板上的附加动土压力是大开地铁车站倒塌破坏的关键外部因素。因此，在使用 Pushover 方法分析浅埋地下结构的抗震性能时有必要考虑竖向地震作用效应的影响，下面介绍考虑竖向地震作用效应影响的地下结构地震反应 Pushover 分析方法[24]。

12.8.1　计算模型

与传统地下结构地震反应分析的 Pushover 方法不同，改进的 Pushover 方法在土-结构相互作用模型中施加了反映竖向地震作用的竖向惯性力，主要实施过程如下：

(1) 基于结构所在场地的信息，选取对应的水平地震动记录。

(2) 基于场地信息建立自由场一维水平地震反应分析模型，并基于所选水平地震动记录进行场地分析。记录峰值地面位移时刻沿模型高度节点的峰值水平加速度，并以此加速度的分布形式作为水平荷载沿高度的分布形式，其权重系数为 β_h^i。

通过步骤 (1) 与 (2) 可获得水平向地震动记录下实施 Pushover 分析方法的水平荷载分布形式，同理，可通过上述方法获得竖向地震动记录下竖向荷载沿高度的分布形式，其权重系数为 β_v^i。

根据权重系数计算节点所施加的水平向和竖向惯性力为

$$F_h^i = \beta_h^i \times \rho_i \times g \tag{12.8.1}$$

$$F_v^i = \beta_v^i \times \rho_i \times g \tag{12.8.2}$$

式中，ρ_i 为土层密度；g 为重力加速度。

如图 12.8.1 所示，建立土-结构相互作用分析模型，将水平向和竖向惯性力施加到对应节点上，余下过程同 Pushover 方法。

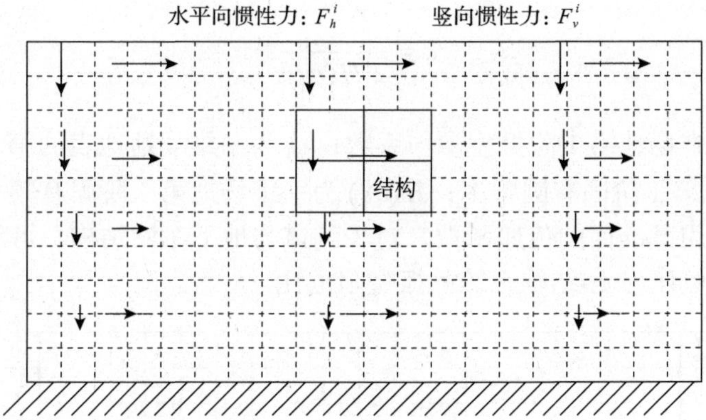

图 12.8.1　改进 Pushover 分析方法的计算模型

12.8.2　方法特点

改进的 Pushover 分析方法主要通过在土-结构相互作用分析模型中施加一定分布形式的水平向与竖向惯性加速度来模拟结构在地震荷载作用下的最不利受力状态。它与传统的 Pushover 分析方法的差别是体现了竖向地震作用效应。

12.9　反 应 谱 法

上述地下结构抗震简化分析方法均是将动力问题静力化处理，没有考虑地震作用的不确定性影响。反应谱方法能够给出具有一定统计特征的结构反应，已被广泛应用于地面结构抗震分析与设计[25, 26]。基于对土-地下结构体系的地震反应实质上是一个由运动惯性引起的体积力问题的认识，Zhao 等[27, 28]提出了地下结构抗震分析的反应谱法。

12.9.1　计算模型

(1) 反应谱法的分析模型和反应加速度法一样，如图 12.9.1 所示，计算模型底面采用固定边界，侧面采用水平滑移边界。为考虑土体非线性和计算简单，使用等效线性化方法进行一维土层反应分析。通过等效线性化一维土层地震反应分析获得对应地震动水平的等效剪切模量，将其作为土-结构系统中土层的剪切模量。

(2) 建立采用等效剪切模量的一维土层有限元模型，通过对该模型进行振型分析获得一维土层的固有频率和振型，其中 1 阶固有圆频率、振型和振型参与系数分别为 ω_1、φ_1 和 γ_1。在一维土层固有频率下，令等效线性化一维土层模型地表传

递函数 $H(\omega_1)$ 与一维土层有限元模型地表传递函数相等，经过推导，可得一维土层振型阻尼比计算公式：

$$\xi = \frac{|\gamma_1 \varphi_1|}{2|H(\omega_1)|} \tag{12.9.1}$$

式中，γ_1 为一维场地第 1 阶振型参与系数；φ_1 为一维场地地表的第 1 阶振型值；ω_1 为一维场地第 1 阶固有圆频率；$H(\omega_1)$ 为一维场地第 1 阶固有频率时地表相对于设计地震作用基准面的传递函数。对于隧道与地下车站结构，可将一维土层振型阻尼比 ξ 近似作为土-结构系统的振型阻尼比。

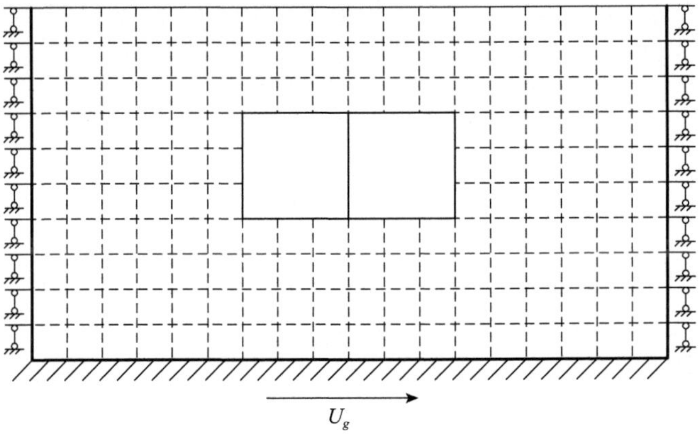

图 12.9.1　反应谱法的计算模型

(3) 对土-结构系统模型执行振型分析，获得前 n 阶固有频率和振型，应保证其振型质量之和大于土-结构系统总质量的 90%。对于隧道与地下车站结构，振型质量一般不随振型阶数增加而单调递减，只有少数几阶固有频率和振型控制土-结构系统的地震反应，这几阶固有频率和振型为土-结构系统的有效动力特性。对于隧道与地下车站结构，为了提高计算效率，亦可通过静力分析计算土-结构系统的有效固有频率和振型，计算公式为

$$\boldsymbol{K}\overline{\boldsymbol{\varphi}}_j = \omega_j^2 \boldsymbol{M}\boldsymbol{\varphi}_j \tag{12.9.2}$$

$$\overline{\omega}_j = \sqrt{\frac{\overline{\boldsymbol{\varphi}}_j^{\mathrm{T}} \boldsymbol{K}\overline{\boldsymbol{\varphi}}_j}{\overline{\boldsymbol{\varphi}}_j^{\mathrm{T}} \boldsymbol{M}\overline{\boldsymbol{\varphi}}_j}} \tag{12.9.3}$$

式中，$\boldsymbol{K}$ 、$\boldsymbol{M}$ 为土-结构系统模型的刚度和质量矩阵；$\overline{\boldsymbol{\varphi}}_j$ 为土-结构系统模型的第 j 阶有效振型；$\overline{\omega}_j$ 为土-结构系统模型的第 j 阶有效固有圆频率；$\boldsymbol{\varphi}_j$ 为由一维土层振型构成的土-结构模型的近似振型；ω_j 为一维土层第 j 阶固有圆频率。为提高计

算精度，可以利用式(12.9.2)和式(12.9.3)迭代 1～2 次计算土-结构系统一阶有效振型和固有频率。参与计算的有效振型数应保证其振型质量之和大于土-结构系统总质量的 90%。

(4)设计地震作用基准面处的地震反应谱可由场地地震安全性评价给出，也可根据地表设计反应谱反演得到。将土-结构系统模型的固有频率和振型代入标准反应谱法的振型组合公式，计算结构的地震反应峰值。

12.9.2　方法特点

反应谱法与反应加速度法一样，采用土-结构相互作用整体分析模型，能合理考虑土-结构相互作用，具有较高的计算精度。反应谱法理论成熟，且已经嵌入许多商用有限元软件中，操作更加简单。更为重要的是，反应谱方法能够给出具有一定统计特征的结构反应。

12.10　实 例 分 析

12.10.1　计算参数与模型

为验证各简化分析方法对浅埋地下结构强震作用下地震反应分析的合理性和精度，选取 1995 年阪神地震中遭到严重破坏的大开地铁车站进行实例分析，结构、土体和地震动参数见本书 9.3 节。

12.10.2　结果对比

为评价各简化分析方法的计算精度，以动力时程计算结果作为精确解。由于基岩取刚性，地表与基岩面的距离与地震动优势能量对应的地震波波长相比是小量。因此，可以忽略波动传播过程的影响，地震动输入方式采用惯性体积力的振动输入法。结构振动引起的能量向水平无限远处辐射效应的影响可通过设置考虑能量辐射效应的人工边界条件来模拟。计算模型如图 12.10.1 所示。

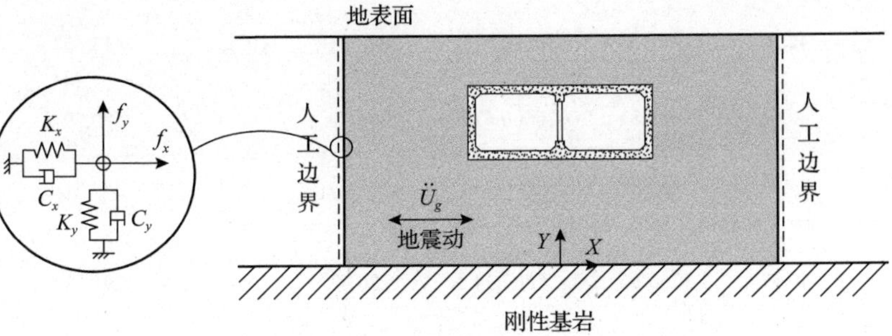

图 12.10.1　振动输入计算模型

计算结果表明，结构中柱与侧墙的顶底端水平变形相差不大；结构中柱底部最先达到其极限承载力，而结构侧墙底部弯矩较大。因此，下面取顶底板相对变形、中柱底部和侧墙底部内力(弯矩、剪力和轴力)为分析指标，比较分析各种方法的计算精度。动力时程分析方法与各实用分析方法的计算结果如表 12.10.1 所示，其中自由场变形法 P 和柔度系数法 P 为图 12.2.1 所示的施加集中力模型，自由场变形法 q 和柔度系数法 q 为图 12.2.1 所示的施加倒三角荷载模型。Pushover 分析方法一、二和三分别表示 12.6.1 节中三种不同的水平等效惯性加速度分布形式。

表 12.10.1 各实用分析方法计算结果对比

分析方法	顶底板相对位移/mm	侧墙底部轴力/kN	侧墙底部弯矩/(kN·m)	侧墙底部剪力/kN	中柱底部轴力/kN	中柱底部弯矩/(kN·m)	中柱底部剪力/kN
地震系数法	4.69	19.18	196.49	66.56	0.00	31.98	10.68
自由场变形法 P	30.67	155.31	1241.45	349.37	0.00	191.41	55.69
自由场变形法 q	30.67	126.89	1425.20	531.43	0.00	193.04	55.34
柔度系数法 P	38.37	194.28	1553.06	437.06	0.00	239.45	69.67
柔度系数法 q	38.37	158.74	1782.93	664.83	0.00	241.48	69.23
反应位移法	40.00	2018.47	5796.76	2331.48	0.00	597.24	191.73
整体式反应位移法一	38.87	2380.25	6343.96	2507.86	0.00	629.37	201.71
整体式反应位移法二	38.39	2413.82	6275.40	2484.87	0.00	615.64	200.01
反应加速度法	35.01	2317.53	5705.80	2406.55	0.00	507.12	160.87
Pushover 方法一	35.62	2351.50	5849.99	2528.78	0.00	518.29	146.63
Pushover 方法二	42.39	2808.51	6890.01	2892.31	0.00	613.65	194.61
Pushover 方法三	40.64	2684.81	6660.67	2859.00	0.00	590.59	189.24
反应谱法	37.65	2112.76	5486.53	1468.83	0.00	745.41	239.89
动力时程方法(水平地震作用)	40.82	1753.66	5807.34	1786.47	0.00	791.73	248.11

续表

分析方法	顶底板相对位移/mm	侧墙底部轴力/kN	侧墙底部弯矩/(kN·m)	侧墙底部剪力/kN	中柱底部轴力/kN	中柱底部弯矩/(kN·m)	中柱底部剪力/kN
惯性力-位移法一	43.57	3255.04	6739.22	2505.79	2680.30	720.41	231.98
惯性力-位移法二	41.82	3562.73	7394.85	2902.12	2766.53	739.22	237.92
改进Pushover方法	46.30	3456.53	7668.52	3216.51	2701.68	745.53	266.04
动力时程方法	46.44	4009.99	8230.67	3123.03	3045.76	769.00	240.44

依据表 12.10.1 所示结果可知，地震系数法、自由场变形法和柔度系数法的计算结果无论是顶底板相对变形或是中柱底部、侧墙底部的内力都与动力时程法的对应计算结果有很大的差异，特别是地震系数法的计算误差尤其大。反应位移法、反应加速度法、Pushover 分析方法、惯性力-位移法和反应谱法的计算精度与地震系数法、自由场变形法和柔度系数法的计算精度相比明显有较大的提升，总体讲，前者方法的计算精度提升表明场地地震变形和土-结构相互作用影响都极为重要。柔度系数法虽然也体现了这两种影响因素，但用土-结构相互作用系数的方法进行修正适应性较差。地震系数法计算精度最差，原因在于没有体现地下结构地震反应的主要特征和控制因素。此外，从表 12.10.1 中还可看出，Pushover 分析方法、惯性力-位移法和反应谱法的计算精度是要优于其他方法的，改进的 Pushover 分析方法和惯性力-位移法可以反映中柱的轴力，这一点对于体现浅埋地下结构的破坏机理和抗震性能分析尤为重要。

12.11　本 章 小 结

地下结构抗震简化分析方法一般都是基于地震观测结果或在理论推导的基础上采用一定的假设简化条件建立的，各方法的计算精度差异离散度较大，应了解其适用范围。地震系数法虽然简单，但无论是实际观测或理论分析结果都表明其没有体现地下结构地震反应的主要特征和控制因素，与严谨的动力时程法计算结果相比精度最差，建议谨慎考虑其在实际工程中的应用。自由场变形法将土层变形作为地下结构抗震设计的关键控制因素，符合当前对地下结构抗震的认识。然而，由于地下结构刚度与所在场地的土层刚度往往不同，如果直接将自由场变形作为结构变形将导致不正确的计算结果。此外，集中力或倒三角形分布力的荷载形式过于简单，均无法真实体现地下结构在地震作用下的受力特点。

柔度系数法引入的土-结构相互作用系数能在一定程度上反映地下结构变形与自由场变形的比例关系。但目前在计算土-结构相互作用系数时只考虑结构-土柔度比为主的因素，而忽略了结构尺寸、结构埋深等的影响，因此计算得到的结构变形也存在一定误差。除此之外，柔度系数法的计算模型存在与自由场变形法相同的问题。

反应位移法通过引入地基弹簧来模拟地震作用下土-结构间相互作用，能够较为真实地反映结构的受力特征。然而，对于地基弹簧刚度而言，其取值对于地下结构地震反应分析结果影响较为显著，因此该方法不可避免地将带来一定的计算误差。而且反应位移法计算模型采用的是集中地基弹簧，在荷载作用下弹簧单元之间互不相关，与实际情况不符。整体式反应位移法较好地解决了地基弹簧所引起的问题。

反应加速度法由于直接采用土-结构间相互作用整体模型，消除了地基弹簧刚度确定方法差异带来的不确定误差。但是，该方法中施加的场地和结构各点的地震加速度是近似估计的，当地下结构断面较大、地下结构的存在对自由场地震反应影响显著时，这种地震荷载计算方式可能引起较大的误差。

地下结构地震反应分析的 Pushover 方法与反应加速度法类似，其计算模型也采用土-结构相互作用模型，通常采用倒三角形分布的水平惯性加速度作为地震作用进行加载，这对可能存在较大高阶振型贡献的复杂土层和地震动条件并不一定合适。

以上各简化分析方法仅注意到了场地土层地震水平变形对地下结构地震反应影响的剪切效应，忽略了另一个关键问题——竖向地震作用引起的土层惯性力对地下结构地震反应的影响。惯性力-位移法和改进的 Pushover 分析方法考虑了竖向地震引起的这一作用，能更合理地反映浅埋地下结构的地震破坏机理。

参 考 文 献

[1] 许成顺, 许紫刚, 杜修力, 等. 地下结构实用抗震分析方法比较研究[J]. 地震工程与工程振动, 2017, 37(2): 65-80.

[2] 杜修力, 许紫刚, 许成顺. 地下结构抗震简化分析方法发展及应用[C]//中国土木工程学会 2016 年学术年会论文集, 北京, 2016: 31-48.

[3] 施仲衡. 地下铁道设计与施工[M]. 西安: 陕西科学技术出版社, 1997.

[4] Newmark N M. Problems in wave propagation in soil and rock[C]//Proceedings of the International Symposium on Wave Propagation and Dynamic Properties of Earth Materials, Albuquerque: University of New Mexico Press, 1968: 7-26.

[5] Hashash Y, Hook J J, Schmidt B, et al. Seismic design and analysis of underground structures[J]. Tunnelling and Underground Space Technology, 2001, 16(4): 247-293.

[6] Wang J N. Seismic Design of Tunnels: A Simple State-of-the-Art Design Approach[M]. New York: Parsons Brinckerhoff Quade and Douglas Inc., 1993.

[7] Penzien J. Seismically induced racking of tunnel linings[J]. Earthquake Engineering and Structural Dynamics, 2000, 29(5): 683-691.

[8] Ramazi H, Jigheh H S. The Bam (Iran) earthquake of December 26, 2003: From an engineering and seismological point of view[J]. Journal of Asian Earth Sciences, 2006, 27(5): 576-584.

[9] Bhalla S, Yang Y W, Zhao J, et al. Structural health monitoring of underground facilities–Technological issues and challenges[J]. Tunnelling and Underground Space Technology, 2005, 20(5): 487-500.

[10] 川岛一彦. 地下构筑物の耐震设计[M]. 東京: 鹿岛出版会, 1994.

[11] 立石章. 应答变位法における地震荷载の作用方法にする研究[C]//日本土木学会论文集, No. 441PI218, 1992: 157-166.

[12] 许紫刚, 杜修力, 许成顺, 等. 复杂断面地下结构地震反应分析的广义反应位移法研究[J]. 岩土力学, 2019, 40(08): 3247-3254.

[13] 李亮, 杨晓慧, 杜修力. 地下结构地震反应计算的改进的反应位移法[J]. 岩土工程学报, 2014, 36(7): 1360-1364.

[14] 杜修力, 乔磊, 许紫刚, 等. 反应位移法中地基弹簧系数求解方法对比研究[J]. 防灾减灾工程学报, 2021, 4(2): 246-254.

[15] 刘晶波, 王文晖, 赵冬冬, 等. 地下结构抗震分析的整体式反应位移法[J]. 岩石力学与工程学报, 2013, 32(8): 1618-1624.

[16] 刘晶波, 王文晖, 赵冬冬, 等. 复杂断面地下结构地震反应分析的整体式反应位移法[J]. 土木工程学报, 2014, 47(1): 134-142.

[17] 片山幾夫, 足立正信, 嶋田穰, 他. 地下埋設構造物の実用的な準動的解析手法「応答震度法」の提案[C]//土木学会年次学術講演会講演概要集, 1985, (40): 737-738.

[18] Tateishi A. A study on seismic analysis methods in the cross section of underground structures using static finite element method[J]. Structural Engineering/Earthquake Engineering, 2005, 22(1): 41-54.

[19] 刘晶波, 李彬, 刘祥庆. 地下结构抗震设计中的静力弹塑性分析方法[J]. 土木工程学报, 2007, 40(7): 68-76.

[20] 刘晶波, 刘祥庆, 李彬. 地下结构抗震分析与设计的 Pushover 分析方法[J]. 土木工程学报, 2008, 41(4): 73-80.

[21] 刘晶波, 刘祥庆, 薛颖亮. 地下结构抗震分析与设计的 Pushover 方法适用性研究[J]. 工程力学, 2009, 26(1): 49-57.

[22] 杜修力, 许紫刚, 许成顺, 等. 浅埋地下结构地震反应分析的惯性力-位移法[J]. 岩土工程学报, 2018, 40(4): 583-591.

[23] Uenishi K, Sakurai S. Characteristic of the vertical seismic waves associated with the 1995 Hyogo-ken Nanbu（Kobe）, Japan earthquake estimated from the failure of the Daikai Underground Station[J]. Earthquake Engineering and Structural Dynamics, 2000, 29(6): 813-821.

[24] Jiang J W, Xu C S, Naggar M H E, et al. Improved Pushover method for seismic analysis of shallow buried underground rectangular frame structure[J]. Soil Dynamics and Earthquake Engineering, 2021, 140: 106363.

[25] Gao Z D, Zhao M, Du X L, et al. Seismic soil-structure interaction analysis of structure with shallow foundation using response spectrum method[J]. Bulletin of Earthquake Engineering, 2020, 18(8): 3517-3543.

[26] Zhao M, Gao Z D, Wang P G, et al. Response spectrum method for seismic analysis of monopile offshore wind turbine [J]. Soil Dynamics and Earthquake Engineering, 2020, 136: 106212.

[27] Zhao M, Gao Z D, Du X L, et al. Response spectrum method for seismic soil-structure interaction analysis of underground structure[J]. Bulletin of Earthquake Engineering, 2019, 17(9): 5339-5363.

[28] Zhao M, Gao Z D, Du X L, et al. Seismic analysis of underground structures employing extended response spectrum method[J]. Tunnelling and Underground Space Technology, 2021,（116）: 104089.

第 13 章　装配整体式地铁车站抗震性能研究

装配式结构具有明显的经济和环保优势，已在地上结构广泛应用，如悉尼歌剧院白色预制面板、沈阳万科春河里项目、哈尔滨新新怡园小区居民楼、日本 50 层装配式住宅等[1-3]。近年来，随着各国城市化进程的不断推进，开发并利用地下空间已成为重要发展方向。基于装配式结构的诸多优点，将预制拼装技术应用于地下结构已成为必然发展趋势。美国、日本、澳大利亚等国家[4-8]已将预制拼装技术应用于地下结构中。长春地铁 2 号线袁家店站是我国首次采用预制拼装技术建造的地铁车站，成功解决了地铁施工中工期紧、拆迁难、冬季施工风险高等难题[9]。但这些结构面临着地震的考验，提高装配式结构的抗震性能成为预制拼装技术在地下结构中应用的关键。

装配式地铁车站与现浇整体地铁车站的主要区别在于节点连接构造，节点连接构造也影响了装配式地铁车站的整体抗震性能。地下结构的抗震问题主要体现在结构的变形能力，可以将地下结构看作位移敏感型结构。因此，本章对地铁车站的关键节点开展足尺拟静力试验，并在此基础上采用动力时程分析法对车站整体开展抗震性能数值分析，从而建立浅埋装配整体式地铁车站的抗震性能及评价分析方法。

13.1　预制拼装节点试验概况

现浇整体车站抗震反应分析表明，内柱是影响车站抗震能力的薄弱构件[10-14]。高轴压作用下，中柱变形能力不足将导致车站发生破坏；梁板柱中节点是车站整体结构受力最为复杂的节点。在地震荷载作用下，梁板柱中节点受到压、弯、剪的复合作用，为了平衡梁、柱端的外部荷载，节点内部需承受数倍于梁柱的内力。多次震害表明，结构破坏大多数由于节点柱端、梁端及节点核心区发生破坏，甚至导致整个结构的倒塌；车站侧墙主要承受侧向土压力，其底部弯矩和剪力较大[15]，并且此位置正是预制构件拼装连接处。各关键节点（中柱底节点、梁板柱中节点及侧墙底节点）在车站中的位置见图 13.1.1。为了研究车站整体抗震性能，需对关键节点的受力性能进行试验研究。

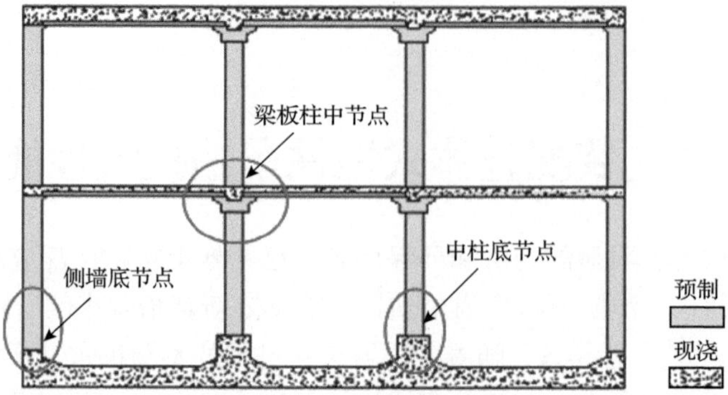

图 13.1.1　车站横断面图

13.2　预制拼装节点试件设计与制作

13.2.1　试件设计

装配整体式地铁车站拼装节点的受力性能主要取决于钢筋连接和混凝土界面连接。本次试验主要包括钢筋套筒灌浆连接接头的连接性能试验和预制拼装关键节点的抗震性能试验。

1. 钢筋套筒灌浆连接接头试件

钢筋套筒灌浆连接接头试件设计主要参考《钢筋连接用灌浆套筒》(JG/T 398—2012)[16]和《钢筋机械连接通用技术规程》(JGJ 107—2003)[17]。试件共 12 个，其中 6 个 GT-28 系列(钢筋直径为 28mm)和 6 个 GT-25 系列(钢筋直径为 25mm)。钢筋套筒灌浆连接接头的构造形式如图 13.2.1 所示。

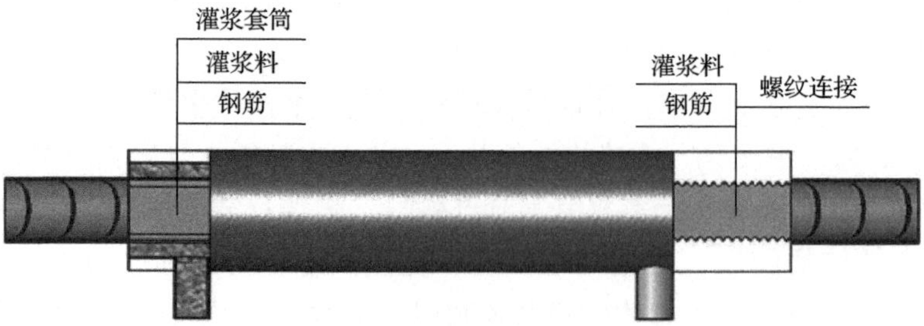

图 13.2.1　钢筋套筒灌浆连接接头的构造图

为了表征钢筋套筒灌浆连接接头的受力性能，分别与相同型号、相同标距长度的钢筋的受力性能进行对比分析。试件设计参数见表 13.2.1。

表 13.2.1　试件参数表

试验名称	试件编号	钢筋直径/mm	类型	砂浆类型	试件个数
单轴拉伸试验	DZ-25-1	25	GT-25	6 型砂浆	1
	DZ-25-2	25	GT-25	6 型砂浆	1
	DZ-25-3	25	GT-25	6 型砂浆	1
	DZ-28-1	28	GT-28	8 型砂浆	1
	DZ-28-2	28	GT-28	8 型砂浆	1
	DZ-28-3	28	GT-28	8 型砂浆	1
高应力反复拉压试验	GF-25-1	25	GT-25	6 型砂浆	1
	GF-25-2	25	GT-25	6 型砂浆	1
	GF-25-3	25	GT-25	6 型砂浆	1
	GF-28-1	28	GT-28	8 型砂浆	1
	GF-28-2	28	GT-28	8 型砂浆	1
	GF-28-3	28	GT-28	8 型砂浆	1
钢筋抗拉试验	GJ-28	28	GJ-28	—	1
	GJ-25	25	GJ-25	—	1

注：DZ-单轴拉伸试验；GF-高应力反复拉压试验；GJ-钢筋。

2. 中柱底节点试件

中柱底节点试件是由预制柱和预制地梁拼装而成，其中钢筋采用灌浆套筒连接，接触面拉毛处理并灌浆填充连接。灌浆套筒以及拼接缝的存在改变中柱的刚度分布。不同轴压作用下，预制拼装柱的力学性能不同，因此分别开展三种不同轴压作用下中柱的拟静力试验，试件设计参数见表 13.2.2，预制拼装中柱底节点配筋图及截面尺寸如图 13.2.2 所示。

表 13.2.2　中柱底节点参数表

试件编号	截面尺寸/(mm×mm)	净高/mm	保护层/mm	轴压比	箍筋配置	纵筋配置
CCJ-1	700×900	2760	30	0.2	C12@100(50)	24C28
PCJ-1	700×900	2760	30	0.2	C12@100(50)	24C28
CCJ-2	700×900	2760	30	0.5	C12@100(50)	24C28
PCJ-2	700×900	2760	30	0.5	C12@100(50)	24C28
CCJ-3	700×900	2760	30	0.85	C12@100(50)	24C28
PCJ-3	700×900	2760	30	0.85	C12@100(50)	24C28

注：CCJ-现浇整体中柱底节点；PCJ-预制拼装中柱底节点。

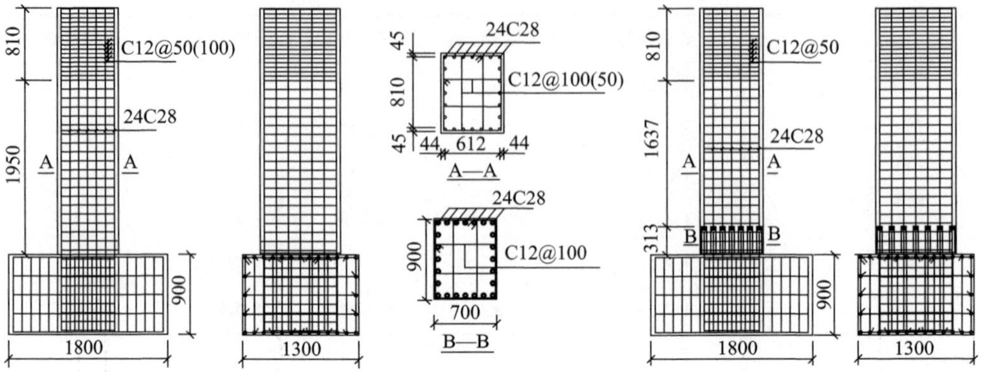

图 13.2.2　中柱底节点配筋图及截面尺寸(单位：mm)

3. 侧墙底节点试验

侧墙底节点试件由预制侧墙和预制底座拼装组成，为了保证内力的有效传递，将侧墙底部节点设置成“Z”字型，并且拼装面高于底座 300mm。各个试件设计参数见表 13.2.3，试件尺寸、配筋及灌浆套筒接缝构造如图 13.2.3 所示。

4. 梁板柱中节点试验

分别对车站横断面和纵断面方向的梁板柱中节点进行低周往复加载试验，梁板柱中节点在车站中的具体位置见图 13.2.4。

表 13.2.3　梁柱板中节点尺寸及配筋构造表

试件编号	截面尺寸/(mm×mm)		长度/mm	纵向钢筋	纵筋配筋率/%	横向钢筋	钢筋连接方式	轴压比
PWJ	预制侧墙	700×1900	2450	C28@200 C25@200	1.29	C18@150 A10@300×400 (150×200)	钢筋套筒灌浆连接	0.15
	预制底座	1800×1900	900	C25@100/280	—	C12@100		
CWJ	侧墙	700×1900	2450	C28@200 C25@200	1.29	C18@150 A10@300×400 (150×200)	无	0.15
	底座	1800×1900	900	C25@100/280	—	C12@100		

注：CWJ-现浇整体侧墙底节点；PWJ-预制拼装侧墙底节点。

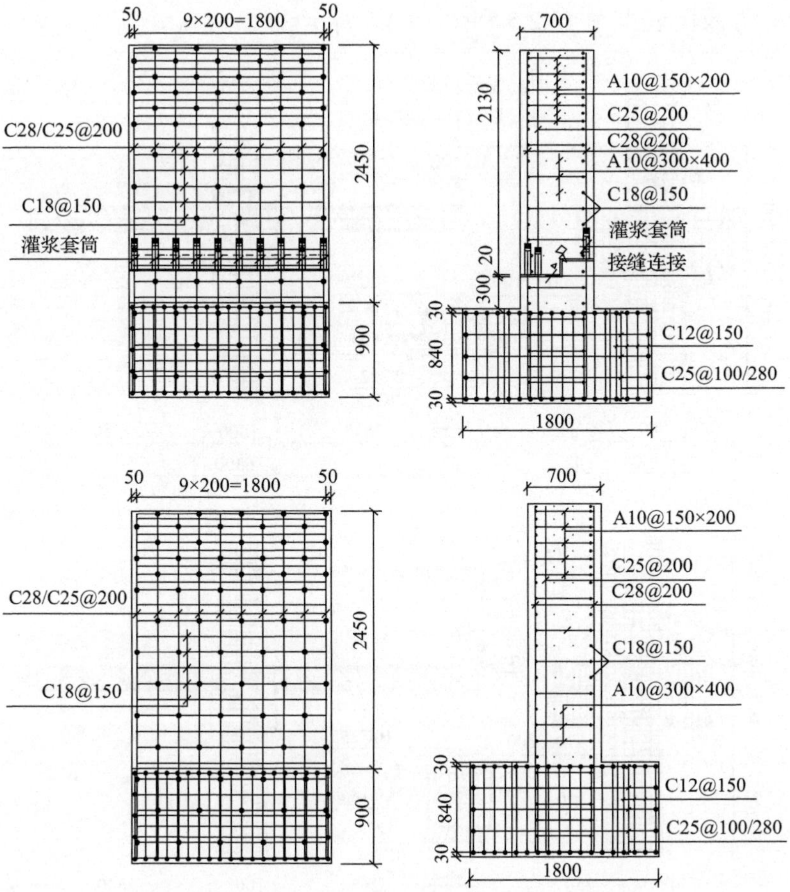

图 13.2.3　试件尺寸和配筋图(单位：mm)

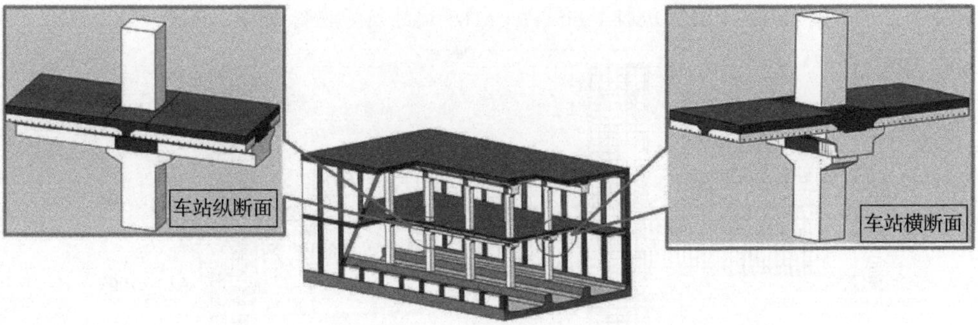

图 13.2.4　梁板柱中节点位置图

根据车站整体弯矩图及加载设备的限制条件，梁板柱中节点试件尺寸为6300mm×5000mm×2400mm。受力主筋采用 HRB400 级螺纹钢筋，柱端箍筋采用 HRB400 级螺纹钢筋 C12@100，梁端箍筋及板端架立筋采用 HPB300 级钢筋。试件的具体尺寸及配筋如图 13.2.5 和图 13.2.6 所示。

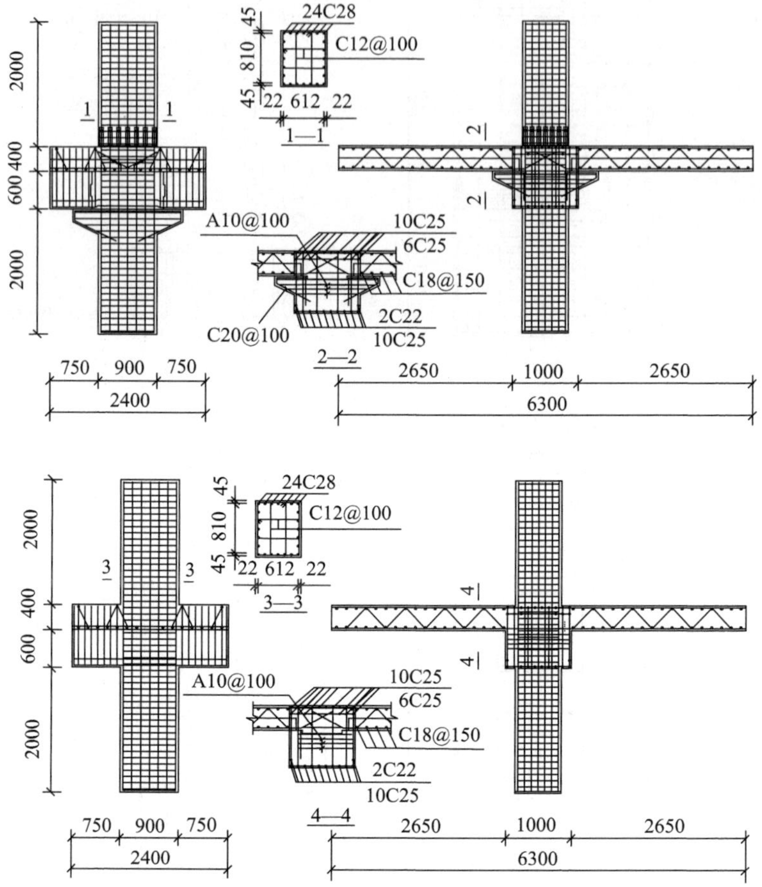

图 13.2.5　试件 PMJ-1 和试件 CMJ-1 尺寸及配筋图(单位：mm)

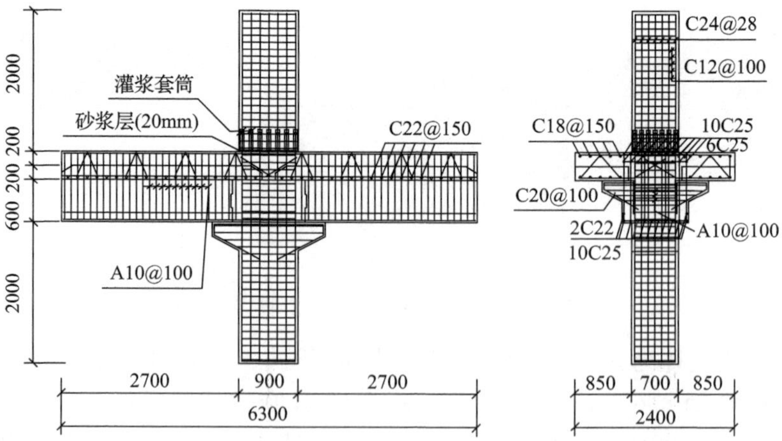

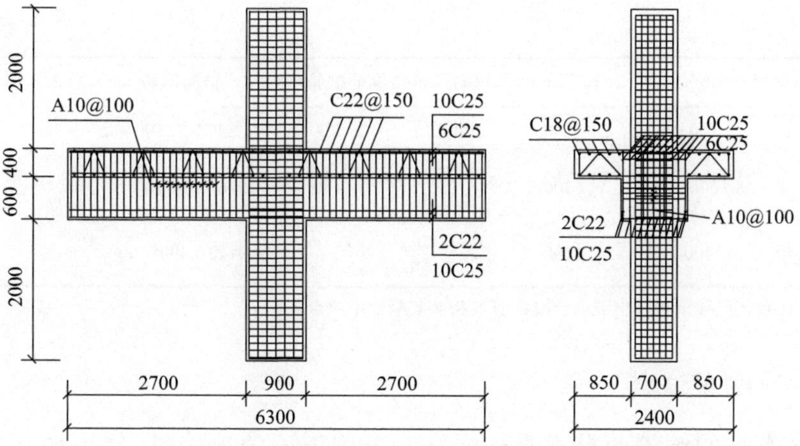

图 13.2.6　试件 PMJ-2 和试件 CMJ-2 尺寸及配筋图(单位：mm)

预制拼装梁板柱中节点由预制构件和现浇部分组成，其中预制构件有预制柱、预制梁和预制板，现浇混凝土将预制试件连成整体。不同预制构件间的钢筋连接方式不同，预制柱采用钢筋套筒灌浆连接，使上柱和下柱连成一体；预制梁的外伸钢筋在节点核心区搭接连接，其搭接长度约为 1100mm，预制板之间采用钢筋交叉连接。在预制板和预制梁的顶面采用通长钢筋连接，并现场浇筑混凝土，形成叠合结构。为了提高预制拼装效率，预制柱和预制梁设置牛腿，便于直接放置预制梁和预制板。试件设计参数如表 13.2.4 所示。

表 13.2.4　梁柱板中节点尺寸及配筋构造表

编号	截面尺寸/(mm×mm)		长度/mm	纵向钢筋	纵筋配筋率/%	横向钢筋	试件位置	轴压比
PMJ-1	预制柱	700×900	2000	24C28	2.34	4C12@100	车站横断面	0.85
	预制梁	1000×600	2600	20C25 (2C22)	1.76	6A10@100		
	预制板	1100×200	2650	C18@150 C22@150	—	A10@400×400		
CMJ-1	柱	700×900	5000	24C28	2.34	4C12@100	车站横断面	0.85
	梁	1000×600	2400	20C25 (2C22)	1.76	6A10@100		
	板	2400×400	6300	C18@150 C22@150	—	A10@400×400		
PMJ-2	预制柱	700×900	2000	24C28	2.34	4C12@100	车站纵断面	0.85
	预制梁	1000×600	2600	20C25 (2C22)	0.94	6A10@100		
	预制板	700×200	3050	C18@150 C22@150	—	A10@400×400		

续表

编号	截面尺寸/(mm×mm)		长度/mm	纵向钢筋	纵筋配筋率/%	横向钢筋	试件位置	轴压比
CMJ-2	柱	700×900	5000	24C28	2.34	4C12@100	车站纵断面	0.85
	梁	1000×1000	6300	20C25 (2C22)	1.05	6A10@100		
	板	2400×400	6300	C18@150 C22@150	—	A10@400×400		

注：CMJ-现浇整体梁板柱中节点；PMJ-预制拼装梁板柱中节点。

13.2.2 材料性能试验

不同类型的钢筋套筒灌浆连接接头采用不同的灌浆料，GT-25 系列采用 CGMJM-Ⅵ灌浆料，GT-28 系列采用 CGMJM-Ⅷ灌浆料。试件制作时，预留部分灌浆料按照《钢筋连接用套筒灌浆料》(JGT 408—2013)[18]进行强度试验，灌浆料、钢筋和灌浆套筒强度见表 13.2.5 和表 13.2.6。

表 13.2.5 钢筋及灌浆套筒力学性能

指标		抗压强度/MPa	
		CGMJM-Ⅵ	CGMJM-Ⅷ
龄期	1 天	41.2	52.5
	3 天	68.5	79.6
	7 天	88.4	96
	28 天	100.1	118.3

试件采用商品混凝土浇筑，预制中柱混凝土强度等级为 C50，预制侧墙、预制梁和预制板的混凝土等级均为 C40。为了提高拼装缝的黏结强度及试件的整体性，预制试件表面均拉毛粗糙处理，并且后浇混凝土等级提高一级(C45)[19]。现浇整体试件的混凝土等级与预制拼装试件的混凝土强度等级相同。试件浇筑的同时预留立方体试块(150mm×150mm×150mm)，室外自然养护 28 天后进行试验。混凝土的力学性能如表 13.2.6 所示。

表 13.2.6 钢筋、灌浆套筒及混凝土力学性能

	牌号	钢筋直径/mm	f_y/MPa	f_u/MPa	E/MPa
钢筋	HRB400	28, 25, 22, 18, 12	446.6	620.6	2.06×10^5
	HRB300	10	309.3	451.3	2.20×10^5
灌浆套筒	GT-28	—	387.0	663.0	2.05×10^5
	GT-25		387.0	663.0	2.05×10^5

续表

	混凝土强度	f_{cu}/MPa	f_c/MPa	E/MPa	泊松比
混凝土	C40	45.4	26.6	3.14×10^4	0.2
	C45	51.1	29.3	3.38×10^4	0.2
	C50	55.9	32.7	3.33×10^4	0.2

注：钢筋、灌浆套筒抗拉强度和混凝土立方体抗压强度为实测值。

13.2.3　试验加载与测试方案

单轴拉伸试验可以评价钢筋套筒灌浆连接接头的基本抗拉力学性能，而高应力反复拉压试验可以近似地表征钢筋套筒灌浆连接接头在地震荷载作用下的连接性能，试验加载装置见图 13.2.7。

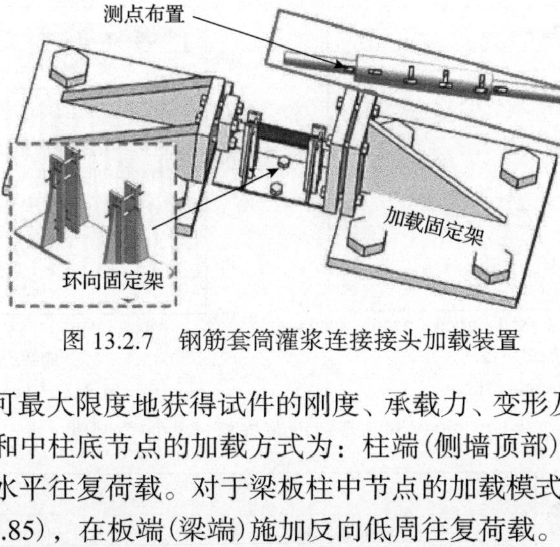

图 13.2.7　钢筋套筒灌浆连接接头加载装置

拟静力试验可最大限度地获得试件的刚度、承载力、变形及耗能等力学性能。对于侧墙底节点和中柱底节点的加载方式为：柱端(侧墙顶部)施加轴向荷载，在试件的底部施加水平往复荷载。对于梁板柱中节点的加载模式为：在柱顶施加竖向荷载(轴压比 0.85)，在板端(梁端)施加反向低周往复荷载。本试验在北京工业大学城市与工程安全减灾教育部重点实验室 10000t 多功能电液伺服加载试验系统进行。该系统可以开展结构的单轴抗压、单轴抗拉、压剪及大跨度梁板柱节点等试验。试验加载装置如图 13.2.8 所示。

根据《钢筋套筒灌浆连接应用技术规程》(JGJ 355—2015)[20]和《钢筋机械连接通用技术规程》(JGJ 107—2003)[17]的规定，钢筋套筒灌浆连接接头的加载制度如图 13.2.9 所示。预制拼装节点和现浇整体节点采用荷载和位移双控制的加载制度[21]。屈服前采用荷载控制，其中以开裂荷载为第一次循环峰值，屈服荷载为第二次循环峰值；当构件达到屈服状态时，采用位移控制，分别以屈服位移的整数倍进行加载，每级荷载循环 2 次；当荷载降到峰值荷载的 85%时，认为构件破坏。加载制度见图 13.2.10。

图 13.2.8　节点试验加载装置

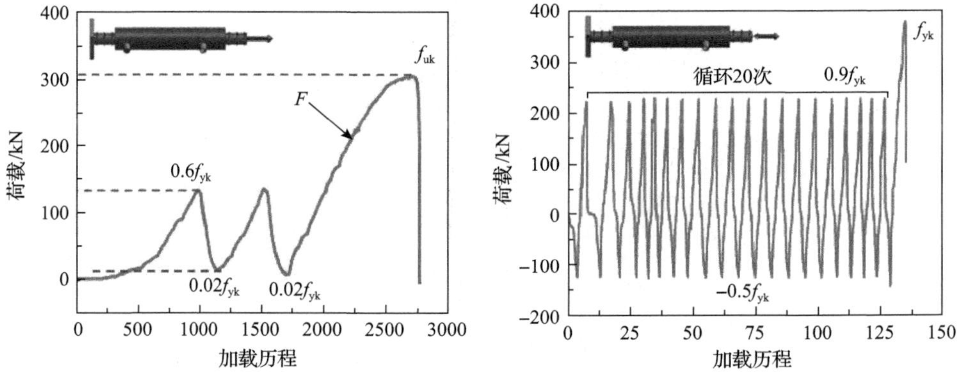

(a) 单轴拉伸试验　　　　　　　　　　(b) 高应力反复拉压试验

图 13.2.9　钢筋套筒灌浆连接接头加载制度

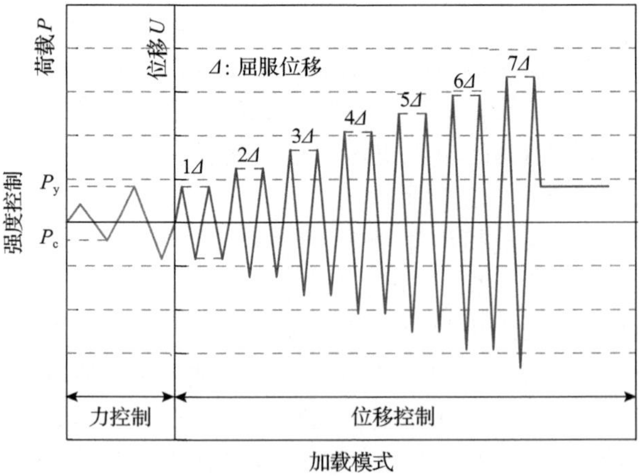

图 13.2.10　节点试件加载制度

13.3　预制拼装节点试验结果分析

13.3.1　钢筋套筒灌浆连接接头

钢筋套筒灌浆连接接头各个受力阶段的承载力、变形及破坏状态等见表 13.3.1。从表中可以看出，钢筋套筒灌浆连接接头和钢筋的承载力随着钢筋直径的增加而增加，相同型号的钢筋套筒灌浆连接接头和钢筋的承载力基本相当[22]。

表 13.3.1　各试件结果统计表

试件编号	P_y/kN	Δ_y/mm	P_{max}/kN	Δ_{max}/mm	破坏形式	损伤深度/mm
DZ-25-1	226.76	11.19	305.67	42.83	钢筋拉断破坏	22.32
DZ-25-2	220.67	10.20	306.00	48.80		16.32
DZ-25-3	219.00	10.73	304.67	47.86		21.48
DZ-28-1	256.33	11.33	373.33	49.48		33.58
DZ-28-2	255.70	10.99	337.33	42.24		21.80
DZ-28-3	257.67	13.89	374.00	42.53		17.24
GF-25-1	232.33	9.20	312.00	35.72	钢筋拉断破坏	17.16
GF-25-2	228.94	8.39	310.60	31.14		27.38
GF-25-3	226.67	6.42	311.01	44.52		16.20
GF-28-1	259.33	16.98	372.33	52.21		25.64
GF-28-2	260.33	12.32	372.67	58.45		22.56
GF-28-3	261.00	16.14	367.40	47.96		24.92
GJ-25	223.00	13.40	303.00	41.10	钢筋拉断破坏	—
GJ-28	259.30	18.90	365.70	45.36		—

注：P_y与Δ_y为屈服强度及相应位移，采用“通用屈服弯矩”法确定；P_{max}与Δ_{max}为峰值强度及相应位移。

钢筋套筒灌浆连接接头的破坏形态均为接头两端的钢筋拉断破坏，如图 13.3.1(a)所示。接头的破坏形态表明，保证灌浆料和灌浆套筒本身强度的前提下，钢筋锚固长度大于 8 倍钢筋直径时，可以实现钢筋套筒灌浆连接接头的抗拉强度等同于同型号钢筋抗拉强度；但灌浆料有不同程度的损伤和脱落现象，如图 13.3.1(b)所示。灌浆料的损伤深度平均为 22.22mm，约占套筒长度的 8.1%，具体数值见表 13.3.1。

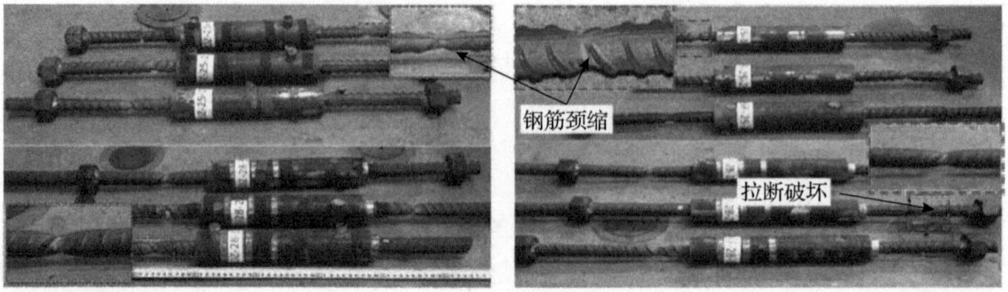

(a) 钢筋拉断

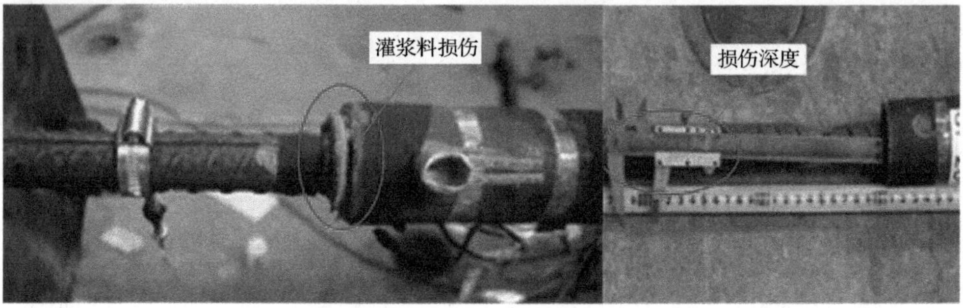

(b) 灌浆料损伤图

图 13.3.1　钢筋套筒灌浆连接接头端部灌浆料损伤图

13.3.2　中柱底节点

1. 破坏形态[23]

试验加载前，对试件表面进行刷白处理，同时绘制 100mm × 100mm 的方格，以便观察试件在压、弯、剪复合应力作用下的裂缝开展及扩展趋势。不同轴压作用下，试件的承载力、变形能力、裂缝分布及扩展趋势均不同。各个试件特征点处的承载力及变形值见表 13.3.2。

表 13.3.2　试验结果的特征点值

试件编号	加载方向	Δ_y/mm	P_y/kN	Δ_u/mm	P_{max}/kN	Δ_{max}/mm	P_u/kN
CCJ-1	正向	49.5	414.9	229.0	808.0	320.0	686.8
	负向	47.7	527.2	98.3	803.0	203.0	650.0
PCJ-1	正向	33.9	614.4	96.1	831.0	210.4	706.4
	负向	42.4	577.6	131.0	827.0	233.0	703.0
CCJ-2	正向	24.2	797.8	58.2	1061.0	116.5	901.9
	负向	22.9	806.9	52.3	1065.0	132.5	905.3

续表

试件编号	加载方向	Δ_y/mm	P_y/kN	Δ_u/mm	P_{max}/kN	Δ_{max}/mm	P_u/kN
PCJ-2	正向	19.2	806.4	56.0	1074.0	165.4	912.9
	负向	29.0	739.4	74.0	1044.0	161.8	887.4
CCJ-3	正向	19.1	884.5	58.8	1236.0	94.5	1050.6
	负向	29.0	991.0	59.1	1312.0	104.3	1115.2
PCJ-3	正向	20.4	909.9	75.1	1264.0	120.2	1074.4
	负向	27.8	916.3	58.5	1208.0	112.0	1026.8

注：P_y与Δ_y为屈服强度及相应位移，采用“通用屈服弯矩”法确定；P_{max}与Δ_u为峰值强度及相应位移；P_u与Δ_{max}为破坏强度及极限位移。

预制拼装柱与现浇整体柱的破坏过程非常相似，基本经历了开裂、屈服、极限及破坏四个阶段。现浇整体柱的初始裂缝主要分布于柱根部，而预制拼装柱的裂缝主要分布在灌浆套筒顶端。灌浆套筒本身的刚度较大，导致柱底部灌浆套筒区域的刚度分布不均匀。裂缝主要分布于试件的受压、拉两面，而试件的侧面未出现明显裂缝。

随着加载进行，现浇整体柱和预制拼装柱的裂缝均在扩展，且试件均进入屈服状态，试件拉、压两面的裂缝大都呈现间断趋势。预制拼装柱的裂缝发展较为稀疏，灌浆套筒顶面裂缝已贯通。

当水平位移达到屈服位移的 3～4 倍时，试件基本达到峰值承载力。此时，裂缝扩展趋势与屈服阶段的裂缝扩展有明显不同。试件侧面裂缝开始向斜下方扩展，相交于试件侧面的中线附近，裂缝交叉逐渐形成网格状。当水平荷载达到极限承载力时，试件裂缝基本扩展完成。预制拼装柱的裂缝主要分布在灌浆套筒顶面，而现浇整体柱的裂缝从试件底部开始扩展。

当试件进入破坏阶段时，试件基本上无新裂缝出现，均在原有裂缝基础上扩展。达到极限位移时，塑性区内的混凝土已经基本脱落，箍筋外露，纵筋屈曲。试件最终破坏形态及裂缝分布如图 13.3.2 所示。

综合对比预制拼装柱与现浇整体柱的裂缝发展及破坏状态可以看出，预制拼装柱和现浇整体柱的破坏形态略有不同。现浇整体柱的开裂荷载略低于预制拼装柱开裂荷载，且初始裂缝在柱的根部，而预制拼装柱的初始裂缝分布于灌浆套筒的顶面，预制拼装柱的塑性铰区发生上移现象。预制拼装柱灌浆套筒区域的混凝土保护层发生剥离破坏，箍筋发生变形。

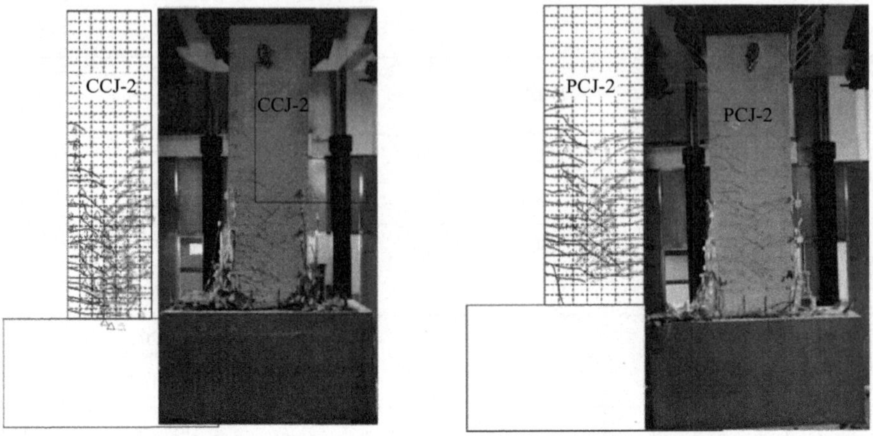

(a) 现浇整体柱　　(b) 预制拼装柱

图 13.3.2　现浇整体柱与预制拼装柱破坏图

2. 滞回特性

图 13.3.3 给出了不同轴压作用下，预制拼装柱和现浇整体柱的位移-荷载关系曲线，横轴表示试件底部的水平位移，纵轴为相应轴压作用下，试件的水平荷载。由各试件水平位移-荷载关系得到以下主要结论。

加载初期，试件处于弹性阶段，加载曲线呈线性变化，卸载后变形基本恢复。随着加载的进行，试件进入屈服状态；峰值荷载前，加载曲线与卸载曲线基本重合；峰值荷载后，每一级加载中第二次循环对应的强度值明显低于第一次循环对应的强度值。加载后期，试件底部的混凝土出现脱落现象，导致水平荷载下降。当荷载降至峰值荷载的 85%左右时，加载刚度明显降低。

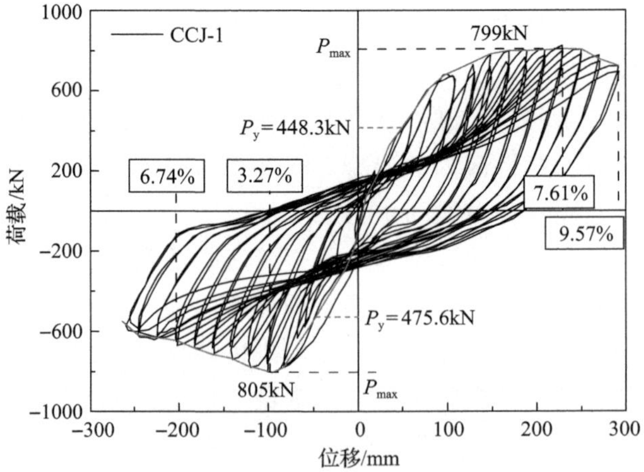

(a) 试件CCJ-1

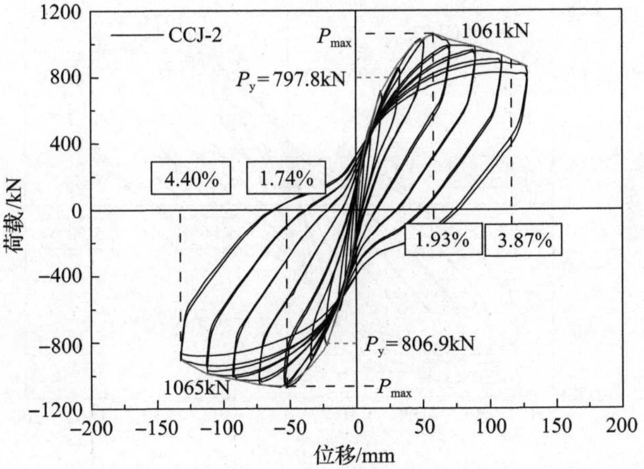

(b) 试件CCJ-2

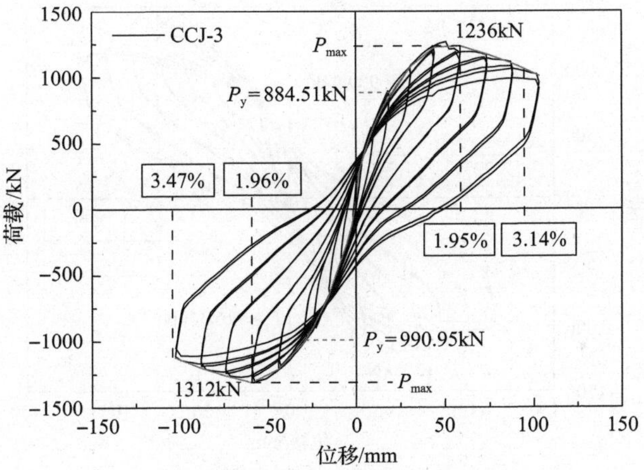

(c) 试件CCJ-3

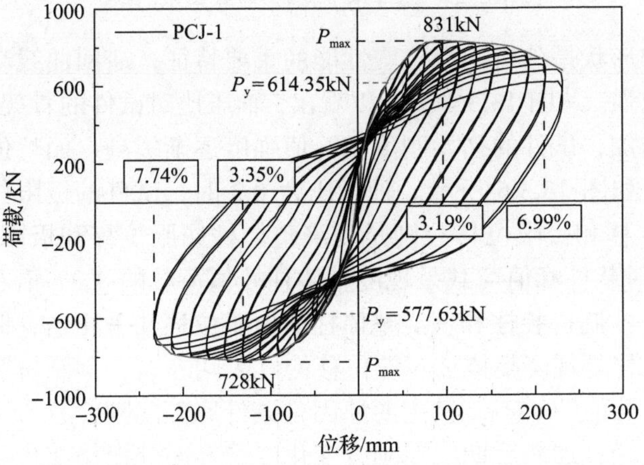

(d) 试件PCJ-1

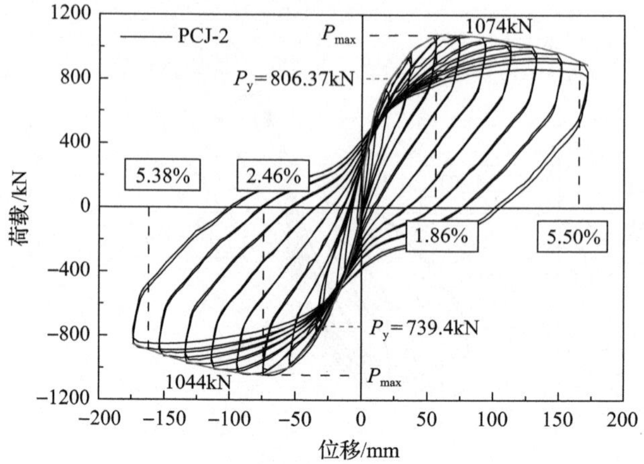

(e) 试件PCJ-2

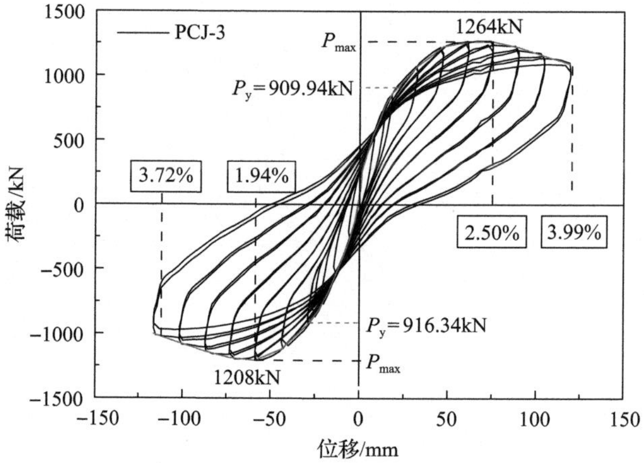

(f) 试件PCJ-3

图 13.3.3　试件水平位移-荷载关系曲线

滞回曲线的形状是分析构件抗震性能的重要特征，滞回曲线越饱满，说明构件的耗能能力越强。从图 13.3.4 中可以看出，轴压比对试件的骨架曲线影响显著。随着轴压比的增加，试件的初始刚度和峰值强度逐渐提高，而峰值位移和极限位移在逐渐降低，如图 13.3.5 所示。轴压比为 0.2 时，试件的极限位移最大，预制拼装柱的屈服位移和极限位移分别是现浇整体柱屈服位移和极限位移的 78%和 84.8%，而预制拼装柱峰值荷载是现浇整体柱峰值荷载的 1.27 倍左右；轴压比为 0.5 和 0.85 时，预制拼装柱和现浇整体柱的屈服位移几乎相当，但是峰值荷载对应位移和极限位移是现浇整体柱对应位移的 1.2 倍左右，预制拼装柱的荷载值约是现浇整体柱荷载值的 97%。其主要原因是试件底部的刚度分布不均匀，加载前期，试件损伤较轻；加载后期，在刚度变化的交界面处损伤变化不均匀，导致试件的整体性变差。

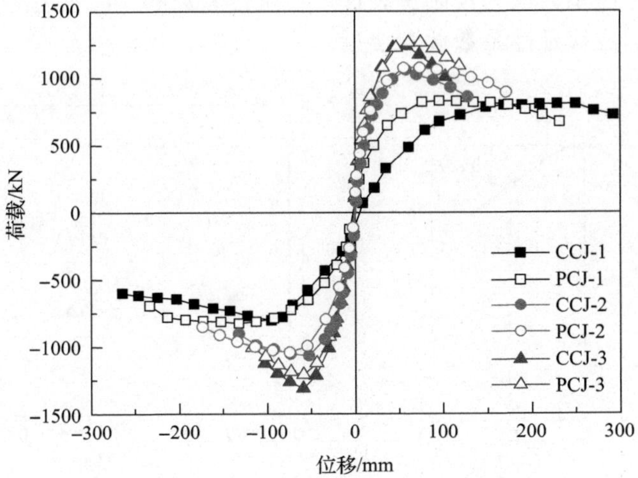

图 13.3.4 水平位移-荷载关系骨架曲线

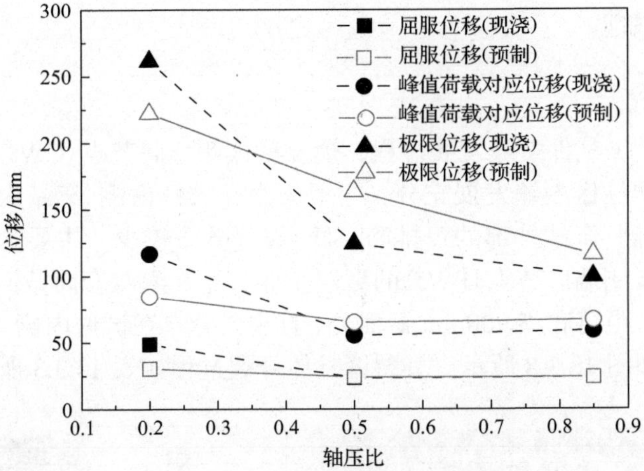

图 13.3.5 轴压比-变形关系曲线

3. 延性分析

对于浅埋地下框架地铁车站而言，中柱的变形能力决定了整个车站的抗震能力。位移延性系数定义为构件的极限位移Δ_u与屈服位移Δ_y的比值[21]。采用的“通用屈服弯矩”法计算构件的屈服位移[24]，如图 13.3.6 所示。位移延性系数采用正向加载和反向加载的平均值，如图 13.3.7 所示。

由图 13.3.7 可以发现，现浇整体柱和预制拼装柱的位移延性系数均随着轴压比的增加而降低，但是预制拼装柱的延性降低梯度明显高于现浇整体柱的延性系数的降低梯度。当轴压比为 0.2 时，预制拼装柱的位移延性系数为 7.41，而现浇整体柱的位移延性系数仅为预制拼装柱位移延性系数的 74.2% 左右。随着轴压比的增加，两者的位移延性系数逐渐接近。

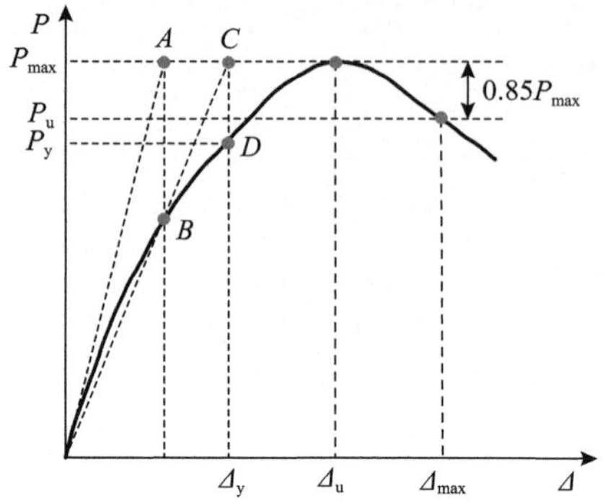

图 13.3.6　屈服状态定义示意图

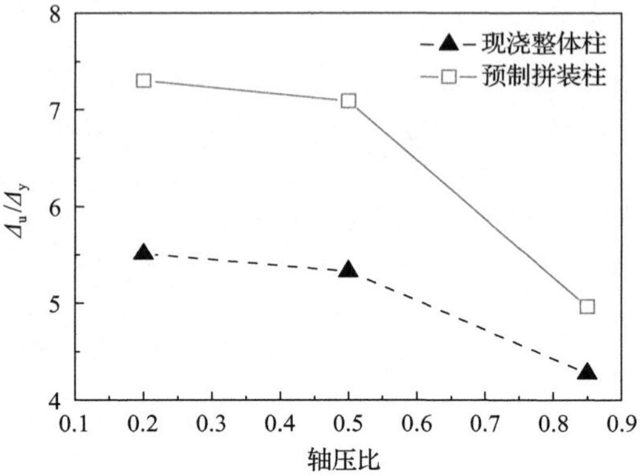

图 13.3.7　延性系数与轴压比关系曲线

13.3.3　侧墙底节点

1. 破坏形态[15]

观察和记录了试件裂缝发展过程，现浇整体侧墙底节点(CWJ)的裂缝分布均匀密集，并且塑性区裂缝发展充分，主要集中在试件内侧(车站内部的单排筋一侧)，而试件外侧(车站外部的双排筋一侧)裂缝分布较少，主要为贯通的横向裂缝。而预制拼装侧墙底节点(PWJ)的裂缝主要分布在灌浆套筒截面上下两端、与底座相交截面及距离底座 900mm 截面处，且主要分布在试件内侧，而外侧裂缝分布相对较少，如图 13.3.8 所示。其裂缝具体开裂过程如表 13.3.3 所述。

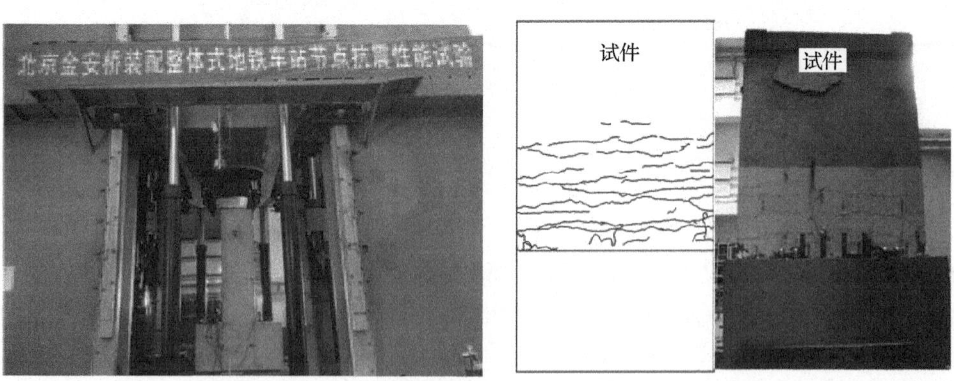

图 13.3.8　现浇整体侧墙底节点破坏形态及裂缝分布

表 13.3.3　试件裂缝扩展过程

试件	现浇整体侧墙底节点(CWJ)	预制拼装侧墙底节点(PWJ)
开裂阶段	正方向荷载(试件外侧受拉为正，受压为负)为 465.9kN，负方向荷载(试件内侧受拉为正，受压为负)为 260.1kN 时，侧墙侧面与底座相交截面处出现长度约 60mm 的斜向微小裂缝	水平位移为 4mm 左右时，在试件侧面和底座相交截面处，出现长度约为 100mm 的斜向裂缝，在试件内侧，距离底座 200mm 左右，出现间断性的横向裂缝，并且在接缝处有水平裂缝，套筒区域出现竖向裂缝
屈服阶段	正方向荷载为 671kN，负方向荷载为 391kN 时，试件内侧，距离侧墙底部 300mm 和 800mm 处出现间断性的水平向裂缝，同时在试件侧面也出现水平向裂缝	正方向荷载为 485kN，负方向荷载为 360kN 时，试件外侧套筒顶端裂缝贯通；套筒出、进浆口处出现贯通的横向裂缝；截面刚度突变处的横向裂缝更加明显；灌浆套筒区域的竖向裂缝逐渐向上、下扩展
极限阶段	正方向荷载为 1029kN，负方向荷载为 735kN 时，试件内侧，距离底部 100mm 和 600mm 的截面处出现水平向裂缝，并且试件侧面出现明显的三道水平向裂缝。试件外侧裂缝也在逐渐发展，出现五道水平向裂缝	正方向荷载为 880.2kN，负方向荷载为 643kN 时，在预制试件的连接缝处的上下两面均出现水平向裂缝和竖向裂缝，并且竖向裂缝贯穿上、下两个试件。在试件高度 900mm 的截面也出现了横向裂缝，裂缝向四周延伸明显加快，并且其塑性区也在逐渐扩大
破坏阶段	裂缝开始在水平向贯通裂缝的基础上向四周扩展，侧面底部和 500mm 处裂缝贯通，距离底部 300mm 处出现了宽度相对较大的裂缝。随着加载的进行，裂缝逐渐向试件的顶部扩展	在试件内侧高度 900mm 范围内出现了五条水平向贯通裂缝，其位置在侧墙与底座相交截面，预制试件连接部位，灌浆套筒两端截面以及距离底座 700mm 和 900mm 的截面，同时水平向裂缝之间也相互贯通

预制拼装侧墙底节点的裂缝分布比较集中，试件内侧裂缝发展较为充分，并且裂缝宽度较大，主要分布在刚度突变处(侧墙和底座相交截面处、套筒的两端截面及拼装接缝处)和距离底座 700mm 与 900mm 的截面，在灌浆套筒区域出现竖向裂缝，并与灌浆套筒两端的裂缝相互贯通。试件外侧裂缝主要呈现出水平贯通裂缝，如图 13.3.9 所示。裂缝扩展过程如表 13.3.3 所述。

图 13.3.9　预制拼装侧墙底节点破坏形态及裂缝分布

通过对现浇整体侧墙底节点和预制拼装侧墙底节点的破坏形态和裂缝发展过程对比分析可以看出，两者的破坏形态明显不同，主要影响因素是灌浆套筒的存在导致套筒区域刚度与灌浆套筒上、下两端区域刚度变化不协调，同时试件连接界面的“Z”字型及灌浆料和混凝土黏结强度较弱，形成刚度强弱交替现象，导致裂缝的发展及分布不同。套筒区域出现竖向裂缝，其主要原因是灌浆套筒与混凝土的黏结强度较弱，引起套筒区域内混凝土和灌浆套筒的受力不协调。

2. 滞回特性

侧墙底节点试件的滞回曲线如图 13.3.10 所示。加载初期，试件处于弹性阶段，滞回曲线基本呈线性关系；当试件达到屈服荷载后，加载刚度明显降低，与现浇整体侧墙底节点相比较，预制拼装侧墙底节点的加载刚度明显变小。其主要原因是预制试件之间的“Z”字型拼装缝的存在，灌浆料与接缝面的黏结强度较弱，并且侧墙的底部发生不同程度的损伤以及拼接缝上、下变形不协调等。

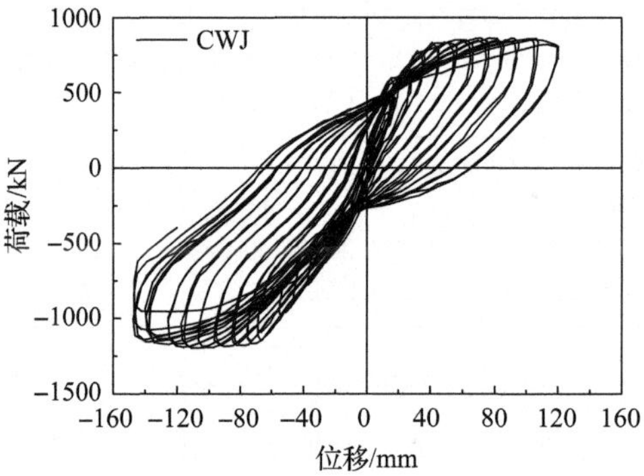

(a) 现浇整体侧墙底节点

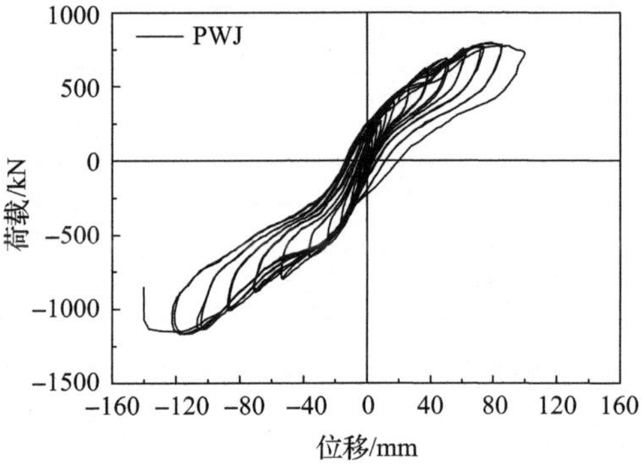

(b) 预制拼装侧墙底节点

图 13.3.10 试件滞回曲线图

从试件的滞回曲线(图 13.3.10)可以看出，现浇整体侧墙底节点和预制拼装侧墙底节点的承载力和变形能力基本相当，但是两者的滞回曲线明显不同。加载初期，预制拼装侧墙底节点刚度较大，约为现浇整体侧墙底节点的 1.5 倍(如图 13.3.11 所示)。位移角(试件水平位移与试件高度的比值)达到 1%左右时，预制拼装侧墙底节点割线刚度与现浇整体侧墙底节点的割线刚度持平；继续加载，其加载刚度明显降低。其主要原因是，加载初期，钢筋和灌浆套筒与混凝土的黏结性能较好，套筒本身的刚度远远大于相同位置钢筋的刚度，导致灌浆套筒区域刚度变大。随着加载的进行，预制试件间的拼装缝逐渐开裂，灌浆料与混凝土间的黏结强度减弱。由于灌浆套筒与混凝土的握裹力明显低于混凝土对钢筋的握裹力，套筒区域发生滑移，与周围的混凝土受力不协调，导致加载后期刚度显著降低。试件屈服后，其滞回曲线出现“捏缩”效应，但预制拼装侧墙底节点表现得不明显。

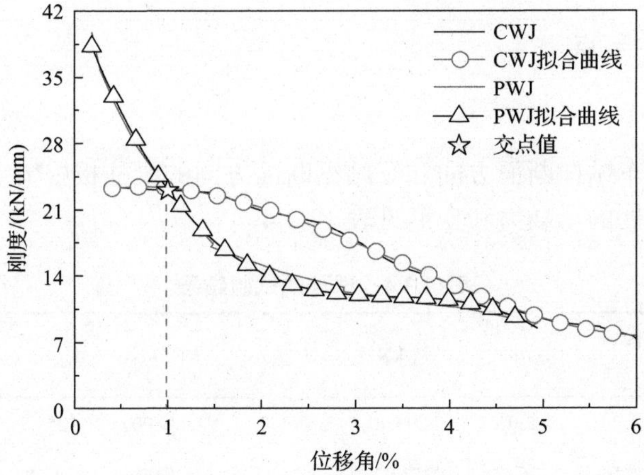

图 13.3.11　试件刚度曲线图

3. 耗能性能

通过滞回曲线可以看出，预制拼装侧墙底节点的耗能能力显著低于现浇整体侧墙底节点的耗能能力，采用滞回环面积量化表示试件的耗能能力，如图 13.3.12 所示。当位移角小于 3%时，两者的耗能基本持平；当位移角超过 3%时，预制拼装侧墙底节点的耗能能力明显低于现浇整体侧墙底节点的耗能能力。其主要原因：一是由于预制拼装试件刚度突变位置损伤严重，导致预制拼装试件的裂缝分布比较集中，混凝土耗能没有充分发挥；二是由于钢筋灌浆套筒的存在，加载过程中，灌浆套筒处于弹性，导致套筒区域的混凝土未发挥出相应的耗能能力。

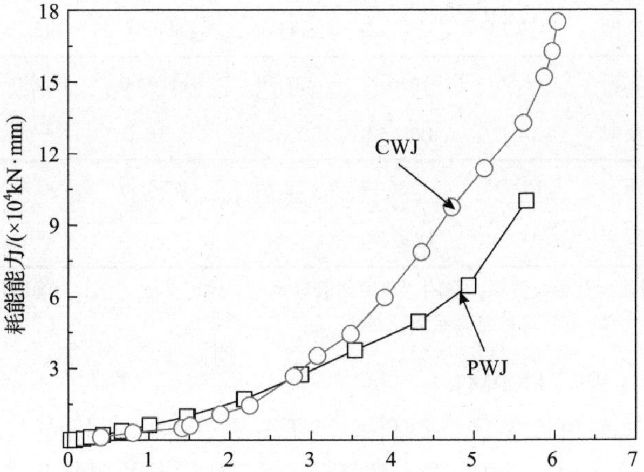

图 13.3.12　试件耗能与位移角关系曲线图

13.3.4　梁板柱中节点

1. 破坏形态

分别开展了车站横断面方向和车站纵断面方向的梁柱板中节点拟静力试验。各个试件特征点处的承载力和变形见表 13.3.4。

表 13.3.4　试件的试验结果

试件编号	方位	加载方向	Δ_y/mm	P_y/kN	Δ_u/mm	P_{max}/kN	Δ_{max}/mm	P_u/kN	μ
CMJ-1	北侧	正向	22.08	–299.40	86.68	–349.00	125.63	–296.65	5.07
		反向	–26.51	371.97	–74.83	419.00	–117.83	356.15	
	南侧	正向	22.63	–348.11	97.02	–433.00	124.38	–368.05	6.24
		反向	–18.67	251.38	–91.66	335.00	–130.47	284.75	
PMJ-1	北侧	正向	13.76	–247.89	102.40	–446.40	118.28	–379.44	8.95
		反向	–13.41	342.28	–42.64	434.90	–124.90	369.67	
	南侧	正向	12.91	–276.23	102.20	–462.00	118.00	–392.70	9.45
		反向	–11.88	309.19	–58.46	425.90	–116.00	362.02	
CMJ-2	北侧	正向	13.81	–891.91	89.65	–1193.00	130.29	–1014.05	6.62
		反向	–19.90	1588.81	–42.15	1839.00	–75.68	1563.15	
	南侧	正向	25.67	–1099.07	50.30	–1437.00	83.90	–1221.45	3.42
		反向	–29.70	1340.04	–48.65	1596.51	–105.92	1357.03	
PMJ-2	北侧	正向	11.56	–1036.17	32.70	–1189.00	112.00	–1010.65	9.69
		反向	–14.52	1802.53	—	—	—	—	
	南侧	正向	15.59	–1226.14	22.70	–1334.00	106.70	–1133.90	6.84
		反向	–18.85	1800.24	—	—	—	—	

注：P_y 与 Δ_y 为屈服强度及相应位移，采用“通用屈服弯矩”法确定；P_{max} 与 Δ_u 为峰值强度及相应位移；P_u 与 Δ_{max} 为破坏强度及极限位移；μ 为位移延性系数，$\mu=\Delta_{max}/\Delta_y$。

1) 试件 CMJ-1 和试件 PMJ-1

从试件加载过程可以发现，试件均经历开裂、屈服、极限及破坏四个阶段。试件 CMJ-1 和试件 PMJ-1 的构造方式不同，导致节点的破坏形态有所区别。

试件 CMJ-1 的破坏形态如图 13.3.13(a) 所示。加载初期，试件处于弹性状态，其变形可恢复。当加载至 120kN 左右时，节点两侧板底出现间断性水平裂缝，主要集中在距离节点梁端 300mm 的范围内，随着加载的进行，裂缝在逐渐向加载点方向扩展。当荷载值达到 310kN 左右时，试件进入屈服阶段，裂缝扩展至 900mm 处，试件加载板和横向梁的交界面处出现了斜向裂缝，其竖向长度约为 200mm；当板端竖向位移达到 $5\Delta_y$(Δ_y 为屈服位移)时，板端竖向承载力达到峰值荷载，板端裂缝上、下贯通；当变形至 $8\Delta_y$ 时，板端塑性区 200mm 范围内的裂缝全部贯通，并且裂缝的宽度逐渐变大，部分混凝土脱落；当加载至 $10\Delta_y$ 时，板端承载力下降。加载板的上层混凝土出现压溃破坏，此时在板端塑性区 900mm 范围裂缝上下贯通，试件发生严重变形。整个加载过程中，钢筋混凝土柱没有明显裂缝出现。

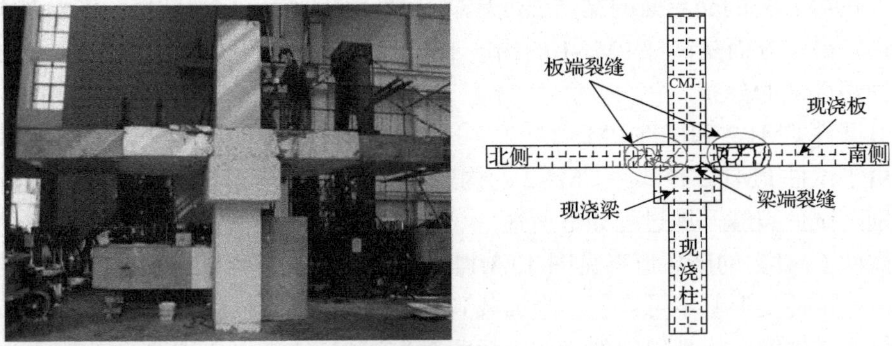

(a) 试件CMJ-1

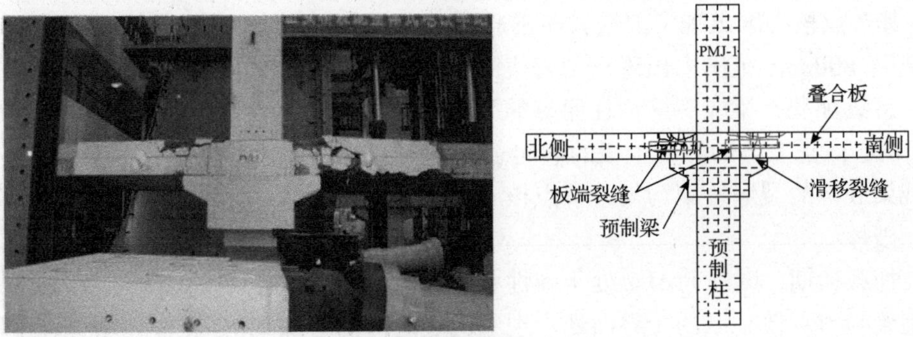

(b) 试件PMJ-1

图 13.3.13　试件 CMJ-1 和试件 PMJ-1 破坏形态图

试件 PMJ-1 的破坏过程与试件 CMJ-1 的破坏过程相似。加载初期，试件处于弹性状态。当板端荷载达到 159kN 时，预制拼装板与现浇部位交界面处出现竖向裂缝，并且在板底部距离节点梁端 100mm 的范围内出现水平贯通裂缝。当荷载达到 290kN 左右时，试件达到屈服荷载，此时叠合板底面的裂缝已扩展至距离梁端 500mm 处，且裂缝相对集中，在预制板与预制梁的交界面处有明显的滑动痕迹。

随着加载的进行，叠合板的裂缝在逐渐贯通，主要集中在试件交界面处以及叠合板结合面。预制梁牛腿位置所对应的叠合板端的裂缝主要是倾斜向上扩展，而其他裂缝呈现竖向发展趋势。当板端位移达到 $5\Delta_y$ 时，试件的承载力达到峰值荷载。混凝土裂缝主要分布在预制板 800mm 的范围内。继续加载，叠合板的预制层与现浇层结合面处出现剥离破坏；从跨中逐渐向加载端扩展，其长度约为 800mm，裂缝宽度最大可达到 5mm 左右。试件的承载力开始下降。试件 PMJ-1 最终的破坏形态见图 13.3.13(b)。

综合对比试件 CMJ-1 与试件 PMJ-1 的破坏过程可以看出，虽然两者的破坏过程基本相似，但是破坏模式略有不同。主要体现在以下两个方面：一方面是试件 PMJ-1 的叠合板的交界面的黏结强度较弱，加载后期出现劈裂破坏，影响节点的整体性；另一方面是试件 PMJ-1 的构造不同(预制梁、预制柱均存在牛腿)，改变了试件塑性区的分布。

2)试件 CMJ-2 和试件 PMJ-2

由于试件 PMJ-2 和试件 CMJ-2 的构造方式不同，导致两者的最终破坏形态有所区别。试件裂缝开展过程如下所述。

试件 CMJ-2 的破坏形态见图 13.3.14(a)。加载初期，钢筋混凝土节点处于弹性阶段，试件变形基本可恢复。当加载到 400kN 左右时，在加载梁底部出现间断性裂缝，试件侧面出现斜向裂缝。当荷载至 1200kN 左右时，试件达到屈服状态，此时裂缝主要分布在梁端塑性区及节点核心区。当梁端变形为 2Δ时，裂缝迅速扩展，其节点核心区出现了大量斜向贯通裂缝，并且核心区底部的混凝土出现塌落，加载梁 800mm 范围内出现均匀密集的横向裂缝，混凝土板也出现了多条竖向裂缝。继续加载，梁端裂缝均在原有的裂缝基础上延伸；当梁端竖向变形达到 $6\Delta_y$ 时，核心区正上方的混凝土板的竖向裂缝均已贯通，且裂缝宽度可达 10mm 左右。加载梁底部的裂缝密集均匀，节点核心区的混凝土出现压溃破坏，承载力下降，节点破坏。

加载初期，试件 PMJ-2 处于弹性状态，当梁端荷载达到 425kN 左右时，试件预制梁与节点核心区的交界面处出现竖向裂缝。随着加载的进行，节点核心区出现两道斜向交叉裂缝。当梁端荷载至 1100kN 左右时，节点两侧的梁端出现三条裂缝，裂缝已延伸至叠合板的底部。当荷载达到极限承载力时，节点核心区底部的混凝土开裂脱落破坏，斜向裂缝交叉，叠合板底部竖向裂缝已延伸至叠合板顶面的现浇层，叠合板的预制层与现浇层交界面处出现水平向裂缝。当梁端变形达到 $5\Delta_y$～$6\Delta_y$ 时，节点核心区和预制梁交界面处的水平裂缝可达 30mm 左右。预制梁与预制柱出现长度约为 30mm 的滑移，叠合板预制层与现浇层交界面处剥离长度可达 700mm 左右。继续加载，叠合梁底部受拉区钢筋发生拉断破坏，混凝土发生压碎破坏，节点承载力下降，节点破坏。PMJ-2 的最终破坏形态如图 13.3.14(b) 所示。

(a) 试件CMJ-2

(b) 试件PMJ-2

图 13.3.14　试件 CMJ-2 和试件 PMJ-2 破坏形态图

综合对比试件 CMJ-2 和试件 CMJ-2 的破坏过程可以看出，两者的最终破坏形态均为节点核心区的混凝土压溃破坏，但试件 PMJ-2 的裂缝分布较为集中，其破坏形态呈现“分块破坏”趋势，而试件 CMJ-2 的裂缝分布较为均匀密集。其主要原因为：①试件 CMJ-2 与试件 PMJ-2 的构造形式不同。预制拼装梁牛腿增加了节点核心区的受力面积，导致节点承载力提高；预制拼装柱的牛腿影响节点的受力分布。②预制拼装节点试件与现浇整体节点试件连接区域存在薄弱交界面，叠合试件的塑性区弱化，降低了试件的整体性。

2. 滞回曲线

1) 试件 CMJ-1 和试件 PMJ-1

图 13.3.15 为试件 CMJ-1 和试件 PMJ-1 的滞回曲线，横轴表示加载端的竖向位移，纵轴为变形对应的荷载值。试件 PMJ-1 与试件 CMJ-1 的滞回曲线均存在

“捏缩”效应。两者的主要区别体现在加载后期，试件 PMJ-1 的峰值荷载略高于试件 CMJ-1 的峰值荷载；但是试件 PMJ-1 的承载力下降较为明显，而试件 CMJ-1 的承载力降低速度较缓，这主要与两种不同结构的构造方式及两者的破坏形态有关。

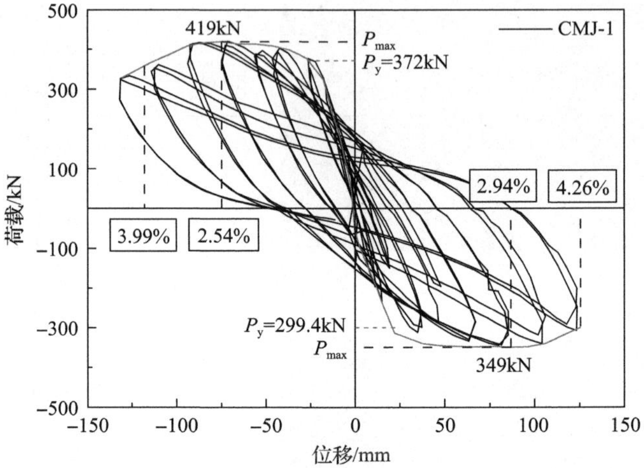

(a) 试件CMJ-1

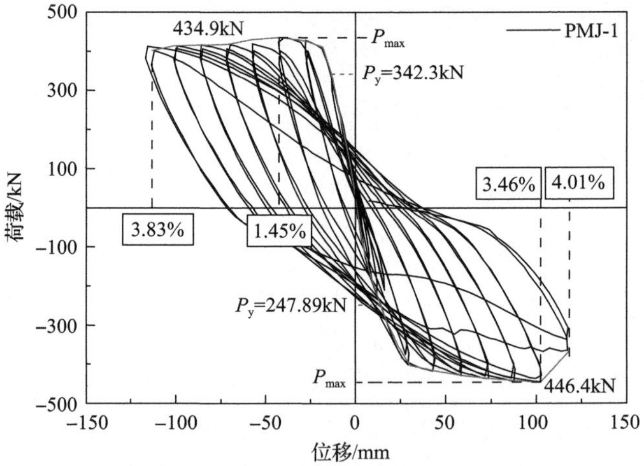

(b) 试件PMJ-1

图 13.3.15　试件 CMJ-1 和试件 PMJ-1 滞回曲线

2）试件 CMJ-2 和试件 PMJ-2

试件 CMJ-2 和试件 PMJ-2 均经历了弹性和塑性阶段。加载后期，试件 CMJ-2 的滞回曲线存在“捏缩”效应的反“S”形，刚度和强度退化明显，试件 PMJ-2 的滞回曲线相对比较饱满。由于试件 PMJ-2 的核心区的剪切面积增加，在反向加载中，承载力明显偏高，如图 13.3.16 所示。

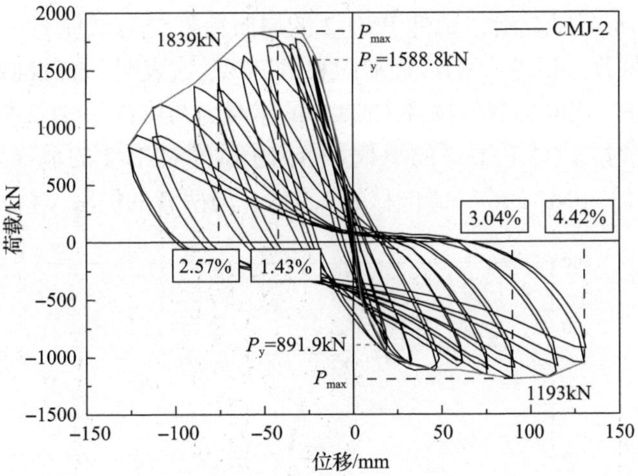

(a) 试件CMJ-2

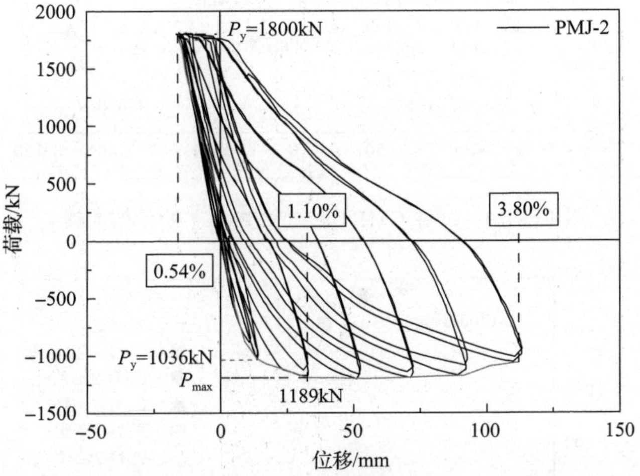

(b) 试件PMJ-2

图 13.3.16　试件 CMJ-2 和试件 PMJ-2 滞回曲线

3. 骨架曲线

骨架曲线可以更加直观地观察到各个试件的强度及变形性能，图 13.3.17 和图 13.3.18 为试件的骨架曲线。

从图 13.3.17 可以看出，加载初期，试件的加载曲线呈直线变化趋势。随着变形的增加，骨架曲线的斜率开始变缓，试件进入屈服阶段。继续加载，试件的承载力上升不明显，而变形明显增加，此阶段为试件的稳定阶段。试件 PMJ-1 的屈服位移(平均值)和屈服荷载(平均值)略低于试件 CMJ-1 的屈服位移(平均值)和屈服荷载(平均值)，而试件 PMJ-1 的峰值荷载略高于试件 CMJ-1 的峰值荷载。

从图 13.3.18 可以看出，试件 PMJ-2 的屈服荷载约为试件 CMJ-2 屈服荷载的 1.2 倍，而屈服位移是试件 CMJ-2 屈服位移的 70%。这表明，加载前期，试件 PMJ-2 的力学性能较好。正向加载，试件 CMJ-2 的承载力与试件 PMJ-2 的承载力基本相当，而反向加载时，试件 PMJ-2 的承载力略高于试件 CMJ-2 的承载力；试件 CMJ-2 的峰值位移是试件 PMJ-2 的峰值位移的 2.5 倍，但两者的极限位移基本相同。

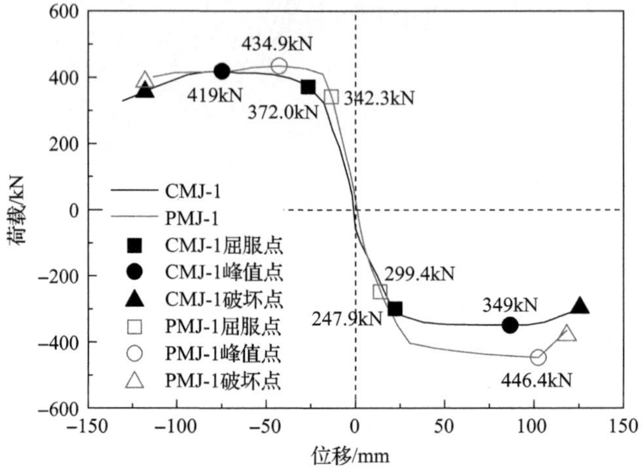

图 13.3.17　试件 CMJ-1 和试件 PMJ-1 的骨架曲线

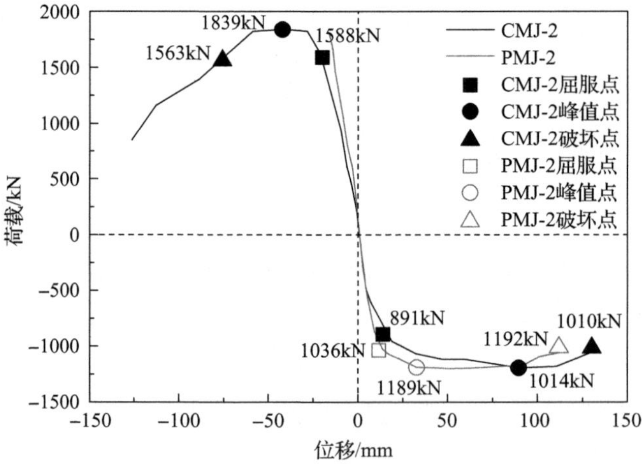

图 13.3.18　试件 CMJ-2 和试件 PMJ-2 的骨架曲线

4. 延性分析

构件的抗震能力不仅取决于构件的强度，更大程度上取决于构件的延性，对于地下结构，其变形能力是评价地铁车站抗震性能好坏的重要指标。结构的延性量化指标采用位移延性系数来表示。

由图 13.3.19 可以看出，试件 CMJ-1、CMJ-2、PMJ-1、PMJ-2 的延性系数均大于 5，试件 PMJ-1 的位移延性系数是试件 CMJ-1 位移延性系数的约 1.59 倍，试件 PMJ-2 的位移延性系数是试件 CMJ-2 位移延性系数的约 1.64 倍。

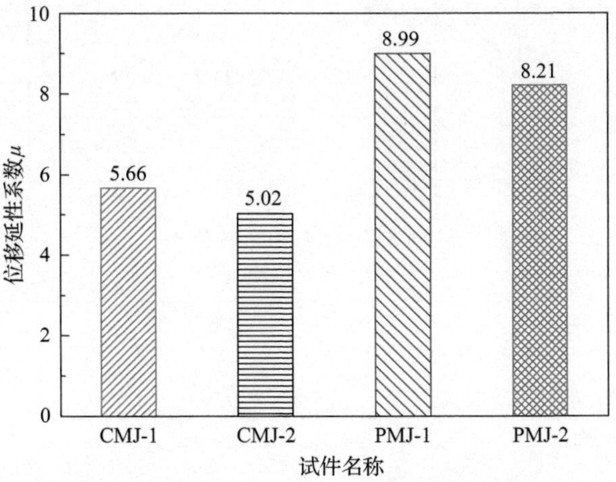

图 13.3.19　位移延性系数对比图

13.4　车站整体数值分析

装配式地铁车站整体数值分析的关键在于试件连接区的处理，如何准确高效地分析节点区的力学性能，是分析车站整体抗震性能的出发点。基于车站关键节点的试验结果，对关键节点的钢筋连接以及预制试件间的接触进行简化处理，将数值分析结果与试验结果进行对比分析，从而为后续分析装配整体式地铁车站整体抗震性能提供依据。

13.4.1　等效力学分析模型

1. 数值模型及本构模型

利用梁单元中的 Layer 夹层原理，在梁单元中加入钢筋，以考虑纵筋对构件承载力的影响，分别对侧墙底节点、梁板柱中节点和中柱底节点进行数值分析。梁单元无法从构造上准确模拟灌浆套筒及拼装区域内的受力特性，因此试件拼接区域的材料参数可通过试验结果进行反演计算，再应用于整体模型中计算车站整体受力性能。混凝土材料模型采用 OpenSEES 中的 Concrete02 模型，其单轴拉、压骨架曲线及加卸载规则见图 13.4.1。钢筋模型采用 Clough[25]提出的最大点指向型双线性模型，并在此基础上修改了加载规则[26]。同时，此模型还可以考虑材料强度退化、构件失效等特性，并可间接考虑钢筋和混凝土界面黏结滑移效果，如图 13.4.2 所示。

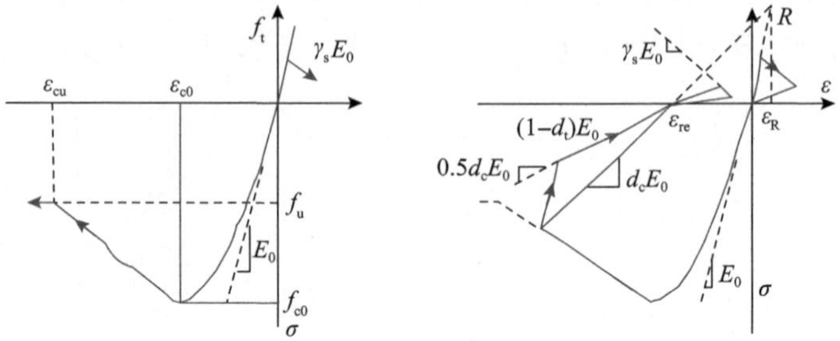

图 13.4.1　混凝土本构模型

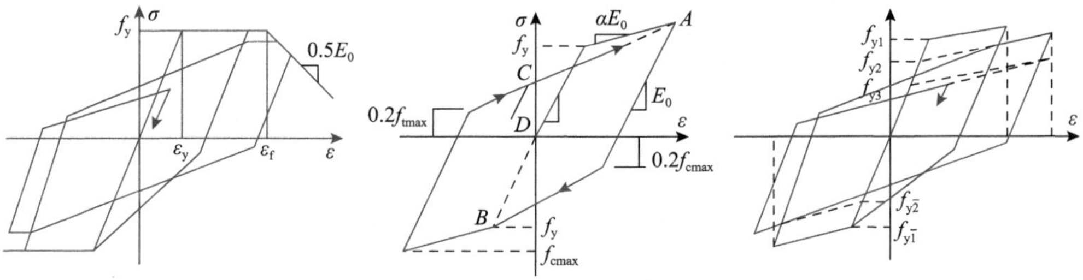

(a) 骨架曲线的下降段　　(b) 反向再卸载规则　　(c) 强度退化规则

图 13.4.2　钢筋模型及加卸载规则

2. 关键节点验证分析

从图 13.4.3 中可以看出，预制拼装中柱底节点、现浇整体中柱底节点的滞回曲线与预制拼装梁板柱节点(柱节点和底节点)的滞回曲线吻合较好，现浇整体侧墙底节点和预制拼装侧墙底节点的数值分析结果与试验结果相差较为明显，但是其骨架曲线吻合较好。

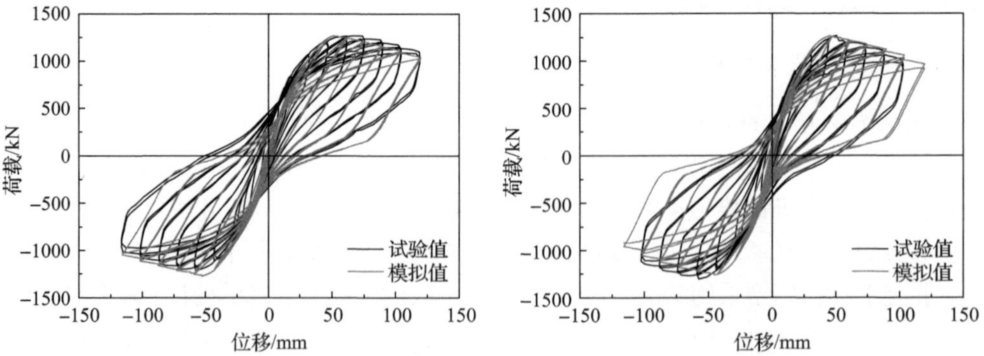

(a) 预制拼装中柱底节点　　(b) 现浇整体中柱底节点

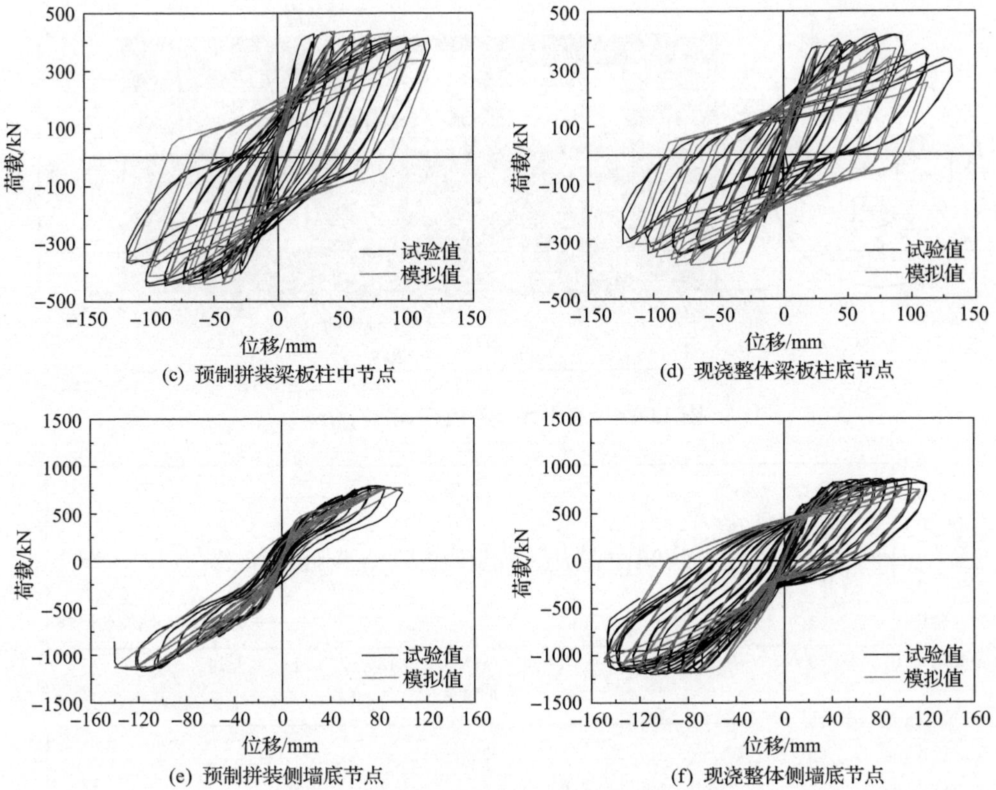

(c) 预制拼装梁板柱中节点　(d) 现浇整体梁板柱底节点

(e) 预制拼装侧墙底节点　(f) 现浇整体侧墙底节点

图 13.4.3　关键节点试验与数值模拟对比曲线

13.4.2　计算模型

1. 模型简介

装配整体式地铁车站结构由预制部分和现浇部分组成，预制试件通过可靠的连接(灌浆套筒和现浇混凝土)形成整体结构。车站结构示意图见图 13.1.1。根据车站埋深及结构尺寸，计算模型的深度取 60m，模型的计算宽度大于 3 倍车站宽度。土体采用四节点平面应变实体单元，车站周围的单元网格边长为 1m，土体两侧的单元网格边长为 2m，有限元计算模型见图 13.4.4。车站结构与土体采用绑定接触，边界条件采用黏弹性人工边界[27-29]，以考虑边界上结构振动产生的能量辐射效应和自由场反应的力与位移边界条件[30]。车站场地条件可以认为是下卧基岩条件，可采用振动输入的方式。

分别采用 EL-Centro、Kobe 和北京人工地震动记录作为输入基岩地震动，地震动峰值加速度分别为 0.2g、0.4g、0.6g；并考虑竖向地震作用，竖向加速度峰值为水平加速度峰值的 75%，加速度时程曲线见图 13.4.5。

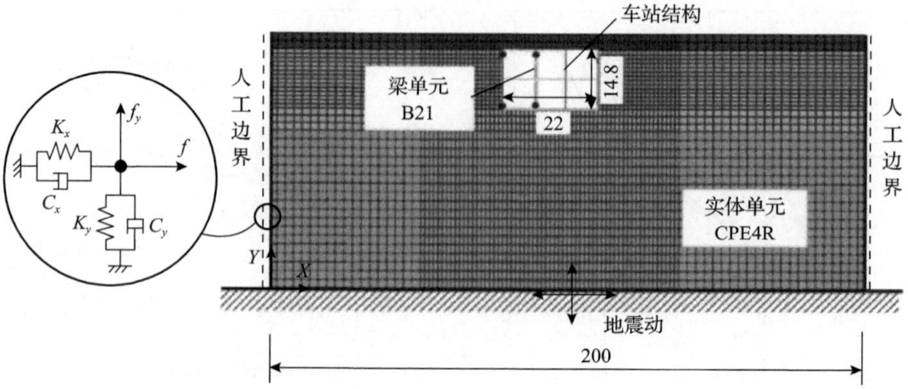

图 13.4.4　有限元计算模型(单位：m)

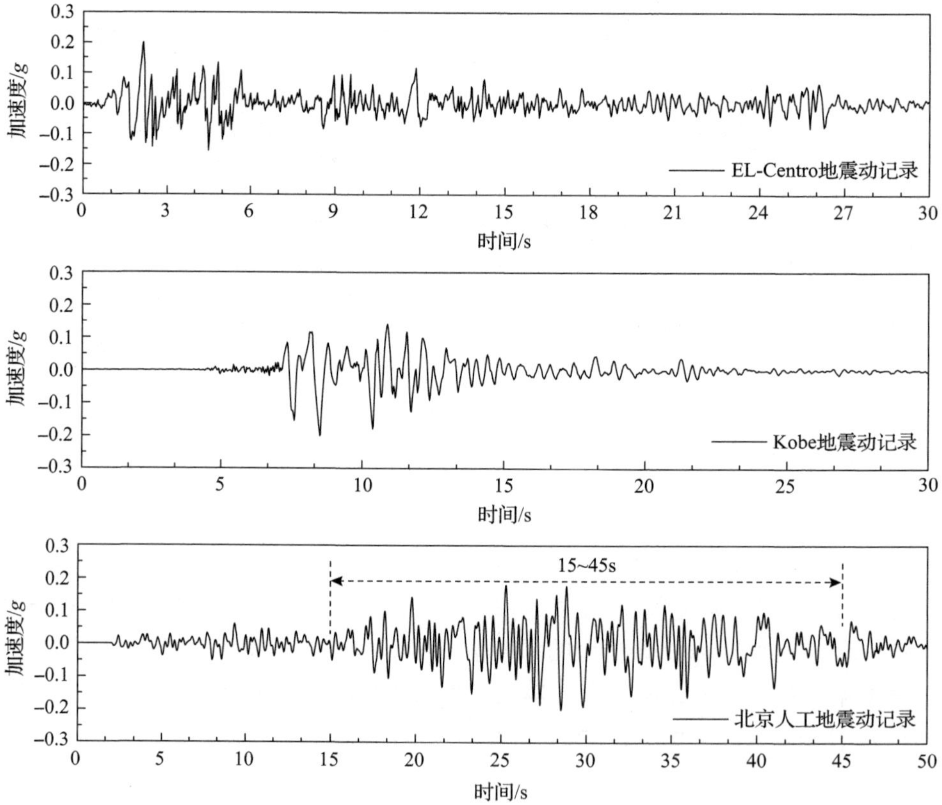

图 13.4.5　地震加速度时程

2. 场地土及结构参数

车站的土层参数、结构尺寸、车站埋深及材料属性见图 13.4.6 和图 13.4.7。

土体材料属性参数采用一维土层等效线性化地震反应分析方法确定[31]。实体模型可以较为准确地预测结构的力学性能，但中柱采用实体单元建模时，需进行一定简化处理。车站结构采用梁单元，中柱可采用实际截面尺寸分析其弹塑性状态。装配整体式车站结构和现浇整体车站结构均采用 13.4.1 节所校正的材料参数，未考虑结构的阻尼比[32]。

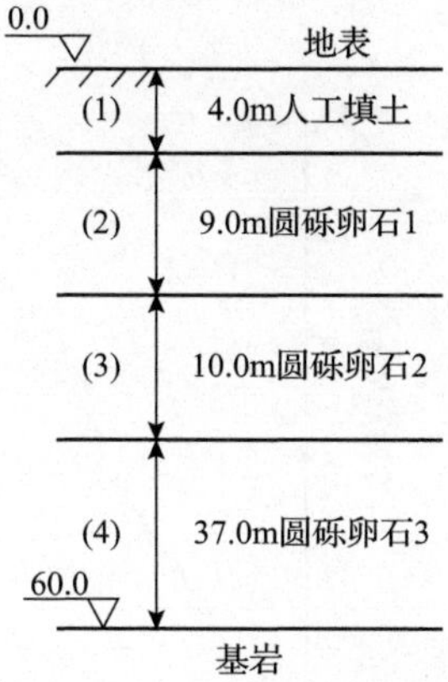

土层序号	重度/(kN/m^3)	剪切波速/(m/s)	泊松比	压缩波速/(m/s)
(1)	17.0	194	0.30	404
(2)	21.0	474	0.25	852
(3)	22.0	596	0.23	1046
(4)	21.5	610	0.20	1071

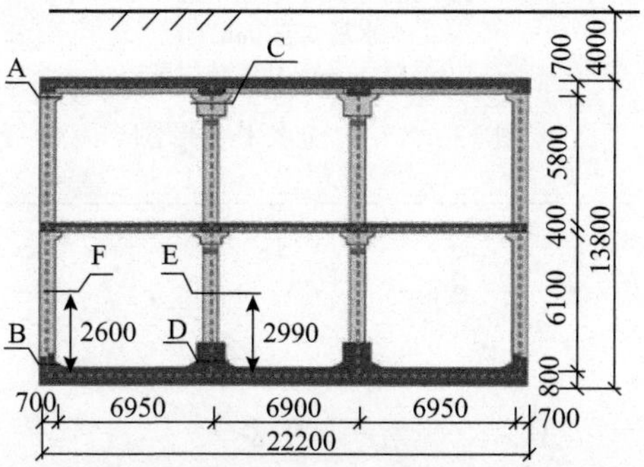

图 13.4.6　车站场地参数与结构尺寸(单位：mm)

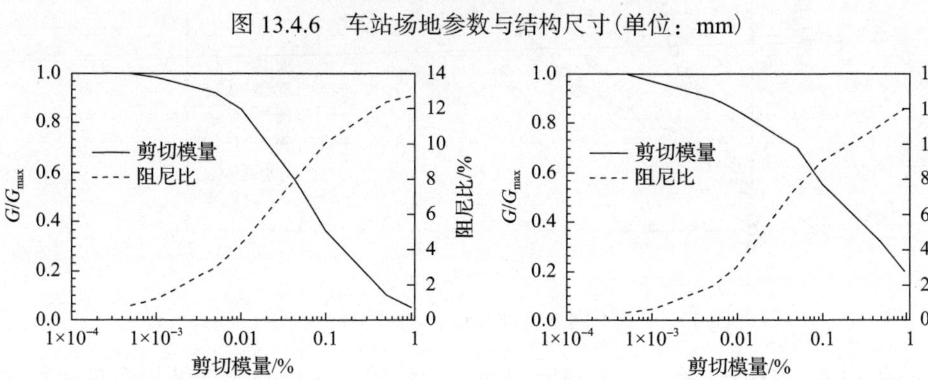

图 13.4.7　土层材料属性

13.4.3　装配式地铁车站地震响应分析

1. 中柱水平变形

在地震荷载作用下，地铁车站随着周围土体发生水平和竖向变形，分别提取不同地震动记录以及不同地震动强度激励作用下车站顶、底板相对变形最大时刻的中柱水平变形，如图 13.4.8 和图 13.4.9 所示。

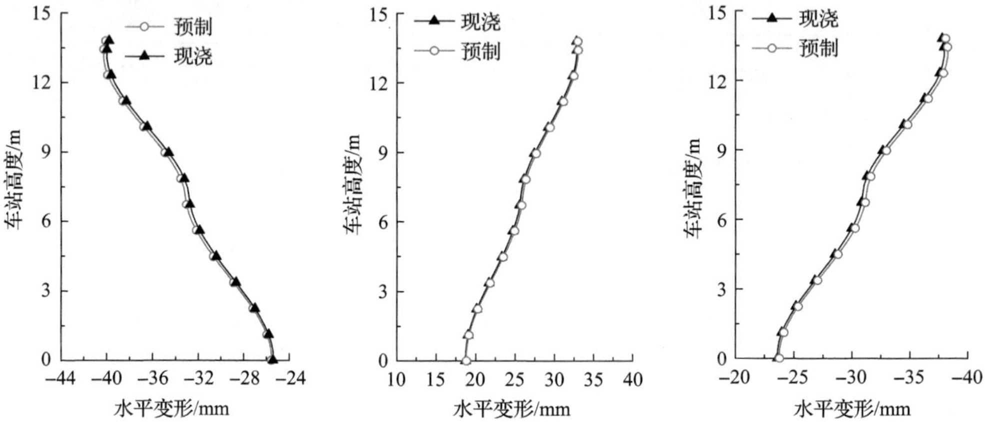

(a) Kobe地震动记录　(b) EL-Centro地震动记录　(c) 北京人工地震动记录

图 13.4.8　中柱水平变形图

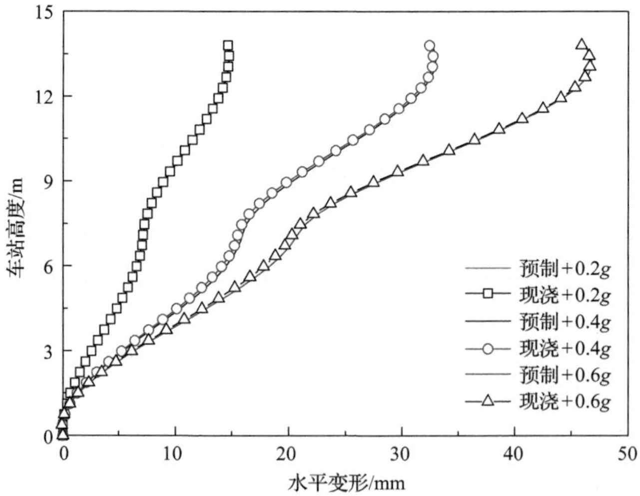

图 13.4.9　不同地震动强度作用下中柱变形图

从图 13.4.8 中可以看出，不同地震动激励作用下，预制拼装结构和现浇整体结构的中柱水平变形分布基本一致。随着车站高度的增加，中柱的水平变形增加，其变化趋势与周围土层的变形趋势基本一致。相同地震动作用下，预制拼装结构的中柱变形趋势与现浇整体结构的中柱变形趋势基本相同，并且其变形值基本相同。图 13.4.9 为 EL-Centro 地震动激励作用下，不同地震动激励强度作用下中柱的水平变形图。从图中可以看出，随着地震动强度的增加，车站顶、底板的相对变形在逐渐增加。预制拼装结构和现浇整体结构的变形趋势完全一致，说明预制装配式整体地铁车站的变形能力和现浇整体式地铁车站的变形能力基本相同。

2. 车站侧墙水平变形分析

图 13.4.10 为不同地震动激励作用下，车站顶板和底板最大位移差时所对应的侧墙水平变形曲线。车站侧墙与中柱的水平变形规律基本一致，并且现浇整体结构侧墙的变形曲线与预制拼装结构侧墙的变形曲线基本一致。

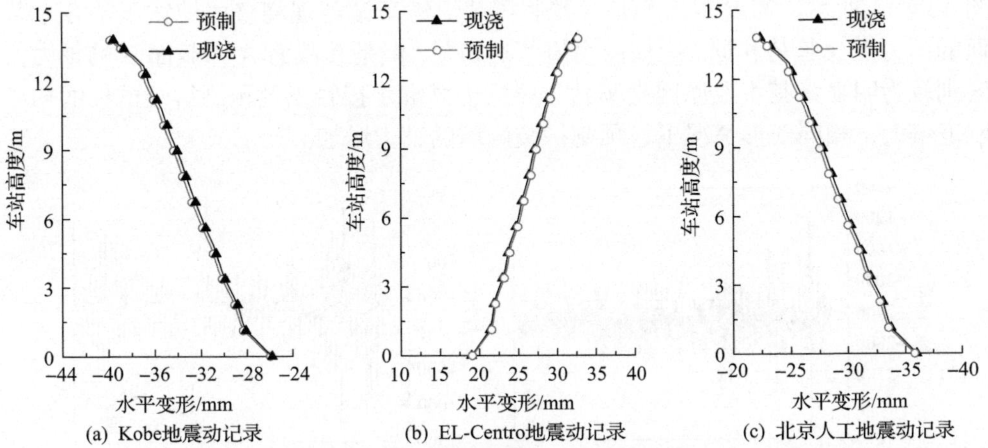

图 13.4.10　车站侧墙水平变形图

分别提取车站上、下两层的层间位移角以及车站总体变形位移角，如表 13.4.1 所示。不同地震动激励作用下，现浇整体地铁车站层间和预制拼装地铁车站的层间变形基本相同；随着地震动强度的增加，其层间变形均在增加。当地震动峰值加速度为 0.2g 时，车站总体的变形较小，其层间位移角远远小于 1/250 的规定。

表 13.4.1　车站层间位移角

地震动	加速度/g	上层变形差		下层变形差		总体变形差	
		预制	现浇	预制	现浇	预制	现浇
Kobe 记录	0.2	1/949	1/971	1/983	1/976	1/965	1/973
北京人工记录	0.2	1/962	1/982	1/990	1/985	1/975	1/985

续表

地震动	加速度/g	上层变形差		下层变形差		总体变形差	
		预制	现浇	预制	现浇	预制	现浇
EL-Centro 记录	0.2	1/949	1/973	1/910	1/900	1/938	1/942
	0.4	1/445	1/457	1/400	1/397	1/422	1/426
	0.6	1/338	1/346	1/264	1/262	1/299	1/301

3. 截面内力分析

除车站的整体变形外，不同截面内力分布也是影响车站安全性能的重要指标。分别提取不同地震动记录以及不同地震动强度激励下车站侧墙和中柱顶、底端的轴力、剪力和弯矩时程曲线，相同截面内预制拼装结构和现浇整体结构的内力变化规律基本一致，因此以 Kobe 地震动记录为例进行说明，如图 13.4.11～图 13.4.14 所示。需要指出的是，预制拼装地铁车站与现浇整体地铁车站各个截面的内力变化趋势相同，中柱内力值基本相同，但是其截面 A 和截面 B 的轴力值区别较为明显，其主要原因是车站与周围土体绑定接触以及预制拼装试件的初始刚度偏大，相同变形情况下，预制拼装侧墙的轴力增加。

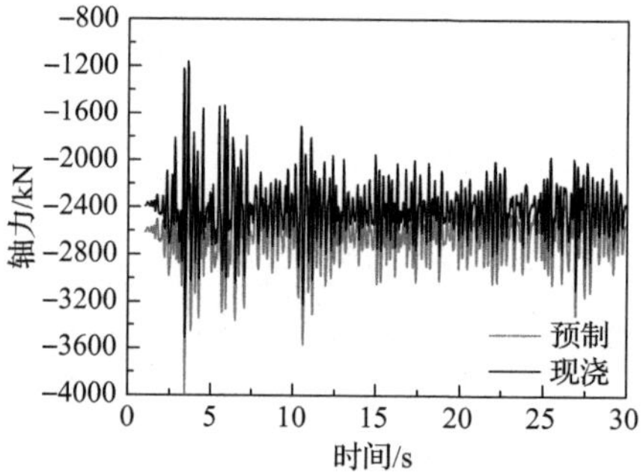

(a) 轴力

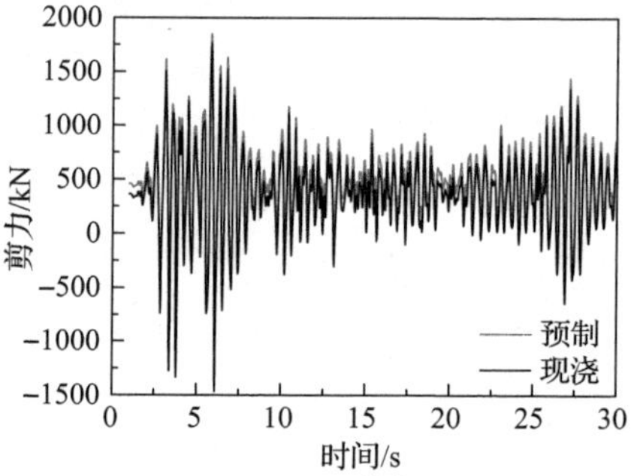

(b) 剪力

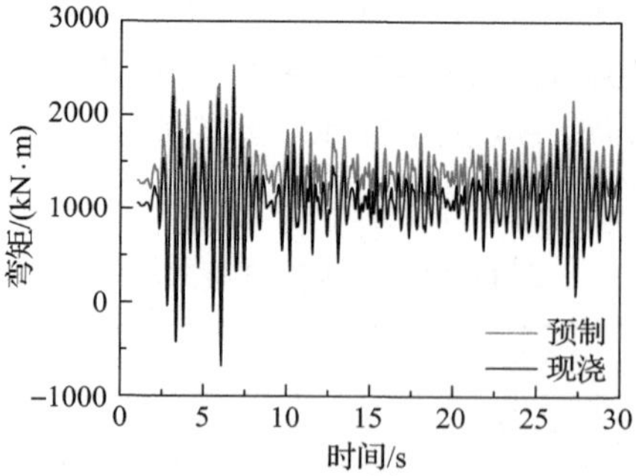

(c) 弯矩

图 13.4.11　截面 A(侧墙顶端) 内力时程图

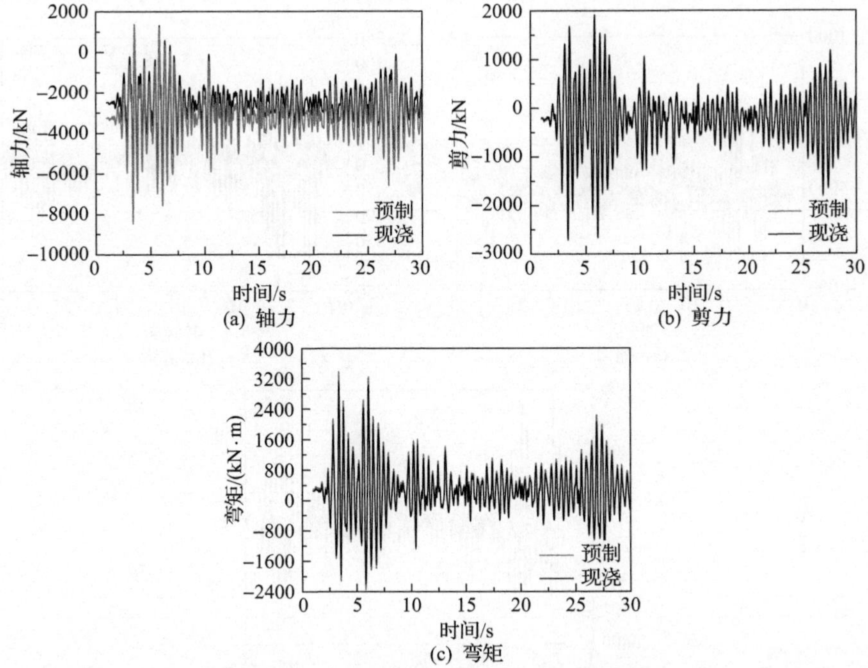

(a) 轴力　(b) 剪力　(c) 弯矩

图 13.4.12　截面 B(侧墙底端)内力时程图

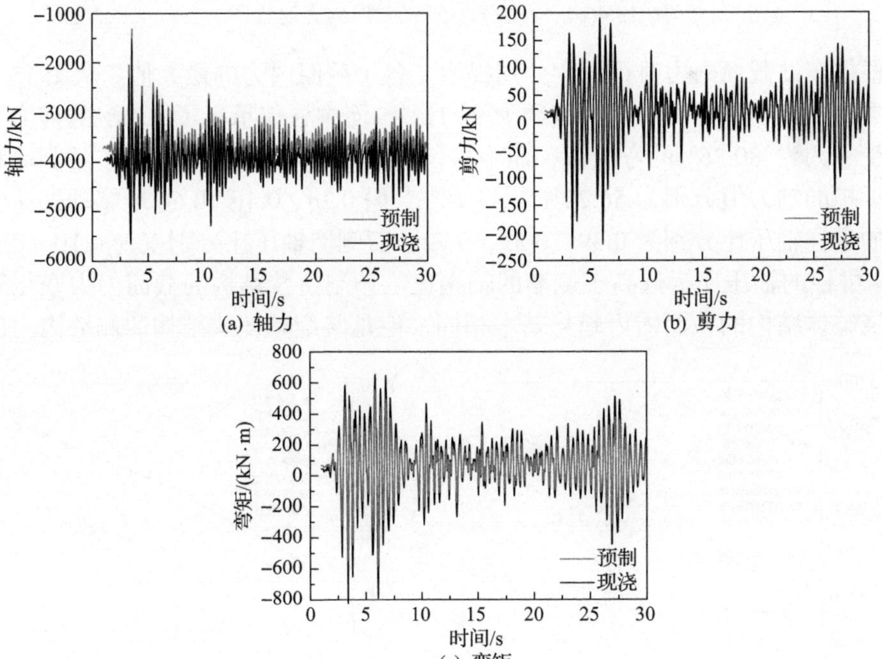

(a) 轴力　(b) 剪力　(c) 弯矩

图 13.4.13　截面 C(中柱顶端)内力时程图

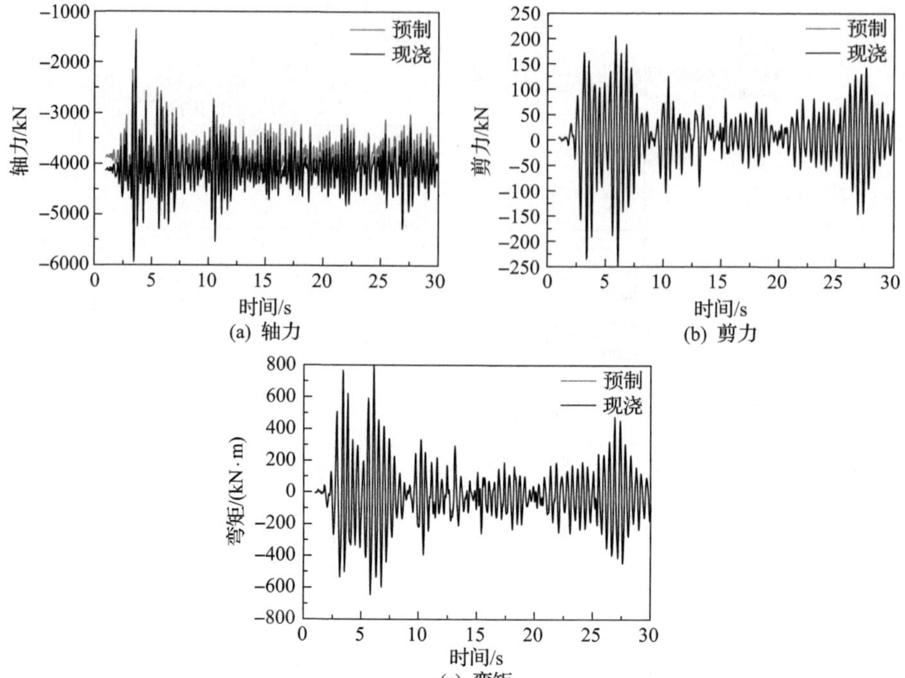

(a) 轴力　(b) 剪力　(c) 弯矩

图 13.4.14　截面 D(中柱底端)内力时程图

根据车站截面内力时程图，分别提取了各个截面内力的最大值。从图 13.4.15 可以看出，侧墙所承受的剪力值约为 92.12%，而中柱仅承担了 7.88%的剪力。侧墙承受了约为 80.76%的弯矩值，而中柱仅承担 19.24%的弯矩值。车站侧墙和中柱所承担的轴力值分别为 56.22%和 43.78%。但 0.2g、0.4g、0.6g 地震动加速度所对应的中柱轴压比分别为 0.39、0.53、0.72，而侧墙轴压比分别仅为 0.10、0.14、0.18，中柱的轴压比远远高于侧墙的轴压比。预制拼装结构的截面内力变化趋势与现浇整体结构的截面内力趋势基本相同，但是装配整体式结构的侧墙内力值普

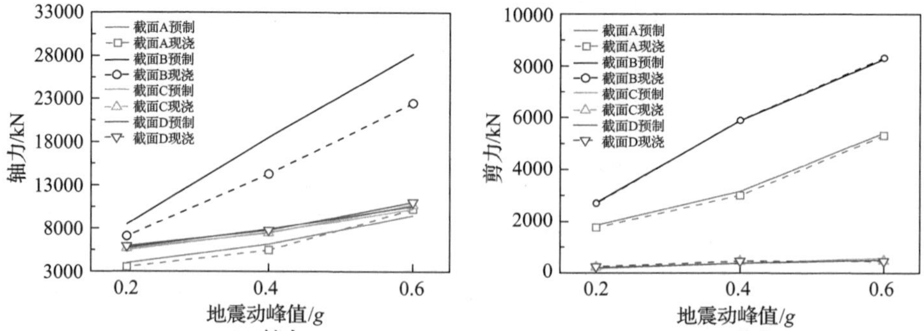

(a) 轴力　(b) 剪力

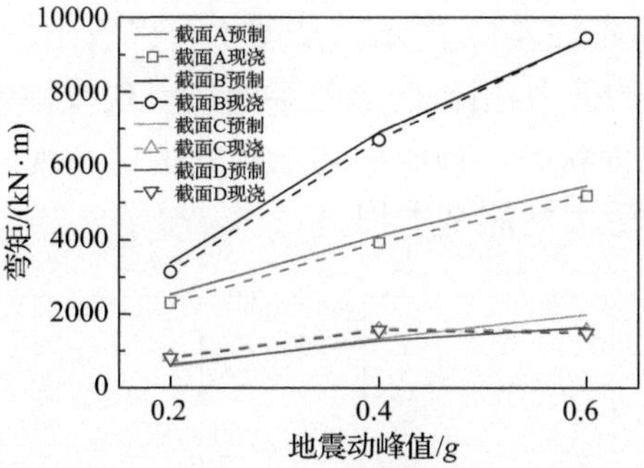

(c) 弯矩

图 13.4.15　车站内力最大值对比图

遍偏高，其轴力值、剪力值和弯矩值分别提高了 19.08%、2.04%和 5.16%。中柱的内力值略低于现浇整体地铁车站中的内力值。

4. 顶板竖向变形分析

图 13.4.16 为现浇整体车站和预制拼装车站在 EL-Centro 地震动竖向和水平联合激励作用下顶板的竖向沉降图。图中分别提取了初始时刻和加速度峰值为 0.2g、0.4g、0.6g 作用下水平变形最大时刻所对应的顶板竖向变形。峰值加速度为 0.2g 的地震动作用下，车站一侧的边墙出现轻微上浮现象，而另一侧出现了很明显的竖向沉降，地铁车站出现了类似“菱形”的变形趋势。当地震动的峰值加速度较大时，在竖向荷载作用下，车站一侧的边墙上浮现象不明显。预制拼装结构和现浇整体结构的竖向沉降趋势基本一致。

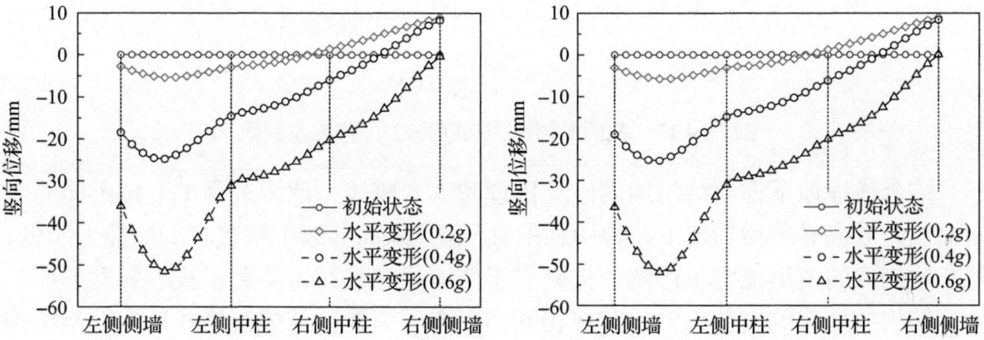

(a) 预制　　(b) 现浇

图 13.4.16　车站顶板竖向变形图

5. 剪力-变形曲线

提取了峰值加速度分别为 0.2g、0.4g、0.6g 作用下中柱中部截面 E 处的剪力-

相对变形关系曲线，如图 13.4.17 所示。从图中可以看出，加速度峰值为 0.2g 和 0.4g 作用下，车站中柱的剪力-相对变形关系曲线呈现线性关系，当加速度峰值为 0.6g 时，中柱处于非线性状态。预制拼装结构的中柱和现浇整体结构的中柱在线性阶段和非线性阶段的受力性能基本相当。

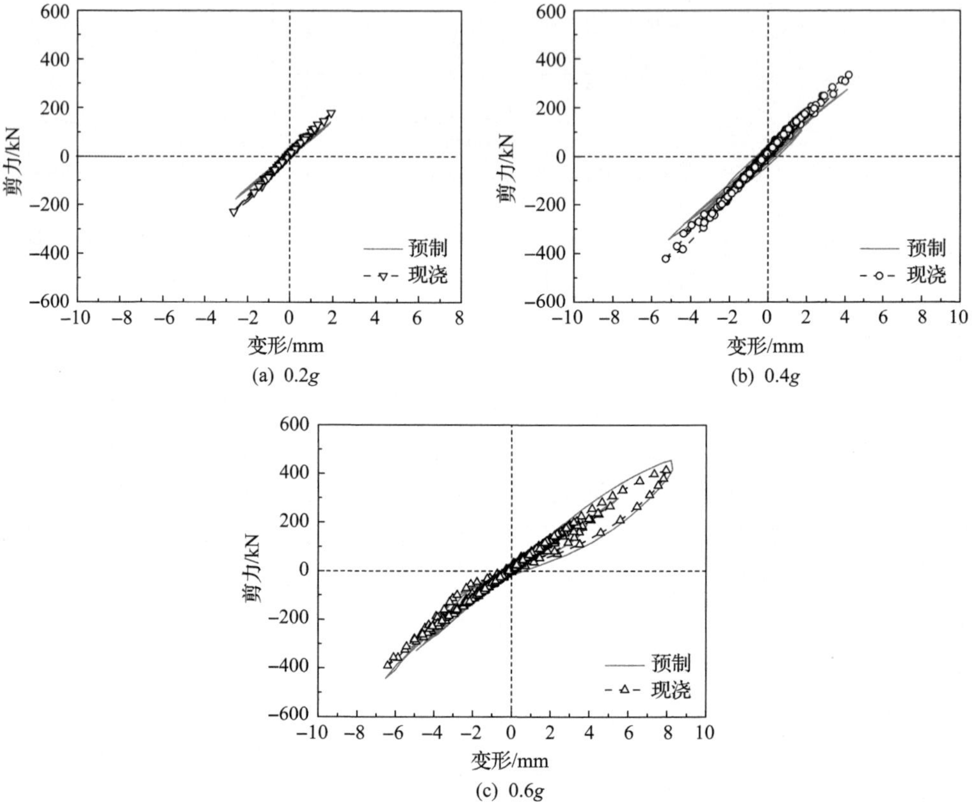

图 13.4.17　截面 E(中柱中部)剪力-位移关系曲线

结合浅埋地下框架结构地震破坏机理和失效模式，地震过程中上覆土体的竖向惯性力效应显著增加地下结构中柱的轴压比，从而导致中柱水平变形能力降低，与车站侧墙的变形能力不协调，极易先于侧墙遭到破坏，而对于浅埋装配整体式地下结构的地震响应分析，也存在相同的现象。为此，装配整体式地下框架结构的抗震性能评价方法可采用现浇整体地铁车站的评价方法。

13.5　本 章 小 结

针对装配式地铁车站的构造方式及受力特点，研究了钢筋套筒灌浆连接接头的连接性能和地铁车站关键节点(侧墙底节点、梁板柱中节点和中柱底节点)的抗震性能，在试验研究基础上，对装配整体式地铁车站和现浇整体地铁车站的抗震性能进行了数值分析。主要得到以下结论：

(1)不同加载模式对钢筋套筒灌浆连接接头的力学性能影响不明显，大直径灌浆套筒接头的抗拉强度等于同型号钢筋的抗拉强度。

(2)预制拼装结构节点的变形能力和承载力与现浇整体结构节点的变形能力和承载力基本相当，预制拼装结构侧墙底节点耗能能力略低于现浇整体结构节点的耗能能力，但是结构耗能并不是影响地下结构抗震性能的关键因素。

(3)中柱同样是影响装配整体式地铁车站抗震性能的关键支撑构件，并且装配整体式地铁车站的抗震性能评价方法可采用现浇整体地铁车站的评价方法。

参 考 文 献

[1] 范力. 装配式预制混凝土框架结构抗震性能研究[D]. 上海: 同济大学, 2007.

[2] 陈建伟, 苏幼坡. 预制装配式剪力墙结构及其连接技术[J]. 世界地震工程, 2013, 29(1): 38-48.

[3] 张鸿, 张喜刚, 丁峰, 等. 短线匹配法节段预制拼装桥梁新技术研究[J]. 公路, 2011, (2): 76-82.

[4] Freas G C, Shoemaker M J, Ervin D. Precast prestressed underground fuel-storage tanks in Adak, Alaska[J]. PCI Journal, 1985, 30(4): 52-63.

[5] Fukayama K, Shinagawa K. Design-construction of circular roof for underground reservoir using precast concrete beams[J]. PCI Journal. 1998, 43(5): 46-54.

[6] 赖永标, 王梦恕, 油新华, 等. 隧道与地下工程支护预制技术综述与展望[J]. 建筑技术开发, 2015, 42(1): 24-28.

[7] Scott J, Nelson C, Middleton L, et al. Curved precast concrete panels carve out underground library at University of Minnesota[J]. PCI Journal, 2000, 45(1): 40-49.

[8] Han C, Rozek J. Application of precast concrete in Epping to Chatswood rail line[C]//32nd Conference on Our World in Concrete & Structures, Singapore, 2007.

[9] 李伟. 地铁工程绿色施工应用研究——以深圳地铁 9 号线工程为例[D]. 广州: 华南理工大学, 2014.

[10] Shawky A, Maekawa K. Collapse mechanism of underground RC structures during Hanshin Great Earthquake[C]//Proceedings of the 1st International Conference on Concrete Structures, Cairo, 1996: 2-4.

[11] 刘祥庆, 刘晶波. 基于纤维模型的拱形断面地铁车站结构弹塑性地震反应时程分析[J]. 工程力学, 2008, 25(10): 150-157.

[12] 蒋英礼, 赵伯明, 胡晓勇. 软土地铁车站中柱在强震作用下的响应研究[J]. 防灾减灾工程

学报, 2009, 29(4): 405-410.

[13] 赵鄂桂. 典型地铁车站框架结构中柱的地震响应分析[J]. 中国水运(下半月), 2014, 14(6): 231-232.

[14] 杜修力, 王刚, 路德春. 日本阪神地震中大开地铁车站地震破坏机理分析[J]. 防灾减灾工程学报, 2016, 36(2): 165-171.

[15] 杜修力, 刘洪涛, 路德春, 等. 装配整体式地铁车站侧墙底节点抗震性能研究[J]. 土木工程学报, 2017, 50(4): 38-47.

[16] 中华人民共和国住房和城乡建设部. 钢筋连接用灌浆套筒(JG/T 398—2012)[S]. 北京: 中国标准出版社, 2012.

[17] 中华人民共和国建设部. 钢筋机械连接通用技术规程(JGJ 107—2003)[S]. 北京: 中国建筑工业出版社, 2003.

[18] 中华人民共和国住房和城乡建设部. 钢筋连接用套筒灌浆料(JGT 408—2013)[S]. 北京: 中国标准出版社, 2013.

[19] 中华人民共和国住房和城乡建设部. 装配式混凝土结构技术规程(JGJ 1—2014)[S]. 北京: 中国建筑工业出版社, 2014.

[20] 中华人民共和国住房和城乡建设部. 钢筋套筒灌浆连接应用技术规程(JGJ 355—2015)[S]. 北京: 中国建筑工业出版社, 2015.

[21] 中华人民共和国住房和城乡建设部. 建筑抗震试验规程(JGJ/T 101—2015)[S]. 北京: 中国建筑工业出版社, 2015.

[22] Liu H, Han Q , Bai Y , et al. Connection performance of restrained deformed grouted sleeve splice[J]. Advances in Structural Engineering, 2018, 21(3): 488-499.

[23] 杜修力, 刘洪涛, 许成顺, 等. 不同轴压比作用下装配整体式地铁车站拼装柱抗震性能试验研究[J]. 建筑结构学报, 2018, 39(11): 11-19.

[24] 张瑞玲. "一字形"短肢剪力墙加暗撑时的仿真分析[D]. 兰州: 兰州理工大学, 2010.

[25] Clough R W. Effect of stiffness degradation on earthquake ductility requirements[R]. Berkeley, 1996.

[26] 曲哲, 叶列平. 基于有效累积滞回耗能的钢筋混凝土构件承载力退化模型[J]. 工程力学. 2011, 28(6): 45-51.

[27] Deeks A J, Randolph M F. Axisymmetric time-domain transmitting boundaries[J]. Journal of Engineering Mechanics, 1994, 120(1): 25-42.

[28] 杜修力, 杜义欣. 波动问题中的三维域黏弹性人工边界[J]. 工程力学, 2005, 22(6): 46-51.

[29] 杜修力, 赵密, 王进廷. 近场波动模拟的人工应力边界条件[J]. 力学学报, 2006, 38(1): 49-56.

[30] 杜修力, 康凯丽, 许紫刚, 等. 地下结构地震反应的主要特征及规律[J]. 土木工程学报, 2018, 51(7): 11-21.

[31] 中华人民共和国住房和城乡建设部. 城市轨道交通结构抗震设计规范(GB 50909—2014)[S]. 北京: 中国计划出版社, 2014.

[32] 杜修力, 赵源, 李立云. 土体-结构界面接触对地下结构动力反应的影响[J]. 防灾减灾工程学报, 2010, 30(5): 471-478.